TRAITÉ

DES

CAUSES DES INCENDIES.

TRAITÉ

DES

CAUSES DES INCENDIES

DANS

LES VILLES, LES VILLAGES, LES MAISONS PARTICULIÈRES,
LES CHATEAUX, LES ÉGLISES, LES THÉATRES, LES ENTREPÔTS,
LES USINES OU MANUFACTURES,

GUIDE PRATIQUE

POUR L'EMPLOI DES MOYENS PRÉSERVATIFS CONTRE L'INCENDIE

Ouvrage utile aux Administrations municipales, aux Usiniers, aux Architectes,
aux Propriétaires, aux Inspecteurs et Agents d'assurances, aux Fabriques d'églises,

Par E.-Maxime MEUNIER.

ANCIEN INSPECTEUR GÉNÉRAL D'ASSURANCES,
MEMBRE DE LA SOCIÉTÉ INDUSTRIELLE DU NORD.

SOMMAIRE : 1º Étude des causes générales des sinistres dans les villes et les villages ;
précédé d'un traité pratique sur le contrat d'assurance contre l'incendie, sur la manière de
le faire, et de vérifier si l'assurance est parfaite, sur la conduite à tenir en cas de sinistre
et d'expertise, sur les recours auxquels on est exposé. — 2º Des meilleurs moyens
préventifs contre les incendies ; engins de secours. — 3º Causes d'incendie particulières à chaque genre de manufactures ; moyens de les prévenir et arrêter.

2ᵉ Edition. — Janvier 1881.

LILLE,

IMPRIMERIE L. DANEL.

1880.

PRÉFACE.

———

Le feu est un fléau ; presque aussi terrible que l'inondation, il désole l'humanité trop souvent impuissante à le combattre.

Si l'inondation provient presque toujours de circonstances indépendantes de la volonté du genre humain, telles que des pluies continuelles, des fontes de neige trop rapides, il n'en est pas de même du feu, qui, sauf les cas où la foudre l'allume, est causé par l'homme lui-même.

La Société s'est attachée à atténuer ses effets, à circonscrire ses ravages, par l'emploi opportun et habile de moyens de secours, lesquels consistent ordinairement en une projection d'eau plus ou moins puissante sur les foyers d'incendie. Malgré l'organisation active, sur une grande partie du pays, de corps de sapeurs-pompiers pourvus des engins les plus indispensables, le feu occasionne chaque année de véritables désastres ; et, si nous ne nous occupons que de ceux réparés par les compagnies d'assurances en général, nous voyons que ces sociétés remboursent annuellement pour plus de soixante millions de francs de sinistres d'incendie. Dans ce chiffre, figurent, pour une somme importante, les sinistres d'établissements industriels dont la destruction entraîne la gêne, parfois la misère des ouvriers qu'ils faisaient vivre.

Tout en reconnaissant les efforts faits pour arrêter le mal, et sans parler ici des essais qui ont déjà été tentés, soit pour rendre incombustibles les bois et les matériaux qui servent à la construction, soit pour rendre pratique l'emploi d'autres agents supplétifs de l'eau, tels que l'acide carbonique, l'acide sulfureux, l'ammoniac gazeux, de l'utilité de créer des machines à projection de sables, indispensables dans certains cas, on doit regretter qu'on ne se soit pas davantage préoccupé de la cause. A part quelques arrêtés de maires non exécutés, prohibant les constructions et les reconstructions de toitures en chaume ; conseillant, entre autres précautions, des réserves d'eau, en été, dans les villages dont les chaleurs de la saison tarissent pour un moment les sources, les puits ou les mares ; l'observation plus ou moins surveillée du ramonage périodique des cheminées, quelques rares prescriptions des conseils de salubrité publique, ce point de vue du fléau, si intéressant, a été fort négligé. C'est en l'envisageant que nous allons, le plus brièvement possible, indiquer quelles sont les précautions à prendre, pour prévenir les sinistres, heureux si leur adoption vient restreindre le nombre ou l'importance de ces calamités que nous regardons comme un appauvrissement, comme une perte sans compensation.

En les suivant, l'on pourra voir diminuer les primes ou les contributions d'assurances, contre l'importance desquelles on se récrie souvent. Car, pour les compagnies à primes fixées, comme pour les compagnies mutuelles, les bases des primes ou des contributions sont les moyennes des sinistres. Il y a donc la même solidarité dans les deux systèmes : dans l'un explicite, elle se traduit par une répartition variable; dans l'autre implicite, elle se décèle par un tarif. Or, presque tous les sinistres proviennent du défaut de soin, d'imprudences ou de vices intrinsèques au risque, d'où cette conséquence que l'homme prudent et soigneux paie pour un prochain imprudent et négligent. Bien que l'équité semble, par ce résultat, froissée, il n'en peut être autrement avec les institutions d'assurances. Seulement, si l'on admet que les causes de la plupart des sinistres peuvent être évitées, qu'il y a, moralement, de bons et de mauvais risques, on en tirera cette déduction, qu'il ne suffit pas, pour établir la parité entre tous les assurés, d'appliquer des primes à payer bien proportionnées aux dangers physiques de leurs risques, qu'il faut encore imposer et faire imposer l'obligation de certaines précautions ou moyens préservatifs contre l'incendie dont on a reconnu l'efficacité, que les assurés soigneux ont adoptés aux premiers conseils, et dont quelques-uns même prennent l'initiative, sans qu'il soit besoin de leur en faire une loi. C'est ainsi que l'on corrigera les imperfections de la solidarité tacite qui existe entre tout le monde, pour ne plus faire profiter que de ses avantages, et que l'on verra diminuer, au bénéfice de tous, le nombre et la gravité des sinistres.

Nous croyons indispensable de faire précéder l'objet principal de ce livre d'un travail pratique sur le contrat d'assurance, dont la lecture rendra encore plus intelligibles et plus intéressantes les observations du traité des causes des sinistres dans les usines et les propriétés susceptibles d'être détruites par le feu.

RENSEIGNEMENTS PRATIQUES

SUR LES

CONTRATS ET OPÉRATIONS D'ASSURANCES

CONTRE L'INCENDIE.

On entend, par assurance contre l'incendie, une opération par laquelle une Compagnie (l'assureur) consent, moyennant un prix fixe ou variable (1) à indemniser un propriétaire (l'assuré) d'objets destructibles par le feu ou l'explosion, des dégâts qu'un incendie ou une explosion pourraient éventuellement leur occasionner dans le cours de l'assurance.

Cette opération se caractérise par un contrat ou police d'assurance, par lequel l'assureur prend à sa charge, moyennant une prime convenue, les dommages d'incendie ou d'explosion. Ce contrat contient : 1° les conditions imprimées qui sont la loi des parties; 2° la description des objets soumis à la garantie de l'assureur et l'indication de leur valeur.

Ceci posé, nous allons donner quelques renseignements pratiques sur le contrat d'assurances, en divisant notre travail en quatre parties. La première, *chapitre premier*, traitera des valeurs à assurer,

---

1) Prime fixe ou mutualité.

(éléments du contrat) de leur estimation, des déclarations à faire à l'assureur avant et pendant l'assurance.

Le *chapitre deuxième* traitera des incendies, des formalités à remplir, de la conduite à tenir par l'assuré lors de ces évènements, des expertises.

Le *chapitre troisième* s'occupera de la rédaction du contrat, et le *quatrième* ou dernier, des recours en cas d'incendie.

CHAPITRE PREMIER

Éléments du Contrat. — Bases d'estimations. — Exceptions. — Aggravations de risques. — Déclarations à faire à l'assureur. — Faute lourde.

MAISONS. — BATIMENTS.

La prime d'assurance (1) est basée sur la valeur réelle entière de la maison au moment où le contrat est souscrit ; les caves et fondations font partie de cette valeur, ainsi que les murs de clôture reliés aux bâtiments. Le terrain n'est pas compris. La somme à assurer sur une maison est donc facile à déterminer. Si on ne la connaissait pas, il suffirait de faire établir par un architecte la valeur à neuf de l'immeuble à assurer, en en déduisant le tantième que représenterait sa vétusté (différence du neuf au vieux) on aura la somme réelle à assurer.

En pratique, on néglige les fractions inférieures à mille francs, ou on les compte en chiffres ronds de mille francs, le prix de l'assurance étant calculé par sommes de mille francs.

Bien que l'on n'ait aucun bénéfice à assurer une chose plus qu'elle ne vaut, il est préférable, pour les affaires de maisons, de rester plutôt en dessus qu'au dessous de leur valeur, le prix de la main-

---

(1) C'est-à-dire la somme à payer en échange de l'éventualité du remboursement des dégâts d'un incendie.

d'œuvre étant sans cesse en progression, et la prime d'assurance étant excessivement modique.

RÈGLE PROPORTIONNELLE.

La base de l'assurance étant la valeur totale entière de l'objet qui fait l'aliment du contrat, au moment où ce contrat est souscrit, il peut arriver que ce grand principe fondamental de l'assurance soit violé d'une façon ou de l'autre, c'est-à-dire par une majoration ou une réduction de la valeur réelle, dans l'assurance contractée.

Le premier cas a, comme inconvénient, le paiement d'une somme inutilement dépensée.

Le deuxième donne lieu à l'application de la règle proportionnelle. Voici le texte ordinaire des contrats d'assurances relatif à cette règle :

« Article.... Si la valeur des objets couverts par la police excède,
» au moment de l'incendie, la somme assurée, l'assuré supporte, à
» raison de cet excédant, sa part du dommage au centime le franc,
» de même qu'il profite, dans une proportion égale, du sauvetage. »

Un exemple : j'assure 30,000 fr. sur une maison qui en vaut quarante. Le feu détruit en partie cette maison. Les dégâts sont de 20,000 fr. L'assuré n'ayant fait couvrir que les 3/4 de la valeur totale est, dans ce cas, considéré comme son propre assureur d'un quart : je supporterai donc le quart de la perte, soit 5,000 fr. La Compagnie assurant 30,000 fr. sur quarante, soit les 3/4 de la valeur à assurer, paiera les 3/4 de la perte, soit 15,000 fr. Au lieu d'un dégât de 20,000 fr. supposons une perte de 4,000 fr. seulement : La Compagnie dira-t-elle à l'assuré, selon une erreur assez accréditée chez les paysans : votre immeuble vaut encore 36,000 fr., vous n'avez assuré que 30,000 fr., je ne vous dois rien ? Non, elle opérera dans ce cas, comme dans le précédent ; elle n'a droit qu'aux 3/4 du sauvetage, les 3/4 de 36,000 f., soit 27,000 f., elle aura donc à payer

3,000 fr. soit, comme antérieurement, les 3/4 de 4,000 fr., c'est-à-dire de la perte.

Un tel principe est équitable et son application est adoptée, acceptée et généralement comprise.

Il arrive parfois qu'une personne achète une maison, demeure, château, usine, un prix beaucoup moindre que la valeur réelle matérielle de cette maison, demeure, château ou usine. Doit-elle, dans ce cas, limiter son assurance à sa valeur d'achat ? Non, la base de l'assurance n'est pas modifiée, de sorte que la somme assurée sera plus élevée que le prix d'achat. Cette circonstance ne viciera pas le contrat, l'assureur qui le consentira ne saurait, en cas de sinistre, en exciper, du moment où l'incendie ne sera que l'aléa ordinaire couru, et non le fait volontaire de l'intéressé. Il est évident qu'il peut y avoir là un bénéfice pour l'assuré, mais c'est à l'assureur à ne pas souscrire son contrat sans se rendre compte de ce qu'il assure, et à prendre, s'il le juge convenable, des précautions contre une conséquence qui peut lui déplaire ; ces précautions seraient simplement d'exiger, si l'assureur se défie de l'assuré, le suspecte et l'assure quand même, l'emploi de l'indemnité à reconstruire.

Il semble, au premier abord, que cette façon de procéder pour l'assurance de l'immeuble acheté un prix inférieur à sa valeur réelle, lèse l'équité en ouvrant une porte à une fraude possible ; il n'en est rien quand on réfléchit que si le cas inverse se produit, c'est-à-dire si l'on assure un chiffre plus élevé que la valeur réelle, la Compagnie ne paie toujours que cette même valeur réelle matérielle au jour de l'incendie. La règle a donc sa réciproque qui l'affirme et la justifie.

EXCEPTIONS DES CAVES ET FONDATIONS.

Quelques personnes désirant ne pas assurer les fondations de leurs immeubles, les Compagnies admettent cette exception moyennant une clause manuscrite qui la spécifie et la limite, et une surtaxe appliquée à la prime de l'immeuble. Cette surtaxe est du dixième de cette prime avec un minimum de fractionnement à cinq centimes pour les immeubles ordinaires, et du vingtième pour les fabriques et usines. Les propriétaires d'immeubles dont les fondations sont baignées par l'eau, ou bien représentent une dépense considérable eu égard au restant de la construction, profitent généralement de cette facilité d'exception.

Voici la clause habituelle. Immeubles ordinaires :

« *L'assuré déclare qu'il excepte de l'assurance les caves* » *et fondations des bâtiments jusqu'au niveau de la cour* » *(ou de la rue)* ». Si le niveau du rez-de-chaussée coïncide avec celui du sol indiqué, on devra avoir soin, si telle est l'intention, d'ajouter : « *Cette exception comprend le dallage du rez-de-* » *chaussée* », autrement ce dallage ne rentrerait pas dans l'exception qui doit être limitée aux caves et fondations.

Immeubles dont les parties souterraines sont baignées par l'eau : « *L'assuré déclare qu'il excepte de l'assurance les fonda-* » *tions ou parties inférieures de l'immeuble, baignées par* » *l'eau, et ce, jusqu'au niveau moyen des eaux.* » Ce niveau moyen des eaux pouvant être difficile à déterminer, il est préférable de préciser la limite de l'exclusion, le point de départ de l'assurance, d'une manière indiscutable.

OBJETS-MOBILIERS.

Même base de l'assurance que celle des immeubles. Par mobilier d'habitation, on entend les lits, linge, effets d'habillements, glaces, celles non encastrées dans les boiseries, c'est-à-dire non immeubles, pendules, ornements, bijoux, argenterie, dentelles, châles, cachemires, tableaux, meubles, vins, provisions de ménage, enfin tout ce qui meuble une habitation et est affecté à la vie de l'habitant en principal, ou en accessoires tels que les instruments de musique, les outils de sa profession ou de son agrément. Même obligation d'assurer la totalité de son mobilier, sous peine d'être exposé à subir l'application de la règle proportionnelle.

Les Compagnies, ou du moins la généralité des Compagnies, pour faciliter la constatation des pertes, ont l'habitude d'assurer, par un article spécial, les valeurs mobilières suivantes : argenterie, bijoux, dentelles, cachemires, livres, tableaux et objets d'art excédant la proportion ordinaire qu'on rencontre dans tout mobilier.

Lorsque l'on fait l'assurance de son mobilier en entrant en ménage, cela est facile ; on possède un point de départ exact, les notes des fournisseurs ; il n'y a plus ensuite qu'à augmenter ou réduire son assurance, selon que l'on accroît ses choses mobilières ou qu'elles restent stationnaires, cas auquel elles se déprécient par l'usage, compte tenu néanmoins des vins qui, au contraire, augmentent de valeur. En pratique les fixations des sommes à assurer sur mobilier sont un peu faites à la légère. On comprend qu'une estimation faite par commissaire-priseur serait une excellente base déterminative de la valeur à assurer, mais les expertises, relativement au prix de l'assurance, l'augmentent tellement que peu de personnes ont recours à ce moyen. L'habitude est donc de faire soi-même son estimation. Dans cette espèce comme dans la précédente (immeubles) je conseillerai d'être plutôt large que serré dans l'évaluation de la somme à garantir afin d'éviter l'application de la règle proportionnelle et, chaque fois que l'on sera embarrassé, de recourir à un expert habitué, afin d'avoir un travail complet et vrai. On fera bien de faire une copie de cette estimation et de la confier à un ami, afin qu'en cas de sinistre chez soi, on puisse plus facilement la retrouver.

Voici, lorsque l'on traite avec les Compagnies qui demandent une énumération, le modèle de rédaction à adopter pour être bien garanti : « tant sur mobilier consistant *généralement* en lits, linge,
» effets d'habillements (des maîtres et domestiques) glaces, pendules,
» ornements, meubles, vins, provisions de ménage, existant ou
» pouvant exister dans les différents locaux d'une maison sise, etc…
» et de ses dépendances. »

S'il y a chevaux et voitures, ajouter après les mots vins : « che-
» vaux, voitures, harnais et leurs accessoires » et après ceux provi-

» sions de ménage, mettre « et d'écurie ». « Dans cette somme, les
» bijoux, argenterie, dentelles, cachemires, tableaux, objets d'art,
» sont compris pour celle de... »

Une rédaction préférable serait celle-ci : *Tant sur mobilier et
contenu de la maison.... et dépendances.*

Aucune omission ne serait possible, si d'un côté les Compagnies
perdaient, avec cette rédaction, les bonis que l'ancien mode procure,
quelquefois, par ses omissions ; d'un autre côté elles y gagneraient
comme compensation une prime plus élevée en total. En effet, bien
des gens ont encore l'idée de restreindre leur assurance mobilière en
n'y comprenant pas certaines choses qui leur paraissent, à tort le
plus souvent, inutiles à assurer. Cette rédaction ne permettrait pas
ces exceptions. L'indemnité, en cas de sinistre, serait entière ; entière
également serait la prime.

EXCEPTIONS.

Les exceptions de l'assurance mobilière des vins en cave, de l'argenterie et des bijoux, sont acceptées moyennant une surtaxe de
15 °/₀ sur les primes du mobilier. Quelques Compagnies même les
tolèrent sans surtaxe, parce qu'elles intéressent davantage l'assuré
à l'évitement des incendies.

Ces exceptions sont une mauvaise économie ; il est bien préférable,
sous tous les rapports, de ne pas les rechercher, car dans un grand
nombre de sinistres, sinon dans tous, les avaries que subissent l'argenterie, les bijoux et les vins, constituent une perte très-sensible,
ensuite, lorsqu'il y a une exception, les frais de déblaiement, sauvetage, recherches, etc. ; relatifs aux objets exceptés, sont naturellement à la charge de l'assuré, de sorte qu'en réalité l'économie minime
de prime réalisée est plus qu'absorbée.

MOBILIERS PROFESSIONNELS.

Les personnes des différents corps d'état, au lieu de spécifier leur
mobilier, doivent employer les termes suivants : « Tant sur le mobi-

» lier et accessoires dont elles se servent ou peuvent se servir pour » l'exercice de leur profession. » Cette définition générale permet ainsi de voir compris dans l'assurance des objets qui, quelquefois, ne sont qu'accidentellement introduits dans l'atelier, le magasin ou la boutique.

BESTIAUX.

La foudre atteint souvent les bestiaux au pacage ou en route, il est conforme à ses intérêts de faire introduire dans le contrat la clause suivante : « *L'assurance contre la foudre suivra les bestiaux dans les champs et sur les routes.* »

HÔTELIERS.

L hôtelier fera toujours bien, afin de ne pas perdre sa clientèle, de faire ajouter à l'assurance de son mobilier la clause suivante : « *Dans* » *cette somme sont compris les effets d'habillements, objets,* » *marchandises appartenant aux voyageurs.* »

ENTREPRENEURS.

Très-fréquemment les entrepreneurs omettent de faire comprendre dans l'assurance des bâtiments qu'ils édifient ou des travaux qu'ils effectuent, les objets mobiliers et matériels d'eux-mêmes et de leurs ouvriers ; les mots usuels « matériaux à pied d'œuvre » ne les comprennent pas . Il est indispensable de faire un article spécial : « *Tant sur le mobilier et le matériel de l'entrepreneur et* » *de ses ouvriers dans l'immeuble assuré et l'enceinte des* » *travaux.* » Bien entendu l'entrepreneur peut ne stipuler que pour ce qui le concerne personnellement.

Il peut aussi, au lieu de faire comprendre le matériel transporté dans chaque immeuble, dans l'assurance dudit immeuble, faire une assurance spéciale audit matériel d'une façon qui embrassera tous les cas.

« *Tant sur matériel de sa profession assuré soit dans*
» *son habitation particulière, soit dans les travaux et*
» *constructions qu'il entreprend dans n'importe quelle*
» *localité.* »

MATÉRIELS ET MOBILIERS D'AUTRUI EN RÉPARATION.

Les personnes qui exercent différents corps d'état tels que, principalement les serruriers, zingueurs, constructeurs, mécaniciens, brossiers, chaisiers, fabricants de parapluies, décorateurs, tapissiers, forgerons, lampistes, ferblantiers, maréchaux-ferrants, plombiers, tonneliers, bijoutiers, fabricants d'instruments de musique, orfèvres, etc. ; doivent veiller à faire insérer dans leur contrat la clause suivante :

« *L'assuré agit en ce qui concerne les matériel, mobilier*
» *ou marchandises, tant pour son compte que pour celui de*
» *qui il appartiendra.* »

De cette manière les objets-mobiliers, matériel ou marchandises de leurs clients, qui peuvent, au moment d'un sinistre, se trouver chez elles, seront garantis et remboursés, en cas de destruction, à leurs propriétaires. Elles s'éviteront ainsi, moyennant un supplément de valeur assurée, souvent insignifiant, la perte de leur clientèle et des procès toujours onéreux.

MARCHANDISES.

La base de l'assurance pour les marchandises est définie dans toutes les polices par ces mots : « Les marchandises seront estimées au cours du jour du sinistre. »

C'est donc également le cours du jour qui doit fixer la valeur à assurer, sauf à la majorer un peu, si l'on prévoit de la hausse, afin d'éviter là, comme pour les immeubles et les mobiliers ou matériels, l'application de la règle proportionnelle.

MARCHANDISES A AUTRUI.

Les manufacturiers à façon, les ouvriers à façon, les négociants qui peuvent conserver quelquefois des marchandises vendues , les blanchisseurs de linge , les relieurs , brocheurs , les marchands de fourrures , les imprimeurs , etc., devront, pour les motifs déjà indiqués, énoncer dans la police que « *les marchandises sont assurées* » *pour leur compte et celui de qui il appartiendra.* »

MARCHANDISES EN FABRICATION.

Le point de départ est la matière, qui a toujours un cours ; on y ajoute les frais de manutention, afin d'arriver à un prix de revient, qui devient alors la base de l'assurance. L'assurance doit être faite largement afin d'obvier toujours à l'application de la règle proportionnelle.

EXCEPTIONS.

Les exceptions d'assurances des parties de marchandises d'un même établissement ne sont pas à conseiller. La majorité des Compagnies ne les admet pas. Elles ne sont praticables qu'envers des marchandises placées dans des locaux parfaitement distincts et séparés et ne pouvant, lors d'un incendie, se trouver réunies par suite de l'effondrement des murs avec celles assurées.

Néanmoins, dans les rares contrats où les intéressés en stipulent, ces derniers devront, après une désignation bien complète des marchandises exclues, faire ajouter: « *Il est entendu que la Com-* » *pagnie sera également responsable de tout sinistre com-* » *muniqué par l'incendie des marchandises exclues de l'as-* » *surance.* »

CONSIDÉRATIONS GÉNÉRALES SUR LES EXCLUSIONS.

Dans l'origine des assurances , les primes étant relativement élevées, des usages d'exceptions s'étaient généralisés, ainsi on restait son assureur fréquemment des générateurs, des moteurs, de leurs massifs des ateliers de presses, de turbines, de machines continues à faire le papier, des rouleaux à impression, des cuves en terres, des citernes à mélasses, des fers bruts, etc., etc. ; quelquefois de certains bâtiments voûtés, isolés ou tangents, de certaines parties de marchandises en caves ; il y avait là, évidemment, une économie, mais à côté un inconvénient moral et matériel. L'inconvénient moral est celui-ci : Lorsqu'un sinistre arrive et qu'il menace les objets non-assurés, quelle sera la conduite du propriétaire desdits objets ? Évidemment il a un intérêt primordial à ce que les pompiers, les sauveteurs, laissent brûler les parties assurées pour ne s'occuper que de celles dont il est lui-même l'assureur, c'est-à-dire non assurées. Cette situation déplaît à la nature généreuse de l'homme, de sorte que, dans la plupart des cas, l'assuré se sacrifiera lui-même, afin que ni lui-même, ni personne, ne puisse lui faire le reproche d'avoir, en un instant si grave, songé à ses intérêts. L'inconvénient matériel est la perte possible à subir, et ensuite la part qui incombe à l'assuré dans les frais de sauvetage de déblaiement afférents aux objets non-assurés, les difficultés qui peuvent naître d'une exception mal définie ou comprenant des objets que le désastre a réunis à ceux assurés, d'un déblaiement maladroit, etc., et surtout de l'imprévu.

Aujourd'hui les exclusions d'assurances deviennent de plus en plus rares, à cause de la faiblesse des primes ; nous ne pouvons que conseiller de les éviter à tous les points de vue.

MATÉRIELS D'USINES.

L'estimation de la valeur vénale d'un matériel industriel, valeur qui, étant celle à payer lors d'un incendie, est également celle à assurer, est une des choses les plus difficiles. Lorsqu'il s'agit de machines neuves, le point de départ est le prix de facture grevé des accessoires de transport, montage, etc., ensuite chaque année, on amortit ce prix d'une dépréciation qui varie entre 2 et 5 $^0/_0$. Bien qu'une machine qui a travaillé puisse rendre au propriétaire les mêmes services qu'une machine neuve, néanmoins elle n'a plus la même valeur que la neuve, il y a là forcément une perte de valeur dont il faut tenir compte.

Les usiniers qui n'ont pas ce point de départ, qui sont devenus, par suite d'achat, propriétaires de matériels dont ils ne connaissent pas exactement la valeur vénale, trouveront la base d'assurance cherchée en le faisant estimer par un expert habitué aux réglements des sinistres d'incendie. Cette opération, une fois faite, n'aura plus besoin d'être répétée ; ils la prendront comme justification de la somme assurée et la feront ensuite varier selon les modifications en plus ou en moins, qu'ils feront subir à leur outillage.

DES CHOSES QUE LES COMPAGNIES NE COMPRENNENT PAS DANS LES CONTRATS D'ASSURANCE.

Il est indispensable que les assurés sachent ce que les Compagnies d'assurances actuelles ne renferment pas sous leur garantie.

Les Compagnies n'assurent pas : 1° Les titres de toute nature, les monnaies fiduciaires ou métalliques ;

2° Les diamants, pierreries et perles fines, les lingots, les médailles, à moins que ces valeurs ne fassent l'objet d'un article spécial du contrat, accepté par l'assureur ;

3° Les dégâts d'incendie ou autres, occasionnés par guerre, invasion, force militaire, émeute, volcans, tremblements de terre, trombes et ouragans ;

4° Les pertes résultant : du chômage, du changement d'alignement, de la résiliation des baux et défaut de location ou de jouissance qui peuvent être la conséquence d'un incendie (1), de la destruction de livres d'études ou de renseignements précieux acquis à prix d'argent ;

(1) Il y a quelques compagnies qui assurent maintenant le chômage et les pertes de loyer moyennant un supplément de prime à ajouter à la prime de l'assurance contre l'incendie.

5° Les pertes résultant de la disparition ou du vol des objets qui se trouvent ou se trouvaient dans les immeubles incendiés;

6° Les pertes des objets rares ou précieux, tels que dentelles, cachemires, bijoux, argenterie, tableaux, œuvres d'art non désignés spécialement dans le contrat ;

7° Les dégâts, sans incendie, qui peuvent être le fait de l'explosion de la foudre, du gaz, ou des appareils contenant de la vapeur, s'il n'en est pas fait une mention expresse dans le contrat avec stipulation du paiement de la surtaxe de prime afférente à la garantie de ces risques accessoires ;

8° Les combustions spontanées des fumiers, des charbons, des étoffes, laines et soies, des graines, dues à la fermentation des matières, provenant du vice propre de la chose.

9° Enfin, les dégâts sans incendie, qui peuvent être le fait de l'explosion de produits chimiques, poudres, dynamites, amorces, capsules, mélanges détonnants formés par des gaz autres que celui de l'éclairage au gaz.

Indiquer ces exceptions, c'est indiquer à la fois le moyen de les éviter, en ce qui concerne les paragraphes 2°, 6°, 7°, 8°. Quant à ceux 1er, 3°, 4°, 5°, 9°, les Compagnies, sauf ce qui a été dit (1), n'ont pas jusqu'à ce jour osé les placer sous leur garantie, parce que ces risques constituent, les uns, une force majeure contre laquelle la prévoyance humaine ne peut rien ; les autres, un abandon de l'intérêt à la conservation de la chose assurée, immoralité qui ébranle le fondement même de l'institution des assurances, institution qui ne peut reposer que sur l'aléa des incendies dégagé de toute circonstance qui pourrait le vicier ou modifier son caractère éventuel indépendant de toute intention.

On se demande souvent pourquoi les Compagnies ne comprennent

(1) Voir la note de la page 17.

pas sous leur garantie, sans qu'il soit besoin d'en faire l'objet d'une mention spéciale, les dégâts du paragraphe 7 ci-dessus. L'explication en est que ces risques accessoires à l'incendie n'ont été admis sous la garantie des Compagnies que postérieurement à la création de ces dernières, qu'ils nécessitent une surtaxe spéciale, de sorte qu'une Compagnie qui les confondrait dans ses contrats, obligée de demander la taxe entière, additionnée de la surtaxe, paraîtrait être plus chère que les autres. En outre il y a des immeubles où le gaz n'étant ni dans la maison ni dans la rue, il n'y a pas lieu d'en assurer l'explosion ; d'autres qui n'ont pas d'avantage à craindre l'explosion des appareils à vapeur, ceux-ci n'existant ni chez eux ni dans leur voisinage.

Quant à la foudre, c'est-à-dire aux dégâts sans incendie que peut occasionner ce fléau, il existe également des personnes qui pensant, à tort ou à raison, n'avoir rien à redouter de ce risque, préfèrent ne pas le comprendre dans l'assurance, bien que la surtaxe en soit très-modique, 10 centimes pour mille francs des valeurs assurées dans le contrat contre l'incendie.

DES DÉCLARATIONS QUE L'ASSURÉ DOIT FAIRE A L'ASSUREUR.

Il ne suffit pas que l'assuré ait souscrit un contrat d'assurance en ayant égard pour l'évaluation aux règles ci-dessus, il faut encore qu'il maintienne à son contrat toute sa valeur, en en exécutant les prescriptions ; pour faciliter cette exécution, je crois plus simple d'énumérer les cas qui motivent de la part de l'assuré une déclaration à faire à l'assureur.

RISQUES SIMPLES (1).

1° Etablissement de meules de récoltes, de lins, de paillassons à

(1) On entend par risques simples tout ce qui ne constitue pas une usine, une manufacture.

moins de 30 mètres des bâtiments assurés ou contenant les choses assurées.

2° Etablissement de meules de fagots, cotrets, écorces à moins de 10 mètres des bâtiments assurés ou contenant les choses assurées.

3° Création de chantiers de bois de construction ou à brûler à moins de 5 mètres des risques assurés.

4° Introduction d'une machine à vapeur à battre les récoltes dans l'intérieur de la ferme assurée ou à moins de 30 mètres des meules ; battage mécanique des récoltes (1).

5° Introduction dans des bâtiments de simple habitation, d'un commerce, d'une profession, de marchandises ou matières augmentant les risques (2).

Pour rendre l'exécution de cette déclaration plus facile, nous pouvons dire qu'il faut faire connaître à l'assureur l'introduction de toute opération faite mécaniquement. Quant à celles manuelles, voici celles qui sont considérées par les assureurs comme augmentant les risques :

PROFESSIONS AUGMENTANT LES RISQUES.

PREMIÈRE SÉRIE.

Abattoirs.	Cannes et parapluies.
Bains publics sur le sol.	Cercles. — Salles de bal.
Blanchisseurs (petits) de linge.	Cartonniers.
Blanchisseurs (grands).	Charcutiers.
Boisseliers.	Charrons.
Brossiers, sans fabrication.	Chaussures ou cordonniers.
Bonneteries (non fabricants).	Cloutiers.
Cabaretiers. — Estaminets.	Confiseurs (non fabricants).
Cafés. — Restaurants.	Décorateurs sur porcelaine.

(1) Chose jugée. Tribunal de première instance de Rouen, 9 décembre 1863.

(2) L'introduction non déclarée d'un baril de pétrole, dans un magasin, entraîne la déchéance ; chose jugée, Cour d'appel de Rouen, 24 mai 1870.

Doreurs sur métaux.

Fripiers , objets de toilettes , bric-à
brac.

Fondeurs de cuivre , d'étain et de
caractères, sans moteurs.

Forgerons.

Fourrures (marchands de).

Gantiers.

Hôtels.

Lampistes-ferblantiers.

Lavoirs.

Logeurs en garni.

Luthiers.

Maréchaux-ferrants.

Meubles (marchands de).

Nouveautés.

Papetiers (marchands), papiers peints
sans fabrication.

Passementiers.

Pâtissiers.

Plombiers.

Plumassiers et apprêteurs de plumes.

Poêliers.

Quincailliers.

Relieurs.

Serres chaudes.

Serruriers-Mécaniciens.

Selliers-Carrossiers (marchands).

Tapissiers, ameublement sans réparations.

Teinturiers-Dégraisseurs (petits).

Tisserands, ayant au plus 5 métiers.

Tonneliers.

Traiteurs.

Vanniers.

Vins (marchands de vins au détail).

DEUXIÈME SÉRIE.

Assembleurs sans brochage.

Bouchons (marchands de).

Brocheurs-Assembleurs.

Casernes.

Carrossiers, non fabricants.

Cirques.

Charbonniers (petits marchands).

Chamoiseurs.

Chevaux (marchands de).

Commissionnaire de roulage.

Cordiers.

Filets de pêche.

Grainetiers-Herboristes.

Jouets d'enfants avec amorces.

Manège d'équitation.

Sabotiers.

Tourneurs, Sculpteurs en bois.

Tanneries sans moulin dont le contenant et le contenu ne dépassent
pas 15,000 fr.

TROISIÈME SÉRIE.

Ameublement avec réparation.

Aubergistes.

Armuriers-Artificiers.

Balais (gros ou détail).

Boulangers.

Chaisiers.

Couleurs (marchands de).

Chevaux de bois.

Déballages.

Docks.

Droguistes.
Ébénistes sans scierie.
Emballeurs.
Entrepreneurs de voitures publiques.
Entrepôts ou magasins publics.
Epiciers.
Lithographes sans moteur.
Loueurs de voitures.
Marchands de fourrages autres que ceux fournissant la troupe.

Magnanerie.
Menuisiers.
Nourrisseurs.
Photographes.
Pharmaciens.
Postes aux chevaux.
Récoltes, ailleurs que dans les fermes ou granges.
Typographes sans moteur.

QUATRIÈME SÉRIE.

Ecanguage ou teillage manuel de lin, chanvre.

Peignage de lin ou chanvre.
Nettoyage de déchets.

MARCHANDISES DONT LA PRÉSENCE DOIT ÊTRE DÉCLARÉE A L'ASSUREUR ET MENTIONNÉE AU CONTRAT.

Marchandises hasardeuses.

Brai.
Chardons, écorces, cotrets.
Charbonnages.
Engrais.
Décors sans ateliers.
Fagots.
Fosses à charbons.
Goudron.
Graisses.
Huiles végétales.

Lins, chanvre, teillés dans un bâtiment ne dépendant pas d'usine, avec une proportion ne dépassant pas 20 %.
Liqueurs.
Os.
Résine.
Soufre raffiné ou sublimé.
Suif.
Tonneaux vides, cercles.
Tourbes.

Marchandises doublement hasardeuses.

Acide sulfurique et chlorhydrique.
Aniline.
Déchets non gras.
Esprits.
Étoupes (premières).
Eau-de-vie.
Essences, sauf celles de pétrole.
Graines de betteraves.

Lins, chanvres bruts (à teiller), sans teillage manuel ou mécanique (voir ci dessous).
Paraffine.
Produits chimiques explosibles ou inflammables.
Térébenthine.
Vernis.

Marchandises très-dangereuses.

Allumettes chimiques (1).   Dynamite.
Aldéhyde.   Encens (petites fabriques).
Acide nitrique fumant.   Ether.
Amorces.   Ouates, sans fabrication.
Benzine, nitro-benzine, naphtes et   Pétroles, schistes et similaires.
    similaires.   Phosphore.
Collodion.   Poudre à tirer, autre que celle néces-
Chiffons.   saire à la chasse ou au tir personnel.
Déchets de laines, d'étoupes.   Poudre de mine.
Décors de théâtre avec ateliers.   Sulfure de carbone.

Il est donc indispensable à l'assuré de prévenir son assureur lorsqu'un des commerces, ou une des marchandises ci-dessus sont introduits dans les lieux assurés et ce, préalablement à l'introduction. Cette déclaration doit se faire par écrit et en échange l'assureur remet un acte additionnel au contrat appelé *avenant*. L'assureur ayant le droit, lors de cette déclaration, de résilier le contrat, l'assuré ne se trouve en règle que lorsqu'il a entre ses mains, signé de l'agent ou de la Compagnie, l'avenant dont il est parlé. Cette observation s'applique d'une façon générale à tous les paragraphes de ce chapitre, qui précèdent comme à tous ceux qui suivent.

6° Transformations de maisons d'habitation en fermes, magasins, entrepôts.

7° Montage d'un matériel dans un risque assuré en construction comme bâtiment vide.

8° Construction d'usines dans le voisinage immédiat des bâtiments ou objets assurés.

9° Voisinage de dépôts, chargements ou déchargements d'huiles ou essences minérales ; sur les ports ou quais avoisinants, lorsqu'il s'agit d'assurances de bateaux et navires.

(1) Tribunal civil d'Épinal, 12 avril 1877. — Déchéance pour introduction de fabrique d'allumettes même ne fonctionnant pas lors de l'incendie.

10° Installation dans les immeubles, de séchoirs, étuves, chauffés par des poêles ou calorifères.

11° Mélange de marchandises hasardeuses à des marchandises simples ou moins dangereuses.

12° Généralisation du négoce de déchets, lorsqu'il n'est indiqué dans la police que comme un accessoire.

13° Débit de pétrole ou schiste lorsque la police ne le mentionne pas.

14° (1) Dépassement de la tolérance de la proportion de marchandises hasardeuses ou doublement hasardeuses accordée dans la police. C'est-à-dire que : « Lorsqu'une police concède à l'assuré une tolé-
» rance de 10 %, sur marchandises assurées, à raison des marchan-
» dises hasardeuses, qui peuvent se trouver parmi elles, l'assuré ne
» peut excéder cette quantité sous peine de déchéance. »

15° Remplacement de murs ou de toitures en dur par des murs en torchis, bois, pisé, ou des toitures en chaume, bois, papier bitumé, asphalte.

16° Introduction de fourrages autres que la provision nécessaire à l'écurie ; de lins, chanvres, jutes, étoupes dans le risque assuré.

17° Création d'une écurie communiquant avec un magasin de marchandises, ou placée à l'étage inférieur.

18° Ecanguage, espadage, teillage de lins ou chanvre, dans les locaux assurés.

19° Construction mitoyenne de bâtiments couverts en chaume ou en mixte, construits en bois ou en mixte ; ou à moins de 5 mètres des risques assurés (2).

20° Etablissement à nouveau, chez l'assuré ou chez l'un des voisins des immeubles assurés, d'un des commerces ou magasins

(1) Jugement du Tribunal de Béziers, 31 mai 1865. — Cour d'Appel de Rennes, 14 août 1872.

(2) Cette dernière déclaration est inutile vis-à-vis les Compagnies qui ne fixent pas de minimum de distance séparative.

faisant l'objet des risques désignés ci-dessus, ou remplacement d'un des commerces d'une série par ceux d'une série plus élevée, d'un des magasins, soit de matières ou marchandises simples ou hasardeuses par ceux contenant des marchandises hasardeuses ou doublement hasardeuses, soit de celles de cette dernière catégorie par celles très-dangeureuses.

21° Introduction dans un bâtiment occupé par l'assuré seulement, d'ouvriers batteurs de blé ou teilleurs de lin, travaillant pour le compte de diverses personnes étrangères à l'assuré.

22° Location d'un magasin de marchandises occupé par une seule personne, à d'autres personnes qui y déposent également des marchandises, ce qui constitue un entrepôt et en rend la prime applicable.

23° *Changement d'éclairage.* — Pour tout ce qui n'est pas usine ou profession exercée à l'aide d'un moteur mécanique, le genre d'éclairage n'influe pas sur la prime et conséquemment, n'étant pas indiqué au contrat, peut à volonté être le gaz, le pétrole, l'huile ordinaire ou de schiste, la chandelle, la bougie. Il est donc inutile de prévenir l'assureur du changement que l'on peut apporter au mode employé lors de la souscription du contrat, lorsqu'il ne s'agit pas d'usine, à moins qu'il ne soit déclaré dans le contrat qu'il n'y a pas d'éclairage, ou que l'éclairage est de tel ou tel mode.

Néanmoins l'assuré ne devra pas négliger les précautions ordinaires que tout chef de famille doit observer pour éviter les accidents car lorsque l'assuré commet ce que la loi appelle « *Faute Lourde* » les compagnies d'assurances refusent toute indemnité.

24° La faute lourde est plus qu'une imprudence : C'est une imprudence grossière, c'est une incurie énorme et exceptionnelle, un défaut absolu de surveillance, une négligence évidente que l'on ne commettrait pas si l'on n'était pas assuré ; c'est en un mot, un excès de négligence ou d'imprudence. Toute personne doit apporter à la conservation de la chose assurée les soins d'un bon père de famille, ce serait une erreur de croire qu'il suffit d'être assuré pour être dispensé de suivre les règles élémentaires de la prudence la plus vulgaire, ou pour. enfreindre les lois ; l'assurance, dans de telles conditions, serait contraire aux bonnes mœurs et à l'ordre public.

EXEMPLES DE FAUTE LOURDE.

1. Absence complète de surveillance et de moyens de secours dans les locaux contenant des matières très-inflammables et en grande quantité (1).

2. Inobservation des dispositions légales indiquant ce qu'il y a à faire ou ce dont on doit s'abstenir pour éviter l'incendie.

3. Inexécution des règlements de police sur la réparation des bâtiments, le ramonage des cheminées, des fours, etc.

4. Violation des défenses faites à toutes personnes de porter ou d'allumer du feu dans les forêts, landes et bruyères.

5. Inobservation des dispositions qui fixent la distance à laquelle on peut allumer du feu dans les champs, des mesures qui règlent la manière de tirer des pièces ou feu d'artifice.

6. L'action de laisser tourner à vide, abandonné à lui-même, un moulin à moudre blé, huile, tan ou autres substances.

7. Celle de placer une locomobile à battre les récoltes à moins d'une distance raisonnablement suffisante des meules ou des bâtiments pour empêcher que les étincelles de ladite machine ne les enflamment (2).

8. Allumage de grands feux dans des appartements, remplis ou non de matières inflammables (3), que l'on fermera à clef sans y pénétrer de longtemps, sans avoir eu la précaution de placer devant les foyers des gardes-feu en tôle ou toiles métalliques.

(1) Chose jugée, Tribunal civil de Rouen, 9 décembre 1863 ; locomobile placée à 10 mètres d'une meûle.

(2) Cour d'appel de Paris, 7 janvier 1875

(3) Tribunal civil de Lyon, 28 décembre 1876.

9. Installation d'un poêle ou d'un foyer découvert dans une grange remplie de récoltes.

10. Action de faire chauffer à feu nu du goudron, des essences, des matières inflammables ou dont les vapeurs prennent feu au contact des foyers, dans des chambres ordinaires non disposées à cet effet, ou dans des magasins de marchandises.

11. Fabrication chez soi de la poudre ou toute autre substance détonnante et explosible ailleurs que dans un laboratoire assuré ad hoc.

12. Placer des récoltes, même provisoirement, dans une chambre à coucher où l'on peut faire du feu et introduire de la lumière.

Il est difficile de citer tous les cas de faute lourde, ces exemples suffiront pour apprécier, par analogie, les faits semblables.

25° Changement de domicile, ou transport des objets assurés dans un local autre que celui désigné au contrat.

Il est de toute nécessité d'informer l'assureur de son changement de domicile avant qu'il soit effectué, ainsi que du transport des objets assurés d'un endroit dans un autre, car l'assurance ne continuera son effet que si un avenant est dressé pour consacrer la mutation. L'assureur pouvant, lors de cette circonstance, comme lors de toute déclaration d'aggravation de risques, résilier le contrat ou le continuer avec ou sans modification, il faut qu'il soit mis à même d'apprécier et d'opter. D'un autre côté s'il devait résilier, on se trouverait pris au dépourvu si l'on avait attendu la veille ou le jour du transfert; un sinistre pourrait arriver pendant l'emménagement, facilité qu'il serait par le désordre qui accompagne cette circonstance, il est donc indispensable d'aviser l'assureur au moins huit jours à l'avance et de presser la solution.

Si le déménagement ou le transport, au lieu de se faire dans la même journée, demande plus de temps, il faut avoir soin de faire insérer dans l'avenant que « *les objets ou marchandises sont* » *garantis tant dans les anciens locaux que dans les nou-* » *veaux pendant un laps de temps de...* »

RISQUES INDUSTRIELS. — AGGRAVATION DE RISQUES.

1 . Emploi de l'éclairage au pétrole, au schiste, ou autres huiles essentielles similaires, au lieu du gaz ou de l'huile végétale.

2 . Substitution de l'éclairage par l'huile végétale , à l'éclairage au gaz.

3 . Installation d'un éclairage lorsque la police mentionne qu'il n'y en a pas.

4 . Remplacement de l'éclairage extérieur par un éclairage intérieur.

5 . Remplacement de l'absence de chauffage ou du chauffage à vapeur ou eau chaude, par un chauffage à air chaud ou par poêles, braseros, calorifères ou chaufferettes.

6 . Installation de poêles ou calorifères non-inscrits au contrat.

7 . Addition aux filatures indiquées comme sans préparations, d'ateliers de préparations tels que peignerie, carderie, battage, brisage, louvetage, nettoyage ; même d'une seule de ces machines.

8 . Introduction de séchoirs à air chaud ou à vapeur, étuves, serres chaudes.

9 . Réunion dans le même bâtiment d'ateliers autrefois séparés, passibles de primes diverses.

10 . Mise en activité d'un matériel assuré simplement en montage, ou remise en activité d'une usine ou d'ateliers assurés en chômage.

11 . Addition d'étages, de greniers, de soupentes, à des locaux à simple rez-de-chaussée ou à étage ; utilisation de greniers auparavant sans emploi.

12 . Construction de caves ou sous-sols à des immeubles n'en ayant pas (1).

13 . Immixtion dans l'industrie exercée d'une autre industrie.

---

(1) Aujourd'hui les caves ou sous-sols ne comptant plus dans le calcul de la prime, l'oubli de l'indication de cette addition n'entraînerait pas de déchéance, mais l'assureur pourrait refuser de payer le contenant et le contenu de ces annexes.

14. Mélange de coton à la laine ou au lin et réciproquement.

15. Adjonction de machine à vapeur dans un bâtiment passible d'une prime moindre que 1 fr. ou bien dans un bâtiment où le travail était manuel.

16. Construction, dans le voisinage ou la contiguïté des bâtiments de l'usine, d'autres usines.

17. Installation d'un appareil dit : Economiser ou similaire.

18. Conservation de balayures de déchets ou torchons gras dans l'intérieur des bâtiments de l'usine.

19. Percement d'une porte, d'une fenêtre, dans un mur monturier n'ayant précédemment aucune ouverture.

20. Etablissement d'une communication là où il n'y avait qu'une contiguïté sans communication.

21. Suppression d'un mur dépassant les toitures.

22. Etablissement de générateurs supplémentaires.

23. Substitution de papillons à air libre à des becs renfermés dans des lanternes, si la police fait mention de cette dernière circonstance.

24. Introduction : 1° d'un nettoyage ou d'une bluterie dans un magasin de grains n'en mentionnant pas la présence ; 2° d'un assortiment de laine grasse dans une filature de laine sèche ou de cardé peigné.

25. Adjonction d'un nombre de paires de meules excédant celui désigné dans le contrat.

26. Remplacement d'une porte en fer ou doublée de tôle par une porte en bois, de plaques de fermeture en tôle ou fonte par des plan-ches, si le contrat désigne le métal employé ; d'un dallage par un plancher.

27. Transformation d'une industrie ou main-d'œuvre accessoire indiquée comme limitée aux produits de l'assuré, en industrie ou main-d'œuvre banale, c'est-à-dire affectée au public.

28. Teinture de matières autres que celles désignées ; par exemple substitution du coton, de la laine, à la soie, au fil de lin ou simi-laire (1).

____

(1) **Chose jugée. Tribunal civil de la Seine du 22 novembre 1867.**

29. Addition d'une fabrication complète là où il n'y avait que fabrication partielle ou réparation.

30. Introduction d'une autre industrie ou remplacement de celle existante par une plus dangereuse (1).

31. D'une scierie de bois secs, lorsque l'usine est assurée comme scierie de bois vert.

32. D'une scierie de placage et moulures, lorsqu'il est déclaré que l'on n'en scie pas.

33. D'une machine à broyer le bois.

34. Filature de déchets, lorsque la police porte seulement les mots : filature, suivi de ceux de la matière; lins, laines, soie, coton, étoupes.

35. Emploi de sulfure de carbone, ou corps similaire lorsque la police n'en parle pas, ou qu'il y est dit qu'il n'en est pas fait usage.

37 Dépassement pour le lubrifiage de la laine de la proportion d'huile stipulée au contrat.

38. *Théâtre* : Nombre de représentations limité, dépassé.

39. Dépassement notable pour certaines industries telles que les corroieries, tanneries, chamoiserie, de la valeur attribuée dans le contrat au contenant et contenu, lorsqu'il s'agit d'usines d'un chiffre de 15,000 fr. et au-dessous, sans y comprendre les magasins (2).

40. Rapprochement, par suite de reconstruction ou d'agrandissements, de magasins ou ateliers indiqués comme étant placés à distance déterminée, distance que ce rapprochement diminue.

41. Amas de fagots, bourrées, charbons de bois à moins de 10 mètres de l'usine au chauffage des fours de laquelle ils sont destinés.

42. Modifications dans le genre de constructions et de couvertures

---

(1) Cour d'Appel de Dijon. — Installation d'une scierie non déclarée dans un moulin, déchéance, 21 décembre 1875.

(2) En effet, la prime des usines de plus de 15,000 francs est supérieure à celle les usines de 15,000 francs et au-dessous.

de nature à substituer au dur du mixte, ou du bois ou chaume, bitume ou papier goudronné.

43. Introduction de torchettes de paille sous les toitures.

44. Introduction dans un atelier ou une dépendance de l'usine d'une ou plusieurs scies circulaires, d'ateliers accessoires tels que forges, réparations, menuiseries, constructions, fonderies.

45. Etablissement de laboratoires où l'on manipule les substances dangereuses, telles que sulfure de carbone, aldéhyde, acide nitrique fumant, alcool bouillant, mirbane et autres similaires, à moins de 20 mètres des ateliers de l'usine.

En réciprocité, les Compagnies diminuent les primes lorsque les risques deviennent moins dangereux : Cette réduction est due à partir du jour où l'amélioration est constatée et donne droit à une ristourne sur la prime payée d'avance, au prorata du temps restant à courir.

Les améliorations de risques sont l'inverse des aggravations, tels sont, par exemple, le remplacement du chauffages aux poêles par le chauffage à la vapeur, de l'éclairage à l'huile par l'éclairage au gaz, la suppression d'un ou plusieurs étages, la cessation du mélange de coton à la laine, le retrait des machines de préparations, une réduction dans le nombre de paires de meules, etc., etc.

Le chômage n'est pas considéré par les Compagnies comme une amélioration de risques ; néanmoins, à partir du retour de l'échéance annuelle de la prime, il donne droit à une réduction du tiers de la prime d'activité, abstraction faite du mode de chauffage et d'éclairage, c'est-à-dire que le tiers est calculé sur la prime d'activité de l'usine considérée comme non chauffée et non éclairée. De plus, les marchandises qui s'y trouvent ou peuvent y être placées s'assurent ad libitum pour 3 mois, 6 mois ou l'année.

On devra donc, lorsque le cas se présentera préalablement à l'échéance de la prime annuelle, en informer l'assureur, afin de bénéficier de la réduction ci-dessus et celui-ci délivrera un avenant comportant les stipulations nécessaires.

Les bâtiments entièrement vides de matériel sont assimilés, pour la prime, aux risques simples.

Un moteur d'une usine en chômage peut néanmoins tourner pour faire marcher une fabrique adjacente ou voisine, sans que pour cela la prime de chômage cesse d'être applicable, si le matériel entier de l'usine arrêtée, autre que le moteur, reste inactif.

Les Compagnies sont dans l'usage d'accorder une réduction de 20 0 ′0 sur les primes du tarif à toute assurance de bâtiments communaux, départementaux ou de l'Etat, théâtres et usines exceptés, à cause des dangers qu'ils présentent, mais y compris le contenu des musées et bibliothèques publiques, comme aussi aux établissements religieux et de bienfaisance.

26. Il est formellement nécessaire de faire connaître, lorsque l'on fait avec une Compagnie une opération d'assurance, les contrats déjà existants, car en cas d'oubli la Compagnie peut opposer à l'assuré une déchéance formelle. De même lorsqu'un contrat souscrit déjà, l'on vient à faire garantir par une autre société des augmentations, des additions, des constructions nouvelles, adjacentes, voisines ou communiquant à celles constituant l'aliment de ce premier contrat, il faut informer le premier assureur de cette nouvelle assurance. Celui-ci ayant le droit, lorsque pareille notification lui est faite, de résilier le contrat, (droit, il faut le dire, qu'il exerce rarement), il est nécessaire de faire une déclaration écrite immédiate. En pratique, lorsqu'il s'agit d'assurances de marchandises, cas où la co-assurance se produit le plus fréquemment, une simple lettre suffit. Néanmoins l'assuré qui veut faire les choses bien régulièrement et qui pense, à tort ou à raison, que l'avis qu'il donne de l'introduction d'un concurrent dans une affaire peut être mal reçu, doit copier la lettre d'information sur son copie de lettres, et la faire recommander à la poste avec avis de réception. La réponse à l'information est la délivrance à l'assuré d'un avenant relatant la nouvelle assurance ou la co-assurance et la continuation de la première.

Lorsque ces déclarations doivent devenir fréquentes, les Compa-

gnics acceptent, quelquefois, d'en dispenser les assurés. Dans ce cas
il est fait à la police un annexe ainsi libellé :

« *L'assuré est dispensé de déclarer les co-assurances*
» *qu'il fera, pendant la durée du contrat, aux marchan-*
dises, matières, etc., faisant l'objet de l'article ou des
» *articles... du contrat, mais il s'engage formellement,*
» *en cas de sinistre, à faire connaître et à communiquer*
» *tous les contrats d'assurances existant au moment du*
» *sinistre.*»

On comprend que cette dispense ne peut être accordée qu'à des
assurés d'une honorabilité parfaite, afin qu'au moment d'un sinistre,
tous les contrats faits avec des Compagnies bonnes ou mauvaises,
soient sincèrement et sans exception exhibés. D'ailleurs la dissimulation intentionnelle d'une assurance placerait son auteur sous le coup
d'une déchéance intégrale.

27. Le contrat d'assurance, lorsque tels sont les cas, doit indiquer : « que le terrain sur lequel repose l'objet assuré, ou partie de
ce terrain, n'appartient pas à l'assuré ; qu'il est sous le poids d'un
bail amphytéotique ; que les bâtiments sont destinés à être démolis ;
que le matériel doit être enlevé à l'expiration du bail ; que le bâtiment ou matériel, ou partie ou ensemble, doivent à l'expiration du
bail devenir la propriété du propriétaire du fonds, ou du bailleur,
ou d'une tierce personne, enfin que la chose assurée est grevée d'un
usufruit. » Il est bien indispensable de déclarer à l'assureur ces situations, car l'agent d'assurances ignorant ces circonstances n'appellera
pas l'attention de l'assuré sur elles, et celui-ci, en cas de sinistre, ne
saurait valablement arguer d'une réserve qui se comprend et qu'on
ne saurait blâmer.

28. L'assuré doit bien faire attention en signant son contrat si on
le fait agir avec la qualité qui lui est propre : propriétaire, locataire, mandataire, gérant, nu-propriétaire, usufruitier, acquéreur
ou vendeur à réméré, administrateur. C'est une mince précaution à

prendre, mais qui a son utilité afin qu'en cas de sinistre il n'y ait pas de difficulté, soit pour le règlement, soit pour le paiement.

29. Il va sans dire que, si une des circonstances relatées aux articles précédents vient à se présenter dans le cours du contrat, il est également de toute nécessité d'en faire la déclaration écrite à l'assureur et d'en demander acte par avenant à annexer au contrat.

Nous avons examiné et indiqué toutes les déclarations qui doivent être mentionnées au début ou dans le cours du contrat d'assurance, poursuivons notre travail par l'énonciation de ce qui reste à faire à l'assuré pour rendre inéluctable l'exécution de ce contrat.

PAIEMENT DE LA PRIME D'ASSURANCE.

La condition primordiale de cette exécution est le paiement de la prime d'assurance à son échéance. C'est en effet avec les primes d'assurances, qui représentent le prix de l'aléa du risque couru, que les Compagnies, soit à primes fixes, soit à cotisations variables, paient leurs sinistres et leurs frais, il est donc indispensable qu'elles perçoivent exactement les fonds qui les alimentent.

Bien que les tribunaux aient bien souvent admis que la prime était quérable par suite de l'habitude obligeante que les assureurs ont prise de la faire encaisser à domicile, et qu'en conséquence son non-paiement à l'échéance ne constituait pas un cas d'annulation ou de suspension de l'effet actif du contrat, sauf le cas d'avertissement légal, mise en demeure extra-judiciaire, lettre recommandée, ou équivalents, comme il y a eu également d'autres jugements décidant que les conditions des polices concernant le non-paiement des primes sont licites et la déchéance dans ces cas valablement opposable à l'assuré en cas de sinistre, il est conforme aux intérêts de l'assuré de ne pas être négligent sous ce rapport, et d'acquitter régulièrement à l'échéance la prime due. Les conditions des polices sont formelles et la jurisprudence varie trop souvent pour que l'on puisse compter sur elle. Un procès, même que l'on gagne, est une chose si onéreuse à tous les points de vue et si désagréable, que l'on doit tout faire pour l'éviter.

Les administrations communales ne pouvant payer leurs dépenses qu'au moyen de mandats émis sur les recettes municipales, ont l'habitude de faire insérer dans leur contrat d'assurance la clause suivante :

« *Il est entendu que les délais nécessaires pour ordon-*
» *nancer le paiement des primes sont accordés à l'assuré*
» *et que la Compagnie prend l'engagement de faire recevoir*
» *les primes au domicile qui sera indiqué.* »

Quelques manufacturiers, dont l'honorabilité et la solvabilité ne laissent rien à désirer, obtiennent également des Compagnies, pour les assurances de leurs usines, l'insertion ci-dessous :

« *Il est entendu que la prime sera encaissée à domicile*
» *et qu'il n'y aura déchéance pour non-paiement de prime*
» *qu'après constatation légale du refus d'acquitter la prime*
» *annuelle.* »

Il s'agit là d'une exception qui ne peut être imposée aux Compagnies ni généralisée. C'est une faveur qui ne peut être sollicitée que par des clients certains de ne pas éprouver un refus.

Le paiement, pendant ou après le sinistre, n'empêche pas la situation de l'assuré d'être irrégulière ; il est donc préférable, sous tous les rapports, d'acquitter les primes dues à leur échéance, et si l'agent oublie de venir les réclamer, de les lui faire verser en temps.

30. *En cas de vente ou de donation* des objets assurés, le vendeur ou le donateur est tenu d'imposer au nouveau propriétaire la continuation du contrat (celui-ci n'étant pas expiré), sinon il est passible vis-à-vis la Compagnie d'une indemnité égale, soit à une année de prime, soit à deux, selon les Compagnies, en outre de celle en cours.

Pareille indemnité est due en cas de cessation volontaire ou forcée de commerce ou négoce.

Ces pénalités pécuniaires ont été insérées dans les contrats pour éviter aux Compagnies le préjudice, qui résulte pour elles de la disparition d'une affaire achetée souvent au moyen d'un escompte de remise basé sur la durée effective inscrite au contrat. Dans un très-grand nombre de villes, les notaires qui font les ventes ont soin d'insérer dans le cahier des charges l'obligation par le preneur de continuer (en le modifiant à sa guise) le contrat en cours, à moins qu'il ne s'agisse d'une Compagnie insolvable ; il y a dans cette habitude une mesure louable qui présente ce triple avantage : régularisation immédiate de la situation pour le cas de sinistre, profit pour l'acquéreur de la prime payée pour l'année courante, décharge pour le vendeur de l'indemnité stipulée au contrat, en cas de non-continuation dudit. Elle est de plus morale en maintenant équitablement les affaires aux Compagnies qui les ont faites (c'est-à-dire achetées) pour leur durée complète.

Le vendeur doit donc bien veiller à ce que son notaire opère ainsi.

En cas de décès, de liquidation, de déconfiture, de faillite, ou suspension de paiement, les héritiers, les assurés ou les liquidateurs, syndics ou ayant-droits, doivent informer leur Compagnie de ces circonstances.

Quel est le délai pour ces informations ? Certaines compagnies pour les cas de vente, donation, décès, accordent un délai d'un mois à dater du jour de l'évènement, vente ou don ; d'autres ne stipulent aucun délai. Il est donc préférable de faire les déclarations immédiatement, par lettre recommandée, dont on conserve copie si l'on aime faire les choses régulièrement ; par lettre ordinaire, si l'on est certain qu'elle arrivera à son adresse. La lettre recommandée a cet avantage qu'elle empêche, en cas de sinistre, tout soupçon de complaisance préjudiciable à la Compagnie d'atteindre l'agent ; il vaut donc mieux en faire les frais. Le temps du délai n'est pas fixé pour les déclarations de liquidation, suspension de paiement, faillite, déconfiture ; les Compagnies disent qu'elles doivent être immédiates ;

en effet, une Compagnie peut très-bien ne pas vouloir continuer d'assurer un homme en déconfiture, faillite, ou situation analogue. Quelques-unes d'entre elles, même, stipulent que le contrat est résilié de plein droit par l'existence de ces situations. Il y a donc urgence à les faire connaître immédiatement, afin de ne pas rester sous le coup d'une déchéance possible et de savoir, sans retard , si l'assurance continue ou non.

Les lettres doivent être adressées au titulaire de l'agence de la localité que l'on habite, l'agence est généralement au chef-lieu d'arrondissement, de département ou de canton ; le contrat édifie sous ce rapport, s'il y a doute, si l'agent n'est plus, si l'on ne connaît pas son remplaçant, on peut valablement adresser les lettres recommandées au siége de l'administration, siége qui est relaté sur les imprimés de police.

31 . La généralité des Compagnies a introduit dans le contrat la clause suivante :

« *Toute réticence, toute fausse déclaration de la part de*
» *l'assuré, qui diminueraient l'opinion du risque ou en*
» *changeraient le sujet, annulent l'assurance.*

» *L'assurance est nulle, même dans le cas où la réticence*
» *ou la fausse déclaration n'aurait pas influé sur le dom-*
» *mage ou la perte de la chose assurée (code de commerce,*
» *article* 348.)

La lecture des paragraphes précédents, qui sont l'énumération de toutes les choses à déclarer à l'assureur, permet à l'assuré de contrôler sérieusement si les énonciations que l'agent a mises dans son contrat sont exactes, afin de ne pas tomber sous le coup de l'article ci-dessus ; la validité du contrat est essentiellement liée au consentement synallagmatique , bilatéral, d'assurer une chose déterminée, qui est bien réellement celle sur laquelle les deux parties sont d'accord.

S'il y a fausse désignation, l'accord aurait pu ne pas exister, le consentement doit être sollicité de nouveau et ne peut être présumé.

Les tribunaux accueillent, assez facilement, les fins de non-recevoir ou déchéances basées sur la réticence, la fausse déclaration, alors même que le sinistre serait dû à une cause étrangère, parce que le droit d'option de l'assureur n'a pas été respecté et que les stipulations consenties ont reposé sur une chose autre que celle véritable.

L'assuré vérifiera donc, avec soin, si la qualité qu'il possède est bien celle qui lui est donnée dans le contrat, voir article 28 ; si le risque est bien tel qu'il est désigné, article 27 ; si la construction et la couverture des immeubles est bien telle qu'elle est relatée ; si les murailles indiquées comme monturières, c'est-à-dire établissant une contiguïté sans communication, sont bien dépourvues de portes, fenêtres, ouvertures autres que celles nécessaires au passage des transmissions, de pièces de bois, dans leur construction ou les traversant d'outre en outre ; si elles dépassent bien la toiture, au cas de toitures jumelles ; si le nombre d'étages indiqué est bien celui existant; s'il n'y a pas de soupentes, faux-greniers existants et non-relatés ; si les parties indiquées comme voûtées ne sont pas percées pour le passage, soit de tuyaux de descente ou montée de matières, soit d'un windas, ascenseur, monte-charge, ventilateur ou appareil analogue ; si les greniers, tolérés sans surtaxe, comme ne contenant rien ou seulement des ferrailles, ne servent, au contraire, pas de magasins d'objets combustibles, pailles, fourrages, déchets, marchandises ; si les portes indiquées comme en fer le sont bien et ont leur seuil, linteaux, encadrements incombustibles, seules conditions avec celle d'une fermeture bien hermétique et d'une serrure solidement organisée, qui peuvent rendre la porte en fer efficace (1) si les genres d'appareil d'éclairage et de chauffage sont bien ceux spécifiés, s'il n'y en a pas d'autres employés à l'état exceptionnel ou temporaire ; si l'industrie et la profession exercées sont bien celles de l'assuré, et ne sont pas dénommées en en amoindrissant la gravité,

---

(1) Les Compagnies n'admettent plus les portes en fer comme isolateurs, néanmoins, dans bien des cas, pour leur sécurité personnelle, les assurés doivent les préférer aux portes en bois.

afin de faire obtenir une taxe inférieure à celle réellement due ; voir n° 7, 27, 29 etc., comme exemples.

Ce qui précède est relatif à l'examen du contrat, au moment où il se signe. Quant aux circonstances qui pourraient, dans le cours de l'assurance, le vicier en y introduisant la réticence, la fausse déclarations qui naîtraient non ab initio, mais de faits subséquents, la lecture des chapitres titrés : aggravation des risques, permettra d'éviter tout danger à cet égard.

Tout usinier dont l'éclairage au gaz est passible d'une prime inférieure à celle qu'exigerait l'éclairage à l'huile végétale, fera bien de faire insérer dans sa police la clause suivante :

« *Dans le cas où l'éclairage au gaz viendrait à être* » *suspendu pour quelque cause que ce soit, l'assuré aura la* » *faculté d'éclairer l'usine au moyen de lampes à l'huile* » *végétale, sans payer de surtaxe si cet éclairage momen-* » *tané n'excède pas 15 jours, mais à la condition d'en* » *informer la Compagnie dans le délai de 3 jours au* » *maximum.* »

Au delà de la quinzaine la surtaxe édictée au tarif est due en entier.

CHAPITRE DEUXIÈME

**Incendies. — Formalités a remplir. -- Conduite à tenir.
— Expertise.**

L'incendie est l'aléa contre lequel on se garantit par l'assurance.
Naturellement l'assurance n'est pas une opération de commerce qui
doit rapporter un bénéfice ; le meilleur bénéfice, c'est l'absence
de tout sinistre, de toute incendie, de toute explosion ; s'il
en était autrement, si un incendie produisait, pour celui qui
en est victime , un gain, l'assurance serait immorale, et elle
cesserait bientôt d'exister.

Nous supposons donc que tout a été fait pour conjurer, empêcher,
arrêter, prévenir un sinistre par l'assuré, néanmoins la prudence
humaine a ses limites et un incendie survient : Quelles sont les obligations de l'assuré ?

Elles sont prescrites par les polices ; voici l'article qui généralement est inscrit dans les contrats :

« Aussitôt que l'incendie se déclare ou que l'explosion a lieu,
» l'assuré doit, comme s'il n'était pas assuré, employer tous les
» moyens en son pouvoir, pour en arrêter les progrès et pour
» sauver les objets assurés. La Compagnie tient compte des frais
» faits et dont il sera justifié, pour le déplacement et la conservation
» des objets sauvés. »

Dans d'autres compagnies, cet article est remplacé par celui-ci :

« § 1er. Aussitôt que l'incendie se déclare, l'assuré doit em-
» ployer tous les moyens en son pouvoir pour en arrêter les pro-
» grès, mettre en sûreté ses livres, les marchandises et objets
» arrachés aux flammes, et amoindrir les pertes en s'occupant des
» travaux de sauvetage nécessaires, pour empêcher la dépréciation
» de ce qui reste.

» § 2. Il est tenu compte des frais faits dans ce but (la Compa-
» gnie dûment consultée dans la personne de son délégué ou repré-
» sentant, s'il est présent) sans dérogation au § 11 qui suit (1).

Voici maintenant ce qui a rapport à la suite de l'incendie (2).

« § 3. Tout incendie doit être déclaré par écrit, télégraphique-
» ment lorsque le sinistre est important, sans le moindre délai et
» au plus tard dans les vingt-quatre heures, au directeur et à
» l'agent local, si possible.

§ 4. La Compagnie exige qu'outre cet avis, l'assuré fasse immédiatement, à ses frais, *une déclaration devant le juge-de-paix*
de son canton, indiquant le moment précis où l'incendie a pris naissance, sa durée, ses causes connues ou présumées, les circonstances
intéressantes qui l'ont accompagné ou suivi, la nature et la valeur
approximative du dommage, et lui transmette sans retard une expédition en forme de sa déclaration.

§ 5. Si, dans les cinq jours de l'incendie, à moins d'impossibilité
constatée, les déclarations ci-dessus n'ont pas été faites, l'assuré
supporte le préjudice que sa déclaration tardive a pu occasionner.

§ 6 et 7. Avant toute expertise, l'assuré doit remettre à la Compagnie ou à son mandataire, *un état détaillé*, signé de lui, des
pertes et de l'indemnité qu'il réclame. Les sommes assurées, les

---

(1) Le § 11 a trait à l'établissement de la règle proportionnelle pour le principal,
et naturellement pour les frais, si l'assuré est son propre assureur pour un tantième
quelconque.

(2) La rédaction peut n'être pas la même, mais l'esprit du texte est identique chez
toutes les Compagnies.

primes perçues, les désignations et évaluations de la police, ne peuvent être invoquées ni opposées par l'assuré comme une reconnaissance de la valeur ou de l'existence des objets assurés. En conséquence, l'assuré est tenu de justifier à la Compagnie ou à son représentant, par la livraison de ses livres, par tous les moyens et documents en son pouvoir, ou au pouvoir de ses clients ou de tiers, de la valeur des objets assurés au moment de l'incendie, ainsi que de la réalité et de la valeur des dommages, et communiquer toutes les polices qu'il a contractées. L'assuré qui exagère sciemment le montant des dommages ; celui qui suppose détruits par le feu ou l'explosion des objets qui n'existaient pas au moment de l'incendie ; celui qui dissimule ou soustrait tout ou partie des objets sauvés ; celui qui emploie comme justification des moyens ou documents mensongers ou frauduleux, celui qui a causé volontairement l'incendie des objets assurés, celui qui indique comme détruits des objets qu'il a placés ailleurs et qui ne sont pas atteints par le feu, est déchu de tous droits à une indemnité.

La conduite du sinistré est tracée par ces lignes qui n'ont guère besoin de commentaires. Arrêter le feu, sauver le plus possible, c'est élémentaire : Une chose importante est : 1° la clôture immédiate des lieux incendiés afin d'empêcher les vols, les disparitions d'objets, et ce, d'autant mieux que les Compagnies ne répondent pas des choses perdues ou volées ; 2° Le récolement des objets ou marchandises sauvés et transportés chez les voisins ou ailleurs, car souvent il y a des gens qui profitent du trouble qu'un incendie amène avec lui, pour détourner des objets et s'en emparer.

Le premier devoir, aussitôt que l'imprévu de l'évènement le permet, est d'informer par voie télégraphique l'agent de la Compagnie et la Compagnie elle-même de l'incendie, afin que ces intéressés puissent immédiatement se rendre sur le théâtre du feu et faire prendre par l'assuré les mesures conservatoires nécessaires. Cet avis doit être suivi d'une lettre le complétant.

Ensuite l'assuré en personne, ou en cas d'empêchement, par

fondé de pouvoirs, doit aller faire devant le juge-de-paix de son canton la déclaration dont il est parlé au paragraphe précédent. Bien qu'aujourd'hui les polices puissent être enregistrées, sans frais, à cause de l'impôt dit d'enregistrement, justement payé annuellement, il est inutile de mentionner la police dans cette déclaration dont une expédition sera demandée sans le moindre retard et transmise à l'agent de la Compagnie.

Si le juge de paix refusait d'accepter et de donner acte de la déclaration, il faudrait en référer à l'agent, en ayant néanmoins fait observer au juge-de-paix que ce qui lui est demandé n'engage en rien sa religion, ce n'est qu'une rédaction sous forme authentique d'un dire dont il n'a pas à certifier ni contrôler la sincérité.

Il est assez difficile à l'incendié, lorsque les dégâts dépassent quelques milliers de francs, d'en préciser subitement l'importance, le chiffre indiqué dans la déclaration sera donc, la plupart du temps, un chiffre très-approximatif ; il est naturel que ce chiffre soit plutôt un maximum qu'un minimum, parce que, comme il est dans la nature humaine d'exagérer ses intérêts, les compagnies ont remarqué que les pertes réelles représentent un tant pour cent du montant des réclamations, de sorte que si l'on indiquait au juge-de-paix une perte moindre que celle que l'on aura à réclamer, ce serait une exception qui pourrait occasionner quelques ennuis qu'il est préférable d'éviter.

Après la déclaration devant la première juridiction, il faut s'occuper de l'état des pertes et de l'indemnité demandée, à remettre à la Compagnie. C'est cet état qui doit servir de base à l'expertise. Il doit être daté et signé, et, si la Compagnie le demande, fait sur papier timbré.

En ce qui touche les immeubles, comme les traces restent toujours suffisantes, l'assuré peut se contenter d'un chiffre par bâtiment, les experts sauront reconstituer les constructions et trouver leur valeur. Il n'en est pas de même pour les marchandises, matériels et mobiliers; il est indispensable de fournir à la Compagnie un état détaillé complet et exact des objets détruits ou avariés. Cet état doit être établi avec beaucoup de soin. car d'un côté si des estimations trop élevées produisent un mauvais effet sur les experts qui seront chargés de les apprécier, d'un autre côté des estimations trop basses peuvent porter préjudice au sinistré. Il faut rester, autant que possible, en dehors de tout excès d'exagération en plus ou en moins.

C'est de la façon dont l'état détaillé est dressé que dépend l'expertise. Si l'assuré a soin de prévoir par avance les justifications qui lui seront demandées, de préparer les documents qui appuient et légitiment ses réclamations et prouvent l'existence des marchandises et objets indiqués comme brûlés ou avariés, l'expertise se fera facilement et promptement. Sauf de rares exceptions, exceptions qui placent leurs auteurs sous le coup des articles 13, 587 et 592 du code de commerce, les commerçants, les usiniers ont des livres. Ces livres sont d'un puissant secours en cas de pertes à démontrer. L'usinier qui, plus que tout autre, est exposé à un sinistre, devra conserver, en outre, les factures qui concernent son industrie, les achats de matériels, ceux des marchandises depuis au moins l'avant-dernier inventaire, aussi est-il indispensable de placer le bureau qui contient ces archives et les livres en dehors des atteintes possibles du feu. Si la place fait absolument défaut, il sera toujours possible soit de voûter le local du bureau, et d'établir des portes en fer aux endroits où ce local communique avec les ateliers, soit d'enfermer ces documents dans un coffre-fort incombustible de dimension suffisante pour les contenir. Pour l'usinier, le premier moyen est préférable et toujours praticable, aujourd'hui qu'on établit des voûtes en dessous d'un plancher, d'un plafond, d'une toiture, sans grand embarras. Pour le commerçant, le négociant, à défaut d'autre, le coffre-fort est une ressource usuelle.

Le simple particulier n'a, la plupart du temps, qu'une donnée peu précise de la valeur de ses choses mobilières. Le point de départ de cette valeur est souvent son mariage. L'assurance se faisant, en ce qui concerne cette propriété, d'une façon très-appro-

ximative, le seul conseil à donner est d'engager à faire un inventaire détaillé à une date choisie, et de le conserver (1) avec les bijoux
et choses précieuses que l'on pense à sauver avant toute autre, car il
ne faut pas se dissimuler qu'en cas de sinistre mobilier, on est
exposé à oublier un grand nombre d'objets que l'on possède et qui
font défaut à la mémoire au moment troublé, où, après le sinistre,
l'on dresse l'état de ses réclamations.

RÈGLEMENT.

Les sinistres se règlent au moyen de deux experts, l'un choisi par
l'assuré, l'autre par la Compagnie.

Le choix de l'expert a une importance primordiale pour l'assuré. Il
doit prendre un expert capable, et surtout habitué aux opérations de
ce genre ; un homme compétent, mais ignorant les choses de l'assurance, non initié aux errements de l'expertise incendie, pourrait
soulever des difficultés toujours inutiles et souvent nuisibles aux
intérêts dont il a la défense et le soin.

Au contraire, l'expert qui est praticien va droit au but, s'entend
presque toujours avec son co-expert, et si des divergences d'estimation se produisent, sait les faire trancher presque toujours sans voies
judiciaires.

Lorsque les deux experts ne s'entendent pas sur les évaluations
ou la perte, ils doivent dresser un procès verbal de désaccord résumant les différences d'estimation, et choisir un tiers-expert qui sta-
tuera définitivement sur ces différences. Il peut arriver que les
experts ne puissent se mettre d'accord sur ce choix, dans ce cas la
partie la plus diligente le fait nommer par le tribunal de commerce
ou civil, selon les indications qui figurent, à cet égard, sur l'acte de
nomination d'experts. Il suffit de faire présenter par un avoué, une
requête au président, relatant les faits et le désaccord. Cet

____

(1) Nous avons engagé plus haut à déposer une copie chez un tiers, en cas de
destruction de l'original.

expert est, comme les premiers, dispensé de toute formalité judiciaire; c'est essentiel qu'il soit un homme d'une probité et d'une capacité sur connues.

Pendant le cours de l'expertise ou de la tierce-expertise, le sinistré doit, quand même les conditions imprimées du contrat ne l'y obligeraient pas, fournir aux experts tous les renseignements. indications. livres et papiers de commerce, qu'ils peuvent demander pour éclairer leur religion, afin de rendre plus facile l'estimation juste et loyale du dégât.

A moins de convention spéciale et préalable, l'expertise faite n'est pas obligatoire pour l'assuré ni pour la Compagnie. Néanmoins lorsque les deux experts ont été d'accord, et même lorsqu'à la suite d'un désaccord, un tiers-expert a opéré et a statué, sur les points du désaccord, l'inacceptation des résultats de l'expertise ne laisse d'autre recours à l'assuré ou à la Compagnie pour en faire modifier les chiffres, que la voie judiciaire. Or les tribunaux. lorsqu'il ne s'agit pas d'erreurs matérielles, généralement admettent les expertises amiables. lorsqu'elles sont faites par des hommes honnêtes et connus. de sorte qu'il peut être très-onéreux d'en appeler à leur barre. Il est préférable aux parties de ne recourir à cette extrémité que lorsqu'il y a une lésion visiblement considérable de leurs intérêts. contraire aux conditions et aux éléments du contrat souscrit d'autant plus qu'il est encore possible, avant d'en arriver là, d'essayer une entente amiable transactionnelle.

Lorsque le tribunal. considérant comme peu sérieuse ou incomplète l'expertise contestée, nomme un ou trois experts judiciaires, ce qui est donner satisfaction au demandeur, il y a encore un inconvénient à ce succès. ce sont les lenteurs de l'expertise judiciaire ; les délais pour la prestation de serment ; pour les rendez-vous pour les opérations, qui, d'habitude. sont intermittentes au lieu d'être consécutives ; les frais excessifs des vacations, il faut que l'expert ou les experts déposent leurs rapports ; ensuite que le tribunal statue dessus après plaidoiries des avocats des deux parties. Il en résulte donc un préjudice de temps et d'argent qu'il est de l'intérêt bien compris des deux parties de s'éviter mutuellement.

Les frais d'expertise sont, d'après les polices, supportés par moitié par les deux parties ; en pratique, chaque partie rémunère simplement l'expert qu'elle a choisi et contribue pour moitié aux frais du tiers-expert.

Lorsque l'on est souscripteur d'une police couvrant un risque assuré par plusieurs Compagnies ayant chacune une fraction indivise du tout, il est indispensable d'y faire insérer la clause : « En cas de sinistre, les Compagnies seront tenues de s'entendre pour prendre » toutes le ou les mêmes experts ». Il serait en effet nuisible à la bonne marche d'une expertise de voir son expert obligé de faire l'opération séparément ou d'une autre manière avec des experts dont l'un représenterait une ou plusieurs compagnies co-assureurs et l'autre, ou les autres, un autre groupe des autres Compagnies assurant l'ensemble détruit ; il y aurait là une source de difficultés. D'accord pour la rédaction d'un même contrat, pour l'établissement et la perception des primes semblables, les Compagnies doivent l'être aussi pour le choix de leurs experts.

Les Compagnies remboursent aux sinistrés :

Les dommages des démolitions faites pour arrêter le feu ;

Les frais de déménagement pendant l'incendie ;

Les frais de sauvetage, après incendie, des objets exposés à être la proie des flammes. ou même atteints, avariés par les flammes ou les moyens de secours ;

Les frais d'étaiement, déblaiement, enlèvement des matériaux, clôtures des lieux incendiés.

Le sauvetage et les débris de toute nature provenant de l'incendie, restent à l'assuré au prix d'estimation des experts. auquel prix l'assuré est tenu de les accepter.

Néanmoins, lorsqu'il s'agit de marchandises ou matières avariées, les Compagnies ont assez l'habitude, afin de tirer un meilleur parti de ce sauvetage, de le faire vendre, soit à l'amiable, soit aux enchères publiques. En effet des amateurs peuvent se présenter pour lesquels le sauvetage avarié présente une valeur d'utilisation beaucoup plus grande que pour le sinistré, partant un prix plus élevé. D'un autre côté l'assuré n'a aucun intérêt à s'opposer à ce que la Compagnie d'assurance cherche le meilleur moyen d'atténuer ses pertes. Sauf pour ce qui est enchères publiques, il lui est toujours possible, du reste, de se faire attribuer son sauvetage, puisqu'en principe il n'a pas le droit de délaissement ; seulement si les experts ne sont pas d'accord sur le prix, il ne faut pas que l'assuré manœuvre pour vouloir réaliser un bénéfice sur son sauvetage, ce serait d'un mauvais effet pour les parties.

Les Compagnies ne répondent pas :

1° Des objets volés, disparus, avant, pendant ou après l'incendie ;

2° Des dégâts occasionnés aux clôtures, jardins, plantations, puits, non assurés, soit par l'incendie, soit par l'extinction de l'incendie ;

3° Des avaries causées aux matériels des pompes à incendie ;

4° De l'épuisement des pompes ou puits ou du trouble apporté à la limpidité habituelle de leurs eaux ;

5° Des accidents humains survenus pendant l'incendie ou après l'incendie pendant le sauvetage ou le déblaiement.

Les Compagnies d'assurances ont mis les frais de sauvetage et le sauvetage à la charge de l'assuré, sauf remboursement, afin de mettre leur responsabilité à l'abri, en cas d'accidents humains pendant le sauvetage et le déblaiement.

Le sinistré ne devra pas perdre un seul instant de vue cette grave responsabilité, et lorsque, comme cela se fait souvent, les Compagnies prennent la direction du sauvetage, exiger soit une décharge, soit l'équivalent ; veiller à ce que, dans les forfaits qu'on lui fait signer, ou que les Compagnies signent, on ait soin d'insérer une clause par laquelle l'entrepreneur du forfait prend à ses risques et périls la responsabilité des accidents humains qui pourront survenir durant les travaux de sauvetage.

6° Lorsqu'il y a application de la règle proportionnelle.de la partie proportionnelle des frais de sauvetage incombant à l'assuré au prorata du chiffre dont il est son propre assureur.

7° De la dépréciation apportée à une collection quelconque par l'incendie partiel d'une partie de cette collection que l'on puisse, ou non, remplacer cette partie, la Compagnie ne payant que le dommage matériel afférent à cette partie seule. abstraction faite de la possibilité ou de l'impossibilité de recompléter l'ensemble, ceci à moins de conventions spéciales contraires.

BASES D'ESTIMATION.

Constructions : Les experts établissent la valeur de reconstruction à neuf d'après le même plan, au jour de l'incendie.

De cette valeur on déduit :

1° Le tant pour cent que représente la vétusté, c'est-à-dire la différence du vieux au neuf (1).

2° La valeur du sauvetage intact calculé sur la base ci-dessus.

3° La valeur du sauvetage avarié.

Le produit restant donne la perte relative à la construction incendiée.

Mobiliers. — La valeur vénale du mobilier au moment de l'incendie est sa valeur neuve diminuée de l'usure ou usage, en tenant compte de la dépréciation supplémentaire qui vient s'ajouter à celle de l'usure, si les objets sont démodés ou hors de service ordinaire.

---

(1) Il faut bien remarquer que la vétusté n'est pas toujours la même pour les maçonneries que pour les planchers et charpente. L'attention de l'expert doit être appelée sur ce point afin qu'il n'y ait pas d'erreur matérielle.

L'habitude des Compagnies est de prendre généralement pour experts, lorsqu'il s'agit de mobiliers, des commissaires-priseurs ; c'est dire comment s'estiment les mobiliers. Il y a donc, en ce qui touche les sinistres de mobiliers , une perte assez sensible pour l'assuré, pour lequel un mobilier ayant un peu servi ou étant un peu défraîchi, vaut à l'égal du neuf ; il est impossible d'empêcher ce préjudice

Lorsqu'il s'agit d'objets d'art, de tableaux, l'assuré doit avoir grand soin de prendre un expert expérimenté. Nous avons déjà insisté sur ce point essentiel, on ne saurait trop s'y attacher.

MOBILIERS INDUSTRIELS.

La valeur vénale est la valeur à neuf de la machine au moment du sinistre (cette valeur à neuf est celle de vente du constructeur) diminuée de la dépréciation afférente au temps de service, de celle due au changement ou perfectionnement de système, ou provenant de l'expiration du brevet.

En effet, les Compagnies ayant toujours le droit (1) de remplacer les matériels, useraient de ce droit dans le cas où le sinistré ou son expert ne voudraient pas tenir compte de ce que la machine détruite est actuellement hors de mode, de ce que l'on ne la construit plus de la même manière, ou de ce que, le brevet étant expiré, d'autres constructeurs la vendent à un prix moindre.

Il n'a pas été jusqu'à ce jour fixé de calculs pour établir, étant donné un matériel neuf, de combien ce matériel se dépréciera chaque année. La difficulté provient de ce que la façon de travailler de telle usine n'est pas la même que celle de telle autre, fabriquant les mêmes produits. L'usure des machines n'est pas la même non plus : Ici ce sera telle partie du matériel qui s'usera le plus, là ce sera telle autre. L'entretien n'est pas égal davantage. Là, avec un matériel

1, Inscrit dans les conditions imprimées du contrat.

même ancien, mais admirablement entretenu et manipulé par un
personnel d'élite, les produits seront recherchés ; ailleurs, malgré
un matériel neuf ou moins vieux, les produits seront ordinaires,
sinon inférieurs. Chaque machine se compose, du reste : 1° d'une
partie peu susceptible de détérioration, les bâtis par exemple ;
2° d'une partie qui s'use plus ou moins, selon le travail, la construction, le graissage, dans le même temps. Il y aura donc une estimation à faire pour trouver la valeur de chaque machine, étant connus
le temps du fonctionnement de l'appareil et la date du remplacement
de la partie usable.

Devant l'impossibilité de poser des règles synthétiques pouvant
être suivies, la question primordiale du tant pour cent de dépréciation reste à résoudre pour chaque cas particulier, compte tenu de
toutes les circonstances qui viennent, dans chaque établissement
industriel, aggraver ou modérer son importance.

L'amortissement que tout usinier fait subir, dans ses inventaires
à la valeur de son outillage ou matériel, ne peut lui être opposé par
les experts incendie, attendu que cet amortissement souvent
exagéré, restreint, ou supprimé selon les résultats de l'année, est
établi sans analogie correcte avec la *dépréciation* ou l'usure des
machines pendant cette même année.

Un excellent expert devra donc être choisi par l'assuré et surtout
un homme sûr connu comme non moins probe qu'expérimenté et, si
possible, habitué aux expertises d'incendie. Prendre soit l'entrepreneur qui a bâti l'immeuble détruit, le tapissier qui a fourni le
mobilier brûlé, le constructeur mécanicien qui a livré le matériel
industriel incendié, n'est admissible que si ces personnalités sont
accoutumées aux expertises d'incendie, sinon sachant ou espérant
qu'elles auront à reconstruire ou fournir à nouveau, elles se mon-
treront d'autant plus difficiles en exagérant les prétentions de leur
mandant et créeront des obstacles à la bonne et sincère entente des
parties. Tels fournisseurs, tels entrepreneurs, en effet, peuvent
établir les moindres objets avec un devis moindre. L'assureur,

naturellement, cherche le moyen de réduire l'indemnité à payer, le plus possible; du moment où il trouve chez quelqu'un, avec égalité de solidité, de fini, de beauté, les mêmes choses à un prix moindre, il en profite et c'est son droit.

D'ailleurs, comme nous le dirons plus loin, si l'on ne possède pas les éléments nécessaires pour établir, lors de la souscription du contrat, la valeur assurable de son matériel, travail qui servira de point de départ lors d'un sinistre, il est indispensable de faire faire à ce moment une expertise par un expert habitué à ces opérations, et de tenir ensuite un livre spécial d'inventaire de ce matériel où figurent toutes les entrées et sorties d'objets s'y rattachant.

MARCHANDISES.

Les marchandises, les denrées, sont estimées au cours du jour de l'incendie. A défaut de cours du jour public et imprimé, les experts le constituent d'après les ventes précédentes, la situation du marché et de la place, compte tenu des circonstances qui réduisent ce cours, telles que par exemple le paiement à un délai quelconque ; la Compagnie payant comptant a droit à un escompte qui est l'équivalent du délai d'usage, ou autres choses semblables.

MATIÈRES EN FABRICATION.

Elles sont estimées au cours du jour de la matière, additionnée des frais de fabrication, manutention, qui en ont augmenté la valeur. C'est du reste le prix de revient en tenant compte de la correction à apporter : 1° A la valeur de la matière initiale, c'est-à-dire celle qui, brute, a subi des transformations ou additions ; 2° à l'économie de fabrication, attendu que si un fabricant peut amener la matière brute au degré de fabrication qu'elle possédait le jour de l'incendie avec une dépense moindre, l'expert de l'assureur a le droit de n'accorder que cette dépense, et non celle réelle faite par le sinistré, toujours par suite de ce même principe que l'assureur n'a pas de préférence pour l'un ou l'autre et recherche, à égalité de conditionnement, le meilleur marché.

Outre ses inventaires, le manufacturier doit tenir toujours parfaitement en ordre les livres qui se rattachent aux marchandises et matières, entrées et sorties, facturier, magasinier, livre de ventes, etc., afin qu'en cas de malheur, il soit possible de reconstituer d'une manière indiscutable l'existence des matières et marchandises au jour du sinistre. Il est d'autant plus nécessaire que cette situation soit quotidiennement connue, que souvent les assurances de marchandises sont incomplètes et placent l'assuré sous le coup onéreux de la règle proportionnelle.

CHAPITRE TROISIÈME

Rédaction du Contrat.

Tout ce qui précède étant compris, il nous reste à le compléter par les indications suivantes :

L'assuré doit exiger que sa qualité soit bien sincèrement énoncée dans le contrat, et non pas qu'il lui en soit attribué une autre, car les Compagnies ne manqueraient pas d'exciper de déchéance en cas de sinistre s'il y avait erreur volontaire ou involontaire à cet égard.

Les assurés qui ne sont que locataires, usufruitiers, usagers, détenteurs, dépositaires, ne doivent point être désignés dans le contrat sous la qualité de propriétaires. La mention vraie de leur titre n'est pas un empêchement à ce qu'ils assurent pour leur compte et pour le compte du propriétaire; mais il faut que l'assureur le sache et l'accepte.

Ainsi par exemple : Le revenu de l'usufruitier est attaché à l'existence de l'immeuble. Si l'immeuble est détruit en partie ou en totalité par le feu, l'usufruit est anéanti ou ne demeure que sur la partie non détruite. L'usufruitier a donc intérêt à faire assurer son droit d'usufruitier, mais il ne peut prétendre se faire passer comme propriétaire complet.

L'usufruitier n'étant pas tenu de réparer ou de reconstruire l'immeuble endommagé ou détruit par l'incendie, le nu-propriétaire est intéressé, dès lors, à ce que sa nue-propriété soit garantie contre le risque d'incendie.

Il ne faut pas confondre l'assurance distincte de ces deux droits avec celle de l'immeuble sur lequel ils reposent. Le nu-propriétaire et l'usufruitier réunis pour faire assurer purement et simplement l'immeuble, ne sont, à moins de stipulation expresse, considérés que comme assureurs, l'un de son droit d'usufruit, l'autre de son droit de nue-propriété.

La valeur de l'immeuble grevé de l'usufruit donne le chiffre à assurer par l'usufruitier. La prime est celle applicable à l'immeuble, selon la nature et la situation du risque.

La base de l'assurance de la nue-propriété est la valeur de l'immeuble. La prime applicable est celle de l'immeuble. Au lieu d'agir chacun séparément, l'usufruitier et le nu-propriétaire ont intérêt à s'entendre, car lorsqu'ils agissent ensemble avec la même Compagnie et un seul contrat, ou que l'un d'eux agit tant pour son compte que pour le compte de l'autre, la prime est seulement augmentée d'un quart, autrement il y en a deux perçues.

De quelque façon que l'assurance soit rédigée, l'assurance ne pouvant être une cause de bénéfice pour les assurés, ceux-ci ne peuvent prétendre, sauf consentement de l'assureur, qu'aux valeurs respectives de leurs droits et non à celles de l'immeuble ; l'usufruit prenant fin par l'extinction de l'immeuble sur lequel il repose, et l'usufruitier, dans ce cas, n'ayant point le droit de jouir ni du sol ni des matériaux, le nu-propriétaire a intérêt à ce que l'incendie vienne le débarrasser d'une charge onéreuse, s'il a pu obtenir de l'assu-reur l'assurance, non de son droit de nu-propriétaire mais de l'immeuble lui-même. En effet, dans ce cas, l'incendie détruisant l'immeuble, l'usufruit s'éteint, et le propriétaire, avec les deniers de la Compagnie, peut reconstruire un immeuble équivalent, mais non plus grevé d'usufruit, ou bien jouir d'une indemnité bien supérieure à celle qui lui aurait été accordée si l'assureur en eut déduit, comme il devait le faire, la valeur de l'usufruit. C'est pour ces motifs que

ies Compagnies n'admettent pas être trompées sur la véritable qualité des contractants.

Un co-propriétaire ou co-héritier peut avoir intérêt à faire assurer un immeuble qui ne le serait pas, un tiers même, non-possesseur d'un immeuble, peut également le faire garantir, s'il y a intérêt ; il est regardé, dans ce cas, comme le *negotiorum gestor* du propriétaire, et l'indemnité, en cas de sinistre, est répartie, selon leurs droits, aux bénéficiaires du contrat.

On comprend, en effet, qu'un co-propriétaire ou co-héritier soit intéressé à ce que ses parents ne soient pas réduits à la misère par l'incendie qui détruirait leur propriété : il en est de même d'un ami qui vous est cher ; on peut faire assurer pour le compte de ce dernier des propriétés dont la destruction par le feu pourrait compromettre sa fortune.

Une commune, un bureau de bienfaisance peuvent aussi faire assurer des chaumières appartenant à des habitants de la localité, trop pauvres pour en payer la prime ou des immeubles dont ils ont, ou auront, soit la nue-propriété, soit la jouissance entière après le décès de propriétaires non assurés. Toutes ces choses sont possibles, mais à la condition expresse que l'assureur connaisse la situation véritable.

Le négociant, commerçant, marchand, ouvrier, usinier, devra toujours, comme nous l'avons déjà dit, faire insérer dans la police qu'en ce qui touche les marchandises et matières, l'assurance est faite « tant pour son compte que pour le compte de qui il appartiendra. »

Le locataire d'un matériel, ou mobilier industriel ou d'habitation est tenu, relativement à sa responsabilité relative à ce matériel ou mobilier, aux obligations des articles 1733 et 1734 (voir plus loin) ; il doit bien veiller à ce que sa qualité de locataire ne soit pas dissimulée, afin d'être exonéré du risque locatif ; cette réticence volontaire ou involontaire, faite avec ou sans le concert de l'assureur (l'agent) rend le contrat absolument nul.

Nous avons dit dans le chapitre précédent de quelle importance il est pour l'assuré de ne pas commettre de réticence ; il doit donc exiger, quand il signe une police, que sa profession soit énoncée telle qu'elle est, et ne pas se prêter à ce que quelque chose à cet égard soit dissimulé. Il peut se faire, et cette éventualité est malheureusement entrée dans le domaine des faits, exceptionnellement il est vrai, qu'un agent de Compagnie, soit consciemment, soit inconsciemment, ait déguisé dans le contrat et le risque et la profession de l'assuré, afin d'amener l'application d'une prime moindre que celle due, et ainsi enlever l'affaire à des concurrents. S'il arrivait un sinistre, c'est en vain que le sinistré se retrancherait derrière l'agent et se prétendrait étranger à la dissimulation ou à l'amoindrissement des choses, la déchéance que ne manquerait pas d'invoquer l'assureur serait admise par les tribunaux en vertu des conditions imprimées du contrat qui prévoient le cas et recommandent à l'assuré une exposition absolument sincère des qualités, professions et risques.

Dans un grand nombre de Compagnies, les polices sont muettes en ce qui touche les murs de clôture, reliés ou non aux bâtiments. L'assuré doit stipuler ce qu'il désire, à ce sujet, voir compris dans l'assurance.

Même observation pour les plantes, arbustes, clôtures en planches, grilles, fleurs, jardins, puits, pompes extérieurs.

Il est bon de faire comprendre dans l'assurance du mobilier, « les objets et effets des gens de service », cette mention suffit ; si elle n'existe pas, en cas de sinistre, les Compagnies refusent de désintéresser les domestiques.

De même, dans les contrats des négociants et usiniers, si l'assuré, comme c'est l'usage, désire voir garantir les objets et effets des employés et des ouvriers, il faut qu'il veille à l'introduction d'une mention spéciale, à cet égard, dans l'article qui couvre les mobiliers du négoce ou de la manufacture.

Même observation pour les mobiliers de concierges.

Toutefois, lorsque l'on fait ces stipulations, comme l'intention qui guide est simplement, si le malheur d'un incendie frappe, de s'éviter des réclamations toujours désagréables, il est sage de n'en pas informer les bénéficiaires, afin de ne pas faire naître dans l'esprit de quelque d'entr'eux, l'idée d'occasionner un sinistre pour réaliser un petit bénéfice.

La même discrétion doit être apportée dans l'assurance des marchandises confiées, dans la campagne, à des tiers qui les travaillent ; ces derniers n'ont pas besoin de savoir que la marchandise qu'ils ont en mains est assurée. Parmi eux il pourrait s'en trouver qui négligeraient toute prudence et même causeraient des sinistres délictueux.

L'exemption de la responsabilité locative des employés ou ouvriers logés gratuitement dans l'usine, de l'intendant qui habite le domaine, de l'économe d'hospice, de congrégation, de pensionnat, du prêtre ou du ministre qui demeure dans le presbytère, du proviseur, principal ou professeur qui ont leur domicile gratuit dans leurs institutions, est de droit. Il est bon, néanmoins, de la stipuler dans le contrat.

Les administrations qui font construire des corons ou habitations destinées à loger, dans les dépendances des usines ou leur voisinage, leurs ouvriers, feront très-bien de payer à leur assureur la somme insignifiante, nécessaire pour exonérer les occupants de leur responsabilité locative, afin d'éviter que l'assureur, après un sinistre, les actionne ; mais elles devront avoir soin de ne pas informer les intéressés de cet abandon de recours, afin que ces derniers ne cessent pas d'être prudents et aient toujours une sage crainte du feu.

La rédaction de l'assurance industrielle comprend trois grandes divisions exigées par l'assureur :

> *La construction.*
> *Le mobilier ou matériel.*
> *Les matières ou marchandises.*

Chacune d'elles comporte autant de subdivisions qu'il y a de primes différentes : en un mot, c'est la tarification qui règle le contrat. Je suppose que ma manufacture est composée de neuf bâtiments, dont trois A , B , C, sont passibles d'une prime , quatre D, E , F, G, d'une autre, deux H, I d'une différente encore ; mon estimation devra être scindée en trois parties, l'une comprenant le premier groupe , la 2e, le deuxième groupe , la 3e le dernier groupe.

Ce système est préférable à ceux , ou de l'assurance en bloc , que n'admettent généralement pas les Compagnies , ou de la divisibilité complète de l'assurance en autant d'articles qu'il y a de bâtiments. En effet , dans le premier cas, ou la prime la plus forte est appliquée à l'ensemble , ou les Compagnies n'admettent , et encore est-ce exceptionnellement, qu'une moyenne de prime plus élevée que la division ne la ressortirait; il y a donc désavantage. En outre, si un sinistre partiel se produit, il est moins facile aux experts d'apprécier si l'assuré est ou n'est pas son propre assureur , ils peuvent être amenés à faire l'estimation totale , ce qui est long , onéreux et ennuyeux.

Dans le deuxième cas, on court inutilement risque de voir appliquer une règle proportionnelle , si les estimations par unités de bâtiments n'ont pas été minutieusement faites et maintenues exactes, ou si, depuis le contrat, les valeurs ont subi des modifications ; ainsi, mon deuxième groupe D, E, F, G, est composé de quatre bâtiments, D, valant 10,000 fr., E, 5,000 fr. F, 50,000 fr., G, 37,000 fr., soit en tout 102,000 fr.

Il arrive que, pendant le cours du contrat, D et E , par exemple, sont modifiés , et augmentent de valeurs, F, G restent tels, mais diminuent de valeurs par la vétusté , l'usage ou d'autres causes ; si un sinistre survient à D ou E , j'aurai à subir une réduction dans mon indemnité , par suite de la règle proportionnelle , malgré que F et G soient assurés pour une somme supérieure à celle qu'ils représentent au jour du sinistre. Tandis que si j'eusse assuré ensemble

D, E, F, G, la diminution des valeurs eut compensé les augmentations, partant indemnité intégrale.

Les primes en usines sont, pour la presque généralité, les mêmes pour le contenant que pour le contenu : Les mêmes subdivisions sont donc toutes tracées pour la garantie du mobilier industriel et matériel. Ces objets constitueront, en continuant l'exemple précité, trois articles : le premier comprendra le matériel ou mobilier existant ou pouvant exister dans l'ensemble A, B, C, le deuxième, celui de l'ensemble D, E, F, G ; le troisième, enfin, celui de l'ensemble K, I. On remarquera que nous avons mis les mots « *pouvant exister.* » En effet, le matériel n'est pas désigné métier par métier, machine par machine, on met simplement « Tant sur matériel et mobilier industriel, consistant principalement (ici le nom désignant les machines qui dénomment l'atelier) ; or, il arrive fréquemment qu'un usinier remplace une machine par une autre de même fonction, mais d'une valeur différente, en supprime, en ajoute de nouvelles que son intention n'est pas naturellement d'exclure de l'assurance ; avec les mots pouvant exister, elles se trouvent comprises dans l'assurance et leur supplément de valeurs, s'il y a lieu, est généralement compensé par la diminution de valeur du matériel assuré par le même article par suite de la dépréciation qu'amènent le service et l'âge des machines.

C'est aussi intentionnellement que nous mettons « l'ensemble A, B, C, ou D, E. F, G, ou H, I. » Cette locution permet à l'assuré de promener, pour ainsi dire, son matériel ou mobilier, comme il l'entend, dans le groupe passible de la même prime, sans être obligé d'en avertir l'assureur. Ainsi le matériel qui était, au début du contrat dans D, peut être transporté dans E ou F ou G, et réciproquement, l'essentiel est qu'il ne sorte pas du groupe désigné.

On peut encore employer cette rédaction condensée : « Tant sur le matériel et mobilier de D, E. G, F » on dénomme ensuite les diverses onctions attribuées à D, E, F, G. L'assurance, ainsi faite, est également absolument complète.

Les Compagnies d'assurances exigent, pour les ateliers d'impressions sur indiennes ou autres tissus, qu'une somme spéciale soit appliquée à la garantie : 1° des rouleaux d'impression, 2° des planches à graver. De même pour les ateliers de construction, la valeur des modèles doit faire l'objet d'un article spécial ; ainsi que celle des machines en construction ou construites et celle des approvisionnements. Ces spécialisations exceptionnelles, qui n'apportent aucun trouble dans le système précité, n'ont d'autre but que d'éclairer les Compagnies sur l'étendue des risques et périls qu'elles couvrent et de faciliter, en cas de sinistre, les estimations et l'expertise.

C'est pour le même motif qu'elles demandent, dans les Polices de risques simples, que le mobilier personnel fasse l'objet d'un article séparé et ne soit pas confondu avec le mobilier professionnel.

On remarquera que nous faisons suivre le mot : matériel de celui mobilier ; nous entendons par mobilier industriel les objets qui se trouvent sur machines ou dans les ateliers pour l'usage de l'industrie, tels sont les pièces de rechange, courroies, rouleaux, brosses, balais, paniers, peignes, harnats et harnais, cordes, tables, bureaux, les appareils de chauffage et d'éclairage et leurs tuyauterie et accessoires, etc. Ces mêmes objets sont marchandises lorsqu'ils existent en magasins comme approvisionnements et doivent, à ce titre, être compris dans l'assurance des marchandises lorsqu'ils revêtent cette forme.

Souvent les experts, en cas de silence du contrat, discutent le point de savoir si les massifs des générateurs et machines à vapeur, doivent être compris dans les valeurs du matériel ou dans celles des bâtiments. On conçoit que l'apport de leur valeur, dans une estimation, peut amener parfaitement l'établissement de la règle proportionnelle, on devra donc faire suivre les mots « Tant sur la machine, » tant sur les générateurs et accessoires ; de ceux : y compris les massifs » « à moins que l'on ne préfère les ajouter aux bâtiments auquel cas l'on dira : « Tant sur les bâtiments.... y compris maçonnerie des massifs de la machine et des générateurs. »

La division de l'assurance des matières ou marchandises est tracée par les principes précédents. Un article assurera les marchandises dans A, B, C, un autre, celles dans D, E, F, G, un troisième, celles dans H . I.

Les mots matières ou marchandises doivent être suivis de ceux-ci : à tout état, et de ceux : y compris « les approvisionnements », de cette façon rien n'est omis, tout est assuré.

Les charbons, les betteraves, les marchandises ou matières sur voitures dans les cours ou sous les grandes portes, le matériel et mobilier industriel également dans les cours. en plein air, ne sont assurés qu'autant qu'une mention en est faite dans un des articles du contrat, parce qu'il peut arriver qu'un assuré désire en rester son assureur ; une spécification est donc indispensable.

Toutes les personnes qui font transporter des matières sur voitures, sont exposées à voir un incendie détruire leurs chargements. Il est d'une bonne précaution de faire ajouter au contrat que « voitures et contenu dans usines, rues, routes, auberges, » sont garantis pour la somme de...

Lorsque la prime des matières est supérieure ou égale à celle des marchandises en route [1], on conçoit qu'il est inutile de fixer une somme distincte ; on ajoute la phrase ci-dessus à l'article des matières, en en modifiant, s'il y a lieu, la valeur.

Tous les négociants qui ont des marchandises doivent bien examiner si leur police comprend : 1° Ce qui contient lesdites matières ou marchandises, afin, qu'en cas de sinistre, il n'y ait pas d'exclusion, car en admettant que les Experts accordent que l'assurance des matières comprend implicitement celle des corps qui les enveloppent, enferment ou contiennent, ce qui paraît rationnel, ils rejeteraient les approvisionnements de ces corps vides. Il est préférable, en outre. d'être en présence de certitudes plutôt que d'hypothèses. 2° Le menu matériel qui se trouve dans tout

---

(1) 4 fr. % dans la majorité des Compagnies.

magasin ; bascules, cordes, paniers , échelles , outils , objets de chauffage et d'éclairage, s'il y a lieu , etc., dans la plupart des cas, il est inutile de faire un article spécial ; on ajoute simplement à à celui des matières, les mots : « y compris le matériel dudit magasin. »

Les agencements d'une boutique, les rayonnages , les tables, comptoirs , balances , vases , vitrines , glaces , globes , appareils pour le chauffage et l'éclairage, constituent le mobilier industriel du commerçant. Ces objets payant la même prime que les marchandises, on aura soin de confondre leur valeur avec celle desdites et d'ajouter, à l'article affecté à ces dernières, les mots : « y compris mobilier industriel dudit magasin. » Nous répèterons également que, dans la presque totalité des Compagnies, l'assurance du mobilier personnel ne comprend les « bijoux , dentelles, argenterie, tableaux d'art, » que si ces objets forment un article spécial, « avec affectation d'une valeur également spéciale.» Il est également indispensable d'exiger, le cas échéant, que les chevaux, voitures et accessoires soient mentionnés dans le contrat. Voici la rédaction qui serait à adopter.

« Tant sur tout le mobilier personnel, objets et provisions de
» toute espèce, de l'assuré, de sa famille et de ses domestiques,
» sans aucune exception , y compris chevaux , voitures et acces-
» soires , contenu dans l'ensemble des locaux habités par l'assuré,
» dans cette somme , les bijoux, dentelles, argenterie, tableaux
» de maîtres, objets d'arts et de curiosité, sont compris pour....»

Cette rédaction embrasse tout, vins, instruments de musique, bibliothèque, meubles, linge, effets d'habillements, provisions de cuisine, nourriture des chevaux.

Il est licite d'exclure, moyennant surtaxe, les fondations de l'assurance. Dans ce cas, l'on doit avoir la précaution de bien préciser où s'arrête l'exclusion [1]; ainsi, si l'on dit : « Les fon-

---

[1] Cette recommandation a déjà été faite, mais elle est encore à sa place ici.

» dations sont exclues jusques au niveau du sol » et que le carrelage , dallage, ou plancher du rez-de-chaussée soit juste à ce niveau , il faut indiquer si ce carrelage, dallage ou plancher , est compris ou non dans l'exclusion. Cette surtaxe est du dixième de la prime applicable à l'immeuble quand il s'agit de risques simples et du vingtième seulement quand il s'agit d'usines, avec minimum de taux de 0,05 %. Ainsi, supposons un risque passible de la prime de 3 fr. %, les fondations pourront être exclues de l'assurance moyennant la surtaxe de 0,30 c. par mille francs de valeurs assurées sur l'immeuble ; si cette valeur est de 60,000 fr., à 3 fr. %, la surtaxe sera de 0,30 c. %, soit 18 fr.

Lorsqu'il s'agit de moulins à blé , baignés par l'eau, et que l'on en excepte les fondations , il faut également préciser si le matériel, qui se trouve au-dessous du point où s'arrête l'exclusion , est ou non compris dans l'assurance ; telles sont , par exemple , les turbines , les vannes , etc.

Les grandes cheminées isolées ne sont pas garanties dans l'assurance de l'immeuble , si elles n'y sont pas spécifiées. Il est utile de les comprendre dans l'assurance afin de pouvoir les faire garantir contre les dégâts de la foudre qui les endommagent ou les détruisent fréquemment , et contre ceux que l'explosion des générateurs peut leur occasionner.

Lorsque l'on peut prévoir que le matériel et que les marchandises peuvent être déplacés pendant le cours de l'assurance , on demandera à l'assureur d'introduire la clause suivante sur la police :

Il est convenu que les marchandises garanties par les articles x... se trouveront également assurées dans n'importe quel autre local de l'usine , du moment où ce local paiera une prime égale ou inférieure à celle des articles précités.

Je suppose une filature dans les ateliers de laquelle j'assure 100,000 fr. de marchandises à tout état à la prime de 8 fr. %.

Il peut arriver que cette somme de marchandises n'existe pas en tout temps dans les ateliers et que, par contre, il y ait un surcroît de matières dans les magasins. Il faut donc, pour qu'un sinistre arrivant, je sois bien assuré, que je prenne la précaution de faire couvrir le surcroît de matières dans mon magasin. Avec la clause ci-dessus appliquée aux marchandises seulement, je pourrai, assez souvent, éviter cette mesure.

On comprend une assimilation semblable pour le matériel, lorsque des parties de ce dernier peuvent être transportées dans des ateliers passibles d'une prime inférieure ou égale.

ASSURANCE FLOTTANTE.

Quand on craint l'application de la règle proportionnelle, par suite de l'instabilité des valeurs qui font l'objet des différents articles de la police, il existe encore un moyen bien simple d'échapper à cet inconvénient, c'est de faire couvrir par l'assureur « une somme de... sur contenant ou contenu, se trouvant ou » pouvant se trouver dans n'importe quel local de l'usine, en » augmentation, aux articles dont l'assurance, au moment d'un » sinistre, serait insuffisante. »

Cette assurance sera naturellement frappée de la prime la plus élevée, mais elle permettra de limiter les articles aux chiffres probables des existences, sans crainte de l'application de la règle proportionnelle si ces dernières ne varient que dans la limite du chiffre flottant.

IMMEUBLES HYPOTHÉQUÉS.

Lorsque l'on se trouve dans une position à donner ou laisser prendre hypothèque sur ses immeubles, il est d'une bonne administration de faire refaire une police spéciale aux objets hypothéqués, car autrement, en cas de sinistre, l'habitude des créanciers étant de faire signifier à l'assureur, le transport d'indemnité éventuelle qui peut résulter d'un sinistre de l'immeuble du débiteur, et une défense de payer sans main-levée ou désistement, si la police qui est relatée dans la signification contient aussi une assurance mobilière, l'assureur ne pourra davantage payer au débiteur, son assuré, l'indemnité relative aux marchandises, mobilier et matériels incendiés ; ce qui, dans la plupart des cas, serait une gène et un préjudice désagréable pour celui qui, à part son emprunt hypothécaire, n'est pas au-dessous de ses affaires et peut y faire honneur.

La police d'assurances d'immeubles grevés d'hypothèques, et pour laquelle une signification a été faite à l'assureur, doit être maintenue, tant qu'il n'y a pas insécurité à le faire, à cet assureur, autrement le débiteur serait exposé aux frais d'une autre signification, ce qui est inutilement onéreux.

Lorsque la dette est remboursée, l'emprunteur doit faire diligence pour que main-levée lui soit donnée des oppositions qui ont été signifiées à l'assureur, autrement, plus tard, en cas de sinistre, il pourrait arriver à rencontrer des difficultés, des retards, par suite de départ ou décès des prêteurs, les Compagnies ne payant, sans juger le bien fondé des oppositions que sur main-levées préalablement données.

ENSEMBLE D'ASSURANCE.

Lorsque l'assuré, pour un motif quelconque, soit que le chiffre à couvrir soit trop considérable, soit qu'il tienne à se faire garantir par telle et telle compagnie, intéresse plusieurs assureurs sur ses risques, il est préférable, au lieu de donner à l'un certaines parties, à l'autre d'autres parties, aux autres le reste des propriétés, d'établir un ou plusieurs contrats résumant les ensembles à assurer, et de répartir le tout à raison d'un tantième pour cent à chaque assureur. On aura soin de ne pas s'attacher à des proportions incommodes telles : 1 vingt-quatrième, 1 septième, 1 quarantième, 1 seizième ; il faut prendre des équivalents beaucoup plus simples pour les opérations d'arithmétique, c'est-à-dire des tant pour cent 4, 5, 10, 15, 20, 30, 40 %, etc., car il est toujours facile ainsi d'arriver aux 100 % qui constituent le total, il n'y a pas d'autres opérations à faire qu'une multiplication ; tandis qu'avec les fractions non exactement divisibles, les calculs sont longs et sujets à erreur.

Cette facilité, introduite au début dans le contrat, sera utile pendant toute sa durée, chaque fois qu'il y aura une modification à y apporter ; quelques personnes ont l'habitude de diviser l'assurance en sommes rondes : ainsi je suppose une somme de 937,500 fr. à répartir ; elles attribueront :

1°	200,000	»	à la Compagnie	A
2°	200,000	»	»	B
3°	200,000	»	»	C
4°	200,000	»	»	D
5°	137,500	»	»	F

En apparence, ce système est simple, en réalité très-compliqué ; pour trouver la prime applicable aux 200,000 fr., il faut, connaissant celle totale, chercher la prime pour 1 fr. d'assurance et ensuite multiplier, soit par 200,000, soit par 137,500. Il est bien préférable d'employer le mode ci-devant qui permettra d'obtenir une répartition à peu près semblable, au lieu de donner :

200,000 fr. à A on lui donnera	21 %	soit	= 196,875
à B	id.	21 %	
à C	id.	21 %	
à D	id.	21 %	
et à E	id.	16 %	
		——	
Soit	100 %		

pour avoir la prime afférente à A, il n'y a qu'à multiplier le total de cette prime par 21 % et pour F par 16 %, et diviser par cent , opérations excessivement faciles et simples.

Intéressant chaque Compagnie sur l'ensemble , on n'a besoin que d'une seule et même rédaction pour toutes ; chacune participe aux mêmes risques , bons ou mauvais, chacune est traitée sur le même pied (sauf la proportion qui varie) , de sorte qu'en cas d'accident , aucun conflit n'est à redouter.

Les assurances de maisons , de mobiliers , de négoce , de fermes, de commerçants et risques analogues se font généralement pour des périodes fermes de 10 années. Ces sortes de risques variant peu, cette durée n'a pas d'inconvénient , elle économise des frais de renouvellement onéreux , si la durée étant moindre , on était obligé de refaire fréquemment les contrats. Il y a un moyen qui n'est pas employé souvent en France , mais qui l'est beaucoup à l'étranger, d'économiser sur les primes de ces sortes de risques, c'est de payer de suite 5 ou 8 annuités; les 5 annuités de la prime payées d'avance , donnent droit à un contrat de 6 ans. Les huit annuités déboursées , également de suite , procurent un contrat de 10 ans C'est , dans le premier cas , une économie de 1/6e , dans le second , 1/5e.

Quant aux assurances d'usines et de marchandises sujettes à varier , il est prudent [1], tout en les faisant pour 10 ans. de se réserver la faculté de les résilier chaque année : Il suffit d'introduire dans le contrat la clause suivante : « L'assuré, ainsi que la Com‑pagnie ou plus simplement, « les parties » auront la faculté » réciproque, de résilier le présent contrat moyennant avertis‑ » sement écrit trois mois avant l'échéance de la prime annuelle. »

___

[1] Sauf dans les années où les primes paraissent atteindre leur maximum de faiblesse, c'est à-dire avantageuses.

CHAPITRE QUATRIÈME

Recours.

Toutes les indications qui précèdent s'appliquent indifféremment aux propriétaires comme aux locataires, nous allons les compléter par des renseignements sur les risques extrinsèques qu'un incendie peut faire courir aux uns et aux autres.

RISQUE LOCATIF. — RESPONSABILITÉ DU LOCATAIRE
(articles 1733 et 1734 du Code civil). (1)

La loi, désireuse de favoriser et garantir la propriété, a fait la responsabilité du locataire en cas d'incendie de l'immeuble qu'il loue, aussi entière que possible. Le locataire doit prouver, pour être déchargé de l'obligation de faire réparer à ses frais l'immeuble détérioré par l'incendie, ou de celle d'indemniser le propriétaire, en cas de destruction, que l'incendie est arrivé par cas fortuit, force majeure, vice de construction, ou que le feu a été communiqué par

(1) Art. 1733 du Code civil. — « Le locataire répond de l'incendie, à moins qu'il ne prouve que l'incendie est arrivé par cas fortuit ou force majeure, ou par vice de construction, ou que le feu a été communiqué par une maison voisine. »

Art. 1734. — « S'il y a plusieurs locataires, tous sont solidairement responsables de l'incendie, à moins qu'ils ne prouvent que l'incendie a commencé dans l'habitation de l'un d'eux, auquel cas celui-là seul en est tenu.

» Ou que quelques-uns ne prouvent que l'incendie n'a pu commencer chez eux, auquel cas ceux-là n'en sont pas tenus. »

un voisin. Il y a toujours contre lui présomption légale de faute ;
il faut qu'il en fournisse preuve contraire. Or, la plupart du temps,
les causes de l'incendie étant inconnues, le locataire est dans la
plus complète impossibilité d'administrer la preuve qui, seule,
peu l'exonérer de sa responsabilité.

Le propriétaire ou la Compagnie qui assure le propriétaire n'a
nullement besoin, pour exercer son action en garantie, d'établir la
faute du garant ; la faute est présumée tant que le locataire est
impuissant à apporter la preuve du cas fortuit ; de la force majeure ;
du vice de construction (cheminée mal construite, défaut d'entravelures incombustibles sous les âtres. pièces de bois dans les gaînes,
manque d'épaisseur suffisante des parois, tuyaux trop rapprochés
de cloisons, défaut d'élévation des gaînes extérieures, crevasses) ;
mais il ne suffit pas de prouver que le vice de construction ou le
défaut d'entretien existe ; il faut encore prouver que c'est par lui
que le feu a été causé, ce qui est fort difficile. Établir que le feu
vient du voisin, c'est là l'exemption la plus efficace pour le locataire,
mais cette exemption perd beaucoup de sa valeur lorsqu'il s'agit de
locataires d'un même immeuble, d'appartements d'une maison ou
d'immeubles dont les toitures, ou des parties, se confondent avec
celles des immeubles voisins, car, dans cette hypothèse, souvent il
devient mal aisé de démontrer le point de départ originel du feu.

La responsabilité présumée du locataire n'embrasse que l'immeuble ; elle ne s'étend au mobilier que dans les termes des articles
1382 et 1383 du code civil (voir plus loin).

Le sous-locataire encoure la même responsabilité que le locataire
principal.

S'il y a plusieurs locataires, tous sont solidairement responsables,
à moins qu'ils ne prouvent que l'incendie a commencé chez l'un
d'eux, auquel cas celui-là seul est tenu. .

Cette présomption légale de faute, établie en cas d'incendie contre
le locataire ou sous-locataire, en faveur du propriétaire, est
applicable également au colon partiaire ; en effet, la règle de

l'article 1733 du code civil, n'est que la conséquence de ce principe
très-juste, que chacun répond du dommage qu'il cause, et de cette
présomption si naturelle, que, lorsqu'une maison devient la proie
des flammes, celui qui l'habite est censé y avoir mis le feu. Or,
ces principes et cette présomption s'appliquent, tout aussi justement,
au colon qui exploite un domaine où se trouve un bâtiment d'exploitation, faisant partie du bail, sous condition d'en partager les
fruits avec le propriétaire, qu'au fermier qui jouit du même domaine,
moyennant une somme en numéraire, annuellement payable. La
responsabilité doit être la même, puisqu'il y a parité de position
vis-à-vis du propriétaire.

En pratique, il y a encore un nombre très-considérable de
locataires qui, ne connaissant nullement l'étendue de leur responsabilité, négligent de se faire assurer, sous le prétexte que leur
mobilier est de peu de valeur, etc., etc., on leur rendrait un service
inappréciable en leur apprenant quel est le danger de leur position,
comment il y a quelque chose en jeu de plus important que la
valeur de leur mobilier. C'est leur responsabilité qui, en cas
d'incendie de l'immeuble qu'ils occupent, en totalité ou en partie,
les place sous le coup d'une action en répétition d'indemnité qui
peut amener leur ruine. Or, telle personne qui peut facilement
subir une perte de 4 à 5,000 francs de mobilier, se trouvera
ruinée par une perte de 20 à 30,000 francs ou plus, représentant
la valeur de l'immeuble détruit par le feu.

Il existe encore un usage qui tend à induire le locataire en
erreur sur sa position. Beaucoup de propriétaires se font rembourser
par leurs locataires l'assurance de l'immeuble joui. Ces derniers,
dans leur ignorance bien naturelle (quoique cependant la loi soit
censée connue de tous), pensent que ce remboursement les dégage
de leur responsabilité; il n'en est, la plupart du temps, rien; le
propriétaire n'a fait couvrir que son bien et n'a nullement pensé à
garantir la responsabilité de son locataire; de sorte qu'en cas de
sinistre, la compagnie, assureur de l'immeuble, paie le propriétaire,

mais en même temps se fait subroger dans ses droits contre son locataire, et réclame à ce dernier, à ce titre, la somme qu'elle a versée pour la propriété. L'assurance de l'immeuble n'a donc d'autre effet que de déplacer l'exercice de l'action en responsabilité, elle n'exonère pas le locataire, il faut qu'il soit couvert de son risque locatif, si le propriétaire n'a pas pensé à l'en exonérer moyennant la surtaxe du tarif.

BASES DE L'ASSURANCE DU RISQUE LOCATIF.

La responsabilité s'étendant à tout l'immeuble que le feu peut détruire, la valeur intégrale de cet immeuble, abstraction faite du sol, est le chiffre à assurer.

L'assureur peut cependant lorsqu'il y a plusieurs locataires admettre que l'on ne couvre qu'une somme représentée par 15 fois le montant annuel du loyer. Ainsi, supposons un quartier de maison loué 1,000 fr., on peut se contenter de faire assurer 15,000 fr., mais ce minimum d'assurance ne remplira le but que si les dégâts ne dépassent pas la somme de 15,000 francs, autrement l'assuré ne sera qu'imparfaitement couvert. Cette latitude a été inventée au point de vue de la location partielle d'un immeuble; elle peut exposer à des mécomptes, car le feu ne s'arrête pas toujours au chiffre garanti; il est donc préférable de ne baser l'assurance du risque locatif, que le locataire occupe partie seulement de l'immeuble ou qu'il en occupe la totalité, que sur l'intégralité de la valeur des lieux jouis, déduction faite du sol; c'est là seulement qu'on peut trouver une complète garantie. Cette assurance néanmoins ainsi étendue serait onéreuse, lorsque l'on occupe un appartement dans une maison d'une très-grande importance. Ce cas se présente quotidiennement à Paris. Les agents d'assurances ont pris l'habitude d'engager leurs clients à faire garantir des sommes très-considérables sans cependant qu'elles atteignent l'intégralité de la valeur de l'immeuble entier. Ainsi en présence d'immeubles d'une valeur

fréquente de un million, la somme assurée contre la responsabilité locative est généralement élevée au tiers de cette valeur ; évidemment la
garantie est incomplète, mais on tient compte des moyens de secours
puissants dont dispose Paris et de la facilité avec laquelle les progrès
du feu sont enrayés. Mais nous le répétons, celui qui désire ne rien
laisser à l'aventure et ne courir aucun risque, doit baser son
assurance de responsabilité locative sur l'intégralité de la valeur de
l'immeuble qu'il habite.

Exemple : J'habite dans une maison de 1,000,000 de francs, un
appartement de 20,000 francs, d'autres locataires occupent le
reste de l'immeuble et l'ont fait assurer de leur côté. Si un incendie,
prenant naissance dans la partie que je loue, détruit la totalité de
l'immeuble, j'en suis seul responsable, les compagnies qui assurent
mes co-locataires ne viendront nullement participer au paiement de
l'indemnité que j'aurai à payer, de sorte que si j'ai limité l'assurance
de ma responsabilité locative à 15 fois mon terme annuel, soit à
300,000 francs et que les dégâts atteignent la somme de 650,000 fr.
par exemple, la compagnie qui m'assure ne contribuant que
pour 300,000 fr. j'aurai moi-même à payer en outre 350,000 fr.,
ce que j'eusse évité en proportionnant l'assurance de mon risque
locatif à la valeur de l'immeuble ou au moins au chiffre représentant
le maximum des dégâts possibles (toutes les fois que ces deux valeurs
sont supérieures à celle du loyer annuel multiplié par quinze).

L'assurance du risque locatif ne comprend que la responsabilité
matérielle estimée d'après les conditions des polices de l'assureur.
Elle laisse de côté toute action indemnitaire résultant des circonstances accessoires au sinistre, ou de ses conséquences.

La présence d'autres locataires, n'atténue pas la responsabilité.
Quelquefois elle est un danger de plus, à cause de la solidarité
édictée par l'article 1734. Il y a souvent doute au sujet du point
de départ du feu, et alors, la responsabilité est solidaire ; celui
qui n'est pas insolvable paie pour ceux qui le sont.

La jurisprudence, lorsque le point de départ de l'incendie reste inconnu et met en cause plusieurs locataires à qui il peut indifféremment être attribué, rend ces co-locataires responsables par parties égales, c'est-à-dire au même degré. Ils subissent le dommage en le partageant dans d'égales proportions, c'est-à-dire s'ils sont deux, chacun paie moitié ; s'ils sont trois, un tiers ; s'ils sont quatre, un quart ; d'où cette conséquence que le locataire qui payant le plus mince loyer se sera contenté de faire assurer le minimum possible, peut se trouver parfaitement, malgré le partage de la perte, insuffisamment remboursé par l'assureur.

Le seul moyen qui existe de faire disparaître à peu de frais, pour le locataire, cet aléa parfois si redoutable, serait de généraliser partout ce qui se fait souvent dans le Nord. Dans ce pays, en effet, l'usage est de faire payer au locataire la prime d'assurance de l'immeuble et de le faire décharger du risque locatif moyennant le paiement d'une surtaxe d'un quart en sus. S'il y a plusieurs locataires, le bailleur impute à chaque location la part proportionnelle qui lui incombe, avec même exonération du risque locatif moyennant la surtaxe supplémentaire ci-dessus ; de cette manière le locataire n'a plus à s'occuper que de son assurance mobilière et du recours des voisins ; il est tranquille pour son risque locatif, dont la garantie, ajoutée au risque principal, est faite très-économiquement. En effet, le taux de la garantie de responsabilité locative assuré par la compagnie du propriétaire et ajoutée sur le même contrat n'est que de 1/4 en sus. Opérée par contrat séparé, le taux est de 1/2 et traitée à une compagnie autre que celle qui couvre la propriété, le prix est des 3/4 pour les risques simples et de la totalité de l'entier pour les usines. Il y aurait donc avantage, à tous les points de vue, à ce que ce mode pût se généraliser.

Malheureusement à Paris et à Lyon, des compagnies mutuelles se sont créées qui ont limité leurs opérations aux assurances des immeubles, afin de profiter des dispositions des articles 1733 et 1734 ; elles n'assurent jamais le contenu ni les risques locatifs, de sorte qu'en cas de sinistre elles paient l'indemnité aux propriétaires, mais en même temps subrogées dans leurs droits, c'est-à-dire mises en leur lieu et place, elle se font rembourser par les locataires 99 fois responsables sur cent, ce qu'elles ont déboursé. Elles sont arrivées ainsi à assurer les propriétés à une prime minime, mais en réalité sans aucun profit pour personne. En effet les locataires ne pouvant s'adresser à elles pour s'exonérer de leurs risques locatifs ne peuvent ainsi profiter de la réduction d'usage et sont obligés de payer à d'autres compagnies une prime plus élevée et d'assurer une somme bien supérieure. Ces mêmes locataires auraient bien plus d'économie et plus de sécurité à payer, même l'assurance de l'immeuble, du moment où cette assurance comprendrait l'abandon du recours locatif. Il est à souhaiter que, mieux éclairés, les propriétaires cessent de pratiquer l'égoïsme en assurance, en alimentant deux institutions certainement plutôt nuisibles qu'utiles, et suivent l'exemple des propriétaires du Nord, c'est-à-dire assurent leurs immeubles avec paiement d'une surtaxe d'un quart pour la renonciation au recours locatif, en faisant naturellement payer à chaque locataire, avec son loyer, la quote-part d'assurance qui lui incombe à raison des locaux qu'il occupe, et s'il y a lieu, les surtaxes que son industrie peut occasionner à l'ensemble de l'immeuble. Nous avons dit que même en payant ainsi l'assurance pour son compte et celui du propriétaire, le locataire a encore économie dans la prime et surtout ce qui est inestimable, sécurité d'assurance complète, en cas de sinistre. Voici la preuve de ce que nous avançons : à Paris, un immeuble simple ou à usage de commerce simple, c'est-à-dire n'augmentant pas la prime, d'une valeur de 1 million, paiera :

A la Mutuelle . . . . 0,08 c.
Plus, pour le risque locatif, en admettant que
   les divers locataires n'assurent que 1 million,
   somme en pratique beaucoup trop faible des
   trois-quarts. . . . . 0,30 c.
                               0,38 c. = 380 fr.

Si le propriétaire au contraire assure son immeuble à une compagnie autre que la Mutuelle, et stipule la renonciation à tout recours contre les locataires en vertu des articles 1733 et 1734, il paiera simplement :

Pour le risque principal. . . . . 0,20 c.
Pour le recours abandonné. . . . . . . 0,10 c.

Soit . . . 0,30 c. °/₀, soit 300 fr.

au lieu de 380 fr. Il y a donc déjà économie. Mais, en réalité, est-ce que les 10 (1) locataires de l'immeuble n'assureront que 1 million de risques locatifs ? Bien au-delà, en pratique, on peut compter sur des assurances d'au moins 3 à 4 millions, puisque nous savons que la seule limite de la responsabilité pour un seul locataire est 1 million. Or, 3 millions à 0,30 c., *prix du risque locatif seul* donne . . . . 900 fr.

L'assurance à part du propriétaire. 80

980 fr.

soit une dépense de 980 fr. au lieu d'une de 300 fr.

Ces résultats n'ont pas besoin de commentaires.

Les Compagnies renoncent à l'exercice du risque locatif contre les héritiers directs et les gendres de leurs assurés, sans percevoir de prime, mais cette renonciation doit être formellement inscrite au contrat ; elle est refusée, si les bénéficiaires ne sont pas assurés par les mêmes compagnies pour ce qui leur appartient en propre. Cette même renonciation est accordée aux membres d'une société commerciale, si le propriétaire de l'immeuble en fait partie, figure en nom dans l'acte constitutif et ne reçoit de la société aucun loyer.

Tout ce que nous avons dit, relativement au locataire, s'applique au sous-locataire. La même responsabilité lui incombe. Il joue, vis-à-vis le principal locataire, le rôle que celui-ci joue

(1) Nous supposons dix locataires seulement.

vis-à-vis le propriétaire. Il en est de même d'un deuxième sous-locataire, d'un troisième, etc., etc. La renonciation au recours locatif ne profite pas au sous-locataire, il lui faut payer une deuxième prime, etc.

RECOURS DES VOISINS

(articles 1382 et 1383 du Code civ^l). (1)

Le voisin, dont l'habitation ou le risque en flammes a communiqué le feu à la chose d'autrui, est également responsable, mais aux termes des articles 1383 et 1382 du code civil. A la différence du locataire, il n'y a pas contre lui présomption légale de faute ; il faut que celui qui veut exercer son recours contre lui, prouve non-seulement son fait, mais encore sa négligence ou son imprudence.

L'assurance du recours des voisins est le corollaire de toute assurance, car si l'on fait garantir sa chose contre l'incendie, c'est parce que l'on peut craindre que le feu ne la détruise ; or, du moment où l'on suppose l'incendie possible, l'idée de la faute qui a occasionné cet incendie est contingente, et d'elle se déduit la garantie de la responsabilité nouvelle que cette faute fait incomber. A moins d'habitation où le risque est complètement isolé, il n'y a donc pour ainsi dire pas d'assurance complète sans la garantie du recours des voisins, que l'on occupe une maison, ou bien seulement une partie de maison, un appartement. Chacun étant responsable des domestiques, des employés qu'il a à son service (2), on peut toujours craindre qu'une négligence ou une imprudence de leur fait, ne vienne, en occasionnant un sinistre, faire assumer une

---

(1) Art. 1382 du Code civil. — « Tout fait quelconque de l'homme qui cause à autrui un dommage, oblige celui par la faute de qui il est arrivé à le réparer. »

Art. 1383. — « Chacun est responsable du dommage qu'il a causé, non-seulement par son fait, mais encore par sa négligence ou par son imprudence »

(2) Art. 1384 du Code civil. — Cet article édicte la responsabilité des dommages causés par les ouvriers, domestiques, enfants, etc.

responsabilité qui peut s'étendre à des proportions immenses, si par suite, soit de défaut de secours, soit de mauvaises dispositions ou agglomérations de constructions, le feu n'étant pas concentre dans son foyer primitif, faisait beaucoup de ravages aux propriétés voisines.

BASES DE L'ASSURANCE.

Les Compagnies n'ont pas fixé de minimum à assurer en ce qui concerne le recours des voisins. Elles répondent tout uniment de ce risque jusqu'à concurrence de la somme sus-garantie. Une fois la responsabilité de l'assuré admise, on doit pour déterminer le chiffre à garantir, connaître la valeur des propriétés qui entourent celle du titulaire de la police, calculer les chances de la plus ou moins grande propagation du feu, supposer les dégâts approximatifs que la destruction totale de l'immeuble assuré peut occasionner aux immeubles voisins, en tenant compte des moyens de secours qui sont employés à l'extinction des incendies dans le lieu de la situation du risque ; le chiffre résultant de cette appréciation, fort spécieuse, nous devons le reconnaître, car elle est sujette à bien des correctifs impossibles à prévoir, est celui qui doit être couvert contre le recours des voisins. En pratique, l'on assure toujours trop peu contre ce recours ; il s'exerce rarement, il est vrai, mais lorsqu'il s'exerce, il est très-rare aussi que la responsabilité du garant soit suffisamment couverte par le chiffre assuré.

Il est cependant utile de bien faire comprendre la responsabilité édictée par les articles 1382 et 1382 et la faire largement garantir. Les sommes à assurer sur ce recours, lorsqu'il s'agit de professions qui en rendent l'exercice facile, telles que menuisiers, industrie de bois, grainetiers, épiciers vendant les huiles de pétrole ou de schiste, boulangers, marchands de fourrages, liquoristes, chantiers de bois, marchands de spiritueux et alcools, marchands de produits chimiques, de déchets, entrepôts, usines non isolées, etc., où très-souvent les causes des sinistres sont connues, et toujours proviennent d'une imprudence, d'une négligence, d'une faute, doivent être très-considérables.

Il faut que l'assuré sache, qu'en cas de sinistre, dont la cause serait connue et due à sa faute ou à celle des gens dont il est garant légalement, les voisins ou les Compagnies, qui assurent les voisins, viendraient saisir-arrêter, entre les mains de la Compagnie qui le garantit, les sommes que celle-ci pourrait lui devoir pour son indemnité personnelle, de sorte que l'assurance qu'il aurait souscrite profiterait seulement à ses voisins, s'il n'avait pas eu la précaution de faire couvrir sa responsabilité vis-à-vis d'eux, ou s'il ne l'avait fait que d'une façon insuffisante, incomplète. Un exemple : je suis épicier, je débite du pétrole ou des spiritueux ; malgré mes recommandations, un de mes garçons va le soir avec une lumière dans le petit hangar ouvert où je renferme les liquides inflammables, le feu prend au vu et au su de tout le monde ; bien que mon hangar soit isolé de quelques mètres de ma maison, par suite de caisses d'emballage adossées temporairement et maladroitement contre et le reliant ainsi au reste des bâtiments ou par toute autre cause, le feu se communique, en dépit de toutes les prévisions, détruit mon immeuble, ceux voisins et ne peut être arrêté qu'à la quatrième maison. Les dommages se résument ainsi : les miens à 50,000 francs, ceux des trois autres immeubles 75,000 francs. Mais je n'ai fait couvrir contre le recours des voisins que 25,000 fr. Les voisins ou leur Compagnie saisissent l'indemnité qui m'était réservée, soit 50,000 francs et obtiennent contre moi une condamnation en réparation de tout le dommage. Ma Compagnie paie les 25,000 fr. assurés, et je perds, moi, les 50,000 fr. sur lesquels je comptais pour relever ma maison détruite et racheter mes marchanchandises brûlées.

En résumé, il est indispensable de garantir toujours ce risque, de faire une appréciation large des dégâts présumables aux choses voisines, et, dans les cas de professions précitées, ne pas craindre de faire couvrir un chiffre représentant bien tout le péril à courir, car il y a probabilité, quasi certitude, que si le feu éclate, on sera garant, on sera responsable. Il faut apprécier largement ce risque, car il y a tant de circonstances qui rendent les secours impuissants, la gelée, les tempêtes, les ouragans, qu'on ne saurait trop exagérer le danger. Le prix de l'assurance est, en thèse générale, très-modique, c'est le quart de la prime la plus forte applicable au risque lui-même ou à ceux voisins.

Il est utile de dire, ici, quelques mots des risques de contiguïté.

Lorsque l'on occupe une maison tangente à une usine, la règle actuelle des compagnies est de faire payer à un risque tangent, sans communication à un autre plus grave, les 4/10 de la prime de ce dernier ; cette prime s'applique au contenant comme au contenu, sauf le cas où la prime propre du contenant ou du contenu serait elle-même supérieure à celle que donnent, les 4/10 ; citons, pour mieux faire comprendre, deux exemples :

1ᵉʳ *Exemple.* — J'assure une maison qui est contiguë, sans communication, à une filature de coton avec préparations, chauffée à la vapeur, éclairée au gaz, ayant rez-de-chaussée et deux étages sans greniers, passible conséquemment de 10 fr. %; ma maison sera taxée au 4/10 de 10 fr., soit 4 fr. %.

2ᵉ *Exemple.* — La maison contiguë à la filature de coton ci-dessus, sert de magasin de marchandises très dangereuses, passible pour le contenant, de la prime de 3 fr. % et pour le contenu de celle de 5 fr. %; sa tangence avec la filature n'a donc d'influence que sur le contenant, il est élevé à 4 fr. % de prime, celle du contenu reste la même, soit 5 fr.

Pour qu'il y ait contiguïté sans communication, il faut que le mur de séparation soit, depuis les caves inclusivement, jusqu'au faîte, entièrement, absolument, en briques, ou pierres, ou moëllons, mais sans le plus petit mélange de bois, torchis, pisé, ou bousillage, sans que son homogénéité soit altérée par la plus petite ouverture, porte, lucarne, fenêtre, passage de glissoirs ou tuyaux en servant, œil de bœuf ; et que si les toitures des bâtiments sont de même hauteur, le mur monturier fasse saillie au-dessus des toitures et des wimbergues, de 0,45 à 0,50 centimètres s'il s'agit de risques simples et 0,60 centimètres au moins s'il s'agit d'usines. Tout revêtement combustible est proscrit de ce mur en saillie.

Cependant, une ouverture minime pour le passage d'un arbre de transmission, réduite à sa plus simple expression par la juxtaposition de deux moitiés de disques métalliques ou segments tangents à l'arbre, sauf un ou deux centimètres d'intervalle annulaire, n'est pas considérée comme établissant communication.

Il y a, on le voit, un certain désavantage à occuper ou posséder une maison tangente à un risque d'usine ou de magasin passible d'une prime élevée.

Cette situation, déjà onéreuse au point de vue de la prime à payer pour l'assurance personnelle de propriétaire ou de locataire, s'aggrave considérablement au point de vue du recours des voisins. J'habiterais ou je posséderais une maison de rentier, contiguë à des maisons de même usage, ma prime de recours de voisins serait insignifiante, 0,20 ou 0,25 centimes environ par mille francs ; de plus, ces maisons voisines ne représentant qu'une valeur ordinaire, et offrant au feu un aliment facile à éteindre, une somme minime serait à assurer. Dans l'espèce précédente, au contraire, ma prime du recours des voisins qui est du quart de la prime la plus forte, applicable au risque le plus grave, s'élève à $\frac{4}{10}$ soit 2.50 par mille fr., et de plus, je suis en présence d'une usine qui vaut peut-être un million, et de la perte de laquelle je puis être responsable si, par mon imprudence ou celle de mes gens ou employés, un incendie prend naissance dans mon immeuble et, de là, se communique à l'usine sus-dite.

Une telle responsabilité est effrayante, cependant elle existe. Il n'y a aucun moyen de s'y soustraire, sinon de changer de domicile et d'aller habiter des demeures d'une situation moins périlleuse.

Néanmoins, voici pour les propriétaires ou les locataires de maisons placées dans le voisinage dangereux des usines, le moyen de rendre leur situation plus acceptable. Les compagnies d'assurances ont inséré, dans les clauses imprimées de leur contrat, une renonciation gratuite du recours des voisins vis-à-vis leurs assurés, c'est-à-dire, dans le cas qui précède, si je m'assure à la ou aux mêmes Compagnies que celles qui assurent la filature ou usine, cause de mes soucis, ces Compagnies, en cas de sinistre de l'usine, occasionné par la propagation du feu de mon habitation, feu dû à mon imprudence, n'exercent pas contre moi, du chef de leur client usinier, le recours auquel mon imprudence, donnait ouverture. Tous les propriétaires, tous les locataires voisins d'une usine ou d'un risque augmentant leur prime d'assurance, doivent donc s'assurer à la ou aux Compagnies qui couvrent cette usine ou ce risque, afin de n'avoir plus à payer qu'une assurance de recours de voisins ordinaire, car il n'y aurait que le cas où tous, sans exception aucune, seraient continuellement assurés à la même ou aux mêmes Compagnies qu'on pourrait se dispenser de faire couvrir aucune somme sur ce risque, abstraction faite de ce qui concerne l'usine. Malheureusement ce moyen est encore d'une pratique difficile ; souvent l'assureur de l'usine est très-nombreux, d'autre fois il change, il sera donc indispensable de faire sa police résiliable chaque année, afin de pouvoir modifier de conformité son assurance.

La plupart du temps, on est soi-même assuré et l'on ne peut rompre son contrat.

Toutes les fois que ce moyen ne sera pas possible, il ne restera à celui qui se trouve sous le coup d'une telle éventualité, qu'à exercer chez lui une surveillance constante au point de vue de l'incendie, prendre toutes les mesures pour éviter le feu, qu'à s'entourer de serviteurs ou gens très-soigneux et très-prudents, tout en assurant contre le recours de ses voisins la somme la plus forte que son budget pourra lui permettre de dépenser.

Au point de vue matériel, il devra faire ou obtenir que le mur de séparation de la maison avec l'usine soit élevé suffisamment (1) pour qu'en cas d'incendie, les flammes ne puissent pas se communiquer de la maison à l'usine ; le faire renforcer, consolider, afin qu'il ne puisse pas se briser et ouvrir ainsi passage au feu, que l'incendie vienne de l'usine ou de la maison ; faire tenir les cheminées toujours en parfait état, suffisamment hautes au-dessus du toit, éviter les amas de copeaux, pailles, objets combustibles au grenier. Sur ce terrain pratique les intérêts du propriétaire, du locataire, du voisin sont communs. Cette mitoyenneté périlleuse est aussi dangereuse pour les intéressés ; ils devront donc se réunir pour en amoindrir les dangers par les travaux de séparation et de consolidation ci-dessus indiqués, travaux qui, sauf le cas rare où il s'agit d'une localité sans moyen de secours, seront d'un puissant effet pour empêcher la communication du feu.

On reproche souvent aux Compagnies d'assurances contre l'incendie, de ne pas faire ce que font les Compagnies d'assurances contre les accidents, c'est-à-dire de ne pas couvrir la responsabilité édictée par les articles 1382 et 1383 d'une façon illimitée ; il n'y a pas analogie complète ; un accident ou des accidents sont toujours limités à une condamnation à des dommages-intérêts, ou pensions équivalentes, d'une importance qui varie selon la position des personnes victimes ou en cause; cette importance peut être chiffrée, son maximum connu. En est-il de même au cas d'incendie? Evidemment non : supposons un moment que les Compagnies garantissent la responsabilité entière résultant des articles 1382-1383, et que le sinistre de Limoges, où 87 maisons de ville ont été brûlées, ait été reconnu dû à l'imprudence du chapelier dans la maison duquel le feu a pris naissance ; voici un sinistré sous l'application des articles cités, et derrière lui, la Compagnie qui l'assure contre cette responsabilité, obligée de rembourser les indemnités payées aux proprié-

(1) Un mètre au moins.

taires et locataires des 87 maisons détruites ! Sans aller chercher des exemples si effrayants , constamment d'un point de départ restreint d'incendie, résulte un dommage relativement considérable ; à chaque instant on entend parler de sinistres qui détruisent des groupes de maisons, des magasins remplis de marchandises, des villages presqu'entiers . En présence d'une assurance de recours de voisins relativement insignifiante, les Compagnies font peu de démarches pour reconnaître la cause du feu, mais si cette assurance était sans limites, que de recherches minutieuses ne feraient-elles pas en présence d'un remboursement possible de la perte ?

L'aléa que les Compagnies d'assurances courraient par la garantie illimitée du recours des voisins rend donc probable le maintien de ce qui existe. Le progrès, de ce côté, pourra venir d'une loi depuis si longtemps demandée sur les assurances terrestres : loi qui, sans modifier les articles 1382 et 1383 qui ont leur raison d'être, dégagerait dans certains cas le maître, le patron, de la responsabilité des actes de leurs serviteurs, employés ou ouvriers. Qui ne sait, en effet, que la plupart du temps les incendies, comme les accidents, ne sont occasionnés que par l'inobservation des règles de la prudence que le maître recommande à ses subordonnés, inobservation contre laquelle il est complétement désarmé. Rarement les articles 1382 et 1383 s'appliquent à un fait personnel du maître ; en majorité celui qui possède, qui est solvable, connaît la loi et, par vertu ou par intérêt, évite de tomber sous ses coups. Le serviteur, l'ouvrier, le subordonné, qui a de plus en plus d'instruction, *qui est électeur*, doit cesser d'abriter sa résistance, maintenant consciente, sous son insolvabilité et d'exposer ainsi quelquefois à la ruine celui dont il méconnaît volontairement les leçons ou les ordres. L'article 1384 a été fait à une époque où le suffrage universel n'était pas même pressenti.

Un certain nombre de personnes qui ont différents bâtiments voisins, dont les uns sont assurés à une Compagnie, les autres à une ou plusieurs autres , se demandent souvent si elles ont à craindre un recours de voisins du chef des Compagnies qui leur assurent ces

bàtiments, lorsque l'un d'eux vient à brûler Evidemment non : Les
Compagnies ne peuvent exercer de recours que parce qu'elles sont
subrogées, substituées au propriétaire, or ce propriétaire étant, dans
l'espèce qui nous occupe, le même, on ne peut exercer de recours
contre soi-même. Il n'y a donc pas d'inconvénient à cette situation,
sauf ce qui est dit à la fin du troisième chapitre, sous la rubrique :
Ensemble d'assurances.

RECOURS DES LOCATAIRES CONTRE LE PROPRIÉTAIRE (1)

Il ne suffit pas au propriétaire qui possède une maison de l'assurer
contre l'incendie, si cette maison est louée à des locataires, ou est
tangente ou voisine à d'autres maisons. Il est indispensable qu'il
assure : 1° Le recours de ses locataires contre lui ; 2° Le recours des
voisins également contre lui.

En effet, vis-à-vis de son ou ses locataires, le propriétaire est
responsable de l'incendie qui peut être la conséquence : 1° d'un
vice de construction ; 2° d'un défaut d'entretien ; 3° d'une imprudence de ses ouvriers pendant une réparation qu'il fait effectuer à
son immeuble ou toute autre cause qui a amené leur présence dans
le local incendié.

L'une des exceptions de l'article 1733 dont il a été parlé précédemment, le vice de construction (cause de l'incendie) ne décharge
pas seulement le locataire de sa responsabilité légale envers le
propriétaire, elle fait plus, elle donne en même temps ouverture à une
action récursoire du locataire contre son bailleur. Il en est de même
du sinistre dû à un défaut d'entretien ou à la présence d'ouvriers du

(1) Art. 1386 du Code civil. — « Le propriétaire d'un bâtiment est responsable du
dommage causé par sa ruine, lorsqu'elle est arrivée par suite du défaut d'entretien
ou par le vice de sa construction. »

Art. 1721 du Code civil. — « Il est dû garantie au preneur pour tous les vices ou
défauts de la chose louée qui empêchent l'usage, quand même le bailleur ne les
aurait pas connus lors du bail; s'il résulte de ces vices ou défauts quelque perte
pour le preneur, le bailleur est tenu de l'indemniser. »

propriétaire ou envoyés par ses ordres. Or, si nous examinons les
conséquences de circonstances semblables, nous trouvons que tout
propriétaire d'immeuble loué doit faire garantir la responsabilité qui
lui incombe de ce chef, s'il ne veut pas s'exposer à perdre une partie
ou la totalité du bénéfice de l'assurance qu'il aura contractée pour
sauvegarder sa propriété. En effet, prenons un exemple : je loue une
maison qui m'appartient à un négociant qui y exerce son commerce;
j'assure cette maison, sa valeur, soit 50,000 fr. Le négociant est
assuré de son côté pour son risque locatif, et en outre pour 25,000
fr. de marchandises et mobilier. Un incendie survient, détruit une
partie de l'immeuble et 20,000 fr. de marchandises et mobilier
assurés ; après recherche, on reconnaît d'une façon irréfragable que
le feu est dû à un vice de construction. Qu'arrive-t-il? ma Compagnie me paie mon dommage ; elle ne peut exercer aucun recours
contre mon locataire puisqu'il profite d'une des exceptions dénommées à l'article 1733. Mon locataire reçoit de la sienne l'indemnité
qui lui est due ; il ignore la plupart du temps qu'il peut avoir une
action à exercer contre moi, mais sa Compagnie, elle, ne l'ignore
pas ; en vertu de la subrogation écrite au contrat, subrogation
qu'elle fait réitérer si besoin est, elle prend la place de mon locataire
et me réclame les 20,000 fr. qu'elle lui a payés. Je suis naturellement condamné à les payer, puisque le fait de vice de construction,
cause du feu, est constant, et comme ma Compagnie d'assurance
ne m'a pas couvert de cette responsabilité, je subis une perte sèche,
absolue de 20,000 francs. Cette perte pourrait être bien plus considérable si je louais mon immeuble à des négociants qui y déposas-
sent des marchandises ou objets d'une valeur plus importante. J'aurais, il est vrai, mon recours contre mon entrepreneur et mon
architecte, mais seulement si l'immeuble n'était pas construit depuis
plus de dix ans, et naturellement en cas d'insolvabilité de leur
part, ce recours serait lettre morte (1). Si le feu était dû à l'impru-

(1) à Paris et à Lyon toutes les polices, ou à peu près, contiennent l'assurance du
recours contre les locataires,

dence de mes ouvriers, la même solution léserait mes intérêts. Si au lieu d'être mes ouvriers, c'étaient ceux d'un entrepreneur chargé par moi des travaux, solution identique également, avec ce correctif que j'aurais mon recours contre l'entrepreneur.

Si le feu provenait de défaut d'entretien, la même issue compromettrait ma situation pécuniaire, sans aucun recours contre personne, je serais même exposé à un déclinatoire de mon assureur, si ce défaut d'entretien était dû, non pas à un simple oubli ou une simple imprévoyance, mais à une incurie revêtissant les caractères de la faute lourde. (Voir *Faute lourde*).

Une garantie complète d'un immeuble cédé en location à des tiers exige donc absolument l'assurance de la responsabilité du propriétaire envers ces tiers. Lorsque l'immeuble loué est grevé d'une créance, il y a nécessité à ce que l'assurance soit complète, le prêteur doit veiller, dans son intérêt, à ce qu'il en soit ainsi, autrement sa créance est en péril et son remboursement incertain.

En général les notaires et les sociétés de crédit se contentent de l'assurance de l'immeuble, c'est une grave erreur et une lacune bien dangereuse ; elle est d'autant plus inexplicable qu'elle est peu onéreuse à combler, la prime par mille francs étant insignifiante.

BASES DE L'ASSURANCE.

L'assurance du recours du locataire contre le propriétaire n'est pas soumise à un minimum. Le chiffre déterminable à couvrir est laissé à l'appréciation de l'assuré, la Compagnie payant jusqu'à due concurrence. Ce chiffre dépend uniquement des valeurs mobilières que possède le locataire et qui peuvent périr par l'incendie de l'immeuble qu'il occupe. S'il s'agit d'une maison de 50,000 fr., occupée par un rentier, dont le mobilier vaut 10,000 fr. par exemple, il est bien suffisant de faire garantir contre ce risque 10,000 fr. Si la même maison, au lieu d'être habitée par ce rentier, a comme preneur un commerçant ayant, en mobilier et marchandises. 30,000 fr. de valeurs destructibles, c'est 30,000 fr. qu'il y a lieu de soumettre à la sauvegarde de l'assurance.

On peut cependant, en tenant compte de la probabilité des secours, de leur efficacité, assurer moins. Les Compagnies affranchissent gratuitement leurs assurés du recours que pourraient exercer contre eux leurs héritiers directs et leur gendres, également assurés par elles, en vertu des articles 1386 et 1721, mais il faut veiller à ce que cette exemption soit mentionnée dans la police.

La même renonciation est accordée vis-à-vis d'un propriétaire du chef de la Société qui exploite la propriété, si ce propriétaire fait partie de la Société, son nom figurant dans l'acte constitutif.

2° Le propriétaire qui n'habite pas la maison louée, qui ne s'y est réservé ni pied à terre, ni appartement ou partie quelconque, pourrait penser qu'il est inutile de se faire garantir contre le recours des voisins dudit immeuble. Il n'en est rien. Lors d'un sinistre dû à l'imprudence de son locataire, les voisins pourraient faire remonter jusqu'à lui la responsabilité de cette imprudence ; dans certains cas, il pourrait être déclaré garant du preneur. En outre les circonstances précédentes, en donnant lieu à une action récursoire du preneur contre lui, pourraient également, si le feu dû aux origines sus-relatées avait endommagé ou détruit les propriétés adjacentes, créer, au bénéfice des voisins, une seconde action récursoire.

Si le locataire, de son côté, a fait assurer un recours de voisins, le propriétaire en profite-t-il et peut-il se dispenser de faire également garantir ce risque ? Le propriétaire, dans tout sinistre causé par le fait du preneur, naturellement profitera de cette assurance, car les bénéficiaires d'action récursoire s'adresseront d'abord à l'auteur présumé du feu ; mais s'il y a insuffisance d'assurance, si le locataire est en déchéance vis-à-vis sa Compagnie, et n'est pas autrement solvable, ils mettront en cause le garant, c'est-à-dire le bailleur. En outre l'assurance du locataire ne sera d'aucune utilité dans les cas de vice de construction ou défaut d'entretien. Il n'y a donc pas possibilité d'économiser le prix de l'assurance contre le recours des voisins, quand même on n'habite pas l'immeuble que l'on possède, si cet immeuble est voisin ou adjacent à d'autres propriétés.

RECOURS DES CO-LOCATAIRES.

Les locataires d'une même maison divisée en divers quartiers loués séparément, ont vis-à-vis les uns des autres le même recours édicté par les articles 1382-1383 à exercer. Ils doivent donc l'assurer, et le confondre avec celui des voisins.

S'ils s'assuraient tous à la même Compagnie, ils bénéficieraient quant à eux, de la renonciation dont nous avons parlé précédemment.

Le propriétaire qui co-habite avec un ou plusieurs locataires, peut s'économiser de leur chef, et leur faire économiser du sien l'assurance du recours des voisins, s'ils s'assurent à la même Compagnie que lui.

Chaque fois qu'un immeuble est neuf, ou qu'un locataire n'est pas assuré, il y a intérêt pour les occupants à contracter leurs contrats d'assurance à la Compagnie du propriétaire.

Spécialement en ce qui touche le risque locatif, il y a une économie sensible à s'assurer à la Compagnie du propriétaire ; voici le tarif :

1° Si l'immeuble n'est point assuré par la Compagnie, moyennant les 3/4 de la prime portée au tarif, quand il s'agit d'un risque autre qu'une fabrique ou usine, sans que cette prime puisse être inférieure à 0,25 cent. par mille, et la prime entière quand il s'agit d'une usine ;

2° Si l'immeuble est assuré par la Compagnie, et pendant la durée de cette assurance, moyennant le quart de la prime sans que la prime puisse descendre au-dessous de 0,10 cent. par mille francs ;

3º **La prime due** pour le risque locatif d'un immeuble assuré par la Compagnie, est élevée à la moitié de la prime entière applicable à l'immeuble, lorsque l'assurance de ce risque est effectuée par une police indépendante de celle de l'immeuble.

Dans ces deux derniers cas, l'assurance n'est autre qu'une renonciation de la Compagnie à son propre recours.

La Compagnie renonce gratuitement au recours locatif, lorsqu'elle assure l'immeuble, contre les héritiers directs et les gendres de ses assurés, ainsi que contre les fonctionnaires et employés logés gratis dans les établissements municipaux ou départementaux qu'elle garantit contre l'incendie.

Si donc le propriétaire a l'habitude, comme dans le Nord, de faire payer l'assurance de l'immeuble par le locataire, il devra avoir soin de faire comprendre, dans son contrat d'assurance, l'abandon du recours contre le locataire, ce qui réduira pour ce dernier la dépense à sa plus simple expression.

Nous avons vu que l'assurance contre le recours des voisins d'un immeuble loué, contractée par l'occupant, ne dispense pas le propriétaire de cet immeuble de faire garantir ce risque pour son propre compte ; il en est de même lorsque la situation est renversée, c'est-à-dire lorsque l'assurance du recours des voisins existe dans le contrat du propriétaire ; cette assurance ne profite pas, à moins de stipulation spéciale, au locataire ; quand même ce dernier en paie ou rembourse la prime, elle est essentiellement personnelle. **Le** locataire a donc les mêmes motifs généraux pour en contracter une à son profit, que si celle précitée n'existait point.

L'observation que nous avons faite au sujet des immeubles hypothéqués relativement à l'addition de l'assurance du recours des locataires contre le propriétaire est tout aussi forte en ce qui touche l'addition indispensable de la garantie du recours des voisins, autrement le gage des créanciers peut être amoindri ou disparaître. Et pour terminer ici tout ce qui se rapporte à la sécurité des prêteurs, ajoutons que l'assurance d'un immeuble grevé de créances,

doit indispensablement comprendre , outre les deux recours précités , la garantie des dégàts que les explosions soit de la foudre,
soit du gaz d'éclairage, soit , s'il y a lieu , des générateurs ou appareils à vapeur, peuvent occasionner, autrement elle est incomplète,
et le gage des créanciers en péril.

RESPONSABILITÉ DE L'ENTREPRENEUR.

L'entrepreneur qui traite à forfait de la construction d'une maison , a intérêt à la faire assurer contre l'incendie, attendu que
l'immeuble étant sa propriété jusqu'au jour où il en effectue la livraison et en obtient réception, quelle que soit la cause du sinistre, il en
subit les dommages , et outre la perte matérielle qu'il a à supporter , il est encore exposé pour retard de livraison à des frais onéreux.

L'entrepreneur (1) qui construit à façon est responsable de sa
faute , ou de celle de ses ouvriers. Or , comme rien n'est malheureusement plus fréquent que la faute ou la négligence des ouvriers ,
il est d'un intérêt puissant pour l'entrepreneur de faire garantir
cette responsablité qui pèse sur lui constamment et peut facilement
le ruiner , s'il construit des immeubles de quelque importance.

Les entrepreneurs généralement sont inconscients de la responsabilité qui leur incombe ; très-souvent ils se reposent sur le
propriétaire du soin de faire l'assurance de l'immeuble qu'ils construisent , ce que fait ce dernier sans s'inquiéter de savoir si c'est
bien à lui· que cette charge incombe , mais plutòt par luxe de
prudence. Mais ils ignorent que la Compagnie d'assurances qui
garantit ce propriétaire n'a pas renoncé à exercer le recours que
la loi lui donne et qu'en cas de sinistre, après avoir indemnisé ce

---

(1) La même responsabilité est imputable aux patrons des ouvriers plombiers ,
zingueurs, qui mettent souvent le feu aux toitures avec leurs réchauds imprudemment
placés ou abandonnés ; des ouvriers menuisiers, charpentiers, des peintres, qui font
chauffer du goudron ou des essences à feu nu , employés quelquefois seuls , sans
entrepreneur ou architecte.

dernier, elle viendra, subrogée à ses droits, répéter contre eux la somme payée.

BASES DE L'ASSURANCE.

La base de l'assurance dont il s'agit est d'un déterminatif facile, c'est la valeur de la construction. Quant au taux de la prime par mille francs à appliquer, c'est celui dont la construction serait passible.

Si la compagnie assure déjà cette construction au propriétatre, elle ne doit plus prélever que le quart de la prime pour exonérer l'entrepreneur de sa responsabilité, si l'assurance est faite par la police du propriétaire, ou la moitié, si elle fait l'objet d'une police séparée.

VICE DE CONSTRUCTION.

L'entrepreneur et l'architecte sont responsables, pendant dix ans, aux termes des articles 1792 et 2270 du Code civil, des conséquences du vice de construction des immeubles qu'ils ont édifiés ou fait ériger. Or la conséquence la plus grave du vice de construction est, sans contredit, l'incendie, car l'incendie peut détruire non-seulement l'immeuble mais encore ce qu'il contient ; semblable à l'épée de Damoclès, cette responsabilité immense, pendant dix ans, pèse sur l'architecte et l'entrepreneur, et lorsque l'on réfléchit que des immeubles de 100,000, 200,000 fr. et plus, contenant quelquefois pour des chiffres équivalents de marchandises ou de matières, peuvent recéler un vice de construction qui, échappé à la surveillance du constructeur, pourra un jour, avant la dixième année, occasionner un sinistre ; qu'à la suite la Compagnie d'assurances, après avoir désintéressé les ayants-droit, viendra, en vertu de la subrogation du Contrat, réclamer au garant (l'architecte, l'entrepreneur) ce qu'elle aura payé pour le dommage arrivé, on se demande comment ces garants osent s'exposer, sans le bouclier de l'assurance, à des actions récursoires, dont une seule peut leur faire perdre à jamais le fruit de tous leurs travaux ; quelle explication donner à une pareille négligence, si ce n'est cette imprévoyance naturelle qui caractérise l'humanité, et peut-être aussi doit-on en imputer quelque peu la faute aux Compagnies d'assurances qui n'ont pas fait d'effort pour faire entrer la garantie de ce risque dans le domaine de la pratique.

BASES DE L'ASSURANCE.

Le prix de l'assurance contre l'éventualité des sinistres dus aux vices de construction est du quart de la prime applicable à l'immeuble, si l'immeuble est déjà assuré par la Compagnie avec minimum de 0,10 centimes pour mille.

Si l'immeuble n'est pas assuré par la Compagnie, de 3/4 avec minimum de 0,15 cent.$^0/_0$.

Si l'assurance n'est pas limitée à l'immeuble et s'étend aussi aux meubles et marchandises y contenus, la somme spéciale affectée à la garantie mobilière est passible d'une prime égale à un quart de celle affectée au contenu, avec minimum de 0,20 cent. $^0/_0$.

EXEMPLE : — Monsieur X..., architecte, fait construire un immeuble de 200,000 fr. assuré, et à usage de maison d'habitation; il fait garantir sa responsabilité moyennant une surtaxe de prime de 1/4 de celle de l'immeuble, soit $\frac{0,30}{4}$ ou 0,10 c. (minimum $^0/_0$)

$$\frac{200000 \times 0,10}{1000} = \quad . \quad . \quad . \quad . \quad . \quad . \quad . \quad . \quad . \quad . \quad 20 \text{ fr.}$$

Plus pour le mobilier y contenu estimé 40,000 fr.
1/4 de 0,75 cent. soit $\frac{0,75}{4}$ 0,20 cent. (minimum $^0/_0$)

$$\frac{40.000 \times 0,20}{1000} = \quad . \quad . \quad . \quad . \quad . \quad . \quad . \quad . \quad . \quad 8 \quad »$$

Monsieur X paiera, pendant dix ans, la somme minime de . . . . 28 »

RESPONSABILITÉS DIVERSES.

L'ouvrier à façon est tenu de sa faute. En thèse générale le filateur ou manufacturier à façon est considéré par ses clients comme responsable des matières qu'ils lui confient pour être transformées ; ses clients ne s'occupent point de savoir si sa responsabilité n'est pas entière, pour eux elle l'est, de sorte qu'il doit, s'il veut conserver sa clientèle, faire assurer *tant pour son compte*, s'il en possède, que *pour celui des tiers* à qui elles appartiennent, les marchandises qu'il travaille, en un mot employer cette formule : « pour le compte de qui il appartiendra. »

Lorsque le contrat ne fait pas cette mention, c'est la responsabilité seule qui est assurée, de sorte que l'assurance est imparfaite, car les exceptions légales, qui exonèrent l'ouvrier, les manufacturiers à façon, sont opposées par l'assureur. A moins de circonstances toutes particulières, il faut donc procéder comme je l'indique.

Ici se place une observation grave : De ce que le manufacturier à façon est assuré, doit-on tirer l'induction que l'assurance du propriétaire des marchandises données à travailler est superflue ? Nullement l'assurance du manufacturier à façon peut être et est souvent incomplète, il peut être en déchéance ; la prime peut ne pas être payée en temps, un vice peut exister dans le contrat et en retirer le bénéfice, de sorte que le propriétaire des marchandises n'est réellement, parfaitement et complètement certain d'être bien garanti qu'en les faisant assurer lui-même. C'est ainsi qu'après de nombreux sinistres, à Elbœuf, et de nombreux procès, l'expérience a conseillé d'agir, c'est ainsi que j'engagerai toujours à opérer.

Les primes à appliquer sont celles de l'usine dans laquelle se trouvent les marchandises, lorsque c'est l'ouvrier à façon qui agit. Il en est de même lorsque le propriétaire des marchandises les assure dans une usine désignée ; si, au contraire, il ne peut faire cette désignation et assure, par exemple, une somme de... sur marchandise lui appartenant et se trouvant ou pouvant se trouver chez les apprêteurs, les filateurs, les teinturiers, etc., la prime est une moyenne assez basse.

Il résulte de ce qui précède que toutes les personnes qui donnent des matières, des marchandises à travailler, apprêter, teindre, confectionner, blanchir, soit à la campagne, soit en ville, soit à des usiniers, soit à de simples ouvriers ou dépositaires, ont un intérêt bien saisissable et réel à les faire assurer en leur nom personnel et pour leur compte, quand même les détenteurs temporaires de ces marchandises seraient eux-mêmes assurés.

ENTREPOSITAIRE, MESSAGER, ENTREPRENEUR DE TRANSPORT.

Les dépôts momentanés de marchandises faits à ces agents, sont considérés comme dépôts nécessaires, leur responsabilité édictée articles 1782 et 1783 est donc entière et assurable.

DÉPOSITAIRE.

Le dépositaire est responsable de sa faute; cette responsabilité, qui grandit suivant les diverses conditions de dépôts énoncées, Code civil art. 1928, est assurable. La prime est celle applicable aux choses déposées selon leur nature et celle du contenant.

OBSERVATION IMPORTANTE.

Il arrive assez souvent qu'un négociant vend à un acheteur une partie de marchandises que ce dernier, pour une cause quelconque, laisse temporairement séjourner dans le magasin du vendeur. Or, le négociant n'a point pensé à cette circonstance quand il a souscrit avec une compagnie son contrat d'assurance, il a assuré tout simplement pour son compte ses marchandises. Un sinistre surv.ent : la Compagnie paiera-t-elle au négociant des marchandises qui, vendues, ne sont plus sa propriété? Nullement. Elle ne les paiera pas davantage à l'acheteur qu'elle n'assure pas. Il y a donc ici une lacune. On peut la combler de deux manières : la première consiste à faire un avenant (acte modificatif du contrat) déclaratif de la circonstance précitée et assurant la marchandise pour le compte des tiers acheteurs ; l'autre, plus incomplète, consiste à faire une assurance supplémentaire pour le minimum de temps (trois mois). Ces assurances sont tellement bon marché que je conseille cette deuxième méthode, car la première a l'inconvénient d'exposer le négociant à être son propre assureur et à subir conséquemment, en cas de sinistre, une part de la perte, si la valeur des marchandises vendues, jointe à celles qui restent, excède le montant de l'assurance, ce qui peut bien exister, attendu que le négociant qui rend une quantité assez notable de marchandises s'empresse de la remplacer sans retard. Le moyen le plus simple est de prévoir le cas, quand on fait sa police, et d'assurer les marchandises avec cette mention « pour son compte et pour celui de qui il appartiendra » naturellement comprendre dans la fixation du chiffre l'éventualité précitée qui peut l'augmenter.

L'action de laisser chez le vendeur les marchandises achetées constitue un dépôt gratuit ; mais ce serait à tort que le vendeur se croirait dégagé de toute responsabilité, il est encore tenu de sa faute. Il a donc un intérêt majeur à ce que ces marchandises soient mises sous la garantie de l'assureur.

AUBERGISTE OU HÔTELIER.

Le dépôt fait par le voyageur à l'aubergiste ou hôtelier étant considéré comme un dépôt nécessaire (code civil 1952), la faute du dépositaire est présumée. Quand même il n'en serait pas ainsi, l'hôtelier aurait tout intérêt à ne pas exciper des circonstances qui pourraient le décharger de sa responsabilité, afin de ne pas s'exposer à perdre sa clientèle, il doit donc assurer les effets, les marchandises de ses voyageurs. Cette assurance ne donne lieu à aucune stipulation particulière.

SYNDIC, SÉQUESTRE CONVENTIONNEL, JUDICIAIRE.

Le syndic doit faire transférer le bénéfice de l'assurance à la masse créancière, ou en contracter une nouvelle. Il en est de même du séquestre conventionnel ou judicaire qui, étant soumis à la responsabilité des articles 1382, 1383 et 1384 du code civil, a tout intérêt à la faire assurer. La base de l'assurance est l'aliment lui-même, et la prime, celle entière applicable au risque.

LOCATAIRE EN GARNI.

Le logeur en garni pouvant à tout moment visiter sa propriété, entrer dans les garnis loués, la responsabilité de l'occupant est édictée seulement par les articles 1382 et 1383 du code civil. Le locataire en garni peut donc être responsable de l'incendie causé par son imprudence ou sa négligence et à ce titre faire garantir une somme, représentée par l'importance présumée des dégâts qu'il peut occasionner. Ce recours, analogue à celui des voisins, est régi par les mêmes conditions de tarif et de prime. Quant aux effets personnels du locataire, ils doivent naturellement payer la prime entière afférente à ces objets suivant leur situation. Le logeur en garni doit, de son côté, s'assurer contre le recours de ses locataires. Cette assurance est bien peu souvent faite, et est cependant bien utile.

Il arrive bien souvent que le propriétaire n'a pas les clefs de la maison qu'il loue, lorsqu'il ne l'habite pas, telles sont les habitations meublées que l'on loue dans les stations balnéaires, les villes d'eaux, etc; il est bien à présumer, dans ce cas, qu'un sinistre arrivant, la responsabilité de l'occupant serait entière et assimilée à celle du locataire. Il y a donc un intérêt sérieux à se faire garantir de sa responsabilité. Le prix de l'assurance est celui du risque locatif pour l'immeuble et du mobilier selon sa situation , pour les objets du garni et ceux personnels.

VOYAGEURS.

Le voyageur d'affaires (commis-voyageur) ou d'agrément est soumis , dans les hôtels qu'il habite temporairement , à la responsabilité du locataire en garni ; cette responsabilité est passible de la prime afférente au recours des voisins. Quant au mobilier et marchandises du voyageur, ils peuvent être assurés comme marchandises en route. Tout voyageur prudent aura donc la sage précaution :

1° De faire couvrir une somme de..... sur sa responsabilité vis-à-vis de l'hôtelier , quelqu'il soit ; 2° de faire assurer ses effets et marchandises afin de s'éviter les pertes qui peuvent résulter d'un sinistre, arrivant dans un hôtel mal assuré, non assuré, ou dont l'hôtelier n'est pas responsable, la cause du feu étant imputable à une des exceptions qui exonèrent le garant. Exemple : Je suis voyageur de commerce avec échantillons : j'assure 40,000 fr. sur ma responsabilité , à 0,90 c. (triple de la prime ordinaire), 36 fr.— 10,000 fr. sur échantillons à 2 fr. 25 $^0/_{00}$ et 2,000 fr. sur mobilier à 2 fr. 25 $^0/_{00}$. Je suis ainsi à l'abri de tout accident, moyennant une prime bien minime.

Le commissionnaire est responsable de l'incendie occasionné par sa faute , négligence ou imprudence. En pratique , ce ne serait pas assez pour le commissionnaire de faire couvrir seulement sa responsabilité ; il est bien préférable, dans l'intérêt de sa clientèle, et partant le sien , qu'il fasse assurer les marchandises elles-mêmes, objet de son commerce. La prime d'assurance est celle applicable aux marchandises selon leur essence et la nature du local qui les recèle.

Nous pensons avoir énuméré tous les garants d'un incendie et indiqué clairement les moyens de sauvegarder leur situation par l'assurance Nous serons heureux si ces lignes écrites sans recherche de style , et avec quelques redites inévitables , peuvent contribuer à répandre dans ia pratique des assurances les notions vraies qui permettent de retirer, d'une institution réellement louable et d'ailleurs indispensable , les services qu'elle doit rendre quotidiennement, du moment où la morale s'unit au savoir pour faire les contrats d'assurances parfaits.

TRAITÉ

DES

CAUSES DES SINISTRES.

PREMIÈRE PARTIE

CAUSES GÉNÉRALES DES SINISTRES PROVENANT DU CHAUFFAGE , DE L'ÉCLAIRAGE. CAUSES DIVERSES ET PARTICULIÈRES. — CONSEILS POUR LES ÉVITER.

CHAPITRE PREMIER.

Les sinistres proviennent des mauvaises conditions du chauffage :

Poêles. — 1. Un poêle établi convenablement doit se trouver dans les conditions suivantes : il doit être entièrement isolé du plancher au moyen d'un massif en maçonnerie de briques légères , ou bien d'une dalle en pierre ou fonte posée sur pieds , faisant saillie tout autour, surtout sous la porte du foyer, ou garnie d'une galerie en tôle de cinq ou six centimètres de hauteur. Une large pierre , creusée dans le milieu, aux rebords saillants fait très-bien Autant que possible , quand il s'agit d'usine , la porte du foyer ne doit s'ouvrir qu'au moyen d'une clef que le chef ou surveillant d'atelier a seul en sa possession.

Souvent l'on se contente d'installer un poêle sur une simple plaque de tôle mince posée sur le plancher, pensant que le cendrier suffira pour servir d'écran ; c'est une imprudence , il faut dans ce cas que le foyer soit au moins distant de 40 centimètres du cendrier, autrement la plaque de tôle doit être placée sur socle incombustible de 12 centimètres d'épaisseur ou hauteur ; on peut se rendre compte de l'indispensabilité de ces précautions en sachant qu'un feu ordinaire de charbon de terre, établi dans une cheminée sans plaque de fonte dans le fond , enflammera les boiseries situées de l'autre côté de la muraille, malgré l'épaisseur des briques.

2. Les cendres , les escarbilles , les débris doivent être retirés préalablement à tout allumage ; si on les laisse s'accumuler, le bénéfice de l'observation de la prescription précédente aura bientôt disparu.

Il en est de même du menu combustible qui sert à allumer le feu , il doit être apporté de l'extérieur ; ce qui en reste doit immédiatement être écarté des abords du foyer, enlevé de l'atelier et porté au dehors.

3. Si le poêle se trouve près de cloisons en bois ou de cloisons en maçonnerie avec pans de bois, et qu'il soit à une distance moindre qu'un mètre , et jamais inférieure à cinquante centimètres , il faut recouvrir de tôle les surfaces exposées au rayonnement de la chaleur. Il faut agir de même pour les poêles servant à l'étuvage, s'ils ne sont distants de plus d'un mètre, et si le plancher supérieur n'est pas à une hauteur double.

4. Lorsque, dans les ateliers où il existe, travaillent des femmes, il est prudent d'envelopper le poêle, jusqu'à hauteur d'appui , d'un entourage de fil de fer, soutenu par une barre circulaire et des appuis de même métal ; autrement les ouvrières , en passant trop près du poêle surchauffé, pourraient y enflammer leurs robes ou jupes. Même observation est à faire pour les poêles des pensionnats.

5. Les tuyaux doivent être bien emmanchés, renouvelés aussitôt qu'ils commencent à s'user, et nettoyés intérieurement des suies deux fois pendant l'hiver.

6. Lorsqu'ils traversent un plancher, un mur en charpente et

maçonnerie, un plafond, une toiture, une section plus large que leur diamètre doit être pratiquée, afin qu'il existe entre leur cercle et le corps traversé un espace vide annulaire, d'au moins 15 centimètres de rayon, s'il s'agit de poêles ordinaires, et 50 centimètres s'il s'agit de poêles calorifères, ou servant à l'étuvage de matières ou marchandises, et non pas seulement au chauffage de l'atelier. On maintient les tuyaux au milieu de l'espace annulaire par des fils de fer ou des crampons ; on ferme cette ouverture, si l'on veut, au moyen de tiges ou fils de fer, toiles métalliques, plaques de tôle ou fonte, non parfaitement tangentes, briques légères, afin que si, par une cause ou une autre, les tuyaux étaient portés au rouge, ils ne puissent communiquer le feu par leur contact intime avec leurs isolateurs.

Prenons un exemple : Si nous supposons qu'il faille faire traverser une cloison à un tuyau de poêle d'un diamètre de 14 centimètres, nous pratiquerons dans cette cloison une section circulaire de 29 centimètres de diamètre, et nous maintiendrons le tuyau de façon qu'il occupe le centre exact de la circonférence.

Chauffage aérotherme. — 7. Lorsqu'il s'agit de tuyaux ne contenant que de l'air chaud, les distances d'isolement peuvent être réduites, mais pas au-delà des deux tiers, et seulement en ce qui concerne les tuyaux éloignés de plus de 5 mètres environ du calorifère; les autres en sont trop rapprochés pour qu'il soit possible de négliger les prescriptions précédentes, pour les motifs énoncés ci-après § 10.

8. Si les tuyaux sortent de l'intérieur à l'extérieur, par une fenêtre ou une muraille, ils doivent être allongés et disposés de façon à ce que la sortie de fumée ne vienne pas directement aboutir sous la saillie de la toiture; lorsqu'ils sortent par le faîte, ils doivent le dépasser d'un mètre et demi au moins. Ce n'est qu'ainsi qu'on évitera que la suie ne s'attache à la couverture, et que les étincelles ou les flammèches ne l'incendient.

9. Ce qui s'applique, dans ce § 8, aux tuyaux de tôle, fonte, faïence, poterie, doit être également observé pour les conduits ou gaînes de cheminées en briques, maçonnerie ou pierres.

Calorifères. — 10. Lorsqu'il s'agira de calorifères, le calorifère et son massif, qui ne contiendront aucune pièce de bois, seront isolés de tout ce qui pourrait, par rayonnement, s'enflammer. A un foyer de chaleur bien plus considérable, il faut des isolements plus grands. Il est presque toujours possible de disposer le calorifère extérieurement, ou dans une cave ou un local voûté ; si le local ne l'a pas été, il est toujours facile de le faire au-dessous du plafond qui existe, au moyen de chenons en fer et de briques pleines ou légères. Les récommandations précitées § 5 et 6 doivent être observées pour les tuyaux conduisant au dehors les produits de la combustion, ou circulant à l'intérieur ; ceux contenant l'air chaud, § 7, doivent avoir leurs issues soigneusement grillées et éloignées de tout voisinage de poutre ou objets combustibles.

Il faut ici rectifier une opinion souvent accréditée, qui fait considérer le chauffage à air chaud comme sans danger. Outre qu'à cause des dilatations fréquentes, il soit difficile de supposer un assemblage de cloisons et tuyaux en métal exempt de fissures ou de disjonctions, l'air extérieur, entrant dans la chambre du calorifère, rencontre des surfaces portées au rouge; ces surfaces le surchauffent et élèvent assez sa température pour qu'il puisse, par les sorties les plus rapprochées, calciner et enflammer les objets combustibles qui se trouvent sur son courant. Nous avons vu des poutres complètement carbonisées par l'air chaud, des planches appliquées sur des bouches de chaleur fermées, brûlées par ce contact. Les prises d'air doivent également être grillées. Ce grillage des entrées et sorties d'air, facile à effectuer au moyen d'un tissu métallique à mailles distantes de 5 millimètres, suffit pour empêcher les pailles, papiers, parcelles de matières combustibles d'être entraînés ou jetés volontairement dans les tuyaux et d'en ressortir enflammés.

Ne jamais laisser dans le local du calorifère les matières combustibles qui servent à l'allumage.

Systèmes Giraudon et Carville. — 11. Le système Giraudon, ceux similaires, qui utilisent la chaleur perdue des générateurs, et dont la circulation des tuyaux contenant de l'air à chauffer est telle que cet air est à l'abri du contact de surfaces portées au rouge, sont généralement considérés comme plus inoffensifs. Cependant je ne crois pas qu'il soit prudent de ne pas se conformer aux dispositions précédentes pour ce qui les concerne, leurs dangers variant nécessairement avec les dispositions des fourneaux de générateurs auxquels ils peuvent être appliqués. Le système Giraudon, appliqué beaucoup trop près des générateurs et employé au séchage, occasionne néanmoins des sinistres. Il faut toujours une certaine distance entre l'appareil et les chaudières, afin que la fumée seule, et non les flammes, vienne chauffer les tuyaux qui le constituent.

12. Un registre, au moins, permettra de modérer ou d'arrêter à volonté l'écoulement de l'air chaud, afin que, dans certains cas, il soit plus facile de ne pas dépasser la température voulue, et que, dans un commencement de sinistre dans la chambre chauffée, on puisse cesser instantanément d'y déverser des effluves d'air brûlant qui augmenteraient l'intensité du feu et la difficulté de l'éteindre.

Ventilateurs. — 13. Quelques applications de ventilateurs ont été faites à des calorifères, soit pour propulser, refouler l'air à chauffer dans l'appareil de chauffage, soit pour en aspirer l'air chauffé ; mais il ne me semble pas que cette annexe ait fait obtenir complètement les deux résultats nécessaires ; l'un l'évitement constant, par l'air à chauffer, du contact des surfaces portées au rouge, l'autre la disparition de la probabilité des fissures ou disjonctions des parties constituantes du calorifère. Dans ce doute, le ventilateur peut plutôt être un danger qu'une sécurité, surtout s'il s'agit du chauffage d'une étuve, et s'il n'est pas ajouté pour permettre d'abaisser à un degré inférieur la température ordinaire de l'étuvage.

Appareils de cheminées en tôle. — 14. La cherté du bois amène successivement dans chaque pays la suppression des appareils dits « prussiennes, » lesquels présentaient moins de causes de sinistres que les appreils en tôle mobiles. En effet, une grande quantité d'incendies proviennent des appareils ou cheminées en tôle qu'on est (dans le Nord surtout), habitué à installer devant le corps de la cheminée. Ces appareils, étant fournis par le locataire, ne s'adaptent pas bien à toutes les dimensions des corps de cheminée ; souvent au lieu d'y entrer et de s'y enfermer, ils ressortent, avancent, au-delà du foyer de marbre qui fait suite à l'âtre, et qui souvent repose sur les chenons du plancher. Il arrive que si le cendrier n'est pas isolé par un espace vide d'au moins dix centimètres de ce marbre, les chenons d'en dehors se carbonisent et prennent feu : à fortiori si l'appareil excède le foyer de marbre et repose sur le plancher lui-même.

Il est donc indispensable que les appareils ne dépassent pas l'âtre, et s'il est impossible que cette condition soit remplie, le cendrier doit être distant de la grille d'au moins quinze centimètres et du sol préservé par le marbre ou une plaque de tôle d'au moins dix cenmètres, autrement tôt ou tard un accident se déclarera.

Il existe des appareils en tôle d'un prix de 40 à 45 fr., tout posés lesquels sont établis de manière à ne pas dépasser les chambranles des cheminées, et sont à l'emploi du charbon de terre ce que la prussienne était à l'emploi du bois. Tout propriétaire de maisons, dans les localités ou l'on brûle spécialement la houille ou le coke, fera très-bien d'en munir de suite ses cheminées, c'est une dépense modique, qu'il pourra faire valoir, et qui évitera à ses locataires des ennuis, et à lui des accidents et peut-être un incendie. Ces appareils occupent le milieu de l'âtre et clôturent la baie de la cheminée au moyen de plaques de tôles qui font l'effet des plaques de porcelaine ou faïence des prussiennes. ces plaques sont comprises dans la dépense précitée.

Gaînes de cheminées. — 14bis. Les points de jonction et de tangence des cheminées en briques ou en maçonnerie avec les toitures, leurs charpentes, les planchers, les voisinages de ces points, sont à surveiller. Sous l'influence de l'humidité, de la vapeur d'eau, des intempéries des saisons, des fissures apparaissent, une action lente de désagrégation des mortiers se produit, des fentes et des issues sont bientôt formées, et suivant qu'elles sont plus ou moins rapprochées des voliges, des bois de la toiture, ne tardent pas à en déterminer l'incendie. Il faut donc, plus ou moins souvent, suivant le genre d'industrie, faire visiter les gaînes des cheminées, pour les réparer, s'il y a lieu, et prévenir ces accidents, en résumé au moins une fois par année.

Allumage. — 15. Deux modes se présentent pour l'allumage des poêles ou calorifères : l'un consiste à garnir le foyer de manière qu'il n'y ait qu'à enflammer, au moyen d'une allumette, les copeaux, bois, menus débris, qui font prendre feu au combustible ; l'autre, à apporter du dehors des braises ou charbons tout allumés. Ce dernier mode n'est guère applicable que dans les ateliers où se travaillent des matières peu inflammables, ou dans des bureaux ; encore est-il indispensable de se servir, pour le transport du feu, de pelles à couvercles à jour. Il est préférable d'employer le premier moyen, en confiant ce soin à un homme prudent, et en exigeant qu'il ne se serve que d'allumettes ne s'enflammant que sur le couvercle de leur boîte (allumettes Coignet au phosphore rouge ou allumettes Dupuy, amorphes ou similaires).

Aussitôt l'allumage effectué, les menus bois, les pailles, les combustibles doivent être rigoureusement enlevés des abords du poêle et reportés au dehors.

Le calorifère à foyer à l'extérieur des bâtiments évite les dangers de l'allumage. Il doit être préféré à tout autre.

Le transport des braises ou charbons en combustion doit être prohibé dans toute usine, et s'il est indispensable de le faire quelquefois dans les dépendances il ne doit être effectué qu'au moyen de pelles à feu couvertes d'un recouvrement à jours. Ce recouvrement empêche les charbons de tomber et de s'éteindre. Ces pelles se vendent partout dans le commerce

Poëles Corneau. — 16. Il nous semble utile de citer ici les poëles ou calorifères Corneau, qui, établis sur une dalle à section latérale polygonale ou circulaire, avec les précautions nécessaires d'isolement recommandées, me paraissent réunir, pour le chauffage par combustible minéral, les conditions d'économie et de sécurité désirables.

Figure I. E seau ou cylindre intérieur concentrique à l'enveloppe du poële, reposant sur le disque T. La base de ce cylindre contient en I un vide cylindrique, suspendant, à quelque distance des parois intérieurs de I, un disque F, sur lequel repose une grille G ; elle offre en H une chambre qui sert de cendrier. Le charbon repose sur la grille, et l'air s'introduit pour la combustion par les ouvertures K réglées par un registre. Le cylindre rempli de charbon de terre, le feu s'allume à la partie supérieure. B couvercle intérieur du seau E qu'il ferme exactement, il contient un rebord B qui a pour but de maintenir le guide-fumée C, qui est mobile et s'enlève à volonté lorsqu'on retire E. D tuyau de fumée, diamètre ordinaire. O vide annulaire cylindrique entre le seau et l'enveloppe du poële, des bouches de chaleur pratiquées en O′ permettent à l'air ambiant de venir s'y échauffer.

On voit les avantages de ce système : le foyer étant mobile et portatif peut être chargé au dépôt du combustible ; la durée de la combustion du charbon remplissant le seau étant de douze heures environ, il n'y a nul besoin de toucher au poële dans le courant de la journée ; le cylindre contenant le foyer et la houille est intérieur, n'a pas de porte latérale, de sorte que le feu se trouve littéralement enfermé, ainsi que le cendrier.

L'inconvénient de ce système est de ne pas permettre d'utiliser le charbon tout venant, les poussières, pour le chauffage. Je ne l'indique qu'au point de vue de son peu de dangers. Il y a aujourd'hui une quantité de systèmes qui enferment le feu dans une double enveloppe également latérale et un cendrier de même doublement préservé. On n'a que l'embarras du choix.

Système Joly. — Les poëles ou calorifères Joly paraissent présenter des avantages analogues, et la faiblesse de diamètre de leurs tuyaux de fumée permet de les isoler très-facilement. Ces poëles n'emploient que le coke.

17. Quant aux poëles ordinaires, la figure II en représente un bon modèle, quoique peu élégant : **A** foyer, **C** grille, **B** cendrier à ouverture latérale pour vider les cendres, **D** naissance du tuyau de fumée, **Z** large dalle à rebords bien saillants, retenant les charbons qui pourraient tomber de **A** ou de **B**.

18. Les poëles à foyer renversé et tuyaux souterrains reçoivent une application logique dans les usines à simple rez-de-chaussée ou dans celles dont il suffira de chauffer le rez-de-chaussée, dans les gares, les pensions. La suppression des tuyaux ascensionnels et leur remplacement par une circulation souterraine en matériaux et au milieu de matériaux incombustibles débouchant ou aboutissant à une cheminée extérieure, sont une réelle diminution de risques, qui doit être conseillée partout où elle peut être obtenue.

Chauffage à la vapeur. — 19. Le seul chauffage inoffensif est la vapeur ordinaire. Ce mode se généralise aujourd'hui partout. C'est d'ailleurs une des meilleures utilisations de la vapeur perdue des machines sans condensation. En outre, son application restreint d'une façon sensible les primes ou contributions d'assurances. Économie et sécurité, tels sont les avantages qu'il présente, auxquels il ne faut opposer que les dépenses de premier établissement et achats des tuyaux de chauffage par cet agent. Il en est de même du chauffage à eau chaude.

Utilisation des sources de chaleur. — **20**. Cherchant à diminuer ou à éviter l'emploi des feux directs, nous ne cesserons d'engager tout manufacturier à poursuivre l'étude de l'utilisation complète des chaleurs perdues; 1° des fourneaux à température élevée, tels que ceux des usines à fer, des fours à potasse, à **gaz**, à calcination d'os, à cuisson de verres, porcelaines, faïences, des fours à puddler, réchauffer, affiner et autres, qui lancent abondamment dans l'atmosphère d'énormes quantités de chaleur, de gaz; 2° des eaux chaudes rejetées d'une température élevée, telles que celles des bains épuisés de teinture, des blanchisseries, des dégraisseries, des lavages des machines sans condensation, etc.

Chauffage au gaz. — **21**. Le chauffage au gaz n'a pas encore été rendu pratique; cependant quelques usines mues par l'eau et éclairées au gaz, n'ayant besoin que de la chaleur nécessaire au chauffage modéré d'ateliers modiques, pourront, si elles trouvent un débouché pour leur coke, essayer ce système. La faculté de pouvoir augmenter, diminuer, arrêter la combustion du gaz et avec elle le calorique qui en résulte, pourra, dans certains cas, être très-avantageuse.

Pour cette application, il sera indispensable que le gaz destiné à produire la source de la chaleur soit amené dans l'appareil de combustion par un conduit spécial, sans communication avec les tuyaux d'éclairage, car ce serait un inconvénient grave que d'avoir toute la journée du gaz dans ces tuyaux.

22. M. Deleuil, dans l'appareil de chauffage par le gaz qui porte son nom, a augmenté sensiblement la puissance calorifique du gaz par une disposition ingénieuse de becs, qui active la combinaison de ce fluide avec l'oxygène de l'air et évite la production de noir de fumée. Une disposition également remarquable permet de recueillir les petites quantités de vapeur d'eau, qui, en se condensant dans les tuyaux, venaient, avant son application, gêner la marche de l'appareil.

23. Nous pensons que, dans la plupart des cas, le chauffage des ateliers par le gaz brûlé dans des poëles salubres pourra être considéré par les compagnies d'assurances comme passible d'une prime ou contribution mixte supérieure à celle applicable au chauffage à vapeur, moindre que celle afférente au chauffage à feu nu. Il serait toujours préférable pour les bureaux à celui à feu nu.

Braseros, brasières. — **24.** Dans quelques établissements du midi de la France, où le chauffage, grâce à la douceur du climat, n'est qu'essentiellement passager, on fait usage d'une sorte de braseros, brasières, ou marmites en fonte posées sur pied de même métal, que l'on remplit de braises ou charbons incandescents. Le caractère transitoire de ce chauffage, partout ailleurs dangereux et inadmissible, l'ininflammabilité des matières mises en œuvre dans les usines où on l'introduit (filatures de laines mues par l'eau), l'ont fait tolérer par les assureurs, mais en l'assimilant au chauffage par poëles et calorifères, en imposant conséquemment à l'établissement une surprime de 1 franc au minimum par 1,000 francs de valeurs assurées. C'est donc, s'il s'agit de 300,000 francs, par exemple, une dépense de 1 franc qui, ajoutée à celle du combustible, forme le budget réel du chauffage. Le manufacturier devra calculer et la Compagnie d'assurances devra l'engager à calculer si ce budget réel ne lui permettra pas la substitution d'un chauffage à vapeur ou vapeur et eau chaude, bien préférable surtout à égalité de dépense, et ce d'autant plus qu'il est rare que, dans un établissement, on n'ait pas besoin de certaines quantités d'eau chaude.

Chauffage par la vapeur et l'eau. — **25.** Le chauffage par la vapeur et l'eau (*vapeur envoyée dans des vases cylindriques contenant des serpentins dans lesquels elle circule, et l'eau à échauffer*) a un avantage marqué sur la vapeur seule, c'est de ne pas disparaître subitement avec la source de chaleur qui le produit ; l'eau une fois amenée à une certaine température, voisine de l'ébullition, par les serpentins plongés dans les poëles à eau, perd lentement son calorifique, de sorte que la décroissance de température est graduelle au lieu d'être instantanée.

De plus, l'avantage de pouvoir, *ad libitum*, graduer la chaleur rayonnante du poële à eau, en réglant, au moyen de robinets, la vitesse d'arrivée de vapeur, eu égard à la température extérieure, permettra, dans certaines étuves qui n'ont besoin que d'un nombre de calories limité, qu'on ne peut dépasser sans accident grave, d'opérer avec une certitude mathématique ; de même dans certains laboratoires où des substances à dessécher ne doivent l'être qu'à une température peu élevée, sous peine d'explosions terribles ; dans l'industrie séricicole, par exemple, ce système est appelé à rendre de grands services. Nous en reparlerons à l'article *magnanerie*.

Isolateurs, mauvais conducteurs du calorique. — 26. Il est quelquefois indispensable de fermer complètement l'espace annulaire compris entre le tuyau de chauffage par poële ou calorifère et le plafond, ou l'endroit qu'il traverse, par de la maçonnerie ; nous conseillons, lorsque l'usage en est possible, d'employer de préférence les briques dites briques légères, par opposition aux briques dites briques lourdes. Les premières présentent le phénomène remarquable d'une excessive inconductibilité de la chaleur, elles sont donc précieuses comme isolateurs. Les briques creuses sont également, mais peut-être à un degré moindre, peu conductibles de la chaleur ; elles trouveront aussi quelques bonnes utilisations. Le zinc ne doit jamais être employé comme isolateur.

Vapeur surchauffée. — 27. Depuis quelques années, on fait usage, dans certaines usines, où s'élabore le traitement d'huiles essentielles, de vapeur surchauffée. Cette surchauffe s'obtient en faisant circuler les tuyaux de vapeur dans un foyer, d'où ils se rendent dans le local d'utilisation. Une chose remarquable, c'est que l'application des moyens les plus propres à éviter les accidents d'incendie est généralement avantageuse à l'usinier sous le rapport de l'amélioration en qualité ou en quantité du produit industriel.

Aussi préconisons-nous l'emploi de la vapeur surchauffée. Appliquée à la carbonisation du bois (*fabriques d'acide acétique*) à la distillation des schistes, des goudrons, elle obvie à la décomposition des corps pyrogénés étrangers à celui qu'on extrait, et donne un rendement supérieur ; aux séchoirs de teinture, elle fournit le degré de calorique pour un excellent séchage et est appliquée déjà très-avantageusement, voire même économiquement.

28. Quelques accidents cependant sont résultés de l'emploi de la vapeur surchauffée. Ces accidents, qui étaient des explosions, étaient occasionnés par la décomposition de la vapeur d'eau au contact du tube de surchauffe porté au rouge par le foyer. L'hydrogène, mis en liberté, rencontrant dans l'appareil quelques parties d'air, se combine avec elles, et ce mélange détonant, en présence d'une élévation de température excessive, peut s'enflammer et faire explosion. Il faut donc bien purger d'air les appareils et corriger le vice de disposition des tubes de surchauffe en les établissant de façon qu'ils ne soient léchés que par les fumées du foyer et non par les flammes, afin que leur température ne dépasse pas 300 à 350°. Cette réalisation paraît facile, d'autant plus qu'on peut employer, pour la surchauffe des tuyaux de fer, des vases en fonte dont la forme sera calculée d'après la place qu'ils devront occuper entre les générateurs et les foyers (il y a là d'ailleurs un moyen pratique d'une bonne utilisation des foyers), et que le fer ne passe au rouge brun qu'à 700° environ. Du reste, d'autres fluides, indécomposables par une température excessive, pourraient remplacer la vapeur.

Bains de chaleurs transmises. — 29. La transmission indirecte de la chaleur provenant de la combinaison des combustibles avec l'oxygène de l'air, s'opère encore au moyen de bains d'eau (bains-marie), bains de sable, bains de plomb, bains d'huile. Ces bains sont employés généralement pour l'extraction ou la préparation de substances inflammables, et leur interposition permet d'arriver plus facilement à éviter des excès de température qui décomposeraient infailliblement ces dernières. Ainsi les bains de plomb, adaptés aux extractions d'acides gras pour bougies stéariques, d'huiles légères de goudrons de houille et conduits de façon à ne pas dépasser la température de fusion, donnent des résultats plus productifs que le feu nu. Il est donc indispensable, si l'on veut opérer avec sécurité, que les fourneaux auxquels sont appliqués ces bains, soient disposés de façon que les portes et entrées d'air du foyer soient extérieures, ou dans la chambre voisine, que les vases les contenant aient leurs fonds parfaitement coïncidant avec l'ouverture du fourneau, afin que la juxtaposition, rendue intime par la dilatation du métal, ne livre passage à aucune trace de feu ou étincelle, et que, conséquence de ce qui précède, les produits de la combustion se rendent dans des conduits pratiqués dans l'épaisseur du fourneau ou des murs, et soient entraînés tout entiers au dehors. De ces substances, les bains d'huile sont les plus dangereux, l'huile s'enflammant d'elle-même dès que la température de 316° (*huile du lin*) est dépassée. Aussi, lorsque l'on en fait usage, doit-on avoir toujours prêts sous la main des corps inertes, froids, qui, plongés dans le liquide enflammé, abaissent immédiatement sa température.

Défaut de distinction du tarif entre le chauffage à feu nu et celui à air chaud. — 30. On proteste généralement contre l'assimilation par les Compagnies d'assurances du chauffage à air chaud au chauffage à feu nu. Le tarif, en effet, ne distingue pas entre ces deux modes. Mais, ainsi que nous l'avons expliqué déjà cette appréciation des Compagnies est légitimée : 1° par la probabilité d'avoir une fissure, une rupture dans l'assemblage des diverses parties constituant le calorifère, contre lesquelles l'air du dehors vient se chauffer pour être ensuite émis par les tuyaux de sortie ; 2° en admettant qu'un bon calorifère ne prête pas à cette critique, par l'impossibilité d'être certain de la température de l'air chauffé ; des parties d'air venant lécher les surfaces portées au rouge du calorifère, peuvent conserver une élévation de calorique énorme,

et brûler, aux issues les plus voisines, ce qu'elles rencontrent ;
3° enfin, par une dernière raison tout expérimentale, les nombreux
accidents arrivés par et malgré le chauffage aérotherme.

Régulateur du calorique. — 31. Cependant il existe un
moyen de corriger ces défauts capitaux, c'est de trouver un régulateur d'air chaud, comme on a trouvé des régulateurs de vapeur,
des compteurs ou régulateurs hydrauliques. Déjà le besoin de l'application d'une température uniforme, pour les établissements d'incubation artificielle, a fait trouver un régulateur qui leur est spécial,
qui fonctionne parfaitement ; ce qui prouve que le problème résolu
en petit n'est pas insoluble. Il faut aujourd'hui découvrir une solution
pratique pour l'usine. Il faut considérer qu'un bon régulateur du
calorique ne serait pas seulement utile sous le rapport de la sécurité ;
outre un amoindrissement de dépense du combustible, il offrirait
un grand avantage au travail industriel toutes les fois qu'il serait
appliqué à l'étuvage ou au desséchage des matières altérables lorsque
la température normale de dessication est dépassée.

Simples aperçus. — 32. La dilatation des barres métalliques,
sous l'influence de l'élévation de température, sur laquelle repose
le fonctionnement du régulateur adapté à l'incubation, ne me paraît
pas assez sensible pour produire, dans l'espèce, un effet suffisant.
La dilatation de l'air, bien autrement considérable, dans ou à l'aide
de cylindres faisant mouvoir proportionnellement à elle-même une
tige motrice de l'accès de l'air au foyer de combustion, paraît un
moyen plus praticable. Il faut parvenir à produire une chaleur
toujours constante dans un local donné, en tenant compte des
variations de température de l'air extérieur, au moyen d'un mécanisme augmentant ou diminuant l'entrée de l'air nécessaire à la
combustion.

33. S'il ne s'agissait que d'obtenir le résultat dans un laboratoire,
et que l'on n'envisageât qu'un des côtés de la question, celui d'empêcher de l'air chauffé de dépasser une température de 100° ou

150° en arrivant dans un séchoir, il semblerait facile de faire passer l'air dans un vase d'eau ordinaire ou d'eau salée qui ne bout, la première qu'à 100°, la seconde qu'à 150° environ ; l'ébullition indiquerait que la limite de la température est atteinte, et l'air se mouillant se dépouillerait des parties embrasées ; mais en industrie il faut toujours un air sec ; il faudrait donc le faire passer, au sortir du vase laveur, dans un diaphragme rempli de chlorure de calcium ou autres substances hygrométriques. La pression nécessaire pour faire traverser le liquide pourrait être obtenue au moyen d'aspirateurs ou de soupapes adaptées aux prises d'air à chauffer et s'ouvrant de plus en plus à mesure que l'appel d'air s'accroît, et se fermant si une pression du dedans ou du dehors vient à exister. Il faut aussi ne point perdre de vue qu'on peut obtenir un résultat équivalent, en envoyant, dans un séchoir d'étoffes par exemple, une quantité d'air inversement proportionnelle à son degré de chaleur. C'est dire qu'une solution serait peut-être possible au moyen d'un ventilateur. Nous laissons à de plus compétents le soin d'étudier cette question tout-à-fait industrielle.

Thermo-régulateur Roland. — Nous fûmes admis à visiter la manufacture des tabacs de Lille, où nous vîmes fonctionner parfaitement, appliqué à la torréfaction, le thermo-régulateur de M. Roland, directeur général, fondé sur la dilatation des spirales métalliques et de l'air renfermé dans des cylindres manœuvrant un registre (de forme spéciale) d'accès d'air au foyer ; l'appareil remplit toutes les conditions désirées, et l'on peut dire que le problème est résolu pour cette industrie.

Avertisseur des incendies. — 33bis. Ceci était écrit lorsque le problème vient d'être à peu près résolu par M. Le Blan de Tourcoing ; se fondant sur la dilatation des lames métalliques, dilatation dont la sensibilité est rendue très-ingénieusement suffisante, cet honorable usinier vient d'inventer ce qu'il appelle l' « avertisseur des incendies. » (Voyez à la table, sous ce titre.)

Cette admirable application, qui est un système préventif excellent, expérimentée devant mes yeux et la Société industrielle du Nord , indique immédiatement combien il sera facile d'arriver à un régulateur du calorique des étuves ou des séchoirs. Cette dilatation métallique, qui fait si facilement mouvoir une sonnerie , pourra merveilleusement régler l'accès de l'air chaud dans une étuve ou un séchoir, lorsque ces étuves ou ces séchoirs seront chauffés par calorifères extérieurs à air chaud. Nous espérons donc que bientôt un régulateur pratique pourra être le complément d'un bon calorifère à air chaud , et alors seulement il sera possible aux Compagnies d'assurances de distinguer entre le chauffage aérotherme et celui à foyers et tuyaux de fumée extérieurs.

Nettoyage extérieur des tuyaux de chauffage à feu ou à air chaud. — Il est essentiel de nettoyer constamment les tuyaux horizontaux, obliques ou verticaux, des poussières inflammables ou autres qui s'y attachent. C'est là une précaution élémentaire qui est souvent négligée ; les duvets, les poussières combustibles s'enflamment très-facilement au moindre contact d'une étincelle, ou lorsqu'ils sont surchauffés, et mettent le feu partout. Il faut interdire même temporairement sur les tuyaux aucun vêtement, linge , sac, ou objet combustible.

CHAPITRE DEUXIÈME.

Éclairage.

———

34. Les becs d'éclairage au gaz ou aux huiles diverses, doivent toujours être placés de façon à ce qu'aucune flammèche s'en échappant ne puisse rencontrer des matières inflammables.

Il y a peu à dire sur telle ou telle forme de bec de gaz, mais ce qui doit être une chose absolue, c'est de ne mettre que des robinets à point d'arrêt : je parle des robinets particuliers à chaque bec ; autrement il arrive souvent que le robinet n'est pas parfaitement fermé alors cependant que le gaz est éteint ; la personne qui a éteint a fait dépasser à la tige la demi circonférence et le robinet s'est réouvert de l'autre côté. Il est donc indispensable que ces robinets soient à point d'arrêt et minutieusement cintrés, très-souvent vérifiés et toujours fort serrés, afin qu'un objet manœuvré près d'eux, une manche d'habit ou de blouse ne les ouvre pas sans qu'on s'en aperçoive.

Régleur de flamme. — Tout le monde sait qu'à l'arrivée du gaz, sa pression n'étant pas uniforme, souvent une flamme de quatre centimètres s'élève jusqu'à huit centimètres et même davantage, dès que le gaz vient plus abondamment ou bien que d'autres becs ont été éteints. Il est donc indispensable que les becs soient réglés. L'*appareil Tesorieri* dont la simplicité est remarquable, et qui s'adapte partout sans changement dans la canalisation, fait obtenir ce résultat qui en diminuant les accidents des flammes déré-glées, procure une notable économie.

Renseignements sur l'appareil Tesorieri. — Depuis long-temps, le monde scientifique et industriel recherche les moyens de diminuer la quantité du gaz d'éclairage consommé par les appareils actuellement en usage, sans diminuer l'intensité de la lumière qu'ils produisent.

Après de nombreuses recherches, MM. Sanguinetti et Cie ont introduit en France un appareil qui résout ce problème en donnant une économie de 20 % sur les appareils existant. — Il s'adapte à tous les systèmes en dévissant simplement les porte-becs actuels, il est de petite dimension, ne contient aucun liquide, et ne donne lieu à aucune condensation. — Son entretien est absolument nul à raison de la simplicité extrême de sa construction. C'est un régula-teur de flamme et en même temps de consommation, de telle sorte qu'un bec ayant été réglé peut produire une certaine intensité de lumière, sans cesser de la conserver.

L'appareil Tesorieri ou Grangeon obvie aux cas de négligence des employés ou domestiques qui laissent brûler inutilement une trop grande quantité de gaz, ou laissent baisser l'éclairage. Il empêche la flamme de monter trop haut, évite la fumée, la rupture des verres et les dangers d'incendie, sa lumière est fixe et blanche, le panier en cristal fait office de réflecteur et est très-avantageux pour les bureaux, rampes d'atelier, etc., etc.

Depuis le mois de janvier 1876, le système Tesorieri a été appliqué à Paris par les grandes administrations, par les Chemins de fer et les établissements les plus fréquentés de notre grande métropole. Ce système fonctionne aujourd'hui dans les grandes villes de la France avec un succès toujours croissant.

PRIX DES APPAREILS :

Appareil Tesorieri ou Grangeon Simple, Papillon . Fr.   3   »
  — Panier Riche (Cristal) sans appareil.   4   »
  — Bougies Tesorieri.   8   50

35. Il faut les disposer avec beaucoup d'attention, afin qu'ils ne se trouvent pas sur le passage des ouvriers portant les matières en œuvre, soit sur l'épaule, soit dans des manettes ou paniers, car ces matières, en supposant du coton, lin ou chanvre, s'enflammeraient au contact de la lumière, et l'ouvrier en les renversant, pour éviter d'être brûlé, incendierait l'atelier et, partant, l'usine ; c'est une cause bien fréquente de sinistre ; ou bien au-dessous d'une poulie, d'une courroie, d'une transmission ; ces objets sont quelquefois porteurs de filaments textiles ou de poussières, qui, se détachant d'un seul coup, tombent sur la lumière, s'y enflamment et mettent le feu.

Huile ordinaire. — **36.** Les lampes-modérateurs, ne coûtant aujourd'hui pas plus que les quinquets d'autrefois, sont bien préférables, ces lampes étant garnies de verres et de galeries de cuivre qui empêchent tout accident et enferment convenablement la mèche en combustion. Les quinquets, pour offrir les mêmes conditions de sécurité, ont besoin d'être garnis de cuvettes assez grandes pour qu'une portion de mèche en ignition, détachée accidentellement, y tombe nécessairement et se noie dans l'huile qu'elles contiennent.

37. Les lampes doivent être solidement emboîtées dans leurs supports, afin de résister au besoin à un choc, sans se renverser.

Extinction des lampes. — **38.** Lorsqu'en éteignant une lampe, on remarque qu'il reste une partie annulaire de mèche encore en ignition, il suffit, pour l'éteindre complètement, de placer sa main à l'extrémité supérieure du verre, d'une façon parallèle au verre et de souffler ensuite fortement de haut en bas sur cette main, l'air s'engouffre brusquement dans le tube de verre, et toute trace de feu disparaît à l'instant.

Approvisionnements d'huile. — 39. L'approvisionnement d'huile de schiste, ou dite de schiste, d'huile ou essence de pétrole, en bonbonnes ou en vases de terre, tôle, faïence, zinc ou verre, car l'huile de schiste enfermée dans des tonneaux ou enveloppes végétales, sous une certaine température, transsude à travers les pores du bois, et son mélange, comme celui de tous les carbures hydrogénés, ou des huiles essentielles, avec l'oxygène de l'air, forme un mélange détonant inflammable à l'approche d'une lumière, doit être placé dans un petit bâtiment spécial, bien aéré, séparé de l'usine, et dans lequel on aura soin de ne jamais pénétrer avec une lumière. Cette recommandation peut s'appliquer aussi à l'approvisionnement d'huile ordinaire, car une lampisterie intérieure est *toujours* une chose dangereuse.

Lampes. — 40. Les lampes nécessaires au travail du soir seront toujours préparées dans la journée. La capacité de leur réservoir d'huile doit être calculée suffisante pour qu'elles puissent être rallumées le lendemain matin et durer jusqu'au jour sans qu'il soit nécessaire de renouveler la portion de liquide absorbée. Dans les usines où l'on veille toute la nuit, ou bien où l'on est exposé à le faire, il faut nécessairement qu'elles puissent brûler, sans interruption, du soir au matin. En aucun cas une lampe à l'huile de schiste ou pétrole ne doit être remplie à la lumière, et surtout lorsqu'elle brûle encore. C'est en commettant cette dernière imprudence que, si souvent, meurent des personnes victimes de l'explosion qui s'ensuit.

Préparations. — 41. Il convient de confier la préparation et l'allumage de ces lampes à une femme, ou à un ouvrier prudent, en leur faisant bien comprendre les dangers auxquels ils s'exposeraient en négligeant l'observation des prescriptions qu'on leur aura faites.

42. On n'apportera dans le local servant de lampisterie, local à l'entour duquel ne se trouvera aucune matière combustible, que la provision, dans un vase, ou bidon bien fermé, du liquide comburant absolument nécessaire aux besoins quotidiens.

43. Le manufacturier étudiera, suivant les dispositions de son usine, de ses escaliers, s'il ne conviendrait pas mieux d'allumer chaque série de lampes dans leurs ateliers respectifs, que de transporter les lampes allumées, de la lampisterie aux étages supérieurs.

Il y a, en effet, ici, diversité d'opinions : les uns préfèrent que les lampes soient allumées dans la lampisterie et transportées ensuite à chaque atelier ; les autres, au contraire, font porter chaque série de lampes apprêtées à son atelier respectif, et là, le contre-maître, le chef d'atelier ou le surveillant les allume et les met en place. Chaque méthode a ses inconvénients. Le transport des lampes allumées dans des escaliers souvent étroits et resserrés est plein de périls ; d'un autre côté, l'allumage des lampes par plusieurs personnes est une source de dangers, surtout quand il s'agit d'huiles ou essences minérales.

En aucun cas, on ne laissera les ouvriers allumer chacun leurs lampes. Ce mode est primitif ; l'usage, aussi, de donner à chaque ouvrier sa bouteille d'huile pour l'alimentation de sa lampe, ce qui le force à l'apprêter et à l'allumer lui-même, est également abusif, et ne sera jamais introduit dans un établissement bien tenu.

Lorsqu'une lampe ne marche pas faute d'huile, le lampiste doit être mis à l'amende ; s'il s'agit d'huile minérale, la lampe sera éteinte, reportée à la lampisterie, et échangée contre une autre, quelques lampes de rechange devant toujours être préparées en même temps que celles utilisées, afin de n'avoir jamais à s'écarter de l'observation du N° 40 ci-dessus.

44. Il faut choisir une forme de lampe à combustible minéral, qui ne soit pas facilement versable ; car si la lampe allumée se

renversait, surtout lorsque, ayant brûlé déjà quelque temps, le liquide s'est échauffé, son contenu enflammé à l'instant se répandrait dans l'atelier et pourrait l'incendier à cause de la difficulté de l'éteindre de suite. (Voir l'article à *débit des huiles de pétrole* et suivants, les précautions à prendre pour l'usage domestique des huiles minérales).

45. Dans les ateliers dangereux, les lampes doivent être placées par le surveillant spécial ou le contre-maître lui-même, elles seront réglées également par les mêmes personnes ; en aucun cas . les ouvriers ne doivent y toucher ou les déranger à leur gré.

Objets accessoires. — 46. Les torchons, les déchets de filés ou autres, qui servent aux essuyage, nettoyage et préparation des lampes, seront rigoureusement enlevés, comme tous autres déchets, de l'usine, chaque soir, si la lampisterie est intérieure. Si l'on ne veut s'astreindre à ce soin, il faut au moins exiger qu'ils soient enfermés dans des vases en tôle ou en métal, munis de couvercles, où leur combustion spontanée puisse avoir lieu sans risques pour l'entourage, ne pas les y laisser s'accumuler, les remplacer tous les deux ou trois jours, au plus, par des neufs et porter les vieux directement au dégraissage ou au fumier. C'est dire que la lampisterie a besoin d'une grande surveillance et d'une grande propreté pour ne pas être une source d'accidents, surtout lorsqu'elle se trouve dans les ateliers de l'usine, au lieu d'être dans les dépendances.

Eclairage par chandelles. — 47. L'éclairage au moyen de chandelles ne se rencontre plus guère que dans quelques établissements sans importance, dans quelques moulins dont les exploitants ne comprendront leur imprudence que lorsque le sinistre les aura frappés. Nous n'avons pas besoin de démonstration pour prouver que c'est un mode d'éclairage suranné et tellement vicieux que les Compagnies d'assurances ne doivent même point le tolérer.

48. Nous tiendrons le même langage en ce qui concerne un autre usage de lampes primitives (figure III), lesquelles sont adoptées

généralement dans les moulins à blé et à huile (*voir à ces chapitres*). Ces lampes, privées de verre, offrent tous les dangers de la lumière mobile nue, et comme nous le verrons plus loin, ont été et sont encore la cause de bien des sinistres.

Eclairage fourni par l'ouvrier. — 49. Quelques établissements ne fournissent pas l'éclairage à leurs ouvriers; chacun, dès lors, a son système; on voit brûler l'antique lampe romaine à côté du quinquet moderne mais souvent fumeux; la chandelle de suif, mouchée par le pouce et l'index rapprochés, crépite en émettant sa lueur pâle et vacillante à côté de l'économique Locatelli, et d'autres diverses variétés de sortes de bougeoirs à l'huile; ce mélange hétérogène a ses inconvénients multiples, puis il retire l'éclairage de la surveillance du maître, et facilite ainsi les accidents qui seront plus nombreux encore lorsque l'usage des huiles minérales (pétrole ou schiste), vient s'y ajouter. Aussi est-il indispensable qu'après le départ des ouvriers, l'usinier fasse une première visite scrupuleuse dans les ateliers, et une deuxième une heure et demie, deux heures après.

Surtaxe applicable. — 50. Le tarif ne distingue pas entre l'éclairage fourni par le maître, et celui dont il s'agit ici, fourni par l'ouvrier. Je pense, cependant, qu'une surtaxe devrait être infligée au second de ces modes, afin d'en hâter la disparition complète.

Tuyaux à gaz. — 51. En outre des précautions recommandées pour la disposition des becs d'éclairage, l'allumage du gaz exige certains soins assez délicats.

Autant que possible, n'employer que des tuyaux en fer ou cuivre, le plomb est trop facile à être détérioré dans des usines où il y a souvent des enfants qui peuvent le percer, le couper; en outre, s'il y a un commencement d'incendie, le tuyau fond et le gaz immédiatement mis en liberté active immensément le feu. Que d'exemples seraient à citer !

Allumage des becs de gaz. — On ne doit jamais se servir pour cette opération, de bougies dites queues de rats, d'allumettes, ou de lances à esprit de vin. Ces moyens, employés dans les boutiques, dans les cafés, doivent être rigoureusement prohibés dans les ateliers. Faut-il en citer les inconvénients? Lorsqu'on allume un bec de gaz, il s'ensuit souvent une petite explosion provenant du mélange du fluide avec l'oxygène de l'air; cette explosion peut faire tomber ou détacher une parcelle de la mèche de la bougie, et lui faire incendier les matières environnantes, selon leur combustibilité; il faut parcourir l'atelier avec une flamme que rien ne garantit; un faux mouvement, un choc, une inattention d'un instant, tout est à redouter, tout est source de craintes fondées; mêmes conséquences avec les allumettes, il faut en allumer une pour chaque bec, d'où la projection de phosphore en ignition; il faut en avoir dans ses poches, on en perd facilement, on en laisse tomber; on peut jeter l'allumette encore en feu sur le sol ou plancher, et sur des matières au milieu desquelles elle allume lentement ou rapidement l'incendie, selon leur espèce. Quant à la lance à esprit de vin, le transport à travers l'atelier d'une petite flamme fusant avec rapidité, la facilité avec laquelle elle peut communiquer le feu, ne la rendent pas moins inoffensive. Quotidiennement dans les magasins de nouveautés, on enflamme, par son passage trop rapproché, des tulles, des dentelles, des robes, des étoffes légères. Je sais bien que dans ces magasins on craint autant l'huile que le feu, mais il est possible d'enfermer la lampe à esprit de vin, comme on a enfermé celle à l'huile (*voir ci-après*), et d'avoir ainsi la sécurité jointe à la propreté.

Lampes de sûreté pour l'allumage. — **52. A** moins de cette dernière ainsi perfectionnée, deux seules lampes sont admissibles : l'une servant à l'allumage des simples papillons; l'autre à celui des becs à couronne garnis de tubes en verre, de globes, tulipes, etc., et des lanternes des cours et péristyles. **La première** a la forme d'un éteignoir évasé de grande dimension : la base du cône est fermée par un plan circulaire percé, au milieu de son axe, d'une ouverture concentrique d'un centimètre environ de diamètre ; le bec de gaz s'introduit par cette ouverture, il rencontre une petite lampe placée sur l'un des côtés, lesquels constituent un canal annulaire servant de réservoir à l'huile, et il s'y allume. On saisit les avantages de cet objet : la flamme n'est pas placée directement en face de l'ouverture ; elle ne peut donc, enfermée comme elle l'est, mettre le feu à aucune matière dans sa translation. La lampe emboîte presque exactement le bec à allumer, toute explosion qui se produirait est limitée à sa capacité ; c'est donc avec raison qu'on l'appelle lampe de sûreté. (Voir figure IV).

53. Le second modèle recommandé pour l'allumage des becs en couronne, ornés de verres, ou de ceux trop élevés pour qu'on puisse les atteindre à la main, est celui dont se servent les allumeurs employés au service de l'éclairage public. C'est une petite lampe à huile, inversable, entourée et fermée à la partie supérieure par un tube en fer blanc cylindrique ou légèrement conique, percé un peu au-dessus du niveau de la flamme de deux ou trois rangées de trous ; sauf quelques industries où les matières employées sont éminemment combustibles, elle peut servir à l'allumage de toute espèce de becs de gaz. (Voir figure V).

54. Dans les escaliers, dans les vestibules, il est indispensable que les becs de gaz, ou d'éclairage à huiles, soient renfermés dans des lanternes, dont les verres sont garantis par du fil de fer. Ils sont ainsi seulement protégés contre l'action du vent, et contre le contact des marchandises ou matières travaillées dans l'usine. Une flamme nue contre le noyau, le limon d'un escalier, et sur le passage des ouvriers, est toujours un danger.

Pose des becs et des lampes. — 55. Toutes les fois qu'il n'y aura pas entre le plafond et la flamme de la lampe ou du gaz une distance d'au moins 0^{m}70 centimètres, il faudra, ou garnir les lumières ou les verres de fumivores, ou appliquer à la partie du plafond correspondante à la verticale du foyer, des plaques de tôle posées de façon qu'il existe un léger intervalle entre elles et le plafond (3 centimètres environ). Cette disposition est exigible même lorsque l'atelier est plafonné. On a vu souvent des lattes, peu protégées par la couche mince de plâtre qui les recouvre, brûler intérieurement et communiquer le feu aux voliges et bois du plancher.

Allumage méthodique — **56**. Chaque bec de gaz doit être ouvert et allumé séparément. Il faut bien se garder d'ouvrir une série de becs d'abord, pour revenir l'allumer ensuite. Il en résulterait des explosions partielles, des longueurs de flamme qui pourraient avoir les plus grands inconvénients ; s'il est vrai que des circonstances spéciales aient aggravé le danger de cette coutume, familière à Paris, lors de l'incendie du *Grand-Condé*, il ne faut pas moins lui attribuer une grande partie des accidents qui arrivent dans les magasins de nouveautés, et ceux de tissus ou objets légers et facilement inflammables.

Allumage des becs enfermés dans des lanternes. — Nous supposons que l'on a eu soin de ne prendre que des lanternes s'ouvrant sur le côté et non de haut en bas, c'est-à-dire par le bas : Premièrement, au moyen d'un plumeau, on époussetera d'abord l'extérieur des lampes pour les débarrasser de toutes les poussières plus ou moins inflammables qui se seront déposées sur leurs parois depuis la veille. Deuxièmement, on ouvrira la lanterne et on époussetera soigneusement l'intérieur, en laissant la lanterne ouverte, c'est-à-dire sans la refermer après l'opération terminée ; troisièmement, on ouvrira le bec de gaz intérieur et on lui présentera la lampe de sûreté d'allumage, de cette manière il n'y a aucun danger. Si l'on néglige une seule de ces prescriptions, les lanternes deviennent un danger par les accidents suivants : les poussières non enlevées par la base inférieure, elles tombent sur les matières et y communiquent le feu ; le bec a pu n'être pas bien fermé la veille, un peu de gaz s'est accumulé au moment où le compteur tourné a permis son introduction ; une lumière présentée brusquement, à l'instant immédiat où la lanterne est ouverte, met le feu au mélange détonant, une petite explosion se produit et communique le feu à tous les objets environnants. En Belgique on se sert, dans quelques usines à matières inflammables, de lanternes ayant la forme d'une cloche renversée, en verre assez épais. C'est un mode excellent au point de vue ci-dessus et à celui de l'éclairage.

Becs de gaz à genouillères ou à pivots. — Si dans le rayon de leurs déplacement se trouvent, comme bien souvent, des cloisons, boiseries, combustibles contre lesquels ils viennent buter, il faut avoir soin de munir ces surfaces de tringles verticales en fer, ou crampons, contre lesquels la tige du bec s'appuie, et qui la tiennent ainsi isolée des parois précitées par un espace vide d'au moins 5 centimètres.

Gazomètre, Canalisation. — 57. L'emploi du gaz nécessite encore quelques précautions. Le gazomètre sera isolé de l'usine à une distance d'au moins 5 mètres du bâtiment le plus rapproché. Ce bâtiment devra être l'une des dépendances dont le voisinage offrira le moins de chances de sinistre. L'organisation des tuyaux doit être établie de sorte que l'éclairage de chaque atelier, ou au moins de chaque étage, soit à volonté indépendant des autres parties ; on dispose un tuyau principal circulant verticalement de bas en haut, à l'endroit le plus propice ; à chaque étage, on branche sur ce tuyau les subdivisions nécessaires pour l'éclairage de chaque atelier, en les munissant chacune d'un robinet, en outre de la valve d'entrée dans tout l'ensemble. On peut ainsi, dans le cas d'un commencement d'incendie, empêcher que le gaz ne vienne l'aggraver par son explosion ; puis, les fuites de gaz qui peuvent arriver dans un atelier, étant localisées, n'arrêtent pas le travail de l'usine pendant leur réparation. On peut également veiller dans un atelier sans l'inconvénient de laisser le gaz en permanence dans ceux où l'on ne veille pas. A la cessation des travaux éclairés , tous les becs de gaz seront fermés, puis le robinet de chaque atelier, et ensuite celui de commande ou du compteur. Ce soin doit être confié au surveillant, ou bien à un même ouvrier prudent, ou au contre-maître, au chef de chaque atelier, selon l'importance de l'établissement.

Eclairage temporaire à l'huile ordinaire.— **58**. Lorsque, par une cause quelconque, l'éclairage au gaz est suspendu partiellement ou totalement et que le manufacturier y substitue, pour le délai que lui accorde l'assureur, l'éclairage à l'huile végétale , les soins recommandés ci-dessus doivent , à *fortiori*, être pris, que l'assureur accepte cette substitution sans augmentation de prime ou de contribution, à la condition implicite que le peu de temps, pendant lequel elle durera, permettra des précautions et une surveillance toutes spéciales , et pouvant seules rendre inoffensif un éclairage autrement assez dangereux.

Magasins non éclairés. — **59**. Dans les magasins de marchandises ou de matières, non pourvus de l'éclairage usité dans les autres parties de l'usine, il ne faut pénétrer qu'avec une lampe fermée, une lanterne. La lampe dite marine , que nous décrivons à l'article moulins à blé , celle Cosset-Dubrule, dont il sera parlé plus loin, remplissent parfaitement les conditions de sécurité que l'assureur et l'assuré peuvent désirer. On doit d'ailleurs éclairer les magasins de matières inflammables toujours extérieurement, ce qui est facile.

60. Dans les cas de réparation de mécanisme , ou de montage de machines nouvelles, la même présence de lampes mobiles étant exigible, les mêmes soins doivent être observés. La réalisation éphémère de cette éventualité dans les usines où l'éclairage au gaz procure une réduction de prime, doit également, dans le même laps de temps que plus haut (58), être dénoncée à l'assureur.

Eclairage électrique. — **60**[bis]. Depuis l'invention , par

M. Jablochkoff, de la bougie électrique, le problème de l'éclairage par l'électricité est résolu, au moins partiellement.

L'invention précitée supprime les régulateurs et divise à volonté la lumière produite par un seul courant. Les foyers lumineux sont formés de deux baguettes cylindriques de charbon, placées l'une à côté de l'autre et séparées par un colombin isolant. Les extrémités inférieures des charbons pénètrent dans deux tubes de laiton qui permettent le serrage facile de la bougie entre les griffes d'un chandelier *ad hoc*, décrit ci-après. Une ligature, noyée dans une pâte solide, empêche les charbons de se disjoindre.

Lorsqu'on fait passer le courant, l'arc voltaïque jaillit entre les deux extrémités des charbons qui brûlent peu à peu au contact de l'air. La matière isolante interposée s'échauffe, fond, se volatilise en partie et rend l'espace compris entre les charbons plus conducteur qu'il ne l'est dans le système ordinaire d'éclairage avec régulateur. De plus, le colombin lui-même, *isolant* lorsqu'il est solide et froid, devient *conducteur* lorsqu'il est fondu.

Cette conductibilité plus grande de l'arc et de l'isolant fondu permet de placer plusieurs foyers lumineux sur un seul et même circuit, ce qui n'avait jamais pu être encore obtenu avec le régulateur.

Avec une machine on peut brûler à volonté un ou plusieurs foyers lumineux ; il suffit pour cela d'employer des bougies de dimensions variables. Avec un seul foyer on obtient une lumière très-puissante donnant une intensité supérieure à celle d'un régulateur placé sur la même machine. Quand on met plusieurs foyers dans le même circuit, l'intensité totale augmente, contrairement à ce qu'on pourrait supposer.

Allumage automatique. — Au moment où le commutateur est tourné de manière à fermer le circuit, l'allumage des bougies se fait de lui-même, grâce à une disposition extrêmement simple. Une petite tige de graphite de 0^m001 de diamètre et de 0^m01 de long, est placée longitudinalement sur l'extrémité des charbons contre lesquels elle est retenue par un petit lien en papier d'amiante. Le courant passe à travers ce conducteur, le volatilise et produit l'allumage instantané.

Pour arriver à une usure égale des deux charbons, il faut, lorsqu'on se sert d'un courant direct, que le charbon, correspondant au pôle positif, ait une section double de celle du charbon correspondant au pôle négatif. Avec des courants alternatifs, on se sert de charbons de diamètres égaux, parce que les charbons se raccourcissent de quantités égales dans le même temps.

La force motrice nécessaire pour actionner la machine à courants alternatifs, qui fournit l'électricité, est d'un cheval pour une lumière électrique équivalente à 100 becs de gaz.

L'économie que la bougie électrique réalise sur le gaz est de $30\,^0/_0$ au minimum pour les établissements qui n'ont pas de moteur ; $60\,^0/_0$ pour les usines qui, naturellement, possèdent un moteur à vapeur, ou hydraulique.

A partir de l'emploi de 25 becs de gaz et plus, il y a économie à s'éclairer électriquement.

Comparaison avec la lumière du gaz. — Les supériorités de la lumière de la bougie sur celle du gaz sont les suivantes :

La lumière de la bougie conserve aux objets leurs couleurs, avantage inappréciable dans tous les établissements où le choix et le triage sont fondés sur les nuances des objets.

Les émanations, qui noircissent à la longue les objets et les murs de tous les locaux où le gaz est employé, sont complètement supprimées.

Les inconvénients de la chaleur insupportable dégagée dans tous les endroits où l'on brûle de grandes quantités de gaz disparaissent radicalement. En effet, une bougie électrique, donnant une lumière de plus de 100 becs Carcel, ne dégage pas plus de chaleur qu'une

simple bougie stéarique , qui équivaut, comme intensité lumineuse ,
à 1/7ᵉ de bec Carcel.

Tous les dangers d'explosion et d'incendie inhérents à l'emploi du
gaz n'existent plus avec l'éclairage à la bougie.

C'est à ce dernier point de vue surtout que l'éclairage électrique

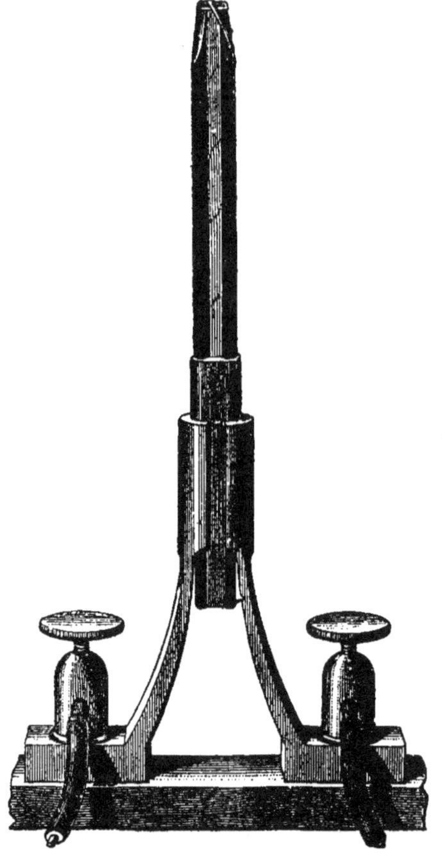

doit être **préféré** par l'usinier qui peut se rappeler combien de fois
l'éclairage au gaz a occasionné d'incendies ou a aggravé les commen-

cements d'incendie, en leur fournissant un élément instantané qui trop souvent a transformé un simple accident en perte totale dans les usines où les matières sont facilement combustibles.

Quand on réfléchit d'ailleurs à ce qu'un bec de gaz laissé ouvert, un tuyau de gaz fissuré, un conduit même souterrain brisé, produisent ou peuvent produire de désastres matériels et humains, on ne peut que regarder l'éclairage électrique comme un bienfait dont chacun doit profiter et faire profiter autrui le plus vite possible dans l'intérêt de l'humanité tout entière.

Un devis sera envoyé à toute personne qui en fera la demande.

Il est indispensable de joindre à la demande :

1° Un dessin coté, indiquant le plan des locaux à éclairer, leur hauteur, l'emplacement du moteur, des transmissions, des colonnes supportant les paliers ;

2° La nature du moteur et le nombre de chevaux-vapeur disponibles sur l'arbre de transmission ;

3° La forme des plafonds, leur nature (vitrés ou non), leur couleur ;

4° Les divers espaces libres où il serait possible d'installer les machines magnéto-électriques ;

5° Le nombre de becs de gaz, lampes à huile ou à pétrole employés actuellement pour l'éclairage avec une appréciation sur la quantité de lumière produite ;

6° Le genre de travail fait dans l'atelier ou le magasin.

Chaufferettes. Surtaxe. — 61. Les chaufferettes, les couveaux, les gueux doivent être rigoureusement prohibés. Il est facile de leur substituer des chaufferettes à eau chaude. Dans les établissements où les compagnies font une différence pour le chauffage, selon son mode, l'usage de chaufferettes autres que ces dernières, si la vapeur est déclarée l'agent employé, annule le bénéfice de ce chauffage et de la réduction de prime ou de contribution qui en est la conséquence. La déclaration doit en être mentionnée dans le contrat.

62. Cette même observation s'applique aux fourneaux portatifs au coke que bon nombre de fabricants de sucre emploient l'hiver dans les grands froids : ces fourneaux doivent être isolés de 1^m50 de toute matière combustible horizontalement et de 3^m verticalement : quatre bancs fixés aux quatre angles, élevés de 1^m, recevant une plaque épaisse de forte tôle afin d'empêcher le rayonnement vertical de la chaleur et protéger les voûtes ou les toitures, car il ne serait pas possible d'admettre l'introduction d'un si puissant foyer ailleurs que sur le dallage d'un rez-de-chaussée voûté ou sans grenier.

Robinets de becs de gaz. — 63. Les robinets des becs doivent toujours avoir un cran d'arrêt à la demi-circonférence décrite. Le robinet qui n'en possède pas est très-dangereux en ce sens que si, en le fermant, on dépasse le juste milieu, on le rouvre de l'autre côté sans s'en douter, le gaz une fois éteint ne se rallume pas, mais ne s'échappe pas moins. On emplit de gaz sans le savoir la chambre qui contient ce bec, et si une lumière est apportée, ou si un commencement d'incendie éclate, le feu est partout en un instant. C'est excessivement grave et sérieux.

CAUSES DES SINISTRES DANS LES FERMES, LES MAGASINS DE COMMERCE, LES CHATEAUX, LES ÉGLISES, ET LES MAISONS D'HABITATION.

1 L'usage des petits fourneaux portatifs, des chaufferettes à braise ou charbon, est une source de sinistres. On sort souvent en les laissant sur le plancher ; d'autres fois, on les remplit de charbons trop vifs, et on s'incendie soi-même. On voit aussi des gens les oublier sur des armoires, des tables ; on ne saurait faire trop attention à ce petit appareil, l'acheter tout en fonte et supporté par des

pieds très-longs de même métal. Les chaufferettes à eau chaude sont bien préférables, et devraient être exclusivement introduites dans les chambres non carrelées. L'usage de plus en plus répandu des fourneaux en fonte, en tôle, lesquels contiennent toujours un réservoir d'eau bouillante chauffée par les chaleurs perdues, rend aujourd'hui très-facile l'emploi de ces chaufferettes salubres.

2. *Estaminets.* — Dans les estaminets d'une partie de la France, les pipes ne s'allument pas avec des allumettes, mais à la cendre enflammée de poussière de charbon de bois renfermée dans un vase en cuivre orné d'anses. Ces vases renversés mettent parfaitement bien le feu sur les tables ou les planches qui les supporteraient. Il est donc indispensable le soir de les placer sur une dalle, loin de tout choc et de mettre également la provision de charbon de bois dans un endroit tout-à-fait incombustible. Les incendies d'estaminets sont presque tous dûs à de la négligence à ce sujet.

3. L'absence de garde-feu devant la cheminée. Les bûches ou morceaux de bois brûlent, ordinairement, davantage par le milieu ; dès que leur combustion est à peu près achevée sur ce point, les deux extrêmités se détachent et l'impulsion les fait rouler souvent. hors de l'âtre, sur le plancher ou le tapis. Le garde-feu n'est même complet qu'accompagné de châssis de tissu métallique (*éventail*) développé de façon à envelopper l'âtre. Les étincelles viennent s'éteindre contre cet obstacle incombustible, au lieu d'aller, quelquefois, communiquer le feu au tapis ou aux robes. Tout le monde peut penser quels accidents affreux il aurait pu éviter. Combien de jeunes filles, de jeunes femmes, tout entières aux apprêts d'une soirée, d'une fête ou d'un bal pour lesquels elles se parent, en s'approchant, sans réflexion, d'un foyer dégarni de la toile métallique protectrice, ont enflammé leur robe légère, et ont vu changer l'approche riant du plaisir en des souffrances horribles, suivies presque toujours d'une mort non moins douloureuse !

Rappelons à ce sujet qu'il faut se garder, quand le feu prend à la robe ou aux effets que l'on porte, de courir chercher du secours, on ne fait ainsi qu'activer les flammes et s'exposer à une perte certaine; il faut se rouler par terre ou se fourrer sous les couvertures d'un lit, afin d'étouffer le feu, tout en appelant à son aide. C'est le seul moyen de restreindre les effets d'un si terrible accident.

Poëles ordinaires dans les ateliers et pensionnats. — 3bis. Partout où il y a des femmes, des fillettes, des enfants, les poëles doivent être entourés d'un grillage suffisamment éloigné et fermé à clef (0,20 centimètres au moins) pour protéger les robes et les vêtements des enfants, autrement le poële pouvant rougir les brûlerait, comme cela arrive beaucoup trop fréquemment.

Dans le Nord et dans les départements voisins, où l'on brûle du charbon de terre en place de bois, on a remplacé l'intérieur des cheminées par des appareils souvent très-élégants, disposés pour cette sorte de combustible. Plusieurs de ces appareils sont vicieux en ce sens que leur cendrier est tangent au sol, et s'élargit souvent de manière à couvrir et dépasser le foyer de marbre qui protége le plancher. Alors le cendrier venant à rougir ou même à être simplement très-chauffé carbonise le bois qui est en dessous, et l'on est très-étonné, un jour, d'apercevoir que l'intérieur du plancher est en feu. Le moyen d'empêcher ce grave inconvénient est de choisir des appareils dont le cendrier soit assez élevé pour qu'il existe entre lui et le sol un espace vide d'au moins dix centimètres, dissimulé sous les dessins ou ornements de tôle qui les supportent. Le cendrier doit être également distant de la grille du foyer d'au moins vingt centimètres, autrement il s'échaufferait trop et le premier isolement ne serait pas suffisant. Les foyers doivent être également munis d'un grillage en toile métallique ou garde-feu, que l'on y pose lorsque l'on sort: ce grillage suffisamment éloigné n'active pas le feu, mais arrête les étincelles ou points ignés qui seraient projetés du centre en ignition et sans ce rempart peu coûteux iraient incendier tapis, planchers et appartements.

4. *Rentrée des foins humides*. — Quand on peut craindre que le foin ne soit pas absolument sec, et que, le mauvais temps menaçant, on hâte nonobstant sa rentrée, il faut avoir soin de ne pas le tasser, de diviser la masse en plusieurs parties, et d'établir dans l'intérieur des canaux aérifères. Malgré ces précautions, s'il y a tant soit peu d'humidité, la fermentation s'établit si violemment, l'échauffement est si rapide et si intense, que tout s'embrase sans qu'il soit possible de l'empêcher. Il est donc indispensable de ne pas rentrer les foins s'il y a doute sur leur degré de siccité, car l'incendie serait inévitable C'est là, dans les campagnes, une cause constante et fréquente de sinistres qui devrait également être signalée aux habitants à chaque renouvellement d'année.

5. Provisions de chaux vive en grenier, ou dans des caves ou celliers, sur lesquelles de l'eau pluviale ou autre pourrait être accidentellement répandue.

5bis. *Travail du lin dans les fermes ou les propriétés agricoles*. — Partout où l'on récolte le lin et le chanvre, un grand nombre de paysans travaillent chez eux cette matière. Il n'est pas besoin d'expliquer comment sa présence est une cause incessante de dangers d'incendie ; que la matière soit brute ou travaillée, elle est éminemment combustible, et, une fois enflammée, elle cause la destruction complète des immeubles qui la renferment. Le lin brut, lorsqu'il est travaillé, se divise en : 1° lin fini, teillé ; 2° étoupes de teillage ou écanguage : 3° émouchures ; 4° ana. Ces trois dernières matières sont les déchets classés par ordre de valeurs.

Les précautions à prendre sont : d'établir l'écanguage ou teillage à la main dans un local fait exprès et séparé du corps de ferme ou de logis ; de n'introduire dans la ferme ou logis que le lin teillé,. fini, et d'avoir soin de le loger dans une chambre fermée où il n'y aura ni feu ni lumière ; d'interdire de fumer dans l'écanguerie ou le magasin aux lins bruts finis ou en déchets ; et aussi de ne pas laisser les débris ou déchets contre les granges, près des murs des habitations du côté de la rue ou des champs. Trop souvent des enfants ou des malveillants y mettent le feu qui se communique ainsi aux bâtiments tangents.

6. *Habitude de fumer dans les écuries et granges.* — Le fermier doit faire comme l'industriel : il doit approprier un petit local, bien situé, ne contenant que les murs et des bancs, pour en faire une sorte de fumoir où les ouvriers pourront se livrer à leur goût pour le tabac. Si les cours contiennent des pailles, et s'il y a des bâtiments en chaume, il devra leur défendre de fumer dans ces cours, et, dans tous les cas, les pipes devront toutes être munies d'un chapeau métallique percé de petits trous, destiné à empêcher les cendres brûlantes de tomber ou d'être emportées par le vent sur des objets inflammables. Dans les hôtels, les auberges, dont les écuries sont fréquentées par un public sans cesse renouvelé, il faut faire inscrire sur la façade des bâtiments destinés à cet usage, les mots suivants : « Défense de fumer dans les écuries et dans les » remises. »

6bis. *Emploi des allumettes chimiques autres que celles dites amorphes* (celles qui ne prennent feu qu'au seul contact de la matière étendue sur un des côtés de la boîte). — Une allumette tombée à terre et que le frottement du pied enflamme sans qu'on s'en aperçoive, un animal faisant tomber une boîte où la secousse fait prendre feu aux allumettes, les jeux terribles des enfants qui aiment tant à faire de petits feux avec les allumettes sur lesquelles ils ont pu mettre la main, etc., innombrables sont les cas de ces sortes d'accidents.

Dans les campagnes, au moins un tiers des incendies doit être attribué aux allumettes ordinaires à friction. Or, la vérité est qu'il n'y a pas de raison pour employer, du moment que l'on peut faire autrement, ces allumettes incendiaires, et ce n'est pas trop dire que de prétendre que la fabrication en devrait être interdite par la loi. Puisqu'on peut faire des allumettes qui ne présentent aucun des dangers auxquels nous exposent les allumettes chimiques ordinaires, la question est celle-ci : Continuerons-nous de sacrifier annuellement de grandes quantités de bien et de vies par l'emploi d'allumettes que l'expérience a démontré aussi pernicieuses que les incendiaires eux-mêmes?

On devrait s'attacher à faire sentir au public, en général, qu'à présent c'est jusqu'à un certain point se rendre coupable, que de persister à faire usage d'un objet dont l'emploi, non-seulement cause chaque année la destruction de biens considérables, mais encore cause la perte de beaucoup de vies humaines.

D'autant mieux qu'ainsi que nous l'avons déjà dit, les allumettes amorphes sont d'un usage bien plus économique que les autres ; elles craignent beaucoup moins l'humidité, il faut rarement en frotter plus d'une pour avoir du feu, de sorte que, coûteraient-elles plus cher, en réalité elles sont plus économiques.

Les allumettes amorphes sont de deux sortes :

1° Allumettes soufrées au phosphore amorphe :

Portefeuille ordinaire par   50 allumettes à . . . . . .   » 05 c.
Portefeuille ordinaire par 100   id.   à . . . . . .   » 10

2° Allumettes suédoises parafinées au phosphore amorphe :

Boîte en bois, à coulisse, portant frottoir, par 50 allttes		»	10 c.
Boîte munie d'un frottoir,	250	»	» 35
Boîte munie d'un frottoir,	550	»	» 65
Boîte munie d'un frottoir,	1,000	»	1 20
Paquet,	1,000	»	1 10
Frottoirs,	le cent		3 50
Poudre à préparer les frottoirs,	le kil.		12 »

7. *Introduction de lumière nue dans les écurie et granges.* — Le seul mode de lumière enfermée adoptable est la lampe marine, à couronnement élevé et à large anneau (voir figures), la lampe de sûreté serait encore préférable. La chandelle enfermée

dans une lanterne a souvent mis le feu ; on est obligé de la mou-
cher, nous savons, et on sait comment se fait cette opération.
Si on oublie ce soin, la mèche devient trop longue, elle brûle
démesurément, et alimentée par la graisse, si aisément fusible,
elle produit un foyer assez intense pour faire fondre les soudures
de la lanterne, éclater les verres, et mettre le feu, soit par son
rapprochement d'objets inflammables, soit par les éclats brûlants
qu'elle projette, soit en tombant elle-même sur le plancher ou le
sol jonché de paille et de foin de l'écurie, de la grange ou du local
dans lequel elle peut être suspendue ou placée. Chaque fois que l'on
pourra, il est mieux d'éclairer l'écurie au gaz, par un bec fixe, ou
à genouillère, dont la flamme sera garantie de façon à ce qu'elle ne
puisse être placée au-dessous de fourrage ou des matières combustibles ; le plafond, s'il n'est pas voûté, devra toujours être distant
de 0,70 centimètres au moins du bec. La meilleure disposition est
de faire une lucarne spéciale que l'on ferme du côté de l'écurie par
un verre scellé dans le mur, et du côté extérieur par un châssis en
verre et bois ou fer ; on dispose le bec au milieu de la lucarne, de
manière à ce qu'il éclaire suffisamment l'écurie ; un double petit
conduit d'aération est également établi dans l'intérieur de la maçonnerie pour faire entrer l'air à brûler et faire sortir l'air brûlé : cette
méthode est la plus sûre, et de plus le bec est à double service, il
éclaire la cour en même temps que l'écurie.

8. *Crachoirs en bois remplis de sciure.* — L'usage de jeter
les allumettes enflammées, les bouts de cigare dans les crachoirs a
souvent occasionné des sinistres. Il y a un remède facile, c'est de
substituer au bois, le métal, et à la sciure, le sable.

9. *Habitude de fumer au lit.* — Bien des fumeurs ont été victimes de leur imprudence, surtout lorsqu'après une soirée un peu trop
consacrée aux plaisirs de la table et à fêter Bacchus, ils se livraient
au lit à leur chère manie, pour dissiper, par les fumées du tabac, les

fumées des vins ou boissons alcooliques qui obscurcissaient un peu leur cerveau.

9bis. *Habitude de lire au lit.* — Quand on craint de s'endormir en laissant sa chandelle ou sa bougie allumée, il suffit de la munir d'un éteignoir automatique : il se ferme quand la partie cylindrique du corps éclairant est usée ; on le place de manière à ce qu'il fonctionne soit après un quart d'heure, soit après une demi heure.

10. *Rapprochement trop grand des rideaux de lit ou d'alcôve de la lumière posée sur le meuble appelée table de nuit.* — On empêchera les accidents de ce genre en disposant contre les rideaux une patère d'une forme particulière qui les tient suffisamment écartés et en substituant à la chandelle une lampe à huile ou de la bougie. Cette substitution de l'huile à la chandelle peut être opérée économiquement.

10bis. *Précautions légales à prendre concernant les incendies dans la construction des cheminées* (voir l'article 674 du Code civil et l'ordonnance du 11 décembre 1852) :

Article 1er. Toutes les cheminées, tous les poêles et autres appareils de chauffage, doivent être établis et disposés de manière à éviter les dangers de feu, et à pouvoir être facilement nettoyés ou ramonés.

Article 2. Il est interdit d'adosser des foyers de cheminées, des poêles et des fourneaux à des cloisons dans lesquelles il entrerait du bois, à moins de laisser, entre le parement extérieur du mur entourant ces foyers et les cloisons, un espace de seize centimètres.

Article 3. Les foyers des cheminées ne doivent être posés que sur des voûtes en maçonnerie ou sur des trémies en matériaux incombustibles.

La longueur des trémies sera au moins égale à la largeur des cheminées, y compris la moitié de l'épaisseur des jambages.

Leur largeur sera d'un mètre au moins, à partir du fond du foyer jusqu'au chevêtre.

Article 4. Il est interdit de poser les bois des combles et des planchers à moins de seize centimètres de toute face intérieure des tuyaux de cheminées et autres foyers.

ARTICLE 11. Les tuyaux de poêle et autres tuyaux conducteurs de fumée, en métal, devront toujours être isolés, dans toute leur hauteur, d'au moins seize centimètres des cloisons dans lesquelles il entrerait du bois.

Lorsqu'un tuyau traversera une de ces cloisons, le diamètre de l'ouverture faite dans la cloison devra excéder de seize centimètres celui du tuyau.

Ce tuyau sera maintenu au passage, par une tôle dans laquelle il sera percé une ouverture égale au diamètre extérieur dudit tuyau.

ARTICLE 12. Aucun tuyau conducteur de fumée, en métal, ne pourra traverser un plancher ou un pan de bois, à moins d'être entouré au passage par un manchon en métal ou en terre cuite.

Le diamètre de ce manchon excédera de dix centimètres celui du tuyau, de manière qu'il y ait partout, entre le manchon et le tuyau, un intervalle de cinq centimètres (1).

OBSERVATION. — *Au point de vue de la façon de construire une cheminée, l'on doit observer :*

Que pour une cheminée en briques, il y ait le moins de joints possibles, que les briques soient posées à bain de mortier, ayant la face de conduite de fumée parfaitement recouverte d'un enduit à l'argile posé de manière à être bien lisse, et, comme surcroit de précaution, enduire également la face extérieure, ne laisser aucun ressaut qui servirait de dépôt à la suie, c'est-à-dire adoucir les changements de direction par des pentes ou des courbes.

Si une cheminée est à construire contre un ancien mur, avoir bien soin de faire des boîtes et amorces dans ce mur pour encastrer et relier les languettes du tuyau avec ledit mur.

Pour les cheminées en tôle, il faut avoir soin d'emboîter le tuyau du dessous dans celui du dessus afin que, par suite de la direction de la fumée de bas en haut, elle ne passe pas entre les recouvrements de tuyaux.

Pour les cheminées en poterie, on ne devrait les tolérer que construites avec des pots réfractaires, dont l'assemblage doit être rendu étanche par rainure et languette et placé à bain de mortier.

Chaque feu doit avoir son tuyau particulier s'élevant, pour le tirage,

(1) En pratique ces distances sont trop faibles; nous engageons à observer celles que nous avons indiquées au commencement de cet ouvrage. La loi n'a pas prévu les surchauffes ni les feux de cheminées.

le plus haut possible et être recouvert d'une mitre pour obvier à l'inconvénient qu'une parcelle de feu sortant d'une cheminée, retombe dans le tuyau voisin.

1º Il faut oter la mitre au-dessus de la cheminée ;

2º Ouvrir toutes les fenêtres des chambres par lesquelles ce tuyau passe ;

3º Faire du feu sur l'âtre de la cheminée que l'on veut essayer, (il est bien entendu que chaque cheminée a son tuyau particulier ; dans le cas contraire, il faudrait boucher toutes les jonctions ou ouvertures se trouvant dans la conduite de ce tuyau), jeter du foin sur ce foyer afin d'obtenir de la fumée ;

4º Sitôt que cette fumée aura pris sa direction dans le tuyau et qu'elle commencera à passer par le haut de la conduite, boucher hermétiquement le haut et le bas de la cheminée , afin que le conduit se trouve rempli de fumée ;

5º Visiter le long de ce tuyau par où passe la fumée, y faire des remarques et boucher les joints intérieurs et extérieurs.

Si le conduit de fumée se trouve enveloppé de menuiserie , ce sera un travail plus dispendieux, car l'on sera obligé pour reconnaître l'endroit du passage de fumée et pouvoir y remédier d'oter les boiseries qui recouvrent le passage de fumée.

11. *Disposition vicieuse des cheminées, poêles établis sur le plancher sans l'interposition d'isolateurs. Tuyaux traversant des cloisons sans en être séparés par un vide annulaire, ou manchon en corps incombustible et mauvais conducteur de chaleur.* (Voir à la première partie de ce livre, chapitre du *chauffage*).

11bis. *Approvisionnements de charbons, copeaux, chiffons sous les fourneaux de la cuisine.* — Il faut que la boîte ou auge qui les contient soit enfermée dans un entourage incombustible et sur sol dallé , afin que sa combustion ne puisse communiquer le feu aux objets environnants. On doit écarter aussi des fourneaux les armoires et les choses combustibles quelconques.

11ᵗᵉʳ. Que de cheminées sont établies avec un vice de construction ? Les unes reposent sur le plancher sans que l'on ait eu soin d'y pratiquer une entravelure ; on a bien suppléé par un petit massif en maçonnerie, mais ce massif se désagrège et, lorsque l'on s'est servi quelque temps de la cheminée, le feu se communique très-facilement au plancher.

D'autrefois, les armoires ont été placées contre la gaîne de la cheminée dans laquelle on a laissé une ouverture ; par cette ouverture, la suie s'amasse entre un côté de l'armoire et le plancher, et une étincelle suffit ensuite pour mettre le feu à toute la boiserie.

11⁴. *Crevasses dans les cheminées, les conduites de fumée, les voûtes des fours.* — Ces accidents sont très-fréquents et comme ils arrivent toujours sans que l'on s'en doute, il faut avoir bien soin de faire visiter une fois par an, en même temps que l'on ramone, l'extérieur des conduits de fumée, afin de procéder immédiatement à leur réparation, s'il y a lieu. En prévision de leur existence, on devra isoler des conduits, par un espace de un mètre, toute matière combustible qu'un ouvrage imprudent fait remiser aux greniers, tels que paille, récoltes, débris, linge, etc.

11⁵. On a également l'habitude, dans les villages, de faire sécher le bois au-dessus de la voûte du four à pain ; rien de plus dangereux, si le local du four n'est pas voûté, car une étincelle, venant de la bouche du four ou d'une fissure, a bientôt enflammé les objets combustibles placés ainsi à portée.

Il faut s'abstenir de cette méthode vicieuse ou voûter le local du four ; le bois seul nécessaire à l'allumage doit rester dans ce lieu, et pour éviter tout danger, on le place dans le four lui-même quand ce dernier est suffisamment refroidi. On ne risque ainsi que la perte minime d'un peu de bois sans grande valeur.

11⁶. *Maréchaux-ferrants*. — Outre les dangers d'un foyer toujours allumé, dangers qu'on atténue en enlevant les copeaux et bois menu de l'atelier, et en ramonant et réparant le conduit de la cheminée de la forge tous les trois mois, il existe une autre cause de sinistre, c'est la présence du four à recuire les bandages : ce four étroit, vertical, chauffé presque toujours au bois de sciures, doit être autant que possible établi en dehors de l'atelier, faire l'objet d'un appentis ou d'une construction spéciale complétement incombustible, c'est-à-dire entièrement en briques, sur et sous voûtes, avec cheminée solidement construite en matériaux durs. La porte du foyer doit être en fer, et aucun objet combustible ne doit se trouver au-dessus de son ouverture. Si le four est intérieur et dans un bâtiment à étages, l'ouverture susdite devra être munie à sa partie supérieure d'une cheminée entourée de maçonnerie de briques, par laquelle s'échapperont, d'une façon inoffensive, conduits extérieurement les effluves, flammes et étincelles, qui ne manquent pas de se produire lors du défournement, car les bandages ou cintres étant portés au rouge, la chaleur intérieure est excessive.

11⁷. L'habitude des habitants agricoles des Ardennes et de plusieurs départements, d'emmagasiner leurs récoltes en gerbes dans les étages de leur maison, dont ils se servent comme de grange, en occupant pour eux le rez-de-chaussée, rend les dangers d'incendie fréquents et graves. La moindre fissure dans la cheminée, une étincelle venant du dehors, une lumière maladroitement introduite au milieu de matières aussi combustibles, une allumette perdue, etc., occasionnent presque toujours l'embrasement de l'habitation, transformée ainsi en ferme mal établie, car la ferme bien établie comporte toujours la grange aux récoltes séparée des autres locaux. Le remède à cet usage onéreux, ces pays-là payent, en effet, des primes plus élevées que les autres, est de construire une habitation en plusieurs corps, en évitant dans les murs de refends l'emploi du bois. Un mur de refends en pans de bois n'offre aucune sécurité. Il doit être proscrit de la construction, à fortiori, lorsqu'il devient mur mitoyen. C'est encore là une des causes de la propagation du feu dans les villages des Ardennes, et à ce titre, un simple arrêté municipal peut l'interdire pour toute mitoyenneté.

12. *Usage des huiles de pétrole, schiste, ou autres huiles minérales dissimulées sous des noms créés par la fantaisie des fabricants.* — Les vendeurs de ces liquides comburants au détail, ne prévenant pas leur clientèle des dangers de leur emploi, c'est au maître de la maison d'en informer ses domestiques, afin qu'ils ne manient ces corps qu'avec toute la circonspection désirable. (Voir *éclairage à l'huile minérale*).

12bis. *Magasins de nouveautés; boutiques d'objets faciles à s'enflammer.* — Là, où aucun résidu, aucun déchet ne peut occasionner d'incendie, c'est presqu'exclusivement l'éclairage et le chauffage qui sont les causes de l'incendie. Les rampes de becs d'éclairage sont souvent placées directement au-dessous des poutres des planchers, la chaleur est telle que la distance recommandée de 0,70 centimètres n'est pas suffisante en présence d'une agglomération d'une série de becs ; s'il n'y a pas un bon courant de ventilation, une chaleur intense s'accumule et enflamme souvent soit les objets environnants, soit même les voliges du plancher, malgré le plafonnage qui les garantit : on a vu souvent des parties de planchers carbonisées entièrement sans que le feu se soit déclaré de suite, tant qu'une fissure n'a pas amené l'air nécessaire à rendre la combustion patente.

Il faut donc munir chaque bec d'un fumivore plutôt en porcelaine ou en verre qu'en métal, écarter les rangées de becs, plafonds, boiseries, sommiers, et des marchandises étalées en montre d'au moins 1 mètre verticalement et 50 centimètres latéralement, ménager des issues pour le gaz brûlé et une ventilation pour refroidir l'air ambiant.

L'allumage doit se faire bec par bec et non par série de becs ouverts ensemble, attendu que pendant le temps que l'on allume les premiers becs de la série, le gaz des autres s'échappe et fait une flamme très-longue qui peut se communiquer aux objets environnants. L'incendie mémorable des magasins du Grand-Condé, et bien d'autres beaucoup moins notoires, ne doivent leur origine qu'à l'allumage par série.

Bien entendu, l'allumage ne peut se faire qu'avec la lampe de sûreté décrite N°s 52 et 53.

12ter. *Crachoirs.* — Il est indispensable de prohiber aussi bien des maisons d'habitation que des usines, les crachoirs en bois; à fortiori. la sciure de bois doit-elle également être proscrite. Un crachoir incombustibles aux trois-quarts rempli de sable ou corps analogue ininflammable, est seul admissible. Trop de sinistres dans les appartements comme dans les fabriques sont provenus de l'emploi de la sciure de bois qu'un bout de cigare trop souvent jeté sans réflexion, enflamme, et qui, quelque temps après bien embrasée, communique le feu aux objets environnants.

Provisions d'allumettes chez les épicieers, merciers, marchands en détail. — Les allumettes enfermées dans des caisses bien fermées, sans air, brûlent souvent partiellement sans communiquer le feu à ce qui les entoure. Les petites provisions séparées d'allumettes en boîtes ou en paquets sont surtout dangereuses; un choc, une chûte à terre, une insolation, un tuyau trop rapproché, des souris, des rats, les enflamment, et comme l'air ambiant les environne, elles mettent le feu facilement aux autres marchandises. Ce péril sera évité en renfermant les allumettes dépaquetées de la vente au détail, dans des armoires en métal, des sortes de coffres-forts; chaque soir ces récipients seront clos avec soin, et tout accident sera ainsi évité.

13. *Nettoyage des gants ou étoffes à la lumière avec des essences inflammables : benzines, eaux ou huiles de naphte*

— 148 —

et autres produits essentiels. — Il ne faut jamais faire ces opérations autrement qu'à la lumière diurne. Quelques précautions qu'on prenne, on court toujours de grands risques en se servant de ces liquides auprès d'une lumière artificielle.

14. *La coutume de boucher les ouvertures pratiquées dans des gaînes de cheminées pour le passage de tuyaux de poêles retirés, par du papier, des linges enroulés.* — Une fois, sans y réfléchir, on fait du feu dans la cheminée, et les tampons de papier et de chiffons s'enflamment et occasionnent l'incendie de la chambre. Il faut boucher ces ouvertures par des plaques de tôle, qu'il est facile d'enlever lorsqu'on repose les tuyaux.

15. *Repassages domestiques.* — Il ne faut pas serrer les fers, les poignées, les linges à essuyer, lorsqu'ils sont encore chauds; trop souvent on les renferme dans les armoires de la lingerie, sans s'être assuré qu'ils ne peuvent y communiquer le feu. L'usage de faire chauffer des briques et de les envelopper de linge pour en faire une sorte de bassinoire, expose aussi à bien des accidents. On doit y renoncer et substituer aux briques des cruchons en grès, ou même de simples bouteilles remplies d'eau chaude, mais non bouillante.

16. Il faut aussi se garder d'aller la nuit, avec une lumière nue, ou d'envoyer ses domestiques, dans les greniers où se trouvent des provisions de bois, des linges et vêtements étendus. On évitera aussi d'introduire la lumière dans les armoires garnies de robes suspendues, dans les cabinets qui en sont remplis. Il suffit d'une flammèche échappée de la lumière qu'on porte, d'un choc, d'un rapprochement inconsidéré et inaperçu de la lumière pour mettre le feu, sans qu'on y pense et sans qu'on s'en doute.

16bis. *Musées, collections.* — La meilleure condition d'aménagement est de localiser les collections dans un bâtiment spécial, isolé ou séparé des autres par des murs monturiers dépassant le toit d'un mètre, si possible , ou au moins de 50 centimètres , dont les portes de tangence avec les autres bâtiments sont en fer et dont l'escalier est en pierres. Ce bâtiment n'aura ni tuyaux de gaz ni becs de gaz, il ne sera pas non plus éclairé artificiellement dans l'intérieur. Le chauffage sera soit à la vapeur, soit à eau ou air chauds. Le calorifère ou le générateur de vapeur sera entièrement établi afin que la cheminée conduisant en dehors les produits de la combustion soit extérieure ou isolée; s'il n'est pas possible de mettre ce calorifère ou ce générateur à l'extérieur, il sera toujours possible de l'établir dans un local entièrement voûté et incombustible , et de faire sortir à l'extérieur le conduit de fumée. Les tuyaux de chaleur (air chaud ou vapeur) seront seuls à l'intérieur, mais ils sont inoffensifs ; pour l'allumage voir ce que nous disons plus haut : (voir *prises d'air et sorties d'air*).

Les crachoirs seront en métal et garnis de sable fin, non de sciures. Pendant les entrées du public, un gardien veillera à ce que personne n'entre en fumant et fera une visite complète aussitôt après la fermeture. Une heure après, une deuxième visite sera passée minutieusement partout et contrôlée comme la première par un nombre de boîtes Colin suffisant pour obliger le visiteur à traverser toutes les salles sans exception. S'il n'y a pas de traces de feu à ces visites, il n'y en aura pas davantage après : aucun objet, aucune chose d'un musée ne pouvant donner lieu à une combustion spontanée. Le gardien devra remettre, chaque soir, les disques de papier constatant son passage effectif, et être surveillé lui-même, de temps à autre , par un des employés attachés au service du musée.

Cette surveillance devra être de tous les instants quand on fera des réparations dans le musée, car là le danger sera imminent , et l'administration entière du musée devra s'occuper sans relâche de cette surveillance.

Les visites seront faites en hiver avec la lanterne de sûreté Cosset-Dubrule, masquée à volonté par un écran , l'été sans adjonction d'aucun luminaire.

Si l'on n'a pu disposer un tuyautage complet amenant l'eau partout, avec pression suffisante et lances de projection, on établira à l'entrée des salles de chaque étage, un extincteur à simple pression et dans le voisinage une pompe à incendie toujours amorcée et prête à fonctionner, été comme hiver, munie de tuyaux suffisants pour aller combattre le feu partout où il éclaterait dans le musée ou les bâtiments tangents, et d'une alimentation intarissable d'eau.

A défaut de ces moyens, on pourra toujours établir, dans les combles du musée ou son voisinage, des réservoirs d'eau que l'on tiendra constamment remplis ; ces réservoirs, au moyen de conduits de descentes, alimenteront à chaque étage des dévidoirs intérieurs pouvant fonctionner instantanément dans n'importe quelle salle de l'étage.

Comme complément de ces mesures des *avertisseurs* d'incendie (voir ce mot) seront établis à chaque étage à l'endroit le plus propice, et leur sonnerie aboutira dans la demeure du gardien administratif.

17. *Chais, magasins de spiritueux.* — Que d'incendies considérables occasionnés par l'imprudence avec laquelle on manipule l'alcool, transvasant, soutirant ce liquide avec une lumière nue portée à la main ou approchée trop près ; un faux mouvement, la moindre inattention fait jaillir quelques gouttes sur la flamme, qui, aussitôt communiquée, remonte des gouttes au jet du liquide, dont on n'a pas la présence d'esprit d'arrêter l'écoulement en fermant le robinet d'émission, force l'imprudent à fuir, et en un clin d'œil couvre d'un lac de feu le sol de la cave. Que de désastres pourrait-on citer, qui n'ont pas eu d'autres causes ! et comment ne pas s'étonner que tant d'exemples terribles n'aient pas encore suffi pour habituer à la prudence et pour convaincre de sa nécessité ? Toutes les fois qu'on introduit de la lumière dans une cave ou cellier contenant des spiritueux, on doit enfermer cette lumière dans une lanterne dont le chapiteau, laissant passer les produits de la combustion,

sera entouré d'un tissu métallique, d'un écartement entre ses mailles tel que l'on compte seulement quatorze ouvertures par centimètre carré. Cette toile suffit pour arrêter l'inflammation de l'alcool ou de la vapeur d'alcool. Il faut préférer les toiles métalliques en cuivre à celles en fer. Je sais qu'on rejette les lampes Davy et Combes parce qu'elles n'éclairent pas suffisamment, mais entre ces lampes et la lumière d'une chandelle, il y a la lampe marine, la lampe de sûreté, les lanternes de tous genres qui sont toujours préférables à la lumière nue, et éviteraient bien des accidents en rendant bien plus rare l'inflammation des alcools qui seraient projetés sur leurs parois. Quand on travaille journellement dans les chais, il est encore préférable d'éclairer tout le local par des becs de gaz suspendus aux voûtes ou plafonds, en ayant soin de les allumer avec la lampe de sûreté, et d'installer à leur canalisation de tuyaux un robinet maître qui permette, à un moment donné, de les éteindre tout d'un coup en interceptant l'arrivée du gaz d'alimentation.

17bis. Il faut manier avec tout autant de circonspection les huiles essentielles, benzine, pétrole, schistes, liquides à détacher et autres analogues, et, comme pour les précédents, ne jamais fumer en les travaillant.

17ter. *Brocheurs*. — Les ateliers de brochage contiennent des séchoirs ou étendoirs. La substitution du chauffage à la vapeur ou au moins du chauffage à air chaud aux simples poêles intérieurs, est une des premières améliorations à effectuer et à conseiller. Le soin de ne pas déposer de papiers aux coins ou près des fenêtres où la flamme se porte tout d'abord, à cause des courants, la précaution de ne se servir que de lampes de sureté, à moins d'un éclairage extérieur, ce qui est encore préférable, enfin l'emploi de cordes rendues incombustibles, sont les précautions essentielles.

17[4]. *Incombustibilité*. — Il y a plusieurs procédés employés pour rendre les bois incombustibles. L'Amirauté anglaise a publié, il y a quelques années, le procédé suivant, qu'elle avait fait expérimenter avec succès, dit le rapporteur :

Il consiste à donner deux couches de solution faible, préparée en étendant un litre de solution sirupeuse de silicate de soude avec trois litres d'eau. Le bois s'en imprègne très-bien. Ce premier enduit étant presque sec, on y applique une couche de lait de chaux ordinaire, pas trop épaisse surtout. La peinture à la chaux étant presque sèche, on la fixe par une couche de silicate un peu plus concentrée que la première, soit deux litres de silicate pour trois litres d'eau. Cet enduit, que l'eau ou la pluie ne détruit pas, résiste, à ce qu'il paraît, parfaitement au feu, et appliqué sur les bâtis des séchoirs, il ferait un excellent effet. Lorsque le bois n'est pas mis en place, il est préférable de l'injecter complètement par les moyens pratiqués aujourd'hui, de la substance protectrice. On emploie aussi le silicate de potasse. M. Carteron a étudié et rendu industriels ces procédés et d'autres qu'il a découverts.

Pour les cordes des étentes, séchoirs, il suffit de les faire tremper dans une dissolution concentrée d'alun.

Quant aux étoffes légères, leur immersion dans une dissolution de sulfate d'ammoniaque (7 parties de sulfate contre 93 d'eau) et leur séchage ensuite, leur communique également la propriété d'être ininflammables.

17⁵. _Lycées, hospices, séminaires, pensionnats, maisons de détention._ — Ces établissements, outre les dangers ordinaires de toute maison d'habitation, ont ceux des professions qui s'y exécutent : ainsi fréquemment on y voit des boulangeries, des ateliers de menuiserie, de serrurerie, de blanchissage du linge, des séchoirs à feu nu, des ateliers de repassage, des laboratoires ; la cuisine considérable qui s'y fait exige des feux constants. La présence d'un nombreux personnel, outre celle des habitants, est également un danger de plus, aussi voit-on fréquemment des incendies s'y déclarer parce que généralement la surveillance n'est pas convenablement ordonnée et surtout contrôlée.

Tout ce que nous avons indiqué pour l'établissement des foyers, cheminées, tuyaux, l'emploi exclusif du fer ou du cuivre pour les conduits de gaz, les robinets à points d'arrêts, etc., doit être scrupuleusement observé. Les rondes des surveillants contrôlées par le contrôleur-Colin ; l'établissement d'extincteurs en nombre suffisant, ainsi que des sauveteurs Constant dans les étages supérieurs, des réservoirs d'eau organisés pour le service de la pompe de la maison, s'il y a possibilité d'en avoir une, ou celles du dehors, en cas d'accident.

17⁶. *Châteaux.* — La situation d'isolement ordinaire des châteaux donne des conséquences terribles aux moindres imprudences que les gens de service peuvent commettre, aussi est-il indispensable d'avoir chez soi ses moyens de secours tout préparés. 1° Deux extincteurs Girard à triple pression par exemple ; à mesure que l'on se sert de l'un, on recharge le deuxième, de cette façon, l'on a un jet non interrompu d'une grande puissance extinctrice qui permettra d'attendre, sans trop de dommages, l'arrivée des pompiers de la localité la plus rapprochée (1). Que de propriétés eussent été préservées d'une destruction complète avec ces simples appareils ; 2° généralement l'eau ne manque jamais dans un château ; il est facile de disposer la pompe qui alimente de ce liquide les appartements, de façon à la rendre foulante. Cent mètres de tuyaux de toile avec raccords et lance constituent ainsi une véritable pompe à incendie qui viendra aider puissamment l'effet des extincteurs, sans occasionner une grande dépense. La même disposition devra être appliquée, si l'on dessert le château par un manège ; on s'arrangera de manière à pratiquer une canalisation souterraine avec prises d'eau, de sorte que, selon l'endroit où le feu aura pris, il suffira

____

(1) Maintenant l'extincteur à jet continu existe, créé par Herbaut. Évidemment, dans l'espèce, il est préférable à tout autre.

d'emmancher, sur la prise d'eau la plus à portée, des tuyaux de toile munis d'une lance de projection, qui tient lieu ainsi d'une véritable pompe à incendie d'un effet presqu'instantané.

Ces moyens préservatifs adoptés, les châtelains devront néanmoins penser à leur sécurité personnelle et munir leurs chambres d'un ou deux descenseurs à spirale, ou frein Constant Dejean, qui leur permettront de dormir avec sécurité et de sauver, s'il y avait lieu, leur famille. Réduits, en effet, par leur isolement, à leurs propres forces, ils doivent tout prévoir et ne compter que sur eux-mêmes en cas d'accidents dûs à l'imprudence, à la force majeure (la foudre), à la malveillance. C'est là aussi où l'avertisseur d'incendie doit avoir sa place dans les appartements, et aboutir aux chambres à coucher.

18. *Négociants en laines, fabricants.* — Aujourd'hui que les fabricants ont l'habitude de se faire rendre, avec la laine qu'ils font filer, tous les déchets quelconques du filage, il arrive qu'ils peuvent conserver des déchets gras, tandis que les filateurs eux-mêmes sont obligés, par leur contrat d'assurance, d'avoir soin de mettre au dehors de leurs usines ces mêmes déchets. Il y a ici une anomalie que l'on doit faire disparaître, en introduisant dans la police de ces assurés, une clause analogue à celle insérée dans les contrats des filateurs. Le fabricant ne doit pas attendre que cette obligation lui soit imposée, il doit disposer, dans un petit bâtiment séparé, des cases en maçonnerie incombustible, dans lesquelles il déposera ses déchets.

18bis. Tout le monde sait que les marchands de déchets brûlent constamment ; autant de magasins de déchets, autant de sinistres, pour ainsi dire. C'est un voisinage dangereux. Les magasins de déchets devraient être construits en briques et fer, voûtés et être divisés en une grande quantité de compartiments ou salles, de façon à ce que l'incendie ne puisse se communiquer à toute la masse ; si l'on ne peut arriver à ce genre de construction, il faudrait alors

construire des rez-de-chaussée seulement, avec ou sans caves voûtées, divisés par des murs en briques, dépassant le toit, de cette
manière on arriverait au même résultat qui serait de réduire la perte
et de la rendre minime. L'avertisseur d'incendie doit être placé dans
chaque magasin et aboutir au bureau et à la chambre du propriétaire.

*Modèle d'un arrêté complet visant les déchets de tous
genres et les marchands de déchets :*

Nous, Maire de la ville de.... (ou de la commune d....),

Vu l'article 3, § 5, de la loi des 16-24 août 1790 ;

Vu l'extrait de la loi du 18 juillet 1837 ;

Attendu que dans le centre commercial de....

Il est de notoriété publique, que les déchets gras provenant des filatures
de laines, de cotons, de lins, étoupes et jutes, de papiers, de chiffons, les
chiffons gras ayant servi au nettoyage de machines ou pour tout autre
objet, peuvent spontanément s'enflammer et occasionner ainsi des
incendies ; que les sinistres chez les marchands de déchets sont fréquents ;

Qu'il convient dès lors, en vue de la sécurité publique, d'ordonner les
précautions qui peuvent prévenir ces dangers ;

ARRÊTONS :

ARTICLE 1ᵉʳ. — Les locaux ou magasins où seront déposés ces déchets
devront être complètement isolés des ateliers et des habitations, et en être
séparés par une distance d'au moins 5 mètres. Ils ne devront pas contenir
d'autres matières combustibles.

ARTICLE 2. — Si l'espace manque, ils pourront être tangents aux
bâtiments industriels ou aux habitations mais devront remplir ces conditions : un local en matériaux incombustibles, un sol dallé carrelé ou
terré, une voute au-dessus, aucune communication avec l'intérieur des
bâtiments, une seule entrée fermée par une porte en fer, et les fenêtres,
s'il y en a, munies également de volets en fer.

Les marchands de déchets de toute nature, étant susceptibles d'avoir de
grands approvisionnements de ces matières, ne pourront profiter de la
tolérance de l'article 2 ; et si leurs magasins ont des étages, leur distance
séparative d'avec les habitations ou bâtiments voisins devra être d'au
moins 10 mètres.

19. *La proximité de meules de récoltes des bâtiments de la ferme.* — Le tarif ordonne d'appliquer aux immeubles voisins, une prime égale à celle de ces meules lorsqu'elles ne sont pas écartées de dix mètres au moins de ces bâtiments. Il vaut mieux ne pas introduire de meules dans les cours, car c'est une présence toujours dangereuse, et, le cas échéant, il faut interdire sévèrement à tous les gens de la ferme de fumer. Les compagnies d'assurances prescrivent à leurs agents de n'assurer les meules qu'autant qu'elles seront distantes entre elles de dix mètres au moins, et également distantes de toute route ou chemin. Malheureusement, cette recommandation n'est pas toujours faite ni souvent exécutée, et l'on voit fréquemment des groupes de meules à peine séparées, et d'autres longeant les chemins. Nous pensons que les Compagnies d'assurances devraient tenir la main à l'observation de ces règles bien peu rigoureuses, il en résulterait une notable diminution dans les sinistres de cette espèce, quoique, quant à la séparation des meules entre elles, la distance fixée soit trop minime. Nous voyons, en effet, que le règlement du parlement de Bretagne, du 11 juillet 1768, défendait : « de placer les pailles et foins plus près de leurs mai- » sons, écuries et étables que de 40 pas d'icelles, sous peine de » prison et de punition corporelle, » or, 40 pas représentent au moins 25 à 30 mètres. Il faut engager aussi à ne pas aligner les meules suivant le même plan, parce que, selon le vent, elles peuvent ainsi se trouver exposées à être consumées dans un même incendie.

20. *Défaut de clôture des granges, écuries, fermes.* — On voit souvent la paille, le fourrage des granges, écuries, déborder à l'extérieur des rues par les fenêtres des bâtiments ou les lucarnes. D'autres fois les fermes sont ouvertes, de sorte que la malveillance qui, dans les campagnes, se sert souvent de l'incendie comme d'une arme toujours à sa portée, peut facilement s'exercer. Il est donc très-essentiel d'entourer de clôtures les propriétés immobilières, les usines, afin de se mettre autant que possible à l'abri de ces éventualités. On a vu des ouvriers renvoyés d'une usine chercher à se venger, par ce moyen criminel , de leurs anciens patrons, et parfois le faire avec impunité.

20bis La même observation est à faire pour les meules de fagots, cotrets, petit bois, quelquefois autour ou contre les maisons, bien à tort, car on s'expose en outre à voir la Compagnie d'assurances décliner sa responsabilité. On doit s'en garer et laisser la même distance qu'entre les meules de récoltes , ou au moins 5 mètres de distance de la moisson.

20ter *Approvisionnements de houille.* — Les charbons sulfureux sont sujets à des combustions spontanées. Le moyen de les prévenir est d'établir dans la masse une ventilation suffisante. Cette ventilation s'obtient au moyen de tubes verticaux en bois à jours rectangulaires ou triangulaires : on en dispose un tous les 3 mètres, debout au moment de l'établissement du tas de combustible. Il forme une cheminée qui, partant du sol et saillissant au-dessus de la masse, déverse dans l'air les gaz qui se forment et en empêche ainsi l'échauffement. On peut aussi faire usage de tubes dont les parois sont pleines , seulement on a soin de les retirer une fois le tas formé, on a ainsi une cheminée toute faite.

20⁴ *Explosibilité ou inflammabilité des matières.* — Les commissionnaires ou entrepreneurs de transports, roulages, etc., sont exposés à véhiculer des marchandises souvent dangereuses , voici les prescriptions légales qui s'y rattachent :

LOI DU 18 JUIN 1870, SUR LE TRANSPORT DES MARCHANDISES DANGEREUSES PAR EAU ET PAR VOIES DE TERRE AUTRES QUE LES CHEMINS DE FER.

ARTICLE 1er. — Quiconque aura embarqué ou fait embarquer sur un bâtiment de commerce employé à la navigation maritime ou à la navigation sur les rivières et canaux , expédié ou fait expédier par voie de terre , des matières pouvant être une cause d'explosion ou d'incendie , sans en avoir déclaré la nature au capitaine, maître ou patron , au commissionnaire expéditeur ou au voiturier, et sans avoir apposé des marques apparentes sur les emballages, sera puni d'une amende de seize francs (16 fr.) à trois mille francs (3,000 fr.)

Cette disposition est applicable à l'embarquement sur navire étranger, dans un port français ou sur un point quelconque des eaux françaises.

Art. 2. — Un règlement d'administration publique déterminera :

La nomenclature des matières qui doivent être considérées comme pouvant donner lieu soit à des explosions, soit à des incendies.

Art. 3. — Un règlement d'administration publique déterminera également les conditions de l'embarquement et du débarquement desdites matières et les précautions à prendre pour l'amarrage, dans les ports, des bâtiments qui en sont porteurs.

Art. 4. — Toute contravention au règlement d'administration publique énoncé à l'article précédent et aux arrêtés pris par les préfets, sous l'approbation du Ministre des Travaux publics, pour l'exécution dudit règlement, sera punie de la peine portée à l'article 1ᵉʳ.

Art. 5. — En cas de récidive dans l'année, les peines prononcées par la présente loi seront portées au double, et le tribunal pourra, selon les circonstances, prononcer, en outre, un emprisonnement de trois jours à un mois.

EXTRAIT DU DÉCRET, DU 12 AOUT 1874, QUI DÉTERMINE LA NOMENCLATURE DES MATIÈRES CONSIDÉRÉES COMME POUVANT DONNER LIEU SOIT A DES EXPLOSIONS, SOIT A DES INCENDIES.

Article 1ᵉʳ. — Les matières pouvant être une cause d'explosion ou d'incendie sont divisées en deux catégories :

1º Les matières explosibles ou très-dangereuses et dont le transport exige les plus grandes précautions ;

2º Les matières inflammables et comburantes ou moins dangereuses, mais dont il importe cependant de soumettre le transport à des précautions spéciales.

Art. 2. — Les matières de la première catégorie sont contenues dans la nomenclature suivante :

> Nitre glycérine ;
> Dynamite ;
> Picrates ;
> Coton-poudre ;

Coton azotique (pour collodion) ;
Fulminates purs ou mélangés ;
Amorces ;
Mélanges de chlorates et d'une matière combustible ;
Poudres et cartouches de guerre, de chasse et de mine ;
Pièces d'artifices ;
Mèches de mineur (1).

Art. 3. — Les matières de la deuxième catégorie sont désignées dans la nomenclature ci-après :

Phosphore ;
Allumettes ;
Sulfure de carbone ;
Éthers ;
Collodion liquide ;
Huiles brutes de pétrole, de schiste, de boghead, de résine ;
Essences et huiles lampantes de pétrole ;
Essences et huiles lampantes de schiste ;
Essences et huiles lampantes de boghead ;
Essences et huiles lampantes de résine ;
Essences de houille, benzine, toluène (naphtes) ;
Acide nitrique monohydraté.

Art. 4. — Les marchandises dangereuses sont arrimées dans des compartiments isolés du reste de la cargaison. Elles sont tenues à l'abri du soleil et recouvertes d'une couche de sable humide de 20 centimètres d'épaisseur.

Art. 5. — Dans le cas où les dispositions de l'article précédent n'auraient pas été observées, il ne peut être fait usage de feu à bord, même pour la préparation des aliments. Il est également interdit de fumer. Les seules lumières permises, dans ce cas, sont celles des lanternes, dont les règlements sur la police de la navigation prescrivent l'emploi, au stationnement, pendant la marche de nuit et au passage des souterrains.

Art. 6. — Lorsque les marchandises dangereuses ont été embarquées en France, le patron est tenu de faire connaître le moment du départ à l'agent de la navigation qui a autorisé l'embarquement, et de lui remettre une déclaration écrite indiquant la nature et la quantité desdites marchandises, ainsi que l'itinéraire à suivre jusqu'à destination.

(1) Lorsque ces mèches sont munies d'amorces ou d'autres moyens d'inflammation (Décret du 25 janvier 1875).

Lorsque les marchandises dangereuses ont été chargées hors de France, cette déclaration est faite sans délai à l'éclusier ou à l'agent de la navigation le plus voisin de la frontière.

Dans les deux cas, il est délivré un récépissé de la déclaration, que le porteur, au cours du voyage, est tenu d'exhiber à toute réquisition des agents de la navigation.

Art. 7. — Les bateaux portant des marchandises dangereuses doivent avoir à bord au moins deux personnes chargées de les diriger.

Sur les canaux et rivières canalisées où il existe des services de traction réguliers, ils doivent se hâler dans les conditions requises pour l'exercice du droit de trématage et de priorité de passage aux écluses et aux ponts mobiles.

Art. 8. — Il est interdit aux bateaux chargés de marchandises dangereuses de naviguer de nuit dans les villes, dans les ports et dans les biefs contenant une agglomération de bateaux ou de trains de bois.

Art. 9. — Les bateaux chargés de marchandises dangereuses doivent, lorsqu'ils stationnent, se tenir éloignés, à la distance de 50 mètres ou à la distance moindre fixée par les agents de la navigation, de tous autres bateaux ou trains de bois, des ponts en charpente, portes d'écluses ou autres ouvrages en bois, ainsi que des dépôts de matières combustibles existant sur les bords.

Il est interdit à tout bateau de stationner à de moindres distances des bateaux chargés de marchandises dangereuses.

Art. 10. — Des arrêtés préfectoraux, approuvés par le Ministre des Travaux publics, déterminent :

1° Les mesures nécessaires pour l'exécution du présent règlement ;

2° Les conditions sous lesquelles il pourra être dérogé aux dispositions du présent règlement, à l'égard des bateaux chargés de petites quantités de marchandises dangereuses.

Art. 11. — Le Ministre des Travaux publics est chargé de l'exécution du présent décret, qui sera inséré au Bulletin des lois.

Fait à Versailles, le trente-un juillet mil huit cent soixante-quinze.

<table>
<tr><td>Par le Président de la République,
Le Ministre des Travaux publics,
Signé : E. CAILLAUX.</td><td>Signé : M^{al} DE MAC-MAHON.

Pour ampliation :
Le Conseiller d'État, Secrétaire général,
Signé : DE BOURREUILLE.

Certifié conforme par nous, Secrétaire général,
CH. SANS.</td></tr>
</table>

DÉCRET, DU 31 JUILLET 1875, PORTANT RÈGLEMENT D'ADMINISTRATION PUBLIQUE POUR LE TRANSPORT PAR EAU DES MATIÈRES DANGEREUSES.

Le Président de la République française :

Sur le rapport du Ministre des Travaux publics ,

Vu l'article 3 de la loi du 18 juin 1870, aux termes duquel un règlement d'administration publique doit déterminer les conditions de l'embarquement et du débarquement des matières pouvant être une cause d'explosion ou d'incendie, et les précautions à prendre pour l'amarrage , dans les ports , des bâtiments qui en sont porteurs ;

Vu l'article 4 de ladite loi, portant que toute contravention au règlement d'administration publique énoncé à l'article 3 et aux arrêtés pris par les préfets, sous l'approbation du Ministre des Travaux publics, sera punie de la peine portée à l'article 1er, c'est-à-dire d'une amende de 16 fr. à 3,000 fr., et à l'article 5 de la même loi , portant qu'en cas de récidive dans l'année , les peines prononcées par l'article 1er seront portées au double, et que le tribunal pourra, selon les circonstances, prononcer, en outre, un emprisonnement de trois jours à un mois ;

Vu les avis des ingénieurs des ponts-et-chaussées et des chambres de commerce ;

Vu les avis du Conseil général des ponts-et-chaussées des 26 décembre 1872 et 19 octobre 1874 ;

Vu le décret du 12 août 1874 , rendu en exécution de l'article 2 de la loi du 18 juin 1870, déterminant la nomenclature des matières qui doivent être considérées comme pouvant donner lieu soit à des explosions , soit à des incendies ;

Le Conseil d'État entendu ,

DÉCRÈTE :

ARTICLE 1er. — Les bateaux circulant sur les voies navigables intérieures, qui sont chargés en totalité ou en partie de l'une des marchandises dangereuses dont la nomenclature a été déterminée par le décret du 12 août 1874, doivent arborer un pavillon rouge au haut de leur mât, et, à défaut de mât, au haut d'une perche de deux mètres de hauteur placée à l'avant.

ART. 2. — Le chargement et le déchargement des marchandises

dangereuses ne peuvent avoir lieu que sur les quais ou portions de quais désignés à cet effet.

Ces opérations ne peuvent être commencées sans l'autorisation écrite d'un agent de la navigation. Elles n'ont lieu que de jour et sont poursuivies sans désemparer avec la plus grande célérité, de telle sorte qu'aucun colis ne reste sur le quai pendant la nuit.

L'embarquement des marchandises dangereuses n'a lieu qu'à la fin du chargement.

ART. 3. — Les essences doivent être contenues dans des vases métalliques hermétiquement fermés.

L'usage des bombonnes ou touries en verre et en grès, lors même qu'elles sont protégées par un revêtement extérieur, est interdit.

Modèle d'un arrêté relatif à l'exécution du décret sur le transport des matières dangereuses, sur les voies navigables :

Nous, Préfet du département du Nord, officier de l'Ordre
de la Légion-d'Honneur,

Vu la loi du 18 juin 1870 et le décret du 12 août 1874, rendu en exécution de l'article 2 de ladite loi ;

Vu le décret du 31 juillet 1875, portant règlement d'administration publique pour le transport des matières dangereuses sur les voies navigables intérieures, notamment l'article 10 ainsi conçu :

« Des arrêtés préfectoraux, approuvés par le Ministre des Travaux publics, déterminent :

» 1° Les mesures nécessaires pour l'exécution du présent règlement ;

» 2° Les conditions sous lesquelles il pourra être dérogé aux disposi-
» tions du présent règlement, à l'égard des bateaux chargés de petites
» quantités de marchandises dangereuses. »

Vu les circulaires ministérielles des 5 octobre 1875 et 18 mai 1876 ;

ARRÊTONS CE QUI SUIT :

ARTICLE 1er. — Le décret du 31 juillet 1875, ci-dessus visé, sera publié et affiché dans le ressort de la Préfecture du Nord pour y être exécuté, suivant sa forme et teneur, sur toutes les voies navigables du département.

ART. 2. — Le chargement et le déchargement des marchandises

dangereuses ne pourront avoir lieu que sur les quais ou emplacements désignés ci-après :

CANAL DE BERGUES......... Quai de la Verrerie, à Dunkerque.
CANAL DE BERGUES........ Quai extérieur, à Bergues.
DEULE.................. Quai de la Haute-Deûle, à Lille.
SCARPE-MOYENNE......... Quai d'Alsace à Douai.
CANAL DE ROUBAIX... ..... Port de l'Union, à Roubaix.
LYS.................... Quai de la dérivation, à Armentières.
CANAL DE MONS A CONDÉ. .. Rive droite du canal, immédiatement en amont de la porte du Marais, à Condé.
ESCAUT .... Le long du bras de décharge de Folien, en amont du barrage, à Valenciennes.
ESCAUT .... Immédiatement en aval du Pont-Rouge, rive gauche, à Cambrai.
SAMBRE FRANÇAISE CANALISÉE. En amont de Maubeuge, à l'aval du quai particulier appartenant au sieur Carlier; sur la rive droite.

ART. 3. — A défaut d'agents de la navigation, en résidence sur les lieux, les autorisations de chargement et de déchargement des matières dangereuses seront délivrées par l'autorité municipale.

ART. 4. — Les bateaux ayant à bord moins de 100 kilogrammes de matières de seconde catégorie, logées comme il est dit aux articles 3 et 4 du décret, ne seront pas assujettis aux autres prescriptions du règlement. Toutefois, la déclaration exigée par l'article 6 devra toujours être faite lors de l'embarquement.

Les matières explosibles les plus dangereuses, classées dans la première catégorie, resteront soumises à toutes les prescriptions du règlement, quelque faibles que soient les quantités transportées.

ART. 5. — Les contraventions, tant au décret du 31 juillet 1875 qu'aux articles 2, 3 et 4 ci-dessus, seront constatées par des procès-verbaux et poursuivies conformément à la loi.

ART. 6. — Les Ingénieurs et Agents du service de la navigation sont chargés, concurremment avec les fonctionnaires désignés à l'article 3, d'assurer l'exécution du présent arrêté.

Fait à Lille, le 13 septembre 1876.

Pour le Préfet
Le Secrétaire général délégué,
COPIN.

L'arrêté qui précède a été approuvé par Monsieur le Ministre des Travaux publics, à la date du 7 avril 1877.

Lille, le 21 avril 1877.

Pour le Préfet en tournée de révision :
Le Secretaire général délégué,
COPIN.

Essences minérales : Décret sur la réglementation de la présentation aux octrois, des chargements d'huiles ou essences minérales.

Le Président de la République française, sur le rapport du ministre de l'agriculture et du commerce;

Vu les lois des 22 décembre 1989, janvier 1790 (section 3, art. 2), et 16-94 août 1790 (titre XI, art 3);

Vu le décret du 15 octobre 1810, l'ordonnance du 14 janvier 1815, les décrets des 18 april 1866, 31 décembre 1866 et 19 mai 1873 (art. 5, 10 et 17);

Le conseil d'Etat entendu,

DÉCRÈTE :

Art. 1er. — Le pétrole et ses dérivés,

Les huiles de schiste et de goudron,

Les essences et autres hydrocarbures liquides, pour l'éclairage et le chauffage, la fabrication des couleurs et vernis, le dégraissage des étoffes ou tout autre emploi,

L'éther et le sulfure de carbone, ne peuvent être présentés qu'à la clarté du jour aux bureaux d'octroi, pour la vérification, soit à l'entrée, soit à la sortie. En conséquence, toute vérification pendant la nuit est absolument interdite.

Il est également interdit d'approcher des chargements de quelqu'une des matières indiquées ci-dessus du feu, de la lumière ou des allumettes.

Art 2. — Le ministre de l'agriculture et du commerce est chargé de l'exécution du présent décret.

Fait à Paris, le 23 avril 1878.

Maréchal DE MAC-MAHON.
duc de Magenta.
Pour le Président de le République,
Le Ministre de l'agriculture et du commerce,
TEISSERENC DE BORT.

21. Dans quelques départements, on a reconnu l'utilité d'établir ou plutôt d'exhausser au-dessus des toitures, les murs de séparations des différents bâtiments constituant l'ensemble d'une ferme ou le côté d'une rue. Il serait à désirer que tout le monde, persuadé pareillement, construisît de cette façon. C'est une dépense qui n'est rien lorsqu'on édifie les immeubles, et elle donne des résultats inappréciables. Elle est indispensable lorsqu'on adosse à des bâtiments en pierres et maçonnerie, couverts en pannes ou ardoises, des bâtiments couverts en chaume, et réciproquement.

Dans le Nord, la majorité des murs mitoyens séparatifs des maisons dépasse le toit et délimite ainsi parfaitement la propriété, aussi y voit-on rarement des incendies de plusieurs maisons à la fois. Dans tous les autres départements où cette même précaution n'existe pas, dans les Ardennes notamment, le feu se communique par toutes les toitures et dévore presque toujours les séries de maisons tangentes.

La sécurité publique étant menacée, il sera bien facile à MM. les maires des villages et villes des Ardennes ou localités similaires, de prescrire qu'à l'avenir toutes les murailles séparatives des propriétés devront dépasser les toitures de 30 à 40 centimètres. Ceux qui auront l'initiative de cette sage mesure, non-seulement éviteront pour leur pays des pertes inutiles, mais encore feront baisser le prix de l'assurance dans les localités où l'on construira de cette manière prudente et peu coûteuse, ce qui sera rendre service à tout le monde.

22. L'utilité des chiens dans la cour d'une ferme ou d'une manufacture est aussi incontestable. Les aboiements intelligents de ce fidèle animal, apercevant dans les bâtiments une lumière inusitée, ont souvent réveillé assez à temps, pour étouffer un commencement d'incendie et arrêter le feu avant que son foyer soit devenu assez développé pour entraîner la destruction de l'établissement industriel ou de la ferme. Instruits dans ce but, ils deviendraient certainement d'excellents surveillants.

23. On doit veiller à ce que les enfants ne jouent jamais avec des allumettes, à ce qu'ils ne s'amusent pas à allumer des pailles ou autres objets menus combustibles, d'autant plus que les parents sont responsables de l'incendie que leurs enfants pourraient occasionner (article 1386 du code civil).

Dans tous les villages, vers les approches de la récolte, les maires devraient prendre et publier un arrêté interdisant aux parents de laisser leurs enfants jouer avec des allumettes et faire de petits feux de paille ou de débris de paille et bois, en rappelant aux parents leur responsabilité. Un tel arrêté ne pourrait qu'être approuvé par la Préfecture, car il ne porterait pas plus atteinte à la liberté que ceux que l'on prend contre la divagation des chiens ou relativement aux feux d'artifice, etc.

24. L'appareil Macaud ou un analogue seul doit être employé pour rechercher les fuites de gaz. On sait que cet appareil consiste à insuffler de l'air dans les tuyaux, après les avoir purgés du gaz qu'ils peuvent contenir, l'air comprimé s'échappe avec bruit par les fissures qu'on veut découvrir et les décèle sans coup férir. Promener une lumière, une allumette enflammée le long des tuyaux remplis de gaz pour obtenir le même résultat, c'est s'exposer à une explosion dont les conséquences peuvent être fort graves, et c'est courir un risque sans raison, puisque le cherche-fuite Macaud évite tout accident. Dans tous les cas, si l'on veut chercher une fuite avec une allumette ou une bougie allumée, il faut, pour en éviter le danger, avoir soin préalablement d'ouvrir les portes et les fenêtres afin d'établir une ventilation suffisante pour que le mélange du gaz qui se perd avec l'air ambiant, ne soit pas détonant; on laisse cette ventilation s'établir au moins pendant dix minutes avant d'approcher une lumière.

25. Entre autres moyens d'éteindre un feu de cheminée, en attendant l'arrivée des pompiers ou des hommes spéciaux, on peut citer les suivants :

1° La production d'une grande quantité d'acide sulfureux par la combustion du soufre en canon ou en poudre, projeté sur des charbons ardents. On empêche ensuite l'accès de l'air dans la cheminée au moyen d'un drap mouillé. Si la production du gaz sulfureux est suffisante, les suies et corps en combustion qui se trouvent embrasés dans le canal de la cheminée s'éteignent à mesure que l'acide sulfureux les atteint.

2° Lorsque l'on n'a pas de soufre sous la main, on peut le remplacer par des oignons crus, coupés par morceaux et jetés sur le feu de l'âtre en quantité suffisante pour produire beaucoup de fumées et gaz qui s'élevant dans le canal de la cheminée, éteignent par leur contact, la suie embrasée ;

3° On dispose un drap mouillé, en le fixant solidement sur le sol et le rebord du manteau de la cheminée, puis saisissant ce drap par le milieu, on l'enfonce intérieurement dans la cheminée avec vivacité et on le retire de même. Ce mouvement répété forme aspiration et détache une grande quantité de suie en combustion, qui tombe sur l'âtre et que l'on éteint avec de l'eau ;

4° Voici encore un moyen efficace. Quand un feu de cheminée se déclare, il suffit, pour l'étouffer, de prendre soit une nappe, soit une couverture, soit un drap de lit, de le plonger tout entier dans de l'eau, puis après l'avoir plié en double, d'en boucher immédiatement l'ouverture inférieure de la cheminée, de manière à intercepter toute communication avec l'air de l'appartement ;

5° Lorsque la cheminée possède une ou plusieurs trappes, on les ferme aussitôt le premier indice du feu. On agit de même si le feu prend dans un tuyau de poêle muni de registres, en bouchant avec le plus grand soin également la porte du poêle et les entrées d'air. On surveille les surfaces externes des tuyaux et gaînes de cheminées; on enlève, on humidifie tous les objets ou corps combustibles qui leur sont adjacents, tangents ou voisins, retirant ceux qui sont mobiles. Il faut éviter avec soin d'employer le zinc pour tuyau de fumée ;

6° Lorsqu'il s'agit d'éteindre un feu de cheminée dans un tuyau en fonte ou en poterie, il faut bien éviter de jeter de l'eau par la partie supérieure : cette eau froide venant à mouiller des surfaces quelquefois portées au rouge, les ferait fendre et casser.

Après un feu de cheminée, il faut de toute nécessité examiner la cheminée afin de voir si la fumée ne passe pas par quelque crevasse qui se serait produite lors de la combustion de la suie. Le moyen à employer est celui indiqué ci-devant, article 10bis.

26. Je compléterai ce qui précède par la reproduction de l'arrêté du 1er août 1862 du maire de Caudry, en ce qui concerne la matière qui nous occupe :

Nous, Maire, etc., vu les lois des 22 décembre 1789, 16-24 août 1790, 19-22 juillet 1791, les articles 471 et 475 du Code-pénal, et les articles 9 et 11 de la loi du 18 juillet 1837 ; considérant que la plupart des incendies qui ont eu lieu dans la commune peuvent être attribués à la négligence ou à l'imprudence des habitants ;

ARRÊTONS :

1° Il est défendu d'adosser les manteaux et tuyaux de cheminées contre des cloisons dans lesquelles il entrerait du bois, de poser des âtres de cheminées sur les solives des planchers, et de placer des pièces de bois dans les cheminées.

2° Les fours devront être construits à 16 centimètres au moins de tout gros mur ou cloison. L'enceinte du four doit avoir au moins 32 centimètres d'épaisseur ; elle sera construite en bonnes briques posées à plat jusqu'à la voûte, laquelle sera également en briques.

3° Le ramonage des fours et cheminées aura lieu une fois par an.

4° Tous les ans il sera fait une visite générale des fours et cheminées, par un homme de l'art, accompagné de l'un de nos gardes-champêtres. Les fours et cheminées qui seront trouvés en mauvais état seront immédiatement réparés aux frais de leur propriétaire, ou démolis.

5° Les habitants seront tenus d'indiquer tous leurs fours et cheminées, ds n'en dissimuler aucun, afin qu'on puisse reconnaître dans quel état ils se trouvent. Les cheminées qui seront masquées seront débouchées pour qu'on puisse les remettre en bon état.

6° Il est défendu de laisser séjourner, à moins d'un mètre de distance des cheminées, des matières combustibles telles que charbons, braises, paille, foin et autres qui sont susceptibles d'occasionner un incendie.

7° Il est également défendu de faire sécher du bois dans les fours, et de construire au-dessus des soupentes ou des réserves.

8° Il est défendu d'entrer avec de la lumière, sans qu'elle soit dans une lanterne bien fermée, dans les greniers, dépôts et magasins de fourrages, de braises, charbons et autres combustibles, ainsi que dans les écuries, et d'y fumer.

9° Il est défendu de brûler de la paille sur aucune partie des voies et places publiques, et d'y mettre en feu aucun amas de matières combustibles.

10° Il est également défendu de brûler chez soi, dans les cours des maisons et dans les jardins, de la paille, de la litière, des feuilles et autres matières facilement inflammables et desquelles il peut s'échapper des flammèches.

11° Les marchands et les cultivateurs resserreront leurs fourrages en lieux clos et sûrs, et n'en laisseront point séjourner devant leurs portes ni le jour, ni la nuit.

12° Il est défendu de monter sur des voitures de foin ou de paille, et même d'approcher desdites voitures, avec une pipe allumée.

13° Il est défendu aux menuisiers, ébénistes, tourneurs, charrons, de travailler la nuit, sans que leurs lumières soient renfermées dans des lanternes bien closes.

14° Il est défendu aux boulangers et pâtissiers d'avoir, pour éteindre leurs braises, des étouffoirs autrement qu'en fer ou en cuivre, et fermant hermétiquement.

15° Il est défendu d'allumer du feu dans les champs à une distance de moins de 100 mètres des meules de grains ou de foin, des bois ou bruyères, et de toute habitation.

16° Il est également défendu de tirer dans les rues et places publiques des coups de fusil, pistolet ou des pièces d'artifice.

17° Il est défendu de rechercher les fuites de gaz avec de la lumière.

18° Toute couverture en chaume est interdite, à moins d'une distance de 100 mètres de toute habitation. Des réparations de simple entretien pourront seules être faites aux toitures actuelles jusqu'au 31 décembre 1865.

19° Il est recommandé aux habitants de ne pas laisser de feu allumé dans leurs maisons quand ils s'en absentent, surtout quand ils ont des enfants en bas âge, à moins qu'il ne soit bien couvert et que les enfants ne puissent s'en approcher.

20° En cas d'incendie, il en sera donné avis sur le champ à la mairie et au commandant des sapeurs-pompiers.

21° Il est enjoint à toute personne chez qui le feu se manifesterait, d'ouvrir les portes de son domicile à la première réquisition des sapeurs-pompiers et autres agents de l'autorité.

22° Il en sera de même des propriétaires et locataires des lieux voisins du point incendié.

23° Les habitants de la rue où l'incendie se manifestera laisseront puiser de l'eau dans leurs puits et pompes pour le service de l'incendie.

24° Les habitants, sur la réquisition des pompiers, seront tenus de remettre aux mains de ces derniers les seaux, pompes, échelles, tonneaux qui seraient nécessaires, en cas d'insuffisance des engins de secours appartenant à la commune.

25° Les maçons, charpentiers, couvreurs, plombiers et autres, seront tenus, à la première réquisition, de se rendre au lieu de l'incendie avec leurs outils et agrès.

26° Tout propriétaire de chevaux sera tenu, au besoin, de les fournir, sauf une indemnité, pour le service des pompes, à la première réquisition qui lui en sera faite.

27° Les brasseurs sont invités, au premier signal d'incendie, à faire conduire sur le lieu du sinistre un train d'eau, qu'ils laisseront à la disposition du commandant des pompiers pour servir à l'alimentation des pompes.

27. Pour compléter cet arrêté, dont la pénalité de l'article 471 du Code pénal sanctionne les prescriptions, il faudrait aussi parler des meules de paille ou de foin, indiquer à quelle distances des chemins et des habitations il faut les placer, et engager aussi à les séparer entre elles. Interdire d'établir contre les maisons, des meules de cottrets, bois, fagots, à une distance moindre de 5 mètres,

28. Il serait bon de rappeler aux parents qu'étant responsables

de leurs enfants, ils doivent empêcher ces derniers de jouer avec des allumettes, et de ne pas en laisser à leur portée.

29. On devrait aussi engager les habitants, et surtout les fumeurs, à ne plus employer que les allumettes de sûreté au phosphore amorphe.

30. Enfin, pour les communes dépourvues de cours d'eau, l'arrêté inviterait les habitants, au moment où les ardeurs de l'été commencent à tarir les mares, à maintenir remplis d'eau, devant leurs maisons, des tonneaux qui serviraient à l'alimentation immédiate des pompes, et, en permettant des secours prompts et rapides, pourraient prévenir de grands désastres. Cette invitation devrait être une obligation pour tous ceux qui ont des bâtiments en bois et torchis ou couverts en chaume, et pour les habitants des communes où cette construction se rencontre encore. Que de douloureuses catastrophes auraient été épargnées si cette précaution eût toujours été prise.

31. Aussi, nous prétendons que dans toutes les communes, la pompe à incendie doit toujours être accompagnée d'un tonneau sur roues d'une capacité au moins quadruple de la bâche, et que ce tonneau doit toujours également être maintenu plein d'eau par une personne commise à cet effet. De quelle efficacité ne serait-il pas dans certains sinistres, où le temps nécessaire à la formation de la chaîne suffit souvent pour laisser prendre au feu des développements énormes, tandis que quelques litres d'eau jetés à propos auraient éteint l'incendie naissant?

31bis. *Théâtres.* — Voici l'arrêté du 1er germinal an VII (21 mars 1799), relatif à la surveillance des théâtres :

1° Que le dépôt des machines et décors soit fait dans un magasin séparé de la salle des spectacles.

2° Que les directeurs entretiennent dans la salle un réservoir toujours plein d'eau, et au moins une pompe en bon état.

3° Qu'ils soldent à cet effet, et en tout temps , des pompiers exercés en nombre suffisant.

4° Qu'ils en fassent tenir un constamment dans la salle.

5° Qu'il y soit établi un poste de garde habituelle hors le temps des représentations.

6° et 7° Qu'il soit fait, après chaque représentation et répétitions , une visite du théâtre en présence d'un administrateur municipal ou d'un commissaire, par le concierge, accompagné d'un pompier, dans toutes les parties de la salle et de ses dépendances.

Qu'au défaut d'exécution de ces mesures, pendant un seul jour, la salle de spectacle soit fermée.

Il faut avouer que si ces mesures eussent toujours été imposées et surtout suivies, on aurait à déplorer la destruction d'un nombre moins considérable de théâtres.

32. *Insolations.* — Chaque fois que des marchandises ou des objets combustibles peuvent se trouver contre des fenêtres, des chassis vitrés , il faut préalablement s'assurer que les verres ne contiennent aucun noyau ou défaut formant lentille convexe, et pouvant incendier, à la manières des verres grossissants.

33. *Battage des récoltes à la mécanique.* — L'introduction, dans une ferme ou dans le voisinage de récoltes en meûles , d'une locomobile pour le battage des grains, doit toujours être dénoncée préalablement à l'assureur, car elle entraîne une surprime.

Les cendriers des foyers des chaudières doivent être constamment munis d'eau en quantité suffisante pour éteindre les menus charbons incandescents tombant des grils, et la direction du vent sera calculée pour la position de la machine.

33bis *Avis du maire de Rouen concernant le ramonage des cheminées :*

Le Maire de Rouen,

Rappelle à ses concitoyens qu'en vertu du règlement général de police de la ville de Rouen, en date du 27 janvier 1869, articles 681, 682 et suivants ,

Il est enjoint de faire ramoner, tous les trois mois , les cheminées où ils feront habituellement du feu, et ce, sous les peines portées en l'article 471 du Code pénal, sans préjudice de l'amende de 50 à 500 francs, mentionnée en l'article 458 de ce Code.

Les cuisiniers, aubergistes, tratieurs, limonadiers, pâtissiers, boulangers et autres habitants ayant forges, fonderies fours et fourneaux , sont tenus, sous les peines stipulées plus haut, de faire ramoner les cheminées de leurs établissements au moins une fois tous les deux mois.

Les poêles établis sur des planchers en bois, devront être placés sur une pierre plate, épaisse de 8 centimètres au moins et dépassant de 22 centimètres le côté où sera la porte du poêle.

Les tuyaux de poêle et de fourneaux qui passeraient à moins de 8 centimètres d'un lambris ou de toute autre pièce de bois, devront être supprimés.

Enfin, il est interdit de fumer dans les magasins renfermant des matières combustibles, des alcools ou autres spiritueux , ainsi que dans les écuries, et d'y entrer avec une lumière , à moins qu'elle ne soit renfermée dans une lanterne bien close.

Comme par le passé , tous les secours possibles pour l'extinction des incendies sont donnés gratuitement ; à cet effet , des dépôts de pompes et autres ustensiles sont établis dans tous les cantons, et des sapeurs-pompiers sont en permanence au Magasin général , sis rue Boudin , dans une des dépendances du Palais-de-Justice.

L'administration municipale , dans le but de hâter l'arrivée du matériel destiné à combattre les incendies sur le lieu du sinistre, a fait établir, dans l'étendue du territoire de la ville de Rouen , un réseau télégraphique correspondant avec le dépôt général des pompes.

Le public est prévenu que ce télégraphe est constamment à sa disposition. — Lors donc que le feu se déclarera, les personnes intéressées devront s'adresser à l'une des stations énoncées ci-dessous , pour réclamer les secours dont elles auront besoin.

Fait à Rouen, en l'Hôtel-de-Villle, le 6 novembre 1875.

Nétien.

Cet arrêté peut servir de modèle partiel , seulement les distances de 0^m08 centimètres sont trop petites ; il faut adopter celles que nous avons indiquées ci-devant.

34. *Modèle d'arrêté municipal pour les communes qui n'ont pas de corps de pompiers ni de pompes :*

Nous, Maire de la commune de....

Vu la loi des 14-22 décembre 1789, constitutive des municipalités ;

Vu les lois des 14-16 août 1790, sur l'organisation judiciaire des 19-22 juillet 1791 sur l'organisation de la police municipale, du 28 septembre 6 octobre 1791 sur la police rurale, du 18 juillet 1837 et 24 juillet 1867 sur les attributions municipales ;

Vu enfin le livre IV du Code pénal ;

Considérant que les incendies sont presque toujours occasionnés par des imprudences ou des négligences, qu'ils peuvent être une cause de ruine pour la commune et qu'il convient de faire tout ce qui est possible pour en prévenir les causes ou en restreindre les effets ;

Arrêtons :

PROHIBITIONS.

Il est défendu sous les peines des articles 453, 471 et autres du Code pénal :

1° D'allumer du feu en plein air, dans les champs ou dans les propriétés privées, dans le jour, à moins de 100 mètres des habitations, bois, bruyères, vergers, haies, meules de récoltes, de fagots ou de bois ; ces feux doivent être expressément éteints et sont interdits le soir.·

2° De fumer, que la pipe soit couverte ou non, dans les fermes, granges et gares, contenant des récoltes, auprès des tas de paille, meules et dépôts de combustibles, dans les rues, à moins de 10 mètres des bâtiments couverts en chaume, sur les voitures ou bateaux contenant des récoltes ou autres matières combustibles, dans les entrepôts de spiritueux, de benzine, naphte, schiste ou pétrole ou similaires.

3° De déposer des cendres chaudes ou des braises, même en apparence bien éteintes, de les porter à découvert à l'état de combustion ; d'établir des foyers sur des planchers, dans les greniers, ou à proximité d'objets combustibles ou inflammables. Les boulangers, pâtissiers, restaurateurs et cabaretiers ne doivent se servir pour leurs braises, que d'étouffoirs en métal, à fermeture hermétique ; de circuler avec des chandelles ou lumières nues, au lieu de lanternes fermées ou de sûreté, dans les locaux contenant des récoltes, spiritueux, essences, schistes ou pétroles, ou autres matières inflammables ou constituant avec l'air des mélanges détonnants au contact d'une flamme.

4° De placer des récoltes en gerbes, bois, sciures, planures, copeaux, ou autres matières combustibles et inflammables à la distance de moins d'un mètre des gaines ou tuyaux de cheminées, fours, fourneaux, foyers.

5° De tirer des armes à feu, pétards, fusées et artifices, dans l'intérieur ou l'extérieur des lieux habités, sur la voie publique, sans notre autorisation spéciale et préalable.

6° D'établir des meules de récoltes, à moins de 20 mètres des bâtiments et 15 mètres des sentiers publics, chemins . routes ; des meules de bois, cottrets, fagots, écorces, à moins de 10 mètres au moins des habitations et des chemins ; cette distance pourra n'être que de 5 mètres quand il s'agira de petits amas ou provisions, pour les besoins du ménage ; de laisser séjourner le jour ou la nuit devant les portes des habitations, provisoirement ou non, des approvisionnements de récoltes ou matières inflammables quelconques.

7° De couvrir aucun bâtiment en chaume ou paille, ou matière combustible analogue, à moins qu'ils ne soient isolés ou séparés par 20 mètres de bâtiments en pannes ou tuiles ou par 100 mètres au moins d'autres bâtiments couverts en chaume.

Il ne pourra être fait aux toitures de cette nature actuellement existantes, que de simples réparations d'entretien.

8° D'adosser les manteaux et tuyaux de cheminées, contre des cloisons en bois ou galandage ; de poser des âtres de cheminées sur les solives des planchers, au lieu de les asseoir sur une entravelure incombustible ; de placer des pièces de bois dans les corps des cheminées ou en tangence avec lesdites gaines ou tuyaux.

9° De construire des fours autrement qu'en matériaux incombustibles, à moins de 20 centimètres de toute muraille, de les surmonter de soupentes ou de planchers combustibles, à une élévation de moins de 2 mètres, de mettre en réserve, au-dessus, des bois récoltes ou objets inflammables.

10° De laisser du feu allumé dans les maisons, quand on s'en absente, à moins qu'il ne soit bien couvert, qu'il n'y ait une grille métallique ou garde feu solidement établi pour préserver les planches et les tapis qui les recouvrent, des étincelles et empêcher les enfants de se brûler.

11° De laisser des allumettes chimiques ordinaires entre les mains des enfants, les parents étant responsables des incendies ou accidents que ces derniers peuvent ainsi occasionner ;

12° Aux épiciers, ferblantiers et autres marchands d'huiles de pétrole ou schiste, de transvaser ces huiles, dans l'intérieur de leur magasin ou boutique, lors de leur réception ou livraison au public, d'en débiter à la lumière, d'en emmagasiner dans des locaux où il y a feu et lumière, contrairement à la loi du **24** février 1872 ;

La provision de ces huiles doit être renfermée, soit en plein air dans une cour close, loin de tout objet combustible, soit dans des hangars ou locaux non surmontés d'étage, bien ventilés et éclairés seulement par la lumière solaire ;

13° D'emmagasiner des déchets de coton, lins, étoupes, laines, jute, papiers ou des chiffons ailleurs que dans des bâtiments ou hangars isolés de 5 mètres au moins de tout bâtiment ou atelier couvert en dur et de 10 mètres de tout bâtiment couvert en chaume ou paille, à moins qu'ils ne soient renfermés dans des locaux entièrement voûtés, sans communication avec les bâtiments tangents.

PRESCRIPTIONS PRÉVENTIVES.

Il est recommandé :

1° Aux menuisiers, ébénistes, tourneurs, charrons, d'enlever et de mettre chaque soir au dehors de leurs ateliers, les copeaux, planures, sciures faits dans la journée ;

2° De faire ramoner les cheminées où l'on fait du feu l'hiver, l'automne, et celles où l'on fait du feu continuellement, ainsi que les fours, deux fois, à l'automne et avant Pâques ; d'en faire réparer soigneusement les joints, maçonnerie, fissures et chapeaux ;

3° De mettre les allumettes chimiques ordinaires, dans des boîtes en métal bien closes, afin que, même en tombant par terre, elles ne puissent communiquer le feu aux objets environnants ;

4° De préférer à ces allumettes, l'emploi exclusif des allumettes amorphes, c'est-à-dire qui ne s'enflamment nulle part ailleurs qu'en les frottant sur le couvercle de leur boîte. Il en résulte que ces allumettes, jetées volontairement ou non sur des matières combustibles ou dans des aliments, n'incendient ni n'empoisonnent. Elles ne coûtent pas plus cher que les autres ;

5° De boucher les ouvertures cylindriques ou autres, destinées à recevoir des tuyaux de poêles avec des plaques de métal ou de la maçonnerie, et non avec des tampons de paille, foin, chiffons ou matières combustibles :

6° Tous les incendies se propageant par les toitures, d'élever les murailles mitoyennes, d'au moins 30 centimètres au-dessus de la toiture, afin qu'elles fassent (comme dans le Nord), une saillie protectrice qui interrompe la tangence des chevrons et charpente et empêche efficacement la communication du feu, tout en séparant beaucoup mieux d'ailleurs, chaque propriété ;

7° Tout en observant ces règles de prudence, de faire garantir, autant que possible, ses propriétés mobilières et immobilières par une compagnie d'assurances contre l'incendie afin qu'en cas de désastre, les habitants de la commune ne soient pas exposés à être ruinés, et à perdre ainsi leur patrimoine et celui de leurs enfants.

MESURES EN CAS D'INCENDIE.

1° Aussitôt qu'un incendie se déclare, le premier qui l'aperçoit doit, après avoir prévenu les habitants de l'immeuble en feu, s'ils ne l'ont pas encore vu, courir lui-même ou faire courir s'il croit qu'il peut être plus utile, en portant secours immédiat, en donner avis à la mairie ; il faut, en l'absence du maire, avertir l'adjoint, ou enfin le conseiller municipal qui en fait fonctions, et, s'il y a une usine dans la commune, le manufacturier, afin qu'il puisse envoyer de suite sa pompe à incendie, avec les ouvriers qui la manœuvrent ;

2° Sur notre réquisition ou celle des personnes qui sont investies de notre autorité, en notre absence, le sonneur ou le sacristain ou toute autre personne requise, sonnera le tocsin à l'église, en indiquant la direction de l'incendie de la manière suivante :

Entre chaque volée de tocsin, il y aura un temps d'arrêt, puis un coup isolé indiquera le nord, .

    2 coups indiqueront l'ouest,
    3   »   »   le sud,
    4   »   »   l'est (1) ;

(1) OBSERVATION. — Dans les grandes communes où il y a possibilité d'une division plus grande, par portes si elles sont fortifiées, par quartiers si elles ne le sont pas, on peut indiquer un nombre plus grand d'endroits, en affectant à chaque quartier une série de coups différents. « A Lille, où il existe onze portes, entre chaque volée de tocsin, on indique jusqu'à ces onze portes, par onze coups répétés et douze coups indiquent que le feu est dans le centre de la ville.

3° A cet appel, toutes les personnes valides devront accourir en se munissant de seaux, et, à défaut, de vases pouvant en tenir lieu, arrosoirs, marmites, cuvelles, etc... remplis d'eau s'il est possible ; elles se mettront à la disposition de l'autorité ;

4° Les charpentiers, couvreurs, devront arriver avec leurs outils et échelles, les maçons avec des sacs de plâtre et des brouettes de mortier, afin d'étouffer le feu ; ou de construire, séance tenante, des murailles s'ils en sont requis, ou s'ils en voient eux-mêmes la nécessité ;

5° Les terrassiers accourront avec des pelles, pioches et sacs, pour jeter de la terre, à défaut d'eau, sur le foyer de l'incendie ou sur les toitures tangentes, afin d'arrêter plus facilement le feu, ou faire le nécessaire dans les circonstances où l'eau ne peut servir ;

6° Au premier signal, les brasseurs, ou toute autre personne en ayant la possibilité, devront conduire sur le lieu du sinistre, des tonnes ou tonneaux d'eau pour la projeter comme on le pourra, ou alimenter les premières pompes qui arriveraient des localités voisines ;

7° Toute personne chez qui le feu se manifeste, tout propriétaire ou locataire des locaux tangents ou voisins, devra ouvrir les portes de son domicile à la première réquisition des agents de l'autorité et aider à l'extinction du feu ou au sauvetage des objets contenus dans les immeubles incendiés :

8° Les habitants devront laisser puiser de l'eau dans leurs puits, citernes, réservoirs, pompes, y aider même et remettre aux mains des tiers s'occupant de l'extinction du feu, les seaux, pompes, échelles, cuvelles, qu'ils possèdent en outre de ceux qu'ils ont eux-mêmes en mains ;

9° A la première réquisition également, les propriétaires de chevaux, les cavaliers envoyés par l'autorité pour aller quérir de l'eau, ou demander en grande hâte des secours aux localités voisines et à celles munies de pompes et de pompiers, devront s'empresser d'exécuter la mission qui leur sera confiée. Une indemnité leur sera accordée sur l ur réclamation Une ou plusieurs lettres de demande de secours, toujours prêtes et signées, sauf la date, sont déposées à la mairie, afin d'éviter toute perte de temps. Les personnes capables de rendre un service aussi précieux, devront, sans attendre la réquisition, aussitôt l'alarme donnée, se rendre à la mairie afin de se mettre à la disposition de l'autorité, et, suivant la gravité du cas, pouvoir partir avec grande célérité ;

10" Toute personne ayant de la place, devra laisser porter chez elle et mettre à l'abri, les objets sauvés de l'incendie. Elle devra, dans les vingt-quatre heures, faire la déclaration à la mairie, des objets ou marchandises qu'elle aura reçus.

11" Les usines ayant des pompes à incendie, ou tout autre propriétaire de pompes à incendie, devront se rendre à notre première réquisition, s'ils ne sont pas présents spontanément, avec leurs engins de secours et leur personnel, afin d'aider à l'exécution de l'incendie ;

12° Après l'incendie éteint les seaux ou vases empruntés ou prêtés, seront remis à leurs propriétaires par les soins du garde-champêtre, et des personnes de bonnes volonté. Ceux dont on ne reconnaîtrait pas la provenance, devront être réclamés de suite par leurs propriétaires et à défaut seront transportés à la mairie, à leur disposition.

Pour les communes complètement dépourvues de cours d'eau et où il existe des chaumes, l'arrêté devra contenir la disposition suivante :

13" Tous les habitants qui n'ont ni pompes, ni puits, sont tenus, pendant les chaleurs de l'été, d'avoir constamment chez eux, jour et nuit, des provisions d'eau égales au moins à un hectolitre pour les simples habitations et trois hectolitres pour les fermes, et ce, en cas d'incendie.

Modèle d'arrêté municipal pour les localités qui ont une subdivision de compagnie de sapeurs-pompiers organisés conformément au décret du 8 février 1876 :

Nous, maire de la commune de.....

Vu la loi des 14-22 décembre 1789, constitutive des municipalités :

Vu les lois des 14-16 août 1790, sur l'organisation judiciaire ; des 19-22 juillet 1791, sur l'organisation de la police municipale ; du 28 septembre, 6 octobre 1791, sur la police rurale ; du 18 juillet 1837 et 24 juillet 1867, sur les attributions municipales ;

Vu enfin le livre IV du Code pénal,

Considérant que les incendies sont presque toujours occasionnés par des imprudences ou des négligences, qu'ils peuvent être une cause de ruine pour la commune et qu'il convient de faire tout ce qui est possible pour en prévenir les causes ou en restreindre les effets :

Arrêtons :

PROHIBITIONS.

Il est défendu, sous peine des articles 453, 471 et autres du Code pénal :

1° D'allumer du feu en plein air, dans les champs ou dans les propriétés privées, dans le jour, à moins de 100 mètres des habitations, bois, bruyères, vergers, haies, meules de récoltes, de fagots ou de bois ; ces feux doivent être expressément éteints et sont interdits le soir ;

2° De fumer, que la pipe soit couverte ou non, dans les fermes, granges et gares, contenant des récoltes, auprès des tas de paille, meules et dépôts de combustibles, dans les rues, à moins de 10 mètres des bâtiments couverts en chaume, sur les voitures ou bateaux contenant des récoltes ou autres matières combustibles, dans les entrepôts de spiritueux, de benzine, naphte, schiste ou pétrole ;

3° De déposer des cendres chaudes ou des braises, même en apparence bien éteintes, de les porter à découvert à l'état de combustion, d'établir des foyers sur des planchers, dans les greniers, ou à proximité d'objets combustibles ou inflammables. Les boulangers, patissiers, restaurateurs et cabaretiers ne doivent se servir, pour leurs braises, que d'étouffoirs en métal, à fermeture hermétique ; de circuler avec des chandelles ou lumières nues, au lieu de lanternes fermées ou de sûreté, dans les locaux contenant des récoltes, spiritueux, essences, schistes ou pétroles, ou autres matières inflammables ou constituant avec l'air des mélanges détonnants au contact d'une flamme ;

4° De placer des récoltes en gerbes, bois, sciures, planures, copeaux, ou autres matières combustibles et inflammables à la distance de moins d'un mètre des gaînes ou tuyaux de cheminées, fours, fourneaux, foyers;

5° De tirer des armes à feu, pétards, fusées et artifices, dans l'intérieur ou l'extérieur des lieux habités, sur la voie publique, sans notre autorisation spéciale et préalable ;

6° D'établir des meules de récoltes, à moins de 20 mètres des bâtiments et 15 mètres des sentiers publics, chemins routes ; des meules de bois, cottrets, fagots, écorces, à moins de 10 mètres au moins des habitations et des chemins ; cette distance pourra n'être que de 5 mètres quand il s'agira de petits amas ou provisions, pour les besoins du ménage ; de laisser séjourner le jour ou la nuit devant les portes des habitations, provisoirement ou non, des approvisionnements de récoltes ou matières inflammables quelconques ;

7° De couvrir aucun bâtiment en chaume ou paille, ou matière combustible analogue, à moins qu'ils ne soient isolés ou séparés par 20 mètres de bâtiments en pannes ou tuiles ou par 100 mètres au moins d'autres bâtiments couverts en chaume,

Il ne pourra être fait aux toitures de cette nature, actuellement existantes, que de simples réparations d'entretien ;

8° D'adosser les manteaux et tuyaux de cheminées contre des cloisons en bois ou galandage ; de poser des âtres de cheminées sur les solives des planchers, au lieu de les asseoir sur une entravure incombustible ; de placer des pièces de bois dans les corps des cheminées ou en tangence avec les dites gaines ou tuyaux ;

9° De construire des fours autrement qu'en matériaux incombustibles, à moins de 20 centimètres de toute muraille, de les surmonter de soupentes ou de planchers combustibles, à une élévation de moins de 2 mètres, de mettre en réserve au-dessus, des bois, récoltes ou objets inflammables ;

10° De laisser du feu allumé dans les maisons, quand on s'en absente, à moins qu'il ne soit bien couvert, qu'il n'y ait une grille métallique ou garde-feu solidement établi pour préserver les planchers et les tapis qui les recouvrent, des étincelles et empêcher les enfants de se brûler ;

11° De laisser des allumettes chimiques ordinaires entre les mains des enfants, les parents étant responsables des incendies ou accidents que ces derniers peuvent ainsi occasionner ;

12° Aux épiciers, ferblantiers et autres marchands d'huiles de pétrole ou schiste, de transvaser ces huiles, dans l'intérieur de leur magasin ou boutique, lors de leur réception ou livraison au public, d'en débiter à la lumière, d'en emmagasiner dans des locaux où il y a feu et lumière, contrairement à la loi du 24 février 1872.

La provision de ces huiles doit être renfermée, soit en plein air dans une cour close, loin tout objet combustible, soit dans des hangars ou locaux non surmontés d'étage, bien ventilés et éclairés seulement par la lumière solaire.

13° D'emmagasiner des déchets de coton, lins, étoupes, laines, jute, papiers ou des chiffons ailleurs que dans des bâtiments ou hangars isolés de 5 mètres au moins de tout bâtiment ou atelier couvert en dur et de 10 mètres de tout bâtiment couvert en chaume ou paille, à moins qu'ils ne soient renfermés dans des locaux entièrement voûtés, sans communication avec les bâtiments tangents.

PRESCRIPTIONS PRÉVENTIVES.

Il est recommandé :

1° Aux menuisiers, ébénistes, tourneurs, charrons, d'enlever et de mettre chaque soir, au dehors de leurs ateliers, planures, sciures faits dans la journée ;

2° De faire ramoner les cheminées, où l'on fait du feu l'hiver, l'automne, et celles où l'on fait du feu continuellement, ainsi que les fours, deux fois, à l'automne et avant Pâques ; d'en faire réparer soigneusement les joints, maçonnerie, fissures et chapeaux :

3° De mettres les allumettes chimiques ordinaires dans des boîtes en métal bien closes, afin que, même en tombant par terre, elles ne puissent communiquer le feu aux objets environnants ;

4° De préférer, à ces allumettes, l'emploi exclusif des allumettes amorphes, c'est-à-dire qui ne s'enflamment nulle part, ailleurs qu'en les frottant sur le couvercle de leur boîte. Il en résulte que ces allumettes, jetées volontairement ou non sur des matières combustibles ou dans des aliments; n'incendient ni n'empoissonnent. Elles ne coûtent pas plus cher que les autres ;

5° De boucher les ouvertures cylindriques ou autres, destinées à recevoir des tuyaux de poêles avec des plaques de métal ou de la maçonnerie, et non avec des tampons de paille, foin, chiffons ou matières combustibles ;

6° Tous les incendies se propageant par les toitures, d'élever les murailles mitoyennes, d'au moins 30 centimètres au-dessus de la toiture, afin qu'elles fassent (comme dans le Nord), une saillie protectrice qui interrompe la tangence des chevrons et charpente et empêche efficacement la communication du feu, tout en séparant beaucoup mieux d'ailleurs, chaque propriété,

7° Tout en observant ces règles de prudence, de faire garantir, autant que possible, ses propriétés mobilières et immobilières par une compagnie d'assurances contre l'incendie, afin qu'en cas de désastre, les habitants de la commune ne soient pas exposés à être ruinés, et à perdre ainsi leur patrimoine et celui de leurs enfants.

MESURES EN CAS D'INCENDIE.

1" Aussitôt qu'un incendie se déclare, le premier qui l'aperçois doit, après avoir prévenu les habitants de l'immeuble en feu, s'ils ne l'ont pas encore vu, courir lui-même ou faire courir, s'il croit qu'il peut être plus utile, en portant secours immédiat, en donner avis à la mairie, il faut, en l'absence du maire, avertir l'adjoint, ou enfin le conseiller municipal qui en fait fonctions, et s'il y a une usine dans la commune, le manufacturier, afin qu'il puisse envoyer de suite sa pompe à incendie, avec les ouvriers qui la manœuvrent ;

2° Sur notre réquisition ou celle des personnes qui sont investies de notre autorité, en notre absence, le sonneur ou le sacristain ou toute autre personne requise, sonnera le tocsin à l'église, en indiquant la direction de l'incendie de la manière suivante :

Entre chaque volée de tocsin, il y aura un temps d'arrêt, puis ·

> 1 coup isolé indiquera le nord,
> 2 coups indiqueront l'ouest,
> 3 d° d° le sud,
> 4 d° d° l'est. (1)

3° Au signal d'alarme les sapeurs-pompiers les premiers arrivés au lieu où est remisée la pompe à incendie, local dont les clefs sont déposées à la mairie, et chez les deux voisins les plus rapprochés, transportent immédiatement leur pompe avec ses agrès et son matériel sur le théâtre du sinistre, afin de la faire fonctionner dans le moins de temps possible ; successivement les autres pompes, qu'elles soient ou non dans le même dépôt ou dans un dépôt séparé, sont amenées à mesure que les servants arrivent, sauf à n'être mises en batterie que sur ordre ;

4° Le lieutenant, et à défaut le sous-lieutenant ou autre officier subalterne suppléant en cas d'absence, se rendent directement à l'incendie pour diriger l'alimentation et la projection de la pompe ou des pompes et organiser les secours ;

(1) OBSERVATION.— Dans les grandes communes où il y a possibilité d'une division plus grande, par portes si elles sont fortifiées, par quartiers si elles ne le sont pas ; on peut indiquer un nombre plus grand d'endroits, en affectant à chaque quartier une série de coups différents. A Lille, où il existe onze portes, entre chaque volée de tocsin, on indique jusqu'à ces onze portes, par onze coups répétés et douze coups indiquent que le feu est dans le centre de la ville. »

5° En attendant l'arrivée du lieutenant, le sapeur-pompier du grade supérieur parmi ceux présents, commande la manœuvre, jusqu'à l'arrivée du lieutenant ;

6° Les sapeurs de feu se rendent directement aussi sur le lieu du sinistre afin de porter secours, le cas échéant, et faire le nécessaire en attendant l'arrivée de la ou des pompes ;

7° Lors d'un incendie, le point de réunion des officiers de pompiers, du maire et des représentants de l'autorité est le même ; il est signalé la nuit au public par une lanterne à feux verts, suspendue à un support de deux mètres de hauteur, le jour par un guidon vert.

8° Les pompiers volontaires ou organisés des usines ou localités voisines, aussitôt leur arrivée sur les lieux du sinistre, se présentent immédiatement en la personne de leur chef au lieu indiqué par la lanterne ou le guidon, pour y prendre les ordres du lieutenant faisant fonction de commandant, et se mettre à la disposition de l'autorité.

Si les pompiers voisins, venus aux secours de la commune et faisant partie soit d'une compagnie soit d'un bataillon, sont accompagné d'un capitaine ou d'un commandant, ceux-ci peuvent exiger que la direction et l'organisation des secours soient remises entre leurs mains ;

9° Dans le cas où tout le matériel amené successivement sur le théâtre de l'incendie n'est pas nécessaire, il doit être placé en réserve à un endroit désigné par l'officier commandant, confié à la garde d'un sous-officier et d'une escouade de surveillance jusqu'à ce que l'ordre d'emploi ou de départ soit donné par le commandant ;

10° Les sapeurs-pompiers de tout grade, les pompiers et les travailleurs volontaires se conformeront strictement, dans le service des incendies, aux ordres et consignes qui leur seront donnés et que nécessitent les circonstances. Toute personne requise devra obéir immédiatement et ne pourra quitter sans permission le service commandé ;

11° S'il y a lieu de porter la sape dans des constructions non encore atteintes par l'incendie, l'officier commandant devra nous en référer préalablement ;

12° Dès qu'il sera bien évident que l'on est maître du feu, la partie du matériel non nécessaire à la complète extinction sera rentrée au dépôt et immédiatement remise en état de fonctionner de nouveau par les soins des sapeurs chargés de son entretien ;

13° Les pompes venues du dehors, sur l'autorisation du commandant, après avoir reçu les félicitations et les remerciments des autorités présentes, quitteront le lieu du sinistre ;

14° Il est interdit aux sapeurs-pompiers de tous grades de se rendre aux incendies éclatant dans les communes voisines et d'y transporter le matériel d'extinction, sans l'autorisation préalable ou l'ordre de l'administration municipale ;

15° Le lieutenant ou officier-commandant devra remettre à la mairie, dans les vingt-quatre heures, un état indiquant :

1° La date de l'incendie ;
2° La situation du bâtiment où il a éclaté ;
3° L'heure de l'arrivée des premiers secours ;
4° La durée de l'incendie ;
5° Les faits et incidents importants ;
5° Les noms des sapeurs blessés et de ceux qui se sont distingués.

16° Le lieutenant ou officier commandant ne devra pas s'absenter de la commune sans nous avoir prévenu préalablement et nous avoir désigné le sous-lieutenant présent, qui devra, pendant son absence, prendre, en cas de sinistre, le commandement en son lieu et place.

Modèle d'arrêté municipal pour les villes assez importantes pour avoir un bataillon de sapeurs-pompiers. — En faisant précéder le modèle que nous allons donner, du décret relatif à l'organisation et au service des corps de sapeurs-pompiers, nous donnerons le moyen de rectifier ce que le règlement que nous citons comme type peut avoir de contraire au décret précité.

DÉCRET RELATIF A L'ORGANISATION ET AU SERVICE DES CORPS DE SAPEURS POMPIERS (29 décembre 1875, 10 janvier et 8 février 1876).

Sur le rapport des ministres de l'intérieur et de la guerre ;

Vu la loi du 25 août 1871, portant qu'il sera pourvu par un règlement d'administration publique à l'organisation générale des corps de sapeurs-pompiers ;

Vu la loi du 5 avril 1851, sur les secours et pensions à accorder aux sapeurs-pompiers ;

Vu la loi du 27 juillet 1872, sur le recrutement de l'armée ;

Vu la loi du 24 juillet 1873, sur l'organisation générale de l'armée ;

Vu le décret du 24 décembre 1811 et celui du 13 octobre 1863, sur le service dans les places de guerre et de garnison ;

Le Conseil d'État entendu,

DÉCRÈTE :

TITRE Ier — DISPOSITIONS GÉNÉRALES.

Art. 1er. — Les corps de sapeurs-pompiers sont spécialement chargés du service des secours contre les incendies. — Ils peuvent être exceptionnellement appelés, en cas de sinistre autre que l'incendie, à concourir à un service d'ordre ou de sauvetage et à fournir, avec l'assentiment de l'autorité militaire supérieure, des escortes dans les cérémonies publiques.

Art. 2. — Les corps des sapeurs-pompiers relèvent du ministre de l'intérieur. — Ils peuvent néanmoins recevoir des armes de l'État ; mais ils ne peuvent se réunir en armes qu'avec l'assentiment de l'autorité militaire.

Art. 3. — Ils sont organisés par commune, en vertu d'arrêtés préfectoraux qui fixent leur effectif d'après la population et l'importance du matériel de secours en service dans la commune.

Art. 4. — Ils peuvent être suspendus ou dissous. — La suspension est prononcé par arrêté préfectoral, pour une durée qui ne peut excéder une année. Elle cesse d'avoir effet si elle n'est confirmée dans le délai de deux mois par le ministre de l'intérieur. — La dissolution est prononcée par un décret du président de la République.

Art. 5. — Les officiers sont nommés pour cinq ans par le président de la République, sur la proposition des préfets.— Ils peuvent être suspendus par le préfet et révoqués par décret. La suspension ne peut pas excéder six mois. — Les sous-officiers et caporaux sont nommés par les chefs de corps.

TITRE II. — FORMATION DES CORPS DE SAPEURS-POMPIERS.

Art. 6. — Toute commune qui veut obtenir l'autorisation de former un corps de sapeurs-pompiers doit justifier qu'elle possède un matériel de secours suffisant ou les ressources nécessaires pour l'acquérir. Elle doit, en outre, s'engager à subvenir, pendant une période minimum de cinq ans, aux dépenses énumérées dans l'article 29. — La délibération, qui est transmise au préfet, énonce les voies et moyens à l'aide desquels le conseil municipal compte pourvoir à la dépense, et indique les avantages et immunités qu'il se propose d'accorder aux sapeurs-pompiers.

Art. 7. — Les sapeurs-pompiers se recrutent au moyen d'engagements volontaires parmi les hommes. qui ont satisfait à la loi du recrutement ou qui, bien qu'appartenant à l'armée active, à la réserve ou à l'armée territoriale, sont laissés ou renvoyés dans leurs foyers. — Ils restent soumis à toutes les obligations que leur impose la loi militaire. — Ils sont choisis de préférence parmi les anciens officiers, sous-officiers et soldats du génie et de l'artillerie, les agents des ponts et chaussées, des mines et du service vicinal, les ingénieurs, les architectes et les ouvriers d'art.

Art. 8. — Le service des sapeurs-pompiers est incompatible avec les fonctions de maire et d'adjoint.

Art. 9. — Sont exclus des corps des sapeurs-pompiers, les individus privés, par jugement, de tout out ou partie de leurs droits civils.

Art. 10. — L'admission est prononcée : — S'il s'agit de corps déjà constitués, par le conseil d'administration des corps ; — S'il s'agit de corps à créer ou à réorganiser, par une commission composée du maire ou de son adjoint, président ; de deux membres du conseil municipal nommés par le conseil et de trois délégués choisis par le préfet. — En cas de partage, la voix du président est prépondérante.

Art. 11. — Tout sapeur-pompier prend, au moment de son admission, l'engagement de servir pendant cinq ans et de se soumettre à toutes les obligations résultant du règlement du service tel qu'il sera arrêté en exécution de l'article 16.—Cet engagement est constaté par écrit. Il est toujours renouvelable. — Il ne peut être résilié que pour des causes reconnues légitimes par le conseil d'administration. — Tout sapeur-pompier qui se retire avant l'expiration de son engagement, ou qui est rayé des contrôles, perd tous ses droits aux avantages pécuniaires ou autres auxquels il pouvait prétendre.

Art. 12. — Les sapeurs-pompiers d'une commune forment, suivant l'effectif, une subdivision de compagnie, une compagnie ou un bataillon. — Tout corps dont l'effectif, cadre compris, est inférieur à cinquante et un hommes, forme une subdivision de compagnie — Les compagnies sont de cinquante et un homme au moins, de deux cent cinquante au plus. — Lorsque l'effectif dépasse deux cent cinquante hommes, il peut, avec l'autorisation du ministre de l'intérieur, être formé un bataillon. — L'arrêté ministériel détermine la composition de l'état-major du bataillon. — Dans aucun cas, la force numérique d'un bataillon ne peut dépasser cinq cents hommes.

Art. 13. — Les cadres des divers corps sont réglés de la manière suivante, quant au nombre et au grade des officiers, sous-officiers et caporaux :

CADRE D'UNE SUBDIVISION.

GRADES.	NOMBRE TOTAL D'HOMMES.		
	De 14 à 25.	De 26 à 40.	De 41 à 50.
Lieutenant........	"	"	1
Sous-lieutenant	1	1	1
Sergents	1	2	2
Caporaux.............................	2	4	4
Tambour ou clairon	1	1	1

CADRE D'UNE COMPAGNIE.

GRADES.	NOMBRE TOTAL D'HOMMES.		
	De 51 à 100.	De 101 à 150.	De 151 à 250.
Capitaine en premier	1	1	1
Capitaine en second.	"	"	1
Lieutenants.............................	1	1	2
Sous-lieutenants.	1	2	2
Sergent-major	1	1	1
Sergent-fourrier........................	1	1	1
Sergents	4	6	8
Caporaux.............................	8	12	16
Tambours ou clairons....................	1	2	2

Il peut être attaché à chaque compagnie un chirurgien sous-aide major.

Art. 14. — Un corps de musique peut être attaché aux subdivisions, compagnies ou bataillons de sapeurs-pompiers. — Les musiciens ne comptent pas dans l'effectif. Ils sont choisis par le chef de musique. — Leurs obligations sont déterminées par le règlement de service. Les chefs de musique ont rang de lieutenant ou de sous-lieutenant, suivant qu'ils sont attachés à un bataillon, à une compagnie ou à une subdivision.

Art. 15. — Le conseil d'administration, dont les attributions sont déterminées par les articles 10, 11 et 24 du présent réglement, est composé :

1° Pour les subdivisions : de l'officier commandant, président ; du sous-officier ou du plus ancien sous-officier, et d'un sapeur-pompier désigné par ses collègues ,

2° Pour les compagnies : du chef de corps, président ; des deux officiers les plus anciens ; du plus ancien sous-officier ; d'un caporal ou d'un sapeur-pompier désignés par les caporaux et sapeurs-pompiers réunis.

L'arrêté ministériel qui autorise la création d'un bataillon règle la composition du conseil d'administration. — Les désignations prévues aux alinéas 5 et 10 du présent article sont faites pour cinq ans, au scrutin secret et à la majorité absolue des suffrages exprimés. Au deuxième tour, la pluralité des voix suffit.

TITRE III. — RÉGLEMENT DU SERVICE. — COMMANDEMENT.

Art. 16. — Le service est réglé, dans chaque commune, par un arrêté municipal pris sur la proposition du chef de corps et soumis à l'approbation du préfet. — Ce règlement doit être combiné de façon à laisser aux sapeurs-pompiers le temps et la liberté nécessaire à l'accomplissement de leurs devoirs religieux les dimanches et jours de fêtes.

Art. 17. — Les commandants peuvent, en se conformant aux dispositions du règlement prévu ci-dessus, prendre toutes les mesures et donner tous les ordres relatifs au service ordinaire, aux revues, aux manœuvres et exercices, ils doivent, au préalable, en aviser l'autorité municipale.

Art. 18. — Hors le cas d'incendie et les services d'escorte ou autres prévus au règlement, aucun rassemblement de sapeurs-pompiers, avec ou sans uniforme, ne peut avoir lieu sans l'autorisation préalable du maire de la commune. — Le maire doit avertir en temps utile le sous-préfet ou le préfet, qui peuvent toujours les ajourner ou les interdire. — Les réunions en dehors de la commune, sauf le cas d'incendie, ne peuvent avoir lieu sans l'autorisation expresse du préfet. — L'autorisation du ministre de l'intérieur est nécessaire lorsque la réunion doit avoir lieu en dehors des limites du département.

Art. 19. — Tout homme faisant partie d'un corps de sapeurs-pompiers doit obéissance à ses supérieurs. — Les chefs de corps doivent obtempérer aux réquisitions du maire, du sous-préfet, du préfet ou de l'autorité militaire, qu'il s'agisse soit d'organiser un service d'ordre ou un service d'honneur, soit de porter secours, en cas d'incendie ou autre sinistre, dans les limites ou hors des limites de la commune.

Art. 20. — En cas d'incendie, la direction et l'organisation des secours appartiennent exclusivement à l'officier commandant ou au sapeur-pompier le plus élevé en grade, qui donne seul des ordres aux travailleurs. — L'autorité locale conserve ses droit pour le maintien de l'ordre pendant le sinistre.

Art. 21. — Lorsque les corps de plusieurs communes se trouvent réunis sur le lieu d'un sinistre, le commandement appartient à l'officier le plus élevé en grade et, en cas d'égalité de grade, au plus ancien. — A égalité de grade, l'officier qui a dirigé les premières opérations conserve le commandement.

Art. 22. — Dans les localités où les troupes, soit de l'armée de terre, soit de l'armée de mer, peuvent être appelées à concourir, avec les corps de sapeurs-pompiers, à l'un des services énoncés à l'article 1er, il n'est point dérogé par le présent décret aux règlements militaires en vigueur, et spécialement à l'article 214 du décret du 13 octobre 1863.

TITRE IV. — DISCIPLINE.

Art. 23. — Les peines disciplinaires sont, pour les sous-officiers, caporaux et sapeurs : 1° La réprimande ; 2° la mise à l'ordre du jour ; 3° un service hors tour ; 4° la privation totale ou partielle, pendant un certain temps, des immunités ou avantages accordés aux sapeurs-pompiers ; 5° l'amende ; 6° La privation du grade ; 7° l'exclusion temporaire ; 8° la radiation définitive des contrôles.

Art. 24. — Les trois premières peines sont infligées par l'officier qui commande le corps ou le détachement. Les autres sont infligées par le conseil d'administration.

Art. 25. — Le maximum de l'amende est déterminé par le règlement du service suivant l'importance de la solde, des gratifications ou des autres avantages accordés aux sapeurs pompiers. — Elle est recouvrée au moyen d'une retenue exercée sur ces soldes ou gratification et, à défaut, par les soins du commandant. — Le refus d'acquitter une amende imposée entraîne l'exclusion — Le produit des amendes est versé dans la caisse de secours du corps.

Art. 26. — Si un officier néglige ses devoirs, commet une faute contre la discipline ou tient une conduite qui compromet son caractère et porte atteinte à l'honneur du corps, le maire ou le chef de corps, par l'intermédiaire du maire, en réfère au préfet, qui prononce ou provoque l'application des mesures prévues au paragraphe 2 de l'article 5.

TITRE V. — UNIFORME. — ARMEMENT.

Art. 27. — L'uniforme est obligatoire pour tous les officiers. — Il est obligatoire pour les sous-officiers, caporaux et sapeurs-pompiers des chefs-lieux de département et d'arrondissement, et dans toutes les communes qui ont une population agglomérée de plus de trois milles âmes. — Dans les autres communes, une petite tenue peut être suffisante. — L'uniforme déterminé par le décret du 14 juin 1852 est maintenu. — Il peut être modifié par arrêté ministériel.

Art. 28. — Les communes sont responsables, sauf leurs recours contre les sapeurs-pompiers, des armes que le gouvernement peut leur délivrer ; ces armes restent la propriété de l'État. — L'entretien de l'armement est à la charge du sapeur-pompier ; les réparations, en cas d'accident causé par le service, sont à la charge des communes. — En cas de suspension ou de dissolution d'un corps de sapeurs-pompiers, les armes qui lui sont confiées doivent être immédiatement réintégrés dans les arsenaux, par les soins de l'autorité militaire et aux frais de la commune. — En cas de réintégration d'armes dans les magasins de l'État, les procès-verbaux constatant le montant des réparations à la charge des communes sont dressés par les soins de l'autorité militaire et transmis au ministre de l'intérieur, qui les notifie aux communes et fait poursuivre le reconvrement des sommes dont elles sont constituées débitrices.

TITRE VI. — DÉPENSES. — SECOURS ET PENSIONS

Art. 29. — Les dépenses prévues à l'article 6, pour les communes qui demandent l'autorisation de créer des corps de sapeurs-pompiers, sont : 1° les frais d'habillement et d'équipement des sous-officiers, caporaux et sapeurs-pompiers qui ne peuvent s'habiller et s'équiper à leurs frais ; 2° L'achat des tambours ou clairons ; 3° le loyer, l'entretien, le chauffage, l'éclairage et le mobilier du corps de garde ; 4° le loyer du local où sont remisées les pompes, l'entretien des pompes et des accessoires ; 5° la solde des tambours ou clairons ; 6° Les réparations, l'entretien et le prix des armes détériorées ou détruites, sauf recours contre les sapeurs pompiers, conformément à l'article 28 ; 7° les frais de registres, livrets, papiers contrôle et tous les menus frais de bureau ; 8° les secours ou pensions allouées aux sapeurs-pompiers victimes de leur dévouement dans le service, ainsi qu'à leurs veuves et à leurs enfants, conformément aux dispositions de la loi du 5 avril 1854 ; 9° les frais de réintégration des armes, s'il y a lieu, dans les arsenaux de l'État. — Ces dépenses sont réglées par le maire, sur mémoires visés par le chef de corps, et acquittées de la même manière que les autres dépenses municipales.

Art. 30. — Dans les communes possédant un corps de sapeurs-pompiers où il sera créé une caisse de secours et de retraite, cette caisse pourra être constituée et administrée conformément aux articles 8 et 10 de la loi du 5 avril 1851. — Elle pourra être aussi organisée sous forme de société de secours mutuels approuvée, et sera alors régie par les lois et décrets relatifs aux associations de cette nature.

Art. 31. — Les ressources de ces caisses se composent : 1° Des allocations votées par les conseils municipaux ; 2° Des cotisations des membres honoraires ou participants ; 3° du produit des amendes prévues à l'art. 23 ; 4° d'une part prélevée sur le produit des services rétribués (bals, concerts, théâtres) et dont l'importance est fixée par le règlement local ; 5° Des subventions que peuvent leur être allouées par le conseil général ou l'État ; 6° du produit des dons et legs qu'elles peuvent être autorisées à recevoir ; 7° des dons et souscriptions provenant des compagnies d'assurances contre l'incendie.

TITRE VII. — DISPOSITIONS DIVERSES.

Art. 32. — Les sapeurs-pompiers qui compteront trente années de service et qui auront fait constamment preuve de dévouement pourront recevoir du ministre de l'intérieur un diplôme d'honneur. — Des médailles seront accordées, par décret du président de la République, à ceux d'entre eux qui se seront particulièrement signalés. — En cas de condamnation criminelle ou correctionnelle, la médaille pourra être retirée par décret.

Art. 33. — Il pourra être créé, dans le département où le conseil général aura voté les fonds nécessaires , un emploi d'inspecteur du service des sapeurs-pompiers, lequel sera nommé par le préfet.— Plusieurs départements pourront être réunis en une seule inspection par arrêté du ministre de l'intérieur, qui pourvoira, dans ce cas, à la nomination.

DISPOSITIONS TRANSITOIRES'

Art. 34. — Les corps des sapeurs-pompiers actuellement existant seront réorganisés, dans le délai d'un an , conformément aux dispositions qui précèdent. — Les sapeurs-pompiers réadmis conserveront leur rang et les droits résultant de leur ancienneté.

Art. 35. — Les ministres de l'intérieur et de la guerre sont chargés, chacun en ce qui le concerne, de l'exécution du présent décret.

RÈGLEMENT DU CORPS MUNICIPAL DES SAPEURS-POMPIERS DE LA VILLE DE LILLE.

Nous, Maire de la ville de Lille , chevalier de la Légion-d'Honneur,

Vu

La circulaire du ministre de l'Intérieur, en date du 6 février 1815 ;

La loi du 18 juillet 1837; art. 11 ;

. Le règlement organique du corps des sapeurs-pompiers en date du 23 février 1870, approuvé par M. le Préfet du Nord le 3 mars suivant ;

Les propositions faites par M. le Chef de bataillon commandant le corps pour une meilleure organisation du service :

ARRÊTONS :

SECTION 1ʳᵉ. — ORGANISATION.

Article 1ᵉʳ. — Le corps des sapeurs-pompiers de la ville de Lille est composé de huit compagnies. Il est placé sous les ordres de l'autorité municipale.

Art. 2. — Les admissions dans le bataillon sont prononcées par le maire, sur la présentation du commandant. Tout sapeur-pompier entrant dans le corps doit souscrire un engagement de sept ans , lequel est inscrit sur un registre matricule.

Art. 3. — Chaque sapeur-pompier , en contractant son engagement , s'oblige à accepter toutes les obligations résultant du présent règlement et à les exécuter dans leur entier.

Art. 4. — L'effectif du corps est fixé comme suit :

ÉTAT-MAJOR.

Chef de bataillon, commandant. 1
Capitaine adjudant-major 1
Capitaine d'armement et d'habillement 1
Capitaines-ingénieurs 2
Chirurgien aide-major. 1
Chirurgiens sous-aides majors. 6
Capitaine rapporteur du conseil de discipline. 1
Lieutenant secrétaire dudit conseil. 1
Capitaine de musique 1
Lieutenant chef de musique. 1

Total. 16

PETIT ÉTAT-MAJOR.

Adjudant sous-officier. 1
Tambour-major 1
Tambour-maître. 1
Caporal-clairon 1
Caporal-sapeur. 1

Total. 5

SERVICES PERMANENTS.

Sergent électricien 1
   Id.   gymnasiarque, ... 1
   Id.   mécanicien. 1
   Id.   fontainier 1
   Id.   garde-magasin 1
1 caporal et 13 sapeurs faisant le service de jour 14
Sapeurs-pompiers attachés au poste télégraphique central. . . 3
Concierge de l'hôtel. 1

Total. 23

MUSIQUE.

Lieutenant-chef (porté à l'état-major).	»
Sous-chef.	1
Sergent-major.	1
Sergent-fourrier.	1
Musiciens.	75
Total.	78

CADRE DE CHAQUE COMPAGNIE.

Capitaine.	1
Lieutenant	1
Sous-lieutenant	1
Sergent-major.	1
Sergent-fourrier.	1
Sergents.	4
Caporaux.	6
Sapeurs de feu.	2
Sapeurs-pompiers.	25
Tambours.	2
Clairons	2
Total.	46

RÉCAPITULATION.

État-major	16
Petit état-major	5
Services permonents.	23
Musique	78
Huit compagnies de 46 hommes.	368
Total général.	490

Art. 5. — Les officiers sont nommés et révoqués par M. le Président de la République, sur la proposition du maire.

Art. 6. — La nomination et la révocation, pour les grades de sous-officier et de caporal, sont prononcées par le maire, sur la proposition du commandant.

Art. 7. — Les grades de sapeur de feu et de premier-servant sont conférés par le commandant.

Art. 8. — Les officiers exercent gratuitement leurs fonctions. Ils s'habillent, s'arment et s'équipent à leurs frais.

Art. 9. — Les musiciens ne sont pas soldés; ils ne font pas de service dans les incendies. Ils sont habillés et équipés par la mairie.

Art. 10. — La solde de l'état-major, des sous-officiers, caporaux, sapeurs-pompiers et tambours, est fixée comme suit :

GRADES.	Solde par homme et par jour	TOTAL DE LA SOLDE	
		par jour.	PAR ANNÉE.
ÉTAT-MAJOR.			
Adjudant-major trésorier.....	» »	» »	.... 2000 »
PETIT ÉTAT-MAJOR.			
Adjudant sous-officier........	» »	» »	.... 300 »
Tambour-major..............	» »	» »	.... 120 »
Tombour-maître.............	» 25	» 25	.... 91 25
Caporal clairon	» 25	» 25	.... 91 25
Caporal sapeur.............	» 25	» 25	.... 91 25
SERVICES PERMANENTS			
Sergent électricien..........	» »	» »	.... 600 »
» gymnasiarque........	» 25	» 25	.... 91 25
» mécanicien	» 25	» 25	.... 91 25
» fontainier.	» 25	» 25	.... 91 25
» garde-magasin.......	» 25	» 25	.... 91 25
1 caporal et 13 sapeurs faisant le service de jour.........	2 »	28 »	.... 10220 »
Concierge de l'hôtel.	» »	» »	.... 500 »
Détail pour une Compagnie. 2 sergents major et fourrier.................	» 25	» 50	182 50
4 sergents.............	» 25	1 »	365 »
6 caporaux.............	» 25	1 50	547 50
2 sapeurs de feu.......	» 25	» 50	182 50 4179 25 × 8 = 33434 »
25 sapeurs.	» 25	6 25	2281 25
2 tambours.	» 60	1 20	438 »
2 clairons....	» 25	» 50	182 50
			TOTAL.... 47710 75

Art. 11. —.Tous les sous-officiers, caporaux et sapeurs-pompiers sont habillés et équipés aux frais de la ville, tant pour la grande que pour la petite tenue.

L'armement appartient à l'Etat.

Les effets d'habillement sont renouvelés aux époques et selon le mode que détermine l'administration municipale, sur la proposition du conseil d'administration du corps. Les effets remplacés ne sont pas retirés.

Art. 12. — Les objets d'armement et d'équipement ne sont confiés aux sapeurs-pompiers qu'à titre de dépôt. Ils en sont responsables. Ces objets doivent rentrer au magasin, dès qu'ils ont été déclarés hors de service.

Art. 13. — Tout homme sortant du corps, ou passant à la vétérance, est tenu de rendre tous les objets d'armement et d'équipement qui lui ont été confiés.

SECTION II. — ADMINISTRATION.

Art. 14. — Un conseil d'administration assiste le commandant dans toutes les questions concernant le matériel, l'habillement et la vétérance.

Il est nommé par le maire et renouvelable en entier, chaque année, au 1er janvier. Les membres sortant peuvent être renommés.

Art. 15. — Le conseil d'administration est composé de :

> Un capitaine,
> Un lieutenant,
> Un sous-lieutenant,
> Un sous-officier,
> Un caporal,
> Deux sapeurs.

Le commandant préside le conseil ; il le convoque chaque fois qu'il le juge convenable. Sa voix est prépondérante en cas de partage des votes.

L'adjudant-major remplit les fonctions de secrétaire. En cas d'absence, il est suppléé par celui des officiers du conseil qui est le moins élevé en grade.

Art. 16. — Le conseil d'administration donne son avis sur les dépenses de matériel et d'appareils divers, le renouvellement de l'habillement, de l'équipement et de l'armement.

Il règle les devis et cahiers des charges pour l'achat de toutes fournitures.

Il procède à leur réception.

Il surveille l'emploi des crédits mis à la disposition du bataillon.

Il vérifie et arrête les comptes.

Il fait tous les ans, et plus souvent si cela est jugé nécessaire, la visite générale du matériel des pompes à incendie; il détermine, après avoir entendu le rapport du commandant, les réparations à effectuer, dans les limites des fonds alloués par la ville. Ces visites son' constatées par des procès-verbaux.

Chaque année, au 31 décembre, le conseil d'administration rédige et adresse au maire l'inventaire du matériel en service et en magasin.

Art. 17. — Le conseil d'administration se prononce sur les réclamations autres que celles relatives au service et à la discipline.

Il statue sur les demandes d'admission à la vétérance.

Art. 18. — Les délibérations du conseil d'administration sont inscrites sur un registre spécial et signées par tous les membres présents. Elles ne sont valables qu'autant que cinq membres au moins y prennent part. Elles ne sont exécutoires que sur l'approbation du maire.

L'assistance aux séances du conseil est obligatoire pour tous les membres et considérée comme service commandé.

Art. 19. — Le conseil peut s'aider, dans ses délibérations, de l'avis des officiers ayant des fonctions spéciales; il a toujours le droit de les appeler dans son sein, à titre consultatif, et sans qu'ils puissent y avoir voix délibérative.

SECTION III. — ATTRIBUTIONS.

COMMANDANT.

Art. 20. — Le commandant règle et dirige tous les services : il assure la discipline. Chaque fois qu'il prend une mesure ayant un caractère permanent, il la fait connaître au bataillon par la voie de l'ordre.

Il préside le conseil d'administration et le conseil de discipline.

Il fait les propositions pour l'admission dans le bataillon et la nomination aux grades.

Il propose les récompenses.

Il nomme directement les sapeurs de feu et les premiers-servants

Il accorde les congés et les dispenses de service.

Art. 21. — En cas d'absence ou d'empêchement, le chef de bataillon est remplacé dans le commandement du corps par le plus ancien capitaine de compagnie, lequel exerce, en ce cas, toutes ses fonctions.

CAPITAINE ADJUDANT-MAJOR.

Art. 22. — Le capitaine adjudant-major est chargé de tous les détails du service, ainsi que de l'instruction théorique et pratique des officiers, sous-officiers et caporaux.

Art. 23. — L'adjudant-major tient un registre d'ordre où sont inscrites les nominations aux grades, les récompenses décernées, les décisions du commandant et en général tout ce qui doit être porté à la connaissance du bataillon. MM les officiers doivent apposer leur signature sur ce registre pour certifier qu'ils en ont reçu communication. Lorsqu'un ordre doit être communiqué aux compagnies, l'adjudant-major en fait prendre copie par les fourriers qui le lisent aux deux plus prochaines réunions.

Art. 24. — Dans les incendies, le capitaine adjudant-major est chargé de la surveillance générale du matériel, de l'organisation du service des gardes de sauvetage et de la formation des escouades rétribuées à lui ser sur le lieu du sinistre.

Art. 25. — Le capitaine adjudant-major fait fonctions de trésorier. Il reçoit et distribue la solde. Il perçoit les indemnités dues au corps, les amendes, les rétributione pour le service des spectacles, bals, etc. Il verse à la caisse municipale les sommes perçues au profit des caisses de retraites et de secours du bataillon.

Il tient un registre—journal sur lequel les recettes et les dépenses sont inscrites, jour par jour, sans blancs, ratures, ni interlignes ; ce registre est coté et paraphé par le maire.

Le capitaine adjudant-major est archiviste du corps et a, en cette qualité, la garde et le dépôt des registres, ainsi que des documents de toute espèce.

CAPITAINES—INGÉNIEURS.

Art. 26. — Les capitaines-ingénieurs sont spécialement chargés de la surveillance :

      1° Du matériel des incendies ;
      2° Du mobilier des postes, des dépôts et de l'hôtel ;
      3° Du matériel du service hydraulique.

Ils veillent à ce que tous les dépôts soient pourvus d'échelles, pompes, tonneaux, sceaux, demi-garnitures, falots, etc.

Ils visitent, à la fin de chaque semestre, les dépôts de leur circonscription ; ils sont, au besoin, assistés dans cette visite par les chefs de dépôts, pour recevoir tous les renseignements utiles ; ils adressent un rapport de leur visite au commandant.

Art. 27. — Chaque capitaine-ingénieur tient un registre sur lequel est porté l'inventaire de tout le matériel de sa circonscription, la répartition qui en est faite dans les dépôts, ainsi que l'entrée et la sortie de tous les objets.

Le numéro de l'inventaire est inscrit dans le visa qu'il place au bas des mémoires de fournitures.

Art. 28. — Les capitaines-ingénieurs préparent les devis de toutes les fournitures et réparations que le commandant soumet au conseil d'administration.

Ils font exécuter les travaux régulièrement décidés.

Ils assistent le conseil d'administration dans la réception des objets réparés, ainsi que des objets acquis en vertu d'autorisations régulières.

Art. 29. — Dans les incendies, les capitaines-ingénieurs dirigent, sous les ordres du commandant, le placement et l'action des pompes.

Ils donnent leur avis sur la solidité des bâtiments incendiés, et font exécuter les démolitions quand elles sont ordonnées.

Art. 30. — L'un des capitaines-ingénieurs est chargé spécialement de la partie hydraulique du service. Il assure l'alimentation des dévidoirs et des pompes. Il veille à ce que les bouches d'eau et tous les appareils hydrauliques soient toujours en parfait état de fonctionnement.

Art. 31. — Après chaque incendie, les capitaines-ingénieurs passent immédiatement la revue du matériel ; ils dressent un état des pertes éprouvées et des réparations rendues nécessaires. Ils font opérer le nettoyage du matériel qui a fonctionné et surveillent l'exécution des réparations dès que le conseil d'administration les a ordonnées.

Ces réparations devront être faites dans le plus bref délai possible, afin qu'aucun dépôt ne soit privé de son matériel ordinaire.

OFFICIER D'HABILLEMENT ET D'ARMEMENT.

Art. 32. — Le capitaine d'habillement et d'armement est chargé d'habiller, équiper et armer tous les hommes admis au bataillon. Il fait opérer la rentrée des effets de toute nature, lorsqu'il y a lieu. Il tient un registre mentionnant toutes les opérations. Il fait tous les ans, à la date du 31 décembre, et plus souvent si le Conseil le demande, l'inventaire du magasin. Cet état est remis par le commandant au conseil d'administration, lors de sa première réunion de l'année.

CHIRURGIENS.

Art. 33. — Le chirurgien aide-major et les chirurgiens sous-aides-majors, sont tenus de se trouver aux revues, aux visites de corps, aux tirs à la cible, ainsi qu'aux incendies dans leur circonscription respective. Le chirurgien aide-major doit visiter fréquemment le sac d'ambulance et s'assurer qu'il contient tout ce qui est nécessaire aux premiers besoins.

Art. 34. — Les chirurgiens du bataillon donnent gratuitement les premiers soins à tout sapeur-pompier blessé dans un incendie ou qui a contracté une maladie dans le service.

Ils visitent les hommes réclamant une suspension de service pour cause de blessure ou de maladie, et leur délivrent un certificat constatant leur état. Les pompiers ne sont visités à leur domicile qu'autant qu'ils ne peuvent se rendre chez le chirurgien.

CAPITAINE DE MUSIQUE.

Art. 35. — Le capitaine de musique administre la musique et dirige cette section dans toutes ses parties ; il adresse ses demandes et ses rapports au commandant.

Tout ce qui est relatif à la partie artistique reste dans les attributions spéciales du chef de musique.

CAPITAINES COMMANDANT LES COMPAGNIES.

Art. 36. — Le capitaine veille à la propreté, à la bonne tenue et au maintien de la discipline.

Il adresse ses propositions au commandant pour les inscriptions sur les contrôles, les radiations, la nomination aux grades de caporal ou de sergent, et pour les récompenses. Le capitaine reçoit tous les samedis, du sergent-major, et peut l'exiger plus souvent s'il le juge nécessaire, un rapport de tous les faits intéressant la compagnie. Il accorde les permissions de quarante-huit heures et propose au commandant celles dépassant ce délai. Le capitaine, ou l'officier qui le remplace, vérifie et signe les billets d'appel sur lesquels tous les hommes absents doivent être portés, avec l'indication du motif de l'absence. Il signe et arrête, chaque trimestre, les états de solde de sa compagnie.

En cas d'incendie, il se rend directement sur le lieu du sinistre et règle le service de sa compagnie d'après les ordres du commandant.

LIEUTENANTS ET SOUS-LIEUTENANTS.

Art. 37. — Le lieutenant et le sous-lieutenant commandent chacun une section; ils sont chefs des dépôts, s'y rendent le plus promptement possible en cas d'incendie, dirigent le mouvement du matériel, surveillent le travail des sapeurs et stimulent leur activité. Ils s'assurent, après chaque incendie, que leur matériel est au complet et envoient le lendemain, aux capitaines-ingénieurs, un rapport indiquant les objets manquants ou détériorés. Si le chef du dépôt n'a aucune observation à faire, il l'indique par ces mots: *rien à signaler*.

Art. 38. — Le lieutenant, ou à son défaut le sous-lieutenant, remplace le capitaine absent dans le commandement de la compagnie; il conserve néanmoins ses fonctions de chef de dépôt.

ADJUDANT SOUS-OFFICIER.

Art. 39. — L'adjudant sous-officier est placé sous les ordres immédiats de l'adjudant-major; il est chargé de le seconder dans son service.

Il fait plusieurs rondes chaque semaine, dans les postes, à des heures indéterminées, pour s'assurer de la régularité du service, et envoie, après chaque ronde, à l'adjudant-major, un rapport contenant ses observations.

Lorsque l'adjudant sous-officier est absent, il est remplacé dans son service par un sergent-major désigné par le commandant.

SERGENT-MAJOR.

Art. 40. — Le sergent-major tient le contrôle de la compagnie, fait les appels et dresse les états de solde. Il rend compte à son capitaine, par des rapports hebdomadaires, ou plus fréquents si les circonstances l'exigent, de tout ce qui concerne le service intérieur de la compagnie; il doit y maintenir le bon ordre et veiller à ce que le silence soit observé pendant les appels, les exercices et les manœuvres.

SERGENT-FOURRIER.

Art. 41. — Le sergent-fourrier remplace le sergent-major, dans toutes ses attributions, en cas d'absence ou d'empêchement; il est le secrétaire du sergent-major; il tient un livre où sont inscrits tous les ordres qui concernent le bataillon en général ou sa compagnie en particulier. Il opère les désarmements avec l'aide d'un tambour.

Lorsque le fourrier est absent, il peut être remplacé dans son service par un sergent ou un caporal, que désigne le commandant, et qui est alors exempt du service de garde et de ronde.

SERGENTS.

Art. 42. — Le sergent veille à ce que le matériel, qui lui est confié, soit toujours au complet et en bon état ; il rend compte verbalement ou par écrit, au chef de son dépôt, de tout ce qu'il a pu remarquer de défectueux ou de manquant après chaque incendie.

Les sergents doivent, dans tous les services, expliquer aux hommes les ordres et les consignes qui leur sont donnés ; ils sont responsables de la ponctualité de l'exécution de ces ordres par leurs subordonnés.

Chaque sergent a la direction d'une pompe et d'un ou plusieurs tonneaux ; il se fait aider par les caporaux pour la sortie et la rentrée de son matériel, dont il est personnellement responsable envers le chef de son dépôt.

CAPORAUX.

Art. 43. — Le caporal tient la lance dans les incendies. Il est chef de poste dans le service de garde et veille, sous sa responsabilité, à ce que les hommes exécutent rigoureusement les ordres donnés ; il rend compte, dans des rapports, de tout ce qui est survenu dans son service.

SAPEURS DE FEU.

Art. 44. — Chaque compagnie a deux sapeurs de feu ; ils se rendent directement aux incendies, sans passer par leur dépôt ; mais ils doivent aider à y rentrer le matériel quand l'incendie est terminé.

Dans l'ordre hiérarchique, les sapeurs de feu prennent rang après les caporaux.

PREMIERS-SERVANTS ET SAPEURS.

Art. 45. — Il y a par compagnie six premiers-servants.

En l'absence du caporal et du sapeur de feu, le premier-servant en remplit les fonctions ; son autorité est la même, et tout officier et sous-officier doit la faire respecter lorsqu'elle est méconnue.

TAMBOURS ET ÉLÈVES-TAMBOURS.

Art 46. — Les tambours, font, à tour de rôle, le service journalier. Ils peuvent être réunis chaque fois que besoin est , et pour tout le temps que le service l'exige. Le commandant détermine le rayon dans lequel ils doivent se loger.

Un des tambours, à tour de rôle, dans chacune des 5e, 6e, 7 et 8e Compagnies , se rend journellement chez le commandant et à l'hôtel , pour prendre les lettres de service qu'il remet immédiatement à leur adresse.

Art. 47. — Il y a dans chacune des huit compagnies un élève-tambour pris dans l'effectif des sapeurs-pompiers , dont il conserve la solde. Il est exempt du service de sa compagnie et du service de jour des tambours ; mais, comme eux , il fait les autres services et corvées qui se rattachent à l'emploi. Il lui est assigné une circonscription. Dans les cas d'incendie, de jour ou de nuit , comme dans le cas de réunion précipitée, il doit avertir les hommes de sa circonscription.

Les élèves-tambours ne portent aucun insigne particulier.

CLAIRONS.

Art. 48. — Au premier signal d'incendie, les clairons parcourent la circonscription qui leur est attribuée , en sonnant de la trompette. Aussitôt leur tournée terminée , ils vont sur le lieu du sinistre se mettre à la disposition de l'officier qui commande.

SECTION IV. — MATÉRIEL.

Art. 49. — Le matériel du bataillon est réparti dans les postes et les dépôts.

Art. 50. — Les postes sont au nombre de sept , savoir :

1re DIVISION.

Poste N° 1. Hôtel-de-Ville.
    Id.   2. Rue du Plat.
    Id.   3. Halle aux sucres.

2e DIVISION.

Poste N° 4. Ancienne église de Wazemmes.
    Id.   5. Rue d'Isly.
    Id.   6. Rue de Fontenoy.
    Id.   7. Ancienne mairie de Fives.

Art. 51. — Les dépôts sont au nombre de treize, savoir :

1re DIVISION.

Dépôt N° 1. Hôtel des Sapeurs-Pompiers.
   Id.   2. Hôtel de la Préfecture.
   Id.   3. Place Wicar.
   Id.   4. Dépotoir.
   Id.   5. Façade de l'Esplanade.
   Id.   6. Rue Saint-Jacques.
   Id.   7. Rue de Tenremonde. (Ce dernier ne renferme que l'échelle *Fire-Escape*).

2e DIVISION.

Dépôt N° 8. Rue des Stations, 195. (Teinturerie de M. Remant).
   Id.   9. Rue d'Arcole. (Filature de M. Bailleux-Lemaire),
   Id. 10. Rue d'Armentières. (Section Vauban).
   Id. 11. Boulevard Vallon. (Section des Moulins).
   Id. 12. Rue du Château. (Section de Saint-Maurice).
   Id. 13. Usine de Fives. (Section de Fives).

Art. 52. — Chaque poste ou dépôt porte un numéro d'ordre, qui est inscrit, ainsi qu'une lettre indicative spéciale, sur le matériel qu'il renferme.

Art. 53. — Le matériel de chaque poste est composé de la manière suivante :

1° Un dévidoir ; 2° une pompe avec trois demi-garnitures ; 3° un tonneau ; 4° une échelle à crochets ; 5° une pompe avec trois demi-garnitures ; 6° un tonneau ; 7° une échelle ordinaire ; 8° un crochet ; 9° une toile de sauvetage.

L'hôtel du corps renferme, outre le matériel ordinaire des postes :

Un chariot à paniers, un grand dévidoir, un chariot d'ambulance, crochets, etc.

Art. 54. — Chaque pompe foulante comprend :

Trois demi-garnitures en cuir,
Une lance,
Deux tamis,
Deux leviers,
Une corde à nœuds,
Une bache en toile.

Chaque pompe aspirante comprend :

> Tout le matériel de la pompe foulante,
> Un tuyau d'aspiration,
> Un levier en fer pour les regards.

Un tonneau comprend :

> Quatre-vingts paniers en osier,
> Une échelle à coulisse.

Un dévidoir comprend :

Quatre broches en bois, un marteau, une lance, huit demi-garnitures en toile, un tuyau de robinet, un double raccord, deux clefs de bouche à raccord, trois clefs de serrure, une clef à T, une clef de bouche à clef, deux falots.

Art. 55. — Le matériel des dépôts est limité à l'emplacement possédé ; il est organisé par les soins des capitaines-ingénieurs. Un inventaire du matériel, renfermé dans les postes et dépôts, est dressé par eux ; il en est remis un exemplaire aux chefs de dépôts et aux capitaines de sections.

Art. 56. — Chaque dépôt est commandé par un lieutenant ou un sous-lieutenant.

La surveillance des appareils est confiée, par l'officier chef de dépôt, à des sous-officiers, caporaux ou sapeurs, ayant au moins 20 ans de services, ou à des hommes qui se trouvent dans l'impossibilité de faire le service d'incendie ; ils sont dénommés *gardiens de dépôt*. Ils surveillent le départ du matériel, donnent aux hommes les renseignements sur le lieu du sinistre et leur transmettent les ordres qu'ils peuvent avoir reçus.

Art. 57. — La sortie du matériel des postes et des dépôts se fait dans l'ordre pe son inscription indiquée plus haut ; c'est-à-dire que les deux premiers sapeurs arrivés au poste partent avec le dévidoir, les trois suivants avec la pompe, les trois autres avec le tonneau, et ainsi de suite jusqu'à ce que tout le matériel soit sorti.

Art. 58. — Outre les appareils destinés à combattre les incendies, divers appareils de sauvetage sont mis à la disposition du corps des sapeurs-pompiers. Ce sont :

> Une échelle *Fire-Escape*, une deuxième, système Constant,
> Des échelles à coulisse,
> Des sacs de sauvetage,
> Des toiles de sauvetage,
> Des crochets-freins, dont sont pourvus tous les sous-officiers, caporaux et premiers-servants.

Chaque année, au 31 décembre, un inventaire complet du matériel est dressé, comme il est dit à l'article 17, et remis au Maire.

SECTION V. — SERVICE GÉNÉRAL.

Art. 59. — Les exercices pour le maniement des armes et la manœuvre des pompes ont lieu une fois par semaine depuis le 1ᵉʳ avril jusqu'au 30 septembre.

Ils sont obligatoires.

Des leçons de gymnastique sont données chaque dimanche par les professeurs du gymnase municipal. Ces exercices sont facultatifs. Les volontaires sont réunis en un peloton sous les ordres d'un lieutenant.

Art. 60. — Indépendamment des exercices, il y a chaque semaine, théorie :

1° Pour les officiers, par l'adjudant-major, sous la direction du commandant ;

2° Pour les sous-officiers et caporaux, par l'adjudant sous-officier, sous la direction de l'adjudant-major.

Pour la théorie, les dispenses et les absences sont accordées aux officiers par le commandant ; aux sous-officiers, caporaux et sapeurs-pompiers par l'adjudant-major.

Art. 61. — Les prises d'armes ne peuvent avoir lieu qu'avec l'autorisation du maire ou par son ordre.

Art. 62. — Le bataillon fournit chaque nuit, de huit heures du soir à cinq heures et demie du matin, une garde composée d'un caporal, six hommes et un tambour au poste central de l'Hôtel-de-ville, et de trois hommes dans les autres postes.

Dans la journée, la garde des postes est confiée à une brigade spécialement affectée au service de jour et composée d'un caporal et de dix sapeurs.

Ils sont répartis comme suit :

Poste Nᵒ 1. Hôtel-de-ville,   1 caporal, 1 homme ;
   — 2. Rue du Plat,   2 »
   — 3. Halle aux sucres,   1 »
   — 4. Ancienne église de Wazemmes, 2 »
   — 5. Rue d'Isly,   1 »
   — 6. Rue de Fontenoy,   1 »
   — 7. Ancienne mairie de Fives, 2 »

De plus, trois sapeurs montent alternativement la garde au poste central de la télégraphie municipale, à l'Hôtel-de-ville.

Art. **63.** — Hors le cas de service ou sans une permission, aucun homme de garde, de jour ou de nuit, ne doit quitter son poste.

Art. **64.** — Toute personne étrangère à la garde des postes ne peut s'y introduire sans une permission.

Les postes doivent être fermés à l'intérieur à dix heures du soir, et aucun sapeur-pompier hors de service ne doit s'y trouver.

Art. **65.** — Les hommes de jour sont responsables de la propreté du poste et doivent le nettoyer tous les jours, avant huit heures du matin.

Le parquet et le lit de camp en bois supportant les matelas élastiques doivent être lavés tous les samedis, avant neuf heures du matin.

La literie est lavée et changée tous les quinze jours.

Art. **66.** — L'entrée des chiens est interdite dans les postes.

Aucun objet ne doit être déposé sur les lits; il est défendu de s'y asseoir et de s'y coucher pendant la garde de jour, et de fumer étant couché.

Art. **67.** — Les tambours et les hommes de jour ne peuvent remplacer un homme de garde dans la nuit.

Art. **68.** — Le bataillon fournit des postes pour les bals et fêtes, dans l'intérêt de la sûreté générale, quand le maire le prescrit.

Il est perçu dans ce cas une indemité fixée comme suit :

> Représentations théâtrales : 2 fr. par homme.
> Bals et fêtes de nuit :   3   —
> Gardes d'incendie (12 h.) :   3   —

S'il s'agit de fêtes publiques ou d'un service municipal, ces postes sont fournis gratuitement.

Art. **69.** — Deux officiers commandés à tour de rôle sont de service chaque jour. L'un est de garde au Grand-Théâtre, l'autre fait la ronde des postes.

Ce dernier appose sa signature sur la feuille de présence dans chaque poste. Il constate les absences des hommes et ses observations sur l'état du poste.

Il dresse un rapport de sa visite, et le transmet au commandant.

Art. **70.** — Les capitaines commandant les compagnies sont commandés aussi, à tour de rôle et par semaine, pour le service des incendies. Ils prennent la direction des secours en l'absence ou jusqu'à l'arrivée du commandant.

Art. **71.** — Les officiers peuvent se dispenser de l'uniforme pour la visite des postes ; mais ils doivent être toujours porteurs d'une carte délivrée par le maire pour constater leur identité.

Art. 72. — Le service est personnel ; cependant le remplacement par un homme du corps et du même grade peut être autorisé.

Art. 73. — Tout homme convoqué pour un service quelconque doit être rendu au lieu de rassemblement à l'heure précise et dans la tenue indiquée par l'ordre de service.

Art. 74. — Quand le corps ou le détachement est réuni, on fait deux appels : le premier à l'heure fixée pour le rassemblement, le second avant de rompre les rangs.

Art. 75. — Aucun officier, sous-officier, caporal, sapeur-pompier ou tambour, sous les armes, ou pendant la durée d'un service quelconque, ne peut quitter son rang ou son poste sans la permission du chef de peloton ou du chef de poste.

Art. 76. — Il est expressément défendu aux sapeurs-pompiers, sous peine d'amende, de porter l'uniforme hors des services commandés ; lors des prises d'armes, ils ne peuvent rester en tenue que jusqu'à l'heure indiquée par le commandant.

Art. 77. — Aucun officier ne peut s'absenter de la ville sans en avoir prévenu le commandant. Les sous-officiers, caporaux et sapeurs-pompiers ne peuvent s'absenter sans l'autorisation de leur capitaine.

Art. 78. — Lorsqu'un sapeur-pompier, quel que soit son grade, s'absente sans permission ou qu'il dépasse le terme de la permission qui lui a été accordée, il peut être considéré comme démissionnaire ; s'il fait valoir des excuses, elles sont soumises à l'appréciation du commandant.

Art. 79. — Cinq manquements dans le cours d'un même trimestre peuvent donner lieu à la retenue de la solde entière.

Art. 80. — Les demandes ou réclamations individuelles sont seules permises ; celles que l'on ferait collectivement seraient considérées comme insubordination et rendraient les auteurs passibles du conseil de discipline.

Art. 81. — Si un ordre ou une punition étaient donnés à tort par suite de rapports inexacts ou d'informations mal prises, le subordonné devrait d'abord s'y soumettre, sauf à faire ensuite sa réclamation à qui de droit.

SECTION VI. — SERVICE TÉLÉGRAPHIQUE.

Art. 82. — Un poste télégraphique est établi à l'Hôtel-de-ville. Il correspond par des fils électriques avec tous les postes du bataillon , ainsi qu'avec :

le colonel commandant la place,
le commandant des sapeurs-pompiers ,
les ingénieurs   id.
le guetteur de la tour Sainte-Catherine.

Art. 83. — Le poste télégraphique est composé d'un sergent qui dirige le service et de trois agents qui alternent dans leur garde.

Art. 84. — Le sergent chargé du service télégraphique est responsable du bon état des appareils et de la régularité des correspondances. Il enseigne aux sapeurs-pompiers les éléments de la science télégraphique , afin de les mettre en mesure de faire fonctionner les appareils des postes.

Il adresse au commandant ses demandes et ses rapports sur tout ce qui est relatif au service.

Art. 85. — Lors des incendies , le sergent électricien se tient au poste central pour recevoir et donner lui-même les instructions à tous les postes. Il est tenu au courant des progrès de l'incendie , afin de pouvoir réclamer les secours des sections en permanence.

SECTION VII. — SERVICE DES INCENDIES.

Art. 86. — Le service d'incendie forme deux divisions : la première comprend l'ancien Lille , la seconde la nouvelle ville et les faubourgs.

Ces deux divisions sont séparées par une ligne partant du jardin Vauban et suivant le boulevard de la Liberté et le boulevard Louis XIV jusqu'aux fortifications.

Tout le territoire situé au Nord-Est de cette ligne appartient à la première division. La seconde comprend toutes les parties de la commune qui se trouvent au Sud-Ouest , plus les faubourgs de St-Maurice et de Fives.

Art. 87. — Le commandement dans les incendies appartient au chef de bataillon , ou , en cas d'absence , au capitaine qui en fait fonctions. A défaut de ces officiers , le commandement est exercé , savoir :

Dans la première division , par le capitaine de semaine.

Dans la deuxième division , par le capitaine de la section dans laquelle le sinistre a éclaté.

Les capitaines de semaine et les capitaines de section sont investis de toute l'autorité du commandement, quand ils sont appelés à prendre la direction des opérations sur le théâtre de l'incendie.

Art. 88. — Pendant la nuit, une lanterne en fer, suspendue à un support de 2 mètres de hauteur, à proximité du lieu de l'incendie, est disposée de manière à brûler des gâteaux de résine. Cette lanterne indique le point de réunion des officiers. Dans la journée, elle est remplacée par un guidon rouge.

Art. 89. — Lorsqu'un incendie éclate, le signal d'alarme est donné par le guetteur de la tour de l'église Sainte-Catherine. Le guetteur indique la direction de l'incendie, le jour par un drapeau rouge, la nuit par une lanterne, en tout temps par un nombre de coups de cloche déterminés comme suit :

Pour la partie de l'agglomération située dans la direction de la porte de Valenciennes . . . . 1 coup.

» de Douai et la banlieue . . . . 2 »
» d'Arras et la banlieue . . . . 3 »
» des Postes et la banlieue . . . . 4 »
» de Béthune et la banlieue . . . . 5 »
» de Canteleu et la banlieue . . . . 6 »
» de Dunkerque et la banlieue . . . . 7 »
» d'Ypres . . . . 8 »
» de Gand . . . . 9 »
» de Roubaix et faubourg St-Maurice . . . . 10 »
» de Tournai et faubourg de Fives. . . . . 11 »
Pour le centre de la ville et les environs de la Grand'Place. 12 »

Les volées doivent être successives, avec un faible intervalle.

Les guetteurs sont placés sous la direction et la surveillance du commandant des sapeurs-pompiers.

Art. 90. — Aussitôt qu'un incendie est signalé, le poste de l'Hôtel-de-ville se rend avec un dévidoir et une pompe, sur le lieu du sinistre, quel que soit le quartier où il se manifeste.

Les clairons parcourent leur section en sonnant de la trompette.

Les tambours de chaque compagnie préviennent à domicile, dans leur circonscription, les officiers, sous-officiers et sapeurs, en leur indiquant, aussi exactement que possible, l'endroit où le feu s'est déclaré. Pendant la nuit et à partir de huit heures du soir, ils sont aidés dans ce soin par dix auxiliaires, désignés par le commandant. Les auxiliaires doivent se loger dans le voisinage des postes. Six d'entr'eux sont affectés au service de l'ancienne ville et quatre à celui du nouveau Lille.

Art. 91. — L'officier de service se rend immédiatement à l'incendie et prend la direction des secours jusqu'à l'arrivée du commandant. Si cet officier est chef de dépôt, le sergent attaché à ce dépôt en prend le commandement.

Lorsqu'un incendie est signalé pendant que le capitaine de service se trouve de garde au théâtre, il ne se rend sur le lieu du sinistre qu'après la représentation.

Art. 92. — Les capitaines commandant les compagnies, les capitaines-ingénieurs et les sapeurs de feu, se rendent directement sur le lieu du sinistre.

Le sergent-électricien se rend au poste central du télégraphe, à l'Hôtel-de-ville.

Les autres officiers, les sous-officiers et sapeurs se rendent à leurs dépôts respectifs.

Art. 93. — Tous les officiers, aussitôt leur arrivée sur le lieu du sinistre, doivent se présenter immédiatement au commandant ou au capitaine qui le remplace et se mettre à sa disposition. Le commandant leur assigne une position à prendre, des fonctions à remplir, ou les retient près de lui pour les ordres qu'il aurait à faire ultérieurement exécuter.

Art. 94. — Les chefs de poste, de dépôt ou de pompe, à leur arrivée à l'incendie, se présentent immédiatement au lieu indiqué par la lanterne ou le guidon pour y prendre les ordres du commandant. Dans le cas où leur matériel n'est pas nécessaire, ils vont le placer dans la rue où est établi le *parc de réserve*. Le matériel ainsi réuni est placé sous la garde d'un officier, d'un sous-officier et d'une escouade de surveillance.

Art. 95. — Dans les incendies de la première division, la garde du matériel est confiée à un lieutenant ou à un sous-lieutenant désignés à tour de rôle et par semaine. Dans la deuxième division, l'officier de service au parc est, pour Wazemmes, un lieutenant de la section d'Esquermes ; pour Moulins, un officier de Fives, et réciproquement. En cas d'absence, le commandant y pourvoit.

L'officier de garde au parc ne laisse enlever aucune partie du matériel que sur l'ordre du commandant ou d'un des capitaines-ingénieurs.

Art. 96. — Afin de ne pas dégarnir de secours toutes les parties de la ville, lorsqu'un sinistre éclate dans la première division (ancien Lille), tous les postes sont avertis de l'incendie, mais les trois postes de la rue du Plat, de l'Hôtel-de-ville et de la Halle, reçoivent seuls le signal *partez.* Ce signal n'est donné aux autres postes de la première division et à ceux de la deuxième que si l'incendie est proche de leur section ou si leur concours devient nécessaire.

Si l'incendie se trouve dans la deuxième section (communes annexées et faubourgs), la compagnie la plus rapprochée du sinistre apporte son concours à la section dans laquelle l'incendie a éclaté. Le poste de la rue du Plat et le dépôt Wicar doivent se joindre à la 7ᵉ compagnie, lorsque le feu est signalé dans la section des Moulins.

Dans tous les cas, un officier est chargé d'aller au poste le plus rapproché du sinistre, pour donner au poste central le signal de faire rester ou partir telle ou telle section.

Art. 97. — Lorsqu'il y a lieu de porter la sape dans des constructions non encore atteintes, le commandant en réfère au maire ou à l'adjoint qui le remplace.

Art. 98. — Les sapeurs-pompiers de tous grades doivent se conformer strictement dans le service des incendies aux ordres et consignes que nécessitent les circonstances.

Art. 99. — Lorsque les sapeurs-pompiers se sont rendus maîtres du feu et que la manœuvre des pompes a cessé, un poste dont la force numérique est fixée suivant les circonstances, reste sur les lieux avec une ou plusieurs pompes, jusqu'au moment où tout danger a disparu. Ce service est organisé par le capitaine adjudant-major. Cette garde reçoit une indemnité qui est réclamée aux compagnies d'assurances ou aux propriétaires.

Art. 100. — Les hommes et le matériel ne quittent le lieu du sinistre que quand le commandant en a donné l'ordre.

La rentrée du matériel se fait sous la surveillance des chefs de dépôt ; au moment de.sa rentrée, il est passé en revue au moyen des livrets. Les appareils manquants sont constatés.

Le chef de dépot met le matériel de son dépôt sous la surveillance spéciale et la responsabilité d'un sous-officier ou d'un caporal.

Art. 101. — Après chaque incendie, les capitaines, les officiers chefs de poste ou de dépôt, ainsi que les sous-officiers, adressent au commandant et aux capitaines-ingénieurs, un rapport dont ils ont reçu un exemplaire imprimé et qu'ils doivent remplir exactement. Ils relatent tous les détails sur le matériel placé sous leurs ordres et qui aurait fonctionné. Ces rapports sont remis dans les vingt-quatre heures.

Art. 102. — Le commandant fait consigner, sur un registre spécial, par un officier désigné par lui :

1° La date de l'incendie ;

2° La situation du bâtiment où il a éclaté ;

3° L'heure de l'arrivée des premiers secours ;

4° La durée de l'incendie ;

5° Tous les faits et tous les incidents de quelque importance ;

6° Les noms des sapeurs blessés, ceux qui se sont distingués, avec l'indication des actes motivant cette mention au registre.

Art. 103. — Tout don fait par les compagnies d'assurances, ou les particuliers, est versé dans la caisse de retraite du bataillon.

La destitution est encourue par les sapeurs-pompiers qui demandent ou reçoivent la plus minime rétribution de la part des particuliers dont les propriétés ont été atteintes ou menacées par l'incendie.

Art. 104. — Il est interdit aux sapeurs-pompiers de tous grades, à moins d'ordres spéciaux de l'administration municipale, de se rendre aux incendies éclatant dans les communes voisines.

SECTION VIII. — SERVICE DU GRAND-THÉATRE.

Art. 105. — Un officier et une escouade de neuf hommes, y compris un sergent, un caporal et un sapeur de feu armé de sa hache, sont de service au Grand-Théâtre pendant la durée des représentations et des répétitions générales, quand elles ont lieu à la lumière.

Art. 106. — L'officier et l'escouade de garde se réunissent exactement à l'heure fixée par la convocation, à l'hôtel du corps, où l'officier fait l'inspection. La garde doit toujours être rendue au théâtre une demi-heure avant le lever du rideau. Une consigne, placée dans le poste, donne les détails sur le service. Le sergent en donne lecture aux hommes au moment de leur arrivée. Les factionnaires sont répartis de manière à ne pas gêner les artistes, ni la représentation.

En attendant le moment de se placer en faction, les sapeurs-pompiers restent sur le théâtre, afin de ne pas entraver le service des machinistes.

Le caporal fait la faction comme les sapeurs.

Les factionnaires sont relevés pendant les entr'actes.

Art. 107. — Le sergent n'a pas de place assignée. Il se porte partout où la surveillance l'appelle dans l'intérieur du théâtre ; il exécute rigoureusement les ordres de l'officier de service et lui rend compte de tous les faits de nature à l'intéresser.

Art. 108. — L'officier occupe la place qui lui est réservée, au premier banc du parquet, à la gauche du spectateur. Il y demeure tout le temps que sa présence n'est pas indispensable ailleurs ; il observe le sapeur placé dans la coulisse ; celui-ci, dans le cas où le feu viendrait à se manifester, doit prévenir l'officier par un signe, de manière à ne pas effrayer les spectateurs.

Art. 109. — Le commandant du corps peut, quand il le juge utile, circuler sur le théâtre et dans toutes les parties de la salle, afin de s'assurer si le service se fait convenablement et si, dans les dispositions intérieures, il n'y a rien qui puisse favoriser le développement d'un incendie ou nuire au moyen d'en arrêter les progrès. Il adresse au besoin des rapports au maire sur ces divers objets.

Art. 110. — Deux couvertures, fortement imprégnées d'eau, doivent toujours être déposées à proximité de la scène.

A l'issue de chaque représentation et répétition, la salle est visitée, dans toutes ses parties, par les hommes de garde ; cette visite est faite avec une lanterne de sûreté ; un des hommes est muni d'une éponge fortement mouillée. L'officier surveille la visite et s'assure qu'elle est faite avec exactitude.

Art. 111. — Si un incendie se déclare en ville pendant la représentation, ni l'officier, ni les hommes ne quittent leur poste, que sur l'ordre du commandant ou de l'adjudant-major.

Art. 112. — Hors le cas d'incendie, il est expressément défendu à tout officier, sous-officier, caporal ou sapeur-pompier, ne faisant point partie de la garde du jour, de s'introduire sur le théâtre, même en uniforme.

Art. 113. — Un des capitaines-ingénieurs fait chaque mois, hors le temps des représentations, la visite du matériel d'incendie et des acces soires, pour s'assurer que le tout est en bon état. Il adresse son rapport au commandant qui le transmet au maire avec ses observations.

SECTION IX. — MUSIQUE.

Art. 114. — La musique est placée, comme les autres compagnies du bataillon, sous les ordres du commandant. Elle est administrée par un conseil d'administration composée de sept membres, savoir :

Le capitaine de musique, président ; le chef de musique, le sergent-major, le sergent-fourrier, et trois membres nommés par le maire.

Le sergent-fourrier remplit auprès du conseil les fonctions de secrétaire.

Le conseil se réunit au moins tous les deux mois.

Les décisions du conseil sont prises au scrutin secret et à la majorité des voix.

Le secrétaire est chargé de l'enregistrement des délibérations du Conseil, ainsi que des convocations.

Art. 115. — La musique accompagne le bataillon chaque fois qu'il prend les armes. Elle doit de plus se rendre aux convocations qui lui sont adressées par le maire.

Les musiciens sont exempts de tout service d'incendie.

Art. 116. — Tous les instruments confiés à la musique appartiennent à la ville. Les musiciens en sont responsables. Chaque année, au 31 décembre, un inventaire complet de ces instruments et des musiques appartenant à la ville, est dressé par le Conseil d'administration de la Compagnie et transmis au maire.

Art. 117. — Le chef de musique détermine le nombre des répétitions, ainsi que les jours et heures auxquels elles ont lieu, sans préjudice des ordres particuliers que pourrait donner le commandant.

Il établit la composition du répertoire.

Art. 118. — Tout musicien admis au corps est tenu de signer le présent réglement, dont il lui est délivré un exemplaire Il contracte par ce seul fait l'obligation de s'y conformer en tous points. S'il est mineur, ses parents ou tuteurs doivent signer avec lui pour valider son engagement.

Art. 119. — Chaque musicien doit être muni de ses cartes et de son pupitre.

Tout morceau nouveau doit être copié dans le délai de quinze jours, à compter de sa mise au répertoire. Les musiciens entrant ont un délai de six semaines pour se procurer toutes les parties écrites pour leur instrument.

Art. 120. — Les demandes d'exemption de service ou de répétition sont adressées la veille, et par lettre motivée, à l'officier de musique.

Art. 121. — Tout musicien qui, sans permission et hors le cas de maladie constatée, manque quatre fois consécutives aux services ou aux répétitions, est rayé des contrôle de la musique et exclu du corps.

Art. 122. — Tous les cas non prévus par le présent réglement sont soumis à la décision du conseil.

Il demeure libre de fixer, sauf approbation du maire, un tarif d'amendes à infliger aux musiciens en cas de manquement au service. En ce cas, le produit de ces amendes est centralisé entre les mains du capitaine et appliqué aux besoins de la musique.

SECTION X. — CONSEIL DE DISCIPLINE. PUNITIONS.

Art. 123 — Les peines sont de deux sortes :

1º Les amendes infligées pour fautes légères commises dans le service ou à son occasion.

2º Les condamnations prononcées par le conseil de discipline pour les fautes graves.

Art. 124. — Les amendes sont graduées comme suit :

1º Pour les officiers :

Absence non justifiée au premier appel, négligence dans la tenue   1 fr.

Absence non justifiées aux exercices ou manœuvres des recrues, aux corvées et rondes, retard à un service . . . . 2 à 3 »

Absence non justifiée aux exercices ou manœuvres du bataillon, aux incendies, convois, revues, service de théâtre, aux séances des conseils d'administration ou de discipline . . . . 3 à 5 »

2º Pour les sous-officiers, caporaux, tambours et sapeurs :

Absence non justifiée au premier appel, manquement au silence, négligence dans la tenue. . . . . 0,25 c. à 1 »

Absence non justifiée aux manœuvres des recrues ou de compagnie, aux corvées, service de théâtre, rondes . . . . . 0,75 c. à 1 50

Absence non justifiée aux manœuvres de bataillon, aux incendies, convois, revues, séances des conseils d'administration ou de discipline. . . . . 2 à 3 »

Art. 125. — Les officiers ont seuls le droit d'infliger des amendes à leurs subordonnés.

Les sous-officiers et caporaux doivent rendre compte des infractions commises : 1º à leur capitaine, lorsqu'elles ont eu lieu dans le service intérieur de leur compagnie ; 2º à l'officier, commandant le piquet, la garde ou le détachement si elles se sont produites dans un service commandé ; 3º à l'adjudant-major, dans les autres cas.

Art. 126. — Les fautes graves contre le service et la discipline sont jugées par un conseil de discipline composé de six membres :

1° Un capitaine.
2° Un lieutenant.
3° Un sous-lieutenant.
4° Un sous-officier.
5° Un caporal.
6° Un sapeur-pompier.

Dans le cas où l'inculpé est un officier, trois capitaines désignés par le maire remplacent, dans le conseil, le sous-officier, le caporal et le sapeur-pompier.

Le chef de bataillon préside le conseil de discipline. En cas de partage des votes, sa voix est prépondérante.

Un capitaine-rapporteur et un lieutenant-secrétaire sont attachés au conseil de discipline.

Art. 127. — Les Membres du conseil de discipline sont nommés par le maire. La durée de leur mandat est fixée à un an.

Le conseil est renouvelé intégralement chaque année.

Art. 128. — Sont déférés au conseil de discipline, les cas suivants :

Manquements réitérés au service.
Insubordination.
Abus ou manque d'autorité.
Insultes et propos offensants.
Ivresse.
Conduite portant atteinte à la dignité du corps.

Art. 129. — Les peines prononcées par le conseil de discipline, sont :

L'amende, de 3 à 10 francs.
La réprimande simple.
La réprimande avec mise à l'ordre du jour.
La suspension du grade.
La révocation.
L'expulsion du corps.

Art. 130. — Les officiers, sous-officiers, caporaux, sapeurs-pompiers et tambours, qui se retirent pour ne pas subir une peine prononcée par le conseil de discipline, sont tenus de verser à la caisse dudit corps une somme de cinquante francs.

Art. 131. — Le conseil de discipline est saisi, par le renvoi que lui en fait le commandant, des rapports, procès-verbaux ou plaintes constatant les faits qui peuvent donner lieu à des poursuites.

Art. 132.— Les plaintes, rapports et procès-verbaux, sont adressés au capitaine rapporteur, qui fait·citer le prévenu à la plus prochaine séance du conseil.

Le lieutenant-secrétaire enregistre les pièces ci-dessus indiquées.

La citation est portée à domicile par un tambour ; elle est notifiée au prévenu six jours au moins avant sa comparution devant le conseil.

Art. 133. — Le commandant convoque les membres du conseil toutes les fois que le nombre et l'urgence des affaires lui paraissent l'exiger.

Art. 134. — En cas d'absence, tout membre du conseil de discipline non valablement excusé est condamné à une amende de cinq francs s'il est officier, de trois francs s'il est sous-officier, caporal ou sapeur.

Art. 135. — L'inculpé, quel que soit son grade, comparaît en personne et en petite tenue.

Il peut se faire assister d'un conseil.

Art. 136. — Si l'inculpé ne comparaît pas au jour et à l'heure indiqués par la citation, il est jugé par défaut ; l'opposition au jugement par défaut doit être formée dans le délai de trois jours, à compter de la notification du jugement. Cette opposition peut être faite·par déclaration au bas de la signification.

L'opposant est cité à comparaître à la plus prochaine séance du conseil.

S'il n'y a pas d'opposition ou si l'opposant ne comparaît pas à la séance .indiquée, le jugement par défaut est définitif.

Art. 137.— Les débats devant le conseil ont lieu dans l'ordre suivant :

Le secrétaire appelle l'affaire,

Il lit le rapport, le procès-verbal ou la plainte, et les pièces à l'appui,

Les témoins, s'il en a été appelé par le rapporteur ou par le prévenu, sont entendus,

Le prévenu ou son conseil est entendu,

Le rapporteur résume l'affaire et donne ses conclusions,

L'inculpé et son conseil peuvent présenter leurs observations ; ensuite le conseil de discipline délibère en secret, hors la présence du rapporteur ; puis le président prononce le jugement.

Art. 138. — Le conseil ne peut juger qu'autant que cinq membres au moins sont présents.

Art. 139. — Le capitaine-rapporteur fait notifier les jugements, dont une expédition est remise au commandant, pour qu'il en assure l'exécution ; une autre est adressée au maire.

SECTION XI. — CAISSE DE RETRAITE.

Art. 140. — Une caisse de retraite est instituée par délibération du conseil municipal, en date du 9 janvier 1858, approuvée par décret du 10 avril suivant, en faveur de tous les sapeurs-pompiers rétribués, quel que soit leur grade.

Art. 141. — Cette caisse, propriété de la ville, est gérée par l'administration municipale et soumise à toutes les règles de la comptabilité communale.

Art. 142. — Les ressources de la caisse se composent :

1° Des allocations ou subventions votées par le conseil municipal et portées au budget de la ville ;

2° Du produit d'un concert donné chaque année, au profit de la caisse, par la musique des sapeurs-pompiers ;

3° Du produit des dons et souscriptions des compagnies d'assurances contre l'incendie, des incendiés et de toutes autres personnes.

Art. 143. — Le droit à la pension de retraite est acquis par vingt-cinq ans de services effectifs et cinquante ans d'âge, mais à la condition de justifier d'infirmités ou d'autres causes graves empêchant de continuer le service.

Art. 144. — La pension, après vingt-cinq ans de services, est de 300 francs par an. Elle est de 400 francs après trente ans.

Art. 145. — Si un sapeur-pompier retraité est admis dans un hospice, sa pension est supprimée et remplacée par une subvention hebdomadaire de 1 franc à la charge de la caisse.

Art. 146. — Tout sapeur-pompier démissionnaire ou exclu du corps perd ses droits à la pension de retraite.

Art. 147. — Tout pensionné condamné à une peine afflictive ou infamante, ou à une peine correctionnelle pour vol, escroquerie, abus de confiance ou attentat aux mœurs, perd immédiatement tout droit à sa pension.

Art. 148. — Les pensions de retraite sont accordées par délibération du conseil municipal, sur la proposition d'une commission présidée par le maire et composée de deux conseillers municipaux et de deux membres du conseil d'administration du bataillon. Ces quatre membres sont désignés par le maire.

La délibération du conseil municipal n'est exécutoire qu'après approbation du Préfet.

Art. 149. — Les demandes sont adressées, avec toutes les pièces justificatives, au maire qui, dans le mois de la date desdites demandes, réunit la commission spéciale pour qu'elle donne son avis.

Art. 150. — Quel que soit l'avis de la commission spéciale, toute demande de pension est toujours soumise au conseil municipal.

Art. 151. — Si, au moment où une pension de retraite est liquidée, les pensions précédemment réglées absorbent en totalité les revenus de la caisse ou ne laissent disponible qu'une somme inférieure au montant de la nouvelle pension, le titulaire ne peut prétendre qu'à la portion disponible jusqu'à ce qu'une extinction ou un accroissement de revenu permette de le payer intégralement.

Art. 152. — Dans le cas où le corps viendrait à être licencié, les pensions liquidées ou acquises jusqu'à cette époque continueraient à être servies ; mais il n'en serait plus accordé d'autres, et les fonds affectés au service de la caisse rentreraient, sans autre charge, dans le fonds commun de la caisse municipale.

Section XII. — CAISSE DE SECOURS ET PENSIONS.

Art. 153. — Sur la demande faite par le conseil municipal le 11 avril 1855, et en vertu du décret du 31 juillet suivant, une caisse communale est spécialement affectée au service des secours et pensions, auxquels ont droit, conformément à l'article 1er de la loi du 5 avril 1851 :

1° Les sapeurs-pompiers de tous grades qui, dans leur service, ont reçu des blessures ou contracté une maladie entraînant une incapacité de travail temporaire ou permanente ; 2° les veuves et enfants des sapeurs-pompiers qui ont péri dans leur service ou qui sont morts des suites de blessures ou maladies qu'ils y avaient reçues ou contractées.

Art. 154. — La caisse des secours et pensions est gérée par l'administration municipale conformément à l'article 10 de la loi précitée ; elle est soumise à toutes les règles de la comptabilité communale.

Elle vient en aide ou supplée au budget de la ville pour les obligations résultant de ladite loi.

. Art. 155. — Les ressources de ladite caisse se composent :

1° Des allocations ou subventions votées par le conseil municipal, et portées au budget de la ville ;

2° Des allocations et subventions qui pourraient être votées par le conseil général sur le budget du département, en vertu de l'article 7 de la loi du 5 avril 1851 ;

3° Du produit des donations et legs faits par les particuliers ;

4° Du produit des dons et souscriptions provenant des compagnies d'assurances contre l'incendie ;

5° Des rentes sur l'Etat acquises avec les fonds restés sans emploi.

Art. 156. — Il n'est accordé de pension sur ladite caisse, que lorsqu'elle possède, en rentes sur l'État ou en subventions annuelles permanentes, un revenu fixe montant au moins à la somme de 1,200 francs.

Art. 157. — Les fonds restés sans emploi sont, à la fin de chaque année, versés à la caisse des dépôts et consignations, pour servir à l'achat de rentes sur l'État.

SECTION XIII. — VÉTÉRANCE.

Art. 158. — Une compagnie de vétérans est formée des officiers, sous-officiers et sapeurs-pompiers qui cessent le service actif pour cause d'âge ou d'infirmités.

L'admission dans cette compagnie est prononcée par arrêté municipal, sur la proposition du conseil d'administration.

Art. 159. — Tout sous-officier, caporal, sapeur ou tambour, qui passe aux vétérans, reçoit, à titre de dépôt, une tunique, un pantalon, des épaulettes,, un schako, un ceinturon et un sabre.

Le collet de la tunique reçoit un galon, insigne de cette compagnie.

Art. 160. — Tout vétéran qui manque à trois convocations consécutives, est rayé du contrôle.

SECTION XIV. — HONNEURS FUNÈBRES.

Art. 164. — Les honneurs funèbres sont rendus comme suit :

1° Pour le commandant : Tout le bataillon en armes, avec le crêpe au drapeau, commandé par le plus ancien capitaine des compagnies ;

2° Pour les capitaines ou le chirurgien aide-major : Deux compagnies en armes et deux compagnies sans armes ;

3° Pour les autres officiers : Une compagnie en armes et une compagnie sans armes ;

4° Pour les sous-officiers : Une section en armes et le reste de la compagnie sans armes ;

5° Pour les caporaux, tambours, sapeurs et musiciens : Douze hommes en armes et douze hommes sans armes.

Les tambours et la musique assistent aux convois des officiers.

Art. 162. — Les officiers membres de la Légion-d'Honneur reçoivent, quel que soit leur grade, les honneurs funèbres rendus aux capitaines.

Si le légionnaire décédé est sous-officier, caporal ou sapeur-pompier, les honneurs funèbres lui sont rendus par une compagnie en armes et une compagnie sans armes.

Art. 163. — Les honneurs funèbres sont rendus aux vétérans par les compagnies auxquelles ils appartenaient dans le service actif et suivant les règles indiquées ci-dessus.

Art. 164. — Les sapeurs-pompiers de tous grades peuvent assister volontairement aux convois, à la condition de prendre la tenue du détachement et de se placer à la suite.

SECTIO XV. — DISPOSITIONS GÉNÉRALES.

Art. 165. — M. le Chef de bataillon, commandant le corps des sapeurs-pompiers, est chargé de l'exécution du présent règlement.

Art. 166. — Tout règlement antérieur du corps des sapeurs-pompiers est abrogé.

Hôtel-de-Ville, le 28 septembre 1874.

<table>
<tr><td>VU ET APPROUVÉ :
Lille, le 30 septembre 1874.

Le Conseiller-d'État, Préfet du Nord,
BARON LE GUAY.</td><td>Le Maire de Lille,
CATEL-BÉGHIN.</td></tr>
</table>

Nous donnons comme modèle du service des pompes à vapeur, le règlement du service des sinistres de la ville de Dunkerque.

Nous ferons observer que le règlement pèche par le défaut de l'instantanéité de l'emploi de la pompe à vapeur. Il faut que cette pompe soit toujours prête à être attelée, une écurie doit donc être annexée à la remise et contenir deux chevaux toujours disponibles. La pompe à vapeur devra être toujours amenée sur le lieu du sinistre et mise pendant le trajet en pression, car si elle ne sert pas dans bien des cas comme machine à projeter de l'eau, elle pourra toujours être précieusement employée à l'alimentation des pompes à bras ou des dévidoirs. C'est un secours toujours efficace dont on aurait tort de se priver sous le prétexte que l'incendie n'est pas assez important.

Arrêté du maire de la ville de Dunkerque du 1ᵉʳ juin 1873. — Service des incendies.

Nous, maire de la ville de Dunkerque,

Vu la loi des 16-24 août 1790 ;

Vu la loi du 17 juillet 1837, sur les attributions municipales ;

Vu le règlement organique du corps des sapeurs-pompiers de la ville de Dunkerque, approuvé le 5 octobre 1852 ;

Vu le décret du 15 juillet 1854, portant organisation des officiers et maîtres de port préposés à la police des ports maritimes de commerce, ensemble, le règlement général de la police des ports maritimes de commerce, en date du 12 mars 1867 ;

Vu le décret réglementaire du 13 octobre 1863, sur le service des places de guerre et les villes de garnison ;

ARRÊTONS :

Le service des incendies est réglé comme suit :

TITRE Iᵉʳ. — PERSONNEL.

CHAPITRE Iᵉʳ. — *Commission de direction et de surveillance.*

Article 1ᵉʳ.— Une commission spéciale, chargée de la direction et de la surveillance du service des incendies, sera composée ainsi qu'il suit :

Du maire, président ;

Des adjoints ;

Du directeur des travaux municipaux ;

De l'inspecteur principal, chargé du service des eaux ;

Du capitaine commandant les sapeurs-pompiers ;
Des lieutenants de cette compagnie ;
Du commissaire central de police.

Cette commission se trouvera réunie, en cas d'incendie, au quartier général, indiqué le jour par un fanion et la nuit par une lanterne rouge.

Elle est chargée de l'inspection du service du feu, de proposer toutes les améliorations dont il est susceptible de concourir dans les sinistres à la direction des secours et de donner son avis sur toutes les mesures qui intéressent ce service, tant sous le rapport du matériel que sous celui des mesures à prendre pour prévenir les incendies ou s'en rendre maître.

CHAPITRE II. — *Devoirs des officiers, sous-officiers et sapeurs-pompiers composant le corps.*

Art. 2. — Les officiers, sous-officiers et sapeurs-pompiers sont soumis aux règles de la subordination.

Art. 3. — Tout officier, sous-officier, caporal, sapeur-pompier, tambour ou clairon, faisant partie du corps, est tenu :

1° De faire en personne le service des gardes et d'assister aux manœuvres périodiques et extraordinaires, aux revues et inspections ;

2° En cas d'incendie, de se rendre immédiatement à son dépôt et d'exécuter les ordres qui lui seront donnés.

CHAPITRE III. — *Attributions des officiers.*

Art. 4. — Le capitaine-commandant, agissant sous l'autorité du maire, est le chef du service des incendies, tant sous le rapport du personnel, que sous celui du matériel. En cas d'incendie il commandera les sapeurs-pompiers.

Après chaque sinistre, il dressera un rapport constatant les absences, retards, insubordinations ou autres infractions, et signalant les sapeurs-pompiers qui se sont distingués par leur conduite au feu. Ce rapport sera transmis au maire.

Il tiendra un registre destiné à l'inscription des incendies qui éclatent dans l'intérieur de la ville et dans la banlieue.

Art. 5. — En cas d'absence ou d'empêchement, il sera remplacé par le lieutenant en premier.

Art. 6. — En cas d'absence ou d'empêchement, le lieutenant en premier sera remplacé par le lieutenant en second.

TITRE II. — MATÉRIEL.

Art. 7. — Les pompes, outils et instruments destinés aux secours en cas d'incendie, sont acquis et entretenus aux frais de la ville.

Les réceptions de fournitures d'objets neufs ou réparés se feront par le maire, assisté du capitaine des sapeurs-pompiers et du directeur des travaux municipaux.

Art. 8. — Hormis le cas de sinistre, les pompes et leurs agrès ne pourront être sortis de leurs dépôts, sans que le capitaine en ait été prévenu.

Art. 9. — Les pompes et agrès à incendie seront répartis aux emplacements suivants :

Bourse.	Frères des écoles chrétiennes.
Belvédère.	Parc de la mairie.
Entrepôts Bourdon.	Palais de justice.
Chantiers de construction.	Abattoir.
Tour.	Hôtel des pompiers.
Sous-Préfecture.	

La pompe à vapeur et ses accessoires est déposée à la mairie.

TITRE III. — SERVICE.

CHAPITRE Ier. *Service en cas d'incendie.*

Art. 10. — La ville, quant à la répartition des secours et aux signaux à donner en cas d'incendie, est partagée en cinq quartiers qui porteront les noms suivants : 1° quartier de la Bourse ; 2° quartier de la Tour ; 3° quartier du Palais-de-Justice ; 4° quartier de l'hôtel des Pompiers et 5° quartier de l'Esplanade.

Le premier quartier sera borné au nord et à l'est par les fortifications, à l'ouest par l'avant-port et les rues du Quai et de l'Eglise, et au sud, par les rues des Vieux-Quartiers, du Magasin à poudre et l'Esplanade.

Le deuxième aura pour limites, au nord et à l'ouest, les fortifications, à l'est le premier quartier et au sud, les rues de Bergues et les bassins de l'arrière-port et de la marine.

Le troisième quartier sera limité au nord par le quartier précédent, à l'ouest par les fortifications, au sud par le canal de jonction et à l'est par le côté ouest de la place Jean-Bart et les rues Nationale, de Beaumont et de Furnes.

Le quatrième quartier se composera de toute la basse ville et du Jeu de Mail.

Le cinquième quartier sera compris entre les premier, troisième et quatrième quartiers.

Art. 11. — En cas d'incendie hors la ville, les pompiers se rassemble-ront à leur hôtel et attendront là, les ordrse du maire.

Art. 12. — Les guetteurs de la tour veilleront avec soin aux incendies, en conséquence, un guetteur sera toujours de service sur la plate-forme de la tour.

Des ordres spéciaux seront donnés à cet effet.

Dès qu'un incendie éclatera en ville, le guetteur de service en préviendra le clairon qui sera en permanence au pied de la tour, en lui indiquant le quartier dans lequel se sera déclaré le sinistre, il enverra un avertisse-ment semblable au bureau central de la police et à l'hôtel des pompiers, aù moyen des fils télégraphiques qui les relieront à la tour.

Art. 13. — Dès que ces avertissements auront été donnés, il partira de chacun de ces points un clairon qui donnera l'alarme en sonnant le pas gymnastique et indiquera le quartier du sinistre de la manière suivante : après chaque reprise, deux coups de clairon pour le premier quartier, trois coups pour le deuxième, quatre coups pour le troisième, cinq coups pour le quatrième et six coups pour le cinquième.

L'alarme étant donnée, le clairon demeurant au pied de la tour retour-nera à son poste, tandis que les deux autres se rendront sur le lieu de l'incendie.

Art. 14. — Aussitôt que les autres clairons de la compagnie entendront ces sonneries, ils s'empresseront de semer l'alarme, chacun dans le quartier qui lui aura été assigné.

Art. 15. — Les agents de police qui apercevraient un incendie ou un feu suspect, en préviendront immédiatement le clairon du quartier et iront ensuite au pied de la tour, avertir le guetteur, qui informera sur le champ le poste de police et l'hôtel des pompiers, comme il a été dit à l'article 12.

Pour faciliter ce devoir aux agents de police, des tableaux indiquant les noms et demeures des clairons de la compagnie des sapeurs-pompiers, seront placés au bureau central de police.

Art. 16. — Au premier signal d'incendie, un des agents en permanence au poste de police, ira prévenir le maire, les adjoints, le sous-préfet, le président du tribunal civil, le commandant de place, le commandant du génie, le capitaine de gendarmerie ; le procureur de la République, à son défaut, le substitut, le directeur des travaux municipaux, l'inspecteur principal chargé du service des eaux et M. le commissaire central.

Art. 17. — Dans le cas où un second incendie se manifesterait pendant la durée du premier, le guetteur en informerait le clairon de garde au pied de la tour. Celui-ci se rendrait sur le champ au quartier général du premier incendie et avertirait le capitaine, qui détacherait immédiatement vers le lieu ou a éclaté le second sinistre, un de ses lieutenants, avec tous les hommes et le matériel disponibles.

Art. 18. — Au premier signal d'alarme, les officiers des sapeurs-pompiers se rendront directement sur le lieu du sinistre et les sous-officiers, caporaux et sapeurs-pompiers, à leurs dépôts respectifs, pour de là se diriger, sans retard, avec tout leur matériel, à l'endroit qui aura été désigné par le capitaine, comme devant servir de quartier général.

Arrivés au lieu de l'incendie, les pompiers prendront les ordres des officiers qui auront eu soin de faire la reconnaissance des abords de l'édifice dans lequel le feu s'est manifesté, afin d'indiquer aux pompes les emplacements qu'elles devront occuper, pour être le plus utilement employées.

Dans le cas où une ou plusieurs pompes seraient rendues sur le lieu du sinistre avant l'arrivée d'aucun chef de service, les chefs de pompes reconnaîtront avec soin les endroits où elles pourront être le plus avantageusement utilisées et agiront sous leur propre responsabilité, sans avoir à obtempérer à aucun ordre ou avis qui leur seraient donnés par des personnes étrangères au service des incendies.

Art. 19. — Les pompes qui arriveront les dernières sur le lieu du sinistre et qui ne pourront pas être immédiatement utilisées seront tenues en réserve au quartier général.

Art. 20. — En cas d'incendie signalé, la pompe à vapeur sera immédiatement sortie de son dépôt, puis attelée le plus promptement possible.

Art. 21. — Les hommes du service de la pompe à vapeur se rendront au dépôt de la mairie, où ils attendront les ordres du maire, pour faire sortir la pompe à vapeur. Seul, le maire de la ville, ou, à son défaut, l'un des adjoints pourra donner l'ordre de faire sortir la pompe à vapeur, qui, dans le cas même le plus urgent, devra attendre la présence soit du sergent-mécanicien, soit des caporaux-mécaniciens.

Art. 22. — Les hommes spécialement attachés à la pompe à vapeur, seront désignés par le commandant des sapeurs-pompiers et, en cas d'incendie, l'officier dirigeant les opérations adjoindra au service de la pompe à vapeur le nombre d'hommes nécessaires.

Art. 23. — Dans le cas où l'incendie pourra être combattu efficacement avec des pompes à bras, l'officier commandant donnera l'ordre au service de la pompe à vapeur de rejoindre le reste du corps. Le chauffeur seul restera de service auprès de ladite pompe et attendra, pour faire dételer, l'ordre de l'officier commandant. La pompe à vapeur ne sera rentrée au dépôt par les soins du sergent-mécanicien et de sa brigade, que lorsque tout le corps des pompiers aura quitté le lieu du sinistre.

Art. 24. — Lorsque l'administration municipale aura décidé que l'emploi de la pompe à vapeur n'est pas indispensable, toute personne intéressée qui voudra la faire fonctionner devra s'engager, par écrit et en son nom, à payer tous les frais que coûte la manœuvre de cette pompe, ainsi que le montant des avaries qui pourraient y être occasionnées.

Art. 25. — Pendant toute la durée de l'incendie, il est expressément défendu aux sapeurs-pompiers et à tous ceux qui sont attachés au service du feu, de quitter leur poste, sans autorisation de leurs chefs.

Art. 26. — Au premier signal d'incendie, tout le personnel du service des eaux se rendra à la mairie pour se munir de tous ses outils, instruments et autres objets qui peuvent être employés pour l'utilisation de la distribution d'eau.

Art. 27. — Aucune pompe ne se retirera sans ordre exprès du capitaine-commandant. Après l'incendie, le chef du corps désignera le personnel et le nombre de pompes qui devront rester sur les lieux du sinistre, pour les surveiller et éviter toute nouvelle explosion du feu.

Art. 28. — Après chaque incendie, le matériel sera réintégré dans les différents dépôts et chaque pompe à son dépôt respectif, sauf celles dont la réparation ou le nettoyage serait des plus urgents et qui, dans ce cas, seraient dirigées immédiatement sur l'hôtel des pompiers.

Les pompes qui auraient servi, seront nettoyées, graissées et mises en bon état, sous le plus bref délai.

CHAPITRE II. — *Manœuvres et inspections.*

Art. 29. — Les exercices pour les manœuvres des pompes et le maniement des armes auront lieu tous les dimanches, au matin, du 15 avril au

15 octobre ; alternativement chaque moitié de la compagnie sera convoquée à cet effet.

Art. 30. — La pompe à vapeur sera manœuvrée toutes les cinq semaines, le dimanche matin, par les hommes attachés spécialement à ce service.

Art. 31. — Les exercices de peloton auront lieu tous les deux mois et plus souvent, si le chef de corps le juge nécessaire.

Art. 32. — Les inspections de matériel, d'armes, de tenue ou d'ensemble, auront lieu toutes les fois que le capitaine-commandant le jugera convenable.

Art. 33. — Les convocations se feront par bulletins individuels. En cas d'urgence seulement, ces ordres pourront être transmis verbalement En aucun cas, hors les cas de sinistre, on emploiera les sonneries de clairons pour réunir les sapeurs-pompiers.

TITRE IV. — INCENDIES DANS LES BATIMENTS ET DÉPENDANCES MILITAIRES. — INCENDIES DANS LE PORT OU LES BASSINS, AINSI QUE SUR LES QUAIS DU PORT ET DES BASSINS.

Art. 34. — En cas d'incendie dans les bâtiments ou dépendances militaires, la direction des secours sur les lieux sera laissée au commandant du génie qui communiquera directement avec le capitaine des pompiers. En cas d'absence du capitaine du génie, un des capitaines du génie de la place le remplacera dans ses droits et devoirs.

Art. 35. — En cas d'incendie à bord d'un navire ou sur les quais du port et des bassins, la direction des secours appartiendra au capitaine du port ou à son défaut à l'un de ses lieutenants désigné par lui. Celui qui dirigera les opérations donnera ses ordres directement au capitaine des pompiers.

Art. 36. — Dans chacun de ces cas, les pompiers ne recevront d'ordre que de leur capitaine ou de l'officier qui les commandera.

TITRE V. — DISPOSITIONS GÉNÉRALES.

Art. 37. — En cas d'incendie, la commission de direction et de surveillance se rendra sur le lieu du sinistre et se tiendra au quartier général.

Art. 38. — Au même centre se réuniront MM. les magistrats et chefs militaires que leurs fonctions appellent à l'incendie.

Art. 39. — M. le commandant de la place voudra bien, conformément à l'article 214 du décret, portant règlement du service dans les places de guerre, donner des ordres pour qu'un détachement composé d'hommes armés et de travailleurs, se rende au lieu du sinistre. L'officier le plus élevé en grade de ce détachement recevra des ordres du commandant de la place et en son absence de M. le Maire.

M. le commandant de la place et M. le commandant du génie voudront bien prendre part aux délibérations de la commission de direction et de surveillance dont il est question à l'article 1er, ayant pour objet le maintien de l'ordre et l'adoption des mesures nécessaires ponr éteindre ou couper l'incendie.

Art. 40. — Au premier signal d'un incendie, tous les agents de police en tournée se rabattront sur le bureau central pour recevoir les ordres du commissaire central.

Art. 41. — Le commissaire central détachera tous les agents disponibles sur le lieu de l'incendie et se mettra, avec ses hommes, aux ordres du maire.

Art. 42. — Le commissaire et ses agents concourront au maintien de la police, sur les lieux du sinistre, à la conservation des effets sauvés et surveilleront à ce qu'aucun abus ou vol ne se commette dans les maisons où l'on serait obligé de pénétrer, soit pour éteindre l'incendie, soit pour puiser de l'eau.

Art. 43. — Le préposé en chef et le contrôleur de l'octroi seront attachés au service des incendies. Leurs fonctions consisteront à donner des renseignements sur les dépôts de spiritueux ou de matières inflammables voisins du lieu de l'incendie et à constater, le cas échéant, les pertes et avaries des matériaux ou liquides endommagés.

Art. 44. — Les voisins du lieu du sinistre seront tenus d'ouvrir les portes de leurs maisons, afin de laisser libre l'accès de leurs citernes et de leurs puits.

Les pompes ou matériel d'incendie, amenés sur les lieux du sinistre par des particuliers et leur appartenant, seront mis à la disposition du commandant des pompiers qui en réglera l'emploi.

Dans le cas où des particuliers, propriétaires de matériel d'incendie amené au feu, refuseraient d'obéir aux ordres des officiers de pompiers, leur matériel serait immédiatement requis par ces derniers.

Fait à l'hôtel de ville de Dunkerque, le 1er juin 1873.

VU :
Lille, le 30 juin 1873,
Pour le Préfet en tournée de révision :
Le Secrétaire-Général délégué,
Signé : illisible.

Le maire,
Signé : D'ARRAS.

La pompe à incendie à vapeur serait paralysée s'il n'y avait pas, dans le plus d'endroits possibles des villes qui ont une distribution d'eau, des prises d'eau, d'un diamètre suffisant. Les canaux de distribution étant placés, voici le devis estimatif du coût de chaque prise d'eau.

Distribution d'eau. — Détail estimatif de l'installation d'une bouche destinée à l'alimentation des pompes à vapeur :

Fouille pour l'enlèvement d'un tuyau de 0,20ᶜ considéré comme diamètre moyen, comprenant le déblai, l'enlèvement du tuyau, le remblai après travail et le repavage conformément au cahier des charges, 4ᵐ à 3,20 . . . . 12 80

Coupes de tuyaux de 0,20 — 2 à 2 fr. . . . . 4 »

Fourniture d'un T de 5,20 à bourrelets, tubulure de 0,08ᶜ à bride, pesant en moyenne 80ᵏ à 0,28 . . . . 22 40

Manchons de 0,20ᶜ pesant ensemble 45ᵏ à 0,28. . . . . . 11 76

Joints en plomb, 4 à 3,30. . . . . 13 20

Robinet Vanne à brides de 0,08, 1 à 80 fr. . . . . . . 80 »

Coude de raccordement en fonte, à bride d'un côté et emboîtement de l'autre, pesant 25ᵏ à raison de 0,28ᶜ. . . . . 7 »

Tuyau d'alimentation à brides de 0,08ᶜ de diamètre, pesant 37ᵏ à 0,28ᶜ 10 36

Robinet purgeur en cuivre, très-fort, dit de $\frac{1}{2}$, destiné à vider en hiver la colonne montante, jusqu'à la profondeur de 0,70ᶜ en contre-bas du sol, sera payé avec sa tige verticale . . 10 »

Demi-raccord en cuivre, comprenant le joint à brides de raccordement avec la colonne verticale . . . . 15 »

Regard en maçonnerie avec mortier de chaux hydraulique de 0,75 de côté cubant 1ᵐ20 à raison de 19 fr. 80. . . . . . . 23 76

Boîte en fonte pesant 300 kᵒˢ 69 72

                                                         280 fr.

Combustion spontanée. — *Rentrée.* — *Emmagasinage des foins verts, insuffisamment séchés.* — Toutes les matières végétales fraîches, remisées en petites ou grandes masses, l'herbe, le foin vert, etc., fermentent avec une rapidité étonnante, et la chaleur développée est telle que ces matières se consument, brulent elles-mêmes et incendient leur contenant. Le fermier devra donc s'assurer avant de rentrer ses foins, qu'ils sont bien secs partout, et ne pas compter que leur dessication s'achèvera dans le grenier ou le local qui les renfermera : le foin humide ne peut sécher en bottes, il ne pourra que fermenter et incendier la ferme ; ceci est rigoureusement vrai.

La même précaution devra être prise par le propriétaire qui fait tondre ses gazons, l'herbe ne devra être remisée que parfaitement desséchée.

Fumiers. — Les fumiers sont très-sujets à s'échauffer et à se détruire par une combustion lente ou active, selon leurs conditions d'entassement et leur situation. Il suffit, pour éviter que la fermentation produise la combustion, de disposer le fumier par petites masses, ou de pratiquer dans son épaisseur des cheminées d'aération ; pour y parvenir, on établit des tubes à claire-voie, soit triangulaires, soit quadrangulaires que l'on laisse dans la masse et qui servent de cheminée : si les tubes sont en planches pleines, on ne les met qu'au moment de la formation des tas et on les retire aussitôt après ; la place qu'ils occupaient reste vide et forme le courant d'aération nécessaire. Les tubes à claire-voie sont préférables parcequ'il n'y a pas à craindre que le conduit se bouche.

Eglises. — Après la foudre qui tombe souvent sur les clochers, après les accidents de feu provenant des cierges allumés placés trop près des tentures, ou des guirlandes en papier ou étoffe légère, la cause la plus ordinaire provient des caisses où l'on remet les bouts de cierge insuffisamment éteints : on aura soin de faire faire cette caisse en métal incombustible et de la munir d'un couvercle joignant à friction : elle sera posée sur un dallage, loin de tout objet combustible, de cette façon le danger sera annihilé.

Les réparations des orgues donnent lieu aussi, à cause de l'emploi de feu, de soudure, ainsi que celles à faire sur les toitures, à des incendies; les compagnies d'assurances exigent en conséquence que les premières de ces réparations ne se fassent qu'avec la présence de deux seaux d'eau (1); outre cette précaution, le sacristain ou toute autre personne devra visiter les travaux faits, immédiatement après le départ des ouvriers, afin de bien s'assurer que tout a été bien éteint et qu'il n'y a aucun commencement d'incendie latent.

Pharmacie.— Les dangers d'incendie sont à craindre surtout dans les laboratoires. Les produits essentiels devront être placés dans des bonbonnes à double enveloppe imperméable et avec soupapes, robinet de sûreté, et le laboratoire placé, si possible, sous voûtes.

Déchets de cotons, d'étoupes, de lins, de jute, chiffons gras ou secs, déchets de filés, balayures, torchons d'essuyage.— La fermentation des déchets est chose notoire et indiscutable aujourd'hui, elle est quelquefois lente, d'autres fois foudroyante; la page précédente indique déjà les précautions à prendre pour les locaux qui renferment les déchets : il est toujours possible à un usinier, soit de construire pour les renfermer, des petits magasins voûtés et incombustibles, soit, s'il ne craint pas de s'exposer à une perte légère, qui se reproduira de temps à autre, des hangars de peu de valeur, isolés, et à de grandes distances de l'usine ou de ses dépendances. On aura soin de les faire enlever de l'usine tous les soirs et du local où on les aura déposés, toutes les semaines, plutôt le samedi que le lundi. (Voir table, à ce mot « déchets »).

Si l'on est susceptible de les conserver plus d'une journée, les boîtes qui les contiendront devront être en matériaux incombustibles: les pots métalliques d'étirages (pour le coton et le lin) hors de service, sont excellents pour cet emploi; le déchet ne s'y enflamme que très-difficilement, à cause de la forme de ces récipients. Dans

(1) **Ou un extincteur.**

tous les cas, ces récipients ou ceux analogues devront être vidés soigneusement toutes les veilles de dimanches ou de fêtes légales ou locales, ou de chômage, afin qu'il ne reste pas une poignée de déchets dans les ateliers ou leurs dépendances.

Cette prescription est bien facile à exécuter, et sauverait de bien des désastres si elle l'était toujours, car les sinistres d'usines arrivent dans une proportion énorme les veilles de fêtes, fêtes et lendemain de fêtes (ou dimanches.)

CHAPITRE TROISIÈME

Objets divers.

Défaut de propreté.— Nettoyage. — 63bis. On a toujours remarqué que les établissements tenus malproprement, où on laisse s'accumuler des ordures dans les coins, les escaliers, les greniers, sont exposés à bien plus de chances d'incendies que les autres. Une bonne condition de sécurité consistera donc dans une grande propreté de l'établissement, un nettoyage fréquent des machines, des planchers, des plafonds et des escaliers ; une surveillance sévère et incessante habituera les ouvriers à ces soins, qui rendent pour eux le travail plus salubre et plus agréable. C'est aux contre-maîtres à exiger que ces travaux de nettoyage des ateliers soient faits d'une façon complète, et à se rappeler toujours qu'ils doivent donner eux-mêmes l'exemple de la propreté et des précautions. Ce point est d'une importance primaire dans les usines, où les matières travaillées produisent une grande évaporation de poussières, de duvets, telles que les filatures de coton, lin, chanvre, bourre de soie, les moulins à blé, les papeteries, etc.

Veilleur de nuit.— Surveillance. — 63ter. Aussitôt après la sortie des ateliers, une visite doit être faite partout, afin de voir si la négligence ou même la malveillance n'aurait pas préparé l'incendie. Une heure et demie ou deux heures après, la visite sera réitérée. Ce temps devra suffire pour qu'un commencement de feu échappé au premier passage se soit assez développé pour se manifester à la deuxième inspection. Le surveillant auquel incombera cette tache doit être un homme sûr, n'ayant pas l'habitude de fumer ; il l'accomplira sans lumière, ou avec une lanterne sourde bien fermée et garantie contre tout choc, afin d'être à l'abri d'accidents. Dans les établissements importants, un veilleur de nuit est indispensable. Son choix ne doit pas être fait à la légère, car c'est sur lui que reposent les destinées de l'usine. et s'il n'a pas les qualités requises, il peut être un danger nouveau au lieu d'une sécurité. Des cadrans mécaniques *ad hoc*, constateront son passage effectif.— Voyez à la table, sous le titre « contrôleur de ronde ».

Dimanches et fêtes.— Arrêts du travail.— **64.** Sans préjudice de la surveillance nocturne, trois inspections diurnes doivent, au moins, être passées les jours de dimanche, de fête, de cessation momentanée de travaux. Fréquemment des sinistres sont arrivés ces jours là, même dans des établissements travaillant des matières non sujettes à présenter les phénomènes de combustion spontanée.

Usage du tabac.— **65.** L'interdiction de fumer doit être rigoureusement maintenue dans la presque totalité des établissements. Elle est indispensable dans les filatures de lin, étoupes, jute, chanvre, coton, laine, bourre de soie, fabriques d'indiennes, teintureries, moulins à blé, à tan, à l'huile, distilleries, scieries, produits chimiques, inflammables, garances, papeteries, et autres analogues. Le contre-maître doit donner l'exemple lui-même, en s'abtenant de faire ce qu'il défend aux autres, car l'ouvrier qui voit fumer le contre-maître, alors qu'il lui est défendu à lui-même de le faire, se rend difficilement compte de cette inégalité, contre laquelle il proteste tacitement en fumant à la dérobée. La même

prohibition sera faite pour les allumettes : aucun ouvrier n'en aura
dans ses poches, ses vêtements ; à la porte du concierge, et en
dehors, à moins d'un fumoir spécial, existera un râtelier et une
série de cases, dans lesquelles chacun déposera , en entrant, sa
pipe et ses allumettes, qu'il reprendra en sortant.

66. Quelques manufacturiers, dans certains établissements où le
nombre d'ouvriers employés sous la seule surveillance d'un contre-
maître unique rend l'infraction à ces prohibitions facile, ont
imaginé un fumoir, dans un local sans risque , où chaque fumeur
dépose en entrant sa pipe et ses allumettes, où il fume à l'heure
des repas ; en outre quelquefois, chaque fumeur, au milieu de la
journée, se voit accorder un quart d'heure, pendant lequel il se
livre de nouveau à cette habitude, et ce temps perdu est compensé
facilement par un peu plus d'ardeur au travail le reste de la
journée. Possible seulement dans quelques usines et localités, cette
innovation, sous le rapport de la création du fumoir bien isolé et
séparé des bâtiments et des matières dangereuses, est à imiter, car
ce n'est pas sans péril qu'on laisse fumer dans les cours , même
lorsque ces cours ne contiennent pas des marchandises inflammables.

Usage des Allumettes.— **67.** Comme malgré tous ces soins
et toute cette surveillance, il peut arriver encore que parfois des
ouvriers ne se conforment pas à ces dispositions, il faut interdire de
la façon la plus formelle l'introduction dans le fumoir, et par suite
l'usine , de toutes allumettes autres qu'au phosphore armorphe qui
ne s'enflamment qu'en les frottant sur une surface préparée
spécialement pour cet objet et adhérente à la boîte. Ainsi le contre-
maître , le concierge, le bureau, et quelquefois le chauffeur, qui en
ont besoin pour l'allumage, n'en posséderont pas d'autres. Elles ne
coûtent pas plus que les allumettes chimiques ordinaires, il est facile
au manufacturier d'en acheter pour la consommation de l'usine en
les livrant à ses ouvriers au prix d'achat. Pour hâter cette adoption
déjà généralisée, nous n'avons pas besoin ici de rappeler les

accidents quotidiens occasionnés par l'usage des allumettes chimiques ordinaires, les journaux des localités sont remplis de citations, de faits, qui les ont rendus notoires; aux dangers résultant de l'abus de l'emploi de ces producteurs instantanés de feu et de la négligence humaine, viennent s'ajouter ceux de l'objet en lui-même en le considérant comme inerte : une allumette laissée par mégarde à terre éclate et s'enflamme sous le frottement du pied qui l'écrase, et allume l'incendie sous les pas ; d'autres fois, plus pernicieuse encore, ramassée et enfoncée dans une botte de lin ou chanvre, elle entre ainsi à la dérobée dans la filature qu'elle réduira bientôt en cendres, si un hazard heureux ne la fait pas découvrir avant de la froisser ; appuyée contre un tuyau de vapeur considéré comme bien inoffensif, elle s'enflamme nonobstant même enfermée dans une poche de vêtement imprudemment suspendu au tuyau ; exposée par hasard à l'insolation, elle brûle d'elle-même et communique le feu à ce qui l'environne. Le tant pour cent des incendies occasionnés par les allumettes chimiques est considérable. Laissées à la portée des enfants, elles occasionnent chaque jour des commencements d'incendie, souvent des sinistres terribles, quelquefois la mort des petits imprudents qui s'en servent comme de jouets.

Ramassées, je le répéterai encore, avec le fourrage, la paille, les lins, elles s'allument sous les pieds, dans les machines, au moindre choc, quelquefois par insolation, et anéantissent les récoltes, les fermes, les usines ou magasins qui contiennent les matières avec lesquelles elles ont été ramassées. Que de sinistres produits par une botte de ces petits engins si utiles, mais si dangereux, qu'un chat, un chien, qu'une souris ou un rat renversent sur un plancher ou sur des objets combustibles ! Que de villages détruits par des enfants allumant de petits feux imprudemment au milieu de bâtiments couverts en chaume ou de récoltes en meules ? Le remède absolu à ces dangers de tous les instants existe, il est bien simple, c'est l'emploi exclusif des allumettes au phosphore amorphe, c'est-à-dire qui ne s'enflamment que frottées sur le couvercle de leur boite revêtu d'une préparation ad hoc. Aujourd'hui que l'Etat dirige la fabrication des allumettes, il est permis de se demander pourquoi il continue à laisser faire usage d'un objet dont l'emploi non-seulement cause chaque année la destruction de biens considérables, mais encore la perte de beaucoup de vies humaines. Ne cherchons pas quelles sont les causes qui empêchent l'Etat d'être prudent pour nous, soyons-le nous-même, et n'employons que les allumettes amorphes ; elles ne sont pas plus chères que les autres et de plus elles craignent beaucoup moins l'humidité, peuvent impunément se trouver dans les poches, dans les granges, au milieu de matières combustibles, et ne constituent pas un poison. Tout se réunit donc pour les faire préférer par toutes les personnes qui redoutent les ravages du feu et du poison.

Concierge.— 68. Souvent on donne au concierge de l'usine une place dans une partie de l'établissement, dont il peut disposer pour recueillir des débris de toutes sortes qu'il vend ensuite, lorsqu'ils présentent un amas suffisant. Or il arrive quelquefois que ces débris comprennent ou contiennent des matières végétales ou animales, grasses ou humides, et finissent par s'enflammer ; ou bien, ils occasionnent des allées et venues dont quelques-unes, faites à la lumière peuvent causer un sinistre. Il sera sage de n'assigner, pour cette place, que des endroits bien séparés de l'usine, et dont la destruction ne compromettrait nullement les immeubles voisins.

69. Il ne faut pas souffrir que l'on établisse, dans le local des générateurs, des cordes pour faire sécher le linge du concierge ou des ouvriers. C'est une source d'abus aux plus grandes conséquences ; les linges sont suspendus trop près des becs de gaz, d'autres fois, le vent les pousse sur la flamme, puis on se rend le soir dans le local sans prendre le soin d'avoir une lampe bien fermée avec soi, pour y chercher un objet qu'on a oublié de prendre avant la sortie des ouvriers, et si le sinistre arrive, l'on se garde

bien d'avouer son imprudence. Si on met à sécher des sacs , des lisses, des toiles, étoffes et objets divers servant à l'industrie, dans ce local , il faut toujours les faire enlever avant la nuit.

Huiles pour le graissage et l'éclairage.— 70. Les huiles ou graisses ne doivent jamais avoir leur dépôt dans les ateliers. On les mettra dans des magasins séparés, dans les caves des maisons d'habitation ou de l'usine, si ces caves n'ont pas de communication avec les étages, et si elles ne contiennent pas de marchandises d'un voisinage trop rapproché. C'est en effet une grave imprudence que d'introduire au milieu de l'usine des corps gras qui aggravent l'incendie, qui peuvent même le faire naître, qui, une fois enflammés, ne peuvent être éteints par les moyens ordinaires ; leur présence près du foyer d'un incendie à son début, en lui donnant soudain une grande intensité, a plusieurs fois causé la ruine complète d'une usine qui, sans cette circonstance, eut été sauvée en partie. ·

Aujourd'hui que la plupart des huiles de graissage contiennent un mélange d'huile minérale, l'observation ci-dessous est encore plus à suivre qu'autrefois.

Si ce mélange est fait par l'usinier, le fût d'huile minérale sera placé obligatoirement dans une dépendance spéciale isolée, et le mélange devra se faire sans lumière et sans feu.

Objets accessoires.— 71. Les torchons , les linges , les déchets, qui servent aux ouvriers pour essuyer, nettoyer les machines, seront aussi l'objet de soins minutieux. Ils ne doivent jamais séjourner la nuit dans les ateliers , à cause de la propriété qu'ils possèdent de s'enflammer spontanément. On fait prendre aux ouvriers l'habitude de les mettre dans des boîtes en métal, dans des seaux à couvercles , afin que si on oubliait de les enlever de l'atelier il n'en résulte aucun accident.

Huiles dites minérales.— 72. Ce que nous disons n° 70

s'applique à fortiori aux huiles de schite ou dites de schiste, et de pétrole, et similaires; il ne peut-être possible de tolérer dans le bâtiment de l'usine contenant les ateliers la provision de ces huiles minérales. Si, pour quelques manufacturiers, des expériences faites de ces huiles ont semblé prouver qu'on en exagérait les dangers, il n'en a pas été de même pour d'autres. Ces résultats contraires proviennent de la fabrication; le commerce vend, sous le nom d'huiles de schiste, des combinaisons d'huiles retirées de la distillation des goudrons minéraux avec d'autres liquides inflammables tels que l'alcool; quant aux huiles de pétrole, qu'on déguise sous des noms de fantaisie, c'est aussi de leur rectification que dépendra leur facilité d'inflammation, d'évaporation spontanée, d'explosion. Il faut donc supposer le pire, et prendre des précautions en conséquence. La provision de ces huiles sera donc toujours modique, et emmagasinée dans un local à simple rez-de-chaussée, isolé ou ne communiquant pas avec les autres dépendances de l'usine, bien ventilé et bien éclairé naturellement, tout en restant abrité contre les rayons solaires; le rez-de-chaussée est préférable à la cave, à cause de la ventillation, et aussi parce qu'en supposant le cas où (ce qui ne doit jamais arriver) on aurait besoin d'entrer dans ce local la nuit, on pourrait y voir clair, sans introduire la lumière artificielle mais en la mettant contre la fenêtre, à l'extérieur. Les vases qui contiennent les huiles minérales doivent être en tôle, fermés par un bouchon à vis en cuivre, lequel est remplacé par un robinet lorsqu'on veut tirer le liquide. Quelle que soit leur forme, les vases en métal conservent parfaitement le liquide sans aucune perte ni transsudation. Il n'en est pas de même des fûts en bois, qui laissent échapper à travers leurs pores l'odeur et les parties les plus volatiles de l'huile, ce qui produit pour l'usinier une perte matérielle, un inconvénient désagréable et un danger sérieux. Les enveloppes perméables doivent donc être autant que possible mises de côté, quel que soit leur bon marché, ou alors bien isolées.

Débit des huiles de pétroles, de schistes et similaires pour l'éclairage.— Les accidents humains et les sinistres d'incendie qui ont accompagné en France la vente au détail du pétrole feraient de tout commentaire la-dessus une superfétation. Nous citons plus loin le décret qui réglemente l'emploi et la vente de ces hydro-carbures ; voici les meilleures dispositions à prendre : N'acheter à la fois qu'un fût de 150 litres et un bidon d'une contenance de dix litres au plus , dans lequel on versera le restant du fût qui sera à remplacer chaque fois qu'il sera ainsi vidé: mettre ce fût dans la cour, sous un auvent qui le préservera de la pluie et du soleil, isoler de 3 mètres au moins de toute matière combustible.

Débiter le pétrole dans un bidon ou burette de 10 litres avec robinet de sûreté, qu'on replacera, autant que possible, chaque fois dans la cour ; dans tous les cas, on ne laissera jamais ce bidon passer la nuit dans la boutique. Si le détaillant laisse le bidon intérieurement il aura soin de placer sous le robinet un vase ouvert contenant de l'eau, afin que les quelques gouttes de liquide qui s'échapperont étant refroidies par ce liquide, ne puissent s'évaporer et ensuite s'enflammer. Les robinets de sûreté éviteront cet incouvénient et cette perte.

Ne jamais débiter à la lumière ou près d'un foyer quelconque.

Lorsque, par exception aux dispositions légales, on aura obtenu de l'administration, faute de cour ou de place, de mettre la provision de pétrole dans la cave (autorisation qui n'empêchera pas les recours légaux en cas de sinistres matériels ou hnmains, nul ne pouvant se soustraire à la loi ou se faire autoriser à l'éluder) on prohibera absolument toute introduction rapprochée ou éloignée de la lumière ou de feu dans la dite cave, et afin d'éviter les hazards d'un emplissage intérieur du bidon de détail, on pourra se servir d'une pompe d'aspiration amenant le liquide dans la boutique du rez-de-chaussée pour le débit quotidien.

Appareil Olivier.— Il consiste d'abord en un récipient en

tôle enterré à un mètre de profondeur, soit dans la cour, sous la boutique, dans une cave, ou même sous l'escalier de la cave, s'il n'y a pas d'autre endroit disponible. Une petite pompe foulante, à pression d'air, agit sur le liquide enterré, et le débit se fait par un robinet placé à n'importe quel endroit, et à quelque distance que ce soit du récipient.

Ce robinet, point capital de l'appareil, est automatique. Il se referme seul lorsqu'on l'abandonne à lui-même, absolument comme le syphon d'une bouteille d'eau gazeuse, et alors le liquide non seulement cesse de couler, mais encore les tuyaux se trouvent complètement vides, le liquide étant refoulé dans le récipient enterré.

Par ce moyen, on le comprend, il n'y a plus aucun danger d'incendie pour le détaillant. Quand même le feu se déclarerait dans le magasin par n'importe quelle cause, il ne pourrait communiquer avec le récipient séparé de lui par un mètre de terre.

Pour remplir ce tonneau réservoir, il n'est pas nécessaire non plus de faire rentrer les fûts de commerce dans le magasin ou la boutique. On peut fort bien les laisser dehors, et au moyen d'un robinet appliqué à ces fûts et d'un tuyau de caoutchouc, on fait déverser le liquide dans le récipient qui possède pour cet usage un tuyau de remplissage montant au niveau du sol et se fermant par un bouchon à vis.

Dans toute maison où l'on s'éclaire à l'huile ou essence minérale, le maître de la maison fera comprendre à sa famille et à son personnel qu'on risque de perdre la vie, car les brûlures par les huiles minérales entraînent presque toujours la mort :

1° en remplissant une lampe allumée;

2° en laissant brûler une lampe dans laquelle il n'y a presque plus de liquide minéral;

3° en renversant une lampe allumée; la lampe se brise, le liquide en sort enflammé et projeté sur tout ce qui l'environne;

4° en jetant de l'huile de pétrole ou de l'essence sur un foyer pour l'activer.

5° en laissant tomber dans un foyer ou près d'un foyer, un vase contenant du pétrole;

6° en déposant le liquide minéral près d'une lumière, en le maniant avec une pipe à la bouche ou près d'un foyer ;

7° en allumant la lampe en l'agitant; l'huile étant agitée et n'étant pas reposée émet des vapeurs légères, qui remplissent le réservoir destiné à la flamme, et ces vapeurs produisent une explosion qui communique le feu au récipient.

8° en emplissant trop une lampe à pétrole ; le liquide ne doit pas toucher le col de la lampe, c'est-à-dire le conduit qui retient et fait mouvoir la mêche. Il faut un centimètre de distance au moins.

9° en éteignant la lampe.

Connaissant le danger que l'on courre, on sera ainsi rendu prudents, et les accident dûs à l'ignorance deviendront rares.

S'il est exact que sur 100 personnes 99 éteignent une lampe en soufflant violemment dans le verre, il est aussi exact que ces 99 personnes sont exposées aux mêmes accidents dont la centième partie est frappée, c'est-à-dire à se brûler.

En effet, si la lampe est aux trois quarts vide, par suite de l'échauffement de l'huile, elle se remplit de gaz ordinaire : dans ce cas, si la mêche ne remplit pas complètement le tuyau, la flamme soufflée par l'espace libre dans le récipient met le feu au gaz, fait éclater la lampe, enflamme l'huile qui s'y trouve encore, répand cette huile sur les habits, les meubles, et occasionne en fin de compte un de ces nombreux accidents dont les journaux parlent presque chaque semaine.

Pour ne courir aucun danger en éteignant une lampe à pétrole, on n'a qu'à descendre la mêche à niveau du tuyau, mais pas davantage (on risquerait ainsi de faire passer la flamme dans le récipient), et de souffler ensuite légérement dans le verre.

Les meilleures lampes à pétrole sont celles où la gaine de la mèche ne touche pas le niveau maximum de l'huile, dont la substance est un corps peu conductible de la chaleur, et où la capillarité de la mèche s'exerce sans difficulté ni effort. En un mot, il faut que la chaleur développée par la combustion reste localisée dans le bec, et n'atteigne pas ou peu le récipient inférieur qui doit rester froid.

Les lampes seraient peu dangereuses d'ailleurs si les huiles de commerce étaient bien purgée de leurs principes essentiels, malheureusement on ne peut se reposer sur cette perfection de raffinage, tant que le détaillant ne pourra par lui-même se procurer des huiles remplissant absolument cette condition.

Lampes et Fourneaux à vapeur, à essence, de pétrole, naphte benzine ou similaires. — Les précautions indiquées ci-dessus doivent être à fortiori prises dans l'usage de ces appareils, car les huiles de pétroles n'émettent pas toujours de vapeurs inflammables, tandis que les essences en émettent toujours et peuvent même se vaporiser instantanément : le danger de l'emploi de ces appareils est donc constant. Seules, les lampes à éponges paraissent moins dangereuses, parcequ'elles ne contiennent dans leur récipient que le liquide imbibé par l'éponge, les chocs et les chûtes sont donc pour elles moins à redouter.

Gaz de pétrole, (Voir usine à Gaz).

Huiles de Pétrole.— 73. L'usinier qui fait l'acquisition d'huiles minérales pour sa consommation doit exiger que cette huile soit parfaitement raffinée, c'est-à-dire purgée des principes volatilles qui la rendent redoutable. La loi anglaise du 29 juillet 1862, rendue sur la réclamation des Compagnies d'assurances, pour réglementer l'introduction et l'usage des huiles de pétrole, les divise en deux catégories : la 1re comprend les huiles minérales, qui, à moins de 30° Réaumur émettent des vapeurs inflammables ; la 2e, celle qui, à 30° Réaumur, n'en émettent pas. Les premières sont les huiles brutes de pétrole ; les secondes, les huiles raffinées. Pour éprouver ces dernières, ce que l'acheteur devra toujours faire, on prend une petite éprouvette de l'huile à essayer, et on la plonge dans un vase contenant de l'eau chaude ; un thermomètre plongé dans l'huile indique lorsque la température d'épreuve est obtenue, on approche aussitôt une lumière à une petite distance de l'orifice de l'éprouvette; s'il y a dégagement de vapeurs, elles s'enflamment immédiatement. Mais, nous le répétons, il ne faut pas conclure de cette épreuve réussie (l'ininflammation) que l'huile sera inoffensive; il y a toujours une évaporation lente et peu sensible, qui selon les cas et certaines circonstances, peut devenir plus active, car la composition de ces huiles n'est pas encore parfaitement connue, et les fabricants font un mystère de leurs procédés de raffinage, qui diffèrent d'ailleurs entre eux.

Transports de pétrole.— Les sinistres sonts dûs à la même cause, manque de solidité des récipients, fuites occasionnées par les chocs, les cahots; par ces fuites s'échappent des vapeurs carburées qui, portées à distance par l'air, rencontrent une flamme, et en s'y allumant portent l'incendie partouts et produisent ces terribles désastres dont Anvers, le Havre, Bordeaux, ont donné l'effrayant spectacle.

Les chefs de garee devront donc veiller à ce qu'aucune lumière ne se trouve jamais à moins de 5 mètres (ou plus selon l'importance de l'approvisionnement) des groupes de fûts à pétrole : on aura soin de ne pas laisser ceux-ci exposés au soleil, l'action du soleil sur le bois fait écarter les joints et échauffe le liquide à une température suffisante pour lui faire dégager des vapeurs qui vont s'enflammer au dehors à un foyer, au jet d'une allumette, au feu, à une lampe, à un bec de gaz.

Voici le décret du 24 février 1872, qu'il est intéressant de lire.

**DÉCRET RELATIF A LA FABRICATION, A L'EMMAGASINAGE ET A LA VENTE
EN GROS ET AU DÉTAIL DU PÉTROLE ET DE SES DÉRIVÉS (1).**

Sur le rapport du ministre de l'agriculture et du commerce :

Vu les lois des 22 décembre 1789, janvier 1790 (section 3, art. 2), et 16-24 août 1790 (titre XI, art. 3) ;

Vu le décret du 15 octobre 1810, l'ordonnance du 14 janvier 1815 et les décrets des 18 avril et 31 décembre 1866 ;

Vu les avis du comité consultatif des arts et manufactures ;

La commission provisoire chargée de remplacer le conseil d'Etat entendue,

DÉCRÈTE :

Art. 1er. — Le pétrole et ses dérivés, les huiles de schiste et de goudron, les essences et autres hydrocarbures liquides pour l'éclairage et le chauffage, la fabrication des couleurs et vernis, le dégraissage des étoffes, ou tout autre emploi, sont distingués en deux catégories, suivant leur degré d'inflammabilité.

La première catégorie comprend les substances très-inflammables, c'est-à-dire celles qui émettent, à une température inférieure à trente-cinq degrés du thermomètre centigrade, des vapeurs susceptibles de prendre feu au contact d'une allumette enflammée.

La seconde catégorie comprend les substances moins inflammables, c'est-à-dire celles qui n'émettent de vapeurs susceptibles de prendre feu au contact d'une allumette enflammée qu'à une température égale ou supérieure à trente-cinq degrés.

Art. 2. — Les usines pour le traitement de ces substances, les entrepôts et magasins de vente en gros et les dépôts pour la vente au détail ne peuvent être établis et exploités que sous les conditions prescrites par le présent décret.

SECTION PREMIÈRE. — DES USINES.

Art. 3. — Les usines pour la fabrication, la distillation et le travail en grand des substances désignées à l'article 1er demeurent rangées dans la première classe des établissements dangereux, insalubres ou incommodes, régis par le décret du 15 octobre 1810 et par l'ordonnance du 14 janvier 1815.

SECTION II. — DES ENTREPÔTS ET MAGASINS DE VENTE EN GROS.

Art. 4. — Les entrepôts ou magasins de substances désignées à l'article 1er, dans lesquels ces substances ne doivent subir aucune autre manipulation qu'un simple lavage à l'eau froide et des transvasements, sont rangés dans la première, la deuxième ou la troisième classe des établissements dangereux, insalubres ou incommodes, suivant les quantités de liquide qu'ils sont destinés à contenir, savoir :

Dans la première classe, s'ils doivent contenir plus de quinze mille litres de ces substances ;

Dans la deuxième classe, s'ils doivent en contenir de sept mille cinq cents à quinze mille litres ;

Dans la troisième classe, s'ils doivent en contenir moins de sept mille cinq cents litres.

Art. 5. — Les entrepôts ou magasins spécifiés à l'article précédent, qui renferment des substances de la première catégorie, soit exclusivement, soit jointes à des substances de la deuxième catégorie, sont assujettis aux règles suivantes :

1º Le magasin sera établi dans une enceinte close par des murs en maçonnerie de deux mètres cinquante centimètres de hauteur au moins, ayant sur la voie publique une seule entrée, qui doit être garnie d'une porte pleine, solidement ferrée et fermant à clef.

Cette porte d'entrée sera fermée depuis la chute du jour jusqu'au matin. La clef en sera déposée, durant cet intervalle, entre les mains de l'exploitant du magasin ou d'un gardien délégué par lui. Durant le jour, l'entrée et la sortie des ouvriers et charretiers seront surveillées par un préposé ;

2º L'enceinte ne devra renfermer d'autre logement habité durant la nuit que celui d'un portier-gardien et de sa famille.

Cette habitation elle-même aura son entrée particulière et sera isolée du reste de l'enceinte par un chemin de ronde de deux mètres de largeur au moins, entouré d'un mur de un mètre vingt centimètres de hauteur au moins, sans aucune ouverture ;

3º La plus petite distance de l'enceinte renfermant le magasin aux maisons d'habitation ou bâtiments quelconques appartenant à des tiers ne pourra être de moins de cent mètres pour les magasins rangés dans la première classe, de vingt-cinq mètres pour ceux de la deuxième et de deux mètres pour ceux de la troisième ;

4° Le sol du magasin sera dallé, carrelé ou bétonné, avec pentes et rigoles disposées de manière à amener les liquides qui seraient répandus accidentellement dans une ou plusieurs citernes étanches ayant ensemble une capacité suffisante pour contenir la totalité des liquides emmagasinés.

Si le sol dallé du magasin est en contre-bas du sol environnant, la cuvette ainsi formée tiendra lieu, jusqu'à concurrence de sa capacité, des citernes prescrites au paragraphe précédent ; néanmoins il sera construit, dans le cas même où la cuvette aurait à elle seule la capacité prescrite, un puisard de trois mètres cubes au moins, où seraient amenés les liquides répandus accidentellement.

Les citernes et puisards devront être toujours maintenus en état de service,

. 5° Le magasin pourra être à découvert en plein air. S'il est enfermé dans un bâtiment ou hangar, ce bâtiment ou hangar sera construit en matériaux incombustibles, non surmonté d'étages, bien éclairé par la lumière du jour et largement ventilé, avec ouvertures ménagées dans la toiture ;

6° Les liquides emmagasinés seront contenus soit dans des récipients en métal munis de couvercles mobiles, soit dans des fûts en bois cerclés de fer, soit dans des touries en verre ou en grès, protégées par un revêtement extérieur.

Les fûts et touries vides, ainsi que les débris d'emballage, seront placés hors du magasin proprement dit, en plein air ;

7° Toutes les réceptions, manipulations et expéditions de liquides seront faites à la clarté du jour. Durant la nuit, l'entrée dans l'enceinte où est placé le magasin est absolument interdite. Il est également interdit d'y allumer ou d'y apporter du feu, des lumières ou des allumettes et d'y fumer. Cette interdiction sera écrite en caractère très-apparents sur le parement extérieur du mur d'enceinte, du côté de la porte d'entrée. Les préfets peuvent imposer, en outre, les conditions qui seraient exigées, dans des cas spéciaux, pour l'intérêt de la séeurité publique.

Art. 6. — Les préfets ou les sous-préfets peuvent autoriser des entrepôts ou magasins établis et exploités dans des conditions différentes de celles déterminées par l'article 5, lorsque ces conditions offrent des garanties au moins équivalentes pour la sécurité publique. Mais, dans ce cas, les arrêtés

ou casiers seront garnis de feuilles de métal, de manière à constituer une
d'autorisation, avant d'être délivrés aux demandeurs, doivent être soumis
à l'approbation du ministre de l'agriculture et du commerce, qui prend
l'avis du comité consultatif des arts et manufactures.

Art. 7. — Les conditions d'établissement des entrepôts ou magasins
dans lesquels les liquides inflammables ne subissent ni transvasement ni
manipulation d'aucune sorte, ou qui ne contienuent que des substances
de la deuxième catégorie, sont réglées par les arrêtés d'autorisation.

SECTION III. — DE LA VENTE AU DÉTAIL.

Art. **8**. — Tout débitant de substances désignées à l'article 1ᵉʳ, est
tenu d'adresser au maire de la commune où est situé son établissement une
déclaration contenant la désignation précise du local, des procédés de
conservation et de livraison, des quantités de liquides inflammables aux-
quélles il entend limiter son approvisionnement, et de l'emplacement qui
sera exclusivement affecté dans sa boutique aux récipients de ces liquides.

Art. 9. — Après cette déclaration, le débitaut peut exploiter son
commerce, à la charge par lui de se conformer aux prescriptions suivantes :

1º Les liquides pour l'éclairage seront reçus, conservés dans la boutique
et livrés aux acheteurs dans des vases ou récipients en métal dont la
capacité sera de cinq litres au plus, exactement fermés au moyen de
rohinets ou de bouchons métalliques à vis.

Aucun transvasement desdits liquides ne sera opéré dans l'intérieur de
la boutique, ni lors de la réception, ni lors de la livraison aux acheteurs ;

2º Chaque vase métallique portera extérieurement une inscription en
caractères lisibles, incorporée ou solidement attachée au vase, indiquant
sa capacité et la nature du liquide contenu (*essence* ou *huile minérale*). Il
devra satisfaire à la condition de pouvoir être employé comme burette par
les consommateurs ;

3º Les hydrocarbures non destinés à l'éclairage pourront être contenus
dans des bouteilles ou flacons bien bouchés et d'une capacité qui ne
dépassera pas cinq litres ; mais le transvasement de ces liquides dans la
boutique, soit lors de la réception, soit lors de la livraison aux acheteurs,
est interdit ;

4º Les vases pleins de liquides inflammables seront rangés dans des
boîtes ou casiers à rebords, dans un emplacement spécial et séparé de celui
qu'occupent les autres marchandises. Le fond et les rebords de ces boîtes

cuvette étanche destinée à retenir les parties de liquides· qui viendraient à sortir accidentellement des récépients.

Art. 10. — Il ne peut être dérogé aux règles précédentes pour la conservation et la livraison des liquides susdésignés qu'en vertu d'une autorisation spéciale du préfet, qui arrête les conditions imposées au détaillant dans l'intérêt de la sécurité publique.

La demande d'autorisation est transmise par le maire avec ses observations au préfet, qui statue après avoir pris l'avis du conseil d'hygiène et de salubrité du département.

SECTION IV. — DISPOSITIONS GÉNÉRALES.

Art. 11. — Les entrepôts ou magasins de vente en gros et les dépôts pour la vente au détail, qui ont été précédemment autorisés ou déclarés, conformément au décret du 18 avril 1866, peuvent être maintenus dans les conditions qui ont été fixées, soit par ce décret, soit par les arrêtés spéciaux d'autorisation. L'exploitant ne peut y apporter aucune modification qu'à la charge de se conformer aux prescriptions du présent décret, et, suivant les cas, d'obtenir une nouvelle autorisation ou de faire une déclaration nouvelle, comme il est dit à l'article 8.

Art. 12. — En cas d'inobservation des conditions fixées par le présent décret ou par les arrêtés spéciaux d'autorisation, les entrepôts ou magasins de vente en gros peuvent être fermés et la vente au détail peut être interdite par décision du préfet du département, sans préjudices des peines encourues pour contravention aux règlements de police.

Art. 13. — Le transport des substances désignées à l'article 1ʳ, en quantité excédant cinq litres, doit être fait exclusivement soit dans des vases en métal, étanches et hermétiquement clos, soit dans des fûts en bois, également étanches, cerclés en fer, soit dans des touries ou bonbonnes en verre ou en grès, protégées par un revêtement extérieur.

Art. 14. — Les attributions conférées aux préfets des départements et aux maires, par le présent décret, sont exercées par le préfet de police dans l'étendue de son ressort.

Art. 15. — Le décret du 18 avril 1866, relatif aux huiles minérales et autres hydrocarbures, est rapporté.

Le décret du 31 décembre 1866, relatif au classement des établissements dangereux, insalubres ou incommodes, est réformé en ce qui concerne les entrepôts ou magasins d'hydrocarbures.

Introduction d'ouvriers étrangers dans l'usine.— 74.
Lorsque des ouvriers étrangers à l'établissement y sont introduits
pour opérer des réparations, le temps pendant lequel ils y séjourne-
ront exigera une surveillance toute exceptionnelle. Ils ne sont pas
habitués, comme ceux de l'usine, aux mesures de prudence imposées
à ces derniers; ils apporteront, par exemple, leur habitude de
fumer partout; le menuisier fumera même au milieu de ses copeaux,
et se servira de chandelles, si on le laisse faire. Les ouvriers mécaniciens apporteront des déchets pour nettoyer les machines qu'ils
viendront réparer. Il sera indispensable de faire passer un surveillant
aussitôt les réparations faites. Quand il s'agira d'ouvriers zingueurs,
pour réparation de toitures, on devra leur recommander le plus de
soins possibles, voir où ils installeront leurs fourneaux, leur défendre
de les laisser allumés sur les toitures, même pendant le repas, et visiter
scrupuleusement, chaque fois après leur cessation de travaux ou leur
départ, les lieux qu'ils viennent de quitter. Qui ne sait les sinistres
multipliés occasionnés par leur faute, et les nombreuses églises dont
leur imprudence a causé l'incendie? Les ouvriers gaziers seront
l'objet des mêmes attentions; on devrait croire que, connaissant
les résultats des mélanges explosifs du gaz d'éclairage avec l'oxigène
de l'air, ils seront prudents; point du tout; en pratique, on a trop
souvent à déplorer des accidents que leur maladresse occasionne.

Exiger que les fourneaux soient sur trépied et munis de couvercles et qu'on ne les laisse jamais dans l'intérieur ou sur les toits
pendant les interruptions de travail.

Risques situés en face ou à côté des usines.— 75. Il faut
encore comprendre parmi les causes générales de sinistres celles
provenant du voisinage d'un autre établissement. Ainsi une manufacture placée non loin d'une tannerie avec moulins à tan, près
d'une scierie mécanique, d'une fabrique d'allumettes chimiques,
de magasins de goudrons, alcools, essences, huiles de schiste,
de pétrole, et toutes matières qui, solides, produisent en

brûlant des myriades d'étincelles et de fragments enflammés que l'air projette sur des bâtiments voisins, ou qui, liquides, ont une grande expansabilité, couvrent instantanément une grande étendue, sur laquelle elles roulent comme des flots de laves embrasées, et résistent à l'eau, qui semble, au contraire, leur donner un nouvel aliment, ne s'éteignent que par le refroidissement opéré par la présence ou la projection de corps solides réfrigérants par leur différence de température. Il y a des cheminées dont on doit redouter le voisinage : celles des fours de boulangeries, surtout lorsqu'ils sont chauffés avec des bois résineux, celles des forges, des fonderies, par exemple. Les magasins de matières éminemment combustibles, telles que le lin, chanvre, coton, fourrages, les dépôts de chiffons (voir papeteries), les moulins (voir l'article moulins à blé) seront construits, et leur distribution de fenêtres et de jours sera faite, en tenant compte des corrections que nécessiteront la position et la proximité des cheminées voisines. Lorsque le pignon d'un mur, non complètement incombustible, sera distant de moins de cinq mètres d'une cheminée d'un bâtiment voisin placé en contre-bas, il faudra avoir soin de garnir d'un revêtement en maçonnerie la saillie en bois de ce pignon, ou son couronnement de wimbergues, qu'il est préférable, dans ce cas, de supprimer.

75. Chaque fois que l'on habite dans une rue et que l'on a devant soit à moins de 10 mètres une usine ou magasins d'usine à 3 ou 4 étages, on peut être à peu près certain qu'en cas de sinistre de l'usine ou des magasins, le rayonnement de la chaleur sera suffisant pour brûler la maison habitée. Il n'y a malheureusement pas de moyens préventifs à indiquer dans ce cas, si ce n'est des volets intérieurs en fer et une toiture incombustible. Le nombre des usines qui se créent en façades sur la rue diminue aujourd'hui heureusement. Les habitations tangentes sont aussi fort exposées; là, il faut alors avoir soin de faire monter le mur mitoyen, s'il est de même hauteur au-dessus de la toiture de l'usine de un mètre environ.

Si la toiture de l'usine est plus élevée que celle de la maison, avoir soin de faire supprimer les saillies combustibles , faire des nochères et leurs supports en métal incombustible et armer sa propriété d'étais obliques en fer qui auront pour effet, en cas de sinistre, d'empêcher la partie du mur qui surplombe sur elle de tomber dessus et de l'écraser.

Si, au contraire, la propriété est plus élevée que celle de l'usiue , éviter également les saillies combustibles de la toiture, afin que celle-ci ne puisse prendre feu, sous l'ardeur du foyer inférieur de l'incendie ; munir également le mur mitoyen de tirants, afin qu'en cas d'écroulements des ateliers de l'usine la muraille commune reste inébranlable.

Moyens ou engins de secours contre l'incendie.— Pompes à incendie. 76. Tout établissement doit posséder une pompe à incendie, d'une force proportionnée à son importance et à la hauteur de ses bâtiments ou son équivalent. C'est le premier engin de secours qui vient à l'esprit. Nous n'entreprendrons pas ici de discuter le mérite des nombreux systèmes de projection d'eau qui sont inventés et exploités actuellement. (Voir aux planches, et à la fin de cet ouvrage les indications ad hoc).

Il faut avant de faire l'acquisition d'une pompe, étudier, suivant l'usine que l'on exploite, si elle doit être à simple projection ou à double effet.

Il n'y a jamais d'inconvénient à ce qu'elle soit à double effet, car on peut, ad libitum, puiser l'eau par aspiration, ou directement dans la bâche.

Extinction des incendies avec les pompes à projection ou aspirantes et foulantes.—76 [bis].Dès qu'un Sapeur-Pompier a connaissance d'un sinistre, il doit en avertir le commandant et l'un des tamhours ou clairons, se rendre au local de la pompe et préparer pour le départ tout ce qu'il lui sera possible de faire sans aide. Les autres sapeurs, avertis par le son du clairon ou du tambour, se rendent au local de la pompe et l'arment si elle ne l'est pas en attendant le signal du départ donné par le commandant. (Voir les réglements précédents). Arrivé sur le lieu de l'incendie, le commandant étudie la construction incendiée, les habitations voisines, il se rend un compte exact : 1° De la situation du feu ; 2° de son intensité ; 3° du côté où il a propension à s'étendre. Cette reconnaissance faite avec promptitude décide de l'établissement de la pompe qui doit être placée le plus près possible du foyer. Dans la reconnaissance, le commandant doit être accompagné de l'escouade de sauvetage, car avant de protéger les choses, il faut sauver ses semblables. S'il se trouve des animaux dans les bâtiments incendiés, couper les langes qui retiennent les animaux, ouvrir simplement des issus par où ils puissent s'échapper, mais ne point les faire sortir de force ; la pratique a démontré qu'ils restaient toujours dans ce dernier cas ; le meilleur moyen lorsqu'il s'agit de chevaux, c'est de les garnir de suite, le cheval garni de ses harnais ou de partie de ses harnais, bride, collier, sellette, sort de suite sans résistance. On perd moins de temps ainsi qu'à essayer de le faire sortir de force.

Pendant que le commandant fait la reconnaissance, accompagné de l'escouade de sauvetage munie d'échelles, de cordes, de toiles de sauvetage garnies de poignées (Voir aux descriptions des engins de sauvetage), l'escouade de manœuvre dépose la pompe à terre, prépare les seaux et l'escouade d'ordre fait les réquisitions forcées pour la chaîne, s'il est nécessaire d'en avoir une et s'il est possible de l'établir. Ces opérations doivent être faites sans bruit, dans le plus grand ordre. de façon que le commandant, après sa reconnaissance, qui n'a duré que quelques minutes, trouve tout le monde prêt et disposé à exécuter vivement ses ordres. Il faut avoir grand soin de fermer les portes, les issues, de boucher les fenêtres, et surtout il faut éviter de faire tomber l'eau en pluie d'arrosoir, ce qui ne ferait qu'activer le feu. Eviter pour les demi-garnitures les étranglements dans les courbes, car les boyaux peuvent crever. Le jet doit être direct et rapproché du foyer, de telle manière que non seulement il mouille le feu, mais que, par sa force de projection, il brise et détache les charbons des bois enflammés ; sur les parties échauffées lancer de l'eau pour empêcher les bois de s'allumer ; cela s'appelle noircir.

Pour les feux de cave, il y a des appareils spéciaux. Pour les feux de cheminée, il a y la corde garnie d'une tête de loup ou d'un poids pour détacher la suie enflammée, et la toile spéciale qui enlève l'air de la cheminée et étouffe le feu.— Pour les feux de meules, arracher la paille longitudinale qui sert de toiture, jeter de la terre et lancer l'eau sur le sommet, de telle façon qu'elle se répande de tous côtés. Lorsque l'eau manque ou les pompes, qu'il s'agit de toitures en chaume, ou de meules, on fait placer dessus des couvertures mouillées ; des hommes avec des seaux et des échelles renouvellent leur imbibition ; s'il s'agit de toitures en ardoises ou en pannes, tuiles, zinc, on fait répandre dessus de la terre, du sable, des cendres, enfin les matières incombustibles que l'on a sous la main ; on les mouille facilement à la main et elles retardent ainsi l'embrasement du faîte qu'elles recouvrent : Lorsqu'il s'agit de très-grands sinistres, que le feu dévore successivement les maisons en ligne, que l'intensité de la chaleur est telle que le feu se communique successivement aux maisons par leurs toitures, par simple rayonnement, on doit, ou pratiquer un vide là où l'on suppose qu'on aura le temps d'effectuer la démolition de la maison à sacrifier dans l'intérêt général, ou bien faire surélever de suite, au-dessus des toitures, par une bonne et prompte maçonnerie de briques, le mur monturier solide qu'on a reconnu capable de résister au feu dans sa partie mitoyenne : des maçons ordinaires auront bien vite érigé en hauteur faisant saillie, un demi mètre ou un mètre de ce mur, la toiture en deça sera couverte de terre, ainsi que les planchers, de la maison, de sorte qu'avec un arrosage constant et suffisant, on pourra voir finir là le désastre que les moyens ordinaires n'auront pu arrêter. Ce sera également le cas d'imbiber de pyro-extincteur les objets, murs, immeubles, où l'on voudra essayer de limiter la propagation de l'incendie; aussi dans toutes les villes où l'on peut craindre des agglomérations d'incendie, aura-t-on soin d'avoir en réserve quelques hectolitres de ce liquide extincteur dont l'efficacité est incontestable (1).

La même observation ou plutôt recommandation est à faire à toutes les communes qui ne possèdent qu'une pompe : le mélange dans l'eau de projection du liquide pyro-extincteur, multipliant les les effets d'extinction, équivaut au fonctionnement de plusieurs pompes à incendie : Toutes ces communes devront donc avoir en réserve, selon leurs ressources budgétaires des hectolitres du liquide prénommé.

Soins à leur donner.— 77. La pompe à incendie , sauf pour quelques établissements où elle doit être en permanence dans les ateliers, sera toujours placé, dans un local inaccessible à la gelée, d'où l'on puisse la tirer sans le moindre retard ; rien n'en embarrassera ou gênera la sortie ; c'est un point très-grave ; les minutes au début d'un sinistre valent des heures. Trop souvent les pompes sont comme enterrées au fond d'une remise ou d'un débarrassoir, au milieu d'objets étrangers, qu'on ne pose toujours là que pour un moment et qui finissent par y rester à demeure. Voici quelle doit être la disposition d'armement de la pompe.

Disposition normale de la pompe.— Les deux tamis sont posés sur le balancier, le boudin et les deux longueurs de boyaux montés sur la pompe et pliés en long et en travers par dessus ces tamis ; la lance vissée sur la deuxième longueur de boyau ; les deux leviers placés le long de l'entablement et reposant sur la bâche; le cordage plié dans la bâche du côté gauche ; les 3 clefs, 2 machoires-cuir à crochets contre la rupture des boyaux, et des ligatures seront placées dans le coffret de l'arrière du chariot. Si la pompe est aspirante, le tube d'aspiration sera également suspendu sous le chariot ou alentour.

(1) Liquide extincteur Constant. 70 francs les cent kilos logés.

Manœuvre à l'eau.— Avant de manœuvrer à l'eau, il est très-nécessaire de graisser l'intérieur des corps de pompe avec de l'huile de pied-de-bœuf ou à son défaut avec celle qui paraîtra la plus pure ; il n'est pas utile de démonter les pistons, il suffit de graisser la partie supérieure des corps de pompe en se servant d'un pinceau ou d'une plume. Les pistons, dans leur mouvement, feront eux-mêmes le graissage sur toute la hauteur des corps.

Bien qu'en arrivant au feu on ait très-peu de temps de s'occuper de ce détail, si on y emploie quelques minutes, on en tirera un grand avantage, parce que la pompe fonctionnera mieux et sera plus douce à manœuvrer.

Ce serait une bonne précaution que d'avoir dans le coffret du charriot une petite bouteille en fer blanc remplie d'huile, pour ne pas être obligé d'en chercher lorsqu'on en aurait besoin.

Comme l'indique la théorie et le manuel des sapeurs-pompiers (3e leçon), il faut s'assurer, avant de manœuvrer, si les raccordements ou vis des boyaux sont bien serrés. On doit aussi prendre la même précaution tant pour la pièce à deux vis, qui est à la sortie de la pompe, que pour la lance.

Si l'on n'avait pas de clé pour serrer les raccordements ou la pièce à deux vis, on pourrait se servir d'une cale en bois ou en fer et d'un marteau. Un morceau de fer ou de bois pourrait aussi très-bien remplacer le marteau.

Lorsque, depuis longtemps, la pompe n'a pas servi avec de l'eau, il pourrait être utile, pour éviter des fuites occassionnées par la sécheresse des cuirs, de serrer les boulons qui fixent le récipient et les corps de pompe sur la culasse. Ce travail, quand il est nécessaire, doit être fait avec beaucoup de précautions, les boulons qui sont en bronze pouvant se casser si on les serrait trop fort ou par secousses.

Au commencement de la manœuvre, celui qui tient la lance doit laisser partir l'air des boyaux, avant de boucher l'orifice, sans cela l'eau et l'air se mêlant ensemble sortent de l'orifice, en produisant des claquements qui nuisent au jet. Cependant, si cette précaution n'est pas observée, l'inconvénient n'est pas d'une longue durée ; après quelque temps de manœuvre, les claquements cessent et le jet devient ce qu'il aurait dû être tout d'abord.

Accidents qui peuvent arriver aux pompes pendant un incendie ; moyen d'y remédier : précaution à prendre pour les éviter.— Les principaux accidents sont :

1° La sécheresse des pistons ;

2° Les fuites ou crevasses aux boyaux ;

3° L'obstruction de l'orifice de la lance par des corps étrangers :

4° L'embarras des clapets causé par de la vase dans la pompe ;

5° Un piston qui se dévisse ou un côté du balancier qui casse.

Ces accidents ne sont pas fréquents lorsque les pompes sont bien construites et bien entretenues ; mais comme ils arrivent quelquefois, il est utile de savoir dans quelles circonstances ils peuvent se produire et par quels moyens on peut y remédier.

Ces moyens les voici :

1° Quand une pompe est restée longtemps sans servir, il arrive quelquefois que les pistons ont séché et que l'eau passe par dessus, souvent même elle jaillit assez fort pour retomber sur les travailleurs de manière à les empêcher de manœuvrer.

Dans le cas où cet inconvénient n'est pas gênant, on doit continuer la manœuvre sans se préoccuper de l'eau qui se perd. Il est vrai que cela diminue la force de la pompe, mais les cuirs des pistons sont bientôt regonflés et le mal cesse en peu de temps. On doit surtout, dans cette circonstance, graisser l'intérieur des corps de pompe, parce que l'huile pénétrant le cuir des pistons, l'assouplit, de sorte qu'il se gonfle plus facilement.

Quand les pistons seront secs au point que l'eau, s'échappant tout autour, jaillira sur les travailleurs, on devra garnir la partie supérieure des corps avec des tampons de foin, de paille, de chiffons ou de toute autre chose pour empêcher le jaillissement de l'eau. Ce moyen, qui est indiqué dans le manuel des sapeurs-pompiers, est le seul a employer quand on est obligé de se servir immédiatement de la pompe. Mais si on n'a pas besoin de s'en servir à l'instant même, on doit, dès qu'on s'aperçoit du défaut, sortir les pistons l'un après l'autre pour ne pas s'exposer à les changer de place, puis resserrer avec la clef à bec la platine ou l'écrou vissé sous le piston après la tige qui le traverse; et, si cela ne suffit pas, ouvrir un peu avec le pouce le godet en cuir pour tacher de l'élargir, puis remettre le piston dans le corps comme il était placé, c'est-à-dire ayant soin de ne pas lui avoir fait faire un demi-tour. Ce dernier moyen réussit presque toujours ; mais quand par hasard il n'est pas suffisant, il faut s'en tenir à garnir le haut des corps avec des tampons pour se préserver du jaillissement de l'eau.

2° Lorsqu'un boyau vient à fuir, il faut appliquer sur la partie crevée un torchon ou un morceau de linge plié plusieurs fois sur lui-même et serrer le manchon par dessus. Si l'on n'a ni torchon ni linge, on applique seulement le manchon en faisant de sorte que sa partie pleine porte sur la partie crevassée du boyau. Autant que possible, cette réparation doit se faire sans arrêter la manœuvre ; elle demande très-peu de temps si le manchon et en bon état.

3° Quand l'orifice de la lance se trouve être obstrué par des corps étrangers, il faut immédiatement faire arrêter la manœuvre et le démonter pour le nettoyer, en ayant soin de pencher la lance, le petit bout en bas, afin que ce qui est dans l'orifice ne retombe pas dans le boyau. Si on forçait la manœuvre quand l'orifice est obstrué, on pourrait faire crever les boyaux, ou la lance ou même le récipient de la pompe.

4° On est souvent obligé, dans les incendies, de se servir d'eau bourbeuse, et il arrive quelquefois que la pompe ne fonctionne plus à cause que les clapets sont embarrassés par la vase. Pour ce cas, il faut nettoyer la pompe, comme le dit la théorie et le manuel à la 4° leçon. On vide la bâche et on jette de l'eau dedans pour en faire sortir **tous** les corps étrangers. ; ensuite on manœuvre quelques minutes avec de l'eau claire pour dégager les clapets et laver l'intérieur des corps et du récipient.

5° Si par hasard, en manœuvrant la pompe, un piston se dévissait ou le balancier cassait de façon qu'elle ne pût plus servir que d'un côté , il faudrait immédiatement démonter le piston du côté où elle ne fonctionnerait plus. Dans cette condition , la pompe ne pourrait plus donner que la moitié de ce qu'elle produisait auparavant, mais au moins elle fonctionnerait encore.

Nettoyage de la pompe après une manœuvre à l'eau.—
77bis. Aussitôt que la manœuvre est terminée, on doit laver la bâche pour en faire sortir les corps étrangers et faire passer de l'eau claire dans l'intérieur de la pompe. Si cette précaution n'était pas prise, il pourrait rester des graviers entre les clapets et leur siège; les chocs pourraient incruster ces graviers dans les clapets et les désajuster , ce qui nuirait considérablement au fonctionnement de la pompe. On doit, autant que possible, faire ce travail avant de rentrer au magasin.

Après avoir lavé la pompe, il faut la vider entièrement pour qu'il ne reste pas d'eau dans l'intérieur. Ce soin est à observer surtout à l'approche de la saison d'hiver, parce que si on voulait se servir de la pompe et qu'elle fût gelée , elle ne fonctionnerait plus , et, en forçant sur le balancier, on pourrait briser les clapets(1).

Il faut aussi démonter les pistons pour essuyer l'huile qui est autour et enlever celle qui est dans l'intérieur des corps de pompe. Cette huile, qui est très-utile pendant la manœuvre, deviendrait tout à fait nuisible si on la laissait quand la pompe ne sert plus ;

____

(1) Quand la pompe est gelée, on doit sortir les pistons des corps de pompe ; mais s'ils y restaient attachés par l'effet de la gelée, il faudrait verser dessus de l'eau un peu chaude, mais pas bouillante, afin de ne pas altérer le cuir, et la renouveler jusqu'à ce qu'on puisse détacher et sortir les pistons. Cela fait, on versera de l'eau bouillante dans les corps pour arriver à dégeler les clapets et faire fondre toute la glace formée dans la pompe.

elle formerait du vert-de-gris et du cambouis qui empêcheraient les pistons de glisser dans les corps. Il vaudrait mieux, si on n'avait pas la précaution de nettoyer après la manœuvre, ne jamais mettre l'huile dans les corps.

Les pistons ne doivent être démontés que l'un après l'autre pour être certain de ne pas les changer de place. Avant de les remonter, on devra graisser les boulons en fer qui les attachent au balancier, et, en les remontant, avoir soin de ne pas leur faire faire demi-tour.

On devra graisser le boulon du support du balancier et s'assurer que les trous graisseurs ne sont pas bouchés.

Il pourra paraître contradictoire de recommander le graissage permanent de certaines pièces, tandis que, pour d'autres pièces, on recommande de retirer toute l'huile après la manœuvre ; mais cela s'explique parce que les corps gras sur le cuivre forment le vert-de-gris, tandis que, sur le fer, ils empêchent la rouille.

En résumé, pour bien soigner une pompe, il faut la tenir toujours propre à l'intérieur comme à l'extérieur, nettoyer et essuyer les cuivre et mettre un peu d'huile sur les parties en fer où il y a du frottement. Autant que possible, il ne faut démonter ni les corps, ni le récipient qui sont boulonnés sur la culasse ; mais, si cela devenait absolument nécessaire, il faudrait le faire avec beaucoup de soin, parce qu'en les remontant, si on ne mettait pas bien en place les cuirs qui doivent faire les joints, ou si on faisait quelque changement dans les pièces, il pourrait en résulter des fuites qui nuiraient au fonctionnement de la pompe, et aussi parce que, comme je le dis plus haut, le serrage des boulons en bronze demande de grandes précautions.

Manière de mettre un clou aux boyaux.— Il faut fendre le bout A du clou en cuivre que l'on veut remettre aux boyaux, placer dans la fente l'extrémité du fil d'environ **60** centim ètres de longueur et le refermer à petits coups de marteau de manière à ce que le fil y soit pincé ; l'autre extrémité du fil sera attaché à un mandrin de fer. Ensuite on fera glisser le mandrin dans le boyau de manière qu'il entraîne à sa suite le fil et le clou ainsi que l'indique la figure ,

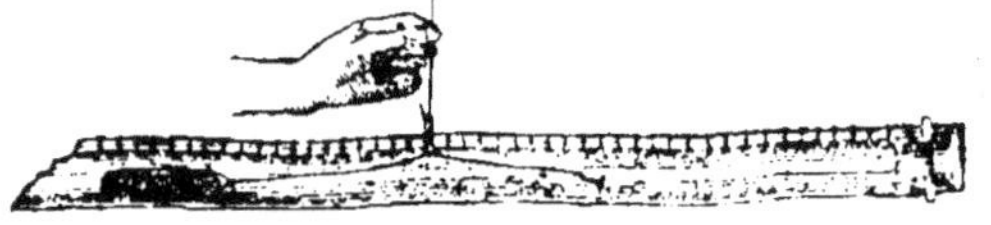

le clou se trouvant d'un côté du trou à boucher le mandrin de l'autre côté. Cela fait, on agrandira un peu ce trou et avec un petit crochet en fil de fer fin on atteindra le fil que l'on tirera au dehors ; on le coupera en deux et fera glisser dans le boyau le mandrin pour qu'il fasse rentrer en l'entraînant avec lui la partie de fil qui y est attachée; puis on tirera doucement sur l'autre partie du fil pour faire venir le clou qui sortira par la pointe, et, lorsqu'on pourra le tenir, on fera revenir le mandrin sous la tête de ce clou; enfin on mettra la contre-rivure, on la comprimera et on fera la rivure.

Il faut avoir soin , quand le travail est terminé, de faire sortir le mandrin du boyau; un pareil oubli pourrait occasionner de graves avaries aux boyaux et même à la pompe.

Moyen de conserver en bon état les seaux en toile à voile.— Lorsque les seaux en toile ont été mouillés, il faut, pour éviter qu'ils se moisissent, les faire sécher en les suspendant par le fond et ne les replier que quand ils sont parfaitement secs. Il faut aussi éviter de les laisser par terre ou à l'humidité.

Ce sont les seules précautions à prendre.

Pompes aspirantes.— Précautions à prendre dans le montage des pompes aspirantes.— Les pompes aspirantes et foulantes ont le très-grand avantage de pouvoir servir à aspirer l'eau d'une mare, d'une rivière ou d'un bassin quelconque pour la lancer ou pour la conduire dans d'autres pompes ; mais elles exigent beaucoup de soin dans le montage des pièces de l'aspiration, car la plus petite quantité d'air qui y pénétrerait par les joints en diminuerait ou même en empêcherait le fonctionnement.

Dans le cas où l'on ne peut pas se servir de la pompe comme aspirante, on s'en sert comme d'une pompe foulante ordinaire en versant l'eau dans la bâche.

Lorsque la pompe doit servir comme aspirante, le chapeau couvert sera vissé sur la courbe d'aspiration dans l'intérieur de la bâche ; le tuyau d'aspiration sera vissé sur la pièce à deux vis et la pomme d'aspiration (le crible) sera monté sur le tuyau d'aspiration pour tamiser l'eau.

Quand la pompe ne devra servir que comme foulante, le chapeau couvert sera déplacé et on le vissera sur la pièce à deux vis ; le tuyau d'aspiration, ne devant pas servir, sera laissé de côté et le crible sera vissé sur la courbe d'aspiration à la place où était le chapeau couvert.

C'est dans le montage de ces pièces d'aspiration qu'il faut apporter le plus de soin et principalement en serrant aussi fortement que possible le raccordement du tuyau et le chapeau couvert.

Bien que la pièce à deux vis ne soit jamais déplacée, on doit également essayer de la resserrer dans la crainte qu'elle n'ait été dévissée ou que les cuirs des joints ne se soient séchés.

On devra toujours, avant de visser le tuyau d'aspiration et le chapeau couvert, voir si les rondelles en cuir placées dans le raccordement du tuyau et dans le chapeau couvert ne sont pas échappées; si la rondelle en cuir de l'une ou de l'autre de ces pièces était perdue, il faudrait absolument la remplacer avant de se servir de la pompe.

J'ai indiqué précédemment que pour la pompe foulante ordinaire on devait vérifier si les boulons qui fixent les corps et le récipient sur la culasse sont suffisamment serrés. Ce soin a encore plus d'importance pour les pompes aspirantes ; il ne faut donc pas le négliger.

Il arrive quelquefois, bien même que toutes les précautions soient prises, que l'air rentre par les joints des corps de pompe ou du chapeau couvert. Pour obvier à cet inconvénient, on peut mettre de l'eau dans la bâche jusque par dessus ces joints. Cette précaution devrait toujours être prise quand on manœuvre avec une pompe aspirante, car il est assez difficile d'avoir la certitude qu'elle n'aspire pas d'air. De plus, quand il y a de l'eau dans la bâche, la pompe a plus de poids, ce qui lui donne plus d'assise et la rend plus stable pour la manœuvre.

Quand le tuyau d'aspiration est resté longtemps sans servir et qu'il est trop sec, on peut le tremper dans l'eau pour que le cuir gonfle.

Si ce tuyau était percé et qu'on ne pût suffisamment boucher les trous avec des linges et une mâchoire, il faudrait renoncer à employer la pompe comme aspirante et ne l'employer que comme pompe foulante.

Entretien des boyaux.— 78. Lorsqu'une pompe revient du feu ou d'une manœuvre à l'eau, il faut suspendre les boyaux perpendiculairement, les deux orifices inférieurement, afin que toute l'eau s'en écoule : après deux ou trois jours, lousqu'il ne reste plus trace d'humidité, on graisse ces boyaux avec un mélange de saindoux, ou de saindoux mélangé de moitié d'huile de pied de bœuf, et de goudron (100 grammes de saindoux et 10 grammes de goudron). Ce mélange employé à peine tiède, conserve l'élasticité du cuir, et son odeur éloigne les rats qui pourraient percer les tuyaux. On enlève les deux pistons, on étanche l'eau qui peut rester dans la pompe, on nettoie toutesles pièces du vert-de-gris qui peut s'y être formé, et on graisse le tout convenablement ; après quoi l'on rajuste sans retard les pistons, afin que l'engin soit de nouveau prêt à fonctionner. D'ailleurs, il n'est pas nécessaire d'opérer souvent ce démontage, l'essentiel c'est d'entretenir humide le cuir des godet, afin qu'ils ne se racornisse pas, et qu'il y ait toujours adhérence parfaite avec les faces intérieures des cylindres. Aussi est-il indipensable de faire manœuvrer la pompe que l'on possède, une fois par mois.

Graissage.— Le graissage des boyaux en cuir doit être pratiqué trois fois par an ; cette opération se fera au soleil, et dans une journée chaude, autant que possible. L'huile de pied de bœuf pour le graissage des cylindres est celle que l'on doit, à ce qu'il paraît, préférer,

Ces soins concernent les pompes à double cylindre, qui sont les plus répandues; les autres systèmes demandent plus ou moins d'entretien suivant leur genre ; une instruction ad hoc est ordinairement donnée lorsqu'on en fait l'acquisition.

Situation de la pompe à incendie.— 79. Il n'est pas indifférent de remiser la pompe dans tel ou tel local ; il faut choisir une chambre où la température ne puisse s'abaisser au dessous de zéro. Le froid, en gelant les petites parties d'eau qui peuvent rester dans la pompe, la mettrait hors d'état de servir pendant les temps de gelée, qui sont précisément ceux où les sinistres sont le plus fréquents et le plus à redouter. Les boyaux de cuir deviennent aussi d'une rigidité excessive qui en gêne beaucoup l'emploi. Il est facile à l'usinier de créer ce local, s'il n'existait pas, en adossant un petit bâtiment *ad hoc* à un autre renfermant un foyer utilisé par l'usine, tel que le bâtiment contenant les cornues à gaz, des générateurs, une étuve, un calorifère, etc.

Accessoires de la pompe.— 80. Le manufacturier prévoyant aura comme complément de sa pompe, des seaux à incendie et un tonneau d'eau toujours plein, monté sur charriot, afin d'être transportable, et qui constituera les premières alimentations de l'engin de projection, en attendant que la chaîne à établir de suite puisse fonctionner. Que de sinistres auraient pu être éteints à leur début, si cette précaution eût toujours été prise !

Alimentation de la pompe; Bassins, Réservoirs, Citernes.— 81. Il faut tout prévoir : le sinistre arrive toujours sans s'être fait annoncer; il ne faut pas qu'il frappe au dépouvu. Vous avez une pompe, plusieurs même, partout de l'eau, mais l'eau est glacée, et vous restez sans secours, devant la ruine de votre usine que si peu d'eau, au début, aurait préservée. Je pourrais citer ici un manufacturier qui, quoique muni de trois pompes, ayant dans sa cour un vaste réservoir d'eau, n'a pu, un jour d'hiver, devant l'incendie qui dévorait une partie de sa manufacture, en faire fonctionner aucune, l'eau étant gelée et gelant dans les cylindres. Il est donc indispensable d'avoir en réserve, pendant les froids rigoureux de l'hiver, des portions d'eau non gelables. Pour y arriver, on installe dans les cours de l'établissement des bassins, des réservoirs, des puisards de la contenance de plusieurs hectolitres, dont on échauffe ad libitum, le liquide en y déversant l'eau de condensation de la machine à vapeur, ou au moyen d'un échappement de vapeur. Si la place manque, il est toujours possible de construire des citernes voûtées, communiquant avec le sol par une ouverture fermée au moyen d'une plaque de fonte, facile à retirer en cas de besoin. On voit des établissements mûs par de puissantes machines à condensation laisser leur eau de condensation s'échapper en ruisseaux à l'extérieur, ans profit pour personne. Cette eau cependant atteint quelquefois encore une température suffisante pour servir à des bains, des lavages, ou à d'autres usages domestiques; elle peut aussi être reprise par la pompe d'alimentation de la chaudière, ou bien suffisamment refroidie par une circulation à l'air développée sur des surfaces peu profondes, de nouveau servir à la condensation. Dans tous les cas, c'est une grave erreur que de ne pas en recueillir et maintenir à l'intérieur un volume suffisant pour les premiers secours contre l'incendie, avant de la laisser perdre au dehors.

Robinets.— 82. Chaque fois que l'on aura un robinet chargé d'alimenter un tuyau de projection muni de sa lance d'émission, une des plus utiles précautions à prendre c'est d'employer le robinet à vis et clapet adopté par le service des eaux. En effet, ce qui paralyse la plupart du temps les moyens de secours de ce genre, c'est, que au moment opportun, le robinet ne va pas, je parle ici du robinet à boisseau ordinaire, robinet qui ou fuit ou s soude ; cet inconvénient a disparu complètement avec le robinet   vis et clapet ci-dessus : Ce dernier coûte notablement plus cher que l'autre, mais ici la question d'économie doit être complètement laissée de côté.

Corps de pompe monté sur le moteur.— 83. L'usinier qui ne voudra pas faire les frais d'une pompe à incendie, pourra faire adapter à son moteur à vapeur, (voir page 270) la pompe à vapeur fixe imaginée pour cet usage sur mes conseils, par M. Thirion, ou bien se servir des pompes d'alimentation ou d'élévation d'eau, en proportionnant le diamètre et la longueur du piston à l'effet à obtenir et disposant un mécanisme permettant de transformer le mouvement lent de la fonction ordinaire de la pompe en une vitesse suffisamment accélérée pour le jaillissement de l'eau, un embranchement de tuyaux armé d'un pas de vis auquel s'adapteront les boyaux à incendie et dans lequel, par un simple jeu de robinet, il sera facile d'introduire la dérivation d'eau à projeter. S'il s'agit d'un moteur hydraulique dépourvu d'un système élévatoire d'eau, il pourra y installer un corps de pompe à double effet, d'un débit par minute de 500 litres d'eau, auquel il n'y aura que la dépense des tuyaux à ajouter, épargnant ainsi les frais de bâche, balanciers, chariot, seaux et et autres accessoires. Cette faculté d'élévation et de projection d'eau lui sera constamment utile pour les besoins courants de son usine; il ne devra donc pas regarder à une dépense relativement minime. Il faut établir ce système de façon à ce que le feu, prenant à la machine, ne paralyse pas son action. Les locaux des machines ou des roues hydrauliques étant presque toujours à simple rez-de-chaussée, cet inconvénient se présentera rarement.

La première de ces pompes rend tous les services de la pompe à incendie à vapeur, mais la vapeur lui étant fournie par l'un des générateurs de l'usine, qu'on laisse toujours en charge à cet effet, elle coûte bien moins cher, et est ainsi d'un prix accessible aux petits établissements.

Étant aspirante et foulante. elle servira également à l'usinier pour remplir les réservoirs de la machine, pour élever l'eau dont il a besoin.

84. Voici le modèle d'une pompe à vapeur fixe de A. Thirion :

On l'installe dans une partie de l'usine à l'abri du feu, sous une voûte, ou un petit bâtiment ad hoc, à l'endroit où elle pourra directement déjà garantir par un jet direct un ensemble de bâtiments; un tuyau spécial prenant la vapeur sur chacun des générateurs ad libitum, car il faut prévoir les réparations et les chômages successifs de ces producteurs, lui donne à volonté. au moyen d'un robinet d'entrée et d'arrêt, la vapeur nécessaire à son fonctionnement. Elle prendra l'eau de projection ou d'élévation dans un puisard intarissable et où l'eau ne peut se congeler; suivant les cas divers les tubes d'aspiration sont établis afin de ne pas manquer de liquide. La pompe étant fixe, une canalisation de tuyaux enfouis à 70 centimètres du niveau du sol est indispensable pour permettre de combattre l'incendie partout où il se déclare. Il est impossible d'indiquer ici

l'étendue de cette canalisation, et le nombre des bouches calibrées
sur lesquelles on fixera le tuyau et la lance de projection; ces choses
varieront selon l'importance de l'usine, le nombre de ses bâtiments;
chaque usinier les déterminera facilement, connaissant la force maxi-
ma de projection de la pompe fixe à vapeur,

Ainsi installée, pouvant presqu'à la minute fonctionner et envoyer
sur le foyer de l'incendie une masse d'eau considérable, une usine
possèdera un engin de secours d'une efficacité indéniable.

Réservoir d'eau de la machine à vapeur.— 85. Dans
les usines dont le moteur est la vapeur, le réservoir d'eau d'alimentation sera presque toujours à l'abri de la gelée, on pourra l'utiliser
en le mettant en communication avec la pompe à incendie. On établit,
à cet effet, un tuyau puisant l'eau du réservoir à sa partie inférieure
et venant déboucher à l'extérieur à hauteur d'enfant. Un robinet à
double service retient ou permet la sortie de l'eau, que par ce
moyen on introduit, soit, dans des seaux, soit au moyen d'un raccord,
dans les tuyaux à incendie avec lances, utilisant par eux la force de
projection due à la différence des hauteurs et à la pression atmosphérique soit dans la bâche de la pompe, au moyen d'une rigole en bois ou
métal. Cette disposition est bonne; seulement il faut que les conduits
de descente d'eau soient intérieurs, et que la section du tuyau et le
robinet exposés à l'air soient enveloppés, en hiver, de paille, de
chanvre, de toiles ou de fumier, qui les protègent contre la
gelée. C'est un soin indispensable à prendre; son oubli a paralysé
bien des secours.

Réservoirs spéciaux.— 86. L'utilisation des réservoirs d'eau
des machines à vapeur nous amène naturellement à parler des
réservoirs spéciaux établis en vue de l'incendie, qu'on installe dans
les combles de l'usine ou de l'édifice qu'il s'agit de préserver contre
le feu. On choisira pour leur emplacement la partie la plus élevée du
bâtiment, on l'abritera contre les froids de l'hiver; un tuyau de
descente d'eau, d'un gros diamètre, distribuera le liquide à chaque

étage au moyen de robinets à double service, raccordés à volonté à des bouts de tuyaux de toile, armés d'ajustoirs ; leur longueur, leur diamètre, leur effet utile seront déterminés d'après leur distance du bassin alimentaire, la force de projection étant proportionelle à la différence des niveaux. On place, au-dessous de chaque robinet, un tonneau, un baquet, un vase en métal et une couple de seaux qui servent pour les petits accidents. On place les tuyaux de descente à l'abord de l'escalier, afin qu'ils puissent également servir la nuit, et on les établit en fer ou en fonte, ainsi que ceux ascensionnels, afin que l'incendie, naissant près d'eux, ne les détruise pas immédiatement. Le réservoir étant toujours plein, ce mode de secours sera très-efficace, surtout pendant le travail. Pour que son efficacité soit plus complète, il faut le supposer appliqué à des bâtiments rectangulaires, ayant à l'une des extrémités un escalier en pierres ou en matériaux incombustibles, les tuyaux circulant à l'angle de l'immeuble le plus rapproché de l'escalier, éloignés suffisamment des matières combustibles, partant, à l'accès toujours libre. Il faut admettre que le feu étant, la nuit, dans une salle quelconque de l'usine, on pourra arriver jusqu'à l'étage en feu, ouvrir la porte, saisir le tuyau, tourner le robinet, et lancer le liquide protecteur. La position de la porte donnant accès de la cage de l'escalier dans les salles, celles de la muraille de séparation ne seront donc point indifférentes.

Vérification du fonctionnement.— 87. Les robinets quelconques qui sont établis spécialement pour servir en cas de sinistres, qu'ils s'ouvrent à la main ou au moyen de clefs qui doivent toujours y être adaptées, seront manœuvrés au moins une fois par mois ; une immobilité continue empêcherait leur jeu au moment décisif. Nous répéterons ici qu'il faut préférer les robinets à vis et clapet, à ceux à boisseau ordinaire.

Tonneaux d'eau; Moyens préservatifs peu onéreux.— 88. Le moyen préservatif, indiqué au paragraphe précédent, offre cet immense avantage d'avoir sous la main, pendant le travail, ou pendant une visite de surveillance, ou à la première alarme, la quantité d'eau nécessaire pour éteindre de suite un commencement d'incendie ; mais tous les manufacturiers ne veulent point faire la dépense nécessaire pour l'installation des réservoirs et tuyaux ; et toutes les usines ne pourraient d'ailleurs la comporter. On y suppléera d'une manière peu coûteuse en organisant , contre ou dans chaque atelier, selon leurs degrés de dangers, des tonnes d'eau, des petits réservoirs ou bassins en zinc, des baquets, accompagnés toujours chacun de deux seaux, au moins, spéciaux pour l'incendie, et ne devant jamais servir à d'autres usages, ni être emportés ailleurs. Sans l'observation de ce soin, on ne trouverait jamais ces seaux au moment opportun. On les suspend au-dessus du vase contenant le liquide. On peut encore disposer des séries de 6, 8 ou 12 seaux rangés sur une sorte de brancard, de support, à l'aide desquels on les porte rapidement sur le point incendié. En outre, le manufacturier aura toujours en réserve une trentaine de seaux à incendie, qui lui permettront, à la première alerte, d'établir de suite la chaîne nécessaire pour les premiers secours. (Voir plus loin le prix et les modèles divers).

89. Ces dépenses dernières, sont trop peu coûteuses pour que le manufacturier qui économise les frais d'une pompe à incendie, puisse se dispenser de les faire ; elles constituent d'ailleurs les premiers éléments d'un bon système préservatif, et la pompe à incendie n'en est que le complément.

Extincteurs. — Un des engins le moins coûteux et le plus utiles est l'extincteur (voir plus loin) ; l'avantage de ce petit engin de secours est son instantanéité : à la minute il fonctionne, de sorte que s'il est placé à disposition de la main, un commencement d'incendie est arrêté subitement.

Sa place toute marquée est dans toutes les mairies, chez tous les notaires, les commerçants, les rentiers, les usiniers, se conser-

vant indéfiniment tout amorcé (1), pouvant être manié par le premier
venu, même une femme, une servante, un tout jeune homme, cette
petite invention doit être utilisée partout, à fortiori là où un commencement de sinistre est plus fréquemment possible. Laboratoires ,
magasins de ventes et de dépôts de produits chimiques, d'articles de
chasse, de couleurs, d'alcools, d'huiles de pétroles et produits
similaires ; de lins, étoupes et similaires, de déchets, magasins de
nouveautés, de tulles, de dentelles, de ouates, de mercerie de modes;
chais, menuiseries, ébénisteries, épiceries, magasins d'allumettes,
etc., etc. Ecuries, fermes, tout ce qui est sujet à incendie doit
posséder un moyen d'arrêt aussi facile, aussi commode, et relativement aussi peu coûteux.

Eglises.— 91. C'est pour les églises une découverte bien utile et
qui rendra d'inappréciables services : **A** part les incendies provenant
des caisses de bouts de cierges non éteints, les sinistres d'églises
sont dus à l'inflammation subite des draperies, des décors légers,
placés trop près des cierges allumés, ou projetés dessus par le vent,
soit à la foudre qui tombe sur le clocher, dans les deux cas, ce qu'il
faut instantanément c'est un engin qui puisse envoyer de l'eau extinctive sur les partie enflammées, or l'extincteur remplit merveilleu-
·sement ce but soit qu'on s'en serve dans l'intérieur des églises, soit
qu'une personne l'ayant sur le dos, monte jusqu'à la baie du clocher
et de là dirige le jet sur la toiture embrasée. De plus les Compagnies
n'admettent pas les réparations de l'orgue sans deux seaux d'eau,
l'extincteur peut en tenir lieu avec avantage. Je ne saurais donc
trop engager les fabriques d'églises à faire l'acquisition de deux (2)
extincteurs à forte pression, dont l'un, si possible, serait payé par
la commune, et l'autre par la fabrique; en les munissant de 5 charges
chacun, l'on aurait sous la main un puissant moyen d'éteindre tout
commencement même grave d'incendie, car pendant que l'on épuise-
rait l'un, on rechangerait l'autre, ce qui donne bien le temps aux

(1) Ou pouvant l'être instantanément.
(2) Ou d'un extincteur continu d'Herbaut.

pompes de venir, si les deux extincteurs n'avaient pas suffi ; on les prendrait tous deux légers , de **20** litres , afin qu'on puisse plus facilement les monter au clocher.

Châteaux. — 92. C'est également là que deux extincteurs sont indispensables, ainsi que les freins dont il est parlé plus loin. Les châteaux sont abandonnés à leurs propres ressources car ils sont isolés , et si par malheur un incendie y éclate, tout est détruit ou peut l'être avant que les secours soient arrivés. Tout château qui ne peut avoir pompe à incendie et personnel pour la manœuvre, aura donc deux (**2**) extincteurs à forte pression , de **25** ou **30** litres, avec au moins **10** charges par extincteur,de cette façon le jet ininterrompu d'un extincteur pendant qu'on chargera l'autre, équivaudra à une véritable pompe à incendie et donnera le temps aux secours d'arriver. Tout propriétaire de château qui ne fera pas cette modique et si utile dépense s'exposera, sans défense, à une catastrophe malheureusement très-fréquente.

Antiseptiques ; Renouvellement d'eau ; Moyen d'empêcher la décomposition de l'eau. — 93. Lorsqu'on ne peut souvent renouveler l'eau des vases précités, on empêche ou arrête la décomposition du liquide à l'aide d'antiseptiques ; au moyen d'une poignée de sel marin, par exemple. Il faut veiller à ce que les tonnes, les seaux, soient toujours bien remplis ; on habituant les ouvriers à ce soin, on les habitue facilement à la prudence et à la crainte du feu. Lorsque les vases sont en bois, l'accomplissement de cette prescription est une nécessité absolue de leur conservation , car s'ils restent vides ou en partie, pendant peu de temps, les points de jonction, de tangence des diverses parties assemblées se séparent, et lorsque tardivement on vient à réparer sa négligence, on s'aperçoit que le liquide fuit par de nombreuses disjonctions, et que le tonneau le contenant est hors de service.

Autre moyen. — 94. Au lieu de laisser l'eau pluviale se

(1) Ou un extincteur continu d'Herbaut.

perdre inutilement, on peut la recueillir au moyen de nochères aboutissant à un tuyau collecteur qui la verse dans un tonneau dont le trop plein communique avec un vase inférieur semblable , et ainsi de suite. De cette façon on a pendant une grande partie de l'année une alimentation et renouvellement d'eau constants, mais il faut tenir la main à ce qu'il en soit de même le reste du temps ; trop souvent les ouvriers se reposent sur la pluie à venir, ou sur la probabilité prochaine de pluie , du soin de remplir les vases qu'une sécheresse prolongée a vidés. J'ai pu faire cette remarque bien des fois, les preuves sous les yeux.

Escaliers en fer.— 95. Lorsqu'il n'y a qu'un seul escalier pour desservir les nombreux étages d'un grand bâtiment, et que cet escalier n'est pas édifié en matériaux incombustibles, ce que l'on doit toujours faire lorsque l'on construit, il est utile de sceller dans la muraille, à l'extremité opposée à l'escalier, des échelons en fer, ou mieux une véritable échelle fixe en fer, qui, en cas de sinistre , pourront rendre de grands services. Pour y suppléer, l'usinier doit posséder des échelles mobiles d'une hauteur suffisante.

Signaux. — 96. Dans chaque atelier, une communication faite au moyen d'une sonnerie aboutissant dans la chambre de la machine, servira à avertir le mécanicien d'arrêter immédiatement. Cette précaution, utile en cas d'incendie (sauf quelques exceptions), qu'alimentent la circulation de l'air et ses ébranlements par l'activité du mécanisme, servira également en cas de tout autre accident. C'est pour la négliger que bien souvent des ouvriers, qu'un arrêt immédiat du moteur aurait pu préserver, périssent broyés par les machines, à cause du temps nécessaire pour aller prévenir le machiniste où le chauffeur. Une inscription sera mise à la poignée de l'organe de sûreté, afin que les ouvriers en comprennant le fonctionnement et que le plus infime d'entre eux puisse en faire l'application.

Invention Mazurel.— 97. M. Mazurel est l'inventeur d'un

mécanisme qui , adapté à une machine à vapeur, l'arrête, pour ainsi
dire , instantanément. Un fil métallique, disposé le long de chaque
atelier, à la portée de toutes les mains, même celles des enfants,
permet au plus ignorant de faire immédiatement fonctionner l'appareil,
ce fil correspond à un levier qu'il met en mouvement sans qu'il soit
besoin d'un grand effort. Il suffit de citer cette remarquable découverte pour qu'on comprenne de suite tous les services inappréciables
qu'elle pourra rendre, non-seulement sous le point de vue qui nous
occupe, mais encore et surtout sous celui de l'humanité.

Dispositions pour combattre l'incendie. — 98. Cet arrêt
préviendra implicitement tous les autres ateliers. Les ouvriers
devront rester en place, attendant les ordres de leurs chefs d'ateliers;
car ce qu'on doit éviter, c'est la confusion, le désarroi qui peut
éclater sous l'influence d'une alerte , d'une panique. Tout doit être
prévu ; ainsi, supposons un commencement d'incendie qui nécessite une prompte intervention, au premier signal, au coup de cloche,
la machine et les ouvriers doivent arrêter ; au deuxième, les ouvriers
doivent tous quitter les ateliers; au troisième, ils doivent être réunis
dans la cour, prêts à obéir aux ordres qu'on peut leur donner. En
toutes choses, il faut procéder méthodiquement. Les ouvriers
seront distribués en diverses sections : celle destinée et habituée à
la manœuvre de la pompe, en un instant l'aura mise en place ; une
autre, s'occupant de l'alimentation , aura plus vivement encore
préparé la chaîne; une troisième, comprenant les sauveteurs, enlèvera les marchandises, fermera les fenêtres des bâtiments voisins,
etc. Toutes les sections seront assez nombreuses pour qu'une
absence fortuite d'individualités, n'apporte aucun obstacle à leur
fonctionnnement. Le réglement de l'usine doit donner ces indications.

Manœuvre — 99. Un manufacturier devra, pour habituer
ses ouvriers, simuler un sinistre ; il verra lui même si ses dispositions
sont vicieuses, ou si elles sont bien exécutées et comprises. Le plus

grand propagateur du feu est le désordre, la panique, le défaut
d'entente. Il est des choses que le plus ignare ne doit pas ignorer,
comme par exemple : que pour concentrer un incendie naissant, il
faut bien se garder de donner accès à l'air ; trop souvent on brise
portes et fenêtres sans la moindre utilité ; que l'ouvrier ou pompier
porte-lance doit approcher le plus possible du foyer de l'incendie,
et le combattre avec le jet d'eau dans toute sa force de cohésion et
non divisé ; qu'il faut toujours procéder à l'extinction d'un foyer
embrasé en distribuant l'eau de façon à le circonscrire, plutôt qu'en
dirigeant sur lui la projection du liquide et négligeant l'entourage
embrasé auquel il communique le feu, à moins d'une masse d'eau
suffisante ; qu'il faut bien se garder de jeter de l'eau sur les
machines : métiers, mécaniques, qui ne sont pas atteints par
l'incendie, qu'en projetant une quantité d'eau insuffisante sur des
métaux portés au rouge, ou sur des charbons incandescents, on ne
fait qu'activer l'incendie, la plus grande partie de l'eau, réduite en
vapeur avant d'atteindre la masse en feu, se décomposant en ses
deux éléments ; le premier, l'oxigène, s'unit avec les métaux ou les
charbons incandescents ; sa combinaison avec les premiers, produit
avec éclat des oxides métalliques ; avec les seconds, un gaz combustible, l'oxide de carbone. A la faveur de cette combinaison, son
second élément, l'hydrogène, est mis en liberté, mais ce gaz est
inflammable, et c'est de tous les corps celui dont la chaleur dégagée
pendant sa combustion est la plus énorme. Cette propriété qu'ont
les corps en combustion de décomposer la vapeur d'eau, à cause de
leur affinité avec son oxigène, doit donc être bien connue ; elle
explique d'ailleurs, quelques phénomènes qui se sont présentés
dans certains grands incendies, et justifie les recommandations
précitées.

100. C'est un honorable médecin de Lille M. Dujardin qui
a, le premier, pensé au parti que l'on pourrait tirer de la vapeur
d'eau pour éteindre les incendies : Dès le **3** juillet **1837**, il envoyait
à ce sujet à l'académie des sciences de Paris une note relative à

cette découverte et l'écho du Nord, le **28** juillet **1837**, publiait ce qui suit :

» **DE L'EMPLOI DE LA VAPEUR POUR ÉTEINDRE LES INCENDIES**
. Par le docteur Dujardin.

« Disons d'abord ce que c'est qu'un incendie. Un incendie est
« une vaste combustion , une combinaison chimique de l'oxigène de
« l'air avec l'hydrogène et le carbone des matières combustibles.
« Deux conditions sont nécessaires pour que la combustion s'y
« accomplisse : il faut que les matières combustibles soient en
« contact avec l'oxigène de l'air, et qu'elles soient élevées à une
« très-haute température. Lorsqu'un incendie est déclaré, l'énorme
« quantité de chaleur qu'il développe tend à opérer de nouvelles
« combinaisons chimiques; le feu envahit de proche en proche toutes
« les substances combustibles qui l'environnent ; c'est ainsi qu'on a
« vu des villes presqu'entières devenir la proie des flammes, par
« exemple, Londres en 1666.
« D'après cette définition , on voit qu'on peut éteindre les
« incendies de deux manières différentes, ou bien en refroidissant
« les matières enflammées de telle sorte que la combinaison
« chimique de l'oxigène de l'air avec l'hydrogène et le carbone
« de ces matières ne puisse plus avoir lieu, ou bien en chassant l'air
« atmosphérique du foyer de l'incendie et en le remplaçant par
« des gaz impropres à entretenir la combustion. Alors le feu, privé
« du contact de l'oxigène, s'éteint nécessairement.
« L'eau éteint les incendies par le refroidissement qu'elle opère sur
« les surfaces enflammées. Jetée sur des corps en ignition, elle
« absorbe une très-grande quantité de chaleur pour se transfor-
« mer en fluide aëriforme ; si l'eau enlève de cette manière au
« foyer de l'incendie plus de chaleur que celui-ci n'en développe,
« il y a refroidissement ; si ce refroidisement continue, s'il pé
« nètre profondément les matières enflammées , l'incendie s'éteint.
« Les feux de cheminée sont les seuls contre lesquels on mette en

« usage le second procédé, c'est-à-dire l'expulsion de l'air atmos-
« phériqne du foyer de l'incendie et son remplacement par des gaz
« impropres à entretenir la combustion. On remplit l'indication en
« brûlant dans l'âtre de la cheminée, du soufre, de la paille
« humide, etc. L'acide sulfureux ou la fumée épaisse qui se
« développent, chassent l'air du tuyau de la cheminée et occu-
« pent sa place. Alors le feu s'éteint en un instant.

« Nous proposons, pour chasser l'air du foyer d'un incendie, un
« agent nouveau : *la vapeur*.

« Supposons d'abord le cas d'un feu de cheminée ; s'il suffit de
« faire monter dans cette cheminée une colonne de gaz acide
« sulfureux ou de fumée épaisse pour en éteindre les flammes, il
« est plus que probable qu'on obtiendra le même résultat en y
« lançant une colonne de vapeur capable de remplir toute sa
« capacité. La vapeur d'eau toute aussi impropre à entretenir la
« combustion que l'acide sulfureux et les gaz qui composent la
« fumée, aura l'avantage, selon nous, de balayer plus complètement
« l'air qui se trouvera en contact avec la suie enflammée, et
« d'éteindre, par conséquent, plus promptement l'incendie.

« Supposons maintenant le cas d'un incendie renfermé dans un
« atelier, dans quelques chambres, etc., etc. Nous pensons que dans
« ce cas on pourra encore retirer de très-grands avantages de l'emploi
« de la vapeur ; en effet, en lançant dans les locaux incendiés une
« quantité de vapeur suffisante pour chasser tout ou presque tout l'air
« qui se trouvera en contact avec les matières enflammées, on
« parviendra à éteindre l'incendie comme par enchantement ; telle
« est du moins notre conviction. En un mot, voici notre pensée :
« toutes les fois qu'un incendie sera renfermé dans une enceinte,
« en l'attaquant avec une quantité suffisante de vapeur, on l'étein-
« dra infailliblement et instantanément. »

De la vapeur d'eau comme moyen d'extinction du feu.—
101. L'idée de M. Dujardin a fait son chemin ; on a bien souvent

préconisé l'emploi de la vapeur d'eau pour éteindre un commencement d'incendie et même circonscrire les progrès du feu : c'est avec raison. Nous pourrions citer bon nombre d'usines qu'un tuyau de vapeur crevé à propos , que des soupapes de générateurs levées opportunément, ont préservées d'une ruine complète. Ces faits eussent été multipliés , s'ils n'eussent pas , dans la plupart des cas , dépendu d'une action de courage ou d'éclat toujours pleine de périls. Aussi recommandons-nous à tous les établissements qui ont la vapeur pour moteur ou pour chauffage, de disposer des robinets de projection de ce fluide dans tous les ateliers dangereux.

Utilisation.— 102. Où la vapeur a été d'une efficacité incontestable , c'est dans les paquebots, les navires où les espaces sont limités, et où son action n'était pas contrariée par de faciles renouvellements d'air. Elle agissait ainsi comme privatif; le feu, ne trouvant l'oxygène d'alimentation que dans la petite portion de la vapeur se décomposant sur les charbons et les surfaces métalliques portés au rouge, s'éteignait comme sous l'influence de l'acide carbonique.

Dans les ateliers étroits, et ici, tout est relatif à la quantité de vapeur qu'on pourra y injecter dans une même unité de temps, la vapeur sera donc sûrement un bon moyen d'arrêter le feu. On disposera aux conduits de chauffage ou à des conduits spéciaux des robinets d'émission. Une courte inscription sera suspendue à chacun deux dans chaque atelier , comme par exemple : « En cas d'incendie que vous ne pourrez arrêter, fermez portes et fenêtres, écartez-vous du plan de projection de la vapeur et ouvrez le robinet. »

Mode d'émission.— 103. La quantité ou le volume de la vapeur injectée dans la même unité de temps doit être en raison directe de la capacité de l'atelier. La position, la direction du plan d'injection, l'abord du robinet, tout doit être calculé, afin que le service puisse en avoir lieu. Le robinet doit s'ouvrir ou moyen d'une clef très-longue pour former levier, il doit se trouver dans une partie du tuyau parfaitement rigide et assujettie , afin de ne rien enlever à l'effort qui le fera mouvoir. On s'assurera de temps en temps qu'il fonctionne bien ; sans ces soins on courrait grand risque de ne pas pouvoir se servir de cet engin préservatif. Il doit pouvoir s'ouvrir, selon les circonstances, de l'escalier, de l'atelier voisin , de l'extérieur. Il faut pouvoir aussi mettre immédiatement le chauffage en communication directe avec les producteurs de vapeur , ce qui n'a pas lieu lorsque les ateliers ne sont chauffés que par la vapeur perdue , dans les usines mues par des machines sans condensation, ou bien lorsqu'on est en été. Ce résultat sera obtenu au moyen d'un signal transmis de l'atelier incendié à la chambre du machiniste ou du chauffeur. La même transmission de signaux ou sonnerie est indispensable si les tuyaux spéciaux de vapeur ont leurs issues libres , c'est-à-dire si la vapeur y est introduite seulement au moment du danger, au lieu d'y être comprimée constamment et émise par le jeu d'un robinet final. La forme des orifices d'émission n'est pas indifférente : lorsqu'il s'agit de protéger le plafond combustible , par exemple , les orifices doivent être méplats, de façon que la vapeur s'échappe horizontalement et produise un jet qui coupe la flamme et l'empêche de s'élever.

Appareil de M. Gabriel Brasseur.— 104. Il rentre dans le cadre de cet ouvrage de signaler ici l'invention de M. Gabriel Brasseur, dont la figure n° 7 donne un croquis. Je laisse parler l'inventeur : « Pour que tous les bons résultats possibles soient « obtenus d'un jet de vapeur à haute pression, lancé dans un « foyer d'incendie, il faut que la distribution de la vapeur puisse se « faire à volonté dans toutes les parties des bâtiments, et cela d'une « manière simple, facile, et loin de l'incendie; telles sont les condi- « tions que je me suis imposées et que j'ai remplies par les moyens « suivants :

« 1°Un tuyau métallique, variable selon la force des générateurs
« et la grandeur des salles à préserver, parcourt toute la hauteur
« du bâtiment, et à chaque étage se trouve un robinet par lequel
« on introduit la vapeur sur trois faces, quand la chambre est de
« grande dimension.

« 2° Tous les robinets sont mis en mouvement par des monte-
» et-baisse appliqués contre un dormant au rez-de-chaussée, dans
« une boîte fermée à clef. Un incendie se déclare-t-il au 3e étage
« d'un bâtiment, on appuie sur le 3e monte-et-baisse, et aussitôt
« le robinet s'ouvre dans toute sa grandeur, et le mouvement du
« bas se produit également en haut. La manœuvre peut se faire
« dans l'obscurité, les monte-et-baisse étant toujours placés par
« ordre d'étages. »

L'inventeur oublie de signaler une seconde utilité de son appareil,
celle de permettre, en cas de sinistre dans le bâtiment des générateurs, de faire échapper, sans coup férir, la vapeur des chaudières,
s'il en était besoin.

Pyro-extincteur. — 105. Dans les villes, villages, communes,
où l'on n'a ni pompes à vapeur, ni quantités d'eau suffisantes
pour les secours, l'emploi du Pyro-extincteur est indispensable; car
il est l'équivalent d'un multiple de projection d'eau, et préservera
ainsi, dans bien des cas, d'un désastre.

Cette matière liquide offre les avantages suivants : son mélange
dans l'eau se fait instantanément sans aucune préparation ; il suffit
de verser la matière extinctrice renfermée dans les bouteilles, à
raison de 10 kilos par hectolitre d'eau pour les cinq premiers hectolitres, et à raison de 5 kilos par hectolitre suivant.

Cette matière conserve indéfiniment ses propriétés ; elle ne se
détériore pas, ne nuit nullement au jeu des pompes et ne les encrasse
pas. Ses effets sont dix fois supérieurs dans un incendie à ceux
que l'on obtient avec de l'eau pure ; ils empêchent la combustion,
c'est-à-dire que toutes les parties atteintes par cette matière ne

peuvent plus se rallumer ainsi que cela arrive dans tous les incendies que l'on combat avec l'eau.

Les gaz qui se dégagent de cette matière dans un incendie étouffent les flammes et empêchent le feu de se propager. Le poids de chaque bouteille est de vingt kilos de matière environ. Le prix est de 140 francs les 100 kilos, emballage compris, pris à Bruxelles, payable au comptant, sans escompte.

Emploi. — 106. Le pompier chargé de la lance de la pompe, doit projeter l'eau mélangée avec la matière extinctrice sur les parties embrasées, très-vivement et sur la plus grande étendue possible. Les flammes étant anéanties en quelques instants, il ne reste plus qu'un brasier à éteindre, dont il est facile de s'approcher, attendu que les gaz qui se sont dégagés ont éclairci la fumée, ce qui facilite l'extinction complète de l'incendie.

Une société anonyme des verreries, manufactures de glaces, fabrique un produit analogue dont l'expérience a été faite le 29 novembre 1878 à Lille dans la cour des Sapeurs-Pompiers de la ville.

Son efficacité est incontestable ; c'est un mélange qui dilué dans dix fois son volume d'eau, multiplie considérablement la puissance extinctrice du liquide et rend son effet beaucoup plus rapide et plus plus prompt. Les corps qui en sont imprégnés, même simplement mouillés, sont très-rebelles au feu, de sorte qu'en cas de communication d'incendie il est très-facile de retarder, d'empêcher la propagation des flammes. Cette faculté est précieuse pour tout le monde et surtout pour ceux qui ont chez eux des amas de matières combustibles ou inflammables. Le poids de chaque bombonne est de vingt kilog. et le prix de 70 fr. seulement les cent kilogrammes logés pris à Lille. Il se nomme liquide-extincteur Constant.

Vêtements des ouvriers. — 107. Le manufacturier devra toujours faire comprendre dans l'assurance les vêtements des ouvriers, afin que ceux-ci, en présence du feu, ne pensent qu'à arrêter ses débuts, au lieu de le fuir, pour courir en désordre sauver leurs effets d'habillements. Des usines ont dû leur destruction à ce soin futile en présence du danger, mais qui vient tout d'abord à la pensée de ceux pour qui la moindre perte est lourde à supporter. Moyennant un supplément insignifiant de prime ou de contribution d'assurance, le manufacturier obviera à cette petite cause d'un grand effet, et préviendra ses ouvriers de la mesure protectrice qui servira leurs intérêts en préservant les siens.

Construction des usines.— 108. Le manufacturier qui construit une usine doit toujours prévoir l'incendie. Toutes les fois que le terrain le permettra, les rez-de-chaussée devront être préférés. Un rez-de-chaussée dallé avec toiture incombustible présentera le minimum de dangers de risques et sera, par conséquent passible d'une prime ou contribution minima, les compagnies d'assurances tiennent compte du rez-de-chaussée. Mais un rez-de-chaussée avec toiture combustible offreencore des dangers, les toitures une fois en feu s'écroulent sur les métiers et l on a vu des usines construites ainsi, presqu'entièrement détruites.

109. Si l'espace manque, on construira les ateliers dangereux seulement à simple rez-de-chaussée, et le reste avec le moins d'étages possible ; ou bien, ce qui est préférable, on édifiera sous voûte les rez-de-chaussée et les étages contenant les préparations, les épurations des matières, en ayant soin que ces voûtes ne soient percées en aucun endroit, si ce n'est pour le passage le plus rétréci possible des arbres de transmission, que l'escalier soit enfermé dans une cage spéciale adjacente aux voutes, mais ne les faisant pas communiquer entre elles. Des murs monturiers devront diviser les différents corps de bâtiments ou un bâtiment d'une trop grande longueur ; ces murs dépasseront le toit d'au moins 60 centimètres. Leurs ouvertures, le moins nombreuses possible, seront fermées de portes en fer ou tôle avec encadrement et seuil incombustibles ou également tôlés. Ces précautions localiseront les sinistres et procureront peut-être au manufacturier une économie d'assurances. Je considère

comme préférable à un rez-de-chaussée avec toiture combustible, un bâtiment à étages voûtés avec toiture incombustible, sans divisions ni cloisons en bois et avec chassis et portes en fer, escaliers naturellement incombustibles et windas renfermé dans une cage également incombustible et ne faisant pas communiquer directement les étages entr'eux, une communication directe annihilerait le bénéfice des voûtes; il est toujours possible d'avoir un couloir voûté et muni de portes en fer afin qu'il n'y ait jamais de courant ni d'appels constants d'air.

Une condition essentielle de la sécurité des voûtes, c'est l'absence de matières, de marchandises, sinon ces matières ou marchandises en brûlant, feront dilater le fer qui soutient les voûtes et tout l'édifice sera mis en péril et devra être reconstruit. Il est indispensable de proscrire absolument tout amas de matières ou marchandises, même accidentel, et de ne faire circuler dans les ateliers voûtés que la matière ou marchandise en œuvre réduite à la plus petite quantité possible. La matière ouvrée ou brute devra être emmagasinée dans des locaux spéciaux et séparés. On y trouvera du reste une économie importante de prime d'assurances, les magasins subissant des primes moindres que les ateliers.

109bis. Une grande cause de l'élévation des primes d'assurances est l'habitude que l'on a d'avoir 500,000, un million, 1,500,000 fr. de marchandises ou matières dans un même local.

Exposer soi-même et une Compagnie, à voir détruites en quelques heures des valeurs aussi considérables, est un non sens. On doit toujours, quand on construit ou quand on approprie un bâtiment à usage de magasin, en faire plusieurs afin de diviser ainsi les risques et, en cas de sinistre, localiser le feu. Quoi de plus facile d'élever des murs de refends dans un bâtiment construit, ou de construire plusieurs magasins adjacents, si l'on ne peut les isoler.

Les magasins voûtés avec escalier extérieur aux étages, ceux à rez-de-chaussée divisé en plusieurs corps de bâtiments isolés, ou tangents avec murs monturiers dépassant les toitures, si on ne peut laisser un espace libre entre chacun d'eux , rempliront le même but chaque fois qu'on aura l'espace suffisant.

Cette manière de construire, d'établir les magasins a une importance primordiale : elle ne saurait trop être conseillée et prise en considération.

Murs de refend; Portes en fer ou isolées. — 110. Les compagnies d'assurances ont , en général , cessé de prendre en considération les murs de refend percés d'ouvertures fermées par des portes·en bois recouvert de tôle et non de zinc, ou en fer. On doit attribuer cette résolution au peu d'efficacité de ces fermetures lors des sinistres , et ce peu d'efficacité à la façon imparfaite et illusoire dont ces fermetures sont faites en pratique , à très-peu d'exceptions près. On se contente, généralement, de recouvrir imparfaitement de tôle un seul des côtés de la porte à garantir, sans se préoccuper du reste. Cependant les tarifs disaient : « portes en fer ou portes en » bois recouvertes de tôle des deux côtés , » mais la facilité avec laquelle presque tous les agents ont accepté l'à peu près , de crainte qu'un confrère soit moins exigeant qu'eux, a fait que cette condition n'a pas été observée et que les circonstances accessoires ont été laissées de côté. Pour qu'une porte protège un bâtiment, il faut : « 1° que » le mur dans lequel elle est établie soit un mur monturier, construit « d'une façon homogène dans toutes ses parties, en matériaux « incombustibles ; 2° que les poutres qui y reposent leurs assises « ne le traversent point ; 3° qu'aucune communauté ou communi-« cation n'existe entre les planchers des bâtiments contigus ; 4° que « la porte soit entière en fer ou recouverte de tôle neuve de « chaque côté et dans toutes ses parties, et qu'elle puisse se « fermer du dehors comme du dedans ; 5° qu'elle joigne entière-« ment et, pour ainsi dire, close à friction son seuil et son encadre-« ment ; 6° enfin et point très-essentiel, que les seuils et cham-« branles, montants et linteaux, soient également en matériaux « incombustibles ou revêtus également ou complètement de tôle. »

On doit toujours préférer, dans une usine, établir la porte sans accessoires de montants ni linteaux dans la muraille elle-même formant encadrement incombustible.

Quant au seuil, il est toujours possible de le découper s'il est en bois, et de remplacer le bois par des briques ou une dalle. (Voir un exemple de portes en fer tiré de l'usine Wallaert, filature de coton à Fives, planches). Ces portes sont indispensables dans toutes les usines pour rendre moins dangereuses les communications. Telles sont les portes des séchoirs de filature de lin, de teinture , de blanchisserie, de crêmage, de générateurs, d'étuves ou de séchoirs quelconques, celles donnant sur les escaliers, sur les windas : ainsi devront être fermées les ouvertures de petites dimensions tolérées quelquefois par les compagnies, lucarnes , œils de bœuf, regards, ouvertures pour descente de matières, etc.

Une porte tôlée doit donc exactement remplir toutes les conditions précitées , en outre certaines circonstances extrinsèques doivent être observées ; son état le plus habituel sera d'être fermée pendant le jour, et obligatoirement pendant la nuit et après le travail ; sous aucun prétexte, l'apposition de marchandises, matériaux ou objets quelconques, n'en empêchera le fonctionnement immédiat, et elle ne sera jamais même momentanément démontée (1).

Portes à double battant. 111.— Les portes à double battant ne me paraissent pas admissibles ; la porte en fer ou tôlée n'est qu'une exception et ne suppose qu'un espace étroit pouvant facilement être interceptée ; il n'en est pas de même des grandes ouvertures qui nécessitent les portes à double battant : en pratique ces portes ne sont jamais closes ou parfaitement closes.

Murs monturiers.— 112. Nous disons plus haut qu'un mur monturier, ou mur de refend, devrait être construit d'une

(1) Dans certains cas , si l'on veut qu'une porte soit l'équivalent d'un mur, on en met deux en fer. L'espace d'air compris entre elles , permet que l'une rougisse en cas d'incendie, sans que l'autre s'échauffe d'une façon inquiétante, de sorte que l'on n'a pas, en cas de feu, à s'en préoccuper, une fois toutes deux fermées.

façon homogène dans toutes ses parties, en pierres, briques ou matériaux incombustibles. Pour qu'il y ait division de risque, c'est-à-dire contiguïté sans communication, il faut, disent les tarifs; « que le mur de refend s'élève jusqu'au faîte. » Cette définion est incomplète. Le mur de refend doit s'élever « au-dessus du faîte, couper les voliges et « lattis de la toiture, et la dépasser de 60 centimètres environ en « pignon, sans wimbergues en bois ou zinc. » Il est en effet très-important, que les bois, la charpente de la toiture, forment une solution réelle de continuité, et qu'un obstacle incombustible arrête la propagation du feu. Exiger d'un mur de refend ces caractères, c'est exiger seulement ce qui est raisonnable, et bien des manufacturiers n'ont pas attendu les invitations des assureurs pour prendre l'initiative de murs dépassant le toit, reconnaissant eux-mêmes que l'efficacité certaine de la muraille séparative ne peut être obtenue qu'à ce prix. Par des motifs analogues. si la muraille est séparatrice de bâtiments de hauteurs différentes, les saillies de la toiture supérieure surplombant le bâtiment moins élevé, seront supprimées ou faites en pannes superposées, maçonnerie ou matériaux incombustibles.

Les tarifs des compagnies d'assurances s'expriment ainsi : « On « ne considère pas comme établissant communication une simple « ouverture pratiquée dans le mur de refend pour la transmission « de mouvement d'une machine. » Cette définition trop peu restrictive a donné naissance à bien des abus, et annihilé, en filature de lin, étoupes et coton, par exemple, la séparation protectrice espérée du mur monturier. Les transmissions de mouvement s'opèrent de divers modes ; au moyen d'arbres animés de mouvement rotatoire, d'une courroie à mouvement continu, de câbles, d'engrenages transformant la force motrice. Dans le premier cas, on pratique des ouvertures circulaires énormes, des segments d'un diamètre considérable, dans le second, des fentes, des sections longitudinales qui sont de véritables portes ; dans le troisième, les engrenages mal établis dans l'origine ouvrent les murailles, percent

les voûtes et forment de sérieuses communications. Pour obvier à cet état de choses beaucoup trop fréquent, le manufacturier doit, et l'agent d'assurance le lui conseillera, « rétrécir l'ouverture circu-
» laire par laquelle passe un arbre de couche à un diamètre seulement
» un peu supérieur à celui de l'arbre ; appliquer à la muraille, sur
« coulisses, deux diaphragmes en tôle ayant chacun une section
« hémisphérique telle qu'étant tous deux rapprochés, ils forment
« une circonférence tangente à celle de l'arbre, dont le point
« giratoire est le centre ; ne percer dans la muraille que les deux
« ouvertures strictement nécessaires pour la course des courroies,
« une seule si la courroie est croisée ; protéger la courroie par des
« glissoires ou des galets de frottement, et entretenir toujours
« parfaitement nettoyés les passages qu'un volet en tôle interceptera
« après le travail ; supprimer les cages d'engrenages faites en bois :
« dangereuses de leur nature, elles le sont à fortiori si elles forment
« communication. » On peut toujours les remplacer par des cloisons incombustibles, en maçonnerie, en briques avec montants en fer ; la baie nécessaire au graissage se laisse du côté du bâtiment qui est affecté de la prime la plus élevée. A l'appui de ces recommandations, je pourrais citer plus d'un sinistre propagé d'une chambre dans une autre par des ouvertures infiniment tenues, telles que celles, par exemple, faites pour le passage d'un tuyau de gaz, d'une nochère étroite. Les poussières des matières travaillées, inflammables si elles sont combustibles, s'amassent dans les moindres ouvertures, et transmettent le feu sans qu'on s'y attende et qu'on s'y oppose.

Escaliers. — 113. Le manufacturier a un grand intérêt à adopter les escaliers en pierre, fer, ou en matériaux incombustibles; ils sont le corollaire d'un établissement voûté, la coordination des moyens préservatifs indiqués précédemment, la clef de sauvetage de l'établissement. La prise en considération des voûtes ou du carrelage est subordonnée à l'incombustibilité de l'escalier et influe sur la prime d'assurance.

Escaliers d'usines ou d'édifices publics.— Lorsque l'usine a plusieurs étages, avec un unique escalier en bois , il est indispensable d'établir du côté opposé à cet escalier, dans la muraille, aux dormants, de façon à ce que la flamme sortant par les fenêtres n'en intercepte pas l'usage, une échelle en fer, afin que les ouvriers qui n'auront pu se sauver par l'escalier, puissent le faire par ce moyen de descente, qui facilitera également l'extinction du feu : bien entendu qu'un 2e escalier incombustible serait préférable , mais je suppose le cas où la place manquerait, ou bien celui où le propriétaire ne voudrait pas faire une telle dépense. Les exemples d'ouvriers brûlés dans les étages supérieurs des bâtiments sont malheureusement nombreux, et les usiniers, chez qui de telles catastrophes sont survenues, regrettent le restant de leurs jours de ne   pas les avoir prévenues par l'établis sement d'un 2^c escalier incombustible.

Cette échelle de fer fixée à la muraille , est aussi utile dans l'hypothèse d'un unique escalier incombustible, car il peut arriver qu'une partie des ouvriers soit empêchée par le feu de gagner les abords de l'unique voie de salut : dans les deux cas , il faut donc l'établir, la dépense est minime du reste.

Escaliers de maisons bourgeoises , boutiques etc.— La fréquence des accidents humains occasionnés par l'incendie des escaliers, le nombre considérable des personnes brûlées vives, tuées ou blessées en se jetant par les fenêtres, lorsque ce moyen de sauvetage vient à manquer, ont fait éclore dans le cerveau des amis de l'humanité bien des projets qui n'ont malheureusement rien de pratique. Il n'est guère possible de réagir contre l'usage de construire aujourd'hui, sauf de très-rares exceptions, les escaliers en bois, je me contenterai donc d'indiquer les moyens les plus faciles d'application et les moins coûteux , car , il ne faut pas se le dissimuler, c'est toujours la question d'argent qui est prédominante, ici comme dans bon nombre de cas.

Maisons tangentes.— Les étages qui ont des balcons tangents ont le moyen cherché. En cas d'incendie, rien de plus facile que d'enjamber d'un balcon sur un autre, et l'on est sauvé, le feu ne prenant pas aux deux immeubles à la fois.

Etages sans balcons.— On scelle horizontalement entre les dormants, partout où il y a un mur ou mitoyen ou sans ouvertures de communication: 1° des crampons métalliques ayant la forme et la largeur d'un barreau d'échelle, distant du mur de dix centimètres ; au-dessus et verticalement, à une distance de 1 mètre quarante . d'autres crampons ayant la forme de poignées solides, d'une même largeur : l'emplacement du crampon horizontal doit être calculé de façon à ce que la personne désirant se sauver puisse facilement debout sur la fenêtre la plus rapprochée, saisir d'abord la poignée, puis mettre un pied, ensuite la 2ᵉ main et l'autre pied, et enfin saisir de la main l'embrasure de la fenêtre qu'il s'agit d'atteindre , et y pénétrer de la même façon. Les scellements doivent être très-solidement établis. afin qu'un homme à la poigne vigoureuse , tels que les pompiers , puisse, chargé du poids d'une personne, s'y suspendre et effectuer le passage sans courir le risque d'un descellement.

Ce procédé de sauvetage est sans contredit le plus simple, le plus facile , le moins coûteux : les propriétaires mitoyens, soucieux de sauvegarder la vie de leurs familles ou de leurs locataires devront l'employer en s'entendant ensemble pour en partager la modique dépense.

Voir modèle à la fin.

Autres moyens de sauvetage.— *Escaliers.*— Etant donné une maison sans balcons, ni crampons équivalents, l'escalier étant en feu, comment les habitants se sauveront-ils?

Echelle fixe : elle se résume dans la construction d'une échelle en fer dont les parties sont articulées de manière à pouvoir se loger dans une rainure verticale très-faible . pratiquée ou ménagée dans toute la hauteur d'une façade ; cet encastrement, qui a pour but d'éviter toute saillie sur le net du parement extérieur, n'est même pas nécessaire et il présenterait quelques inconvénients.

Le fonctionnement est simple ; l'un des montants est fixé sur la façade, et préférablement dans le prolongement du plan mitoyen, en ce cas l'appareil appartient à deux propriétaires voisins. A l'état ordinaire, l'échelle tient moins de place que le tuyau de descente à côté duquel elle est placée, les échelons et le montant mobiles étant relevés contre le montant fixe.

Un bras de levier prolonge le montant mobile et se présente dans l'étage sous le comble de la maison la plus haute ; il permet d'abaisser et, par suite, de pousser en avant le montant mobile qui entraîne les échelons dans un mouvement rotatif de haut en bas jusqu'au moment où il repose sur le sol du trottoir et où l'échelle se profile perpendiculaire à la façade ; dans cette position, elle n'est sans doute pas absolument rigide, mais elle peut être utilisée pour le sauvetage de l'une ou l'autre des maisons contigues. S'il était nécessaire qu'une femme, qu'un enfant, put profiter de l'appareil sans être obligé de monter au dernier étage, on y a pourvu ; un cable ou un fil de fer est attaché au bras de levier dont il a été parlé, il descend à travers les plafonds contre le mur ou dans le mur mitoyen, de manière à ce qu'il soit facile à tous les étages, et dans chacune des maisons de lancer l'échelle dans la position utile.

L'auteur de l'appareil que nous examinons ne s'est pas dissimulé la difficulté qu'il y aurait de descendre sur une échelle placée verticalement ; il y a, en ce cas, un effet de vertige à surmonter ; il voudrait que, dans chaque maison et même à chaque étage on eût à sa disposition desceintures à crochet et poids, le crochet se plaçant successivement à chaque échelon au fur et à mesure de la descente et le poids glissant dans un cylindre rainé attaché au montant mobile. Il pense que, dans ces conditions de sécurité, un homme jeune pourrait sans crainte et sans danger supporter la charge, non-seulement d'un enfant, mais même d'une personne lourde, puisqu'il serait à chaque mouvement accroché à l'échelle et toujours retenu dans le sens horizontal.

Il est plus difficile encore d'atteindre l'échelle par une des fenêtres, sans l'aide d'un homme exercé ou du moins hardi et vigoureux, car il faut franchir la distance qui sépare l'une de l'autre ; des poignées scellées dans le mur doivent permettre, en posant les pieds sur la saillie des cordons, d'atteindre l'appareil.

Il a fallu encore prévoir la situation où des obstacles quelconques empêchent de descendre. En vue de cette circonstance qu'il faut supposer assez rare, le montant mobile a été prolongé en contournant la corniche et l'extrémité rattachée à une chaîne qui traverse la partie inférieure de la toiture en glissant sur une poulie. Il paraît évident que peu de personnes seraient capables d'atteindre ainsi les combles ; encore faut-il supposer assez gratuitement que les maisons voisines ont à peu près la même hauteur et qu'on peut trouver par là un moyen de salut ; l'inconvénient de cette échelle provient de ce que l'inventeur a voulu qu'elle n'apparut pas dans la façade ; il serait évidemment plus simple de sceller l'échelle toujours prête dans le mur mitoyen en l'arrêtant au 1er étage; à cette hauteur, ou aura toujours sous la main une échelle mobile ou l'équivalent pour continuer la descente.

Modèle ordinaire. : Des crampons en nombre suffisant, ayant .a forme et l'espacement des barreaux d'une échelle, sont scellés dans le mur mitoyen, depuis le haut jusques à une distance de deux mètres du sol, des pédales également scellées dans le mur et des poignées permettent d'aller, des fenêtres, rejoindre et empoigner l'échelle.

Modèle complet : C'est l'échelle ordinaire avec ses barreaux montants fixée à une distance de la muraille suffisante pour qu'il y ait une légère inclinaison du sommet à la base Elle s'arrête à deux mètres du sol, et est placée de manière à desservir les fenêtres de la maison. C'est celle qui offrira le plus de sécurité, et pourra, peut-être, servir à la descente des femmes et des enfants.

2° *Echelles mobiles* : *Appareil Bondues.*—Voir aux planches. Ces appareils, comme tous ceux analogues, sont très-intelligemment conçus, mais l'inconvénient qu'ils présentent c'est la difficulté de les transporter rapidement là où il le faut ; leur prix élevé, l'emplacement qu'ils exigent pour être remisés , sont des obstacles sérieux à leur multiplication, or il n'y a qu'une quantité suffisante de ces engins qui pourrait les rendre utiles ; lorsque le malheur veut que l'escalier d'une maison soit la première chose incendiée, c'est presque toujours soudainement que cela arrive, et les habitants sont obligés de passer par les fenêtres avant même que les secours soient organisés, conséquemment si l'échelle mobile est dans un quartier éloigné du lieu de l'incendie, s'il n'y a pour ainsi dire pas autant d'échelles que de quartiers , elle arrivera toujours trop tard. Ceci dit, l'appareil Bondues est destiné à rendre de sérieux services en cas d'incendie.

Outre le sauvetage des personnes, qui est facile à opérer, lorsque l'échelle est sur le lieu du sinistre, on utilisera l'appareil de M. Bondues en amarrant les lances des pompes à incendie et des pompes à vapeur, sur la plate-forme mobile , et les sapeurs-pompiers pourront diriger, de leur lance, un jet plongeant sur le sinistre, sans avoir à exposer leur vie.

L'invention de M. Bondues est donc utile ; la construction de l'échelle est bien comprise et la manœuvre est des plus faciles.— Il a suffi de trois minutes, l'arbre étant horizontal, pour manœuvrer l'échelle et atteindre à un second étage au moyen de la plate-forme.

Echelle Phalempin.— L'échelle de M. Phalempin se compose de la réunion d'un nombre non limité d'échelles partielles en bois de 1 mètre de longueur et quelquefois 1 m. 50, Ces échelles partielles sont réunies ensemble au moyen de fortes charnières en fer et peuvent être rendues rigides par des platines en forte tôle percées de deux trous ayant l'écartement exact de deux barreaux. Trois barreaux consécutifs sont faits en tubes à gaz ; celui du milieu est traversé par un axe en fer qui vient se river à chaque extrémité dans l'un des trous de la platine. L'axe et les deux platines rendues soli- daires tournent librement de manière à pouvoir à volonté présenter le deuxième trou de la platine vis à vis des deux autres

barreaux creux. En faisant passer par ce trou, dans l'intérieur du barreau creux, un long boulon dont le bout est terminé par deux lames de ressort munies de talons. les platines sont appliquées solidement sur les côtés des montants de l'échelle. Si l'on a tourné le système vers le haut, l'échelle peut se plier ; si au contraire, on l'a tourné vers le bas, les deux échelles partielles sont en prolongement l'une de l'autre et rigides. En ajoutant ainsi successivement des échelles et les raidissant par le même procédé, on peut obtenir une longueur très-grande. La première échelle formant la tête est armée de 2 crochets, munis de pointes en fer, assez saillants pour embrasser un mur d'épaisseur ordinaire, et qui permettent de la suspendre aux balcons, saillies, corniches, etc.

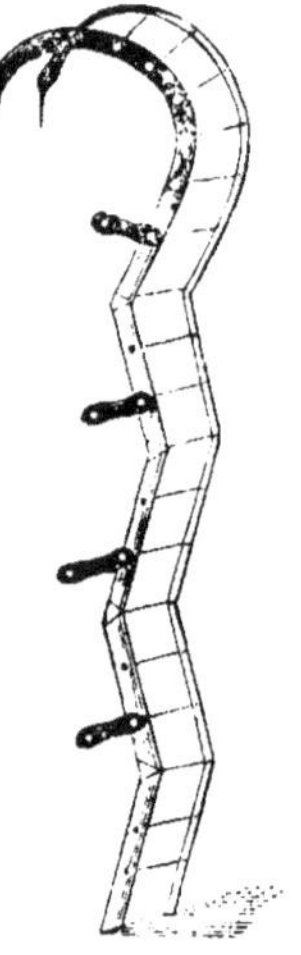

Le bois choisi pour la construction des échelles Phalempin est le frêne, bois flexible et très-léger. La largeur de l'échelle y compris les montants est de vingt-deux centimètres. L'ensemble est très-léger et une échelle de 5 à 6 mètres est facilement tenue à bras levés par un homme de force ordinaire; on voit d'ici les services que peuvent rendre des échelles de ce genre. Etant légères et n'offrant qu'un petit volume, on peut les porter partout avec soi, dans les corridors les plus étroits, dans les escaliers, dans les chambres les plus petites. On a la facilité d'en dresser, suivant les cas, juste la longueur que l'on désire pour franchir une muraille ou un obstacle quelconque. On peut s'en servir pour descendre des bâtiments où l'on s'est introduit et dont les accès deviennent impraticables par suite des progrès de l'incendie. Manœuvrées par l'extérieur, elles servent à atteindre les appartements les plus élevés en les accrochant d'étage en étage. Il est à remarquer qu'elles offrent une très-grande résistance à la traction ; et c'est précisément le cas qui se présente le plus souvent puisqu'elles sont destinées à être suspendues par leurs crochets.

Les premières échelles construites par M. Phalempin étaient déjà très-commodes et d'un maniement facile, mais le prix en était assez élevé. L'inventeur est arrivé à perfectionner son système en calculant mieux ses ferrures, et à diminuer le poids par l'emploi mieux raisonné des pièces métalliques, tout en atténuant sensiblement le prix.

Les personnes habituées à la gymnastique pourront aisément se servir de ces échelles.

PRIX DES ÉCHELLES PHALEMPIN :

Pouvant se raidir :

mod. N° 1, long^r 5^m, se reployant en 5 parties,   19 k.,   120 fr.
mod. N° 2, long^r 9^m, se reployant en 6 parties,   26.400,   180 »

Ne pouvant se raidir :

mod. N° 3, long^r 5^m, se reployant en 5 parties,   13.580,   90 »

Échelle des sapeurs-pompiers :

mod. N° 4, long^r 4^m, se reployant en 2 parties,   10.500,   50 et 60.

Le tout pris à Lille.

Par mètre en plus, pour le N° 1 . . . . .   20 fr.
— — — N° 2 . . . . .   25 »
— — — N° 3 . . . . .   10 »

Échelle de Bruxelles.— Cette échelle est en bois de frêne

et se compose de 7 parties de 3 mètres de long. Chacune des parties peut s'assembler, de sorte que l'on peut obtenir une échelle de 21 mètres, le tout est maintenu rigide par des vis.

Echelle à crochet ordinaire.— Cette échelle à 5 mètres de longueur et se plie en deux parties afin d'être placée aisément sous le chariot d'une pompe à incendie.

En résumé, dans les localités où l'on ne pourra faire la dépense des échelles de Milan, Constant et Dejean, Bondues, ou anglaise, en nombre suffisant pour que chaque quartier soit desservi instantanément, le moyen le plus pratique et le moins coûteux sera de munir chaque rue ou à peu près d'une échelle solide de bois ordinaire, pouvant être manœuvrée par deux hommes, et atteignant une hauteur de quinze mètres ; cette échelle sera déposée chez une personne ayant une grande porte et une cour, et ne s'absentant jamais sans laisser l'accès nécessaire pour que les premières personnes venues puissent la venir prendre ; elle sera accompagnée d'une échelle portative à crochets ordinaire, modèle de Lille ou de Bruxelles, pouvant atteindre à volonté 12 mètres ; en supposant la première de ces échelles dressée avec l'inclinaison convenable et maintenue au pied, une personne pourra gravir les échelons et arrivée près du faîte développer l'échelle portative, et arriver ainsi à atteindre, dans la généralité des cas, les derniers étages d'une maison, et faire descendre en les soutenant les personnes qui y sont enfermées, l'escalier étant détruit : ces personnes une fois arrivées sur l'échelle rigide ordinaire continueront de descendre facilement jusqu'en bas.

Les journaux de la localité indiqueront de temps en temps où sont déposées ces échelles, et de plus un écriteau visible « *Dépôt des échelles de sauvetage du quartier* » complètera cet enseignement, afin que personne dans la rue n'ignore où l'on peut trouver le moyen de sauver ses semblables.

L'échelle ordinaire rigide devra être fortement silicatée, afin qu'elle puisse être léchée par les flammes sans être carbonisée.

La dépense de ces engins simples et pratiques est minime; toute ville, toute commune pourra la faire et les services rendus seront très-grands, car, à défaut de sauvetage des personnes, ils faciliteront bien souvent le sauvetage des objets et l'extinction du feu.

Le plus souvent le dépositaire de ces échelles sera un pompier de sorte que leur manœuvre lui sera familière, nous allons néanmoins donner un extrait du règlement arrêté concernant leur emploi.

Nous, maire de la ville ou commune de....,

Vu etc...., (voir modèles précédents) ;

Il est créé dans chacun des quartiers de la ville et dans les domiciles indiqués ci-dessous :

Suit l'énumération exacte des domiciles, rues, numéros, noms des dépositaires des dépôts d'échelles, une grande et une petite, spécialement établies pour le sauvetage des personnes en cas d'incendie.

Aussitôt qu'un incendie se déclarera et qu'il y aura à supposer que des habitants peuvent ne pas avoir d'issue pour fuir les flammes, la première personne venue devra accourir au dépôt le plus rapproché, prévenir vivement le dépositaire et, avec son aide, rapporter les échelles de sauvetage au pas de course.

Si le dépositaire est absent, les échelles devront néanmoins être livrées à la personne accourue, et celle-ci aura le droit, comme le dépositaire, de requérir l'aide d'une autre personne, pour le transport de ces engins sur les lieux de l'incendie.

Les premiers pompiers qui rencontreront les porteurs, devront les remplacer et, guidés par eux, faire la manœuvre des dites échelles dont l'emploi et le soin continueront de leur être dévolus.

La rentrée au dépôt sera faite par les pompiers. Le nettoyage, la remise en état des dites échelles, l'entretien, seront effectués par les pompiers au moyen des crédits votés pour l'entretien général du matériel.

Toiles de sauvetage.— Pour remplacer les échelles, un procédé existe, c'est une toile solide, munie de poignées, qui servent à la tendre horizontalement : maintenue ainsi à un mètre du sol, par un nombre suffisant de personnes, on invite les habitants en danger de périr par les flammes, à se laisser tomber dans cette toile. Au moment de la chûte, la tension doit être excessive afin que le corps projeté ne vienne pas toucher le sol.

Les endroits où sont déposées les toiles de sauvetage doivent être indiqués au public de la même manière que les échelles.

Le modèle de l'arrêté ci-dessus peut être pris, en remplaçant les mots échelles par ceux de toiles de sauvetage.

Une instruction sur l'emploi des dites toiles doit être affichée dans le local du dépôt et également sur papier détaché, imprimée en gros caractères, à la portée de la main et de la vue de la première personne qui viendra prendre cet engin, afin qu'elle puisse en faire l'usage sauveteur pour lequel il est établi ; car autrement une toile mal tendue ou tendue par un nombre de personnes insuffisant ferait blesser ceux ou celles qui s'y précipiteraient.

Moyens de sauvetage intérieur. — L'habitant d'une maison peut toujours redouter une catastrophe, c'est-à-dire un incendie qui vienne en détruisant l'escalier, l'empêcher de se sauver autrement que par les fenêtres. Quels sont les moyens qu'il devra employer pour pouvoir y arriver sans coup férir? Au premier étage, un drap, attaché soit au balcon soit à la partie inférieure de la fenêtre qui contient l'espagnolette ou ce qui en tient lieu, en cassant préalablement le carreau, la vitre ou la glace à cet endroit là, permettra une fuite rapide.

Mais pour les étages supérieurs, ce mode primitif ne pourra plus être employé, il faut donc:

Ou posséder une échelle de corde d'une grandeur suffisante, si possible, rendue incombustible, la fixer à un point d'appui suffisamment solide et, après l'avoir lancée par la fenêtre de façon à ce qu'elle se déroule et soit tendue par une personne d'en bas, s'y confier et opérer sa descente.

Une grosse corde à nœuds remplira le même but quoiqu'avec moins de facilité, tout le monde ne sachant pas s'en servir.

Les personnes qui ne peuvent faire la dépense de ces engins, trouveront l'équivalent dans le frein.

Frein Constant Dejean. — Voir planches. Ce frein se compose de trois parties : 1° l'appareil en fer que la gravure représente ; 2° la corde servant au frein ; 3° la ceinture dont la personne qui veut faire usage de l'appareil se munit. L'extrémité de la corde est terminée par un crochet qui permet de l'attacher à un anneau, autour d'un balcon, d'un montant de fenêtre ; ceci fait et la ceinture solidement attachée à la taille, la personne passe le crochet de la partie inférieure du frein dans l'anneau de la ceinture, se laisse ainsi soutenue pendre à l'extérieur, et d'une main déroule vivement ou lentement à son gré la corde selon qu'elle veut une descente vive ou lente.

L'avantage certain de ce frein est : 1° qu'une personne même pas exercée à la gymnastique peut s'en servir : 2° qu'une personne exercée peut descendre avec une autre personne ; 3° que la modicité de son prix permet à tous les habitants des étages d'une maison d'en faire l'acquisition en proportionnant la longueur de la corde à la hauteur de l'étage habité.

*Notice explicative sur l'extincteur Girard et C*ⁱᵉ.— Je ne peux mieux faire ici que de copier le prospectus que ces messieurs distribuent au public et m'ont envoyé :

Ce nouvel extincteur, d'une forme toute nouvelle, est combiné de façon à remédier à tous les vices de l'extincteur primitif et de ceux qui en dérivent sous une apparence quelconque de perfectionnement.

L'extincteur primitif est déjà une invention française dont les les brevets, pris à l'étranger, furent vendus et exploités en Angleterre, en Belgique, en Allemagne, en Amérique, etc. C'est toujours sur les données de l'extincteur français que roulent encore les prétendues inventions venant des susdits pays étrangers, tant sous le rapport de la construction que sous celui de la composition chimique.

Leur construction se compose toujours d'un seul récipient, incommode à porter et ne permettant pas de varier la charge ni d'en augmenter la puissance, ce qui fait que leur composition chimique se résume toujours dans l'emploi unique du bicarbonate de soude et d'un acide quelconque, soit sulfurique, soit tartrique, etc.

Il est bien reconnu aujourd'hui que l'on a beaucoup exagéré la vertu de l'acide carbonique pour l'extinction du feu, et que l'efficacité qu'on lui attribuait était due bien plus à la puissance de projection du liquide.

Sous le coup de ces réflexions, il y avait une toute autre théorie à se faire sur l'action véritable de l'extincteur :

Il fallait se guider d'après ce principe que l'extinction rapide d'un feu exige l'action simultanée d'un prompt refroidissement des objets embrasés et de leur isolement de l'air atmosphérique : *Etouffer pour refroidir et isoler*, tel est le vrai programme.

Ce résultat ne pouvait être obtenu, avec peu de liquide, que par la projection puissante d'une couverture liquide sous forme d'enduit incombustible, fortement hydraté, lancé sur les objets embrasés. Nous avons, à cet effet, donné la préférence aux produits dont la réaction entre eux, au moment même de leur emploi, produit un silicate d'alumine allié à une matière glutineuse propre à favoriser sa dilution et son adhérence.

On comprendra de suite qu'un tel enduit, tout à fait incombustible, retenant une grande quantité d'eau de combinaison, difficile à vaporiser, soit une cause immédiate de refroidissement et étouffe instantanément les flammes sur les objets qui en sont atteints ; et ce qu'il y a encore de plus concluant, c'est que les flammes voisines n'ont plus d'action sur les parties éteintes.

Une autre démonstration de l'efficacité de notre liquide, qui peut être considérée comme paradoxale, c'est quel'on éteigne à la minute un réservoir de pétrole, d'essence, d'alcool et de tous liquides essentiellement inflammables, en les couvrant soit de copeaux, soit de paille, soit de foin, etc., préalablement imbibés de notre liquide.

On peut donc considérer notre composition chimique à ce double point de vue : qu'elle est aussi efficace comme préservateur que comme extincteur du feu.

Composition de l'appareil.— Pour atteindre ces conditions toutes nouvelles de l'extinction du feu par l'usage de nouveaux produits chimiques, il fallait aussi une construction toute nouvelle de l'appareil pour leur mode d'emploi :

1° Il fallait un extincteur vraiment instantané, ne laissant rien à l'inconnu, conservant indéfiniment sa charge, et d'un fonctionnement toujours sûr à la minute ;

2° Il fallait aussi pouvoir utiliser à volonté les produits chimiques possédant les propriétés les plus négatives de toutes combustion, et au besoin pouvoir les varier, tout en les tenant séparés, pour éviter toute réaction jusqu'au moment de leur emploi ;

3° Ce but ne pouvait être atteint que par l'adoption d'un générateur séparé pour la production instantanée du gaz qui engendre la force de projection.

4° Il fallait, par conséquent, une construction à plusieurs compartiments séparés, en même temps plus résistante aux efforts instantanés de la pression, par l'adoption de récipients accouplés de petits diamètres.

5° Il fallait de plus satisfaire à la commodité du port de l'appareil, qui est obtenue par sa forme double s'adaptant avec solidité sur le dos de l'opérateur, et par sa hauteur qui place plus convenablement la résultante de son centre de gravité.

En résumé, notre nouvel appareil se compose de quatre récipients n°s 0, 1, 2 et 3, *fig.* 1 et 2.

Le n° 0 est une bouteille métallique doublée de plomb à l'intérieur dont le col en bronze recourbé forme la clef du robinet placé au sommet du générateur n° 1.

Les n°s 2 et 3 sont deux récipients jumeaux d'égale capacité.

Ces quatre récipients communiquent entre eux comme suit :

La bouteille n° 0 avec le générateur n° 1, en la renversant de bas en haut; le générateur n° 1 avec le récipient n° 2 et le n° 2 avec le n° 3, par chacun un tube plongeur conduisant la totalité de leur contenu dans le n° 3 qui alimente le robinet de sortie.

Composition chimique de la charge.— La bouteille n° 0 renferme de l'acide sulfoglycérique qui est un composé d'acide sulfurique et de glycérine, avec lequel on peut impunément se frotter les mains.

Le récipient n° 1, dit générateur, contient le bicarbonate de soude en excès pour saturer instantanément l'acide.

Le récipient n° 2 contient un sulfate triple d'alumine, de soude et d'ammoniaque. Ce produit est préparé tout spécialement à l'état triple et très-divisé pour obtenir une plus grande solubilité du sulfate d'alumine sans résidu pierreux et le plus neutre possible.

Le récipient n° 3 contient une dissolution de silicate de soude mêlée à divers produits de la saponification avec excès d'alcali.

On peut varier cette composition en y ajoutant un élément sulfureux, lorsqu'il s'agira de feux de cheminées ou de tous autres où les gaz extincteurs peuvent se substituer à l'air atmosphérique. On peut de même augmenter la dose d'alcali caustique lorsque l'on aura à combattre le feu sur des corps gras.

On remarquera que les gaz et liquide de notre générateur sont équivalents à eux seuls à l'unique composition chimique de tous les autres extincteurs, et que leur principal contingent dans notre nouvel appareil consiste à chasser devant eux les vrais liquides extincteurs N°s 2 et 3 en s'y mélangeant.

Dès que les liquides sont mis en mouvement comme il est dit ci-dessus, la dissolution de sulfate d'alumine se mélange successivement avec celle de silicate de soude et y forme aussitôt un précipité laiteux de silicate d'alumine combiné au produit glutineux qui prévient toute agglomération solide. Ce qui permet de projeter sur le feu un enduit minéral liquide tout-à-fait incombustible, renfermant une forte proportion d'eau de combinaison qui augmente son pouvoir absorbant du calorique au détriment des surfaces embrasées, et donnant pour résultat final : Refroidissement et isolement.

Réservoir d'alimentation.— Dans le but de satisfaire à de nombreuses demandes et pour justifier mieux l'utilité de l'extincteur portatif, nous avons imaginé un réservoir alimentaire instantané contenant tous les produits chimiques de notre extincteur, destiné à recharger sur le champ les extincteurs vides qui n'auraient pu achever l'extinction du feu avec leur première charge.

Ce réservoir, d'une capacité en rapport avec les prévisions qui en dicteront le besoin, pourra être à demeure dans un lieu réservé de l'établissement, ou roulant sur chariot pour l'approcher de l'incendie.

Au moyen d'un tube de communication servant à relier les extincteurs vides avec le réservoir dans lequel on établit une pression de 1 à 2 atmosphères, on peut remplir instantanément plusieurs extincteurs à la fois par un simple jeu de robinets et renouveler ainsi successivement les charges jusqu'à épuisement du réservoir.

Nous avons trois modèles d'extincteurs également munis de la bouteille n° 0, savoir :

N° 1, extincteur à SIMPLE CHARGE, composé d'un seul récipient n° 1, à générateur intérieur, avec la charge n° 1 (bicarbonate et acide), l'unique et la même que celle de tous les extincteurs connus jusqu'à ce jour.

N° 2, extincteur à DOUBLE CHARGE, composé de deux récipients, n°s 1 et 2, avec leurs charges afférentes : la dernière étant un sulfate triple d'alumine, de soude et d'ammoniaque.

N° 3, extincteur à TRIPLE CHARGE, qui est notre extincteur complet à trois récipients, n°s 1, 2 et 3, avec leurs charges respectives ; la dernière étant un silicate soluble.

Nous ajouterons que notre extincteur complet, à triple charge, peut se réduire à volonté, à double ou à simple charge, par la substitution ou la suppression des charges n⁰ˢ 3 et 2, que l'on peut toujours remplacer par de l'eau simple en l'absence de tous produits chimiques ; de même qu'il se prête à l'emploi de toutes les combinaisons chimiques, en dehors de celle que nous indiquons.

Ces trois variétés d'extincteurs, tous instantanés au même degré, pourront rendre des services réels en rapport avec leur puissance, et aussi variés que le sont eux-mêmes les cas d'incendies à combattre ; et comme la question de prix aurait pu être un obstacle, dans certains cas, à la vulgarisation des bienfaits de l'extincteur, nous avons jugé intéressant de combler toutes les lacunes, afin de donner satisfaction à toutes les préférences. C'est à la pratique seule qu'il appartiendra de prononcer sur les meilleurs choix.

Voici le tableau comparatif des prix de chacun :

DÉSIGNATIONS.	10 litres.	15 litres.	20 litres.	25 litres.	30 litres.
N° 1, Appareils à simple charge..	90 fr.	100 fr.	110 fr.	120 fr.	130 fr.
N° 2, — à double charge..	100 »	110 »	120 »	130 »	140 »
N° 3, — à triple charge..	120 »	135 »	150 »	165 »	175 »

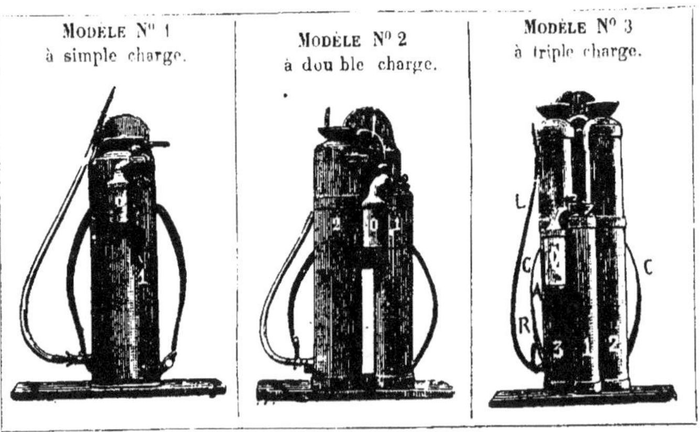

TARIF DES POMPES A INCENDIE DU MODÈLE DE PARIS, DE A. THIRION

VENDUES A GARANTIE POUR CINQ ANNÉES.

DÉTAIL DES POMPES DU MODÈLE DE PARIS ET DE LEURS ACCESSOIRES.	N° 1 PISTONS 125^{m}/^{m} se manœuvre par 12 hommes		N° 2 PISTONS 110^{m}/^{m} se manœuvre par 8 ou 10 hommes		N° 3 PISTONS 95^{m}/^{m} se manœuvre par 6 hommes		N° 4 PISTONS 90^{m}/^{m} se manœuvre par 4 hommes	
	FR.	C.	FR.	C.	FR.	C.	FR.	C.
La pompe foulante, modèle de Paris, à deux corps, ayant des guides pour conduire les pistons, avec ses clés et ses courroies pour amarrer les boyaux..............	725	»	625	»	525	»	425	»
Un chariot à flèche, à deux roues avec un essieu tourné, et à coffret......................................	155	»	155	»	155	»	115	»
Un porte-hache fixé aux flancs du chariot............	5	»	5	»	5	»	5	»
Une lance en cuivre, avec deux orifices	20	»	20	»	20	»	20	»
Seize mètres de boyaux en cuir, cloués, de 45 millimèt., à 9 fr......................................	144	»	144	»	144	»	144	»
Deux raccordements en cuivre, montés aux dits boyaux, à 7 fr. 50......................................	15	»	15	»	15	»	15	»
Une hache à pic et à tranchant......................	9	»	9	»	9	»	9	»
Un cordage de 20 mètres à bilboquet	10	»	10	»	10	»	10	»
Un manchon en cuir pour réparation provisoire des boyaux.......................................	3	»	3	»	3	»	3	»
Deux leviers en frène, tournés, et deux tamis en osier..	12	»	12	»	12	»	10	»
Plus une torche, vingt-cinq clous en cuivre et leurs contre-rivures, une instruction pour l'entretien, une théorie du sapeur-pompier avec figures, pour la manœuvre, et deux boulons en bronze, *gratis*........	»	»	»	»	»	»	»	»
PRIX TOTAL des pompes foulantes	1 098	»	998	»	898	»	756	»
ASPIRATION DES POMPES.								
Une courbe d'aspiration en cuivre fondu, montée à boulons sur des tubulures fondues avec la culasse, pour éviter toutes les soudures........................	100	»	80	»	65	»	50	»
Six mètres de tuyaux d'aspiration en cuir, à double enveloppe et à hélice dans l'intérieur	144	»	120	»	102	»	93	»
Un fort raccordement pour le tuyau d'aspiration.......	15	»	12	»	9	»	8	»
Une pomme d'aspiration et un chapeau couvert	16	»	13	»	11	»	10	»
PRIX TOTAL des pompes aspirantes et foulantes.	1 373	»	1 223	»	1 083	»	917	»
Deux ressorts montés aux chariots, avec mains en fer forgé	80	»	70	»	60	»	60	»
Tuyau de refoulement et d'aspiration, en caoutchouc modèle de Paris. (Voir *article général Tuyaux*).								

DÉBIT DES POMPES DU MODÈLE DE PARIS.

RENSEIGNEMENTS SUR LEUR CONSTRUCTION.

SYSTÈME DES POMPES.

Les pompes de Paris sont construites sans aucune soudure. Les corps de pompe sont en cuivre fondu, tournés et alésés ; ils sont montés à boulons sur une culasse en cuivre fondu, le récipient et la bâche sont en cuivre rouge. Il n'existe aucune pièce en fonte dans le système de la pompe. Aux pompes de Paris, le support du balancier est seul en fonte ; les autres ferrures sont en fer forgé.

DÉBIT PAR MINUTE:

Calcul théorique pour 60 coups de balanciers :

Pompe N° 1	. . . .	400 litres.
— N° 2	. . . .	310 —
— N° 3	. . . .	215 —
— N° 4	. . . .	150 —

PROJECTION DE L'EAU.

Jet que peuvent donner les pompes par temps calme :

Pompe N° 1,	36 mèt. de distance	ou	26 mèt. de hauteur.	
— N° 2,	34	—	26	—
— N° 3,	32	—	24	—
— N° 4,	28	—	20	—

POMPES ASPIRANTES.

Elles peuvent servir comme aspirante et foulante en puisant l'eau dans une rivière ou dans une mare, ou comme pompe foulante simplement en versant l'eau dans la bâche (réservoir de la pompe). Les pompes aspirantes emploient un peu plus de force que les pompes foulantes quand elles servent en même temps comme pompes aspirantes et foulantes.

PRIX DU MÈTRE DU TUYAU D'ASPIRATION.

	N° 1	N° 2	N° 3	N° 4
Diamètre............	70 $^{m}/_{m}$	60 $^{m}/_{m}$	50 $^{m}/_{m}$	45 $^{m}/_{m}$
Double cuir.	24 fr. »	20 fr. »	17 fr. »	15 fr. 50
Cuir et caoutchouc. . .	27 »	23 »	20 »	18 50

POMPES PETITS MODÈLES POUR INCENDIE ET ARROSEMENT

POMPE N° 5, SUR BROUETTE, A BRANCARD

A deux corps de 85 millimètres de diamètre, avec guides aux pistons, bâche en cuivre. Elle se manœuvre par 2 ou 4 hommes, donne un jet de 20 à 25 mètres et un débit de 90 à 100 litres par minute.

La pompe foulante et ses clés..........................	280 fr.	
8 mètres de boyaux en cuir, cloués, de 45 millim., à 9 fr..	72 "	
1 raccordement monté au tuyau......................	7 50	385 50
1 Lance en cuivre et 2 orifices........................	18 "	
2 leviers et 2 tamis..................................	8 "	

POMPE N° 5, ASPIRANTE ET FOULANTE

La pompe aspirante et foulante, montée sur brouette brancard, avec courbe d'aspiration en cuivre, et ses clés.....	325 fr.	
Les accessoires comme à la pompe foulante..............	105 50	
4 mètres de tuyaux d'aspiration en cuir, à double enveloppe	62 "	510 50
1 raccordement pour l'aspiration.......................	8 "	
1 pomme d'aspiration et 1 chapeau couvert..............	10 "	

POMPE N° 6, SUR BROUETTE

A deux corps de 80 millimètres, montées sur culasse en cuivre, se manœuvre par 2 ou 4 hommes, donne un jet de 18 à 22 mètres et un débit de 75 litres par minute.

La pompe foulante, avec ses clés......................	225 fr.	
8 mètres de boyaux en cuir, cloués, de 37 millimètres.....	60 "	
1 raccordement monté au tuyau......................	6 50	312 "
1 lance en cuivre et deux orifices	16 "	
2 tamis...	4 50	

POMPE N° 6, ASPIRANTE ET FOULANTE

La pompe aspirante et foulante, montée sur brouette, avec courbe d'aspiration en cuivre, ses clés et ses courroies...	260 fr.	
Les accessoires comme à la pompe foulante..............	87 "	
4 mètres de tuyaux d'aspiration, de 40 millimètres........	56 "	420 50
1 raccordement.......................................	7 50	
1 pomme d'aspiration et un chapeau couvert..............	10 "	

POMPE N° 7, SUR BROUETTE

A un corps de 90 millimètres, montée sur culasse en cuivre; se manœuvre par 1 ou 2 hommes, donne un jet de 18 à 20 mètres et un débit de 50 à 60 litres par minute.

La pompe, ses clés et un levier........................	175 fr.	
8 mètres de boyaux en cuir, cloués, un raccordement et une lance	81 50	256 50

POMPE N° 7, ASPIRANTE ET FOULANTE

Avec les mêmes accessoires, qu'à la pompe foulante, plus le tuyau d'aspiration de 4 mètres, avec raccordement, pompe d'aspiration et chapeau couvert . . . . 351 »

Pompe à hotte, pour les feux d'intérieur. avec un tuyau en cuir d'un mètre, un raccordement et une lance avec orifice . . . . 140 »

Pompe à main, en cuivre laiton, mobile, dans un seau, avec tuyau de sortie et lance . . . . 100 »

NOTA. — *Les pompes à incendie peuvent être reçues à l'état major des sapeurs-pompiers de Paris sur la demande de MM. les Maires.*

Tarif général avec dessins pour les pompes à vapeur, les pompes ordinaires et tout le matériel d'incendie.

MATÉRIEL COMPLET D'INCENDIE.

Seaux en toile.

Seaux en toile perfectionnée, 1re qualité, avec cercles en rotin, contenance de 12 litres (modèle de Paris) 2 25

Le même seau, de qualité ordinaire 2 10

Seau en toile, 1re qualité, de 14 litres 2 50

Valise en fort treillis, pour contenir 15, 20 ou 25 seaux. 2 f. 50, 3 f. et 3 50

Sac en toile à voile perfectionnée, 1re qualité, pour contenir 15 seaux. 4 »

Garniture de courroies en cuir, pour fixer un sac de 15 seaux sur la pompe à incendie . . . . 2 »

Sac en veau noir, pour contenir 15 seaux, 16 fr. ; en mouton . . . . 8 »

Valise en veau noir, modèle de Paris, avec courroies . . . . 16 »

Seau en osier, garni en zinc, contenance de 12 litres 3 60

Tuyaux et raccords

TUYAUX ET RACCORDS	EN CUIR cloués.		EN CUIR consus.		EN TOILE qualité supér^{re}		EN CAOUTCHOUC				RAC-CORDS complets	
							qualité ordin^{re}		qualité supér^{re}			
	fr.	c.	fr.	c.	fr.	c.	fr.	c.	fr.	c.	fr.	c.
23 millim. de diamètre intérieur	»	»	3	75	1	10	4	»	5	»	3	50
30 — — —	6	50	4	75	1	30	4	50	6	»	4	50
35 à 37 — — —	7	75	6	25	1	50	5	50	7	»	6	»
45 — — —	9	»	7	50	1	75	7	»	9	»	7	50
50 — — —	10	»	8	50	2	20	7	75	11	»	9	»
60 — — —	12	»	10	50	2	75	9	»	14	50	12	»
70 — — —	14	»	12	50	3	25	»	»	16	»	15	»

Aspirations.

Tuyaux à doubles enveloppes en cuir, avec hélice en fil de fer galvanisé à l'intérieur, pour aspiration des pompes et pour conduites de gaz :

Diamètre intérieur des tuyaux..	15$^{m}/_{m}$	21$^{m}/_{m}$	27$^{m}/_{m}$	34$^{m}/_{m}$	40$^{m}/_{m}$	45$^{m}/_{m}$
Prix du mètre courant.........	7 fr.	8 fr.	9 f. 50	12 fr.	14 fr.	15 f. 50

Les tuyaux d'aspiration en caoutchouc, avec hélice noyée, de première qualité, valent le même prix que les tuyaux à double enveloppe en cuir.

Tuyaux sur roues et Appareils d'arrosage.

Tuyaux d'arrosage en tôle galvanisée, avec jonctions en cuir ou en caoutchouc, montés sur chariots à roulettes, modèle adopté pour les arrosages publics .... le mètre   6 f 56

APPAREILS D'ARROSAGE. diamèt.	23$^{m}/_{m}$	30$^{m}/_{m}$	37$^{m}/_{m}$	45$^{m}/_{m}$
Lance d'arros. à robin., avec jet et pomme	11 fr.	13 fr.	18 fr.	23 fr.
— sans robinet, — —	8 »	10 »	15 »	20 »
Lame ou pomme d'arrosoir pour lances ...	2 »	3 »	4 »	5 »
Robinet à pas de vis....................	8 »	13 »	20 »	30 »
Boîte de bouche d'eau pour arrosage......	25 »	28 »	33 »	42 »
Coude en cuivre à raccord..............	6 »	8 »	10 »	12 »
Col de cygne se montant sur les boîtes....	15 »	17 »	20 »	25 »
Clé simple pour boîte d'arrosage.........	1 »	1 »	1 »	1 »

Avant-trains, chariots, tonneaux.

Avant-train pour porter 8 hommes et remorquer la pompe, avec double banquette à galerie en fer et grand coffre en chêne pour les accessoires de pompe, essieu tourné et boîtes de roues alésées.... 320 »

Le même avant-train pour 6 hommes............................ 300 »

Avant-train pour porter 3 ou 4 hommes et remorquer la pompe, à simple banquette formant coffre, et galerie en fer............... 260 »

Ferrure adaptée à la flèche des chariots pour avant-trains, et la voie au chariot... 20 »

Ressorts d'avant-train avec mains et arrière-mains en fer forgé, brides d'essieu, boulons, etc....................................... 90 »

Chariot pour pompe et 4 hommes, avec deux coffres et galerie en fer, essieu à la voie, brancards................................. 250 »

Chariot à brancards mobiles et flèche mobile, essieu à la voie et roues de 1^m30... 225 »

Le même chariot à brancards fixes, essieu à la voie............... 200 »

Tonneau à eau du modèle de Paris, monté sur ressorts, avec gros robinet à pas de vis, coffre à l'avant pour contenir des seaux et des torches, tuyaux de 3 mèt. de longueur avec stores dans l'intérieur. 450 »

Fourgon ou chariot d'incendie, modèle de Paris, monté sur ressorts pour contenir le matériel décrit dans le *Manuel du Sapeur-Pompier*. 370 ·

Le même fourgon, avec supports pour échelle à coulisses............ 400 »

Accessoires.

Appareil pour feu de cave, nouveau modèle de Paris, avec son coffret. 100 »

Tuyau à air de 15 mètres, en cuir, garni de store, avec raccord...... 60 »

—   —   en caoutchouc, avec raccords............ 70 »

Sac de sauvetage, modèle de Paris, { de 20 mètres de longueur, en fort treillis, avec sa commande à porte-mousqueton.......... 125 »

de 15 mètres, avec sa commande............. 105 »

Échelle à crochets, pliante, modèle de Paris....................... 55 »

Ceinture de sauvetage en cuir, avec anneaux en fer................ 10 »

Toile pour feux de cheminée, modèle de Paris..................... 10 »

Cordage à bilboquet, du 20 mètres de longueur, modèle ordinaire.... 10 »

—   —   —   — type Paris.......... 18 »

Commande à porte-mousqueton, de 20 mètres..................... 5 ·

Filagore de 6 mètres, type Paris................................... » 50

Hérisson pour ramonage, avec 25 mètres de chaîne................ 26 ·

Harpon à quatre branches, avec son cordage de 20 mètres.......... 16 »

Couvertures des pompes à incendie n° 1, n° 2, n° 3 et n° 4.......... 16 »

Palonnier à crochet.. 6 »

Collet coulant pour suspension des boyaux........................ 3 »

Nécessaire d'outils pour la réparation des boyaux, 25 clous et l'instruction... 10 ·

Fourfière à 2 branches, pour les chaumes (sans manche)....... 15 à 20 »

Gaf avec anneau et chaîne (sans manche).................... 10 à 15 »

Manuel complet du Sapeur-Pompier, avec figures .... 3 »

Théorie du Sapeur-Pompier, avec figures......................... » 75

Instruction pour l'entretien des pompes et des accessoires.......... » 30

Sifflet de manœuvre, avec sa chaînette, 1 fr. 25 ; en ivoire, avec chaînette dorée.. 3 ·

Hache d'abordage avec ressort, 11 fr................. sans ressort. 9 »

Forte torche pour l'éclairage, qualité extra....................... 1 »

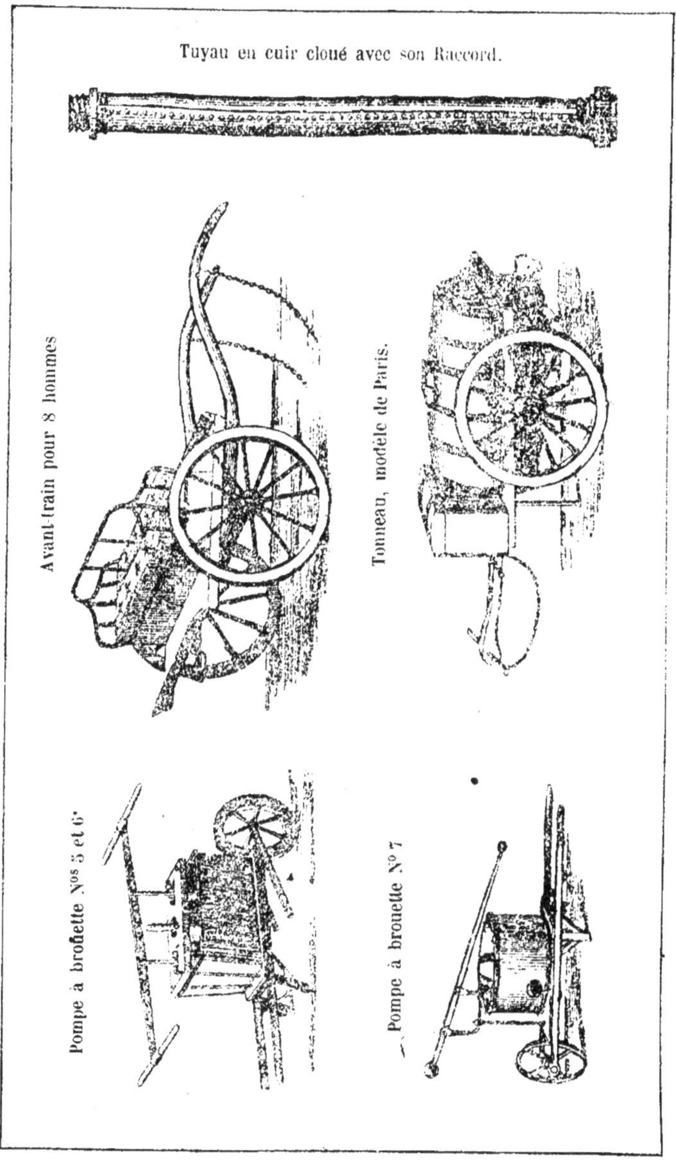
Tuyau en cuir cloué avec son Raccord.
Avant-train pour 8 hommes
Tonneau, modèle de Paris.
Pompe à brouette Nos 5 et 6.
Pompe à brouette Nº 7

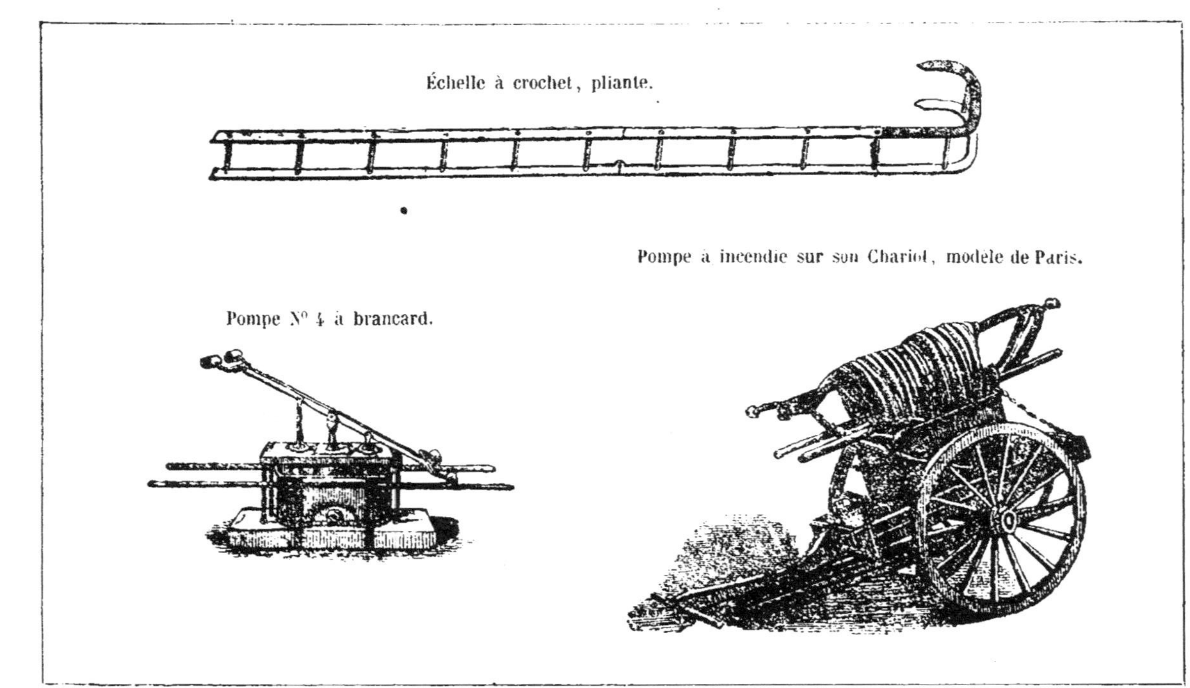

Échelle à crochet, pliante.

Pompe à incendie sur son Chariot, modèle de Paris.

Pompe N° 4 à brancard.

POMPES A INCENDIE A VAPEUR

SYSTÈME A. THIRION.

Si pour les usines nous recommandons les pompes à vapeur fixes,
page 270, prix page 322; pour toutes les villes qui possèdent des
agglomérations, des magasins, des usines, des quartiers en bois ou
galandage, des canaux ou ports remplis de bélandres ou de navires,
il est indispensable d'indiquer comme complément d'une bonne
organisation de pompiers, la possession et l'emploi d'une ou plusieurs pompes à vapeur. Le système Thirion a cela de bon, d'abord
il est français, ensuite il est d'un prix abordable pour les petites
localités dont le budget s'accomoderait mal d'une dépense de
25 à 30,000 fr. Il a fait ses preuves à Roubaix et ailleurs.

MÉCANISME (breveté s. g. d. g.) — Il se compose de *trois corps de
pompe* à double effet, et de *deux cylindres à vapeur* avec distribution à
tiroirs commandés par un excentrique (type généralement employé dans les
machines simples). *Les pistons* des pompes sont commandés par un arbre
à trois coudes pour que la marche soit régulière et se fasse sans secousse
Le jet part de la lance sans saccade, comme il s'en produit avec les
systèmes à un seul corps et à action directe. *Le récipient* d'air est placé
au-dessus des trois corps de pompe, en le démontant en peut visiter tous
les clapets. *Les clapets* sont placés au-dessus des corps et renfermés dans
les boîtes à clapet retenues toutes par un seul écrou ; la visite et le démontage en sont très-faciles. Cette disposition de clapets assure l'échappement
complet de l'air qui se trouve dans les corps de pompe quand on commence
la manœuvre, ou qui s'y dégage pendant la marche, conditions essentielles
pour obtenir une bonne aspiration.

CHAUDIÈRE (brevetée s. g. d. g. — L'intérieur du foyer est garni de *tubes en U* formant syphon et plongeant au-dessus de la grille. Une grande circulation s'établit dans ces tubes, l'eau y pénètre par l'un des bouts

sort par l'autre, elle passe constamment au milieu de la flamme et se vaporise avec une très-grande rapidité ; on obtient ainsi la pression en *10 à 12 minutes*, temps constaté par les diverses expériences. — Cette disposition nouvelle assure *l'inexplosibilité*, car le manque d'eau, cause générale des accidents, amènerait immédiatement la destruction de tubes, et la chaudière se viderait par le foyer en éteignant le feu. — Le remplacement de tubes se fait avec une très-grande facilité, et si pendant un incendie un tube venait à être abimé au point d'être obligé d'arrêter la manœuvre (ce qui serait exceptionnel, voir pour cela les certificats), il faudrait à peine *20 minutes* pour faire une réparation provisoire et remettre en marche.

En résumé, la chaudière système *Thirion* réunit des avantages considérables, dont il est facile de se rendre compte en la comparant aux autres systèmes.

DISPOSITION DE LA MACHINE. — *Le mécanicien* en restant devant la machine, sans changer de place, a sous les yeux tous les organes principaux de l'appareil : *manomètres* pour voir la pression de la chaudière et celle du récipient d'air, *tube de niveau d'eau* pour surveiller l'alimentation, *robinets purgeurs* des cylindres, *levier* du régulateur de distribution pour mettre la machine en marche, *robinet* de la pompe alimentaire et *valve de distribution d'eau* pour envoyer le jet par une ou deux demi-garnitures, selon le commandement. Cette disposition, qui permet au mécanicien de surveiller toute sa machine sans changer de place et permet d'avoir sous la main tous les appareils nécessaires au fonctionnement, peut éviter bien des accidents. La mise en marche est extrêmement facile, l'instruction remise avec la pompe permet à tout mécanicien de connaître immédiatement la machine.

VALVE DE DISTRIBUTION D'EAU. — Elle est construite de manière à ce qu'on ne puisse *jamais fermer les deux sorties d'eau à la fois ;* on peut ouvrir l'une ou l'autre séparément ou les deux ensemble. Cette amélioration garantit la pompe de tout accident qui pourrait résulter de la fermeture complète des deux tubulures de sortie.

ASPIRATION. — L'aspiration peut se faire jusqu'à une profondeur de huit mètres, au moyen d'un *robinet d'amorçage* breveté s. g. d. g., placé sur la tubulure, près du raccord d'aspiration; mais, dans le cas où la pompe devrait souvent aspirer à cette profondeur, il faudrait que le crible d'aspiration fut monté avec clapet de retenue.

CHAUFFAGE DE LA CHAUDIÈRE. — L'allumage se fait avec du bois; on chauffe ensuite avec du charbon de terre de bonne qualité.

DESCRIPTION DES POMPES A VAPEUR ET DE LEURS ACCESSOIRES.

Toutes les pompes à vapeur sortant des ateliers sont d'une construction très-soignée, la chaudière est en tôle d'acier avec les tubes en cuivre étiré sans soudure. Les pièces principales du mouvement sont en acier forgé, les corps de pompe sont en bronze et réunis en une seule pièce fondue. La chaudière porte deux manomètres, qui sont à la vue du mécanicien et du chauffeur; elle porte également deux robinets de jauge, un tube de niveau d'eau, une soupape de sûreté, une soupape de décharge à la main et un robinet de vidange. Le récipient d'air placé au-dessus des corps de pompe porte aussi un manomètre pour indiquer la pression de la pompe. L'alimentation se fait : 1° au moyen d'une pompe alimentaire qui prend son eau directement sur le refoulement de la pompe à vapeur, ou dans un réservoir placé à côté, si l'eau aspirée par la pompe à vapeur était trop sale; 2° au moyen d'un injecteur qui peut fournir de l'eau pendant la marche et pendant les arrêts; 3° et, au besoin, au moyen d'une pompe à main comprise dans les accessoires. Chaque pompe est fournie avec les clés nécessaires au montage, deux soufes à charbon, le siége pour le cocher, avec coffre et outils et banquette pour les pompiers aux modèles n°s 2, 3 et 4, puis les supports pour 60 mètres de tuyaux de refoulement, pour les tuyaux d'aspiration, pour les lances et pour les porte-lances. Elle a en outre quatre lanternes (deux seulement au modèle n° 1), deux sacs à eau en toile pour préserver les roues, une lance de ramonage pour nettoyer le foyer, une burette à l'huile, une pelle, un tisonnier, un pique-feu, trois tubes de niveau d'eau de rechange et une grille de rechange.

POMPE A INCENDIE A VAPEUR A TROIS CORPS

A MOUVEMENT DIRECT ÉQUILIBRÉ

DERNIER MODÈLE DES SAPEURS-POMPIERS DE LA VILLE DE PARIS.

Médaille d'Or a l'Exposition Universelle de 1878.

A. THIRION, Ingénieur-Constructeur,

TARIF DES POMPES A INCENDIE A VAPEUR

ET DES PRINCIPAUX ACCESSOIRES.

CONDITIONS DE FOURNITURES ET D'ESSAIS DES POMPES.

Le prix des pompes comprend les accessoires dont le détail suit : deux manomètres placés sur la chaudière , l'un à la portée du chauffeur, l'autre à la portée du mécanicien , et un manomètre sur le récipient d'air de la pompe. Une pompe alimentaire fonctionnant par la machine et un injecteur Giffard. Les soupapes de sûreté et tous les appareils réglementaires. Il comprend aussi : les clés nécessaires au montage et au démontage de la pompe, deux piquets porte-lance, deux sacs à eau en toile pour préserver les roues de la chaleur, une lance de ramonage pour nettoyer la suie dans le foyer de la chaudière, une burette à l'huile, une pelle, un tisonnier, un pique-feu, une raclette, trois tubes de niveau d'eau de rechange, deux petits tuyaux en caoutchouc, d'aspiration, pour l'injecteur et pour la pompe alimentaire quand elle n'aspire pas l'eau qui passe dans la pompe à incendie ; un petit tuyau avec jet pour arrosage autour de la machine. Puis il est donné avec chaque pompe : un dessin en coupe de l'appareil, une instruction pour la mise en marche et l'entretien, et deux mandrins en acier pour démonter et refixer les tubes de chaudière.

Toutes les pompes comprises dans le tarif général détaillé ci-après portent : deux soutes à charbon, un siége pour le cocher et pour des pompiers, avec coffre pour les outils ; des supports pour porter quatre tuyaux d'aspiration et des tuyaux de refoulement, deux grandes lanternes de voitures et deux lanternes à main.

Les pompes doivent être éprouvées avec une aspiration de 2 à 3 mètres. Le meilleur jet est obtenu avec une seule lancé sur un tuyau de 10 mètres ; le meilleur débit, avec un tuyau pour les pompes n°s 1 et 2, et avec un tuyau sur chacune des deux sorties, pour les n°s 3, 4, 5 et 6.

Dévidoirs et chariots de transport.

Un dévidoir à flèche, pour être traîné à bras, monté sur deux roues de 1^m30, avec rouleau mobile sur l'essieu, pour transporter 150 mètres de tuyaux, et coffre pour serrer des outils	250	»
Ferrure, pour attacher le dévidoir à la pompe à vapeur	30	»
Un fourgon à flèche, pour être traîné à bras, monté sur deux roues de 1^m15, pour transport de charbon, avec tonneau pour transport d'eau d'alimentation de la chaudière, et coffre à outils à l'avant.	500	»
Un dévidoir à brancards, pour être traîné par un cheval, monté sur deux roues de 1^m50 et avec ressorts, avec rouleau mobile pour y mettre 300 mètres de tuyaux, deux caisses en tôle pour transport de charbon et un siége formant coffre	900	»
Un fourgon à bras, disposé pour les pompes industrielles, pouvant contenir les accessoires, des tuyaux de refoulement, quatre tuyaux d'aspiration, avec coffre à l'avant et à l'arrière pour outillage et charbon	550	»

Forces et Dimensions des pompes.

	Modèle N° 1	Modèle N° 2	Modèle N° 3	Modèle N° 4	Modèle N° 5	Modèle N° 6
Force en chevaux-vapeur.	10 chev.	20 chev.	30 chev.	40 chev.	60 chev.	80 chev.
Débit par minute.	750 litres.	1,050 litr.	1,500 litr.	2,200 litr.	3,200 lit.	4,800 litr.
Débit théorique engendré par tour.	4 lit. 860	7 lit. 350	9 lit. 800	14 lit. 700		
Hauteur du jet lancé verticalement par temps calme.	40^m	43^m	46^m	50^m	55^m	60^m
Dimensions des pompes { Longueur	2^{m}70	3^{m}00	3^{m}30	3^{m}40	3^{m}65	4^{m}00
Largeur	1^{m}50	1^{m}55	1^{m}60	1^{m}65	1^{m}85	2^{m}00
Hauteur.	2^{m}20	2^{m}30	2^{m}35	2^{m}60	2^{m}70	2^{m}80
Poids approximatifs.	1.050 kil.	1,500 kil.	1,800 kil	2,100 kil.	3,000 kil.	3,800 kil.
Diamètre des tuyaux d'aspiration.	80 mill.	90 mill.	100 mill.	125 mill.	155 mill.	180 mill.
Diamètre des tuyaux de refoulement.	65 mill.	65 mill.	65 mill.	70 mill.	80 mill.	90 mill.

Prix des pompes et accessoires.

	Modèle N° 1	Modèle N° 2	Modèle N° 3	Modèle N° 4	Modèle N° 5	Modèle N° 6
1er type, à trois corps et deux cylindres à vapeur.	» »	9,000 fr.	11,000 fr.	13,500 fr.	20,000 fr.	26,000 fr.
2e type, à deux corps, à mouvement direct.	7,000 fr.	9,000 »	11,000 »	13,500 »	» »	» »
3e type, à trois corps, à mouvement direct équilibré.	» »	» »	13,500 »	16,000 »	21,000 »	26,000 »
Tuyaux d'aspiration en caoutchouc, type de Paris, à spirale, le mètre.	» »	» »	68 »	» »	» »	» »
Tuyaux d'aspiration en caoutchouc, avec bagues en tôle galvanisée à l'intérieur et enveloppe en cuir.	35 »	45 »	55 »	70 »	85 »	110 »
Raccord pour les tuyaux d'aspiration.	25 »	30 »	45 »	70 »	100 »	150 »
Tuyaux de refoulement en caoutchouc, à 4 toiles, types de Paris.	17 80	17 80	17 80	19 50	23 »	30 »
Tuyaux de refoulement en cuir, cloués, avec bande de renfort sous la rivure, brevetés s. g. d g.	16 »	15 »	15 »	16 »	» »	» »
Tuyaux de refoulement en toile, type spécial pour les pompes à incendie à vapeur.	6 »	6 »	6 »	6 50	7 50	10 »
Raccord pour les tuyaux de refoulement, y compris le montage.	16 »	16 »	16 »	16 »	25 »	45 »
Une lance en cuivre, avec 4 jets.	40 »	40 »	40 »	40 »	50 »	60 »
Un crible d'aspiration et tamis en osier.	35 »	40 »	45 »	50 »	60 »	80 »
Une pompe à main pour emplissage de la chaudière et clapet de retenue pour alimentation en pression.	100 »	100 »	100 »	100 »	100 »	100 »
Un réservoir mobile en toile, avec garniture en fer.	110 »	110 »	110 »	110 »	110 »	110 »
Emballage et livraison en gare de départ, à Paris.	225 »	275 »	325 »	375 »	425 »	500 »

DEVIS DES POMPES A VAPEUR AVEC 100 MÈTRES DE TUYAUX DE REFOULEMENT ET LES TUYAUX D'ASPIRATION.

NOMENCLATURE DES POMPES ET DES ACCESSOIRES. (*Voir le tarif général pour les détails*).	N° 1 775 litres par minute	N° 2 1,500 litr. par minute	N° 3		N° 4	
			1,500 litr. par minute	POMPE ÉQUILIBRÉE 1,500 litr. par minute	2,200 litr. par minute	POMPE ÉQUILIBRÉE 2,200 litr. par minute
Pompe à vapeur complète, avec siége et coffre, comme elle est indiquée au tarif général	7,000 fr.	9,000 fr.	11,000 fr.	13,500 fr.	16,000 fr.	16,000 fr.
Huit mètres de tuyaux d'aspiration en caoutchouc recouvert en cuir (pour les pompes n°s 1 et 2)	180 »	360 »	» »	» »	» »	» »
Dix mètres de tuyaux d'aspiration en caoutchouc recouvert en cuir (pour les pompes n°s 3 et 4)	» »	» »	550 »	550 »	700 »	700 »
Quatre raccordements montés aux tuyaux d'aspiration	100 »	120 »	180 »	180 »	280 »	280 »
Cent mètres de tuyaux de refoulement en cuir rivé, avec bande	4,500 »	4,500 »	4,500 »	4,500 »	4,600 »	4,600 »
Dix raccordements montés aux tuyaux de refoulement	460 »	460 »	460 »	460 »	460 »	460 »
Deux lances avec huit orifices	80 »	80 »	80 »	80 »	80 »	80 »
Un crible d'aspiration et un tamis en osier	35 »	40 »	45 »	45 »	50 »	50 »
Une pompe à main pour emplissage de chaudière, avec clapet permettant l'emplissage en pression	100 »	100 »	100 »	100 »	100 »	100 »
Un réservoir mobile, en toile, garni en cuir, avec armature en fer	410 »	410 »	110 »	410 »	410 »	440 »
Une instruction sur la manœuvre et l'entretien de la pompe, gratis	» »	» »	» »	» »	» »	» »
PRIX des pompes complètes avec accessoires	9,365 »	11,470 »	13,725 »	16,625 »	16,580 »	19,080 »

POMPES A VAPEUR INDUSTRIELLES.

	N° 1	N° 2	N° 3		N° 4	
Pompe à incendie à vapeur, à deux corps, à mouvement direct, avec chaudière à enveloppe d'eau autour du foyer, poulie-volant pour y placer une courroie, système de déclavetage des pistons pour que la machine puisse fonctionner sans la pompe. Cette pompe, sans siége	7,000 fr.	9 000 fr.	11,000 fr.	» »	» »	» »

NOTA. — *Les accessoires sont les mêmes qu'au tarif général.*

POMPES A VAPEUR FIXES. (Voir page 270).

POMPES A VAPEUR HORIZONTALES à un corps et à un cylindre à vapeur.					POMPES A VAPEUR HORIZONTALES à deux corps et à deux cylindres à vapeur.				
PUISSANCE DE LA MACHINE. — Vapeur à 5 kilog.	HAUTEUR à ÉLEVER L'EAU.	VOLUME en litres PAR HEURE.	PRIX AVEC POMPE en fonte.	PRIX AVEC POMPE en bronze.	PUISSANCE DE LA MACHINE. — Vapeur à 5 kilog.	HAUTEUR à ÉLEVER L'EAU.	VOLUME en litres PAR HEURE.	PRIX AVEC POMPE en fonte.	PRIX AVEC POMPE en bronze.
1 Chev. 1,2	20 mètres.	10.000	900 fr.	1.200 fr.	10 Chevaux	20 mètres.	60.000	2.650 fr.	3.300 fr.
	40 —	5.000	840 »	1.100 »		40 —	30.000	2.500 »	3.000 »
	60 —	3.300	805 »	1.100 »		60 —	20.000	2.500 »	3.000 »
3 Chevaux	20 mètres.	20.000	1.200 »	1.550 »	15 Chevaux	20 mètres.	90.000	3.500 »	4.200 »
	40 —	10.000	1.100 »	1.400 »		40 —	45.000	3.200 »	3.750 »
	60 —	6.000	1.100 »	1.400 »		60 —	30.000	3.200 »	3.600 »
5 Chevaux	20 mètres.	30.000	1.600 »	2.000 »	20 Chevaux	20 mètres.	120.000	4.800 »	5.600 »
	40 —	15.000	1.500 »	1.800 »		40 —	60.000	4.400 »	5.150 »
	60 —	10.000	1.500 »	1.800 »		60 —	40.000	4.300 »	5.000 »
7 Chevaux	20 mètres.	45.000	2.200 »	2.600 »	30 Chevaux	20 mètres.	180.000	7.200 »	8.400 »
	40 —	22.500	2.000 »	2.400 »		40 —	90.000	6.600 »	7.700 »
	60 —	15.000	2.000 »	2.300 »		60 —	60.000	6.500 »	7.500 »
10 Chevaux	20 mètres.	60.000	2.900 »	3.300 »	40 Chevaux	20 mètres.	240.000	9.500 »	11.200 »
	40 —	30.000	2.700 »	3.400 »		40 —	120.000	8.700 »	10.300 »
	60 —	20.000	2.600 »	3.000 »		60 —	80.000	8.500 »	10.000 »

Les pompes du tarif ci-dessus peuvent facilement donner les débits indiqués et élever l'eau à la pression indiquée.

NOUVEAUX CONTROLEURS CONSTATANT LES RONDES.

DESCRIPTION.

L'appareil se compose de deux parties distinctes, savoir :

1° D'un chronomètre représenté fig. 1, au quart de grandeur naturelle :

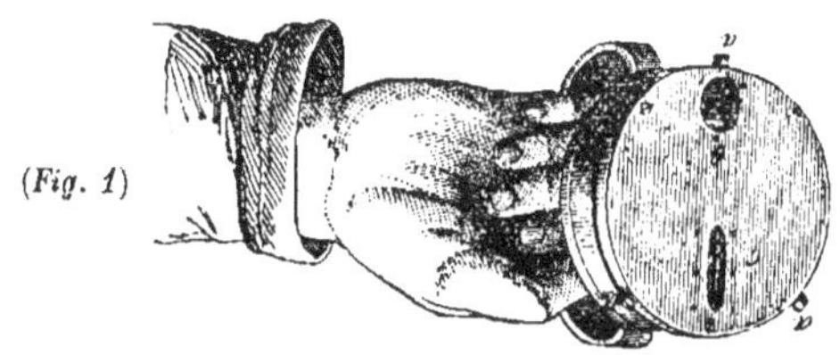

(*Fig. 1*)

2° D'un certain nombre de boîtes en fonte avec poinçon inférieur, représentées aussi au quart de grandeur naturelle (fig. 2 et fig. 3). Il en faut autant que de points à contrôler.

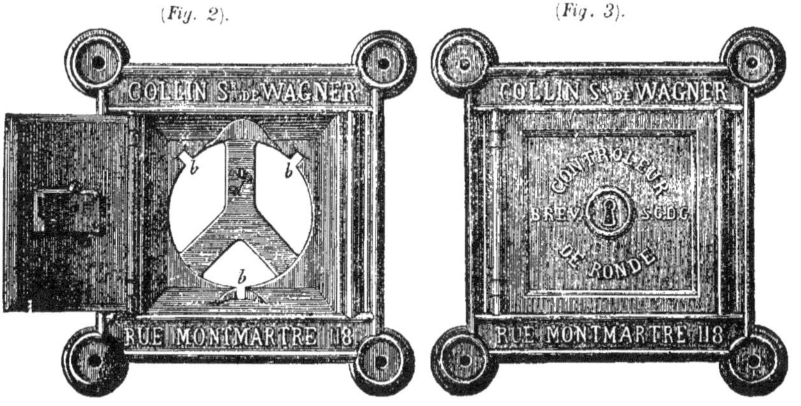

(*Fig. 2*).   (*Fig. 3*).

Le chronomètre (fig. 1) fait tourner le cadran de papier, qui est de grandeur naturelle (fig. 5), vu en dessous et en dessus (fig. 4), par lequel il donne l'heure à travers l'ouverture circulaire (*e*), recouverte d'un verre. Sur la figure il indique douze heures. Autour de sa circonférence, il y a trois chevilles en acier (*a,a,a*) qui doivent entrer dans les entailles (*b,b,b*) de la boîte en fonte (fig. 2) . Au-dessus de l'ouverture (*e*) est une fente (*c*) fermée par un caoutchouc coupé par le milieu pour laisser pénétrer les poinçons placés dans l'intérieur des boîtes en fonte comme celui (*d*) fig. 2.

Ouverture du chronomètre.— Pour ouvrir la boîte du chronomètre, il y a une serrure à secret saillant du côté de la poignée (elle n'est pas visible dans la figure); on y visse le bout de la clef jusqu'à ce qu'on sente un arrêt ; ensuite, on prend la courroie de la main droite, et, de l'autre, on tourne de gauche à droite pour dégager un ajustement à bayonnette ce qui permet en tirant, de séparer le couvercle du fond, et met le cadran (fig. 4) à

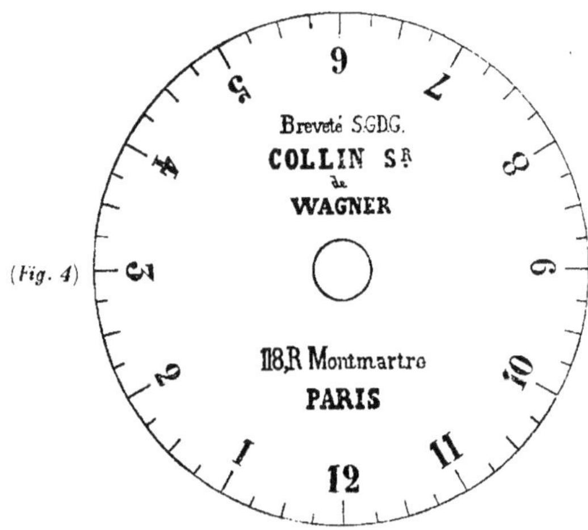

découvert, sous lequel il y a une feuille à décalquer qui imprime les lettres en noir comme (fig. 5).

Remontage du mouvement et changement du Cadran de papier.— Tous les jours on remonte le chronomètre par le petit carré du centre au moyen de la clef ; et en même temps, on change le cadran de papier (fig. 4 et 5) qui est tenu par la pression de l'écrou ; mais il faut faire attention de placer le nouveau cadran, de manière que le trait ou index fait sur le bord de la boîte indique l'heure qu'il est à l'instant même.

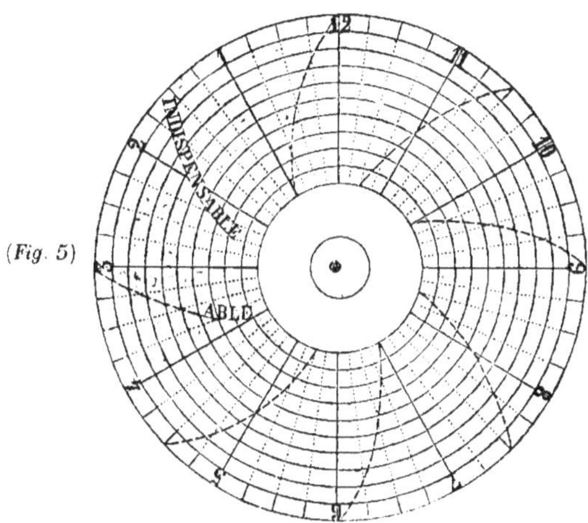

(*Fig. 5*)

Emploi de l'appareil.— 1° Placer une boîte en fonte (fig. 2 et 3) à chaque endroit où l'on désire constater le passage du veilleur; 2° Donner le chronomètre (fig. 4) au veilleur, le ressort aura été remonté dans la journée et le cadran changé ; 3° A chaque ronde complète de 12 boîtes par exemple, chacune ayant une lettre du mot indispensable, ce mot sera imprimé comme sur le cadran (fig. 5) à la ronde de 1 h. 1/2 ; mais si l'impression est incomplète comme à la ronde de 3 heures, on est assuré qu'il n'a pas été aux huit premiers points.

Pour 12 boîtes l'appareil complet dont le nombre peut être augmenté ou diminué.	Le chronomètre.	100 fr.
	Douze boîtes en fonte à 15 fr. on peut en mettre autant qu'on veut.	180
	Boîtes de cadrans découpés.	10
	Poche en cuir et courroie.	10
	Lanterne.	10
	Douze uuméros en émail, à 1 fr.	12
	Emballage.	6

Total. . . . . 328 fr.

Pyro extincteur français.— Le produit belge a eu en France son similaire, dont le prix est beaucoup moindre et qui tout logé coûte **70 fr.** les cent kilog. Il en faut mettre **10** p. $^{0}/_{0}$ au maximum dans l'eau à projeter pour obtenir l'effet maximum d'extinction.

Ce liquide convient aux localités dépourvues de pompes, ou qui n'en ont qu'une ou deux, aux usines isolées ou éloignées des centres et n'ayant naturellement qu'une pompe à incendies, aux villes qui ont des quartiers agglomérés construits de façon à pouvoir être la proie d'un même incendie, telles qu'Elbeuf, Rouen, Limoges et similaires.

En général, il convient à toutes les communes ou villes d'en avoir quelques hectolitres en réserve pour le cas où un incendie se produirait au moment d'un grand vent ou d'un ouragan, afin de l'employer comme moyen de décupler la force extinctive de l'eau et éviter ainsi ou au moins amoindrir un désastre.

Lampe de sûreté Dubrulle.— La lampe Dubrulle procède de la lampe Mueseler comme celle-ci procède de la lampe Dumesnil, de la lampe Roberts et finalement de la lampe Davy.

Une mèche combustible imprégnée d'huile, une enveloppe de verre, une cheminée centrale pour permettre d'incliner la lampe, et des toiles métalliques pour garnitures sur toutes les issues d'entrée et de sortie, le remontage de la mèche par un bouton extérieur.

Mais en outre il faut signaler:

D'abord l'idée d'imprégner les mèches d'une composition qui en facilite l'incinération et supprime l'émondage.

Ensuite la forme en godet du réservoir qui, à dépense égale, diminue la hauteur du bain d'huile et en rend l'aspiration capillaire par la mèche plus égale pendant la durée de la combustion.

Cette même forme du réservoir permet d'incliner la lampe pleine, sans que l'huile déborde et vienne noyer la mèche.

Elle permet enfin de donner à la lampe plus de légèreté et

surtout une solidité beaucoup plus grande en diminuant à la fois la surface et le contour du fond soudé.

Enfin, et si nous citons en dernier lieu ce perfectionnement, c'est précisément parce qu'il constitue le plus grand mérite de la lampe Dubrulle, la lampe n'a pas de clef, l'ouvrier peut l'ouvrir si bon lui semble et quand bon lui semble, à la seule petite condition de l'éteindre d'abord.

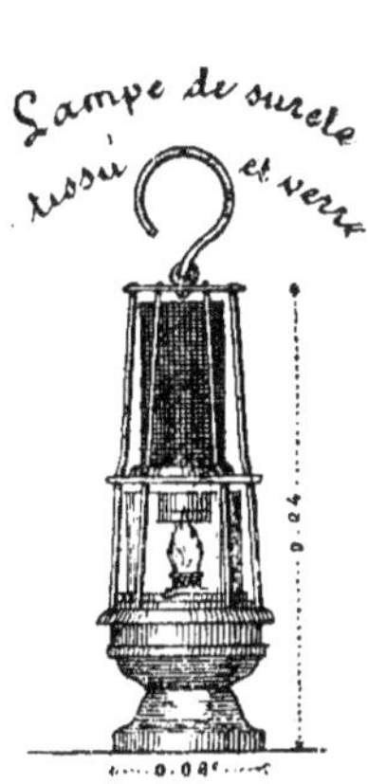

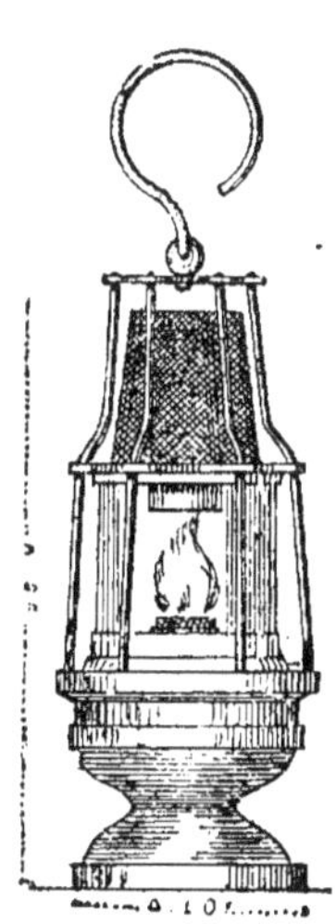

Pour cela, il faut concevoir que la lampe se compose de deux parties : l'une comportant le réservoir d'huile et le bec, l'autre constituant la cloche de sûreté avec l'enveloppe de verre, la cheminée, les gaz, etc.; ces deux parties s'assemblent par un pas de vis comme une lorgnette ; or le bouton de remontage de la mèche commande une broche qui vient s'enclaver par un trou pratiqué dans le plateau inférieur de la cloche et qui rend dès lors impossible le dévissage de celle-ci ; pour sortir de cette broche, il faut descendre le porte-mèche à fond et par conséquent éteindre la lampe. **Rien de** plus simple, rien de plus sûr. Cette modification n'entraîne d'ailleurs le constructeur dans aucune grande dépense, et n'augmente pas sensiblement le prix de cette lampe qui, tout en donnant les meilleurs résultats au point de vue de la puissance éclairante, de la consommation d'huile et de la sûreté proprement dite, coûte encore moins cher que les modèles les plus accrédités. (Extrait de la conférence faite par **M.** Dubrulle à la Société Industrielle).

Le prix de la lampe de sûreté ordinaire, fer blanc, verre d'une épaisseur qui défie les chocs, tissu, est de 7 fr.

La lampe de sûreté pour compagnie houillère varie de prix selon grandeur et métal employé.

Extincteur Dick.— Cet extincteur paraît également remplir les conditions d'un bon fonctionnement. Je cite le prospectus qui m'a été envoyé.

Voici les prix et poids de l'extincteur Dick :

N⁰ˢ	Quantité d'eau.	Contenu d'acide carbonique.	Poids rempli d'eau	Prix des Appareils.	Prix des charges.
4	24 litres.	192 litres.	30 kilogr.	francs 170	francs 4
5	34 «	272 «	40 «	« 190	« 5
6	43 «	344 «	50 «	« 210	« 7

MANIÈRE DE CHARGER ET DE SE SERVIR DE L'APPAREIL NOUVEAU.

1. Otez le couvercle protecteur, dévissez le piston et retirez-le du cylindre.

2. Remplissez d'eau froide jusqu'au bord, videz-y la substance contenue dans la boîte blanche. Remuez le tout avec un bâton et secouez plusieurs fois le vase de côté et d'autre, afin d'obtenir une prompte dissolution.

3. Retirez le piston, mettez le goulot dans la cloche qui y est

attachée ; remettez lentement et avec précaution le piston jusqu'à ce que la partie inférieure de la cloche touche le ventre du flacon , pour empêcher ce dernier de tomber dehors. Ne débouchez jamais le flacon.

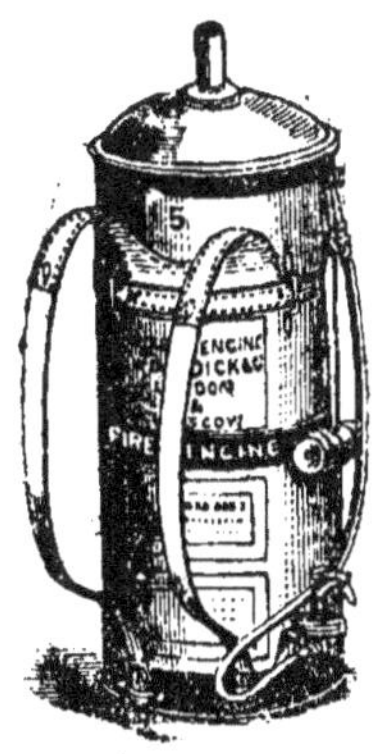

4. Remettez le tout dans le cylindre et vissez aussi solidement que possible avec la clef. Replacez le couvercle.

5. L'appareil est prêt pour le service.

6. Au moment de vous en servir, enlevez le couvercle , frappez avec la clef-marteau sur le piston jusqu'à ce que vous entendiez le flacon se briser.

7. Passez les bras dans les courroies, prenez l'appareil sur le dos ; tournez le robinet de la main gauche , et, de la main droite, dirigez le jet sur la flamme.

8. Ayez l'appareil sur une table ou sur un tréteau d'environ trois pieds de haut.

9. Après s'en être servi , il faudra lâcher tout le liquide restant par le robinet avant de dévisser et de recharger.

Observations sur les extincteurs. — En général le robinet d'échappement a le défaut de tous les robinets a boisseau, il se soude à la longue et, au moment de s'en servir, il arrive que l'on est obligé de le briser. Cet inconvénient était continuel lorsque l'eau était saturée d'acide, ce qui était l'état des liquides des premiers extincteurs; ils étaient toujours chargés de sorte que non seulement le robinet mais le tuyau de projection lui-même était rongé et détruit. L'idée de ne charger qu'au moment est un perfectionnement, il en reste un autre à opérer, c'est la substitution du robinet à vis et clapet (robinet de service des eaux à pression) au robinet ordinaire (1).

Avertisseur ou révélateur d'incendie.— Description de l'appareil.— Les organes les plus importants du nouveau révélateur se composent : de deux lames ou bandes métalliques combinées; d'une sensibilité inégale, mais dont la dilatation est parfaitement *isométrique*; de deux vis à large tête dentée, avec cliquet à ressort, pour le réglage.

L'appareil est relié aux deux pôles d'une pile électrique. (Voir les figures 1, 2 et 3 des planches annexées).

La figure n° 1 représente l'ensemble de l'appareil vu en élévation ;

La figure N° 2, le même appareil, vu en plan ;

La figure N° 3 donne en perspective les principaux détails à une plus grande échelle.

Les lettres représentent les même organes dans toutes les figures.

L'écheile est variable.

D — Plaque ou table, composée d'une matière peu dilatable et peu susceptible de se voiler ; elle sert à supporter tout l'appareil.

C et C' — Supports des bandes métalliques, boulonnés sur la plaque D.

A et B — Deux lames en zinc, pliées en forme de cornières, pour plus de rigidité ; elles sont fixées et soudées sur le support C et retenues par le support C'. dans lequel elles peuvent se mouvoir librement.

(1) En outre il serait essentiel que le tuyau de projection soit muni d'un raccord permettant de le retirer du robinet, pour le laver quand on s'en est servi.

La lame B est revêtue d'une enveloppe peu conductrice, de drap ou de feutre, de manière à retarder, sur le métal qui la compose, l'action des changements de température ; la bande A, au contraire, est nue et susceptible, par conséquent d'être rapidement impressionnée par ces mêmes variations de l'atmosphère ambiante. Ces deux lames, composées d'un même métal ramené à une égale densité, sont exactement de même longueur et donnent, par conséquent, sensiblement la même dilatation linéaire pour chaque degré.

B′ — Boîte carrée soudée à l'extrémité de la lame B.

E′ — Petit barreau scellé dans la boîte B′, mais de façon à être isolé de cette dernière ; ce barreau supporte la vis de réglage E.

E — Vis avec une large tête dentée, pour régler la marche de l'avertisseur ; le plateau a 120 dents et chaque dent représente un quart de degré. Cette vis doit être réglée de manière à laisser entre elle et la plaque de contact F, un intervalle de moins de un degré à plusieurs degrés, suivant la sensibilité qu'on veut donner à l'appareil. Cette vis sert donc à régler ce qu'on appelle, dans le nouveau révélateur, le *maximum différentiel*.

A′ — Pièce soudée à l'extrémité de la lame sensible A ; elle porte, à la partie supérieure et vers le bas, deux ressorts droits F et F′, garnis d'une plaque de platine, et destinés à recevoir la pression des vis E et M, lorsque le contact aura lieu.

M′ — Petit barreau scellé de manière à être isolé dans la plaque D ; ce barreau supporte la deuxième vis de réglage M.

M — Seconde vis à large tête dentée, réglée de façon à permettre à la lame A de se dilater jusqu'au degré maximum prévu d'avance, sans pouvoir le dépasser, si ce n'est en établissant le contact, et, par suite, en donnant le signal. Cette disposition, *qui constitue, en réalité, sur le même appareil, un second avertisseur à maximum fixe,* a pour but de forcer ce dernier à donner l'alarme, comme les avertisseurs ordinaires, lorsque ce *maxi-*

mum, qui peut être modifié suivant les besoins, est atteint. La tête ou plateau de cette seconde vis a 50 dents, représentant chacune un degré.

Les petits barreaux E′ et M′ et, par suite, les vis E et M, sont reliés, par un fil métallique, avec la borne P ; cette dernière est elle-même en communication avec l'un des pôles d'une pile électrique. Les ressorts droits F et F′ sont reliés, par l'intermédiaire des autres parties métalliques de l'appareil, aux bornes N' et N, communiquant avec l'autre pôle de cette pile.

E″ et M″ — Petits ressorts formant cliquets. s'engageant dans la denture des têtes de vis E et M, et retenant ces dernières à leur point de réglage. Ces cliquets et les vis à tête dentée donnent un moyen certain et facile pour le réglage.

Les points destinés à établir des contacts électriques, sont garnis de platine, pour éviter les effets de l'oxydation ; de plus, ces mêmes parties sont projetées par une petite boîte qui ferme hermétiquement.

Enfin, une grande boîte extérieure, reliée à charnière avec la plaque de support D, enveloppe et projette l'ensemble de l'appareil.

Il est presque inutile d'ajouter que l'installation matérielle doit se compléter par l'intercalation, dans le circuit des fils électriques, d'une sonnerie ou de tout autre système de signaux, et d'un tableau destiné à faire connaître la salle dans laquelle le feu viendrait à se déclarer.

Jeu de l'appareil.— Pour se rendre compte de la marche de l'appareil, il suffit de jeter les yeux sur les dessins annexés, en se rappelant la légende explicative qui précède. Pour plus de clarté , nous ajouterons, néanmoins, quelques mots d'explication.

Supposons que l'appareil soit placé dans un appartement ou un atelier, dont la température soit à un degré quelconque ; supposons encore que l'intervalle laissé entre l'extrémité de la vis E et le ressort de contact F de la pièce **A'**, fixée sur la lame sensible **A**, soit équivalent à un degré.

Dans ces conditions, si, par une cause accidentelle, la température de la salle vient à monter subitement de plus de un degré, la chaleur produite ayant une action presque insensible, dans les premiers moments, sur la bande protégée par l'enveloppe peu conductrice, agit, au contraire, presque instantanément, sur la lame non revêtue de feutre.

Cette dernière, impressionnée directement par la chaleur, s'allonge rapidement et va se mettre en contact avec la vis E, supportée par l'autre lame, complétant ainsi le circuit de la pile, qui met en mouvement les appareils de sonnerie et des signaux.

L'avertisseur étant réglé, comme nous venons de le dire, à un degré d'intervalle, le contact aura lieu lorsque la température ambiante se sera élevée à un degré, plus, la quantité de chaleur absorbée par la bande recouverte de feutre ; soit de un degré et une fraction de deux degrés, au maximum, suivant la rapidité, plus ou moins grande, de l'accroissement de la chaleur.

Il est évident que le signal sera d'autant plus rapide, que l'espace laissé entre la vis de réglage et la tête de la bande sensible sera moindre.

Mais, s'il ne s'agissait que des variations atmosphériques, ou de celles qui sont normales, dans les milieux où les appareils sont placés, le contact n'aurait pas lieu, parce que ces derniers doivent être réglés de façon à ce qu'il y ait toujours un intervalle suffisant pour empêcher le contact, et, par suite, la fermeture du circuit.

Dans ces conditions de variations normales de température, l'enveloppe de feutre n'empêche pas la bande recouverte de suivre ces variations, avec plus ou moins de retard, jusqu'à ce que celle-ci ait pu enfin, comme la bande sensible, se mettre en équilibre calorique avec l'air ambiant. C'est ainsi que le nouvel avertisseur est toujours prêt à donner le signal, dans le même espace de temps (que la température soit très-élevée ou qu'elle descende à un degré très-bas), sans que l'on ait besoin d'y toucher, ni d'en modifier le réglage.

Nous n'avons, jusqu'ici, raisonné que dans l'hypothèse, qui se réalisera presque toujours , d'un commencement d'incendie qui produira un accroissement de température relativement assez rapide; mais, il pourrait, cependant , se présenter des cas, assez rares, où l'augmentation de la chaleur serait trop lente pour donner une avance suffisante à la bande sensible A, sur la bande B, et permettre la fermeture du circuit.

Si cette éventualité se présentait, si. par exemple, dans une combustion spontanée, où le feu couvant plusieurs jours avant de se manifester extérieurement , l'augmentation de chaleur se produisait trop lentement pour faire fonctionner *le maximum différentiel, le maximum fixe* serait toujours là pour y suppléer.

En effet, lorsque la température aurait atteint la limite maximum qui ne doit jamais être dépassée, dans les conditions ordinaires , la vis du *maximum fixe* M , étant mise en contact avec le ressort F' de la lame A, le circuit serait complété et l'alarme donnée , comme avec le premier système.

Dans cette hypothèse, d'ailleurs , on doit admettre que l'importance du foyer d'incendie serait insignifiante et ne saurait offrir de bien grands dangers ; mais, même dans ce cas, qui se présentera rarement, le nouvel avertisseur donnerait l'alarme *tout au moins aussi promptement que le meilleur des systèmes connus*

Le prix de cet appareil est de 60 francs, si on y ajoute les frais de la pile électrique et des fils métalliques, on arrive à environ cent francs par appareil tout posé et fonctionnant. Ce révélateur d'incendie a sa place toute marquée dans les magasins , les musées, les administrations publiques, les études de notaires, partout enfin où l'on a souci d'être prévenu des commencements d'un accident de feu, et où l'on ne peut faire les frais d'un gardien de nuit.

Il est indispensable également partout où il y a lieu de craindre des combustions spontanées.

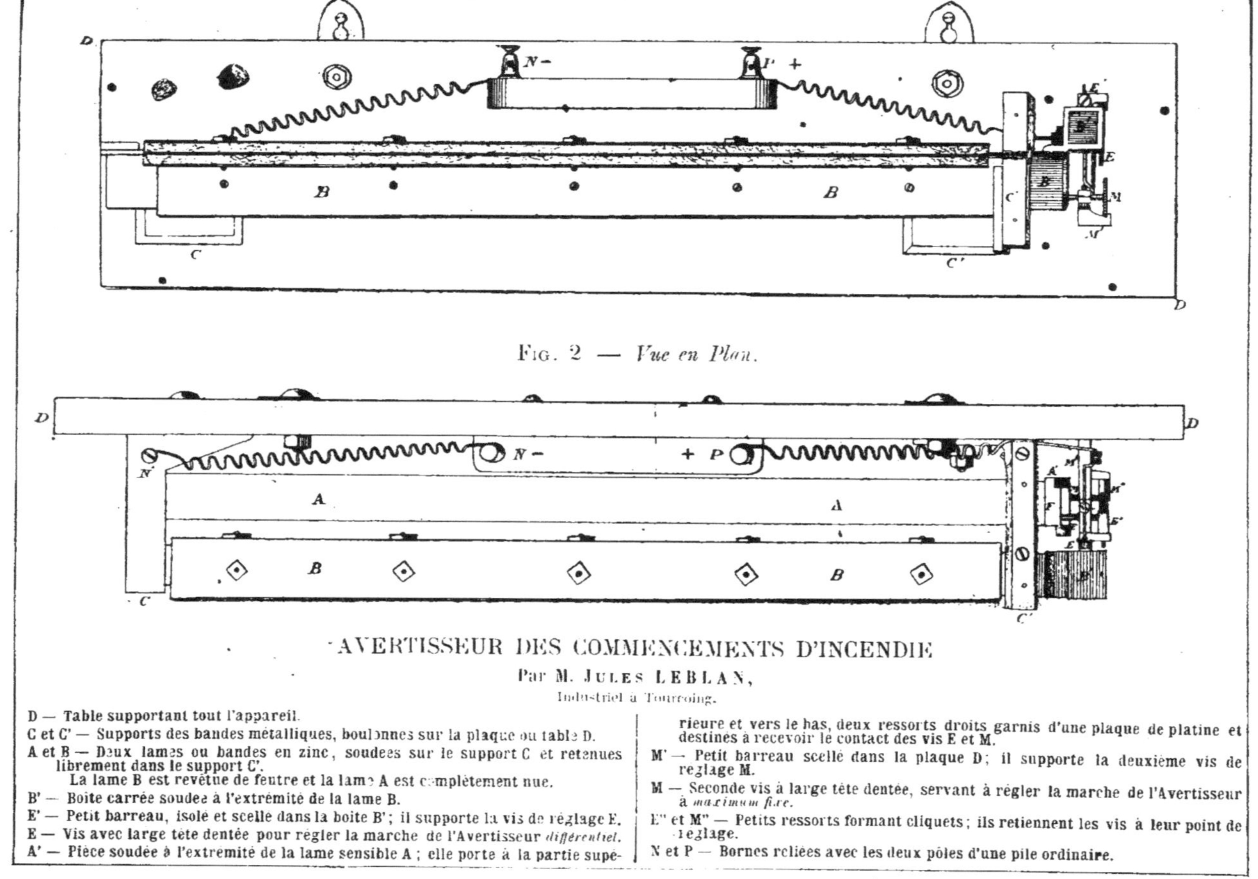

FIG. 2 — *Vue en Plan.*

AVERTISSEUR DES COMMENCEMENTS D'INCENDIE

Par M. JULES LEBLAN,
Industriel à Tourcoing.

D — Table supportant tout l'appareil.

C et C' — Supports des bandes métalliques, boulonnés sur la plaque ou table D.

A et B — Deux lames ou bandes en zinc, soudées sur le support C et retenues librement dans le support C'.
La lame B est revêtue de feutre et la lame A est complètement nue.

B' — Boîte carrée soudée à l'extrémité de la lame B.

E' — Petit barreau, isolé et scellé dans la boîte B'; il supporte la vis de réglage E.

E — Vis avec large tête dentée pour régler la marche de l'Avertisseur *différentiel.*

A' — Pièce soudée à l'extrémité de la lame sensible A ; elle porte à la partie supé-rieure et vers le bas, deux ressorts droits garnis d'une plaque de platine et destinés à recevoir le contact des vis E et M.

M' — Petit barreau scellé dans la plaque D; il supporte la deuxième vis de réglage M.

M — Seconde vis à large tête dentée, servant à régler la marche de l'Avertisseur à *maximum fixe.*

E" et M" — Petits ressorts formant cliquets; ils retiennent les vis à leur point de réglage.

N et P — Bornes reliées avec les deux pôles d'une pile ordinaire.

AVERTISSEUR
DES COMMENCEMENTS D'INCENDIE
Par M. Jules LEBLAN,
Industriel à Tourcoing.

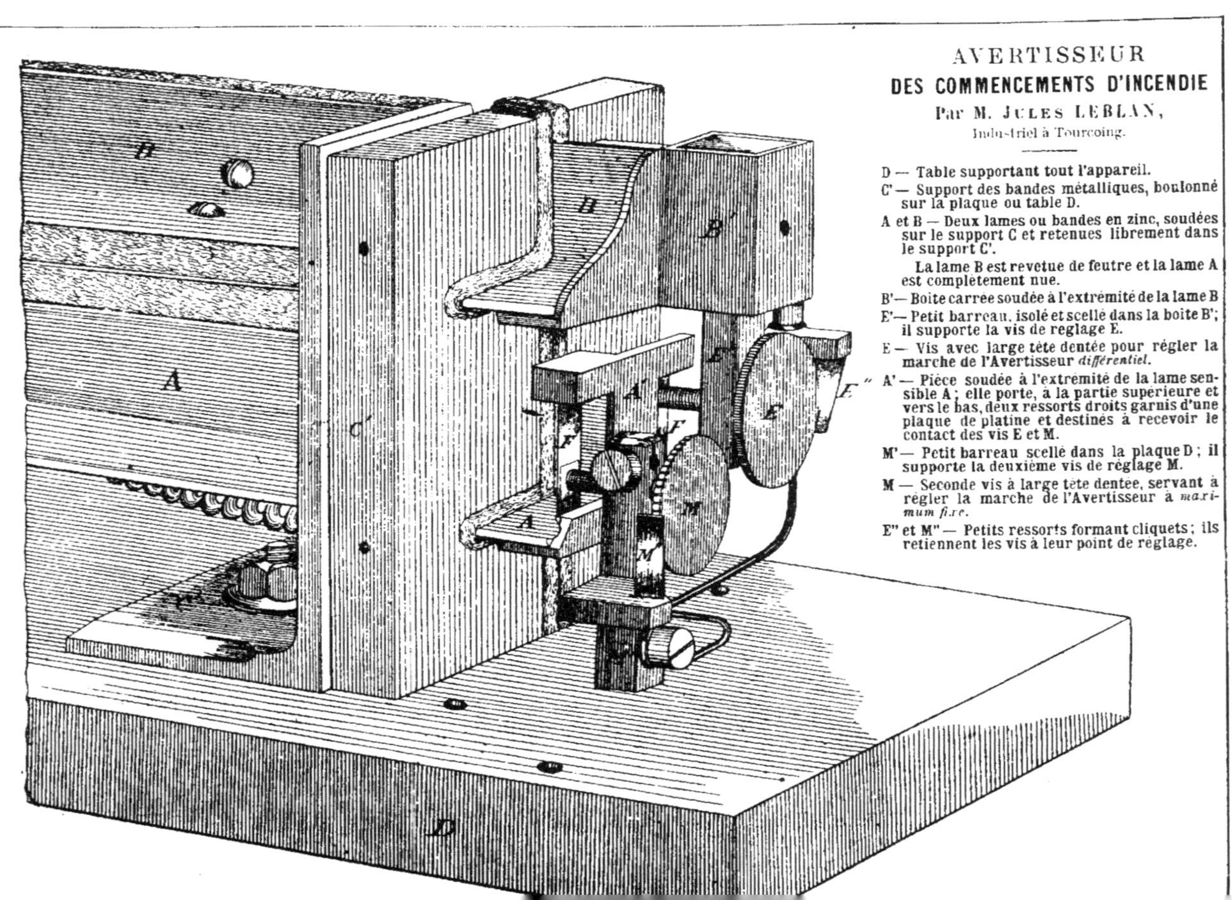

D — Table supportant tout l'appareil.

C' — Support des bandes métalliques, boulonné sur la plaque ou table D.

A et B — Deux lames ou bandes en zinc, soudées sur le support C et retenues librement dans le support C'.

La lame B est revêtue de feutre et la lame A est complètement nue.

B' — Boîte carrée soudée à l'extrémité de la lame B

E' — Petit barreau, isolé et scellé dans la boîte B'; il supporte la vis de reglage E.

E — Vis avec large tête dentée pour régler la marche de l'Avertisseur *différentiel*.

A' — Pièce soudée à l'extrémité de la lame sensible A ; elle porte, à la partie supérieure et vers le bas, deux ressorts droits garnis d'une plaque de platine et destinés à recevoir le contact des vis E et M.

M' — Petit barreau scellé dans la plaque D ; il supporte la deuxième vis de réglage M.

M — Seconde vis à large tête dentée, servant à régler la marche de l'Avertisseur à *maximum fixe*.

E" et M" — Petits ressorts formant cliquets ; ils retiennent les vis à leur point de réglage.

Dévidoirs. — Le charriot dont la gravure est ci-après représente le dévidoir en usage à Lille. Ce dévidoir, pouvant tenir
enroulés 50 mètres de tuyaux qui se raccordent sur les prises
d'eau à pression de la ville, a rendu et rend d'immenses services
pour l'extinction des incendies ; il fonctionne en effet souvent avant
l'arrivée des pompes, et la rapidité avec laquelle il opère arrête
bien fréquemment des incendies dans leur foyer.

En outre, il permet d'aller chercher l'eau d'alimentation des
pompes à projection à une grande distance, ce qui est encore d'une
grande utilité.

Le dévidoir seul, en bois d'orme coûte **250** fr.

Toiles de sauvetage. — La toile de sauvetage, dont nous
avons parlé précédemment, grand modèle des sapeurs-pompiers de
Lille, est d'un prix de 100 fr.; elle est de **4** mètres carrés avec
poignées en toiles sur **16** mètres de surface.

Perches à crochet. — Le prix des perches à crochet, bon
conditionnement, est de **35** fr.

Avec la toile de sauvetage et deux perches à crochets, au moyen
de deux traverses en orme, avec jonction, on fait une véritable
civière, en cas de besoin.

Le dévidoir de Lille comprend :

1° Quatre échelles pouvant s'ajouter l'une à l'autre et atteignant
ainsi 12 mètres de hauteur. 2° une toile de sauvetage grand modèle,
2 perches à crochets de 3 mètres pouvant s'emmancher l'une dans
l'autre et représenter ainsi 6 mètres, un frein Constant et Dejean,
une hache, un caisson contenant les outils nécessaires et les clefs
pour les fontaines bornes, bouches d'eau, vannes; un falot, **4** bâtons
de résine, **150** mètres de tuyaux de toiles de **4** centimètres avec
raccord à chaque **10** mètres et une lance.

Tuyaux en caoutchouc. — Je crois être utile en donnant
ci-dessous une série de prix pour les tuyaux en caoutchouc.

TUYAUX DE CONDUITE, D'ARROSAGE, D'INCENDIE ET D'ASPIRATION.
Prix par mètre.

	DIAMÈTRE INTÉRIEUR EN MILLIMÈTRES.												
	14	16	20	23	25	27	30	35	40	45	50	60	70
Deux tours de toile	1 50	1 75	2 »	2 25	2 50	2 75	3 »	3 25	3 75	4 »	4 75	5 25	6 »
Quatre tours de toile	3 50	3 75	4 »	4 25	4 50	5 »	5 25	5 75	6 75	7 50	8 25	10 50	11 50
Pour spirale en fil de fer dans l'intérieur, augmentation par mètre	» 50	» 75	1 »	1 25	1 50	1 75	2 »	2 25	2 50	2 75	3 25	3 75	4 50
Tuyaux avec toile et spirale dans l'épaisseur De 14 à 25^m/^m 2 tours de toile De 27 à 70^m/^m 4 tours de toile	2 75	3 »	4 »	4 50	4 75	5 75	6 75	7 25	8 »	9 25	10 75	13 50	16 50
Tuyaux à deux tours de toile, spirale noyée à l'intérieur, saillante à l'extérieur	2 75	»	3 »	»	3 50	»	4 50	5 75	6 75	7 75	9 75	11 25	12 75
Tuyaux à un tour de toile et forte toile extérieure pour résister au frottement	1 50	1 75	2 »	2 25	2 35	2 50	2 75	»	»	»	»	•	»
Tuyaux à deux tours de toile et forte toile extérieure pour résister au frottement	2 25	2 50	2 75	3 »	3 25	3 50	4 »	4 50	5 »	5 75	6 25	7 »	8 »
Raccords à vis, la pièce	2 25	»	2 60	»	»	3 10	»	5 25	6 25	7 »	8 50	»	»

On fait également, sur commande, les tuyaux d'aspiration et de refoulement de toutes sortes et de tous diamètres. Les prix varient suivant l'épaisseur du caoutchouc, le nombre de toiles et la force de la spirale.

Tous les tuyaux se font par longueurs de 12 mètres. — On peut les raccorder par un bout de tuyau métallique intérieur et une ligature extérieure en fil de fer ; cette réunion se fait à l'usine sur commande et sans frais. Les tuyaux à spirale intérieure s'emploient pour l'aspiration des liquides qui n'attaquent pas le métal.

— dans l'épaisseur du caoutchouc, sont destinés à l'aspiration des liquides acides ou alcalins.

(Il est bon d'appliquer la spirale lorsque les tuyaux de circulation sont susceptibles d'être pliés à vide, et de recevoir ensuite , par l'ouverture d'un robinet, une forte pression d'eau ou de vapeur ; sans cela , on s'expose à ce qu'il se forme un pli cassé qui obstrue le tuyau , et peut causer une rupture sous le choc brusque de l'eau ou de la vapeur.

Tous les prix qui précèdent sont ceux des objets pris à Lille.

Extincteur Banolas.[1] — Cet extincteur est toujours chargé, ce qui, dans certains cas, est indispensable. En remplaçant le robinet actuel par un robinet à vis et clapet[2], on peut avoir là un appareil très-satisfaisant.

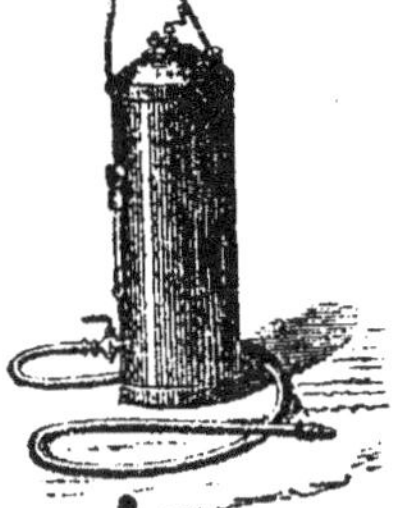

N° 1. Capacité 14 litres. (Échelle au 20e)

PRIX :
Un appareil en fer. . . . . fr.   100
    Id   en cuivre   125
Une charge   5

Produisant 140 litres gaz acide carbonique, pression de 8 à 10 atmosphères, lançant le liquide à 12 mètres. Suffit pour éteindre avec rapidité le feu qui se déclare dans une maison d'habitation, qu'il soit produit par le pétrole ou toutes autres matières inflammables. Se manœuvre facilement par une dame.

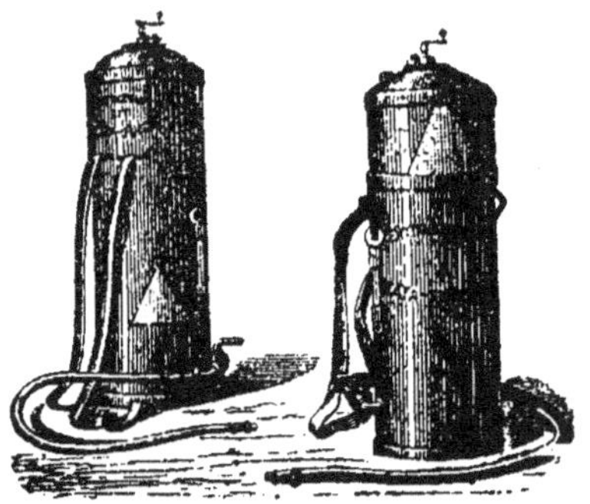

N° 2. Capacité 30 litres. — N° 3. Capacité 40 litres.
(Échelle au 20e).

(1) Nous citons le prospectus.

2 Et en rendant mobile le tuyau de projection, en mettant un robinet à double service, c'est-à-dire muni d'un pas-de-vis sur lequel vient s'adapter ledit tuyau, afin de le pouvoir laver et sécher à volonté après s'en être servi.

PRIX :

Un appareil en fer . . . . fr. 160	Un appareil en fer . . . . . fr. 180
Id. en cuivre 200	Id. en cuivre 225
Une charge 8	Une charge 10

Produisant respectivement 300 à 400 litres de gaz acide carbonique ; pression de 10 atmosphères, lançant le liquide à une distance de 15 mètres et plus. Transportables à dos d'homme.

N° 4. Capacité 80 litres. (Échelle au 20e).

PRIX : { Un appareil N° 4, avec chariot, tout complet . . fr. 475
{ Une charge 20

Tous ces appareils se conservent chargés sans pression ni altération pendant un temps indéfini. Ils sont toujours prêts à fonctionner par le moyen d'un mécanisme fort simple. Ils peuvent se charger au fur et à mesure qu'ils se vident, avec très-peu d'eau et en moins de trois minutes.

Extincteur Jos Beduwe. — Cet extincteur, dont on voit ci-derrière le modèle, est construit tout en cuivre et ne se met en pression qu'au moment de l'action.

PRIX (avec courroies, coussinets, lance) : 130 fr.
Prix d'une charge : 1 fr. 90.

Dans l'intérieur du cylindre est un vase en verre contenant
500 grammes d'acide sulfurique à 66° dont le fonds est une capsule
en plomb. Ce vase est suspendu à la partie supérieure du cylindre,
et placé avant de fermer l'appareil et lorsque celui-ci est rempli
d'eau dans laquelle on a fait dissoudre par la seule action de la
verser une quantité de 700 grammes de bi-carbonate de soude.

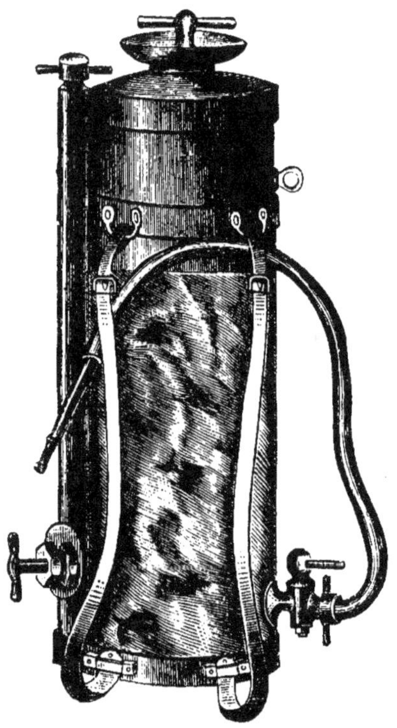

L'appareil est ainsi chargé pour le mettre en pression au moment
d'un incendie ; il suffit de tourner au moyen d'une manivelle un
arbre horizontal en laiton plombé, situé au-dessous de la capsule et
orné de dents qui déchirent cette dernière. Aussitôt l'acide sulfurique
vient se répandre dans l'eau saturée du bi-carbonate de soude. Il

suffit alors d'ouvrir le robinet qui donne accès à la sortie du liquide par le tuyau muni de la lance de projection , pour voir le liquide se projeter à une distance de 12 à 15 mètres.

Pour éviter qu'un malveillant déchire la capsule et charge l'appareil sans qu'on l'ait voulu , on scelle au moyen d'un cachet de cire le bout de ficelle , sans résistance , qui attache la manivelle à l'œillet figuré à droite du modèle. Il faut que l'on brise cette ficelle légère pour mettre l'extincteur en pression. Or cette fracture s'aperçoit immédiatement et l'on prévient ainsi les effets de la malveillance.

La gravure ci-contre est l'ancien modèle Beduwe , la manivelle n'y apparaît pas. Par contre, un petit cylindre, aujourd'hui remplacé par le vase intérieur et la manivelle , s'y remarque. Il sera facile ainsi au lecteur de se rendre compte du perfectionnement apporté dans cette construction. La contenance est de 24 litres d'eau. La manœuvre est très-facile.

Dans le cours de cet ouvrage l'on remarquera que bien souvent je recommande d'avoir non pas un seul extincteur, mais deux , afin de pouvoir en rechargeant l'un pendant que l'autre fonctionne, obtenir une extinction continue et durable.

Je dois en conséquence citer également ici l'extincteur continu Victor Herbaut dans lequel le chargement se fait en marche , et qui par conséquent remplit le but désiré.

APPAREIL EXTINCTEUR D'INCENDIE

A DOUBLE EFFET ET A JET CONTINU. (1)

VICTOR HERBAUT, Inventeur-Constructeur, à DOUAI (Nord)

Breveté S. G. D. G. en France et à l'Etranger.

NOTICE. — Tous les appareils sont construits en cuivre rouge et résistent à une pression de 15 atmosphères.

(1) Prix : 2,000 fr. — Poids : 400 kilog. — 4 hectolitres de contenance. — Écoulement de la première contenance : 20 à 25 minutes. — Projection : 25 mètres — Liquide acide carbonique pur. — Pour recharger : 5 minutes, en marche.

PRIX DES CHARGES ..

APPAREIL DE 2000 fr..
- 4 kilog. de bicarbonate.
- 4 litre d'acide sulfurique.
- 4 litre   à 66°.

APPAREIL DE 400 fr...
- 5 kilog. de bicarbonate.
- 5 litres d'acide sulfurique.
- 4

Portés à dos ou à bras d'homme, trainés sur brouette ou à traction d'homme ou de cheval, ils sont surmontés d'un manomètre et d'une soupape de sureté régularisant la pression et empêchant les explosions.

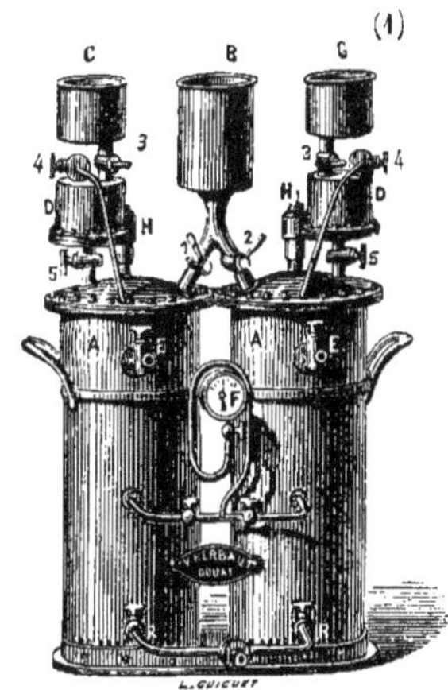

Légende des figures. — AA cylindres générateurs du gaz extincteur ; B entonnoir pour l'eau et les sels ; C entonnoir pour l'acide ; D réservoirs pour l'acide ; E robinets de niveau ; F manomètre des cylindres ; H soupapes de sureté ; R sortie du gaz extincteur.

1, 2, robinets faisant communiquer dans l'un ou l'autre cylindre l'eau et les sels ; 3, robinets d'introduction d'acide dans les réservoirs ; 4, robinets d'air du réservoir d'acide ; 5, robinets d'introduction d'acide dans les réservoirs.

Marche de l'appareil (l'appareil est toujours rempli d'eau et des sels nécessaires). — On introduit par l'entonnoir B, dans le générateur A, l'eau et les sels nécessaires à la production du gaz extincteur.

Le robinet de niveau E indique lorsque le cylindre est suffisamment rempli.

(1) Modèle du prix de 400 fr. : Poids 100 kilog.; se transporte sur une brouette ou petite voiture *ad libitum*. Ecoulement d'une première charge environ 15 minutes. Temps nécessaires pour recharger, 3 minutes. Projection 20 mètres. On peut laisser l'appareil chargé avec le bicarbonate, et n'ajouter l'acide qu'au momen de s'en servir. Quand on s'en est servi le purger complétement et le préparer à nouveau.

Cette opération faite , on ferme tous les robinets de l'appareil.

Puis on verse dans l'entonnoir C la bouteille d'acide qui doit servir à exercer la pression du gaz extincteur.

On l'introduit dans le cylindre A en ouvrant le robinet 3 , ainsi que le robinet d'air 4, l'acide descend alors dans le réservoir D. On ferme ces robinets 3 et 4, puis on ouvre le robinet 5 et l'acide tombe dans le cylindre A, où, se mélangeant avec les sels, il exerce immédiatement la pression. L'appareil est alors chargé.

Cette préparation pour mettre l'appareil en marche demande à peine 3 *minutes*.

Pendant la charge de l'appareil, on a adapté le tube en caoutchouc sur le robinet R et l'on peut aussitôt attaquer l'incendie.

Avec les extincteurs à double effet, on ne perd pas un seul instant, pendant que le premier cylindre chargé se vide, on charge le second cylindre, de façon à ne pas avoir d'interruption.

Les appareils sont de différents prix : depuis **200** fr. jusqu'à 3,000 fr.

SEAUX A INCENDIE.

Seau en toile dressé.   Seau en toile plié.   Seau en cuir cloué.

Seaux en toile à voile, cercles en rotin des Indes , adoptés depuis 40 ans, contenance de 12 litres, l'un 2 25

Seaux en toile, contenance de 14 litres , l'un 2 50

(Sur demande, tous nos seaux sont rendus imputrescibles par une galvanisation au sulfate de cuivre.)

Seaux en cuir, contenance de 12 litres, l'un. . . . .   10 »

Sacs en cuir, pour contenir 15 seaux , l'un . . . .   11 »

Sacs en treillis, pour contenir 20 seaux , l'un. . . . .   • 3 50

TUYAUX ET RACCORDS.

	DIAMÈTRES EN MILLIMÈTRES.										
	15	20	25	30	35	40	45	50	60	70	80
Raccords en cuivre 3 pièces, très-forts	2 50	3 »	3 50	4 »	5 »	6 »	7 50	9 »	12 »	16 »	18 »
Boyaux en cuir cloué, 1er choix	» »	6 50	7 »	7 50	8 50	9 »	9 50	10 50	14 »	» »	» »
Boyaux en cuir cousu	5 50	6 »	6 50	7 »	8 »	8 50	9 »	10 »	13 »	» »	» »
Boyaux de refoulement en caoutchouc, qual. extra.	» »	7 »	7 50	8 »	9 »	9 50	10 »	» »	» »	» »	» »
Boyaux d'aspiration en caoutchouc et cuir, avec viroles étamées	» »	» »	» »	12 »	13 »	15 »	17 »	20 »	22 »	25 »	30 »
Boyaux en toile de Saxe, qual. extra, imperméables	» »	1 25	1 50	1 75	2 »	2 25	2 50	3 »	3 75	4 50	5 50

Raccord en 3 pièces à tenons, uni.

Boyaux en cuir cloué avec son raccord chaussé.

Raccord en 3 pièces à tenons et sillons.

ACCESSOIRES DIVERS.

Appareil à feu de cave, dernier modèle de Paris, en veau noir, dans sa boîte..	100	»
Vingt-cinq mètres de tuyaux pour l'appareil à feu de cave, avec leur raccord...	100	»
Palonnier en frêne tourné, avec sa corde et son crochet en fer........	7	50
Harpon avec sa chaîne et son anneau.................................	12	»
Fourlière pour feux de meule, avec son anneau.......................	12	»
Boudin en cuir cloué avec son raccord chaussé.......................	15	»
Orifice de rechange pour lance d'incendie............................	3	»
Manchon en cuir, à lacet, pour boucher les crevasses des tuyaux en cuir..	4	»
Hache à pic et tranchant, modèle du génie...........................	9	»
Hache d'abordage, avec ressort......................................	12	»
Cordage à bilboquet de 20 mètres de long............................	10	»
Commande de sac de sauvetage, avec olive et porte-mousqueton......	5	»
Sifflet de manœuvre, modèle de Paris, avec chaînette cuivre de 45 centimètres...	1	50
Forte torche en résine pour éclairage de nuit.......................	1	25
Lance à incendie de 80 centimètres, avec son orifice................	18	»
Leviers de manœuvre en frêne tourné et verni, la pièce.............	4	»
Tamis en osier de tous modèles, la pièce...........................	3	»
Crible d'aspiration en cuivre rouge et sa bague filetée.............	10	»
Chapeau couvert en cuivre..	6	»
Pièce à deux vis pour pompe à incendie.............................	8	»
Porte-hache à fixer au flanc des chariots...........................	8	»
Ceintures de sauvetage avec forts anneaux, modèle de Paris..........	12	»
Ceinture de manœuvre ordinaire....................................	3	»
Ceinture de manœuvre, extra forte, modèle de Paris.................	3	50
Plaque de porte pour pompier......................................	2	50
Filagore de 6 mètres, modèle de la ville de Paris...................	»	75
Hérisson pour sauvetage dans les puits.............................	15	»
Croissant monté sur perche en frêne de 4 mètres...................	12	»
Grosse éponge montée sur perche en frêne de 4 mètres..............	10	»
Seau en bois de chêne ferré..	5	»

Porte-voix en cuivre pour commandement..........................	12	»
Échelle à crochets pliante, mod. de Paris (*nouveau système de fermeture*)	55	•
Échelle à crochets non pliante	35	»
Couverture en fort treillis pour les pompes sur chariot à 4 roues..... .	35	»
Couverture en fort treillis pour les pompes sur chariot arrière-train...	16	»
Couverture en fort treillis pour les petites pompes..................	12	»
Col-de cygne à genouillère....................................	80	»
Courbe de division à deux sorties, pouvant s'adapter à toutes les pompes	25	»
Lanterne montée sur ressorts, à réflecteur, avec son support.	50	»
Sac de sauvetage de 20 mètres, en fort treillis, avec commande et porte-mousqueton, modèle de Paris.............................	120	»
Sac de sauvetage de 15 mètres, en fort treillis, avec commande et porte-mousqueton, modèle de Paris	100	•
Godets de rechange pour les quatre numéros de pompes, 4 fr. 50, 4 fr. 3 fr. 50 et...	3	»
Boîte de clous et paillettes avec tous les outils nécessaires à la confection des boyaux...	15	»
Appareils respirateurs Galibert, breveté s. g. d. g , avec boîte	125	»
Réservoir mobile en toile à voiles, de la contenance de 1,500 litres, pesant moins de 25 kilos	120	»
Nouveau manuel du sapeur-pompier, avec planches.................	3	•
Théorie du sapeur-pompier....................................	»	75
Collets avec boucle pour les demi-garnitures	2	50
Toile d'appel pour feu de cheminées.......	12	»
Tonneau de secours, modèle de Paris, contenance 360 litres, monté sur ressorts, avec coffre et robinet à pas de vis.....................	400	»

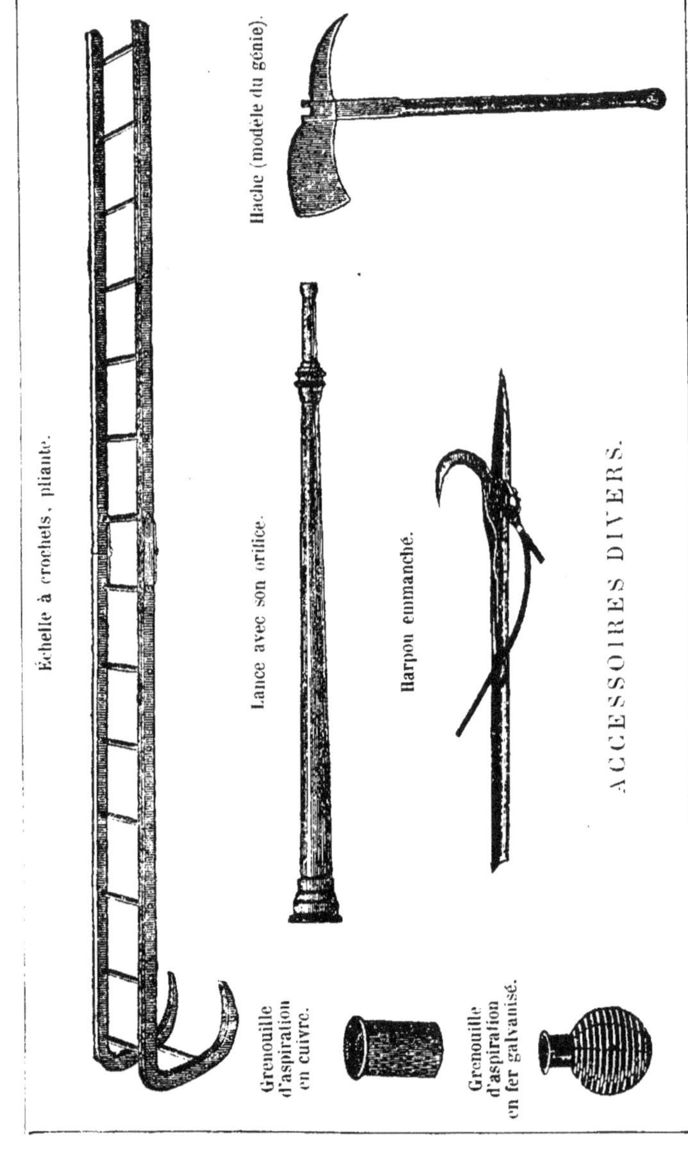

Échelle à crochets, pliante.
Hache (modèle du génie).
Lance avec son orifice.
Harpon emmanché.
Grenouille d'aspiration en cuivre.
Grenouille d'aspiration en fer galvanisé.
ACCESSOIRES DIVERS.

ÉQUIPEMENTS DE SAPEURS-POMPIERS.

OFFICIERS ET SOUS-OFFICIERS.

Casque, chenille oursin, double visière, doré fin, modèle le plus riche.	100	»
Casque, chenille oursin, double visière, doré ou bruni...............	35	»
— — crin de choix, doré ou bruni................. 20 et	25	»
— de sous-officiers, bombe polie, eau forte	12	50
— de manœuvre, bombe acier, sans chenille, garnitures brunies	10	»
Casque en feutre verni noir, nouveau modèle, très-solide et très-léger (pour manœuvre ou incendie).....................................	9	»
Plumet rouge, vautour, avec tulipe dorée au bruni..................	5	»
Aigrette rouge, poil de chèvre......................................	4	»
Épaulettes, or mi-fin, corps en passementeries très-fournies, pour capitaine.. de 20 à	30	»
Épaulettes, or mi-fin, pour lieutenant et sous-lieutenant...... de 16 à	24	»
— — et laine rouge, écailles brunies, pour sergent. 7 et	8	50
— torsade, et laine rouge, écailles brunies, pour caporal. 4 et	4	50
Gants en daim..	3	»
Tunique drap fin, garnitures or mi-fin.............................	60	»
Pantalon drap fin avec bandes écarlates	35	»
Sautoir cuir verni noir..	2	25
Hausse-col, écusson argent, avec glands or mi-fin	4	»
Sabre ancien modèle transformé....................................	15	»
— nouveau modèle, avec bélière et crochet................ 20 et	28	»
Épée, modèle d'état-major, dorée, lame fine................... 18 et	25	»
Ceinturon or mi-fin, plaque et garniture dorées....................	25	»
— en cuir verni noir, —	8	»
Dragonne or mi-fin...	4	50
— soie noire	1	40
Grenades or mi-fin, brodées sur drap, les quatre..................	2	50
Passants — pour épaulettes...........................	1	80
Boutons dorés pour officier, les petits, la douzaine..............	1	»
— — les gros, —	2	»
Bonnet de police, pour officier, avec gland or mi-fin..............	8	»
Képi d'officier, garniture or mi-fin .... 6 et	6	50

Tulipe en cuivre, brunie...	»	80
Galons, or mi-fin, pour sergent, la paire..........................	1	50
— laine, pour caporal, —	»	80
Ceintures, boucles et anneaux plaqués..............................	8	»
Poignard avec garnitures polies pour officier	10	»

COMPAGNIES.

Casque de sapeur-pompier, dernier modèle de Paris.................	11	50
— ancien modèle de Paris, chenille noire et inscription du nom de la commune...	10	50
— de manœuvre, bombe acier, sans chenille..................	8	»
Casquette d'incendie en tôle vernie...............................	5	50
Chapeau à trois cornes, petite tenue, modèle de Paris.... .... 14 et	16	»
Chenille noire, — — .... de 2 à	3	»
— rouge, pour tambours et clairons.............. . ... de 5 à	6	»
Plumet coq rouge avec olive, laine bleue	1	75
— — avec tulipe en cuivre	2	25
Aigrette crin rouge avec olive, laine bleue	1	60
— — avec tulipe en cuivre.........................	2	»
Épaulettes corps en cuivre, montées sur cuir......................	3	50
Tunique, drap fin...	»	»
Veste de manœuvre, drap fin.......................................	20	»
Pantalon, drap fin..	25	»
Plaque de casque..	»	75
Sabre-poignard, modèle d'infanterie de ligne............... 4 50 et	6	50
Giberne cuir verni, plaque à attributs............................	4	»
Plaque de giberne en cuivre avec attributs........................	»	60
Plaque de ceinturon en cuivre .... de 75 c. à	1	»
Bretelle de fusil avec double bouton en cuivre.......	1	»
Fourreau de baïonnette, garniture en cuivre.......................	1	»
Blouses collets et parements velours noir.........................	7	50
Pantalons treillis écrus, passe-poil rouge............................	6	»
Ceinturon, cuir verni, avec plaques à attributs...................	4	»
Giberne..................................	3	»
Boutons façon dorée, les petits, la douzaine	»	40
— les gros, —	»	80

Grenades laine rouge et aurore, les quatre	1 »
Bonnet de police, drap bleu, gland de laine	4 »
Col d'ordonnance, satin turc, boucle d'acier .... de 1 à	1 50
Gants jaunes, façon daim	1 40
— coton blanc	» 75
Épinglettes, avec écusson à casque, pour baudrier	» 50
— cuivre jaune	» 20
Corps d'épaulettes en cuivre, à écailles	» 65
Tulipe en cuivre	» 65
Ceintures de manœuvre, avec fort anneau, modèle de Paris	3 50
— — — modèle ordinaire	3 »

SAPEURS ET TAMBOURS.

Bonnet d'oursin pour sapeurs	30 »
Tablier en buffle —	50 »
Hache de parade, garnitures en cuivre	24 »
Étui de hache verni noir pour sapeur	10 50
Baudrier porte étui de hache	4 50
Gants à la Crispin	5 25
Caisse de tambours, avec cuissière, baudrier, baguettes et porte-baguettes	40 »
Bretelle de caisse et double bouton	3 50
Clairon d'ordonnance avec cordon	18 »
Trompette d'harmonie	30 »
Baguettes d'ébène, la paire	3 »

DRAPEAUX en gros de Naples avec inscription, étui en coutil,
baudrier porte-drapeau, etc., de 100 à 125 fr.

Ceinturon cuir avec plaque cuivre, modèle de l'armée	2 25
Bretelle de fusil, — —	1 »
Giberne, — —	5 50
Cartouchière, — —	3 »
Boîtes de tir, pour fêtes publiques, en bronze . le kilog	5 »
— — en fer et fonte, le kilog	2 »

POMPES JAPY

ASPIRANTE ET FOULANTE.

	PRIX			
	N° 1.	N° 2.	N° 3.	N° 4.
Pompe en fonte avec sa clef	40 fr.	50 fr.	70 fr.	90 fr.
Pompe en cuivre avec sa clef	55 "	70 "	95 "	
Récipient d'air avec nez de raccord	10 "	12 "	15 "	18 "
Coude d'aspiration avec nez de raccord ..	4 "	5 "	6 "	8 "
Brouette complète ferrée	35 "	35 "	40 "	40 "
Plateau en bois avec les scellements......	5 "	6 "	8 "	10 "
Bâtis en bois de chêne à 4 pieds..........	15 "	20 "	25 "	30 "
Pomme d'aspiration avec bague..........	4 "	5 "	6	8 "
Lance avec jet, pomme et lance..........	11 "	12 "	15 "	20 "

Pompe Japy aspirante et refoulante, montée sur brouette.

TARIF DES POMPES A INCENDIE DU MODELE DE PARIS
Vendues à garantie pour cinq années.

DÉTAIL DES POMPES DU MODÈLE DE PARIS ET DE LEURS ACCESSOIRES.	N° 1 **Pistons** 125 m/m se manœuvre par 12 hommes.	N° 2 **Pistons** 110 m/m se manœuvre par 8 ou 10 h.	N° 3 **Pistons** 95 m/m se manœuvre par 6 hommes.	N° 4 **Pistons** 90 m/m se manœuvre par 4 hommes.
La pompe foulante, modèle de Paris, à deux corps, ayant des guides pour conduire les pistons, avec ses clés et ses courroies pour amarrer les boyaux	780 fr.	680 fr.	580 fr.	400 fr.
Un chariot à flèche, à deux roues avec un essieu tourné, et à coffret.............	150 »	150 »	140 »	120 »
Un porte-hache fixé au flanc du chariot....	8 »	8 »	8 »	8 »
Une lance en cuivre, avec deux orifices....	20 »	20 »	20 »	15 »
Seize mètres de boyaux en cuir, cloués, de 45 millimètres	144 »	144 »	144 »	136 »
Deux raccordements en cuivre, montés auxdits boyaux, à 7 fr. 50.............	15 »	15 »	15 »	14 »
Une hache à pic et à tranchant..........	9 »	9 »	9 »	4 »
Un cordage de 20 mètres à bilboquet	10 »	10 »	10 »	10 »
Un manchon en cuir pour réparation provisoire des boyaux...................	4 »	4 »	4 »	4 »
Deux leviers en frêne tournés et deux tamis en osier............................	12 »	12 »	10 »	10 »
Plus une torche, vingt-cinq clous en cuivre et leurs contre-rivures, une instruction pour l'entretien, une théorie du sapeur-pompier avec figures, pour la manœuvre, et deux boulons en bronze, *gratis*.				
PRIX TOTAL des pompes aspirantes.	1.152 »	1.053 »	940 »	721 »
ASPIRATION DES POMPES.				
Système d'aspiration fixé à la culasse.....	60 »	50 »	40 »	30 »
Huit mètres de tuyaux d'aspiration en caoutchouc, garnis intérieurement de spirale, galvanisés et recouverts de cuir fort cousu au laiton...................	200 »	176 »	160 »	136 »
Deux forts raccordements pour le tuyau d'aspiration.........................	32 »	24 »	24 »	15 »
Une pomme d'aspiration et un chapeau couvert	14 »	12 »	12 »	9 »
PRIX TOTAL des pompes aspirantes et foulantes...................	1.458 »	1.345 »	1.176 »	911 »
Deux ressorts montés aux chariots, avec mains en fer forgé...................	100 »	90 »	80 »	75 »

DÉBIT DES POMPES DU MODÈLE DE PARIS

RENSEIGNEMENTS SUR LEUR CONSTRUCTION.

SYSTÈME DES POMPES.

Les pompes de Paris sont construites sans aucune soudure. Les corps de pompes sont en cuivre fondu, tournés et alésés ; ils sont montés à boulons sur une culasse en cuivre fondu, le récipient et la bâche sont en cuivre rouge. Il n'existe aucune pièce en fonte dans le système de la pompe. Aux pompes de Paris, le support du balancier est seul en fonte ; les autres ferrures sont en fer forgé.

Débit par minute.

Calcul théorique pour 60 coups de balancier :

Pompe Nº 1..... 400 litres.	Pompe Nº 3..... 210 litres.
— Nº 2..... 310 —	— Nº 4..... 150 —

Projection de l'eau.

Jet que donnent les pompes foulantes :

Pompes Nº 1	38^m de distance ou	30^m de haut.
— Nº 2	36^m —	28^m —
— Nº 3	34^m —	26^m —
— Nº 4	28^m —	22^m —

Pompes aspirantes.

Elles peuvent servir comme aspirante et foulante en puisant l'eau dans une rivière ou dans une mare, ou comme pompe foulante simplement en versant l'eau dans la bâche (réservoir de la pompe). Les pompes aspirantes emploient un peu plus de force que les pompes foulantes, quand elles servent en même temps comme pompes aspirantes et foulantes.

MODÈLE ADOPTÉ EN 1846 PAR LA VILLE DE PARIS.

Pompe à incendie, système Guérin modèle adopté par la ville de Paris. — Pompe toute armée montée sur chariot arrière-train, 6 grandeurs.

Sauveteur à spirale.— Le sauveteur ou descenseur à spirale est un appareil dans le genre du frein Constant et Dejean. Il a l'avantage de pouvoir être employé par des personnes inhabituées à la gymnastique.

1° Au moyen du *Sauveteur à spirale,* on peut, en cas de surprise, descendre d'un sixième étage, soit en réglant la descente à volonté, soit à toute vitesse si le danger est pressant, (la corde a 20 mètres de longueur).

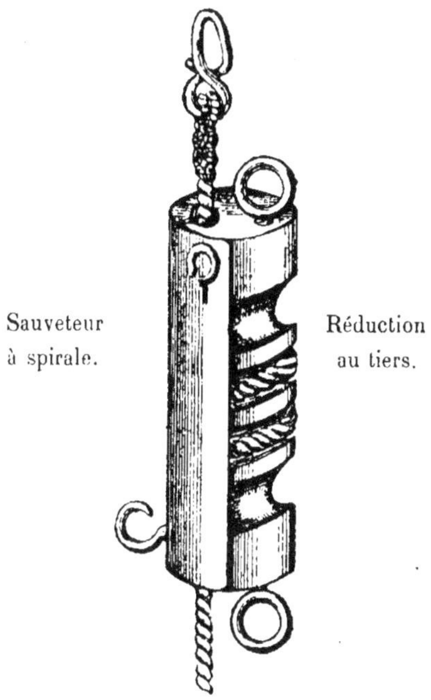

2° Les mains et les jambes étant complètement libres, on peut sauver soi-même ses valeurs, ses objets précieux, ou d'autres personnes.

3° En accrochant la corde sur l'un des crochets tenant aux côtés du *Sauveteur à spirale,* on peut se suspendre indéfiniment et s'arrêter aux étages inférieurs pour y prendre d'autres personnes et les sauver.

4° La force de la corde (quoique petite en apparence) est garantie à 400 kilogrammes, ce qui représente en moyenne cinq personnes pesant chacune 80 kilog. que l'on peut suspendre.

5° La ceinture que l'on passe sous les bras forçant la personne qui descend à lever la tête, il n'y a pas à craindre le vertige ; la durée d'une descente lente d'un sixième étage est d'une demi-minute (A défaut de ceinture on se sert d'une corde, d'un drap, etc.)

6° La corde ayant un crochet à chaque extrémité, on se sert de ce crochet pour le fixer à un point d'appui quelconque, tels que : un canapé que l'on approche de la fenêtre après avoir passé la corde autour, un lit, une armoire, un piano, un piton de plafond, une rampe d'escalier, la barre d'appui de la fenêtre. Enfin, un appui que l'on trouve partout, c'est, après avoir brisé deux carreaux à sa fenêtre, de passer la corde autour du montant en bois auquel tient l'espagnolette.

7° Les cordes préparées, sont incombustibles. Le produit chimique employé les rend inattaquables aux rongeurs (rats, souris, etc.)

L'appareil complet compret : la spirale, — la corde incombustible 20 mèt., — 1 ceinture de sauvetage, les anneaux et crochets.

Prix : 25 francs.

Poids total de l'appareil complet dans sa boîte : 4 kilogrammes.

Une corde de 20 mètres de longueur, sur un diamètre de 14 millimètres, traverse un manchon métallique massif, en s'enroulant de deux, trois ou quatre tours dans une gorge en spirale, pratiquée autour d'un cylindre fixé dans ce manchon. C'est dans ce petit appareil, de 14 centimètres de longueur environ et 4 centimètres d'épaisseur, qu'est toute la sécurité de la descente. A l'aide d'une ceinture faite d'un drap, d'une corde ou de tout autre lien, la

personne en danger peut se suspendre à lui, une fois la corde fixée,
par un des crochets qui la terminent, à une barre d'appui, à un
meuble placé dans l'intérieur de l'appartement ou à tout autre objet
fixe et solide.

Supposez, maintenant, une traction exercée sur l'extrémité
inférieure de la corde par quelqu'un posté dans la rue. La simple
pression, plus ou moins forte, de celle-ci dans les gorges de la
spirale, va suffire à régler la rapidité de la descente ou même
l'arrêter instantanément, et en vertu d'un principe de mécanique
bien connu, la traction, si faible qu'elle soit, se traduira par un
résultat qui va jusqu'à l'arrêt complet. De là, possibilité à un
sauveteur de s'arrêter à volonté, d'étage en étage, et d'y recueillir
d'autres personnes menacées.

Celui qui, ainsi suspendu, tient lui-même la corde au-dessous du
cylindre, sans aucun secours étranger, a encore le moyen de
ralentir, d'accélérer ou de suspendre complétement sa course ; il est
maître de lui, de son propre poids et du poids de ceux qu'il récolte,
pour ainsi dire, dans son parcours aérien. Un ou deux tours à un
crochet placé à l'extérieur du manchon suffisent, et non seulement
il opère sans danger mais encore la solidité de l'arrêt est en raison
directe du poids suspendu. Il ne faut là ni force, ni adresse, point
important.

Combien de fois une foule anxieuse vit-elle se tordre des agoni-
sants aux étages supérieurs ? On pourrait peut-être pénétrer jusqu'à
eux, mais pourrait-on redescendre soi-même ? Nous n'hésitons pas
à affirmer que cette appréhension doit être désormais écartée, qu'un
homme muni d'un semblable engin, s'il peut parvenir au faîte d'un
bâtiment incendié, sauvera les personnes en danger qui s'y trouvent
et lui-même

Il est évident que toutes les compagnies de pompiers (1) doivent
posséder une grande partie de ces descenseurs : l'homme muni d'un

(1) Tous les pompiers de Lille portent toujours en sautoir le frein Constant et
Dejean, qui rend les mêmes services.

appareil de ce genre, sentant ainsi que si la retraite par l'escalier lui est coupée par le feu, il aura toujours un moyen de descente par les fenêtres, pourra plus facilement attaquer le feu et sauver s'il y a lieu les personnes en péril.

Contiguités.— Tout risque, j'entends par là un bâtiment et son contenu, contigu sans communication à un autre passible d'une prime d'assurance plus forte, paye les quatres dixième de cette prime plus forte , à moins que sa prime propre soit supérieure. Exemple : une maison d'habitation est contigue à un moulin à blé passible d'une taxe de 10 $\%_{00}$; cette maison qui isolée payerait 0,30 centimes $\%_{00}$, contigue sans communication est taxée à 4 $\%_{00}$ soit les 4 $/10^{e}$ de 10 fr.

Autre exemple : Un atelier de peignage de lin est tangent sans communication à un magasin de lin. Ce magasin paiera **2,50** sa prime propre ; la contiguité ne lui eût fait payer que 4/10 de 5, soit **2** fr.

L'assuré ayant intérêt, selon les cas, à ce que des bâtiments contigus n'aient pas de communication, voici les règles à observer: Le mur de tangence, mur mitoyen pour mieux faire comprendre, doit être édifié en matériaux incombustibles depuis les fondations jusqu'au toit inclus. Aucune pièce de bois ne doit le traverser, aucune ouverture, porte, fenêtre, œil-de-bœuf, lucarne, ne doit interrompre son homogénité, il dépassera la toiture, de façon à la couper, d'une hauteur de soixante centimètres au moins. Une excellente disposition est d'arranger la section du mur qui fait saillie sur le toit en marches d'escalier recuvertes de dalles. En cas de sinistre, le sauvetage est plus facile.

Espaces séparatifs.— Quelle est la distance séparative des magasins aux ateliers pour que la prime des magasins soit celle qui leur est propre, abstraction faite de l'usine. Cette distance est de 10 mètres pour les magasins dépendant des filatures de coton, de laines, des moulins, des apprêts, teinture, indienneries, etc. En assurance on est obligé d'opérer par compensation, mais l'usinier doit voir plus loin : 10 mètres d'une filature qui a plus de deux étages, et qui n'est pas voûtée, est une distance beaucoup trop petite dans la plupart des cas ; il faut ainsi compter :

distance d'un bâtiment non voûté servant d'usine,

ayant 2 étages et moins de 4 . . . . 15 mètres

ayant 4 étages et plus. . . . . 20 mètres

Si l'espace ne permet pas ces distances, il faut alors placer ces magasins de manière que les fenêtres ne soient pas à l'opposé de celles de l'usine.

Ponts de communication.— Les ponts de communication doivent être établis en matériaux incombustibles. Lorsqu'ils sont fermés sur les côtés par des murs ou des cloisons et constituent ainsi un couloir toujours très-propagateur du feu, ils rendent le contenant et le contenu du bâtiment soumis à la taxe la plus faible, passible de la moitié de la prime appliquée au risque le plus grave. Pour éviter cette surélévation de dépenses, il est toujours possible de les laisser ouverts latéralement : on garnit les côtés de rampes en fer ou fonte, et on les couvre en fer et verre, l'essentiel étant généralement d'abriter le passage qu'ils forment.

On peut également couvrir un espace libre laissé entre deux bâtiments, sans rien faire changer à la prime propre à chacun d'eux, du moment où la couverture et toiture sera faite en matériaux incombustibles et l'espace laissé entièrement vide.

Les cours vitrées, existant entre divers bâtiments ne donneront pas davantage lieu à une majoration de prime, si ces cours ne renferment ni atelier, ni fabrication, ni magasins d'objets combustibles.

Les couvertures en verre et fer, pannes et fer, sont bien préférables à celles en zinc. Le zinc est toujours supporté par des voliges en bois déjà elles-mêmes combustibles, de plus le zinc fond à 360 degrés centigrades, brûle avec un grand dégagement de calorique et de lumière, en s'oxygénant, crépite, fait explosion lorsqu'on y projette de l'eau froide, et incommode les travailleurs, occupés à l'extinction. En outre, les réparations des toitures en zinc exigent des soudures sur place et par conséquent la présence sur le toit ou dans les greniers de fourneaux à feu nu, d'où un grand nombre de sinistres à déplorer.

Etablissements isolés.— Ces usines doivent posséder elles-mêmes les engins de préservation et le personnel nécessaire pour conjurer l'incendie croissant. Combien de fois n'arrive-t-il pas dans les villes qu'un voisin réveillé, qu'un passant attardé, qu'un soldat de faction, aperçoive le commencement d'un sinistre, et donne l'alarme assez à temps pour qu'on n'ait, grâce à l'opportunité des secours, qu'une perte partielle à déplorer. L'établissement isolé n'a qu'à compter sur la vigilance de ceux qui l'habitent. Il sera quelquefois en partie brûlé avant même qu'ils s'en doutent, et s'ils ne sont point en nombre suffisant, leurs efforts seront vains. Cette infériorité de situation doit être rachetée par l'adoption des moyens préservatifs les mieux opposables aux risques d'incendie, suivant le genre d'industrie. Tout établissement isolé doit avoir une pompe à incendie en état (1), un personnel couchant dans l'usine suffi-sant pour la manœuvre et le sauvetage, de l'eau en abondance ainsi qu'un approvisionnement constant de plusieurs centaines de kilog de mélange extincteur (2), une surveillance de nuit constante, et une clôture embrassant le périmètre de l'usine. A l'extérieur des villes le terrain coûte peu ; il est facile à l'usinier isolé, soit de bâtir à l'entour de l'usine des maisons qu'il louera bon marché à ses ouvriers afin de les avoir près de lui en nombre suffisant, soit de

(1) Surtout une pompe à vapeur fixe.
(2) Voir pages précédentes.

donner gratis à une escouade de 6 ou 8 hommes le coucher à condition que ces hommes seront toujours sous la main, en cas d'accident. C'est une dépense, il est vrai, de literie, d'éclairage, mais indispensable lorsqu'on est isolé. Ce système déjà adopté par des usiniers a sauvé plusieurs usines d'une destruction complète par la rapidité des secours apportés.

Générateurs et machines à vapeur. — Autrefois, les autorisations d'établissement de chaudières à vapeur n'étaient accordées qu'autant que les locaux contenant ces appareils étaient sans étages, et que leur toiture était indépendante de celles du reste des immeubles auxquels elle est adjacente. Ces prescriptions ont eu pour but de rendre moins désastreux les dégâts occasionnés par les explosions, malheureusement trop fréquentes, des producteurs de vapeur. C'est dans la même idée que le règlement interdisait d'élever les hautes cheminées dans la projection du plan horizontal des générateurs prolongé suivant leur longueur, à moins d'une distance séparative suffisante.

Ces réglementations de construction, qu'il est utile de continuer à suivre, sont avantageuses pour les usiniers au point de vue de leurs conséquences humanitaires, et des sinistres qu'elles évitent, sinistres très-souvent occasionnés par les séchoirs établis au-dessus dès générateurs pour en utiliser la chaleur perdue. Les autres points à signaler sont ceux-ci :

1° Des escaliers en bois desservant les générateurs, dont les premières ou dernières marches sont trop rapprochées des foyers ;

2° D'autres, descendant du sol supérieur des générateurs dans la partie excavée inférieure, et, à cause de l'exiguité du local, ayant une portion de leur longueur directement exposée au rayonnement du calorique d'un des foyers ;

3° Parfois le sol des générateurs prolongé à son niveau par un plancher en bois nu ou légèrement plafonné, qui reçoit à chaque ouverture des portes des foyers, et au moment de la fermeture des registres, les effluves de chaleur, les étincelles et la fumée s'échappant des fourneaux ; le bois se carbonise, le plâtre du revêtement se fendille et se détache, et l'incendie ne tarde pas à éclater.

Ces dispositions vicieuses ne se rencontrent et ne doivent se rencontrer que dans les locaux trop étroits. Rien de plus facile que d'y remédier avec avantage, en remplaçant les escaliers et les planchers en bois par des escaliers et des planchers en fonte ajourée, avec sommiers et supports en fer.

121. Les registres qui servent à régler le passage de la fumée doivent être placés, le plus possible, extérieurement. Intérieurs, il faut les écarter des recoins obscurs et bas, des escaliers, de tout voisinage de poutres, chenons, bois. Les parois de briques, les boîtes de métal qui les renferment, offriront une tangence parfaite, afin qu'il n'y ait aucun passage ou fuite de fumée. Je n ai point besoin de prohiber ici l'usage d'installer le registre au milieu d'un épais rectangle de bois ; je n'ai rencontré que rarement cette vicieuse et dangereuse disposition. Il est de toute nécessité que les registres soient complètement enfermés soit dans le massif des chaudières ; si ce massif n'est pas assez profond, on le surélève dans la partie contenant le registre, de façon qu'il puisse être contenu, entièrement levé ou baissé, et qu'il n'y ait plus qu'une seule petite ouverture circulaire laissant passer presque à friction la tige ou la chaîne motrice : soit dans la boîte de métal en très forte tôle ou en fonte (la tôle légère se disjoint de suite), et n'ayant que le trou nécessaire pour le jeu de l'organe du mouvement. Cet organe, trop souvent une simple corde, sera bien vite remplacé par le manufacturier prudent, qui lui substituera avec avantage une chaîne ou une tige métallique. Du moment où les registres ne sont pas extérieurs, leur présence est un danger incessant auquel on n'obvie que par les précautions signalées plus haut, une excessive propreté et une surveillance constante.

En outre il faut interdire les sacs placés contre les ouvertures des registres, les cordes d'étentes de linge sur leur sol, les étoupes ou amas d'autres matières combustibles.

122. Lorsque la partie excavée des générateurs servira de soute aux charbons, les précautions recommandées (*voir Hauts-Fourneaux*) devront toujours être prises : la quantité de charbons apportée près des foyers minime, et toujours habituellement suffisamment éloignée ; *à fortiori* les sciures, les copeaux, les déchets, que l'on brûle, devront-ils être l'objet de soins minutieux ; car, plus inflammables, ils sont plus à redouter. A chaque cessation de travaux, le sol sera arrosé, afin que toute matière en ignition, près des foyers, soit éteinte. (*Voir Filature de coton, de lin, Scieries mécaniques*).

123. Lorsque l'on visite une salle de machine à vapeur bien tenue, qu'on admire la propreté du local, l'éclat dont brille l'assemblage métallique constituant le moteur, on semble rejeter loin de soi l'idée de la possibilité d'un sinistre. Cependant la réalité démontre que le cas s'est souvent présenté. Voici les causes les plus ordinaires des sinistres : 1° les carapaces et les planchers en bois, auxquels l'échauffement d'un coussinet ou d'un tourillon communique le feu ; 2° les torchons ou déchets servant au nettoyage, à l'essuyage des machines ; ces matières devenues grasses par leur emploi, mélangées d'huiles et de parcelles atomiques de fer, exposées constamment à la chaleur, possèdent au plus haut degré la propriété d'inflammation spontanée. Il faut bien se garder de les enfermer dans des armoires en bois (1), comme on le fait malheureusement trop souvent, mais au contraire les éloigner de tout objet combustible, et faire prendre l'habitude de les déposer dans un endroit où l'on puisse supposer leur combustion inoffensive ; un

(1) S'il est nécessaire d'avoir une armoire dans le local, il faut l'établir complètement en matériaux incombustibles, c'est-à-dire en forte tôle de fer, avec tiroirs à compartiments également en fer.

La même précaution est indispensable pour les tables à compartiments et armoires de lampisteries ; elles doivent être faites en matériaux incombustibles, en pierres, fers et tôles.

seau recouvert, une boîte métallique par exemple, placée sur une dalle, sans aucun objet au-dessus. C'est une imprudence sans nom que de les amonceler en tas, dans l'intérieur, quand on s'en est servi. Si l'on veut les garder, on ne peut le faire qu'à l'extérieur, dans une cour, loin de tout objet inflammable ; 3" la cage ou la chambre des engrenages, lorsqu'elle est en bois, et non voûtée, au lieu d'être en maçonnerie incombustible et voûtée ou plafonnée solidement ; les ordures, les déchets, qu'on laisse souvent, toujours à tort, dans cette chambre, ou qui y pénètrent de l'atelier contigu, s'imbibent de l'huile de graissage qui découle des machines, et peuvent, conséquemment, s'enflammer spontanément.

124. Si nous proscrivons un plancher en bois de la chambre des machines, recommandant soit un carrelage, soit un dallage en pierres ou en plaques de fonte, nous prohibons de même la construction, contre les massifs des générateurs, de murs avec des pans de bois ; on ne peut prévoir les fissures, les crevasses qui se forment dans ces massifs, et lorsque le travail étant terminé, l'on ferme les registres et les portes du foyer, le feu tend à sortir par les plus petites issues, les fentes les plus minces, et incendie les objets inflammables qu'elles peuvent mettre à découvert. Pour les mêmes motifs nous ferons ressortir l'utilité qu'il y a d'entretenir toujours en bon état le sol, le carrelage des générateurs, d'exiger une très-grande propreté, et l'absence de toute matière combustible.

125. Quand on le peut, il est bien de séparer les salles des machines et celles des chaudières des autres bâtiments de l'usine. Si elles sont adjacentes, il y aura, dans certains cas, avantage à ne pas établir de communication ; par exemple, dans les distilleries d'alcool, de jus de betteraves, ou de mélasses, les scieries mécaniques, les fabriques de bouchons ; pour la première de ces industries, il en résulte une réduction de prime de 1 0/00. Quand on est obligé d'ouvrir une communication, il est prudent de la fermer par une porte en fer ou tôlée.

126. Les cheminées d'usines ne sont plus acceptées qu'isolées complètement des bâtiments ; quant à celles qui ont été construites autrefois intérieures, les prescriptions qui les concernent se résument à éviter tout gîtage de solive ou pièce de bois dans leurs parois, à les visiter soigneusement au moins une fois l'an, et à faire boucher toutes les fentes ou fissures qui peuvent se produire. On ne saurait trop surveiller les parties voisines de la base, c'est-à-dire les plus rapprochées des générateurs.

127. Les explosions de générateurs ou appareils à vapeur, contre les conséquences matérielles desquelles les Compagnies assurent aujourd'hui, sont généralement dues : 1° à la présence d'incrustations dans les bouilleurs et dans la chaudière, ou dans les retours d'eau ; 2° à l'absence d'une bonne pompe d'alimentation ; 3° à l'habitude qu'ont les chauffeurs de surcharger quelquefois les soupapes par l'addition de poids, de planches, etc. ; 5° à l'interruption ou la cessation du fonctionnement du manomètre.

On remédie à ces causes : 1° par l'emploi de bons désincrustants, des décoctions d'extraits colorants, des carbonates alcalins, selon la nature des eaux, d'appareils de désincrustations d'un bon fonctionnement ; en prenant pour l'aspiration de l'eau par la pompe alimentaire, certaines précautions ; en utilisant l'eau de condensation si la vapeur sert au chauffage, ou si la condensation se fait au moyen de serpentins ; 2° par l'adoption de l'injecteur Giffard, qui fonctionne seul une fois réglé, partout où il pourra s'appliquer ; 3° en exigeant, lors de la livraison de la chaudière ou générateur, que les soupapes soient mathématiquement construites et fonctionnent bien, ce qui n'a pas toujours lieu ; en interdisant sévèrement au chauffeur de les surcharger pour quelque cause que ce soit : d'autant plus qu'agir autrement c'est se mettre en contravention formelle avec la loi sur la matière, et s'exposer à un procès ; 4° en n'hésitant pas, lorsque le manomètre paraît dérangé ou défectueux, à en établir de suite un second avec lequel on vérifie les indications du premier qu'on a soin de laisser en place ; 5° en faisant partie de l'association des propriétaires de générateurs et appareils à vapeur et en en suivant les prescriptions.

Il faut aussi s'assurer souvent par soi-même que les appareils de sûreté fonctionnent bien, ne pas craindre de faire la dépense nécessaire pour les remplacer, et employer toujours le système le mieux perfectionné, tel, par exemple, à ce jour, l'indicateur magnétique de Lethuillier-Pinel, qui, remplissant pratiquement toutes les conditions théoriques désirées, n'offre que l'inconvénient, en cas de rupture de sa sphère métallique, d'indiquer comme manquant d'eau la chaudière qui en serait pleine ; vérifier si le chauffeur connaît bien la gravité des accidents qui peuvent résulter de sa négligence ; s'il sait que l'eau projetée sur les surfaces portées au rouge ne les mouille pas, prend l'état sphéroïdal, pour se convertir ensuite instantanément en vapeur, dès que les surfaces se sont refroidies. Cette production énorme, subite de vapeur, à laquelle rien ne peut résister, explique une grande partie des explosions ; elle est la suite d'une alimentation maladroite, lorsqu'on a laissé l'eau manquer dans la chaudière, tandis qu'il faut, au contraire, abaisser le feu, puis alimenter doucement et avec les plus grandes précautions. Il faut aussi remplacer les niveaux d'eau, quand ils sont cassés, par ceux en verre trempé incassable ou à peu près, de Descamps de Lille.

128. Lorsque le dessus des générateurs devra servir de séchoirs, il sera prudent de substituer au grésillon qu'on est dans l'usage d'introduire dans l'espace existant entre les briques réfractaires et le carrelage du sol, du sable, qui est excellent conservateur du calorique. Il est difficile de supposer que les briques qui viennent s'appuyer sur le générateur, et séparent ainsi sa partie inférieure de sa partie supérieure, par l'effet des dilatations et contraction du métal, ne se disjoignent pas quelque peu. Ceci admis, lorsque, après le travail, les registres et la porte du foyer sont fermés, le

feu tend à passer par les plns petites ouvertures, et peut venir
rallumer et embraser le grésillon, d'où l'incendie du séchoir, surtout
s'il y a quelques matières combustibles, à même le sol du séchoir.
Avec l'emploi du sable on ne peut craindre un pareil accident.

Contrôleur de rondes, système A. Michaut de Lille. —
Nous donnons ci-desous le modèle d'un contrôleur de rondes
perfectionné qui me paraît mériter une mention toute spéciale, car

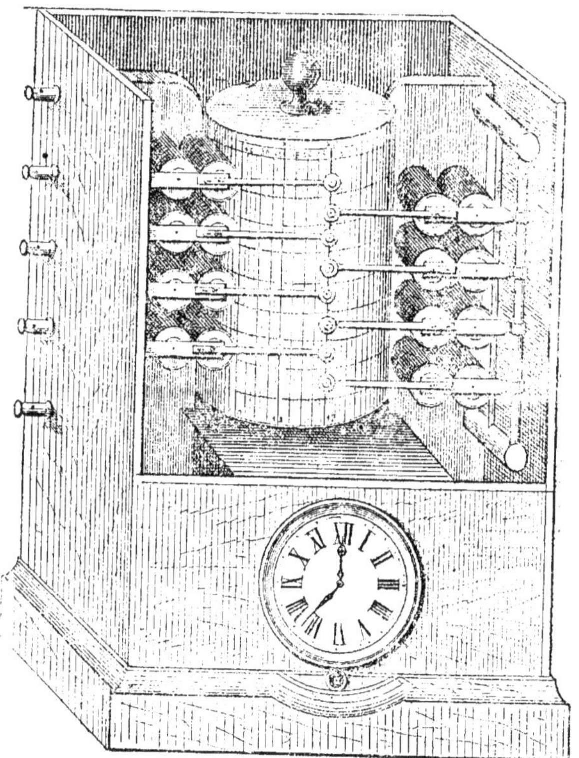

si l'on a soin d'enfermer par une clef de sûreté l'horloge électrique,
il est impossible que le surveillant puisse frauder. Du reste, cette

horloge peut se placer dans la chambre même du chef de l'usine ou du directeur, ce qui la met à l'abri de toute tentative.

Le veilleur de nuit doit presser un bouton de contact qui se trouve dans chaque place où son service l'appelle ; le lendemain , on retrouve la route qu'il a suivie exactement retracée sur le papier du contrôleur, et cela à une minute près.

L'appareil se compose d'une horloge faisant mouvoir un cylindre recouvert de papier, et d'autant d'électro-aimants que l'exige l'importance de l'établissement.

Avec ce contrôleur le service est assuré , il n'y a ni erreurs ni dérangements souvent volontaires de la part des veilleurs de nuit.

PRIX DE L'APPAREIL :

à 6 places	350 fr.
à 8 places	400
à 10 places	450
à 12 places	550
à 14 places	600
à 16 places	650
à 18 places	700
à 20 places	750

DEUXIÈME PARTIE.

CAUSES DES SINISTRES ET PRÉCAUTIONS SPÉCIALES POUR CHAQUE GENRE D'INDUSTRIE.

FILATURE DE COTON.

Énonçons d'abord quelques lois qui nous serviront à déterminer les règles qui doivent guider tout constructeur d'usine :

« 1° Les dangers de risques d'une manufacture sont proportionnels à la quantité, au volume de ses matières ou marchandises, comme aussi à leur facilité de combustion et d'inflammation ;

» 2° L'importance des sinistres est en raison directe des communication des bâtiments entre eux, en raison inverse de la puissance, de l'efficacité des moyens de secours ;

» 3° La fréquence des sinistres est inversement proportionnelle à la propreté des ateliers. »

Tout ce que nous allons dire sur la filature de coton n'est que la déduction de ces lois ; le danger n'existant, pour ainsi dire, qu'avec la matière, la séparation des ateliers d'épuration, de carderie et des magasins est la première indication à donner et à suivre.

ÉPURATION DU COTON.

Salle des batteurs. — 129. La salle des batteurs (*veloir*, *ouvreuses*, *perroquets*, *batteurs étaleurs*, *batteurs éplucheurs et étaleurs*) sera séparée des autres ateliers par un espace vide d'au moins 5 mètres ; une toiture en fer et verre, sans appuis latéraux, un passage voûté souterrainement établi , aux issues fermées par des portes en fer, pourront cependant la relier à l'usine ; mais l'assureur, dans ce cas , aura été consulté. Outre la sécurité qu'elle donne , cette séparation procure à l'usinier une économie de prime ou de contribution. Cette salle n'aura pas d'étages , mais un simple rez-de-chaussée spacieux , de façon que chaque machine soit à l'aise et à une distance d'au moins deux mètres de sa voisine. A un endroit d'un accès facile demeurera un tonneau toujours rempli d'eau où tremperont constamment des toiles d'emballage. Ces toiles , à la première alerte, jetées sur le batteur enflammé, l'enveloppent et y circonscrivent le feu. Lorsqu'il n'y a qu'un ou deux batteurs, par conséquent un espace un peu limité , un robinet d'eau avec son tuyau et sa lance , un robinet de vapeur qu'on ouvrira, *ad libitum*, de l'intérieur et de l'extérieur, deux extincteurs pourront remplacer le mode de secours sus-indiqué.

130. Quelques personnes trouvent peu pratique l'imbibition constante des toiles d'emballage , parce que l'eau se putréfie et que les toiles se pourrissent. Bien qu'il soit facile d'empêcher la décomposition de l'eau par l'injection de substances antiseptiques, et la pourriture des toiles en les renouvelant de temps à autre , on peut, lorsqu'on s'arrête à ces obstacles, suppléer à l'absence de ces moyens préservatifs par les dispositions suivantes: Dans une partie favorable de la salle , on établit une auge , un bac en pierres, d'une capacité équivalente au tonneau usuel ; cette auge est remplie d'eau par le jeu d'un robinet au-dessus. Un conduit d'échappement avec

valve de sortie permet de changer l'eau souvent en la faisant écouler et la remplaçant par de la nouvelle. Au-dessus de l'auge, sur les côtés, des crochets jumeaux en forme de segments de cercle, afin de ne pas offrir de résistance, supportent des toiles d'emballage des cotons du Levant, toiles qui, constituées de laines et de sorte de crins, sont quasi-incombustibles : dépliées rapidement et jetées sur le batteur ou sur le coton enflammés, elles opposent à la flamme une résistance très-grande qu'on rend invincible en les arrosant avec l'eau du bac, prise par des sceaux à incendie, également disposés auprès, en cas d'évènement. Auprès de chaque batteur, deux toiles de même nature, roulées et bouclées au moyen d'une lanière de cuir qui les retient en place, complèteront ce système préventif. Les boucles des lanières de cuir doivent être sans passet, afin qu'en un instant les toiles puissent être retirées. Si l'eau d'alimentation du bac vient d'une hauteur suffisante, on fixe un robinet et un raccord qui permet l'ajustement d'un boyau de cuir et d'une lance.

131. La chambre du mélange, si elle ne peut être séparée complètement de celle des batteurs, ne devra cependant jamais lui être commune. Il est toujours possible d'élever entre les deux, une cloison en briques avec porte de communication, placé à l'endroit le moins exposé et établie en fer, avec seuil et encadrement incombustibles. Cette séparation permettra, dans bien des cas, d'arrêter le feu. Mais il est préférable d'avoir un isolement complet, et de n'introduire dans la salle du battage que la quantité la plus restreinte possible de matière, enlevant, à mesure de la production, celle qui a subi l'opération de l'épuration et qui est prête à être livrée aux cardes. Je sais bien que la continuité de travail est précieuse, et que, pour l'obtenir, dans quelques anciens établissements, des glissoires, des toiles sans fin, conduisent la matière mélangée jusque sur la toile d'alimentation de chaque batteur ; mais cet avantage disparaît, par les inconvénients d'établir des communications qui, en cas de sinistre, ont des conséquences terribles et

annihilent tout secours, d'encombrer la salle des batteurs, d'être un obstacle pour son nettoyage après le travail. Aussi, dans les usines nouvelles. n'y a-t-il pas eu divergence d'opinions à ce sujet ; le coton est transporté, du mélange au battage, à la main, dans des paniers, manettes ou wagons. Nonobstant, comme dans toutes les choses il y a des exceptions, on a installé quelquefois les batteurs sous un vaste rez-de-chaussée solidement et parfaitement voûté ; et à l'étage, également voûté ou couvert d'une toiture incombustible, on a établi le mélange, en ayant soin que l'escalier soit dans une cage extérieure à la salle du rez-de-chaussée, et que la seule ouverture pour le passage du coton, du mélange dans le battage, puisse se fermer instantanément du bas comme du haut, et soit le plus habituellement close. Cette simple communication est le côté faible, le point vulnérable de cette disposition ; l'usinier .devra s'assurer fréquemment que les trappes incombustibles ou moyens organisés pour l'interrompre subitement sont toujours prêts à fonctionner ; sinon ils seraient bientôt en mauvais état, et leur action, lors d'un sinistre, deviendrait un problème presque toujours insoluble, les ouvriers ayant toujours l'habitude de se débarrasser de ce qui peut les astreindre à quelques soins *(voir figure n° 8 un exemple d'une des meilleures dispositions du genre)*. Quelles conditions intérieures devra remplir la chambre du mélange ? « Pas d'encombrement de matières. » le *minimum* au contraire exigé par le travail ; « une bonne division des matières : » il est plus facile, il est possible, d'arrêter le feu dans le mélange, si les divers tas de coton sont séparés les uns des autres : « des cloisons incombustibles : » un nombre suffisant de toiles d'emballage dont il est parlé § 130, des seaux à incendie pleins d'eau. et un robinet d'eau ou de vapeur. En aucun cas la salle du mélange ne devra être intérieure à l'usine, sa place est isolée, ou à côté des batteurs, et, comme ces derniers, sans étage combustible, et séparée des autres ateliers.

L'éclairage des batteurs variera selon les lieux : libre s'il y a beaucoup d'espace ; c'est-à-dire s'il n'y a autour des simples papillons ou des lampes, au-dessous ou au-dessus , aucune matière assez rapprochée pour s'y enflammer, même en supposant que les lumières reçoivent un choc qui les déplace ou les fasse tomber ; il faut compter un rayon d'isolement de tous côtés d'au moins deux mètres ; soigneusement enfermé si l'espace est tant soit peu restreint. Le meilleur mode , toutes les fois qu'il y a possibilité , est l'emploi de lanternes extérieures appliquées contre les fenêtres ou dans des niches fermées à l'intérieur de la salle par des glaces fixes et s'allumant au dehors. De même pour la salle du mélange. Cependant il faut toujours que les lumières qui se trouvent sur les passages des ouvriers soient enfermées dans de solides lanternes préservées par un grillage , sinon les ouvriers, en portant sur leurs épaules la matière , pourraient, en s'approchant trop près de l'éclairage , ou bien par un faux mouvement, l'enflammer, et par suite incendier l'usine. Défense expresse sera faite aux ouvriers d'essuyer les verres des lanternes avec une poignée de coton pendant que la lumière brûle ; ils doivent être nettoyés avant l'allumage.

La chambre des batteurs, celle du mélange, devront plus que toute autre briller par leur extrême propreté.

Les frais de batteur (1), les cotons qui s'attachent aux machines, les balayures, seront ramassés dans des boîtes ou des seaux en métal , fermés et transportés , comme tous autres déchets, chaque soir, en dehors de l'atelier. On peut se servir, pour déposer les déchets, des vieux pots d'étirages en tôle ou fer blanc sans fond de bois (2).

Aucune courroie ou transmission ne doit être placée à côté ou au-dessus des becs.

Séchoir. — 133. Dans quelques filatures , on soumet le coton en laine à une dessiccation qui peut s'opérer au moyen de calorifères à air chaud , ou de tuyaux de vapeurs convenablement disposés. Nous avons indiqué dans la première partie de ce livre, combien

(1) On entend par frais « la freinte. »

(2) C'est un point bien essentiel. Leur forme est un obstacle à l'échauffement des matières et à leur combustion.

nous craignons les systèmes prétendus anodins, et ce serait une superfétation ici que de traiter de nouveau le même sujet. Toutefois nous insisterons pour que les précautions indiquées soient toujours largement observées, pour qu'on ait bien soin de ne jamais boucher avec le coton en laine, les issues d'air chaud, et pour qu'on n'oublie pas d'introduire dans les tas de coton exposés à la chaleur, des tubes fil de fer galvanisé, qui ont pour but de faciliter le dégagement des gaz contenus dans la matière. Si le travail exige que la salle contenant ce séchoir soit contiguë à celle du mélange, un mur monturier, avec porte en fer, devra former une séparation d'un effet utile lors d'un sinistre. Non moins que les précédents ateliers, celui-ci devra posséder son tuyau de vapeur ou d'eau, ses toiles d'emballages et ses seaux à incendie. Si l'on se sert de la salle des générateurs il faudra bien enfermer l'éclairage et les registres s'ils sont intérieurs, ce qui sera toujours une disposition vicieuse.

Carderie et préparations. — 134. La carderie est, après les batteurs, mélange et séchoirs, la partie la plus dangereuse de la filature. Les cardes nouvelles, que les progrès de la mécanique ont introduites dans l'usine, sont presque complètement en métal, l'enroulement automatique ingénieux du ruban dans les pots *ad hoc*, en supprimant le canal réunisseur, a interrompu la communication des cardes entre elles; en les maintenant suffisamment espacées, on peut supposer un commencement d'incendie à l'une d'elles, sans suites bien graves si l'on a eu soin d'avoir sous la main les toiles d'emballage décrites n° 130. L'attention se reportera sur l'éclairage : les becs disposés sur le passage des ouvriers chargés des cylindres ensouples contenant les nappes faites par le batteur, seront soigneusement renfermés sous lanternes. Les préparations qui suivent celles de la carderie, c'est-à-dire les ateliers d'étirage et de bancs-à-broches, sont ordinairement dans une salle commune. Le mécanisme nouveau de ces machines est également très-métallique, conséquemment moins facilement destructible par le feu que l'ancien. Je ne vois pas grand inconvénient à réunir ces risques, si l'on ne peut autrement, mais leur ensemble isolé des salles des fileurs proprement dites , procurera une diminution de prime importante et une sécurité plus grande. Lorsque l'emplacement fait défaut, on peut toujours installer ces ateliers sous un sous sol solidement voûté , dont les étages contiennent les métiers à filer.

135. Il résulte de ce que nous venons de dire, que les risques d'une salle de carderie et de préparations dépendent plutôt des circonstances accessoires telles que locaux restreints, étroits , machines serrées , plafonds non maçonnés et bas, escaliers en bois et resserrés , recoins et constructions défectueuses , chauffage par anciens procédés , éclairage mal établi. Si nous supposons , au contraire, des locaux spacieux, nécessités aujourd'hui par le matériel lui-même , des salles élevées , voûtées , un système d'éclairage prudent et bien approprié , un escalier large , incombustible , un bon agencement de robinets de vapeur à incendie , de moyens préservatifs , des ateliers dont un seul coup d'œil embrasse l'étendue , et où les machines sont à l'aise et bien espacées , nous trouverons qu'en réalité la somme des dangers d'une filature de coton dans ces conditions n'est pas considérable.

136. Aucune accumulation de matière ne doit encombrer la carderie ou les préparations ; les frais de cardes, les débourrages de cardes, les duvets qui s'attachent aux machines, doivent être enlevés chaque jour et portés au dehors des ateliers.

Filature. — 137. Que les salles des fileurs occupent un bâtiment spécial , ou bien qu'elles soient au-dessus de la carderie voûtée, ou communes à cet atelier, elles n'en constituent pas moins, en apparence , la partie la moins sujette à l'incendie, surtout si l'on n'y apporte que la matière nécessaire au travail de la journée et qu'on n'y laisse pas la marchandise fabriquée. La majorité des sinistres qui ont pris naissance dans les salles à filer, proviennent de l'échauffement de l'arbre qui supporte les tambours moteurs des broches. Cet arbre tourne avec une grande vitesse, ses tourillons n'ont pas de coussinets pour ainsi dire ; bien qu'ils se meuvent dans une partie munie d'un réservoir à graisse, si ce réservoir vient à se vider, ils s'échauffent, rougissent et pour peu que la table du chariot soit parsemée de débris de cotons, la flamme se communique instantanément au chariot sur toute sa longueur et aux bobines des bâtis fixes.

Il est donc indispensable de veiller constamment à ce que : 1° les réservoirs à graisses soient pleins ; 2° que les tables du chariot soient nettoyées au moins quatre fois par jour, six fois s'il s'agit de gros numéros.

Cette prescription suivie, il faut y ajouter l'enlèvement régulier des balayures, des duvets et des corons, chaque soir, et leur transport en dehors de l'usine. De simples papillons peuvent parfaitement constituer le mode d'éclairage des salles des fileurs, en les isolant suffisamment des métiers et des plafonds.

138. En général, les déchets quelconques ne doivent jamais, sous quelque prétexte que ce soit, séjourner la nuit dans les ateliers, les déchets de coton, sous l'influence de l'humidité, de quelques parcelles atomiques de fer existant dans le cambouis des machines, s'enflamment spontanément avec une grande facilité. Quelques filateurs sont dans l'usage de mettre partie de leurs déchets au grenier de la filature, distinguant entre les déchets qu'ils appellent gras, et qu'ils expulsent de l'usine, et d'autres qu'ils appellent demi-gras, ceux de l'espèce. Je ne comprends pas beaucoup cette distinction qui ne peut être rigoureuse, quelques parties des uns devant bien fréquemment se trouver mélangées aux autres. Dans tous les cas, je trouve que la présence du coton en laine dans le corps principal de l'usine est toujours une source de craintes fondées; que si le mélange du coton s'opérait dans les combles de la filature, ce serait une aggravation de risques ; que j'aurais la même opinion d'une usine dont les magasins de coton seraient au-dessus des ateliers, et, *à fortori*, que les déchets, quels qu'ils soient,

deviennent une menace dont le manufacturier prudent s'affranchira. Quoi de plus simple que de créer dans les dépendances de l'usine des hangars, des locaux isolés qui serviront de dépôt de ces matières, sans périls, et même avec grande économie de prime ou de contribution. Le filateur de coton ne doit jamais oublier (nous le répétons) que le danger n'existe, pour ainsi dire, qu'avec la matière, et que ce n'est qu'en la distribuant avec la plus grande parcimonie aux différents ateliers qui la travaillent, qu'il arrivera à faire avorter les commencements d'incendie qui peuvent se manifester dans ces mêmes ateliers.

139. Il est de toute nécessité qu'une filature de coton soit très-propre ; un nettoyage fréquent est indispensable, tant pour la salubrité que pour la sécurité : les duvets de coton s'attachent aux machines, aux murailles, aux plafonds, aux transmissions, aux courroies ; ils deviennent, lors d'un sinistre, de véritables conducteurs du feu qu'ils propagent avec une instantanéité effrayante. Aussi n'est-ce pas un luxe de précautions ni une ridicule exigence, que de ne pas tolérer les plus petites ouvertures, lorsqu'elles sont pratiquées dans des voûtes ou dans des murs de refend : les duvets s'y réfugient, échappent aux efforts du nettoyage, et lors d'un incendie, le transmettent immédiatement à l'atelier en communication.

140. Quand les batteurs, à défaut de place, ne sont pas séparés, il est toujours possible d'atténuer les effets de cette communauté de risques, par des voûtes, des cloisons en briques, un plafond solidement maçonné ou recouvert de tôle.

Magasins. — 141. Les filés, les cotons en balles seront placés dans les dépendances de l'usine ; l'économie d'assurance qui résulte de leur isolement des ateliers, est assez considérable pour compenser les frais de construction des hangars ou magasins nécessaires. Les magasins de coton doivent être bien aérés, exempts d'humidité, éclairés extérieurement. A leur réception, les balles seront visitées, afin qu'elles n'apportent pas un feu latent dont on ne s'apercevrait que trop tard, si l'on négligeait ce soin. Lorsque les provisions de coton sont considérables, on établit quelques murs monturiers, afin de diviser les magasins en plusieurs corps de bâtiments et éviter ainsi une destruction générale. C'est un tort grave de mettre ses cotons à l'étage d'un bâtiment dont le rez-de-chaussée non voûté sert de forge, de menuiserie, ou de tout autre atelier offrant des risques par lui-même ; c'est augmenter ainsi les chances de sinistres. Il est bien plus sage de laisser chaque risque exposé seulement à ses propres dangers. La même observation est applicable aux écuries qui, dans quelques usines, sont maladroitement placées au rez-de-chaussée des magasins : s'il n'y a pas possibilité de changer leur emplacement, on devra toujours les voûter.

141 *bis*. — La prime attribuée à la retorderie étant inférieure à celle dont la filature est passible, le manufacturier aura tout avantage à installer les métiers à retordre et à gazer dans un bâtiment isolé, ou si la séparation complète est impossible, contigu sans communication. Il est bon de carreler la chambre à gazer, ou de recouvrir de tôle les planchers. Quant aux déchets de la retorderie, ils doivent, comme tous les autres, être mis régulièrement dehors.

Voici, figure n° **9**, le plan d'une filature de coton à simple rez-de-chaussée, qui paraît réunir toutes les conditions désirables de sécurité et de facilité de sauvetage.

En résumé, voici les moyens de secours qui doivent être installés dans la filature :

Aux batteurs. — Soit deux extincteurs, soit un tuyau d'eau muni de sa lance à projection, soit un grand bac d'eau avec toiles d'emballage et quatre seaux d'eau, soit un tuyau de vapeur si le local est voûté, n'a que peu de fenêtres et ses portes en fer.

Au mélange. — Même moyen de secours, mais de préférence les trois premiers.

Carderie. — Les deux premiers moyens réunis.

Salle de métiers à filer. — Un extincteur et entre chaque métier deux seaux par métier constamment remplis d'eau extinctive. On suspend ces seaux avec un crochet sur un tringle entre chaque métier à portée de la main des ouvriers ; un appareil avertisseur des sinistres (Leblan) par étage.

Magasins. — Un extincteur ; la pompe à incendie que doit posséder toute usine à coton, avec un approvisionnement d'eau extinctive Constant fils de 200 kilog. au moins afin de pouvoir alimenter le contenu de 20 fois le bac de la pompe ou à défaut de pompe, un tuyau d'eau de projection inépuisable.

Séchoirs. — S'ils sont au-dessus des générateurs, tuyaux de vapeur s'ouvrant de l'extérieur. Sinon, isolement complet des séchoirs.

Ateliers accessoires. Menuiserie. — Enlevage des copeaux et planures tous les soirs, sans exception. On les met en attendant qu'ils sortent de l'usine dans un hangar isolé, pouvant brûler sans risque, ou dans un local voûté, loin de toute matière combustible ; absolument comme on le fait pour les balayures et déchets gras.

FILATURE DE LAINES GRASSES.

142. — Le nombre de filatures de laines grasses qui sont complètement détruites par les flammes, chaque année, est excessif. Ces accidents multipliés proviennent de deux causes : la fréquence des sinistres est due aux déchets ; leur gravité, à la construction vicieuse des filatures de laine à étages nombreux et très-resserrés, à chauffage et éclairage par poëles et huiles. L'énorme proportion d'huile dont on lubrifie la laine la rend tellement grasse, que les planchers, les escaliers, les machines avec lesquels elle est en contact, s'imprègnent également de graisse, et offrent au feu un aliment d'autant plus facile que l'eau peut difficilement en arrêter la combustion.

143. — Ces causes purement intrinsèques au risque peuvent être conjurées : les planchers seront fréquemment nettoyés ; on leur retirera ces couches de graisses et de laines qui forment un enduit

épais sur leur surface ; les escaliers combustibles seront également appropriés fréquemment. Au lieu d'établir des ateliers plancheyés, on leur préférera un carrelage bien jointif (cette disposition procure une économie de prime ou de contribution) ; on maçonnera les plafonds. On construira les escaliers en pierres ou en matériaux incombustibles. Enfin on substituera la vapeur au chauffage par poëles ou calorifères.

144. Quant à l'inflammation spontanée des déchets, on la rendra inoffensive en ayant soin de faire régulièrement enlever de l'usine, à la fin de la journée, tous les déchets qui ont pu être produits, et de les porter dans des locaux séparés, dans des caveaux voûtés, où ils pourront brûler sans aucun péril pour la filature ou le voisinage. Quoi de plus simple et de plus facile à exécuter que cette prescription ? et quoi cependant de plus inobservé ?

145. On distingue six espèces de déchets :

Les frais de cardes, déchets qui tombent des cardes.

Les débourrages ou débourrures de cardes, déchets qui proviennent du nettoyage des garnitures de cardes, après le travail.

Les frais de batteur, ce qui tombe du batteur ou de la batteuse ; ce battage de la laine ayant lieu avant son lubrifage, ces déchets ne sont pas gras, nonobstant l'humidité jointe à une immobilité prolongée peut les rendre dangereux.

Les frais de loup, les poussières ou débris qui tombent de la machine à louveter la laine.

Les corons, filés de laines cassés, déchets des métiers à filer.

Les balayures, duvets enlevés des métiers à filer, du balayage de l'emplacement de ces métiers, et du balayage en général des autres ateliers.

146. Aucun de ces déchets ne doit demeurer au-delà de la journée dans les bâtiments de la filature proprement dite, pour quelque cause que ce soit. La partie d'entr'eux qu'on remploie en

la mêlant à la laine en travail, devra être préalablement nettoyée en dehors des ateliers, afin qu'il n'y ait pas de motifs de la faire séjourner brute dans la filature.

147. L'huile dont on se sert pour lubrifier la laine a une grande influence sur l'échauffement ou la fermentation des déchets. On a remarqué que les huiles d'olive pures étaient celles qui produisaient le moins d'accidents, tandis que celles mélangées d'huiles de lin, œillette, colza, favorisaient et hâtaient l'échauffement des déchets. Ceci est tellement vrai, c'est-à-dire l'influence de la bonne ou mauvaise qualité de l'huile est tellement patente, que je pourrais citer les noms des deux usines, dans l'une desquelles, la laine graissée avec de l'huile falsifiée s'est consumée en la filant, sur le métier même; et dans l'autre, lorsqu'elle était filée et que les bobines étaient mises en panier.

148. L'acide oléïque, employé dans quelques établissements pour le graissage des laines, paraît n'offrir, suivant M. Alcan, aucun des phénomènes d'inflammation spontanée que présentent les autres corps lubrifiants, mais à la condition, difficile à remplir, qu'il n'y aura aucun contact avec de l'eau ou de l'humidité.

149. C'est surtout pendant l'espace de temps du samedi soir au lundi au matin que se produisent les sinistres dans cette industrie; il s'écoule, en effet, trente-six heures, laps bien suffisant pour l'inflammation des déchets, puisque douze heures même sont assez. La surveillance, qui doit être incessante quotidiennement, doit redoubler les veilles des dimanches et fêtes. Que d'exemples pourrais-je citer! et, il faut l'avouer. que d'exemple de négligence et d'incurie! Cependant ce danger est si connu aujourd'hui, que le manufacturier qui n'y prend garde, s'expose à faire supposer que son imprudence pourrait bien être un calcul.

150. Pour rappeler forcément à la surveillance, les Compagnies d'assurances ont introduit, dans les contrats afférents aux filateurs de laines grasses, la clause suivante: « Il est expressément convenu,

» sous peine de déchéance en cas de sinistre, que les déchets de
» toute espèce seront enlevés chaque soir des ateliers, et trans-
» portés dans un local entièrement séparé de l'usine. » Cette stipulation n'est pas toujours observée. Voici, en effet, ce qui arrive
le plus ordinairement dans les filatures de laines grasses. Ces
établissements, surtout ceux travaillant à façon, ont ou reçoivent
des parties de laines à filer. On est dans l'usage de rendre, avec la
matière filée, les déchets qui en sont retirés par l'action des machines
préparatoires ; d'autres fois, on soumet ces déchets à une espèce de
nettoyage qui les sépare en deux parties, l'une pouvant encore être
convertie en fil en la mélangeant avec de la laine, l'autre ne pouvant
plus être utilisée qu'en la jetant au fumier pour servir d'engrais.
Cette dernière partie est assez ordinairement, ainsi que les
balayures, enlevée de l'usine, mais il n'en est pas de même de
l'autre. Si la battue est terminée, on la met en sac et on l'y laisse
jusqu'à ce qu'on la rende au propriétaire, sans prendre la peine de
la transporter ailleurs ; si la battue n'est pas terminée, on la place
dans des cases, au milieu de l'usine, d'où on la reprendra pour la
retravailler en en faisant le mélange avec de la laine neuve. Dans
l'un comme dans l'autre cas, ces déchets sont donc laissés dans
l'usine, contrairement aux prescriptions de la police d'assurance. Le
manufacturier ne les considère pas comme déchets, surtout lorsqu'ils
doivent être employés dans la suite de la battue ; mais, en réalité,
ce n'est pas autre chose ; et à personne au monde on ne prouvera
que les débourrages de cardes, par exemple, ne sont pas des
déchets, et des plus dangereux. Il est pourtant facile, et quelques
filateurs prudents l'ont fait, d'établir des hangars, ou des magasins
séparés, contenant des compartiments et des cases en briques et
voûtées, dans lesquels on dépose, sans crainte de confusion, et les
déchets en sacs et ceux des différentes battues.

Souvent aussi dans les filatures de laines grasses le feu prend
par l'échauffement des tourillons ou coussinets des loups, des
batteuses ou machines préparatoires analogues tournant à grande

vitesse. Un bon système de graissage , est le remède à employer, accompagné d'une surveillance constante et d'une grande propreté de l'atelier.

151 Les laines prêtes à subir l'opération du louvetage, ne devront être graissées , je veux dire huilées , qu'au fur et à mesure de leur emploi. Si on les laissait réunies en tas , longtemps immobiles , elles s'échaufferaient et pourraient également offrir les phénomènes d'inflammation spontanée qui caractérisent les déchets.

Il y a des filateurs qui ne veulent pas s'astreindre à répéter souvent cette opération , et qui lubrifient une quantité de laine en coton qui n'est souvent employée que 4 , 5 , 6 jours après. Dans ce cas, il faut n'employer que de l'huile d'olive pure, construire les cases à laines en pierres, briques, ou bonne maçonnerie sans bois , en les voûtant avec saillie suffisante ; puis avoir pour chaque case un tube ou tuyau d'osier ou mieux de fil de fer à mailles larges, que l'on maintient dans la laine de la case et qui, faisant l'office de cheminée, facilite le dégagement des gaz. On évite ainsi , à peu près, l'échauffement de la masse laineuse.

152. Une grande propreté des ateliers est une conséquence à déduire de ce qui précède ; il ne faut tolérer aucun débris dans des recoins, sous des escaliers , dans les greniers , contre les fenêtres. On a vu des poignées de déchets, abandonnées négligemment sous des escaliers en bois, occasionner la ruine de plusieurs établissements.

153. De même que les déchets , les ateliers de triage des déchets doivent être confinés dans les dépendances de l'usine isolées du bâtiment principal de la filature , et voûtées si possible.

154. On doit considérer également comme déchets les résidus des égratteronneuses mécaniques, et des machines à triqueballer, et observer, pour leur magasinage , les prescriptions ci-dessus.

155 Il faut éviter d'établir des armoires , des coffres dans les ateliers ; la plupart du temps ils servent de réceptacles aux déchets.

Magasins — 156. Avant les nombreux sinistres qui ont désolé l'industrie de la filature de laines grasses, les Compagnies admettaient la contiguité des magasins et leur communication avec la filature au moyen de portes en fer ou tôlées, mais l'inefficacité des murs monturiers percés d'ouvertures n'ayant été que trop prouvée par plusieurs incendies importants, les Compagnies ne tolèrent plus aucune communication entre les filatures et les magasins contigus, à moins de l'application d'une prime plus élevée pour les magasins que s'ils étaient séparés. J'ai donné, n° 112 à 116, quelques-unes des causes de l'inefficacité des portes en fer ou tôlées. L'avantage précité n'existant plus aujourd'hui, l'usinier isolera ses magasins, les écartera de la filature, et compensera un peu de son surcroît de main-d'œuvre par la diminution de prime dont il profitera, les magasins payant seulement le taux des risques et marchandises simples si la distance atteint dix mètres. Toutefois, on peut encore créer des communications non aggravantes entre les magasins et les ateliers à l'aide de ponts en fer, ouverts latéralement, et ne supportant aucune toiture combustible. D'un magasin de laines on doit proscrire tout feu, toute lumière fixe ou mobile, tout tuyau de gaz. L'éclairage doit être extérieur. Aucun atelier accessoire ne doit communiquer avec le magasin.

Les carreaux, les vitres doivent être blanchis ou munis de rideaux afin d'éviter l'insolation.

157. Le local ou bâtiment contenant les déchets conservés ou à conserver, sera complètement isolé et suffisamment distant des autres pour qu'il puisse brûler sans danger pour le voisinage (10 mètres au moins).

158. Quelques manufacturiers sont dans l'usage, lorsqu'ils ont un vieux matériel, de le mettre au grenier, avec des débarras, des fouillis ; c'est le plus mauvais endroit. Ces débris engendrent la malpropreté, dissimulent les ordures qu'on y entasse en balayant, et facilitent le sinistre éventuel ou la malveillance.

159. Il faut remarquer que la construction des filatures de laines grasses laisse beaucoup à désirer ; il faut que des bâtiments soient appropriés aux risques qu'ils courent. Dès que les dangers de la filature de laine grasse ont été révélés, ils devaient inspirer des constructions en matériaux incombustible, telles qu'on en a fait pour le coton et le lin, ou au moins des bâtiments avec escaliers de pierres, étages carrelés, plafonds maçonnés, absence de divisions, de cloisons en bois, rien qui puisse alimenter le feu. Il n'en a pas été ainsi ; les filatures de laines nouvelles ont été édifiées à l'exemple des anciennes ; le chauffage à la vapeur, si rapidement adopté ailleurs, n'a fait qu'apparaître encore dans quelques établissements (il est vrai que le moteur de ces usines est souvent hydraulique), les déchets, par suite du surenchérissement de toutes choses, ayant acquis une valeur qu'ils n'avaient pas autrefois, ont été conservés au lieu d'être jetés, et de ces circonstances réunies, sont nés les nombreux sinistres qui ont rendu obligatoire l'élévation successive des primes ou contributions afférentes à cette industrie.

160. Une économie aussi grande que celle obtenue pour l'assurance des marchandises des magasins isolés sera acquise pour les laines filées lorsqu'elles seront emmaganisées en dehors de la filature.

161. En construisant une filature de telle façon que les ateliers de carderie, battage, louvetage, étirage, soient contigus sans aucune communication aux ateliers contenant simplement les métiers à filer, ces derniers ateliers, au lieu d'être taxés comme les premiers, ne subiront qu'une prime égale aux 2/5 de celle applicable au risque le plus grave. J'engage donc les filateurs qui modifient leurs usines, ou qui en construisent de nouvelles, à tirer parti de cette disposition favorable du tarif. En les séparant, la prime sera encore moindre.

162. Si le terrain ne fait pas défaut, il vaut encore mieux construire tout à simple rez-de-chaussée, avec sol dallé et toiture bien maçonnée ou incombustible.

Voici le tarif actuel des filatures de laines grasses à simple rez-de-chaussée sans soupentes ni greniers. Eclairage, huile végétale, gaz, ou électricité.

Avec préparations. Chauffage vapeur.	Chauffage, poêles, calorifères, air chaud.	Sans préparations, c'est-à-dire sans cordage, battage, peignage.
3 f. °/₀₀.	4 f. °/₀₀.	1 f. 50 °/₀₀.

Moyens de secours qui doivent être installés outre la pompe à incendie ordinaire :

Carderie et préparations, battage. — Un extincteur à chaque salle ; un avertisseur.

Lubrifiage de la laine. — Un appareil avertisseur d'incendie dans le local du lubrifiage ou encimage.

Ateliers de filature. — Pour l'ensemble un réservoir d'eau d'une capacité de 10 hectolitres avec deux seaux par étages, et 100 kil. de mélange extincteur. Ou bien une tonne de 2 hectolitres à chaque étage avec 20 kil. de mélange extincteur. Le mélange extincteur est ici indispensable, l'eau seule éteignant difficilement les matières grasses

Magasins. — On a longtemps cru que les magasins de laines étaient peu dangereux ; les nombreux sinistres qui en ont détruit de très-importants ont infirmé cette idée, de sorte que l'on ne saurait trop s'entourer de précautions

Il faut d'abord avoir égard à ce qui est dit précédemment, ensuite munir le magasin d'un appareil avertisseur d'incendie, d'un extincteur, et tenir près de là toujours prête une pompe à incendie avec 200 kilog. de mélange extincteur, ce dernier indispensable pour bien éteindre la laine en ignition.

Si l'usine est isolée la pompe fixe Thirion.

FILATURES DE LAINES SÈCHES.

163. La proportion d'huile mélangée avec la laine sèche

(ordinairement filature de laine longue) variant de 1 à 5 0 /00 du poids de la laine mise en œuvre , l'on comprend bien que les déchets de laine sèche seront moins sujets aux combustions spontanées que ceux dont nous venons de nous entretenir. Nonobstant, les balayures des salles des fileurs , ramassant sur le plancher et sur les bâtis des métiers une plus grande proportion d'huile , et les débourrages des cardes , seront toujours soigneusement retirés des ateliers et transportés au dehors. Quant aux autres déchets , je ne pense pas qu'ils puissent être non plus tolérés dans l'usine. On a l'habitude de les mettre en sac dans le vestibule de l'atelier ou dans les caves , c'est un tort ; à moins de cave voûtée , de cases spéciales également voûtées et sans rien de combustible à l'entour, il est bien préférable de les serrer à l'écart , hors des ateliers , dans un local *ad hoc* , bien séparé.

164. Le peignage des laines se fait partout mécaniquement , il serait oiseux de formuler les règles relatives aux fourneaux destinés à faire chauffer les dents des peignes. Nous rappellerons seulement à l'usinier qu'en disposant ses ateliers de façon à ce que le peignage et le cardé-peigne , s'il existe , forment des ateliers distincts et sans communication avec les autres , il obéira aux principes de division des risques posés en préambule au chapitre cinquième de ce livre, et économisera une certaine somme de prime ou de contribution.

165. La plupart des filatures de laines sèches ont des dégraisseries (*voir article Teintureries*). On doit , chaque soir , en quittant le travail , remplir d'eau tous les bacs de la dégraisserie ; c'est un commencement de secours qu'on a sous la main , et qu'il ne faut pas négliger de préparer.

Prescriptions relatives aux déchets de tous genres. — **166.** Craindre toujours l'action solaire (insolation) , éviter de placer des déchets contre une fenêtre exposée au soleil , ou en dépolir ou barbouiller les vitres. Eviter de même le voisinage des bouches de chaleur ou des tuyaux de fumée ou de chaleur, et des cheminées.

Construction de filature de laines grasses et sèches. —
167. Les portes en fer n'étant plus tolérées , une filature de laine
sèche , contiguë et communiquant à la filature de laine grasse ,
malgré un mur de refend et des portes tôlées , paiera une prime ou
une contribution uniforme , c'est-à-dire égale à celle exigée par la
filature de laine grasse. Néanmoins j'engagerai toujours le manufacturier qui ne peut murer ses communications . à se conformer aux
prescriptions relatives aux portes en fer par suite de ce principe
général que les primes sont proportionnelles aux sinistres, et que
tout usinier a un intérêt latent , mais réel , à limiter ses risques , et
conséquemment l'importance du sinistre qu'il peut subir. encore
bien qu'aucune différence visible de prime ne provoque l'exécution
de cette précaution.

Laines en suint. — 168. Les laines en suint, immobilisées
dans un endroit humide . s'échauffent rapidement et peuvent s'enflammer *sponte suâ.* En outre , toute fermentation en altère la
qualité en faisant jaunir leur teint. Pour éviter ces préjudices , on les
abrite contre l'humidité , on les déplace fréquemment , on établit des
cheminées d'aération dans leurs masses. Le moyen en est simple :
on place aux endroits où l'on veut élever un tas de ces matières , un
ou deux tuyaux en bois , en section carrée ou rectangulaire , de 25 à
30 centimètres , plus ou moins. On maintient ces tuyaux verticalement, tout en disposant les laines qui viennent s'appuyer contre
leurs côtés. Lorsque le monceau est élevé à la hauteur qu'on veut lui
donner, on retire le tuyau ; il reste un vide dont les contours affectent
la forme de cheminées parfaites, par lesquelles se dégagent assez
facilement les gaz redoutés. On peut remplacer les tuyaux de bois
par des tubes en fil de fer galvanisé qu'on laisse dans la masse à
préserver ; à défaut de ces moyens l'on peut se contenter d'entasser
les laines de façon à ce que leurs amas soient divisés en cubes de
1 mètre 50 à 2 mètres au plus séparés les uns des autres par des
couloirs ayant 50 centimètres au moins de large , environnant

chaque mont et permettant à l'air et aux personnes de circuler à l'entour.

169. Lorsque l'usinier n'aura d'autres emplacements pour ses laines en suint, ou ses matières premières et marchandises en général, que les rez-de-chaussée, étages ou greniers de sa filature, il sera dans son intérêt de faire construire des hangars, séparés ou contigus, mais sans communication avec le corps de l'usine ; la diminution proportionnelle de prime qu'il obtiendra, suivant l'un ou l'autre cas, la faculté qui lui sera acquise par ce moyen, de contracter des assurances de moins d'une année, selon ses achats et les variations du stock de ses marchandises, l'auront bientôt indemnisé des frais de ces constructions. En outre, il aura diminué la fâcheuse possibilité d'un sinistre total.

170. Pour la filature de laine sèche, comme pour celle de laine grasse, la tolérance de percer les murs monturiers, pour y ouvrir des communications fermées par des portes en fer, n'existe pas. Toute communication d'une filature de laine avec un atelier moins imposé ou avec des magasins entraîne pour cet atelier ou ces magasins l'application de la prime de la filature.

· Il est donc préférable, sous tous les rapports, de faire des magasins séparés ; à 5 mètres ils paieront 1 fr. 50 °/$_{00}$; à 10 mètres et plus ils seront classés comme risques simples.

Séchoirs à laine. — 171. On a utilisé souvent la chaleur perdue des générateurs pour établir dans leur local des planchers à claire-voie, laissant passer la chaleur que reçoit la laine qui les couvre. D'autres fois, on fait circuler, dans des tuyaux de tôle, soit de la fumée prise aux carneaux des générateurs et rendue à la grande cheminée, soit mieux, de l'air chauffé par le système Giraudon. Dans ces deux cas, les matières et leurs étagères doivent toujours être distantes de 0,75 c. au moins des tuyaux et de 1 mètre des orifices d'émission d'air chaud. En outre il n'y a qu'une seule installation sans danger, c'est l'absence de tout bois ; les planchers à claire-voie, les étagères doivent être en fer.

Emplois de séchoirs spéciaux. — 172. Ici la matière à sécher n'étant pas inflammable par elle-même, il est évident, qu'à moins soit de contact avec des surfaces rougies par l'intensité de leur température, soit de combustion spontanée (1), le feu devra, pour lui être communiqué, éclater d'abord aux bois des étagères, des bâtis, des planchers, d'où la conception des soins à apporter dans l'aménagement du séchoir : 1° prohibition des poëles intérieurs ; 2° isolement suffisant des tuyaux contenant la fumée ; garantie du coup de feu ; 3° éloignement des matières et de leurs supports de toute émission d'air chaud ; suppression de tout bois. Nous avons indiqué plus haut la distance *minima* d'écartement, qui est 75 centimètres ; il faut la porter à 1 m. 25 c. lorsque les poëles sont intérieurs (ce qui ne me paraît pas tolérable), et à 2 mètres, lorsqu'il s'agit de puissants calorifères ayant leur foyer extérieur, mais envoyant la fumée dans le séchoir par des tuyaux qui servent au chauffage ; la partie de ces tuyaux la plus rapprochée du foyer constitue le coup de feu, et jusqu'à 5 mètres de course doit être ainsi isolée. C'est une grave erreur que de supposer que la laine ne brûle pas facilement : lorsqu'elle est séchée, et en coton, sans être pressée, comme lorsqu'elle est étendue dans un séchoir, elle flambe parfaitement, et je pourrais citer des centaines de sinistres arrivés dans des séchoirs à laine chauffés à feu nu et à air chaud.

173. Il faut éviter de fermer des bouches de chaleur, soit par le jeu des écrans, soit par l'interposition de planches, pour déposer sur leur orifice des sacs de laine ou de la laine en tas ; presque toujours il en résulte des accidents.

174. L'éclairage des séchoirs doit être extérieur. S'il est indis-

(1) Les phénomènes d'échauffement des laines, même de celles qui y paraissent le plus rebelles, sont indéniables, de sorte qu'il faut toujours les prévoir comme possibles.

pensable d'avoir un éclairage mobile, une lampe de sûreté, une lanterne à huile ou à bougie seule doit entrer dans le séchoir.

175. Les vêtements des ouvriers qui travaillent au séchoir ne doivent jamais y être déposés : ils contiennent souvent des allumettes chimiques que la haute température du lieu enflammerait, les hardes brûlant auraient bien vite communiqué l'incendie au local.

176. La vapeur, les étuves à tiroirs, chauffées par la vapeur, les séchoirs mécaniques à l'air et à la vapeur doivent être préférés.

Les moyens de secours des séchoirs doivent être instantanés.

On aura donc toujours tout prêt, placé contre la porte à l'extérieur, un extincteur, puis soit un tuyau de vapeur intérieur, pouvant être sûrement ouvert de l'extérieur si le séchoir contient peu de fenêtres, ou bien un tuyau d'eau à pression et inépuisable, ou bien encore à défaut la pompe à incendie toujours prête, munie d'une provision de mélange extincteur de 200 kilog., car il s'ag:t d'aller vite, et le mélange décuple la capacité d'extinction de l'eau, partant. remplit la condition voulue.

Mélange de coton à la laine. — 177. S'il était possible de s'astreindre à plus de précautions encore, il faudrait le faire, lorsque l'on mélange du coton à la laine, attendu que les déchets de ce mélange sont encore plus inflammables que ceux de la laine seule. Je ne saurais trop insister sur ce sujet, la moindre négligence devant être funeste. Les Compagnies d'assurances ont imposé une surprime de 1 fr. 0/00 à toute usine de laine grasse ou laine sèche qui mélange du coton à la laine. La déclaration de cette aggravation de risque est exigible préalablement à l'opération.

178. Bien des filatures de laines grasses sont éclairées à l'huile de schiste ou de pétrole. Cet éclairage se répand aussi dans les filatures de laines sèches isolées ; nous rappelons l'observation des prescriptions édictées nos 40 et suivants, et 72.

Mélange d'étoupes à la laine. — 179. Quelques filatures

de laines mélangent des étoupes à la laine ; les étoupes huilées présentent également les phénomènes de combustion spontanée, cette action mystérieuse est surtout due à la présence d'atômes de fer, et s'est produite surtout dans les étoupes employées à l'essuyage des machines dans les filatures de lin. La présence d'étoupes dans une usine où le peu de combustibilité des matières au contact du feu ou de la lumière fait négliger bien des précautions, est évidemment une aggravation de risque qui doit être dénoncée à l'assureur.

PRECAUTIONS ET MOYENS DE SECOURS DES FILATURES DE LAINES SÈCHES.

180. Selon l'importance de la filature, 4 ou 8 seaux d'eau toujours pleins, spéciaux, rangés sur une étagère, à chaque étage d'atelier, pouvant, si possible, être alimentés par un conduit d'eau à robinet, muni de sa clef attachée par une chaîne afin qu'on ne l'enlève jamais.

181. Ou bien à la place de chaque série de seaux autant d'extincteurs que de séries ; l'extincteur placé sur une console à la hauteur de un mètre au-dessus du plancher ou sol.

Autant de robinets distributeurs du gaz que d'étages

Nettoyage des plafonds et cloisons toutes les semaines.

182. Enlèvement incessant des balayures, frais des machines, déchets pour essuyage placés durant le jour dans une caisse incombustible, dont le contenu est enlevé tous les soirs et déposé dans un local isolé où les inflammations spontanées peuvent se produire impunément.

183. Un contrôleur Colin [1], par salle, placé de façon à ce que l'on soit obligé de parcourir toute la pièce pour y arriver.

Visite immédiate après chaque sortie d'ouvriers.

Deuxième visite le soir une heure après la première.

Troisième visite le soir une heure après la deuxième.

(1) Ou **Michaut**, de Lille.

Visite le matin une heure avant l'entrée des ouvriers ; toutes contrôlées par les cadrans Colin ou l'horloge électrique.

Magasins. — 184. Mêmes précautions que pour les magasins de laines dépendant des filatures de laines grasses.

Localisation des huiles à graisser et lubrifier dans un bâtiment séparé des ateliers.

Emploi si possible de l'huile d'olive pure pour le lubrifiage et d'huile non minérale pour le graissage des machines.

Installation d'une pompe à incendie mue par la vapeur ou l'eau d'un numéro approprié à l'importance de l'usine , avec canalisation suffisante pour que le jet puisse atteindre une partie quelconque de l'établissement.

Peignage de laines. — 185. Les peignages de laines sont généralement des usines immenses , à simple rez-de-chaussée , qui travaillent la laine avec très-peu d'huile , la reçoivent en suint , la lessivent et la peignent ensuite avec ou sans adjonction de cardes selon les sortes.

La laine en suint ne peut s'échauffer que sous l'influence de l'eau, ou d'une humidité excessive équivalente à l'eau. On sait reconnaître quand une balle est mouillée et on la sépare des autres afin de ne l'entrer en magasin que sèche. La mouille par l'eau de mer est très-visible et pourrit la laine. On a les mêmes soins pour les balles ainsi avariées.

Une immobilité continue aidée d'humidité produirait les mêmes résultats, de sorte qu'il faut veiller à ce que la matière soit travaillée à son tour et non délaissée par inadvertance , ce qui d'ailleurs paraît difficile ; la majorité des peigneurs faisant l'opération à façon , sont obligés de mettre en main toutes les parties qu'on leur confie.

Les débourrages des cardes , les balayures des ateliers doivent exclusivement être enmagasinés dans un bâtiment isolé , à l'épreuve du feu ou pouvant être brûlé sans compromettre le reste ; il ne faut pas les accumuler mais s'en débarrasser à mesure.

Les bourres ou frêt de carde quoique moins dangereuses que les débourrages seront également remisées dans le même bâtiment.

Les poussières des laines en suint que l'on vend comme engrais, doivent également être remisées et nettoyées dans un bâtiment spécial séparé.

Le séchage par la chaleur perdue des générateurs ou par la vapeur exige des planchers à claire-voie qui doivent être en fer ou matériaux complètement incombustibles, autrement on aura toujours des sinistres. Les sécheuses mécaniques en fer sont ce qu'il y a de meilleur parce qu'en cas d'incendie le dégât sera toujours très-restreint.

186. C'est surtout en été que les inflammations spontanées de la laine sont fréquentes, à cause de la chaleur excessive de la température. La surveillance doit redoubler, à cette époque de l'année. Les filateurs de laine du midi se sont souvent plaints de l'analogie établie dans le tarif entre eux et les filateurs du nord, arguant du peu de temps pendant lequel ils chauffent, en hiver, leurs usines, tandis qu'ailleurs le chauffage dure de 4 à 6 mois de l'année. Nous avons, n° 24, engagé le filateur de laine à substituer aux brasières, aux poêles, aux calorifères à air chaud, un chauffage par vapeur, ou par la vapeur et l'eau, afin de profiter de l'économie que procurent ces producteurs de calorique. L'analogie existe en ce sens que si les filateurs du nord emploient les poêles ou les calorifères pendant plus de temps que les filateurs du midi, ces derniers, par contre, sont bien plus exposés, à cause de la chaleur de la température du pays, à voir se produire les phénomènes de combustion spontanée.

187. Il y a une opération qu'on pratique dans les filatures de laines, c'est le chauffage ou la préparation de la colle dont on se sert pour faire adhérer aux petits cylindres laminoirs les ailettes de parchemin qui empêchent l'agglutination de la laine. Cette préparation, comme toute autre analogue, doit se faire sur les générateurs, dans la forge, partout, excepté dans l'usine principale ; le transport

et la stabilité d'un fourneau allumé sur le plancher des ateliers est une source d'accidents qu'on doit éviter. Il est préférable , quand on le peut, de faire chauffer la colle au gaz ou à la vapeur.

188. Fréquemment encore , le filateur de laines sèches surtout , a établi au milieu de ses ateliers une sorte de petite scierie , n'ayant habituellement qu'une , ou deux au plus , scies circulaires , qui lui sert à débiter les bois dont il a besoin pour son atelier de réparation ou de construction. Les Compagnies tolérant la présence de ces scies, le manufacturier doit reconnaître cette tolérance en faisant enlever chaque soir les sciures , en ne laissant pas s'accumuler les bois débités ou à mettre en œuvre , afin qu'aucune aggravation sensible de risque ne soit la conséquence de l'introduction de ces machines (*voir Scieries*). Je trouve que la place rationnelle de ces outils est marquée dans l'atelier de réparation ou dans la menuiserie , ateliers prescrits séparés du corps principal de l'usine. Leur présence au milieu de l'usine est purement contingente pour le manufacturier ; tandis que pour l'assureur elle constitue un surcroît de choses combustibles , partant un supplément de risque.

189. La forge , la menuiserie , l'atelier de réparation se rencontrent dans presque toutes les usines ; nous en parlons au chapitre titré *Risques simples*. Nous stipulons que ces ateliers doivent être confinés dans les dépendances de l'usine , surtout les deux premiers. Il en est de même du troisième lorsqu'il s'agit d'établissements où le mode d'éclairage influe sur la prime ou contribution , tels par exemple la filature de coton , de lin , etc.

190. On peut , cependant , les installer au rez-de-chaussée de l'usine , si ce rez-de-chaussée est voûté , et si les locaux qui leur sont affectés ne communiquent pas directement avec les ateliers principaux.

191. Les provisions d'huile pour le graissage , le lubrifiage, l'éclairage , doivent aussi être placées en dehors des ateliers principaux de l'usine.

FILATURE DE LIN, DE CHANVRE, D'ÉTOUPES, DE JUTE.

192. La filature de lin est une industrie qui a souvent attiré l'attention des assureurs : toute moderne, elle a dans ses débuts donné de nombreux et importants sinistres, mais ces sinistres lui ont servi de leçons, et il faut reconnaître qu'elle s'est considérablement améliorée sous le rapport des risques. Si ce perfectionnement continue sa marche ascendante, les primes ou contributions, sagement pondérées, subiront une décroissance proportionnelle, et indemniseront ainsi les manufacturiers de leurs constants efforts.

193. Les sinistres ont révélé, comme premier enseignement, la séparation, la distraction du reste de l'usine des ateliers de peignerie et de carderie, afin que leur destruction n'entraîne pas celle de la filature entière. Nous allons développer ce premier point.

Atelier de carderie. — 194. La première condition de cet atelier, c'est d'être séparé de l'usine. La distance séparative n'est pas indiquée, spécifiée dans les tarifs. Nous pensons que l'écartement *minimum* ne peut être inférieur à 5 mètres, surtout s'il y avait, aux deux murs les plus rapprochés du bâtiment de la carderie et de celui du bâtiment voisin des ouvertures, des fenêtres, soit seules, soit à l'opposite.

195. Quels sont les caractères qui doivent distinguer la construction de l'atelier de carderie séparée ? Je pense que l'on doit préférer un vaste rez-de-chaussée, avec haute toiture en pannes charpentée en fer, ou avec le moins de poutres possibles ; ou bien un rez-de-chaussée voûté, ce qui serait le *nec plus ultrà* du genre : un sol dallé, des murailles incombustibles. Toute espèce de greniers, d'étages au-dessus de la carderie non-voûtée, est un non-sens : l'établissement de magasins au-dessus de la carderie pour alimenter cette dernière au moyen de glissoirs par lesquels on transmet les

étoupes, est une disposition vicieuse qui donnera toujours lieu à des accidents. Il ne faut à la carderie aucun risque accessoire aux siens propres.

196. Si la séparation effective est impossible, à cause du défaut d'emplacement, il reste au manufacturier la ressource des voûtes : il enferme sa carderie sous une voûte solide, à la cave ou au rez-de-chaussée, et bénéficie, par ce moyen, de la réduction de prime ou de contribution que stipule le tarif, dans l'espèce. Si la carderie n'occupe pas toute la salle voûtée, il faut nonobstant la séparer des autres machines, au moyen d'une cloison non en bois comme on l'a fait souvent, mais en briques : on y gagne d'empêcher la poussière de se répandre partout, et la presque certitude de limiter le feu prenant aux cardes, au local qui les contient.

197. En supposant le cas très-rare où la carderie ne pourra ni être isolée ni être mise sous voûte, le manufacturier devra faire plafonner avec un soin tout particulier et de bons matériaux le plancher supérieur, le faire tenir dans un état constant de propreté, si les cardes reposent sur un plancher, il fera revêtir chacun de leur emplacement d'une large et épaisse feuille de tôle ; ces soins faciliteront l'extinction du feu, et avec l'aide de prompts secours, mettront obstacle à une propagation trop rapide de l'incendie.

198. Le feu prend souvent aux cardes ; un outil, un crochet, un couteau laissés maladroitement sur la toile d'alimentation, par l'ouvrier, un clou, une petite pierre, une allumette, mélangés aux étoupes, suffisent pour le déterminer presque instantanément. Lorsque les cylindres nourrisseurs ont une trop grande longueur, s'ils rencontrent des nœuds d'étoupes très-durs ; ils se recourbent, plient sous l'effort, et le parallélisme des dents étant déplacé, des étincelles se produisent par le frottement et mettent le feu aux étoupes. On obtient une rigidité plus grande des cylindres alimentaires en remplaçant le cuir qui recouvre ordinairement leur surface sphérique par du cuivre sur lequel sont embouties les dents, ou

bien par une mince feuille de bois revêtue d'une chemise de zinc.
On sait aujourd'hui combien les feux de cardes sont peu à redouter;
il suffit, en effet, le cas échéant, de laisser tourner la carde, en
cessant de l'alimenter, et en veillant seulement à ce que les étoupes
enflammées ne communiquent l'incendie nulle part. En un instant
le feu a parcouru toute la carde et s'est éteint faute d'aliment. Ce
qui peut donner un peu de gravité au dommage, c'est lorsque les
toiles sans fin se déchirent, se brûlent en partie et sont entraînées
sous les cylindres : elles détériorent par leur passage les dents des
cardes, et obligent à des remplacements de garniture assez coûteux.
Il faut bien se garder de jeter de l'eau, sinon sur le sol où viennent
se noyer les étoupes enflammées, et non pas sur la carde elle-même,
dont l'eau abîmerait les garnitures et le mécanisme. On doit avoir
installé à chacune de ses cardes un levier pour désembrayer le mécanisme de la toile d'alimentation, sans arrêter la machine, car une
grande cause de la gravité des sinistres, comme nous le disions tout
à l'heure, consiste, le plus souvent, dans la combustion partielle
des toiles sans fin d'alimentation. Les parties brûlées ou brûlant de
ces toiles se détachent de leurs guides et, entraînées sous les cylindres travailleurs, en endommagent les garnitures. Sous ce rapport
les cuirs valent mieux que les toiles, car ils sont moins combustibles
et moins facilement déchirés. On pourrait se servir avec avantage
de toiles rendues incombustibles par le procédé Carteron. Je ne puis
formuler une opinion sur les toiles en tissu imperméable, ou revêtues d'un enduit de gutta-percha ou de caoutchouc. Quant aux toiles
en tissu métallique fin et serré, il me semble qu'elles doivent être
exemptes de tout inconvénient. Les sinistres de cardes ne peuvent
inquiéter que sous le rapport de la propagation du feu ; c'est pourquoi nous recommandons, même dans un local voûté, l'isolement
de la carderie du reste de l'atelier, l'éartement des cardes entre
elles d'au moins 1 mètre, le dallage ou carrelage des ateliers contenant la carderie ; les cases à étoupes éloignées d'au moins 2 mètres
et demi, et ne contenant jamais que l'approvisionnement nécessaire

à la demie journée, ou au plus, à la journée de travail. Lorsqu'on a employé la vapeur, pour arrêter le feu des cardes, il faut, aussitôt l'alerte passée, nettoyer la machine et la remettre en marche, en y projetant de la craie pulvérisée, laquelle absorbe toute l'eau, toute l'humidité, et en faisant passer en même temps des frais de cardes qui l'essuient complètement et enlèvent les dernières traces d'humidité.

199. De la probabilité de commencements fréquents d'incendie dans la carderie, naît l'obligation de nettoyer souvent l'atelier, de vider les fosses des cardes deux fois par jour, d'enlever les poussières, les parcelles d'étoupes qui s'attachent partout, et transmettent l'incendie lorsqu'il éclate, même par une ouverture très-petite, et ce avec une rapidité rare. Lorsqu'il n'y a pas de fosses, il faut enlever les frais de cardes toutes les heures. On a vu le feu communiqué d'une carderie à la peignerie adjacente mais séparée par un mur monturier, par l'ignition successive des poussières de lin qui s'étaient attachées aux bords extérieurs d'un tuyau de conduite de gaz traversant le mur de refend, par une ouverture un peu trop grande pour son diamètre. Les passages des arbres de transmissions doivent donc être soigneusement garnis de coulisses bien ajustés (*voir* n° 112). Les plafonds ou les voûtes ne doivent contenir aucune ouverture, même les plus insignifiantes en apparence. Il ne faut pas oublier qu'un incendie s'est propagé d'une carderie voûtée aux ateliers supérieurs, par un cheneau d'eau intérieur en zinc que le feu a fondu, et par où il s'est frayé une issue aux conséquences désastreuses.

200. Le mode d'éclairage de l'atelier de la carderie et de la peignerie a été l'objet de bien des controverses, et comme il arrive souvent en matière analogue, les opinions opposées étaient adoptables toutes deux, mais seulement dans une certaine limite. Ainsi le simple bec de gaz à chauve-souris ou papillon présente en apparence bien du danger, une flamme nue au milieu d'étoupes ; cependant, lorsque l'atelier est vaste et spacieux, que les becs sont à une

distance raisonnable du travail ou de la matière (1 mètre au moins
d'écartement latéralement, et jamais rien au-dessous), je préfère
l'éclairage ainsi libre. Les parcelles de lin, voltigeant dans l'air,
pourront inpunément se brûler, si les conditions d'espaces précitées
sont bien largement observées ; presque aussi vivement éteintes que
brûlées, elles ne pourront communiquer le feu, ne rencontrant pas
assez près d'elles ni assez tôt les matières qu'elles pourraient
incendier, Mais, dans les endroits étroits, resserrés, la lanterne est
indispensable. L'éclairage renfermé demande beaucoup de soins : la
lanterne, avant l'allumage, doit être scrupuleusement nettoyée de
toutes les poussières de lin qui se sont accumulées sur ses parois ;
on se sert d'un plumeau bien souple ou d'un soufflet puissant ;
préalablement aussi on sentira s'il n'y a pas dans la lanterne une
partie de gaz, qui aurait pu y rester ou y arriver par suite d'une
fermeture précédente faite incomplètement, car en introduisant la
lumière, même au moyen de la lampe de sûreté, on déterminerait
une explosion qui pourrait communiquer le feu aux étoupes environnantes ; l'ouverture de la lanterne sera plutôt latérale qu'inférieure :
en effet, lorsque le fond s'ouvre, les étoupes qui peuvent s'introduire
dans la lanterne ressortent beaucoup plus facilement embrasées, par
l'action naturelle de la pesanteur ; si la paroi qui s'ouvre est latérale,
ces brins d'étoupes tombent sur le fond, par suite de la même loi,
et s'y éteignent. Il faut encore, quand on ouvre la lanterne, éviter
les courants d'air, qui y pousseraient toutes les poussières, et la
refermer toujours très-doucement ; en la refermant brusquement,
les parcelles en ignition ressortiraient aussitôt, obéissant à l'impulsion
de l'air ; enfin il est nécessaire que les lanternes soient
toujours munies de tous leurs verres ; si l'on en casse pendant la
veillée, il faut éteindre la lumière. Ces précautions sont minutieuses,

---

(1) Un système excellent est une cloche en verre comme les cloches de jardins,
renversée ; dans le fonds, à son centre, le bec de gaz : On comprend que rien
n'empêchent les rayons lumineux d'éclairer et que les brindilles de matière s'y
enflamment impunément sans aucun danger (*système Belge*).

cependant l'oubli d'une seule d'entre elles expose à un accident presque certain.

201. Avec l'éclairage extérieur, le meilleur assurément, aucun de ces assujettissements : aussi toutes les fois qu'il est praticable, doit-on le préférer à tout autre. La cloison, ou le mur de l'atelier, qui paraît dans la disposition la plus favorable pour recevoir le système d'éclairage, est percée de distance en distance d'ouvertures ou fenêtres carrées ou rectangulaires de 40 à 60 centimètres ; un châssis emboîtant une glace épaisse (sans tain) ferme hermétiquement la face intérieure de la carderie ; de l'autre côté, un autre châssis opaque vitré mais mobile, c'est-à-dire pouvant être ouvert pour l'allumage, garnit la section extérieure. Le bec de gaz, ou la lampe. est disposé au milieu de ce diaphragme : et deux petits canaux pratiqués dans l'épaisseur du mur, l'un inférieur. l'autre supérieur. livrent passage à l'air nécessaire à la combustion et à l'échappement des produits de cette combustion.

202. Appliqué dans quelques établissements, applicables à beaucoup d'autres, la simplicité de ce mode rend son emploi facile. Lorsque les ateliers sont établis d'une façon qui ne le permet pas. on peut encore placer devant les fenêtres fermées des lanternes extérieures ; mais il faut que ces lanternes soient assez basses pour que la partie supérieure des fenêtres étant ouverte, un coup de vent ne puisse chasser dans l'atelier les poussières accumulées sur le chapiteau de la lanterne et enflammée par le foyer lumineux.

MOYENS PRÉVENTIFS ET MOYENS DE SECOURS DE LA CARDERIE.

Carderies voûtées. — Aussitôt que le feu se manifeste à une carde, faire retirer les étoupes d'autour et du local, et se conformer au numéro 198, fermer portes et fenêtres.

1° Un tuyau d'eau avec faible pression pouvant permettre de noyer instantanément n'importe quelle partie du sol où reposent les cardes. afin que les étoupes enflammées s'éteignent en tombant par terre :

A défaut, deux seaux d'eau par carde toujours pleins, placés sur une console à portée de la main des hommes.

Ou un seau de craie en poudre par chaque carde, placé à portée.

Ou un extincteur par deux cardes ;

2° Levier permettant d'arrêter l'alimentation de la carde sans arrêter le reste, c'est-à-dire immobilisant les toiles sans fin, afin d'empêcher qu'elles n'abiment les garnitures, ce qu'elles ne manquent pas de faire lorsqu'en partie brûlées elles sont entraînées avec les étoupes ;

3° Adaption aux becs de gaz du régulateur Tesorieri ou Granjean, afin d'éviter les longues flammes ;

4° L'atelier de la carderie étant un atelier limité, l'idée de se servir de la vapeur pour éteindre les commencements d'incendie vient naturellement à l'esprit. Comment doit-on disposer les tuyaux d'émission ? La disposition doit varier selon l'atelier : lorsqu'il est spacieux, que les cardes sont espacées, on fixe, à peu près dans le plan coïncident et tangent à la base des cardes, deux tuyaux à l'opposite l'un de l'autre, émettant la vapeur en nappe qui vient envelopper toute la carde. Selon que le feu prend on lance la vapeur par l'un ou l'autre tuyau. S'il le faut par les deux. On a soin, avant d'ouvrir les robinets de vapeur, de retirer les étoupes de dessus la toile ou le cuir d'alimentation, de désembrayer la table d'alimentation, de retirer également toutes les étoupes avoisinant la carde en feu. Aussitôt après l'on ouvre la vapeur, en laissant la carde continuer de tourner ; quant on voit que le feu est à peu près éteint, on ferme la vapeur par un robinet qui doit exister et commander tous les autres, car on ne pourrait pas facilement fermer celui près de la carde, l'on éteint avec de l'eau les étoupes encore en feu qui sont à terre, et l'on fait passer de suite dans la carde des frais secs de carde qui essuient les garnitures et les empêchent de se rouiller.

Les moyens ci-dessus peuvent être employés mais il est de toute nécessité que l'on puisse projeter l'eau au plafond ou au toit, en cas de besoin seulement.

Si les cardes ne sont pas couvertes il faut absolument préférer les extincteurs à tout autre mode , car de l'eau dans les cardes les abiment. de sorte qu'il faut : 1° les deux seaux d'eau par carde pour le sol ; 2° l'extincteur par couple de cardes pour le plafond ou le toit.

Si les cardes sont couvertes métalliquement , un robinet d'eau à pression suffisante pour inonder le sol et mouiller le plafond , pourra remplacer les seaux et les extincteurs.

Peignerie. — 204. Le peignage du lin ou chanvre mécanique ou manuel offre des dangers plus graves que la carderie : les accidents inhérents aux peigneuses mécaniques sont beaucoup plus rares , il est vrai ; mais ordinairement , la quantité de matières brutes est beaucoup plus grande , partant , les ravages du feu beaucoup plus sérieux. Aussi l'atelier de la peignerie doit-il être séparé des autres bâtiments, et construit comme nous avons dépeint celui de la carderie, N° 195 et suite. A défaut de place, des voûtes solides l'enfermeront, et le manufacturier, dans l'un et l'autre cas, profitera de la diminution de prime stipulée par le tarif D'ailleurs, nous n'avons pas besoin de répéter ce que nous avons dit à propos de la carderie, la similitude des risques inspire des précautions tout aussi grandes et le même raisonnement. Les peigneuses mécaniques , les bancs des peigneurs doivent être espacés, le sol dallé ou rendu incombustible ; il faut habituer les ouvriers à un arrangement méthodique des matières qui pratique entre elles certains vides indispensables , pour que le feu prenant en quelque endroit ne soit pas immédiatement propagé dans toutes les parties de l'atelier. Quelques filateurs ont encore leur peignage sous le comble, c'est une disposition bien vicieuse, et bien que souvent , dans ce cas, on n'y travaille pas à la lumière , la présence de cet atelier au milieu de la filature est une menace incessante de destruction et la cause d'une aggravation de prime importante.

206. Les précautions mentionnées plus haut pour l'éclairage de carderie doivent accompagner l'éclairage de la peignerie.

207. C'est à propos de ces ateliers de carderie et de peignage que nous nous appesantirons sur la nécessité de l'instantanéité des secours ; la pompe à incendie la plus tôt prête ne vaut pas un seul seau d'eau répandu opportunément. Il faudra donc, malgré les pompes à incendie dont on pourra disposer, avoir dans chacun des ateliers un seau d'eau à la portée de la première main, car rien n'est aussi rapidement fait que le jet d'un seau d'eau. On n'oubliera pas, nonobstant, le robinet d'eau qui en un instant peut inonder la salle ; l'ajustoir et son boyau de toile ou de cuir, qui permet de diriger avec moins de dégâts l'échappement de l'eau; le robinet de vapeur, dont nous avons parlé tout à l'heure, qui lance en nappes le fluide extincteur ; il n'y a jamais de luxe de précautions, et dans i'espèce, si l'emploi des eaux contenues dans les seaux *ad hoc* n'étouffe pas de suite l'incendie, on fait usage des deux autres moyens préservatifs, dont l'efficacité ne saurait être mise en doute. Surabondamment, il faut éviter aussi la projection brutale de l'eau sur les peigneuses; la vapeur cause moins de dégâts, et l'on remédie, comme nous l'avons dit, à l'inconvénient des gouttelettes qu'elle dépose, en faisant repasser dans les machines ou de la craie pulvérisée ou les frais ou poussières du travail précédent. Toute l'humidité est absorbée, et la rouille n'a pas le temps d'exercer ses ravages.

Il faut songer à instruire les ouvriers de ce qu'ils auront à faire en cas de sinistre, pour l'usage meilleur de ces modes préventifs, afin qu'au moment décisif, ils ne perdent pas la tête, ni un-temps précieux à hésiter sur la manière dont ils doivent s'y prendre.

208. En filature de lin ou chanvre, l'allumage, étant une opération des plus délicates, doit toujours être confié au contre-maître de chaque atelier, ou à un surveillant dont on aura pu apprécier la prudence.

MOYENS DE SECOURS DE LA PEIGNERIE.

Peignerie voûtée. — Aussitôt que le feu se déclare faire fermer les portes et fenêtres ouvertes, faire faire le vide de lin autour du point enflammé, et continuer à enlever le tout et le mettre en dehors de la salle.

Laisser marcher la peigneuse en feu, et arrêter les autres.

Noyer le sol sur lequel elle repose afin que les lins enflammés s'y éteiguent en y tombant.

Inonder les tiroirs à frais s'ils brûlent.

Il faut :

1° Un seau d'eau par peigneuse, placé en série devant et derrière, si possible, sur consôles à portée de la main des hommes ; nous disons devant et derrière afin de ne pas avoir un grand détour à faire pour les aller chercher et plus d'instantanéité de secours ,

2° Un extincteur par quatre peigneuses ou un tuyau d'eau avec faible pression pour inonder le sol et noyer les lins enflammés autour de la peigneuse en feu ;

3° Adaptation aux becs d'éclairage au gaz des régulateurs Tesorieri ou Granjean.

Peignerie non voûtée ou à rez-de-chaussée. — Le tuyau d'eau doit être à pression suffisante pour inonder le sol et le toit ou plafond.

L'extincteur est préférable parce qu'il éteint le feu en dépensant beaucoup moins de liquide , ce qui est précieux parce qu'il ne faut jamais, autant que possible, projeter de l'eau sur les machines.

Préparations et filature. — 209. Les autres ateliers, celui des préparations (étirages), celui de la filature au sec, celui du dévidage et du paquetage, présentent beaucoup moins de dangers, à moins qu'ils ne soient excessivement à l'étroit, et sauf dans ce cas, n'exigent pas que la lumière soit enfermée. Cependant il faut avoir soin de bien disposer les becs d'éclairage, et de n'introduire au plus, dans chaque atelier, que les marchandises ou matières nécessaires à l'alimentation du travail de la journée, et si possible, de la demi journée. Au paquetage, par exemple, il faut veiller à ce que les fils ne s'accumulent pas : au fur de leur mise en paquet, ils doivent aller s'emmagasiner dans l'entrepôt des marchandises fabriquées. Le manufacturier est intéressé à isoler l'atelier de filature au mouillé, la prime ou contribution afférente à ce risque proprement dit, étant inférieure à celle dont les autres ateliers sont passibles. C'est avec raison, l'immense quantité d'eau et de vapeur d'eau qui se trouve constamment dans la filature au mouillé, éloigne la possibilité d'un sinistre, si ce n'est par communication, exige que l'atelier repose sur dalles bien rejointoyées au ciment, et soit le plus souvent voûté, l'humidité détruisant en peu de temps les bois d'un plancher.

Les déchets de préparations ou de filature au sec ou au mouillé, doivent être déposés au dehors, dans un bâtiment pouvant brûler sans compromettre l'usine.

MOYENS PRÉVENTIFS ET DE SECOURS DES ATELIERS DE FILATURE
ET D'ÉTIRAGE.

1° N'avoir aucune agglomération de marchandises :

2° Avoir un extincteur par atelier,

Ou à défaut, une série de cinq seaux d'eau par atelier, placés sur le palier de l'escalier à chaque étage, sur consoles à hauteur d'hommes ;

Ou un tuyau d'eau avec projection suffisante pour atteindre si besoin le plafond ;

En cas de sinistre isoler de suite les métiers en feu, écarter les pots, noyer le plancher, mouiller si besoin le plafond ; un sinistre prenant dans ces ateliers doit être facilement arrêté ;

3° A tous les becs des appareils Granjean ou Tesorieri.

Magasins. — 212. La conséquence de notre système est la séparation entière des magasins des matières brutes ou fabriquées, du reste de l'usine. Si l'on est forcé d'en introduire dans l'usine que ce soit dans des caves voûtées, et que l'on choisisse, de préférence, les marchandises converties en fils, lesquelles sont évidemment moins vivement combustibles que les autres. Je ne comprends pas des magasins au-dessus des peigneries non voûtées, et même voûtées, des magasins communs à des ateliers, quels qu'ils soient. Il faut absolument que les magasins soient isolés, qu'ils ne soient point éclairés, ou le soient extérieurement ; qu'en règle générale, personne n'y aille le soir ni la nuit, que si un cas imprévu y force, et qu'il n'y ait point d'éclairage intérieur. La lampe de sûreté seule, bien entière et préservée contre les chocs par des petits cercles de cuivre, doit y être admise. Les besoins de l'industrie, comme les lois de la sécurité, ordonnent de pratiquer des solutions de continuité entre les monceaux de marchandises, afin que le feu, prenant à un lot ou une partie, ne soit pas immédiatement communiqué à toute la masse. Il faut absolument éviter aux Compagnies, comme à soi-même, des sinistres de 500,000, de 1 million, sinistres déjà arrivés dans des magasins sans limites. Le feu est presqu'impossible à éteindre si le local est immense: plusieurs pompes même à vapeur ne le pourraient. On doit donc diviser ses magasins en plusieurs parties, soit isolées, soit tangentes sans communication aucune, avec murs dépassant le toit et ne contenant aucune fissure si minime qu'elle soit, aucun tuyau le traversant, afin qu'un sinistre ne détruise jamais qu'une fraction du tout.

213. Les magasins voûtés sont la réalisation d'une bonne idée, mais s'ils ne sont pas restreints, c'est-à-dire divisés par des murs de refend, l'intensité du feu prenant à une grande masse de marchandises pourra être telle que les voûtes se fendront, communiqueront le feu au-dessus comme au-dessous et ne tarderont pas à s'écrouler, quelque solides qu'elles puissent être, et quand même elles seraient tout en briques ou pierres sans sommiers en fer.

214. Prévoyant le cas où un usinier serait limité par l'espace, les Compagnies d'assurances consentent à assurer des magasins de lins ou étoupes, dans les caves ou les parties souterraines de l'usine,

en ne faisant payer pour la garantie de ces marchandises que la moitié de la prime ou contribution imposable au risque de l'étage supérieur, si cette moitié dépasse, comme dans presque tous les cas, la prime ou contribution qui leur est propre, mais à la condition que les voûtes n'auront aucune partie combustible, aucune communication ni ouverture avec les parties supérieures. Je conseille, comme je l'ai dit au paragraphe précédent, d'utiliser les caves plutôt comme dépôt des marchandises fabriquées que comme dépôt des marchandises brutes.

215. Au n° 114, nous avons signalé les effets désastreux des vindas, glissoires, trappes : rappelons ici, pour mémoire, que si la nécessité d'un vindas devient indispensable, pour faire communiquer plus vivement entre eux les différents étages des magasins et économiser la main-d'œuvre, il faut l'établir dans la cage de l'escalier incombustible, ou extérieurement, sans enfermer les languerines : de cette manière il pourra servir, au contraire, au sauvetage, à l'extinction du feu, au lieu de concourir à sa propagation et de paralyser tous les efforts par les développements énormes qu'il donne à ses débuts lorsqu'il est dans d'autres conditions. Les trappes intérieures, les glissoirs seront facilement remplacées d'une façon avantageuse par le vindas extérieur.

MOYENS PRÉVENTIFS ET DE SECOURS POUR LES MAGASINS.

1° Absence absolue de lumière et de tuyaux intérieurs de gaz ou vides ;

2° A chaque salle un extincteur,

A défaut un bac d'eau saturée de mélange extincteur avec quatre seaux pour projection et des sacs, si possible, également à chaque salle ou étage,

Ou un tuyau d'eau à chaque étage ou salle, permettant d'atteindre les parties quelconques du magasin et de les inonder en cas de feu ;

3° Un avertisseur contre l'incendie, par étage ou salle, placé à l'endroit le plus convenable pour dénoncer l'incendie.

En cas d'accident, avoir soin de fermer de suite les fenêtres et les portes, de projeter l'eau de l'extincteur sur les parties enflammées afin de les éteindre, se servir également des sacs mouillés pour empêcher les commencements du feu.

C'est ici surtout que l'eau de l'extincteur ou l'eau saturée du mélange extincteur fera son effet, car elle permettra en mouillant les parties voisines du feu de lui opposer une barrière infranchissable.

Quand même on n'arriverait pas à éteindre de suite le feu, il faut néanmoins noyer la masse de lins ou d'étoupes en feu, afin de rendre le dégât moins important. Les étoupes inondées résistent fort bien à la combustion et présentent un sauvetage important.

Séchoirs. — 216. Toutes les fois qu'il sera possible, l'éclairage extérieur, tel que nous l'avons décrit paragraphe 204, est préférable à tout autre. Si les becs de gaz sont intérieurs, il faut en restreindre le nombre au strict indispensable, les bien isoler, les enfermer dans des lanternes, ou si l'espace est assez grand pour que la flamme puisse rester nue, la garantir par une espèce de grand fumivore ou de plaque de tôle placée à 60 centimètres au-dessus de la flamme. On aura soin d'épousseter souvent ce fumivore, ou de le secouer afin d'en enlever les poussières qui s'y accumulent en peu de temps, et qui, si la flamme du papillon était, par une cause quelconque, trop longue, pourraient s'enflammer.

217. Lorsque, ce qui est une exception, le chauffage du séchoir est à air chaud sans appareil Giraudon ou analogue, les prises et les sorties d'air doivent être grillées au moyen d'un grillage métallique, et l'appareil assez éloigné des carnaux des foyers des générateurs, pour ne pas être exposé à une trop haute température. L'emploi du système Carville, d'un autre système, sans nom, qui consiste à pratiquer entre les pieds droits de la briquetterie de chaque géné-

rateur, des canaux rectangulaires ou carrés, pratiqués au milieu des massifs, et sortant de même, sans communiquer en quoi que ce soit avec les foyers, exige les mêmes soins.

218. Tout mode de chauffage à air chaud est considéré comme une aggravation de risque et est passible d'une augmentation de prime. Nous avons vu, d'ailleurs, rarement employés, les calorifères ordinaires à air chaud. Ils donneraient lieu à trop d'accidents, aussi ne se rencontrent-ils qu'à l'état d'exception. Les isolements recommandés pour les tuyaux, N° 10, doivent être doublés dans ce cas.

219. Le chauffage du séchoir par la vapeur est naturellement le meilleur. Il apporte avec lui des armes puissantes pour combattre l'incendie. Rien de plus facile, en effet, que de lui adapter des robinets qui permettent le jet de la vapeur dans le séchoir, au premier indice de feu.

220. Si le chauffage a lieu simplement par la chaleur perdue des générateurs, c'est-à-dire si le séchoir est disposé au-dessus des générateurs, plusieurs recommandations sont à faire.

1° Couvrir les registres d'une plaque en fonte bien scellée au sol des chaudières, ou d'une boîte en fonte ou fer (la tôle mince ne fait pas d'usage et se dérange toujours), percée seulement d'une ouverture nécessaire pour laisser passer la chaîne ou la tige motrice des écrans ; substituer une chaîne à la corde qui peut exister pour la transmission des registres. Le mieux, évidemment, c'est d'établir les registres à l'extérieur ; on ne doit pas procéder autrement dans les établissements neufs, ou bien lorsqu'on remonte ses générateurs ; on peut encore avec succès adopter le modèle de registre dont il est parlé au n° 121. Intérieurs, les registres peuvent toujours occasionner un accident. Bien souvent les écrans jouent dans la gaîne de briques qui les renferme ; dans les mouvements, les plaques ou les boîtes de fonte recommandées finissent par se déranger, et si

l'on n'y veille et ne les répare, la suie qui s'y accumule, les parcelles de lin ou de chanvre qui y tombent, ne tardent pas à occasionner le sinistre. Lorsque le registre est disposé de façon que sa
plaque dépasse de beaucoup le plan superficiel du sol des généra-
rateurs on peut, au lieu de l'enfermer dans une boîte en tôle,
l'entourer d'un cadre en fer ou plaque en fer bien ajustée, fermant
toute communication et laissant passer le registre presque à friction;

2° Tenir toujours en parfait état le dallage ou pavage du sol des
générateurs, afin qu'il soit exempt de toute défectuosité, de toute
fissure; les poussières de lin ou de chanvre pénètrent dans les
crevasses et peuvent s'y enflammer, surtout au moment de la
fermeture des registres et des portes des foyers;

3" Interdire de la façon la plus absolue de placer près des registres pour en obstruer la trop grande ouverture des sacs, des cordes.
Aussitôt qu'il y a la moindre dégradation dans leur maçonnerie ou
appareil, faire réparer avec matériaux incombustibles;

4" Proscription de conduits en bois, soit pour envoyer les fils
dans un atelier, soit pour l'échappement de la buée : il faut les faire
en matériaux incombustibles ;

5° Usage exclusif de la lampe Cosset-Dubrulle, s'il n'y a pas
d'éclairage fixe au gaz ;

6° Ne pas suspendre de fil à moins de 1 mètre de distance d'écartement des registres, et de 1 mètre 1/2 du sol des générateurs,
exiger que le local soit tenu fort proprement et balayé chaque jour.
Lorsqu'on dessèche des galettes ou tourteaux de déchets, établir
des étagères mobiles en fil de fer et tringles métalliiques, qu'on peut
poser et enlever à volonté, afin d'éviter le contact intime des tourteaux avec le dallage et souvent avec les registres ;

7° Établir une transmission qui permettra, à un moment donné,
d'ouvrir, de l'extérieur, les soupapes des générateurs afin d'inonder

le séchoir de vapeur, si l'on n'a pas installé de tuyaux d'échappement spécial. C'est une dépense insignifiante (il suffit d'une chaînette
et de deux poulies). Dans des sinistres, des chauffeurs, en faisant
au péril de leur vie ce que ce mécanisme si simple permet de
faire sans aucune ombre de danger, ont sauvé des usines d'une
destruction complète. Cependant il faut que le feu soit pris, dans un
séchoir, à son début ; si l'échappement de la vapeur ne suit pas
immédiatement la naissance de l'incendie, l'effet de la vapeur peut
être nul, et même peut, si déjà des parties enflammées sont en
charbons incandescents (*voir* n° 102), donner plus d'activité,
d'intensité à la combustion. Il faudrait que les fenêtres du séchoir,
que les cheminées d'aération, soient garnies de volets de fer que
l'on puisse immédiatement fermer. On comprend qu'en présence du
séchoir complètement enflammé, et il faut bien peu de temps pour
que l'ensemble des fils suspendus verticalement et des planchers à
claire-voie sont en pleine combustion, grâce à des fenêtres le plus
souvent vitrées, dont les carreaux volent en éclat dès que la flamme
les lèchent, ou que la chaleur développée est excessive, un jet de
vapeur ne fasse autre chose qu'augmenter, qu'accélérer l'action
dévorante du feu, agissant comme ce fluide lorsqu'il est émis dans
la cheminée des locomotives et des steamers, et aussi lorsque, lancé
dans un foyer de chaudière, il aide au chauffage en facilitant la
combinaison de l'oxygène de l'air avec les corps comburants en
ignition. Les causes d'insuccès étant connues, il n'en faut pas moins
apprécier le parti que l'on peut tirer de cette disposition indiquée,
pour opérer du dehors le soulèvement des soupapes : en admettant
qu'on n'aura pu éteindre le feu, on aura toujours évité le désastre
d'explosion, et, si le feu n'est pas dans le séchoir, mais à côté, on
aura pu assez humidifier par la vapeur les fils et les planchers pour
que la communication du feu soit beaucoup plus difficile et que, les
pompiers aidant, on puisse limiter là les dégâts du sinistre ;

8° Ne jamais, sans l'autorisation de l'assureur, sécher sur le sol
des générateurs les lames de tissage (*voir* n° 357).

221. Le manufacturier prudent n'établira pas de communication, surtout aux étages supérieurs, entre le séchoir et les chambres adjacentes, et celles qui existeront devront être fermées par des portes en fer avec les conditions accessoires énumérées N° 110. Le mur monturier dépassera le toit.

222. Nous avons vu N° 128 l'inconvénient grave du grésillon ; il ne faut pas en faire usage dans les séchoirs chauffés par la vapeur perdue des générateurs.

222bis. C'est un tort grave, lorsque le local des générateurs sert de séchoir, d'excepter les chaudières de l'assurance ; il y a bien des exemples de générateurs brisés par les débris incendiés, fendus sous les chocs des murailles, des pans de bois s'écroulant.

222ter. Appliquer aux becs du séchoir l'appareil régulateur Tesorieri ou Granjean.

Dernières remarques. — 223. La filature de lin ou chanvre est l'un des établissements où l'éclairage de chaque atelier, lorsqu'il est au gaz, doit, à volonté, par le simple jeu d'un robinet, être indépendant de celui des autres (*voir n° 57*). Les observations des N°s 51, 52, 53, 54, 55, 56 doivent être rigoureusement suivies pour l'allumage du gaz.

224. Je crois bon de décrire ici une sorte de lanterne intérieure applicable selon les êtres de l'usine, qui me paraît un bon modèle : on creuse dans la muraille où l'on veut établir les becs de gaz des niches peu profondes, au milieu desquelles, et à la partie inférieure desquelles on fixe le bec de gaz, forme papillon, qui doit éclairer les machines et les ouvriers placés en face ; ce papillon, qui doit peu faire saillie avec le plan de la muraille, est enfermé au moyen de lames en verre formant comme les côtés d'un corps polygonal, placées verticalement, et reposant dessus et dessous sur deux bases en glaces dont les arêtes coïncident exactement avec les lames et décrivent le même contour polygonal ; sur un côté et dans le sens

de la hauteur, la dernière glace latérale, au lieu d'être tangente exactement à la muraille, comme celle qui est à l'opposite, rencontre une section longitudinale pratiquée dans le mur, dont l'ouverture permet à l'air d'entrer pour faciliter la combustion du gaz, donne issue aux produits de cette combustion, et sert aussi à l'introduction de la lampe d'allumage. Cette demi-lanterne, composée de verres très épais, dont l'ouverture est pour ainsi dire dissimulée, se nettoie facilement, et semble devoir, dans quelques cas, pouvoir être heureusement employée. En Belgique, j'ai vu dans quelques usines employer, comme lanterne, une cloche en verre suspendue de façon à ce que son orifice soit en l'air; au milieu est le bec de gaz, simple papillon ouvert: de cette manière, les poussières qui peuvent voltiger s'y brûlent et tombent au fond de la cloche, sans aucun risque. De plus, impossibilité de mettre en contact avec le papillon aucune matière transportée, car celui-ci est protégé par la cloche. Je ne saurais trop recommander ce système dont j'ai déjà parlé plus haut.

Ateliers excavés. — 225. Lorsque des ateliers excavés d'une usine à lin ou chanvre sont surmontés d'étages, il faut examiner comment sont pratiquées les fenêtres qui servent à les éclairer, je veux dire qui laissent pénétrer la lumière diurne. Si ces fenêtres, ou demi-fenêtres plutôt, sont tangentes au sol, si elles se prolongent au-dessous de son niveau, si contre elles et afin de faciliter l'entrée des rayons solaires, de l'air, et la sortie des poussières, des évasements du sol leur donnent la forme de jours de souffrance, il arrivera indubitablement qu'en cas d'incendie de la toiture ou des étages supérieurs, les brandons, les matières enflammées allumeront, en tombant des fenêtres supérieures dans la partie excavée, l'incendie dans cette partie de l'usine. On obviera facilement à ce risque au moyen de châssis métalliques, avec lesquels on fermera les fenêtres chaque soir, et au moment du danger s'il naissait de jour. On peut aussi disposer des volets en fer ou tôle, battant ou à coulisse, suivant l'emplacement. On devra prendre le même soin pour des atelie excavés situés dans la cour de l'usine et dont les fenêtres ou lanternaux seraient trop rapprochés des murailles des bâtiments. Cette précaution est également indispensable pour les magasins excavés ou dont les fenêtres donnant sur la rue ou la campagne sont peu élevées, afin que des malveillants ou des imprudents n'occasionnent, en passant, le feu, en pouvant jeter facilement par ces ouvertures des matières incendiaires.

226. Quelques usiniers ont leur peignerie dans une partie excavée, éclairée par des fenêtres basses, et dans les parties où l'évaporation des poussières est la plus forte, négligent de clore l'ouverture des fenêtres à l'opposite, par les châssis vitrés ou les glaces qui servent à cette usage; c'est un grand tort; les courants d'air déterminés par ces ouvertures constamment libres, sont à redouter lors d'un commencement d'incendie, ils peuvent le propager avec une grande rapidité et annihiler les efforts tentés pour le comprimer. Il faut que toute ouverture puisse être close. La nuit ces ouvertures sont encore dangereuses, un fumeur peut, sans y prendre garde, lancer dans la cave une allumette en feu ou un bout de cigare; le malveillant peut accomplir, sans la moindre difficulté, l'œuvre d'incendie qu'il peut projeter; enfin, les étincelles d'un feu voisin, ou même d'un bâtiment de l'usine, peuvent y transmettre la destruction au moment où toute l'attention est portée sur un autre point.

227. Nous ne pensons pas qu'il soit possible de fumer, c'est-à-de permettre de fumer dans les cours d'une filature de lin. Les interdictions les plus sévères doivent être faites et affichées à ce sujet; les pipes et allumettes même amorphes (on doit les fournir aux ouvriers afin qu'ils n'en emploient pas d'autres) seront déposées dans des cases spéciales établies sous la porte d'entrée, ou dans la loge du concierge, ou bien dans un fumoir où les ouvriers, après le repas, pourront satisfaire leur passion pour le tabac, sans sortir au dehors *(voir n° 65)*.

Teillage et rouissage. — **228**. Le teillage et le rouissage du lin ou chanvre sont des opérations essentiellement agricoles ; cependant quelques filatures les font industriellement. Le teillage exigeant la présence d'une grande quantité de matières doit être placé dans un bâtiment sans étage ou vouté, isolé autant que possible, ou contigu, mais sans communication, aux autres bâtiments. Il faut bien espacer les machines à teiller, tâcher de conserver au milieu de l'atelier une sorte d'allée, afin qu'il y ait une solution de continuité, et que le feu prenant d'un côté ne se propage pas immédiatement partout. Comme éclairage, surtout l'éclairage extérieur, ou s'il est intérieur, bien renfermé. Il est essentiel que la hauteur des ateliers non voûtés soit considérable, 5 à 7 mètres, car autrement une simple flambée incendiera tout.

MOYENS DE SECOURS DES TEILLAGES.

L'instantanéité foudroyante du feu dans ces ateliers exige des moyens également rapides. On compte généralement les teillages qui n'ont pas eu d'incendie comme une exception.

1° Deux extincteurs ancien modèle, c'est-à-dire toujours chargés ;

2° Une cuve d'eau avec six seaux et six sacs humides qu'on peut mouiller de suite pour intercepter la communication du feu autour de la ou des machines atteintes. L'eau devra être saturée du mélange extincteur Constant ;

Ou bien, à la place de cette cuve, un tuyau d'eau avec pression suffisante, d'un fort diamètre, permettant de noyer de suite le sol autour de la machine en feu, et le plafond, si celui-ci est compromis ;

3° Une pompe à incendie ou l'équivalent pour empêcher la communication du feu, car si les moyens précédents ont été insuffisants pour l'extinction du feu, en moins de quelques minutes l'atelier sera en flammes et l'incendie ne pourra plus qu'être localisé.

La cause la plus fréquente est l'échauffement des tourillons et des coussinets ; leur graissage est difficile à cause de la poussière qui, sans cesse, vient se mélanger à la graisse ou à l'huile de lubrification. Il faut, à cet égard, une attention soutenue et de tous les instants.

Ensuite la présence d'allumettes ou de silex dans les lins ou matières à teiller.

Ce sont, plus l'échauffement des tourillons et coussinets, les dangers des cardes briseuses, avec cette aggravation que l'inflammabilité des matières, leur volume, et leur présence en plus grande quantité, propage l'incendie bien plus vivement et rend son apparition, son extension et son développement pour ainsi dire instantanés.

229. Le rouissage chimique consistant en digestion des matières dans des eaux préparées *ad hoc*, n'offre pas de dangers si ce n'est par le séchoir. Nous ne reviendrons pas de nouveau sur ce sujet ; on connaît les points vulnérables du séchoir par calorifères intérieurs ou par calorifères extérieurs et air chaud. Ultérieurement nous aurons encore occasion de parler de séchoirs et de citer quelques genres aux articles *Fabrique de sucre, Garance, Colle-forte, Féculerie*.

230. Le rouissage mécanique, ou plutôt l'opération par laquelle on se passe de l'action désorganisatrice des fibres végétaux, obtenue au moyen d'un séjour prolongé dans l'eau, et d'un commencement de fermentation, ou plus vivement en aidant artificiellement à ces résultats, nous paraît rentrer, comme risque, en complète analogie avec le macquage, l'espadage, ou épurage du lin. La séparation du risque en plusieurs parties, l'instantanéité du fonctionnement des secours, pas de travaux de nuit ou un éclairage extérieur, telles sont les conditions à remplir. Nous n'insisterons pas là-dessus : les travaux de la préparation des matières destinées à être converties en fil, depuis l'ensemencement jusqu'au moment où elles sont saisies par les dents des peigneuses mécaniques, doivent rester dans les attributions du villageois et ne sont qu'exceptionnellement du domaine de l'usinier.

Déchets des filatures de lin et de chanvre. — **231**. La
cherté, ascendante avec les années, des matières premières, a
produit pour cette industrie les mêmes résultats que pour la laine et
le coton. Autrefois les déchets ou frais des lins, chanvres, ou étoupes
filées, étaient vendus par l'usinier à des gens spéciaux qui les
travaillaient de nouveau, les nettoyaient, et en en séparant avec
plus de perfection le ligneux, retiraient encore des filaments propres
à subir les opérations du filage. Aujourd'hui les filateurs eux-mêmes
tirent parti de ces déchets dans l'usine même ; ils les nettoyent, et,
lorsque le travail de nettoyage est terminé, brûlent le résidu dans
leurs foyers de générateurs. La présence et le nettoyage de ces
frais, nettoyage qui a lieu au moyen de diables, de batteurs, est un
danger ; leur emploi ou utilisation comme combustible en est un
autre. Voici ce que je conseillerai de faire : placer les machines
nettoyeuses dans un local spécial, séparé des autres, et dont on
pourra considérer la perte, sans crainte pour le voisinage, comme
un dommage insignifiant ; n'apporter dans le local des générateurs
que les déchets et frais que l'on brûlera dans la journée, ou bien, et
alors c'est que la disposition des lieux le permettra, si l'on tient à
emmagasiner une certaine quantité de ces matières près des générateurs, il faut construire un petit bâtiment adjacent, tout dur, en
fonte ou tôle, à rez-de-chaussée, une porte extérieure sert à
introduire les déchets, et une petite porte à coulisse à les amener à
la portée du chauffeur. Chaque soir il a soin de la fermer et de
balayer les alentours. Mais je proscris comme aggravant notablement
les risques la situation des machines à nettoyer à l'intérieur des
bâtiments, les glissoirs, les conduits amenant les résidus dans le
local des générateurs d'une façon continue ; il y a là, comme dans
les scieries mécaniques qui brûlent leurs sciures, un danger constant,
que des précautions excessives seules peuvent amoindrir mais non
annihiler. La même observation s'applique à l'emploi des ana (1)

_____

(1) Ana, un des déchets du lin teillé

comme combustible ; si on les approvisionne dans les soutes aux charbons, qu'on ait soin de laisser un intervalle vide de deux mètres au moins entre les foyers et leur amoncellement, et que cet intervalle soit noyé tous les soirs et que des portes incombustibles et des fenêtres bien closes empêchent, une fois le travail terminé, les coups de vent d'envoyer les ana s'allumer aux foyers encore chauds.

232. La garantie par les Compagnies d'établissements (il en existe malheureusement de ce genre) dépourvus de pompe à incendie, dénués des moyens préservatifs et préventifs simples et peu coûteux dont nous avons parlé, me semble un préjudice porté à elles-mêmes, volontairement par elles-mêmes, ainsi qu'aux manufacturiers (il en existe heureusement) qui ne négligent rien, sous ce rapport, pour la conservation de leur usine. Il n'y a pas d'assimilation possible entre les deux catégories d'établissements que nous venons de citer. Or ce sont ordinairement les manufactures les plus dangereuses par construction et aménagements qui pèchent de ce côté : on voit des filatures avec beaucoup d'étages resserrés, étroits, des escaliers en bois, des recoins, rien de voûté, les marchandises, les matières pêle-mêle avec les machines et les ateliers, les magasins dans les ateliers même, et si, effrayé du péril considérable qu'ils présentent à tout instant, du désastre total auquel ils sont exposés, on cherche les moyens prompts et efficaces qui doivent être continuellement préparés contre le danger, on ne trouve quelquefois, souvent même, pas un seul seau d'eau, une seule disposition prise en vue de combattre le feu naissant.

233. Nous donnons, figure n° 10, le plan d'une filature de lin à simple rez-de-chaussée qui semble réunir un ensemble de bonnes conditions (1).

---

(1) Ce que nous venons de dire s'applique également aux filatures de jute. Celles-ci ne diffèrent des autres que par une préparation spéciale, le lubrifiage du jute ; cette opération ainsi que les matières employées, ne doit pas se faire dans les magasins, mais bien dans un local séparé. Quant aux huiles d'approvisionnement, il faut prendre pour elles les mêmes précautions que pour celles du graissage des machines.

SOIE.

Magnanerie. — **234.** Les magnaneries n'ont pas le caractère industriel ; à quelques exceptions près, elles s'improvisent dans les maisons ou dépendances d'habitations. Aussi le chauffage de ces magnaneries est-il primitif ; quelques charbons allumés dans une coquille ou une brasière, ou sur une simple pierre creuse servant d'âtre, et placés aux coins des locaux qui servent à l'éducation ; d'autres fois, de mauvais poêles intérieurs, telles sont les dispositions généralement usitées, auxquelles on doit attribuer, à mon avis, une certaine influence sur les insuccès de la sériculture, et la cause de sinistres assez fréquents.

235. Les magnaneries établies dans les usines sont mieux organisées, et elles sont chauffées à air chaud, le plus ordinairement. Bien que ce chauffage ait encore des imperfections, grâce à l'absence d'un thermo-régulateur, il est préférable sous tous les rapports aux précédents ; il suffit de placer les bouches de chaleur de façon à ce que les bâtis des étendoirs s'en trouvent suffisamment distancés (1 mètre environ). Nous pensons que le meilleur mode de chauffage serait la vapeur, ou la vapeur et l'eau chaude. Cette vapeur pourrait être fournie par la chaudière de l'usine qui chôme ordinairement pendant l'élévation des vers à soie. Le filage commençant lorsque l'éducation est terminée, cette application à deux usages, de la chaudière, paraît pratique, et présenterait l'avantage de restreindre la surveillance à un seul foyer, au lieu de trois ou quatre, et d'éviter les chances de sinistres.

Une des nombreuses causes des insuccès des éleveurs sont les variations subites de température, auxquelles on ne peut complètement obvier avec un chauffage qui ne se règle que par tâtonnement. La possibilité avec la vapeur de l'eau ou avec l'air chaud d'avoir constamment, quelle que soit la température ambiante de l'atmosphère, une température de la magnanerie toujours égale, au moyen d'appareils analogues à ceux appliqués à l'incubation artificielle ou au conditionnement des soies, ou bien même au thermo-régulateur de M. Rolland, rendrait d'inappréciables services à cette industrie.

236. Aucune autre cause de feu n'apparaît, pour la magnanerie, si ce n'est l'éclairage, surtout au moment de la mise en bruyère et du décoconage, à cause de la présence des bruyères qu'une lumière maladroitement posée pourrait enflammer, ainsi que les canisses, tables ou roseaux ; on préviendra cette éventualité en faisant exclusivement usage de lanternes.

PRÉCAUTIONS ET MOYENS DE SECOURS DE LA MAGNANERIE.

1° Emploi de la lampe Cosset-Dubrulle, ou toute autre analogue aussi sûre pour l'éclairage ;

2° Présence d'un extincteur ;

3° Chauffage établi selon les prescriptions des n^{os} précédents relatives aux poêles ;

4° Avertisseur Le Blan. Cet avertisseur rendra un double service, c'est de remplir la place d'un *thermo-régulateur ;* il évitera ainsi et les surchauffes et les incendies. Ce serait un grand bienfait d'en généraliser l'emploi.

Filatures de soie. — 237. A simple rez-de-chaussée, sous hangar, sans comble ni greniers, ces filatures présentent une somme de risques moindre que toutes autres ; le foyer seul, la toiture des générateurs pourraient occasionner l'incendie s'ils étaient vicieusement établis, mais l'habitude, pour cette industrie, est d'employer des générateurs tubulaires à foyers intérieurs et quasi concentriques, et de les placer à côté mais en dehors de la filature, de sorte qu'à part le trop grand rapprochement de la toiture, une mauvaise disposition de registre, un séchage prolongé des frisons ou des peaux sur le générateur, avec leurs paniers ou d'autres objets combustibles, on ne voit guère de source d'accidents.

238. Avec étages : la filature avec étages offre, en cas de sinistre, un aliment plus grand aux ravages du fléau, et des causes plus nombreuses d'incendie. Ses étages servent souvent d'étendage des cocons (coconières), les bâtis de ces étendages sont en bois et roseaux, et quoique les cocons ne soient pas inflammables, il n'est guère possible de supposer qu'ils échapperaient en quantités appréciables à la destruction des bâtiments qui les contiennent, ces derniers étant en feu; la fumée, l'eau, l'excès de chaleur étant, pour eux, également redoutables. J'ajouterai que la filature avec étage renferme aussi des logements d'ouvriers, et que ces logements qui, dans une industrie plus dangereuse, peuvent être indifférents, sont ici une aggravation réelle de risque.

L'étouffage des cocons s'opérant partout à la vapeur, nous n'en parlons ici que pour mémoire.

239. Les coconières, lorsqu'elles sont établies dans des bâtiments isolés, ne servant pas à d'autres usages ou tangents sans communication à des bâtiments dont la contiguité n'augmente pas la prime ou la contribution d'assurance, sont dans les meilleures conditions possibles ; elles n'ont à craindre que la foudre, la lumière (la lanterne y obvie) et la malveillance. Celles qui, au contraire, sont improvisées au-dessus d'écuries, de greniers à fourrages, celles dans lesquelles les ouvriers couchent, sont plus dangereuses, à moins que ces risques accessoires ne soient établis au rez-de-chaussée solidement voûté. Les coconières contiennent quelquefois des valeurs en cocons considérables ; nous conseillons de les diviser de façon que l'assuré ou l'assureur n'aient jamais à subir, d'un seul coup, une perte excédant deux cent mille francs de marchandise de cette espèce.

MOYENS DE SECOURS DES FILATURES DE SOIE ET DES COCONNIÈRES.

Un extincteur et un tonneau d'eau muni de cinq seaux *ad hoc.*

Un avertisseur Leblan dans chaque coconnière. Une pompe à incendie si l'usine est isolée ou située dans un village dépourvu de ces engins.

Moulinages de soie. — 245. Les moulinages de soie (fabriques d'organsins), sont construits de deux manières : ou bien ils n'occupent qu'un vaste rez-de-chaussée d'un bâtiment dont l'étage ou les étages supérieurs servent de magasins, de logements de maître ou d'ouvriers ; ou bien ils comprennent un ou plusieurs étages d'un bâtiment n'ayant aucune voûte et servant comme le précédent à l'industrie et à l'habitation.

246. Les risques de la première espèce sont restreints à l'habitation des ouvriers ou des maîtres, aux poêles que l'on dispose, en hiver, dans la salle voûtée du moulinage, au séchoir d'échantillons qui peut y exister et à l'éclairage ; les opérations du moulinage, le dévidage de la soie grège, le purgeage, le filage, le doublage, le tors et la mise en écheveaux ou flottes, ne présentent pas le moindre danger ; elles se font mécaniquement, par des machines qui emploient peu de force, subissent peu de frottements et ne redoutent guère qu'une lampe placée trop près de leurs bâtis ; on peut supposer l'incendie du rez-de-chaussée, sans que le reste du bâtiment brûle, ou l'incendie de l'habitation ou des étages supérieurs sans que le moulinage soit atteint ou détruit. Il n'en est pas de même du moulinage non voûté ; l'incendie pourra être et sera presque toujours total, surtout si les planchers formant plafonds ne sont pas maçonnés.

Voici, *figure n°* 11, le plan d'un moulinage de soie voûté, qui est un type parfait du genre :

A moulinage sous voûte au rez-de-chaussée, au premier et grenier, logement d'ouvriers ; B locaux voûtés au rez-de-chaussée et au premier, n'ayant qu'une porte à chaque étage débouchant sur l'escalier en pierre C et servant de magasin à soie ; I turbine.

MOYENS DE SECOURS DES MOULINAGES.

Sous voûtes : Un extincteur par salle.

Non voûtés : Un extincteur, un appareil avertisseur d'incendie à chaque étage, une pompe à incendie et 200 kilogrammes de mélange extincteur.

Voûtés partiellement : La réunion de ces moyens de secours.

Filature de bourre de soie. — **247.** La soie étant une matière peu combustible, il semble que les filatures de déchets de soie (bourres, bourrettes, chape, frisons, cocons percés) ne doivent présenter rien de saillant ; la soie non teinte ne brûle que très difficilement, elle ne s'enflamme pas à l'approche d'une lumière, aussi les dangers de cette industrie ne proviennent donc pas de causes intrinsèques aux matières traitées, mais plutôt de la construction, de la disposition des étages, de l'éclairage et du chauffage. Cependant, relativement au petit nombre d'usines de ce genre, il y a eu de fréquents et importants sinistres dans cette industrie qui comprend également ce qu'on désigne par cardage de frisons. Le cardage de frisons, par les duvets, les déchets qu'il produit et les machines qu'il emploie, est beaucoup plus à craindre que la filature ordinaire qui reçoit la soie déjà toute prête à passer au peignage ou à l'étirage. Ce serait une erreur d'ailleurs de supposer que les déchets de soie un peu gros soient inoffensifs ; ils s'échauffent au contraire fort bien. Les frais des filatures de ce genre, les balayures, les résidus, doivent donc être aussi soigneusement enlevés que ceux des filatures de laines.

248. La désagrégation des téguments de la soie s'opère par une sorte de macération ou rouissage, suivie d'une pression mécanique et d'un séchage artificiel. La présence du séchoir dans les bâtiments de l'usine, s'il n'est pas chauffé à la vapeur, peut compromettre. l'usine : il vaut mieux le placer dans les dépendances de la manufacture, et sans communication avec le magasin aux marchandises.

MOYENS DE SECOURS DES FILATURES DE BOURRE DE SOIE.

Un appareil avertisseur dans les magasins , communiquant avec le logement du maître ou du concierge ;

Un extincteur dans ce logement :

Une pompe à incendie et 200 kilogr. de mélange extincteur :

Un extincteur près du séchoir s'il est à chaud et non isolé ;

Visite régulière à la sortie des ouvriers et une heure après , troisième visite avant le coucher ; cadrans contrôleurs ou horloge électrique Michaud.

MOULINS A BLÉ.

249. Les sinistres qui détruisent chaque année un grand nombre de moulins à blé proviennent généralement des mêmes causes, dont la plus commune est l'absence de graissage des tourillons animés d'une grande vitesse de rotation, notamment des axes verticaux, des nettoyages à colonne, système Cartier ou autres analogues, des arbres horizontaux, des anciens nettoyages à ailettes, et des aspirateurs ou ventilateurs à double effet. Ajoutons-y la mauvaise disposition ou établissement du mécanisme des machines, la difficulté fréquemment observée de les graisser dans toutes leurs parties.

250. La partie principale du nettoyage de Cartier, ou autre similaire, consistant en un tambour ou ensemble de deux cylindres verticaux et concentriques en tôle crevée et à aspérités contrariées , est montée sur un arbre vertical dans le plan de son axe, reposant inférieurement sur une crapaudine d'acier fixée sur support en fonte, et maintenue à l'extrémité supérieure par des coussinets reposant dans un croisillon ou un support. La pointe , quelle que soit sa vitesse, offre peu de risque , à moins que son support ne soit en bois ; son graissage est facile et durable. Il n'en est pas de même du tourillon supérieur, la vitesse de l'appareil variant de 280 à 400 tours par minute, sa position verticale et celle identique des coussinets, rend le lubrifiage constant difficile, et si les coussinets sont en bois, comme trop souvent, l'insuffisance de la graisse a bientôt fait naître le sinistre.

251. Les tourillons de l'aspirateur sont placés d'habitude sur un plan horizontal : leur graissage est plus simple, plus facile ; mais ils sont animés d'une vitesse rotatoire de 700 à 1,200 révolutions par minute, et toute absence du liquide lubrifiant est fatale.

252. La transmission du mouvement exerce aussi une certaine influence sur l'échauffement plus ou moins fréquent des coussinets. Je crois qu'il faut préférer pour les nettoyages genre Cartier. celle par les engrenages au moyen de pignons, d'angles disposés entre le pivot et la naissance du croisillon inférieur de l'arbre, ou à l'extrémité du tourillon du haut, à celle par courroies supérieurement placées sur poulies fixées à un noyau de l'arbre. La première exerce l'effort de bas en haut ou de haut en bas, et longitudinalement, le poids de l'appareil, le collet qui maintient le tourillon, résistant sans frottement. l'arbre reste pour ainsi dire équilibré ; la deuxième exerce une pression latérale, cette traction fait supporter au coussinet un effort suivant sa trajection, et engendre un frottement qui dépense une plus grande quantité de graisse et de force. (1)

253. Quant aux nettoyages dits Gérôme d'Amiens, à ceux composés d'un accouplement de cylindres horizontaux, et aux autres anciens d'un genre analogue, leur vitesse moindre rend leurs dangers moindres, mais par contre, le nombre bien plus grand de tourillons à lubrifier. la mauvaise disposition de graissage de ces tourillons, détruisent cet avantage apparent. Il faudrait que les canaux ou conduits dans lesquels on verse l'huile destinée à lubrifier le tourillon au lieu d'être à l'air, sans profondeur. et d'absorber la poussière du nettoyage, soient garnis d'un godet ou réservoir qui les abrite de la poussière, et qui, sans empêcher le graissage habituel par l'huile, contienne un mélange de graisse réfrigérante qui, en cas d'échauf-

---

1 Ceci etait ecrit avant l'emploi des transmissions par cables. lesquelles doivent être preferees partout où elles sont applicables.

fement du tourillon , fondrait et le lubrifierait suffisamment. Les godets graisseurs de Bonnière fils , *figure* 13*ter*, sont l'expression de cette nécessité, mais ont un peu le tort d'être exclusifs. Le contre-maître des usines Risbourg a imaginé un godet graisseur, qui est rempli de suif ou de graisse dans sa partie inférieure ; au moyen d'une pointe ou tige cylindrique, l'ouvrier chargé du graissage pratique dans la masse concrétée un petit canal qui est tangent au tourillon et qui sert à l'écoulement de l'huile versée dans la panse du godet. S'il y a échauffement, le corps mucilagineux fond ; on s'en aperçoit à la visite suivante, on répare le coussinet, on supprime la cause de l'échauffement, et on renouvelle la graisse absorbée.

254. *Conditions de sécurité, genres des coussinets, position, situation du tourillon.* Les coussinets de cuivre ou de bronze s'usent et se grippent facilement, les coussinets de fonte grise, parfaitement centrés, absorbent au contraire les corps lubrifiants et s'en imprègnent facilement ; ils sont d'une durée indéfinie, nous les recommandons ; les coussinets de bois de cornouiller ou de gayac, si employés par économie, parce que le tourillon les forme lui-même, doivent être prohibés pour les mouvements rapides. C'est une erreur, du reste, de croire qu'ils n'usent pas les tourillons, on a constaté qu'ils attaquent sensiblement le fer. Si nonobstant, on les adopte, le boitard qui le renferme et le bras ou armature qui les supporte, doivent toujours être en fer ou fonte, et pouvoir être exactement fermés pour mettre les coussinets, l'arbre et l'huile, à l'abri de la poussière absorbante des résidus du nettoyage, et en même temps empêcher ou retarder l'inflammation du bois et la propagation du feu. Le boitard Mauzaize répond parfaitement à ces conditions.

255. Pour les aspirateurs, on pourra facilement supprimer les coussinets en rendant coniques extérieurement ou intérieurement les deux extrémités des tourillons de l'arbre et les faisant reposer, suivant le cas, sur des collets ou des pointes d'acier. L'aspirateur devra être établi de façon que ses deux tourillons soient extérieurs, d'une inspection ou visite facile. De même, pour l'appareil appelé brosse à son, qui n'exige pas beaucoup de force, mais qui tourne avec une vélocité énorme : cet appareil monté transversalement, la partie inférieure sur pointe, l'autre sur coussinet en métal bien ajustés n'offrira que peu de dangers. On lui attribue cependant un sinistre récent ; mais il a fallu une bien vicieuse disposition d'établissement, une absence absolue d'huile, ou l'introduction d'une lumière nue.

256. Enfin on pourra remplacer complètement les coussinets par des galets, disposition adoptée déjà dans quelques usines. Le tourillon, au lieu de porter sur une partie élevée contre laquelle il frotte, est supporté ou maintenu par 3 galets sur lesquels il ne glisse pas, mais qu'il fait tourner sur eux-mêmes ; il n'y a plus qu'un frottement de roulement, moins de travail absorbé ou de force dépensée, et économie de corps gras lubrifiants. Il suffit même de 2 galets pour l'aspirateur, lorsqu'on peut établir la transmission de haut en bas, c'est-à-dire inférieurement aux galets.

257. Pour tout ce qui est coussinet d'arbres horizontaux on pourra employer un petit godet venu de fonte ou de cuivre, dont le chapeau, sa partie inférieure, est percé d'un trou qui le met en contact avec les coussinets dans lesquels on a pratiqué des rigoles en diagonales, ou pattes d'araignée, qui distribuent l'huile sur toute la surface du tourillon.

258. Quant au graissage des coussinets de l'arbre vertical, nous pensons qu'il peut être fait mécaniquement, en ayant soin d'avoir des graisseurs automoteurs à l'abri de tout dérangement, mais nous devons constater ce qui existe. Dans la plupart des moulins, le graissage se fait à la main, et le plus souvent au moyen des huiles liquides : tout dépend donc de la régularité avec laquelle l'ouvrier graisseur accomplit sa besogne.

259. Voici des dispositions vicieuses :

1° Un axe reposant contre des coussinets placés dans un support en bois ou en fer et bois ;

2° Une pièce de bois fendue, percée, chaque section, d'un demi cercle, ayant même centre, laissant passer le tourillon et le serrant à friction au moyen d'une vis de rapprochement, comme une mâchoire ;

3° Un tourillon dépassant ou aboutissant au plan du boitard mais non enfermé et recouvert. Dans ce cas, il est facile de l'enfermer au moyen d'un godet, ou chapeau, ou boîte, en tôle plate, ou faite en collet et contenant de la graisse qui fond lorsque l'arbre s'échauffe *(voir figure n° 18bis)*.

260. L'axe doit, et ceci est important, aboutir à une partie du moulin facilement abordable, entre lui et les objets placés au-dessus, il faut qu'il existe un espace vide d'au moins 60 à 70 centimètres, afin qu'en cas d'échauffement, l'huile des coussinets, ou les coussinets eux-mêmes, s'ils sont en bois, puissent brûler sans communiquer immédiatement le feu.

4° Un tourillon aboutissant au plancher dans lequel on pratique une petite trappe qu'on soulève lorsqu'on veut le graisser.

261. Voici quelques indications d'appareils qui nous paraissent remplir les conditions désirables :

1° Boitard Rabourdin et Thiroin. Ce boitard a été démontré en 1859 par le mécanicien de ces messieurs, lequel en est l'inventeur. *(Figure n° 12.)*

O tourillon ; H corps et support des coussinets, en fonte ; AA' coussinets en cuivre, bronze, ou fonte grise ; BB' vides laissés entre les coussinets. On chasse, dans ces vides, à grands coups de maillet des étoupes graissées de suif, de façon à les remplir aussi complètement que possible ; I disque ou chapeau que l'on visse sur le corps du support et qui comprime l'étoupe ; K collet inférieur, dont l'ouverture concentrique laisse passer le tourillon O avec tangence douce mais sans frottement ; au milieu du chapeau I existe une petite ouverture avec un petit godet venu avec le métal, dans lequel on verse de temps en temps quelques gouttes d'huile. Il paraît que les coussinets ainsi entourés ne s'échauffent et qu'on n'a besoin de retoucher à l'appareil que tous les quatre à cinq mois. Ce sont de véritables stuffling-box appliqués à des arbres verticaux animés d'une rotation horizontale sur eux-mêmes.

2° Le boitard Mauzaize aîné, qui, inventé d'abord pour être appliqué aux fers de meule et empêcher les déformations de la fusée, a été également très heureusement approprié aux arbres des colonnes de nettoyage. Nous ne décrirons pas ce boitard lubrifieur, nous dirons seulement qu'il enferme complètement dans une sorte de cuvette recouverte d'un couvercle parfaitement adapté le tourillon qui doit graisser, et qu'il le fait tourner pour ainsi dire continuellement dans l'huile.

3° Le système de nettoyage de M. Gérôme Boudinot d'Itancourt près Saint-Quentin. Bien qu'il ne rentre pas dans le cadre de ce livre de discuter le mérite, sous tout autre rapport que celui des probabilités d'incendie, de tel ou tel appareil, je dois dire que je n'indiquerais pas une machine sur les qualités industrielles de laquelle je n'aurais pas été parfaitement édifié. Comme travail, rendement, économie de force motrice, le nettoyage de M. Boudinot est très apprécié, et son emploi tend à se généraliser ; comme machine, sous le rapport de l'incendie, je ne lui connais pas de rivale. La *figure* n° 13 donne une coupe verticale de l'appareil : on voit de suite que les supports ou chaises de l'axe vertical sont en fer, ce qui est déjà une bonne condition, et qu'à cause de leur forme, on est nécessairement obligé de les laisser dégagés, sans rapprochement de planchers ou de plafonds ; il n'y a point de coussinets : l'arbre repose, à sa partie inférieure, terminée en pointe, dans un cylindre à huile avec embase, ayant un fond sur lequel est placé une barre d'acier fondu. Sur ce fond un autre cylindre percé dans son centre pour laisser passer la pointe qui tourne sur la barre d'acier, remplit le vide existant entre le premier cylindre et le tourillon, mais sur quatre parties également distantes de son cercle extérieur ont été pratiquées des sections angulaires par lesquelles passe l'huile nécessaire au graissage de la pointe et de l'acier qui la supporte. Une douille ou collet en cuivre mobile garantit ces sections et l'intérieur de l'appareil du contact de l'air et de la pénétration des poussières. La partie supérieure de l'arbre est terminée par un noyau en fonte contenant le trou rond et cylindrique dans lequel reposera la pointe fixée à la chaise du haut, mais ce trou n'est pas d'un égal diamètre dans toute sa profondeur : à son milieu le diamètre augmente pour former un vide égal à environ trois fois le volume du bout de la pointe, puis il reprend un même rayon pour ne laisser que l'entrée de cette pointe. Celle-ci est percée d'un canal cylindrique à son centre, lequel canal s'élève assez pour communiquer, en venant déboucher latéralement, avec le renflement intérieur du noyau dont nous avons parlé. On remplit d'huile la partie creuse inférieure du noyau où repose la pointe ; par suite du mouvement giratoire de l'axe, le liquide oléagineux obéissant à la force centrifuge, remonte autour de la pointe qu'il lubrifie jusqu'à ce qu'il rencontre le vide produit par la différence des rayons ; là il perd sa force centrifuge, trouve une issue dans le canal et revient au bas de la pointe pour remonter encore et redescendre de même indéfiniment. Il n'y a dans ce remarquable mécanisme aucune perte d'huile ; la dépense du liquide lubrifiant est minime, pour ne pas dire insignifiante ; de temps en temps seulement on remplace la partie absorbée, et dans le cas où on l'oublierait, la pointe s'échauffant se gonflerait, et le nettoyage s'arrêterait ; mais difficilement le feu pourrait prendre, tout étant en fer, fonte ou cuivre ; il faudrait que le moteur de l'usine fût beaucoup plus puissant qu'il n'est nécessaire, et qu'on ne s'aperçût pas de l'excès de travail dépensé par la machine tournant à sec, ce qui est assez peu probable.

Nous conseillons donc, toutes les fois qu'elle sera possible, l'adoption du système Boudinot pour le nettoyage et le décorticage du blé.

4° Le graisseur Decoster qui s'applique aux arbres horizontaux (*Dictionnaire des arts et manufactures*). Il consiste à lubrifier les arbres ou tourillons au moyen de disques qui tournent dans l'huile par l'emploi d'un bourrelet saillant ménagé autour de l'arbre à graisser, dans le milieu du coussinet. La partie inférieure de ce bourrelet plongeant dans l'huile entraîne une portion suffisante de ce liquide pour lubrifier d'une manière continue les surfaces. On voit que l'huile n'est déplacée que pendant la rotation de l'arbre, d'où économie d'huile, de frottement, et sécurité. M. Jérôme Boudinot a appliqué ce système à ses graisseurs à syphon (*figure* 14); le syphon, comme on sait, coulant constamment, l'huile qui n'est pas utilisée, celle qui coule pendant les arrêts, vient se recueillir au fond du boitard, d'où le bourrelet adapté au tourillon vient la reprendre. On a obtenu un résultat analogue en pratiquant dans le tourillon graissé par des vases à syphon des encoches à angles aigus qui ramassent l'huile à chaque révolution et l'épandent à chaque milieu de leur course ou rotation.

5° La perfection d'un bon système de graissage consiste surtout en ce qu'il ne devra fonctionner qu'avec le tourillon qu'il graissera. Le graisseur continu peut être vide au moment de la marche, et perd inutilement la matière oléagineuse ou le corps lubrifiant qu'il contient. J'ai vu à la filature d'Ourscamps, un appareil graisseur automate, qui n'a qu'un inconvénient, c'est son prix élevé, mais qui paraît excellent, appliqué aux arbres horizontaux. Je le décris ici, tout en réservant les droits de l'inventeur, et en renvoyant à M. Peigné de Lacour pour plus amples renseignements. (*Voir figure n° 20.*)

A poulie s'appuyant de son poids sur l'axe à graisser et en recevant le mouvement.

B axe de cette poulie communiquant le mouvement à un pignon de 40 dents D au moyen d'une vis sans fin C.

E autre figure de 40 dents recevant son mouvement d'une spirale placée contre le pignon D et non figurée sur le dessin.

F réservoir d'huile en verre, afin de voir sans y toucher s'il est plein ou vide, avec couvercle.

G fût conique fondu avec le pignon E, et tournant à l'intérieur d'un autre cône avec lequel il est parfaitement alezé.

H conduit pratiqué à l'intérieur du fût conique prenant l'huile du réservoir pour la conduire dans un petit vide laissé au bout de la vis L.

K autre conduit qui, après une demi-révolution du fût conique, prend l'huile au bout de la vis pour la conduire dans le tube communiquant directement avec le tourillon à lubrifier.

L vis qui, avancée ou reculée, sert à régler la grosseur de la goutte d'huile que l'on veut donner au tourillon à chaque tour du fût conique.

M tube s'adaptant sur le chapeau du coussinet qui porte le tourillon à graisser.

On voit que ce graisseur ne fonctionne que lorsque l'arbre à graisser tourne et donne le mouvement à la poulie de friction A.

6° J'ai remarqué dans le même établissement, et je le décris avec la même réserve, un autre genre de graisseur très intéressant. Il consiste en une sorte de poire en verre avec col allongé et terminé en tube d'un très petit diamètre : ce tube muni d'une douille, maintenue par l'épaisseur du chapeau des tourillons qu'il doit lubrifier, ou une patte accessoire, se pose tangentiellement sur le tourillon, par conséquent la poire est renversée et dans une position verticale. On l'a préalablement remplie d'huile au moyen d'une burette à bec très fin. Bien que la loi de l'écoulement des liquides semble infirmée par le fonctionnement de ce graisseur, on l'explique par l'attraction des molécules du liquide oléagineux, les premières molécules en contact avec le tourillon suivent son mouvement de rotation et entraînent les secondes, et ainsi de suite. La transparence du verre permet, d'un simple coup d'œil, de voir si l'huile ne manque pas, et la simplicité du système le garantit contre tout dérangement.

7° M. Coquatrix a créé un graisseur qui a l'inconvénient de graisser constamment, mais qui, dans les établissements où l'on ne fait pas usage des graisseurs automates, dans les moulins, par exemple, donne de bons résultats. (*Voyez figure n° 15*). Suivant que l'on tourne plus ou moins la vis **V**, la goutte d'huile distribuée au tourillon est plus ou moins grosse, le couvercle protège le réservoir d'huile contre la poussière et la vis se dérange beaucoup moins facilement que ne le ferait la mèche des graisseurs à syphons. Appliquée aux arbres qui ne sont pas animés d'une grande vitesse, et dont l'échauffement moins probable n'a pas de suites bien périlleuses, cette invention doit dispenser le liquide lubrifieur avec régularité et économie.

8° Voici, *figure n° 27*, un modèle de palier graisseur qui est très apprécié. Il est dû à M. Jérôme Boudinot. Il évite les coussinets et rend très facile la lubrification. Il s'applique aux arbres verticaux dont il conserve parfaitement la verticalité.

Dans les moulins où les déviations des planchers rendent difficile la précision des transmissions et des machines, il faut, pour les tourillons animés d'une grande vitesse, les plus parfaits graisseurs qu'on peut inventer ; c'est le contraire qui a lieu, sauf quelques exceptions.

262. Les autres parties du mécanisme du moulin, animés de vitesses moindres, telles que bluterie, concasseur, trieur Vachon, émotteries, cribles, refroidisseurs, tire-sac, etc., à l'exception des meules pour les fers desquelles de bons boitards sont encore indispensables, peuvent reposer sur des coussinets en bois enfermés ou supportés au moyen de chaises ou paliers en fonte ou fer ; néanmoins l'emploi général du métal est préférable, et une preuve manifeste en découle de ce qui se passe dans toutes les industries autre que la meunerie, lesquelles ont toutes delaissé l'usage des bois de gayac ou autres pour coussinets, et l'ont remplacé par l'emploi exclusif des corps métalliques.

263. De ce qui précède, et de ce qu'il peut fortuitement arriver dans les nettoyages à colonnes qu'un petit morceau de fer, un silex se trouvent dans le blé, et projetés contre les chemises de tôle crevée y produisent des étincelles qui enflammeraient la poussière et

les disques inférieurs formant le fond des appareils, on peut induire qu'un meunier a un intérêt sensible à construire le local nécessaire à ses nettoyages en dehors de son usine, ou en appentis, séparé par un mur de refend, percé d'une porte en fer, ou de deux au plus, afin que le nettoyage puisse brûler sans compromettre l'usine entière. Au lieu d'établir de grandes communications pour l'arrivée du blé à nettoyer et la rentrée du blé nettoyé, on les réduit à des nochères ou conduits les plus étroits possibles, afin que le feu ne trouve pas issue par là, et on organise ses portes en fer comme il est dit au Nº 110. On trouve un autre avantage sous le point de vue industriel, c'est l'absence complète de poussière dans le moulin. On peut encore obtenir le même résultat, en établissant le nettoyage dans un rez-de-chaussée parfaitement voûté ou entouré de murailles épaisses et incombustibles.

264 Autant que possible il faut placer les aspirateurs en dehors de la chambre d'aspiration, les établir sur chaise, et ne pas se servir de la cloison voisine pour en faire un appui pour l'un des tourillons, comme cela arrive quelquefois. L'aspirateur hélicoïdale de Ch. Perrigaud me paraît adoptable à cause de son mode de support de l'arbre moteur de l'hélice, mode qui est emprunté au système décrit de Jérôme Boudinot, nº 261.

Le graissage des endroits difficiles sera obtenu facilement des ouvriers si l'on remplace quelques-unes des burettes ordinaires par des seringues à bec prolongé et recourbé, présentant une longueur totale de 70 centimètres environ, bien suffisante pour leur permettre de distribuer, sans crainte et sans risque, le liquide lubrifiant sur toutes les parties du mécanisme ou des transmissions d'un accès incommode et dangereux.

MOULINS AVEC ETUVES. — MINOTERIES.

265. La séparation, conseillée pour le nettoyage, doit être imposée lorsqu'il s'agit d'étuves. C'est déjà beaucoup que de tolérer

le passage des vis d'Archimède . qui introduisent la farine humide ou moite dans l'étuve et la ramène sèche dans l'usine. Le feu prenant dans l'étuve se communique, par là, bien trop facilement au moulin. Le mode de chauffage au moyen de calorifères intérieurs, ou à foyer seulement extérieur, est très vicieux. C'est l'enfance de l'art. La vapeur seule n'offre aucun danger : à défaut . l'air chaud, mais avec calorifère complètement extérieur.

266. Dans quelques minoteries, les étuves sont au milieu du moulin, sur des planchers à peine isolés . entourées de cloisons de bois ou mince maçonnerie ; elles nécessitent la présence de tonnes d'eau , de pompe à eau toujours prête pour arroser, de temps en temps, les bois qui s'échauffent trop et se carbonisent. On se demande avec effroi comment on a pu seulement avoir la pensée d'installer, au milieu d'une masse d'étages et de planchers en bois, qu'une étincelle suffit pour enflammer. un foyer aussi énergique que celui nécessaire à une étuve.

267. Il existe une différence bien appréciable entre le nombre des degrés de risque d'un moulin à blé, et celui d'une minoterie avec étuve non isolée.

268. Les précautions que je conseillerai sont : 1° la substitution du calorifère aérotherme au chauffage à feu direct ; 2° l'adjonction au séchage par l'action du calorique d'un bon système de ventilation, ce qui permettrait de réduire un peu l'élévation de la température ; 3° un époussetage fréquent des tuyaux. La vapeur dans les usines mues par cet agent, sera évidemment la meilleure précaution, et dans ce cas . l'on pourrait considérer l'étuve comme n'accroissant pas trop sensiblement le risque.

MOULINS A VAPEUR.

269. On croit généralement que les moulins à vapeur présentent plus de dangers que les moulins mus hydrauliquement. Je pense

qu'il n'en est rien. Si d'un côté la présence des générateurs et de leurs foyers, celle de la machine à vapeur, peuvent donner lieu à quelque accident, surtout s'il y a communication avec le moulin, ce qui est toujours possible d'éviter, d'un autre côté les usines à blé, établies pour être mues par la vapeur, sont ordinairement montées plus industriellement, les transmissions. les paliers, les supports, les chaises, sont faits méthodiquement, sont parfaitement posés, et se rapprochent mieux de la remarquable organisation du mécanisme de la manufacture en général. Il y a donc compensation. Cependant reste un danger que l'eau ne peut faire craindre, celui de l'explosion des producteurs de vapeur. Ajoutons que le voisinage de la grande cheminée, ou d'une cheminée d'une maison voisine, avec la partie de la toiture qui laisse échapper des poussières du nettoyage peut provoquer l'incendie. Les poussières, s'accumulant sur la toiture, y forment, en peu de temps, une couche épaisse, très inflammable, et que la moindre étincelle suffit pour embraser. Le remède est simple, il suffit dans l'espèce, de faire prendre l'habitude d'un fréquent balayage de la toiture chargée du résidu poudreux.

Eclairage. — 270. Un seul mode de lampe est praticable dans les moulins à blé ; les nombreux sinistres arrivés par l'usage des chandelles ou des lampes à flamme découverte le prouvent assez. On sait d'ailleurs que la farine à l'état de division et de ténuité extrême, projetée sur un corps allumé, s'enflamme comme la poudre de lycopode, une lumière nue imprudemment approchée d'une bluterie en action, d'un flot de farine déversé dans la chambre à farine par les vis d'Archimède, d'un conduit de farine obstrué qu'on débouche violemment, ou introduite dans la chambre du nettoyage au moment de son fonctionnement, a bien souvent, en moins de temps qu'il ne faut pour l'écrire. porté la destruction rapide dans le moulin. Ce mode est la lampe marine, *figure n°* 16, ou tout autre système analogue. La lampe Cosset-Dubrule, qui s'éteint lorsque l'on veut l'ouvrir, est encore préférable à la lampe marine

La lampe marine est une lampe à mèche méplate ou annulaire enfermée dans un globe de verre sur lequel son fondse monte, et terminée par un chapiteau juxtaposé au globe . et percéde petits trous latéraux par où s'échappent les produits de la combustion. Un anneau , attaché au chapiteau , sert à la transporter. Il faut adopter les modèles qui ont le col le plus large et le plus long ; la chaleur développée par la mèche en combustion se concentre moins dans l'intérieur du globe , et partant celui-ci casse moins souvent. Cette lampe n'est certainement pas parfaite, mais, jusqu'à ce qu'on en invente de meilleure , elle est , après celle Cosset-Dubrule, préférable aux autres. L'une ou l'autre , employées dans les établissements bien tenus, exigent peut-être un peu de propreté,. ce qui rend les ouvriers récalcitrants à leur application ; mais la sécurité qu'elles offrent compense bien ce léger inconvénient, et un maître soigneux et énergique saura toujourstriompher de la routine invétérée qui a malheureusement conservé, dans bien des moulins, ces lampes fumeuses dont l'invention date des temps les plus reculés, et qui ne le cèdent à aucune autre sous le rapport des dangers qu'elles présentent.

271. L'éclairage au gaz serait évidemment le meilleur système ; mais , sauf de rares exceptions, l'éloignement des minoteries des villes, la dépense de l'installation des appareils et tuyaux, l'obligation de conserver des lumières fixes dans tous les étages ou à peu près . ce qui devient plus coûteux que l'usage intermittent des lampes mobiles, empêcheront ou retarderont son introduction dans les usines à blé.

272. Les bluteries à farine et à son doivent être ferméss par des chassis pleins , en bois ; les toiles ne sont qu'une faible défense contre la propagation du feu, elles peuvent même s'enflammer à l'approche imprudente d'une lampe , tandis que les portes en bois d'une bluterie , où par une semblable cause le feu viendrait de prendre. fermées immédiatement. le mouvement arrêté, étoufferaient le commencement d'incendie à sa naissance

273. Comme pour les établissements de filature, la défense sévère de fumer est de toute nécessité dans le risque qui nous occupe. Une prohibition rigoureuse devra être affichée à la porte de l'usine pour le public, et pour rappeler les employés eux-mêmes à l'observation de cette mesure de sûreté ; il leur sera facile de fumer dans les cours, sans risque pour le moulin.

274. Comme on le voit, par la lecture de ce qui précède, les causes d'incendie des usines à moudre le blé sont peu nombreuses. Ajoutons qu'ordinairement tous les établissements où l'on travaille jour et nuit, et c'est ici l'espèce, présentent des conditions de surveillance qui nuisent au développement et à la formation des sinistres D'où vient donc que ces usines ont éprouvé tant de désastres et que les Compagnies d'assurances ont été obligées de leur imposer des primes à payer considérables ? Je répondrai que, puisqu'il faut appeler les choses par leur nom, et toujours sauf exception, c'est à l'incurie des meuniers qu'il faut attribuer ces résultats regrettables.

On voit d'immenses moulins, dont la base est baignée par l'eau, ayant cinq ou six étages, tout en bois, sauf la carcasse, bois desséché continuellement par la farine, très hygrométrique comme on le sait, qu'une étincelle peut enflammer comme elle enflammerait de l'amadou, ou à peu près, contenant des quantités énormes de fa , de grains, qui ne brûlent, ne s'avarient que trop facilement ; on en parcourt les étages, mais vainement on y cherche un seul seau d'eau à incendie. Les lampes ouvertes, des chandelles mêmes, mouchees avec les doigts, y circulent, vont, viennent, de çà, de là, sont posées sur les sacs, contre les sacs, n'importe où. Le moindre accident trouve les gens pris au dépourvu, ignorant où donner la tête, parce qu'ils savent n'avoir rien sous la main pour pouvoir arrêter le feu, que quelques litres d'eau éteindraient, et forcés de courir au dehors et souvent très loin, car les usines de ce genre sont presque toutes isolées, chercher un secours dont en comprendra l'inutilité en remarquant que les développements que le feu prend dans un moulin sont si rapides, que moins d'une heure suffit pour consommer la perte des plus grands établissements.

Alors que les autres manufacturiers s'ingénient à se pourvoir de pompes à incendie, d'engins de toutes sortes pour prévenir ou du moins arrêter le feu, dans des usines où certainement les matières sont, souvent, moins combustibles que dans l'espèce, les meuniers, par routine, dédaignent les précautions les plus vulgaires, et sur l'eau, laissent brûler, faute d'eau, l'usine qu'ils exploitent.

MOYENS DE PRÉCAUTIONS ET DE SECOURS.

Il est toujours facile et peu coûteux d'établir au moteur hydraulique un corps de pompe aspirante et foulante, avec des tuyaux assez longs pour atteindre le dernier étage ; d'installer à trois ou quatre étages des cuves d'eau, constamment pleines, avec trois ou quatre seaux spéciaux accrochés au-dessus de chaque vase ; d'agrandir le réservoir qui sert au mouillage du blé, dans les usines où il se pratique, de façon à l'utiliser à deux fins ; ou bien d'adopter la prescription n° 84, mode que nous avons vu très heureusement appliqué dans l'un des grands établissements de M. Darblay. Il est également peu onéreux de ne se servir que de lampes Cosset-Dubrulle ou marines pour l'éclairage, de lampes modérateurs pour le rhabillage, en ne leur faisant jamais franchir les étages supérieurs. Autant que possible on ne fera marcher le nettoyage que le jour ; à chaque suspension ou cessation de travail, on enlèvera soigneusement toute la poussière, on époussetera la machine, la nettoiera dans toutes ses parties, et la graissera ensuite après s'être assuré que rien n'a chauffé, puis on graissera de nouveau avant la remise en action et pendant le fonctionnement ; trop souvent on laisse s'accumuler les résidus, qu'une étincelle allume, tant est grande leur combustibilité. Les chambres des gardes-moulins seront éclairées comme l'usine au moyen des lampes marines ou Cosset-Dubrulle.

275. Ce n'est que le jour où chaque moulin aura ces modes de

secours et d'éclairage, où il n'y aura plus un seul coussinet en bois, sauf pour les mouvements très lents, où le nettoyage sera isolé ou séparé dans les limites du possible, où tous les tourillons, les axes, les arbres reposeront sur des chaises, des paliers en métal, les découvrant et rendant leur graissage facile, tandis que trop souvent on profite d'un chevron, d'une poutre, d'une cloison, d'un recoin pour y installer, y faire aboutir des tourillons, d'une façon économique mais peu industrielle, car dans les moulins plutôt qu'ailleurs, on a pu remarquer que tout ce qui est d'un abord incommode, difficile, est toujours négligé par l'ouvrier graisseur; que les sinistres de moulins à blé perdront leur gravité et deviendront moins fréquents.

276. Comme nous devons supposer le cas où la lampe Cosset-Dubrulle ou marine n'est pas employée, nous engageons le meunier à établir, dans tous les endroits où les ouvriers peuvent avoir besoin de placer leurs lampes, des supports, des tasseaux en bois, à les garnir de tôle, ainsi que les parties auxquelles ils sont adjacents, en disposant également une feuille de même métal comme fumivore.

277. Quoique le principe de la division des risques puisse être difficilement appliqué à cause des besoins industriels et du mode de construction actuel des moulins, il sera toujours possible au constructeur de séparer le bâtiment du nettoyage, comme aussi une grande partie des marchandises en les mettant dans des magasins contigus au moulin, avec murs de refend solides dépassant la toiture et portes en fer réduites à ce qu'exige strictement le service ; et s'il veut, en outre de sa sécurité, obtenir une économie dans l'assurance, il édifiera ces magasins à dix mètres de distance au moins, et les reliera au moulin par des galeries en fer ou fonte, couvertes d'un simple vitrage. Les communications entre un moulin et un magasin tangent, dont les ouvertures sont garnies de portes en fer, rendent l'ensemble du risque passible de la prime ou contribution imposable au moulin proprement dit. *(Figures* 17, 18, 19, 21.*)*

Terminons par une prescription relative aux réservoirs que nous conseillons n° 274.

278. Ces réservoirs peuvent être en bois, de simples tonneaux qu'on recouvre d'un couvercle, afin que la farine, ou les rats qui pourraient s'y noyer, ne viennent pas hâter la décomposition de l'eau ; ou bien des bacs en zinc recouverts également. Il faut apprendre aux garçons meuniers que des sacs mouillés font également un excellent effet pour étouffer un commencement d'incendie.

279. Dans presque tous les moulins il existe des écuries pour les chevaux qui font les charrois. Ces écuries seront séparées de l'usine assez pour que le feu qui les dévorerait ne puisse se communiquer au moulin. En aucun cas on ne doit les établir sous l'usine, à moins de les voûter solidement ; le moulin a bien assez de ses chances propres d'incendie, sans qu'il faille les augmenter par la présence de ce risque accessoire.

280. Lorsque l'on conserve les poussières du nettoyage et qu'on les met en sac, il ne faut pas les emmagasiner dans le moulin ; aussitôt qu'un sac est rempli, il faut le sortir au dehors de l'usine ; bien qu'il n'y ait pas d'incendie spontané à craindre, la présence d'une grande quantité de sacs contenant cette matière si inflammable exposerait à des accidents que l'on peut éviter. On aura soin d'apposer un extincteur près des aspirateurs, et un autre près du nettoyage, plus contre ce dernier appareil, une console garnie de deux rangées de cinq seaux remplis d'eau, mélangée si possible à celle extinctive. Il faut pouvoir instantanément noyer le nettoyage et ses environs.

Si le moteur de l'usine est à vapeur, on aura à établir une pompe fixe à vapeur, système Thirion, assez puissante pour arroser la toiture et déverser dans le moulin des torrents d'eau, autrement l'effet serait nul. On ne peut pas compter, pour un moulin, avoir le temps d'aller prévenir les pompiers ; il faut des moyens de secours instantanés et d'une énorme puissance, autrement tout est détruit en en rien de temps. En établissant une pompe à vapeur fixe, avec sa canalisation de tuyaux pour alimenter sa projection partout où elle doit avoir lieu, on doit pouvoir, en trois minutes, avoir un jet d'eau puissant à n'importe quel endroit des bâtiments. Le même résultat peut être obtenu également si la force motrice est hydraulique avec une vitesse peut être un peu moindre mais néanmoins encore suffisante.

On installera un avertisseur d'incendie dans le nettoyage, et si possible un à chaque étage donnant le signal de l'incendie dans la chambre du meunier, dans le bureau et dans la chambre du garde moulin.

Pour l'éclairage au gaz, les précautions déjà connues et le régulateur Tesorieri ou Granjean.

MOULINS A HUILE.

281. Les chauffoirs à feu nu doivent être établis sous dalles, posées elles-mêmes sur terre ou voûte, une petite galerie de fer séparera du sol et retiendra les charbons qui pourraient s'écarter du foyer ; leurs tuyaux seront, surtout si la pression a lieu au moyen de presses à coins, bien isolés de ce système et de ses montants ou bâtis ; ils se rendront dans des gaînes en briques qui conduiront les produits de la combustion dans l'atmosphère (*voir* n°s 2 *à* 8). Je conseillerai toujours, dans l'espèce, de faire des cheminées souterraines, aboutissant à une grande cheminée d'une élévation relative au tirage à obtenir et à sa situation. On éviterait ainsi le danger trop évident du grand nombre de tuyaux et de cheminées qu'il faut surveiller et entretenir constamment en bon état.

282. Les becs d'éclairage fixes seront rigoureusement éloignés de toute matière combustible, et bien garantis par des fumivores qui ne devront jamais pouvoir être imbibés d'huile, sinon il serait préférable d'abaisser la hauteur du corps éclairant et de n'en pas mettre. Pour lampes mobiles on choisira les lampes marines ou mieux Cosset-Dubrulle ; souvent les lampes ordinaires accrochées au-dessous de chevrons graisseux y ont mis le feu ; d'autres fois, suspendues à des tuyaux qui conduisent l'huile des appareils d'ex-

traction dans des bacs de repos ou d'épuration, elles ont occasionné également l'incendie ; ces tuyaux sont toujours humides d'huile qu'ils suintent souvent, s'ils se trouvent au-dessus d'un foyer de lumière trop rapproché, l'huile ne tarde pas à s'enflammer, la flamme s'élargit, court sur toutes les surfaces du conduit, les soudures se fondent, et l'incendie éclate quelques minutes après si violemment que la destruction de l'usine s'ensuit presque toujours en présence de l'inefficacité de l'eau sur des corps gras enflammés qu'on ne peut éteindre que par étouffement subit, au moyen de sable, de terre, ou autres matières analogues et réfrigérantes.

283. Les lampes de sûreté ou le gaz serviront aussi, à l'exclusion de toutes autres, pour les magasins, que nous recommandons, autant que possible, séparés. Une économie de prime d'assurance sera la conséquence de cette séparation.

284. Le nettoyage des graines peut offrir un danger similaire à celui du nettoyage des blés (n° 249) : nous engageons aux mêmes soins que pour ce dernier appareil.

285. Toutes les fois qu'une huilerie aura pour moteur la vapeur, je conseillerai au manufacturier de chauffer les chauffoirs à la vapeur. Ce mode, outre la sécurité qu'il offre en diminuant les chances d'incendie, a, sous le rapport industriel, plus d'un avantage : 1° on sait les inconvénients que le chauffage à feu nu présente, appliqué à des substances facilement altérables par une température peu élevée, inconvénient que ne mitige pas toujours le bain-marie, à cause des soins que son addition demande : 2° les chauffoirs à feu nu exigent autant de foyers qu'il y a de chauffoirs, et, partant, autant de foyers à entretenir et à surveiller, tandis que par la vapeur on en a qu'un seul : 3° on utilise la vapeur perdue au chauffage de l'huile que l'on soumet à l'épuration, ou de la chambre d'épuration : le travail s'élabore mieux qu'à la température ordinaire.

286. Les calorifères placés dans les épurations, ou les poêles et leurs tuyaux, doivent être parfaitement isolés. Nous renvoyons, à

cet égard, aux renseignements des articles n°s 1 à 18. On les écartera surtout de tout conduit des liquides oléagineux, et l'on ne craindra pas de découper les planchers largement tout autour ; les dalles posées sur planchers en bois auront une saillie dépassant les contours du poêle d'au moins 25 centimètres, afin que le bois huilé ne s'enflamme pas sous un rayonnement de calorique trop immédiat.

287. La tolérance des petites chaudières d'essai des huiles ne peut être légitimée qu'aux conditions suivantes : Interposition obligatoire d'un bain-marie entre le foyer et le manchon contenant l'huile ; situation du fourneau dans la cour, à l'extérieur, ou dans un petit caveau voûté, dont le sol carrelé sera inférieur de quelques centimètres à celui des chambres voisines, afin que si, par une cause imprévue, le liquide venait à prendre feu et à se répandre, il ne puisse circuler au delà du caveau ou lieu voûté précité.

288. Ce ne sont plus des seaux d'eau que nous recommandons pour les huileries, mais bien des seaux remplis de sable. On en disposera à la chaufferie, à l'épuration ; dans les magasins les tonnes d'eau pourront figurer, surtout près du nettoyage. Dans les cours, on aura toujours des tas de sable prêts en cas d'événement. La pompe à incendie servira pour les magasins, les toitures, les contiguïtés.

289. Il faut éviter bien soigneusement d'amasser les sacs huilés, dans les ateliers, à cause des combustions spontanées auxquelles ils seraient sujets.

MOYENS DE SECOURS EN OUTRE DE CE QUI PRÉCÈDE.

Dans l'atelier de la fabrique, presses, chauffoirs, meules, un extincteur.

A chaque étage des magasins une cuve d'eau mélangée d'un dixième de pyro-extincteur Constant ; pompe fixe à vapeur Thirion d'une grande puissance, ou pompe mobile à incendie ordinaire avec 500 kilog. de pyro-extincteur toujours prêt à être employé et mélangé à l'eau de projection.

Régulateur Tésorieri ou Granjean à chaque bec de gaz de l'épuration des magasins, et emploi exclusif, pour les lumières mobiles, de la lampe Cosset-Dubrule ou toute autre d'égale sûreté.

Dans les magasins, ateliers d'épuration, avertisseur d'incendie Leblan, donnant le signal dans la chambre du concierge, dans le bureau et l'appartement de l'usinier.

FABRIQUES DE SUCRE ET RAFFINERIES DE SUCRE.

290. Toutes les opérations des fabriques de sucre et raffineries se font aujourd'hui à la vapeur. Le chauffage seul a lieu soit à la vapeur, soit à air chaud, soit par calorifères à feu nu ou simples poêles, et ce chauffage suivant ces derniers modes se concentre souvent dans un seul local, les emplis, purgeries ou chambres de cristallisation des sirops de 1er, 2e et 3e jets et les magasins à sucre.

Nous allons passer en revue les différents modes d'aménagements de ce chauffage.

Emplis voûtés. — Le meilleur système de disposition des emplis est de les établir dans des caves ou dans des sous-sols voûtés solidement en briques, sans aucune ouverture dans les voûtes, avec escaliers en pierre et portes en fer. Les bacs étant en tôle, le sol terré ou dallé, un calorifère à air chaud avec foyer extérieur présentera la moindre somme de dangers ; on pourra même admettre des poêles ou des foyers intérieurs, à la condition que les produits de la combustion seront déversés à l'extérieur au moyen de fortes cheminées en briques.

Il peut arriver que les caves ou sous-sols voûtés ne soient pas de capacité suffisante pour contenir tous les sirops de la fabrication et qu'on soit obligé d'avoir des bacs dans un autre local non voûté ; dans ce cas il faut s'arranger de façon que les premiers jets soient versés dans les récipients de la partie non voûtée que l'on chauffe à la vapeur pendant le temps de la fabrication, de sorte que ces produits étant toujours convertis en sucre avant la fin de la fabrication, on puisse limiter l'autre mode de chauffage à l'empli voûté.

Emplis non voûtés, rez-de-chaussée. — Depuis que la

turbine a remplacé les formes, il n'a plus été nécessaire d'avoir et de chauffer les nombreux étages contenant ces dernières. Les emplis peuvent donc être localisés dans des rez-de-chaussées. Différents modes de chauffage peuvent être pratiqués :

1° Un foyer extérieur ; des tuyaux reposant dans un canal en briques, creux de 60 à 80 centimètres. Les bacs de tôle forment, par intermittence, la quatrième paroi de ce conduit, sur la plus grande partie de la canalisation ; sur l'autre partie le dallage du sol se rejoint, émettant la chaleur par des issues pratiquées dans son épaisseur ;

2° Un foyer extérieur ; deux rangées de bacs parallèles, tangents les uns aux autres et formant deux rectangles égaux : ils sont soutenus par leurs extrémités opposées, de sorte qu'un vide assez large est pratiqué en dessous de leur partie inférieure, en dessous d'eux. Ces deux rectangles sont séparés au milieu par un passage d'une largeur suffisante pour la circulation des ouvriers et le travail. Ce passage repose sous voûte, et au dessous de cette voûte circulent les tuyaux de chauffage qui distribuent de droite et de gauche la chaleur, au moyen de carnaux multipliés, et l'envoient sous les bacs. Cette chaleur ne rencontre que des matières incombustibles ;

3° Un foyer extérieur et des tuyaux reposant simplement sur le dallage, contournant les bacs et laissant sortir l'air chaud par des bouches mobiles. On veille à ce qu'aucun objet combustible, par exemple, des sacs mis à sécher, ne se rencontrent sur le passage des tuyaux et l'émission du calorique, à ce que les rigoles en bois dont on se sert encore dans quelques usines, n'en soient jamais trop rapprochées.

S'il est indispensable de chauffer les étages supérieurs, ce qui devra être évité dans toutes les usines récemment construites, on aura soin de se conformer pour la circulation des tuyaux aux prescriptions indiquées dans la première partie de ce livre ;

4° Chauffage à feu nu : Il existe encore dans quelques vieilles usines, mais il serait bien facile de le remplacer. Nous renvoyons pour ses dispositions aux n°s 1 à 18 ; mais nous ajouterons que les tuyaux les plus rapprochés des planchers ne doivent pas en être écartés de moins de 70 centimètres, et 1 mètre vers le foyer ; que les supports des tuyaux doivent être en fer, qu'il est toujours facile de revêtir de maçonnerie les plafonds, ou qu'au moins les parties exposées au coup de feu et recevant la chaleur directe des calorifères ou simples cloches que l'on fait souvent rougir, doivent l'être indispensablement et recouvertes de tôle ; car le chauffage de ce genre est très vigoureux et les précautions ordinaires ne suffiraient pas. Lorsque les tuyaux se rendent dans des cheminées pratiquées dans l'épaisseur des murailles, il faut avoir soin de faire reposer les chevrons des planchers aboutissant aux parois, sur des entravelures écartées elles-mêmes de quelques centimètres.

Mais, nous le répétons, il est toujours possible de substituer au feu nu l'air chaud et le foyer extérieur quand on est pas en présence d'ateliers voûtés ou à rez-de-chaussée.

291. L'appareil de saturation Rousseau doit être sous dalle et éloigné des planchers.

292. L'appareil à alcool Pesier ne saurait être établi que dans une chambre séparée, éclairée extérieurement.

293. Lorsqu'on retire directement l'acide carbonique d'un carbonate de chaux, pour la saturation, il faut établir le four en briques, avec toiture en tôle ou en pannes sur lattes et chevrons en fer, et ce à une distance d'au moins cinq mètres de l'usine.

294. Les fours à fabrication ou revivification du noir doivent être séparés de l'usine à sucre proprement dite, et construits de façon que l'entrée de chaque four forme voûte avec saillie ; à défaut, on applique au-dessus de chaque entrée une plaque de forte tôle formant angle droit avec la muraille. Pas de toiture, ou une toiture incombustible serait encore le mieux. Il ne faut pas oublier surtout de pratiquer à l'extérieur de chaque four, des ouvreaux d'aération, fermés par des registres qu'on ouvre une heure ou deux avant de déluter les portes et de défourner, afin de faire sortir, sans risque,

les gaz enflammés et les effluves brûlantes concentrés dans le four,
lesquels ont quelquefois incendié les toitures et pourraient le faire.

295. Les fours à fabrication ou revivification continue exigeront
le même isolement ; de plus, on ne devra faire entrer dans leur
construction aucune poutre ni chevrons en bois ; les portions de
planchers qu'on établit à la hauteur nécessaire devront être décou-
pées largement autour du massif du four, et la toiture préservée au
moyen de feuilles de tôle, si elle n'est pas incombustible. Quelques
fabricants utilisent la chaleur qui se dégage de ce genre de four
continu, en installant dans le foyer des cornues à houille, qui en
forment les parois et qui produisent en même temps le gaz nécessaire
à l'éclairage de l'usine, et le coke, aliment du feu. Comme le noir
est retiré des fours continus tout incandescent encore, et que sa
surface paraissant refroidie, souvent le centre est encore embrasé,
il faut avoir soin de l'éloigner de toutes planches, murailles ou
cloisons en pans de bois, et tous autres objets combustibles.

296. Le bureau des employés de la régie, comme aussi celui du
directeur de l'usine, sont souvent chauffés par de petits poêles : on
évitera tous dangers en employant les systèmes Corneau ou Joly,
ou autres analogues, et en les établissant avec les précautions
indiquées.

297. Ce que nous venons de dire s'applique aussi aux raffineries
de sucre. Ces usines ont de plus des étuves et de vastes magasins ou
ateliers nécessaires pour le clairçage du sucre, l'égouttement des pains,
l'empaquetage, l'emballage, le sciage du sucre. Ces opérations exigent
un emplacement considérable, une chaleur assez élevée ; réunies aux
autres, elles constituent un risque où l'on trouve agglomérés, tout
à la fois, une masse énorme de marchandises en cours de fabrication,
un matériel important, des bâtiments avec étages nombreux, des
valeurs considérables en marchandises fabriquées, même ensemble
qui offre au feu, lorsque malheureusement il se déclare, un aliment
énorme des plus combustibles et facilement avarié. C'est dans ces

circonstances qu'il faut chercher l'explication des primes élevées dont les Compagnies d'assurances affectent cette industrie. Les sinistres n'y sont pas plus fréquents qu'ailleurs, mais ils sont considérables, et il n'est pas rare qu'ils puissent atteindre facilement le chiffre énorme de plusieurs millions, par suite de cette accumulation inusitée de valeurs dans les mêmes bâtiments.

Sans cette chance toute particulière de perte incalculable qu'offre la raffinerie de sucre, et dont, il faut le confesser, il y a bien des exemples, ce risque serait peu dangereux. En effet, aujourd'hui, toutes les usines de ce genre sont presque complètement chauffées à la vapeur, les étuves le sont également, le chauffage à air chaud étant inférieur à la vapeur, sous le rapport de la qualité industrielle du sucre étuvé ; il y a peut-être seulement quelques emplis où le chauffage est mixte et analogue à celui des purgeries de la fabrique de sucre.

298. Les étuves doivent, quoique chauffées à la vapeur, être voûtées, indépendantes les unes des autres, ne contenir dans leurs murs aucune pièce de bois. avoir leurs portes, leurs étagères en fer, être éclairées extérieurement. Aujourd'hui que l'efficacité de la vapeur est reconnue, il est facile de disposer dans chaque étuve un robinet de vapeur, qu'on peut ouvrir de l'extérieur. On arrêtera ainsi, instantanément, tout commencement de sinistre s'y déclarant.

Bien que cette industrie ait besoin que ses éléments soient réunis dans le même lieu, voici ce que nous proposerions pour amoindrir l'importance des sinistres auxquels elle est exposée :

1º Disposer sous un vaste rez-de-chaussée, avec galeries en étages interrompus, sur le côté, formés par des voûtes supportées par des colonnes de fonte, ce qui évite l'emploi de planchers en bois, la salle contenant les opérations de fonte, défécation. clarification, saturation ; filtrage, concentration, évaporation et cuite ; la machine à vapeur dans un local adjacent, si impossible d'être séparé, ainsi que les générateurs.

2° Séparé du premier par un mur de refend , percé de portes parfaitement tôlées (*voir n° 110*), le remplissage des formes, l'égouttage, le clerçage, la succion, l'empaquetage, le pesage ;

3° Tangent et formant équerre avec ce dernier, un bâtiment contenant les étuves, séparées par de solides murs, voûtées, avec robinets de vapeur, étagères incombustibles et éclairage extérieur. Le mur mitoyen formera en face des portes des étuves, des arceaux établissant les communications nécessaires ;

4° A la suite du deuxième bâtiment, un autre vaste rez-de-chaussée formant comme la seconde aile de l'usine contiendra les magasins des produits fabriqués ou à fabriquer et l'emballage, et communiquera avec le bâtiment précité par des ouvertures garnies de portes tôlées ou en fer. Evidemment si l'on peut emmagasiner les sucres à raffiner ou finis, dans un magasin distant de 10 ou 20 mèt. de l'usine, selon la hauteur des bâtiments, c'est encore préférable et au point de vue du danger et au point de vue de la prime d'assurances.

Les murs de refend dépassant d'un mètre chaque toiture, les vindas nécessaires au chargement, lorsqu'il y a étages, et si dangereux (*voir n° 114*), supprimés ou établis à l'extérieur ; les becs de gaz soigneusement renfermés dans les escaliers, et munis de fumivores ou de plaques de tôle partout ailleurs; l'escalier du bâtiment à étages édifié en pierre, les papiers et paillesde l'emballage enlevés chaque jour, une pompe à incendie fixe à vapeur, d'une grande puissance, établie en permanence dans le premier rez-de-chaussée, avec des tuyaux assez longs pour être portés à tout endroit du groupe de l'usine. En outre, on veillera toujours à ce que les bacs et réservoirs d'eau soient maintenus pleins, surtout dans les chômages, afin qu'en acs d'évènement, l'alimentation des pompes ne souffre aucun retard

299. Les noirs qui ont servi, et qui ne sont pas immédiatement lavés ou revivifiés, ne doivent pas être conservés dans l'intérieur des bâtiments ou rapprochés d'objets combustibles, car ils pourraient. dans cet état, offrir les phénomènes d'une combustion spontanée, dangereuse pour le voisinage. L'atelier du sciage des sucres mérite

également des soins particuliers : éviter les amas de caisses, de papiers ; vérifier les coussinets des transmissions, l'emplacement des becs de gaz, éviter l'encombrement de toute nature.

Si l'atelier de peinture des formes n'est pas séparé, il faut avoir bien soin de n'y introduire que la quantité de peinture nécessaire au travail de la journée, les essences devront être placées au dehors, dans un endroit séparé, sans feu ni lumière. Le séchage des formes doit être fait à la vapeur, ou à l'air chaud mais sans feu ni lumière intérieurs.

300. Dans quelques fabriques de sucre on est dans l'usage d'installer, soit dans les emplis, soit dans la chambre des presses, lorsqu'il fait très froid, des sortes de braseros, ou fourneaux improvisés, n'ayant pas de couvercles, dans lesquels on fait brûler du coke. Ces fourneaux affectent parfois la forme de parallélipèdes rectangles dont tous les côtés sont en barres métalliques entrelacées, ou bien celle de pyramides renversées faites de la même manière. On les emplit de coke qu'on entretient incandescent. D'autres fois on se contente de poser une grille sur une sorte d'âtre en briques, formant une espèce de cheminée découverte. On comprend que ces foyers inusités puissent être dangereux par les circonstances de leur position et de leur voisinage ; je conseillerai toujours de les munir à une certaine hauteur, d'une forte plaque de fonte horizontale. La superposition de cet écran fera mieux rayonner la chaleur latéralement et protégera les planchers, plafonds, ou toitures qui peuvent se trouver dans le prolongment du plan vertical du foyer. Mentionnons, en outre, que la déclaration de ce mode de chauffage doit toujours être spécifiée dans la police, contrairement à ce qui a lieu dans la pratique, quel que soit le peu de temps qu'il dure, car si une Compagnie quelconque le tolère, il est juste qu'elle puisse, par l'organe de son représentant, se convaincre que sa tolérance ne lui sera pas trop préjudiciable.

Explosion des appareils à vapeur (*voir Dépendances d'usines*). Cet accident est fréquent dans les fabriques de sucre.

RÉSUMÉ DES MOYENS DE SECOURS.

Fabrique de sucre. — Pompe à incendie ordinaire; réserve d'eau non gelable, provision de pyro-extincteur, 500 kilogr. au moins. La fabrique, presque toujours isolée, ne peut compter que sur ses propres ressources. Echelles, scies et haches pour couper les toitures.

Un bac d'eau et 12 seaux près des emplis chauffés directement.

Un extincteur dans la salle des fours au noir afin d'atteindre de suite la toiture.

Un avertisseur d'incendie par chaque emplis, ce qui aura le double avantage de prévenir des surchauffes. Il devra communiquer avec le bureau et la chambre à coucher du fabricant.

Raffineries de sucre. — Pompe fixe à vapeur Thirion de 40 chevaux lançant l'eau à 40 mètres et débitant deux mètres cubes à la minute, avec la canalisation souterraine et des regards pour emmancher le tuyau de projection partout où c'est nécessaire de manière à atteindre le foyer n'importe où il éclate, et alimentation continue.

Dans chaque étuve à candi ou à pains un appareil avertisseur des incendies donnant le signal du feu dans la chambre du gardien, dans celle du directeur et dans le bureau. Tuyaux de vapeur.

Contre les étuves un ou deux extincteurs selon leur importance.

Dans l'emballage et la scierie de surce plusieurs séries de seaux sur console et un extincteur.

Appareils régulateurs à chaque bec de gaz, Tesorieri ou Granjean, ce qui procure économie d'usure et sécurité.

Lampes Cosset-Dubrule dans les étuves, s'il y faut éclairage mobile.

Dans les fours aux noirs et les emplis, mêmes moyens de secours que dans la fabrique de sucre.

Avertisseur d'incendie dans les ateliers accessoires, menuiserie, forges, réserves des sacs, et mêmes précautions que dans ces ateliers spéciaux.

DISTILLERIES.

301. Les différentes opérations de la distillerie se font aujourd'hui à la vapeur, les soins du manufacturier doivent porter sur l'éclairage et le chauffage des ateliers. L'éclairage d'une distillerie doit être extérieur. Des accidents arrivent fréquemment lors des

réparations des appareils, parce qu'on n'a pas toujours la précaution de s'assurer, avant tout travail de nettoyage ou de réparation des chaudières ou alambics, qu'il n'y reste plus aucune trace d'alcool. Même après cette certitude, il faut opérer prudemment. Si l'éclairage ne peut pas, par suite d'une construction défectueuse de l'usine, ce qui ne devrait jamais se produire dans une distillerie neuve, être entièrement extérieur, les lampes ou becs de gaz devront être bien éloignés des appareils. 1 mètre 50 centimètres au moins, et les lampes Davy ou Cosset-Dubrule, seules, approchées des éprouvettes.

302. La salle des générateurs ne doit pas communiquer avec les chambres distillatoires, car, en cas de fuite ou d'accidents, les vapeurs d'alcool qui sont plus denses que l'air (1,6133 au lieu de 1,000), iraient s'enflammer au contact des foyers. Pour obvier à un inconvénient similaire, le dépotoir se trouvera dans un local spécial, sans porte de communication avec le précédent, s'il est possible, et non éclairé, ou éclairé extérieurement : on sait les nombreux accidents qui résultent des manipulations, des transvasements de l'alcool, en présence d'une lumière nue, quelque précaution que l'on prenne. L'enseignement à tirer de ces accidents si répétés, c'est qu'on ne doit faire ces opérations que le jour, ou éclairer extérieurement le local, et si parfois il faut approcher une lumière, n'admettre que la lampe Davy ou similaire. Une défense expresse de fumer sera affichée en permanence dans la distillerie, et les ouvriers pris sur le fait, rigoureusement renvoyés : l'usage de la pipe ou du cigare aurait bien vite annihilé le bénéfice des bonnes conditions du risque.

303. Le manufacturier trouvera un double avantage à séparer complètement, non pas seulement par un mur de refend, mais par un intervalle vide d'au moins dix mètres, le magasin des produits fabriqués : 1° En cas de destruction de la distillerie, il pourrait préserver ses marchandises qui représentent toujours une assez grande valeur ; 2° la prime ou contribution qu'il paiera pour les magasins isolés sera moindre que celle afférente à l'établissement

principal. Les mêmes restrictions pour l'éclairage sont applicables aux magasins.

304. La chambre de macération et de fermentation , autant que possible , ne communiquera pas avec celle de distillation ; si une porte est indispensable, elle devra être battante et se fermer seule. Du moment où une communication existe , elle entraîne forcément aux conséquences suivantes : analogie d'éclairage , suppression de tout poêle à feu nu, l'air chaud, seul, à défaut de vapeur, peut être toléré, amené d'un calorifère extérieur bien entendu. La réduction stipulée par le tarif pour l'éclairage extérieur serait un non-sens si les vapeurs d'alcool pouvaient aller se brûler aux becs de gaz , ou aux lumières libres de la salle de macération ou fermentation.

305. Il en est de même des fours dans lesquels on traite, par incinération, les vinasses, pour en extraire les sels de potasse et de soude qu'elles contiennent ; il faut qu'ils n'aient aucune communication avec la distillerie, sous peine de subir la même prime ou contribution, et de faire perdre à celle-ci le bénéfice de son éclairage extérieur. Leur toiture doit être élevée, afin de ne pas se carboniser par une trop grande proximité des foyers.

306. La tonnellerie pourra être adjacente aux fours à potasse , mais avec une entrée différente et un mur de refend. Elle serait mieux séparée complètement. Voir ce que nous disons à l'article *Fonderie,* à son sujet.

307. Il y a peu de fabriques d'alcool de grains sans maltage, par conséquent touraille , sans moulin pour le concassage du grain, bluteries, et souvent nettoyage, de là présence de fréquentes causes de sinistres. Nous renvoyons pour ce qui est relatif au moulin , et au maltage aux articles spéciaux qui traitent de ces industries : *Moulins à blé; Brasseries.*

308. La division des risques , le mode de disposition des locaux divers dont l'ensemble constitue la distillerie, sont, d'après ce qui précède , d'une grande influence dans l'espèce , et de ces choses dépendra la probabilité d'avoir à subir des sinistres partiels ou totaux.

Le constructeur, dans la chambre aux appareils de distillerie et rectification, multipliera les fenêtres, supprimera les planchers, n'établira que des galeries à claire-voie restreintes à l'indispensable, surmontera le bâtiment bien élevé d'une toiture légère, car l'incendie commence toujours par l'explosion, et si l'on rend plus rares les obstacles à l'explosion et les corps combustibles qu'elle peut enflammer, on rendra possible et facile l'extinction du feu et la réparation des dommages. Ce serait le cas d'avoir une toiture en fer et pannes, et de construire en matériaux incombustibles, briques et fontes ajourées pour les galeries.

309. On a remarqué que la vapeur était d'un excellent effet dans les sinistres de distillerie ; il sera élémentaire d'établir un tuyau de vapeur dans la salle aux appareils avec une transmission qui en ouvre l'issue du dehors, si les générateurs communiquent avec cette salle. Dans la négative, il suffira de pouvoir, de la chambre des générateurs, émettre la vapeur réunie dans le tuyau de secours. La vapeur ainsi lancée en masse a fait merveille.

310. Soit qu'on emploie la lampe Davy ou la lampe Combes ou Cosset-Dubrule, il faut veiller avec une extrême attention à l'état quotidien de ces lampes ; il n'est pas rare de voir les ouvriers, pour avoir un peu plus de clarté, faire des trous cylindriques avec un poinçon dans le tissu métallique préservateur, et enlever ainsi à cette lampe toute la sécurité qu'elle donne. Je dois aussi ajouter que dans certaines distilleries où l'éclairage est indiqué dans la police comme extérieur, on introduit nonobstant la lampe Davy ou Combes ; or, ces lampes endommagées ou en mauvais état par l'usure, pouvant être cause d'accident, je pense que leur état doit être bien surveillé.

310bis. M. le docteur Surmay, de Ham, propose d'utiliser les propriétés des toiles métalliques à mailles serrées pour éviter les sinistres provenant de fuites des appareils en enveloppant les joints de ces derniers et de leurs tuyaux, du tissu métallique protecteur. Ce ne deut être qu'une excellente précaution.

MOYENS DE SECOURS DE LA DISTILLERIE.

Chambre aux alambics : un tuyau de vapeur permettant de l'emplir de ce gaz instantanément. On devra pouvoir faire cette émission, sans entrer dans la chambre, de l'extérieur ou d'un local voisin.

Magasins aux alcools : 10 mètres cubes de sable avec paniers et pelles pour la projection, disposés aux alentours. Ce sable servira à étouffer le feu et diriger le courant d'alcool enflammé en dehors des objets combustibles.

Appareil avertisseur d'incendie dans la chambre aux alambics et dans le magasin aux alcools donnant le signal dans les appartements du directeur et le bureau.

Un extincteur contre le nettoyage et les meules à concasser.

Une pompe à incendie fixe à vapeur, ou une pompe ordinaire à incendie avec provision d'eau non gelable et 500 kilog. de pyro-extincteur Constant.

Les fabriques et raffineries de sucre, les distilleries, les moulins, travaillant jour et nuit, suffisamment munis d'appareils avertisseurs d'incendie, ne devront jamais donner lieu qu'à des commencements d'incendie, qu'il devra être facile d'éteindre, si l'on possède sous la main les engins de secours recommandés, puisque le personne nécessaire à le faire marcher se trouve toujours présent.

Les dangers les plus grands seront toujours dans les moments de chômage et de reprise du travail ; on devra bien veiller à ce qui est dit relativement à l'introduction des ouvriers étrangers à l'usine qui viennent pour procéder à des réparations ou à des installations, maçons, zingueurs, mécaniciens, gaziers, fumistes, menuisiers. Bien des sinistres dans ces industries sont provenus d'eux, alors que toutes les précautions étaient prises par les ouvriers de l'usine.

HAUTS-FOURNEAUX, FORGES, ATELIERS DE CONSTRUCTION, CLOUTERIES, FONDERIES, USINES MÉTALLURGIQUES.

311. Les provisions de charbons de bois, ou de terre, offrent quelquefois du danger. Les premières peuvent contenir quelques charbons mal éteints qui se rallument ; ce qui indique d'isoler les halles qui les contiennent, et de n'y introduire les charbons qu'après qu'on sera bien certain de leur parfaite extinction. Dans les fabriques d'acide acétique, il faut avoir bien soin de laisser les charbons sortis des cornues vingt-quatre heures à l'air. Après les avoir mis en sacs, on les laisse encore à l'air un temps égal, puis seulement alors, on les rentre sous halles. Encore n'évite-t-on pas toujours les accidents, il suffit d'un point en ignition, au milieu d'un nœud de bois, pour rallumer toute la masse. Une surveillance prolongée au delà de ce temps, et une pompe à incendie, ou des tonneaux d'eau avec seaux sont indispensables. En procédant de la même façon pour le charbon de bois qui arrive des fauldes, on obviera, en grande partie, à ces inconvénients. Les deuxièmes peuvent s'enflammer spontanément. Il faut, lorsqu'on les met en tas, s'y prendre de façon qu'une bonne ventilation circule dans toutes les parties de la masse, car, sous l'influence simultanée de la chaleur et de l'humidité, surtout dans les houilles menues et pyriteuses, il se produit une absorbtion d'oxygène accompagnée d'un dégagement de chaleur suffisant pour les enflammer. Or, presque toutes les houilles contiennent une certaine quantité de pyrite de fer. Il est usuel de suivre le moyen que nous avons tracé à l'article n° 171 ; les tubes sont peu coûteux et d'un assez long usage. La tourbe pyriteuse, en présence de l'humidité, peut offrir aussi des exemples de ces phénomènes de combustion spontanée ; le fumier également. On les évite de la même façon en pratiquant des cheminées d'aération dans les masses de ces matières. Épuiser les tas de houille ou de tourbe complétement, enlever les

détritus, ou ponssières, ou menus morceaux qui restent, avant de remettre une nouvelle provision, est encore une précaution à observer.

312. Les forges et laminoirs doivent avoir un sol incombustible, des toitures élevées, pas ou peu de cloisons ou divisions en planches. Les toitures, car ces usines ne constituent guère que d'immenses hangars ou halles ouvertes latéralement, s'enflamment souvent, les bois se carbonisent; il faut donc avoir toujours, sous la main, la pompe toute prête, montée sur un petit chariot, qui permet de la faire circuler dans les ateliers, de la manœuvrer à la moindre alerte.

313. Les étuves tout en briques et voûtées solidement ne seront adossées à aucune muraille contenant des boutants en bois ou des pans de bois. On n'appliquera aucun plancher sur ou près d'elles, à moins d'une distance de 70 centimètres au moins. Elles seront fermées par des portes en fer toujours en bon état. Les fours à réverbère, les fours de fusions ou cubilots, seront isolés de tout plancher, de toute poutre, de toute toiture. S'il en existe dans leur plan, ce qui se voit pour les cubilots, on les découpera largement tout autour, remplaçant le bois, les lattes, par du fer et de la tôle. De même pour les fours à puddler, à réchauffer, les chaufferettes à boulons, etc. On utilise les chaleurs perdues de ces fours en les envoyant chauffer les générateurs de vapeur; on peut disposer, par exemple, sur une même ligne les chaufferettes qu'on recouvre d'une voûte supportant un générateur d'une longueur égale à leur rangée, etc.

314. La menuiserie, la chambre des modèles sont d'une importance primaire sous le point de vue qui nous préoccupe, dans les ateliers de construction et les fonderies. Trop souvent, cependant, on y laisse en désordre des bois, des copeaux, des débris, de la paille; les planchers sont en bois, des cheminées y passent, la colle se fait à feu nu, des poêles sont négligemment et comme provisoirement établis, et l'on s'étonne ensuite du sinistre. Le chauffage de la

colle-forte, opération dont les suites ont occasionné bien des sinistres, ne doit jamais, sous aucun prétexte, même avec un vase à double fond, avoir lieu à feu nu. Quoi de plus facile que de l'opérer à la vapeur, ou même au gaz? On chauffera aussi à la vapeur l'atelier de la menuiserie, ou au moyen d'un poêle Corneau ou autre similaire, élevé sur dalle épaisse de 5 à 6 centimètres. On substituera à l'éclairage routinier des lampes à main ou des chandelles, l'éclairage au gaz rendu mobile au moyen de papillons montés sur petit trépied, et munis de tuyaux en caoutchouc, se prêtant à tous les mouvements. C'est d'ailleurs, un mauvais système, d'avoir des étages et de placer ces ateliers à l'étage, surtout celui ou se travaille le bois. Ils ne deviennent moins dangereux qu'en simples rez-de-chaussée.

315. Lorsque la menuiserie dépend d'un établissement assez important pour que le débitage du bois servant aux modèles ou à d'autres emplois ait lieu au moyen de plusieurs scies mues mécaniquement, il sera indispensable de confiner cet atelier dans un local spécial isolé de tout autre.

316. L'annexe de la menuiserie, le magasin des modèles, d'une valeur relative que ne compense pas l'assurance, est ordinairement placée au-dessus de la menuiserie lorsque le bâtiment a des étages. Cette place, rationnelle suivant le service, l'ordre du travail, est, sous le rapport de l'incendie, la plus exposée. Aussi, à moins d'étages voûtés et incombustibles, revenons-nous toujours à nos rez-de-chaussée de prédilection qui concilient tout et permettent la tangence de ces deux ateliers.

317. La menuiserie doit être dallée ou carrelée, ou sur sol terré ; chaque soir, après le travail, un balayage sérieux opèrera consciencieusement l'enlèvement des copeaux, des pailles, des débris de bois qui peuvent joncher le sol. Ces débris, mis en sacs, seront placés loin de tout objet combustible, sous un hangar isolé.

318. Les feux de forges, accouplés ou non, doivent être munis

de hottes, à moins de toiture incombustible, et le prolongement des hottes se terminer en cheminées dépassant la toiture d'un mètre ou plus, suivant que cette toiture forme les deux côtés d'un angle plus ou moins aigu. L'endroit de la toiture que ces cheminées traversent pour sortir à l'extérieur doit être parfaitement découpé, et outre les précautions indiquées n°s 1 à 18, c'est une excellente idée que de faire entrer la cheminée, si c'est un simple tuyau de tôle, dans une autre plus large, en terre ou en métal, qui lui sert d'enveloppe, et garantit mieux les corps cumbustibles voisins contre les suites de fissures, ruptures ou fentes qui peuvent se déclarer. C'est à tort que l'on prétend que les battitures projetées par le forgeage sont peu à redouter, ainsi que les étincelles des feux de forge ; considérées isolément, on a peut-être raison, mais multipliées et successives, comme elles sont en pratique, elles peuvent parfaitement finir par enflammer des corps combustibles, et bien des exemples pourraient être fournis à l'appui de cette assertion. Les étincelles des fours de fusion ou à réchauffer sont lancées dans un périmètre plus étendu à cause de la violence du tirage artificiel et de la plus grande hauteur des cheminées. C'est un voisinage dangereux.

319. Les ateliers de tournerie et d'ajustage des métaux ne présentent de risques que par les petites quantités d'huile qu'on emploie pour le fonctionnement des machines à percer, fileter, tarauder, roder, et autres semblables, de suifs pour les meules à polir, à émoudre, à cause des chiffons imbibés de ces matières grasses. Pour prévenir l'éventualité du danger, ou bien on répartit aux ajusteurs un certain nombre de boîtes en tôle dans lesquelles on les oblige à serrer ces chiffons, ou bien on les fait ramasser chaque soir et mettre dehors par un surveillant.

320. Si, pour quelque cause que ce soit, on employait dans ces ateliers du soufre en fleur ou en poudre, il faudrait se rappeler que le soufre se combine au fer à la température ordinaire, et que la limaille ou des copeaux de fer humides ou mouillés, mélangés avec

le soufre également à l'état de division, peuvent former une combinaison qui a tant d'affinité pour l'oxygène de l'air, qu'en l'absorbant elle peut devenir incandescente, conséquemment communiquer le feu aux objets combustibles voisins.

321. Le local servant aux emballages sera carrelé ou dallé, l'éclairage extérieur ou enfermé dans des lanternes, les débris de paille de toute espèce enlevés chaque soir ; défense expresse d'y fumer y sera faite.

322. Le dégraissage des pièces taraudées, telles que boulons, vis, écrous, est à surveiller. Les bains alcalins où il s'effectue sont le plus souvent chauffés à feu nu ; tous les objets avoisinant étant gras, les foyers peuvent présenter les mêmes dangers à peu près que les chauffoirs de moulins à huile. Il est sage de faire cette opération dans un appentis construit *ad hoc*, et dont l'incendie ne pourrait compromettre les corps des bâtiments voisins. La même prescription doit être suivie pour le goudronnage des pièces telles que les tirefonds, boulons, chaînes, etc., afin que dans le cas d'inflammation du goudron et des ustensiles qui le contiennent, il soit facile de concentrer le feu et de l'étouffer.

322bis. Les armoires des ateliers seront visitées souvent, afin que les ouvriers n'y laissent séjourner aucun déchet, aucun linge, ou amas de chiffons qui, imbibés de graisses et d'oxyde métalliques, pourraient s'enflammer *sponte sua*. Je ferais ces armoires en fonte et tôle.

323. La fabrication des caisses ou barils d'emballage devra, autant que possible, être opérée dans un local indépendant. Les ouvriers ayant besoin d'exposer l'intérieur des barils au feu de quelques charbons enflammés, le feront au dehors, ou dans des cheminées avec âtre spacieux ; en dallant la pièce, on fera encore mieux. Tous les soirs les charbons seront éteints avec de l'eau, et la chambre balayée et vidée des menus copeaux et débris.

324. De temps en temps on fait un nettoyage complet de toutes les machines de l'atelier ; les torchons, laines, toiles, ou cotons, les

déchets qui servent à cet usage doivent, immédiatement après, être portés au fumier ou dans un petit local *ad hoc* bien séparé et sans valeur.

325. On choisira, pour le magasin aux couleurs, un rez-de-chaussée, bien aéré, sans foyer, éclairé extérieurement. Je n'approuve pas l'usage de mettre les couleurs et essences dans les caves, parce que la ventilation y est toujours insuffisante et qu'on est obligé souvent d'y introduire de la lumière.

326. Dans les établissements où le travail cesse avec la journée, le danger commence avec la nuit ; deux ou trois rondes de nuit me paraissent indispensables ; le feu qui se communique par suite de mauvais état de cheminées, de tuyaux de poêles, couvant longtemps avant d'éclater.

RÉSUMÉS DES MOYENS DE SECOURS ET DE PRÉCAUTIONS.

Chambre des modèles. — Interdiction d'y aller avec de la lumière, ou emploi exclusif de la lampe Cosset-Dubrule ou similaire. Un avertisseur par appartement. Boîte Collin.

Menuiserie. — Enlèvement quotidien des sciures, balayage quotidien ; un avertisseur d'incendie ; boîte Collin.

Magasins à charbons fermés. — Un avertisseur Le Blan et une boîte à contrôleur Collin.

Halles des ateliers. — Un extincteur afin de pouvoir immédiatement lancer le liquide extincteur sur les toitures où le feu se déclare le plus fréquemment. Une boîte de contrôleur dans chaque halle.

Remise aux couleurs. — Un avertisseur, une boîte de contrôle et un extincteur.

En outre une pompe à vapeur fixe d'une assez grande puissance pour atteindre et inonder d'eau n'importe quelle partie des usines, sa canalisation *ad hoc*, ou une pompe mobile avec provision de liquide pyro-extincteur.

Chiffons de nettoyage. — Les enlever toutes les veilles de fêtes ou de dimanche et les porter dans un endroit où leur combustion pourra se faire sans danger. En attendant l'enlèvement, exiger que ceux qui ont servi et servent soient toujours remisés dans des boîtes en fer.

PAPETERIES.

328. Le système continu étant employé aujourd'hui partout, nous ne nous occuperons pas des papeteries à anciens procédés.

Les parties dangereuses de la papeterie sont :

1° L'atelier du délissage, triage et coupage des chiffons. La combustibilité des matières. les allumettes que l'on trouve souvent dans les chiffons rendent indispensable une surveillance de tous les instants ; l'éclairage desdits ateliers, leur chauffage appellent également l'attention. On ne saurait trop isoler les poêles que l'on peut y établir, et les entourer d'une chemise en toile métallique serrée, afin d'empêcher le contact des chiffons. J'engagerai toujours l'usinier à n'employer que la vapeur qui ne lui fait pas défaut, et à interdire sévèrement l'entrée à toute chaufferette qui ne serait pas à eau chaude ;

2° L'atelier de la blute. La blute ou blutoir a pour objet de battre et nettoyer les chiffons des poussières et débris étrangers qu'ils contiennent. Cette opération se faisant à sec, la poussière absorbe l'huile des tourillons de la blute, s'attache aux cloisons de bois qui forment les contours de la chambre qui la contient, et si ces tourillons, qu'on graisse à la main et dont on est obligé d'épingler souvent les canaux qui contiennent l'huile, à cause des débris qui les bouchent, cessent un moment d'être lubrifiés, l'échauffement déterminé par la vitesse de la rotation ne tarde pas à allumer un incendie qui débute avec violence grâce à la combustibilité des corps qui lui servent d'aliment. Le manufacturier prudent organisera cette machine de façon à ce que les coussinets des tourillons soient en métal, constamment alimentés d'huile au moyen de graisseurs à godets, bien à l'abri de la poussière et souvent nettoyés ; toutes ces conditions dépendent de la précision avec laquelle cette machine est construite : il est facile, en payant un peu plus, de rendre cette précision proportionnelle aux dangers de l'appareil. Il l'établira dans un local carrelé, plafonné solidement ou voûté, remplacera les cloisons en bois par des murs en briques, restreindra les communications avec les chambres voisines au strict nécessaire et les garnira de portes en tôle. De plus, là ainsi qu'au délissage, un baquet d'eau d'une capacité moyenne, et des seaux à incendie seront toujours sous la main. Quand on le pourra, je préférerais un robinet d'eau avec quelques seaux y suspendus, terminés par un raccord sur lequel pourrait se visser immédiatement un boyau à incendie armé d'un ajustoir ; je crains toujours que les ouvriers gênés par la présence du tonneau d'eau, contrariés d'avoir l'ennui de le remplir exactement, ne finissent par supprimer, souvent à l'insu du maître, cet engin de secours si simple et si peu coûteux. Un tuyau de vapeur, également, ferait un excellent effet, surtout dans le local limité du blutoir. Il est bien aisé au papetier qui a l'eau et la vapeur, pour ainsi dire à discrétion, d'employer concurremment ces deux moyens. Le même manufacturier remplacera les cheminées d'aération et de conduite au dehors des poussières du blutoir, qui sont ordinairement en bois, et qui portent immédiatement le feu partout où elles passent, par des tubes ou gaînes en tôle, bien isolés comme s'il s'agissait de tuyaux de poêles, et munis de registres ou d'écrans qu'on fermera, par précaution, à la moindre trace de feu dans l'appareil ;

3° Les déchets des ateliers précédents. Un balayage fréquent et quotidien, un enlèvement des balayures régulièrement effectué empêcheront tout accident. C'est un grand tort que de laisser accumuler, soit dans la chambre de la blute, soit partout ailleurs, ces déchets, quand même on les mettrait en sacs. La moindre étincelle suffit pour les enflammer, et comme il faut toujours craindre les pipes et le tabac fumés clandestinement, on ne peut répondre que cette étincelle n'existera pas. Quand même d'ailleurs cet enlèvement journalier et méthodique n'aurait qu'une conséquence de propreté, ce serait toujours un avantage appréciable. Lorsque les cheminées de la blute débouchent sur le toit, ou que le blutoir est établi au grenier, près d'une fenêtre, les poussières s'amassent sur la toiture, s'y accumulent, ne tardent pas à y former une couche épaisse, que la moindre flammèche venue d'une cheminée voisine enflamme et qui, en déterminant l'incendie de la toiture, cause souvent celui de l'usine entière. On remédiera à ce risque par un balayage fréquent et méthodique de la toiture.

Ce que nous venons de dire relativement à la blute s'applique aussi aux coupeuses, aux déchireuses mécaniques. L'éclairage de la blute doit être extérieur, c'est-à-dire installé dans une des cloisons en briques comme nous l'avons prescrit n° 201 pour les carderies de filatures de lin.

4° Magasins de chiffons. La seule lumière que je permettrai est le gaz, soit sous lanterne, soit en simples papillons, selon la spaciosité des magasins et l'éloignement des chiffons. A défaut de gaz, la lampe Cosset-Dubrule ou similaire munie de tiges métalliques préservatrices contre le bris du verre sphérique. Le mieux encore, c'est d'arranger le travail de façon qu'il ne soit pas nécessaire de pénétrer dans les magasins de chiffons, une fois les ombres de la nuit descendues des montagnes.

Le désir d'éviter un incendie total, incitera à séparer complètement les magasins de chiffons des autres ateliers, et à les établir de façon qu'aucune cheminée du voisinage ne se trouve assez rapprochée des fenêtres pour pouvoir y projeter, le vent aidant, des étincelles incendiaires.

L'humidité est également à redouter. Sous certaines circonstances de chaleur, d'humidité et d'immobilité des chiffons en garenne, l'action encore mystérieuse des ferments peut décomposer la masse et produire une élévation de température suffisante pour l'enflammer, surtout dans les chiffons qui n'ont pas encore été mis en mains, car ils contiennent alors des matières grasses qui aident à la combustion spontanée et servent de fermens. Le moyen indiqué pour les laines, pour les charbons, etc., trouvent encore ici une judicieuse application.

329. La préparation de la colle, pour l'encollage des pâtes ou du papier, si elle s'effectue à feu direct ou au bain-marie chauffé à feu nu, ne doit se faire que sous un hangar ouvert ou dans un local séparé des ateliers où l'on travaille le chiffon sec ou le papier. Les mêmes précautions sont indispensables quand on la fabrique soi-même, la colle végétale exigeant l'incorporation de résine dont la fonte à feu nu est hasardeuse, et doit être opérée au dehors, en plein air. L'emploi exclusif de la vapeur, pour l'apprêt de la colle, dispense de tous ces soins.

330. Il en est de même de la préparation des couleurs, du blanchîment au chlore gazeux. Au lieu de chauffer à feu nu les bains de sable ou d'eau dans lesquels reposent les vases contenant les mélanges de peroxyde de manganèse et d'acide chlorhydrique qui émettent le chlore en fluide gazeux, on emploie la vapeur ; on traite de même à la vapeur les agents de teinture dont on a besoin.

331. Nous ne parlons pas ici des ateliers de lessivage, lavage, défilage, raffinage et blanchissage des pâtes : ces préparations humides et, pour ainsi dire, aquifères des pâtes ne présentent aucun risque. L'éclairage seul, mal disposé, pourrait peut-être occasionner des accidents, comme partout ailleurs, ainsi que d'autres circonstances extrinsèques au risque.

332. La salle de façonnage, lissage, satinage ou glaçage du papier fabriqué, rentre dans des conditions de sécurité également favorables. Les marchandises qui s'y entassent souvent, la propreté extrême qu'elle demande, doivent inspirer au manufacturier la pensée d'en faire l'objet d'un corps de bâtiment spécial, séparé complètement des autres, et n'y communiquant, s'il est besoin, que par des ponts en fer couverts de vitrages. Le chauffage de cette salle n'offrira rien de particulier ; aux soins notés n°s 1 à 18, on pourra ajouter celui d'une chemise en fer et fil de fer pour préserver les robes des ouvrières et empêcher tout accident.

333. La machine-continue à faire le papier mécaniquement ne présente non plus par elle-même aucun risque spécial, sauf le cas très rare du chauffage des cylindres sécheurs à air chaud. On a l'habitude de l'établir sous des voûtes ou sous un simple rez-de-chaussée : je ne puis qu'approuver cette tendance, tout en préférant les rez-de-chaussée avec toiture incombustible ou ineffondrable , ou vitrages avec châssis en fer galvanisé , ou garanti de toute autre manière contre les effets destructeurs de l'humidité et de la vapeur d'eau.

334. Les cylindres lessiveurs sont également chauffés à la vapeur à la pression de plusieurs atmosphères ; ils craignent beaucoup l'explosion. Il faut les placer en supposant possible cette éventualité.

335. Lorsqu'on se sert de pailles ou autres, graminées , ordinairement il s'agit de paille de froment et de maïs, pour les mélanger aux chiffons , il faut considérer que l'introduction de ces matières dans l'usine est une aggravation de dangers , et , par induction , les emmagasiner sous un hangar spécial , isolé ou contigu sans communication, qui pourra contenir aussi le hâchoir pour le découpage et le van pour la séparation des nœuds. On n'introduira ainsi dans les bâtiments que de la paille hâchée et au moment seulement de la soumettre à l'action désagrégeante des lessiveuses à vapeur.

336. J'engagerai de même à localiser le hâchage des cordes goudronnées ou autres , des vieilles saches , ou débris analogues, dans un hangar également isolé.

337. Parmi les nombreux succédanés usités pour remplacer le chiffon , on utilise aussi souvent le coton brut, les déchets de coton ; ces déchets comprennent les plus infimes, les balayures, les déchets de lin. On sait combien de dangers peuvent résulter de la présence des deux premiers de ces corps tant qu'ils ne sont pas soumis aux opérations humides , mélangés aux chiffons. Il est donc de toute nécessité de séparer les ateliers contenant ces matières, les machines, les effilocheuses qui les nettoient et qui en dissocient les filaments. Les déchets de lin sont moins facilement inflammables, mais immobilisés longtemps , ils peuvent donner lieu , comme les premiers, à des combustions spontanées.

338. Les étendages ont disparu des papeteries, sauf de celles où l'on emploie les vieux procédés, où l'on fabrique les tarots. La sécurité conseille la séparation des bâtiments *ad hoc* des autres ateliers. La suppression de toute lumière et de tout travail nocturne est une des premières conditions à s'imposer. Un chauffage, s'il en est besoin, aérotherme avec foyers extérieurs, des issues de chaleurs bien grillées et isolées, garanties en outre par un entourage de fil métallique contre tout contact avec des feuilles de papiers tombées des cordes de suspension.

339. La défense la plus expresse de fumer doit être affichée dans toute l'usine, et le manufacturier doit tenir sévèrement la main à ce qu'elle soit observée.

340. En résumé, les papeteries actuelles ont l'énorme inconvénient de présenter, presque toujours, une agglomération de bâtiments souvent peu nombreux, communiquant tous entre eux, encombrés de papiers, de chiffons, de débris qu'on trouve partout, dans les escaliers, les corridoirs, les cours, n'ayant que des moyens de secours à peu près négatifs, peut-être une pompe à incendie, et exposées à être complètement détruites par le premier incendie dont les débuts n'auront pu être étouffés. Trop d'exemples sont à citer, pour corroborer cette assertion. Trois grandes divisions dans le risque se présentent tout d'abord : 1° Réception, préparations des chiffons, avec subdivision pour le magasinage des chiffons préparés et les ateliers des succédanés ; 2° Opérations humides, fabrication des pâtes et du papier ; 3° Façonnage et magasinage du papier fabriqué. A ceux qui soutiendraient qu'il faut absolument des communications entre ces trois groupes , je répondrai que les ponts suspendus sont toujours possibles et je les enverrais visiter la papeterie Gratiot.

341. Je ne terminerai pas cet article sans faire remarquer ici

l'analogie de risque qui existe entre le nettoyage ou battage du chiffon, le nettoyage du blé et le nettoyage ou battage du coton. Les machines qui exécutent ces travaux préliminaires occasionnent et ont occasionné bien des sinistres, et l'on peut en inférer que leur isolement opéré dans la meunerie et dans la papeterie, comme dans la filature de coton, conduira aux favorables résultats obtenus dans la dernière de ces industries.

Les papeteries disposant d'eau en abondance, je conseillerai les modes préventifs spécifiés n° 84, pour le délissage, le blutage et pour les magasins de chiffons. Des cloisons incombustibles nombreuses, des murs de refend diviseront les magasins trop étendus, en facilitant la limitation, l'arrêt de l'incendie. Une pompe à incendie est indispensable (*voir n° 76*). Après le travail des ouvrières du délissage, plusieurs visites. d'heure en heure, doivent être faites. toutes les cases doivent être scrupuleusement senties et vérifiées. Le feu peut couver longtemps dans des chiffons, mais il exhale toujours une odeur bien caractéristique ; une allumette peut être tombée des chiffons et s'être enflammée sous un choc, sous les pas des ouvrières quittant le travail et laissant l'incendie derrière elles, si une première inspection n'est pas immédiatement faite.

342. Les Compagnies assurent aujourd'hui les dégâts résultant de l'explosion éventuelle des cylindres lessiveurs à vapeur.

RÉSUMÉS DES MOYENS DE SECOURS ET PRÉCAUTIONS.

Ateliers de délissage, triage, coupage, nettoyage des chiffons. — Un extincteur, un avertisseur d'incendie.

Magasins. — Un avertisseur d'incendie par appartement.

Séchoirs ou étendoirs. — Un avertisseur d'incendie, un tuyau de vapeur ou d'eau, un extincteur à côté.

Magasin aux papiers. — Un avertisseur d'incendie.

L'allumage devra être confié à un contre-maître spécial ne se servant que de la lampe spéciale également pour allumer sans risques.

Contrôleurs Collin, boites dans chacun des ateliers ci-dessus, visite aussitôt la sortie des ouvrières ; visites espacées le soir et les dimanches et jours de fêtes. Dans le délissage et les magasins il faut absolument un surveillant de nuit, y passant et repassant au moins toutes les deux heures.

Pompe à incendie fixe à vapeur, ou pompe mobile avec provision de 500 kil. au moins de pyro-extincteur Constant.

Éclairage. — Les soins particuliers recommandés ; pour lampes mobiles : celles Cosset-Dubrule ou similaires.

ACIDE ACÉTIQUE.

343. La fabrication du vinaigre de bois, ou acide pyroligneux, qui consiste en une distillation de bois en vases clos, dans des cornues mobiles, ou dans de grands cylindres fixes en fonte (système Kestner), n'est pas dangereuse par elle-même, les appareils, les fourneaux étant en matériaux incombustibles, et chauffés, sauf au début de l'opération, par les gaz non condensables produits par la distillation.

343bis. Le charbon de bois, résidu solide de la distillation, retiré des appareils refroidis, ou des étouffoirs où il aura été mis au sortir de ceux-ci, se rallume facilement ; les morceaux qui ont des nœuds, par exemple, peuvent avoir l'apparence d'être parfaitement éteints et conserver à l'intérieur un point igné invisible ; il est donc indispensable de ne les emmagasiner dans la halle aux charbons qu'après les avoir laissés dehors, dans un endroit où ils peuvent brûler impunément, un temps d'épreuve convenable, trois jours environ. Si l'on veut procéder méthodiquement, on établit des rails conduisant des cornues aux halles ; sur ces rails circulent des wagons en fer, en nombre triple de celui que remplit la fabrication d'une journée, de sorte que le déchargement de chaque groupe de wagons n'a lieu qu'après l'intervalle de temps obligatoire, et que si parfois le charbon se rallume, il ne consume au plus que le contenu d'un seul wagon. Cette probabilité assujettit l'usinier à se prémunir contre ses suites par la disposition de tonnes d'eau, avec seaux à incendie, afin que l'extinction du feu ne souffre aucun retard.

344. La rectification de l'acide pyroligneux impur obtenu de la distillation du bois, sa saturation et sa transformation en acétate de soude, l'évaporation, la calcination des eaux-mères, n'offrent de saillant que des foyers qui doivent remplir les conditions ordinaires d'isolement de toute matière combustible et d'absence de toute pièce de bois dans leurs massifs, quelle que soit l'épaisseur de ces derniers. La torréfaction de l'acétate de soude, lorsqu'on remplace les cristallisations répétées par ce mode, exigeant une trituration des produits dans des chaudières en fonte chauffées à 250 ou 300° centigrades, est moins exempte de dangers à cause de la facilité de décomposition de l'acétate, sous un excès de température. En plaçant les fourneaux sous un vaste hangar bien élevé ou voûté, et en opérant sur de petites masses à la fois, on amoindrira ce risque.

345. L'acide acétique est combustible : élevé en vases ouverts à son point d'ébullition, il prend feu et brûle facilement. C'est dire que le magasin d'acide pyroligneux devra être isolé de tout foyer de chaleur et, autant que possible, des bâtiments de la fabrication.

346. Les meules de bois seront éloignées des bâtiments d'au moins dix mètres ; la partie seule nécessaire au travail un peu plus rapprochée. Il faut les placer sous la direction des vents régnants, en amont des bâtiments, afin que les étincelles qui peuvent s'échapper des cheminées ne soient pas habituellement projetées sur elles.

347. Souvent les goudrons végétaux, résidus des produits liquides, sont soumis à une distillation et à une rectification qui a pour but d'en retirer l'alcool connu sous le nom de méthylène. Cette extraction pouvant s'effectuer à la vapeur, il faut préférer ce mode à tout autre. On la localisera dans une dépendance de l'usine, non éclairée ou éclairée extérieurement et non chauffée, dans laquelle on ne laissera pas s'accumuler les produits fabriqués, lesquels devront être emmagasinés dans un lieu entièrement isolé, avec la même absence de lumière et de feu. L'interdiction la plus sévère de franchir le seuil de ces deux locaux sera notifiée aux fumeurs.

348. L'acétone, ou esprit pyro-acétique, obtenu par la distillation sèche des acétates de chaux et de soude et une série de rectifications, est, ainsi que le révèle la seconde de ses dénominations, un corps très inflammable, très volatil, d'une densité de 0,7921 à 15° centigrades ; il bout à 56° centigrades, et la pesanteur spécifique de sa vapeur est de 2,019. Comme le précédent, et *à fortiori*, ce liquide doit s'emmagasiner dans une chambre spéciale, sans feu ni lumière, et sa fabrication s'opérer également dans un laboratoire isolé, avec fourneaux établis de façon que, recouverts de bains-marie bien jointifs et lutés, ils ne laissent passer aucune étincelle ou trace de feu, les foyers se chargeant et s'ouvrant à l'extérieur, et l'air nécessaire à la combustion étant également pris et déversé à l'extérieur.

349. Nous renvoyons pour l'énoncé des moyens propres à empêcher la propagation du feu prenant dans les magasins de ces corps, les ateliers de leur fabrication, à l'article *Nitro-benzine*.

TISSAGE MÉCANIQUE.

350. Les usines constituant les tissages de lin, chanvre ou coton, ne présentent guère que les chances inhérentes au chauffage des ateliers comme à leur éclairage. L'égalité nécessaire de bonne distribution et répartition de la chaleur, en l'absence d'un compteur et régulateur du calorique émis par un foyer, étant obtenue par l'usage de la vapeur amenée dans des tuyaux disposés transversalement sous les ventilateurs de chaque machine à parer, les tissages avec parages mécaniques ont presque tous adopté cet agent inoffensif ; très habilement les Compagnies y ont aidé de leur côté, en n'exigeant pas de supplément de primes pour les tissages ayant parage chauffé de cette manière. Cette transformation est la première précaution et

la plus efficace qui vient tout d'abord à l'idée de conseiller à un tissage ayant parage chauffé par les moyens ordinaires. Lorsqu'elle ne sera pas possible, nous engagerons à préférer les calorifères extérieurs ou à foyers extérieurs aux poêles intérieurs, et, s'il se peut, à séparer l'atelier de parage des autres, au moyen d'un mur de refend percé de portes en fer. Nous conseillerons aussi de carreler les ateliers, les Compagnies d'assurance, le cas échéant, faisant une différence de prime ; seulement la conséquence d'ateliers carrelés est un escalier incombustible.

351. Le meilleur mode de construction est encore le simple rez-de-chaussée.

352. Les réchauds et les chaufferettes sont assimilables aux poêles, et l'usinier qui en permet l'usage doit en faire l'objet d'une mention dans son contrat d'assurance.

353. Quelques tissus, après l'opération du tissage, sont soumis à des tondeuses mécaniques, d'autres à des machines à gazer. Nous renvoyons pour l'étude des précautions à prendre aux articles correspondants du chapitre *Indienneries*.

354. Le chauffage du parement, s'il ne s'effectue pas à la vapeur, ne se fera pas dans l'intérieur de l'usine, il vaut mieux édifier le fourneau sous petit un hangar sans valeur, dans la cour ou dans les dépendances de l'établissement.

TISSAGE DE LAINES, SOIES, COTONS.

355. Le tissage de laines n'exige qu'un encollage manuellement ou mécaniquement opéré, mais sans grande élévation de température. Il suffit que la chambre où le séchage s'opère ait une température de 15 à 20 degrés centigrades. Cependant le genre habituel d'éclairage laissé à l'arbitre routinier de l'ouvrier, les poêles intérieurs qui chauffent souvent les ateliers, l'immense quantité de bois des métiers ordinaires à tisser la laine, les ficelles nombreuses qui font mouvoir les

cartons, celles des peignes, tout présente une combustibilité et une éventualité d'incendie qui exigent de l'usinier une grande surveillance.

Une source constante de dangers et la cause principale des sinistres chez les tisseurs et les fabricants d'articles de Roubaix ou tissus, et aussi dans les ateliers des contre-maîtres établis dans les campagnes pour faire tisser à la main au village, est la présence des harnats. Ces derniers, lorsqu'ils viennent d'être passés à l'essence ou au vernis, sont sujets à s'échauffer s'ils sont agglomérés, et cet échauffement élève assez la température pour qu'un incendie puisse s'ensuivre.

MOYENS DE SECOURS ET DE PRÉCAUTIONS DES TISSAGES.

Nettoyage des métiers à tisser deux fois par semaine.

Lorsqu'on fait des étoffes pour meubles, lesquelles font beaucoup de duvets, le nettoyage doit être quotidien, c'est-à-dire s'effectuer tous les soirs.

Les déchets des métiers à tisser doivent être transportés au dehors des ateliers dans un local séparé, isolé, où ils peuvent brûler sans risques. Se bien garder de laisser les ouvriers les fourrer, en balayant, sous les planchers ou les escaliers.

Lorsque l'éclairage est facultatif, et si celui au pétrole est admis, interdire toute préparation de lampe dans l'atelier, ou toute introduction de quantité quelconque de ce liquide. Avoir dans les ateliers éclairés ainsi un petit tonneau ou bac de sable, ouvert, et muni d'une pelle pour la projection, afin d'étouffer de suite tout incendie provenant du bris ou du renversement d'une lampe au pétrole.

Un extincteur dans les ateliers à la main.

Une série de six seaux d'eau, placés sur consoles, dans les ateliers mécaniques.

Un avertisseur d'incendie dans chaque atelier, dans les magasins, et des boîtes de contrôle Collin, pourront éviter les frais d'un veilleur de nuit. Outre les visites à la sortie des ouvriers, deux visites seront faites à une heure d'intervalle le soir, et quatre les jours de fêtes et de chômage.

Pompe à incendie fixe à vapeur, ou pompe à bras avec provision de liquide pyro-extincteur.

357. Terminons en recommandant les plus grandes précautions pour la préparation des lames de tissages ; un peigne se compose d'une lame ou lisse et d'un rôt. Les fils des lames sont enduits, dans les deux tiers de leur largeur, d'une sorte de vernis qui leur donne la rigidité nécessaire. Il faut éviter de faire sécher ces lames au-dessus des générateurs, contre un foyer de chaleur produite par une combustion de charbons, car l'essence évaporée peut s'enflammer au contact du feu ou d'une lumière. Il est plus prudent d'établir un petit local, une petite chambre qu'on chauffera à la vapeur, ou bien, si l'on n'a point de vapeur, de faire préparer ces lisses par les ouvriers au dehors de l'usine.

360. *Apprêts de laines.* — Le dégraissage, l'épincetage, le foulage, lainage, tondage sont des opérations qui constituent les apprêts humides, et qui ne présentent que les chances ordinaires dues à la présence d'éclairage, quelquefois d'un poêle, en hiver, et naturellement, d'ouvriers dans un établissement. Avec le pressage à chaud et le séchage à la rame commencent les apprêts à la chaleur et les dangers. Lorsque les plaques métalliques sont chauffées à feu nu, il faut prendre pour le foyer les soins recommandés, et pratiquer l'opération dans un atelier carrelé. Quant au séchage, il est indispensable qu'il ait lieu dans un bâtiment isolé, afin de ne pas rendre l'usine entière solidaire de sa perte et pour ne pas payer pour l'ensemble du risque la prime ou contribution la plus forte. La vapeur est le seul agent de séchage inoffensif, il est également le plus rapide, et s'il n'est pas encore le seul employé, c'est que la routine, comme aussi peut-être un peu d'imperfection dans son application, y portent obstacle. Si nous empruntons quelques données à l'appui de ce que nous avançons, à un ouvrage technique (*Dictionnaire des arts et* *manufactures*), nous voyons que : une pièce de calicot de **2** kil. **50**, imbibée de **2** kilog. **50** d'eau , appliquée sur une plaque de cuivre de dimension égale à sa surface, chauffée intérieurement par vapeur à **1**00° centigrades, consomme en une minute l'absorption des **2** k. **50** d'eau. De même **20** pièces tordues , pesant **150** kilog. perdent **74** kilog. d'eau qui condensent **102** kilog. de vapeur, de sorte que si l'on suppose que **1** kilog. de houille produit **5** kilog. de vapeur, on aura **1**02/**5** = **20** kilog. **50** . d'où **1** kilog. de houille vaporise kilog. **74**/20,**50** soit environ 3 kilog. d'eau *(en trois heures et demie)*. Mais il est des établissements qui sont entièrement mus par l'eau ; il faut donc, pour ceux-là , revenir au chauffage par anciens procédés. Le meilleur, sans conteste , est encore le chauffage à air chaud ; on sait ce que nous en pensons toutefois , et nous nous sommes assez surabondamment appesanti sur les craintes qu'il doit inspirer, et les précautions dont on doit l'accompagner pour qu'il ne soit plus nécessaire d'en reparler.

Pendant longtemps l'on a cru que, pour certains séchoirs, il était impossible d'employer la vapeur, et aujourd'hui l'on voit à Lille presque toutes les teintureries avoir leurs séchoirs chauffés de cette façon, et, à ce qu'il paraît, économiquement chauffés.

Dans quelques localités , l'on emploie pour le chauffage des séchoirs la touraille, fig. n° **23**, chauffée au coke et construite en matériaux complètement incombustibles ; elle paraît assez inoffensive si l'on a soin de tenir la toile métallique qui la recouvre toujours en bon état de propreté et vierge de trous ou de déchirures.

361. Un autre genre de chauffage, également par les produits de la combustion , mais enfermés , peut être décrit. C'est un calorifère complètement extérieur, ou sous une petite voûte ; les produits de la combustion se rendent dans un tuyau en forte tôle qui , après avoir fait le tour du séchoir, traverse la muraille et se soude à une cheminée en briques qui les déverse à l'extérieur. Ce tuyau circule entièrement dans un canal en dalles ou carreaux parfaitement assemblés à section quadrangulaire ; de distance en distance des ouvertures sont pratiquées dans les parties latérales du canal, faisant front à l'axe de la chambre, et munies de registres *ad libitum*. La dimension des ouvertures est inversement proportionnelle à l'intensité de la chaleur, de sorte que le coup de feu se trouve à peu près annihilé. L'ensemble, d'ailleurs, est facilement échauffé, et la chaleur rayonne de tout le système. Je ne connais pas l'économie de cette disposition, ne la jugeant que sous le rapport des probalités d'incendie.

362. Quant aux séchoirs chauffés par des feux intérieurs, ou des tuyaux contenant les produits de la combustion, sans l'atténuation d'autres surfaces enveloppantes, ils ne sont pas assurables ; les trop nombreux sinistres qui les ont désolés sont une expérimentation suffisante pour les Compagnies comme pour les manufacturiers, et ont assez infirmé ce naïf préjugé d'une prétendue incombustibilité de la laine, dont sont imbues encore quelques personnes.

MOYENS DE SECOURS ET DE PRÉCAUTIONS DES APPRÊTS DE LAINES.

Interdiction de chaufferettes apportées par les ouvrières : y suppléer par un chauffage unique.

Enlèvement quotidien des déchets de toute nature, même de la tontisse : localisation de ces déchets dans un hangar isolé.

Emploi exclusif de la lampe Cosset-Dubrule ou similaire, pour les magasins et séchoirs, si, outre l'éclairage fixe, on est obligé d'y introduire des lumières mobiles.

Avertisseurs d'incendie dans tous les séchoirs. Ils produiront là un double effet, celui de prévenir quand la température sera trop élevée et d'éviter ainsi les surchauffes, celui ordinaire de signaler les commencements d'incendie.

Boîtes Collin pour le contrôle des rondes de nuit.

Pompe à vapeur fixe à incendie, ou pompe mobile à bras avec provision de pyro-extincteur.

Deux extincteurs chez le concierge ou le garde de nuit.

Remplacer dans les séchoirs tout ce qui est en bois par du fer, autrement il faut s'attendre à des incendies importants, même dans les séchoirs à vapeur. Il faut, en un mot, rendre le séchoir incombustible, afin que la matière mise à sécher puisse brûler, sans compromettre le contenant et par suite l'usine.

BRASSERIE.

363. Il semble qu'une brasserie qui est presque toujours saturée d'humidité doit laisser peu de chances à l'incendie. Mais il n'en est pas ainsi en réalité, et les assureurs doivent être forcément empiriques. Les opérations de l'art du brasseur sont les suivantes : Germination du grain, dessication à l'air, torréfaction à la touraille, élimination des radicelles, concassage du malt, brassage et coction de la bière, fermentation du moût et entonnerie. Les deux premières, de même que les deux dernières, ne sont la source d'aucun risque ; le germoir veut l'humidité, la dessication à l'air repousse tout calorique artificiel ; la fermentation et l'entonnerie épanchent en abondance le liquide, et n'ont besoin, le plus souvent, d'aucun foyer. Restent celles intermédiaires.

364. Les tourailles, il faut l'avouer, sont loin d'être construites, dans bien des brasseries, selon les règles de la prudence la plus vulgaire. Leur massif contient des bois ou s'appuie contre des bois, des planchers : au-dessus de la tôle crevée, ou du grillage sur lequel on étend le grain à torréfier légèrement, il n'y a souvent qu'un plafond très bas, contenant des pans de bois, ainsi que les murailles qui le soutiennent : puis la touraille est au milieu des bâtiments, et un foyer dans ces conditions est toujours dangereux. Les besoins de l'industrie ne s'opposent nullement, cependant, à ce que la touraille soit disposée d'une façon moins périlleuse pour les intérêts de l'assureur et de l'assuré. Ajoutons que les tourailles ne sont quelquefois que de véritables séchoirs chauffés par les produits de la combustion concurremment avec l'air chaud, et enfermés entre un plancher plus ou moins bien carrelé et isolé, et la toile métallique de la touraille. Sur ce plancher reposent les tuyaux garantis par des plaques de tôle pliées sous un angle assez aigu, pour faire glisser les radicelles et les empêcher de se brûler au contact des enveloppes métalliques qui emprisonnent le calorique. On comprend bien, qu'au bout d'un certain temps, les tuyaux se disjoignent, le carrelage se désunit, et les bois, qu'il couvre mal, s'enflamment.

365. Pour enlever les radicelles du malt, sorties pendant la germination, et le nettoyer, on se sert de tarare et de cribles ordinaires. la vitesse de ces machines étant minime, il faudrait laisser les coussinets des tourillons dans un état déplorable et un manque absolu d'huile, pour qu'un accident puisse éclater. Il en est de même du concasseur Vachon : quand le malt est concassé sous des meules, comme le blé dans les moulins à gruau, l'essentiel est de pourvoir les fers de meules d'excellents boitards lubrifiants. Dans d'autres brasseries on nettoie souvent l'orge avant son emploi ; là encore il faut prendre, pour la machine à nettoyer, les mêmes précautions que celles indiquées à l'article *Moulin à blé* (nettoyage).

366. Nous ne dirons rien des chaudières à brasser, qui n'exigent pas de foyer spécial. Quant aux chaudières à coction de la bière et infusion de houblon, elles sont, avec la touraille, la cause la plus fréquente d'incendie. Placées ordinairement, surtout dans les petites brasseries, au premier étage, afin d'éviter l'emploi de monte-jus, elles reposent sur une partie de planchers qu'on recouvre d'un briquetage, et dont on devrait remplacer les poutres par des chevrons en fer ou fonte. L'isolement de leur massif, difficile dans ces conditions, le voisinage des planchers, les cheminées des foyers, dont l'humidité désagrège vivement les briques et le mortier, leur passage au travers d'étages planchéiés, sont autant de causes nuisibles.

367. L'atelier de fermentation du moût est quelquefois chauffé en hiver ; ce chauffage est encore à considérer par l'agent assureur, qui devra prescrire les meilleures systèmes.

368. Malgré l'éclairage au gaz, on a souvent besoin de lampes mobiles ; la lampe Cosset-Dubrule seule est à employer.

369. Comment améliorer cette industrie ? 1° En séparant la

chambre de la touraille des autres bâtiments, soit par un espace vide avec pont de communication, soit par un mur de refend percé d'une seule porte en fer ; 2° en voûtant la partie du rez-de-chaussée dans laquelle ou sur laquelle se trouvent les chaudières en coction ; 3° en remplaçant les chaudières à feu nu par des chaudières à la vapeur. La vapeur offre l'avantage de ne pas altérer, comme le feu nu, les qualités du houblon, dont un excès de température chasse les principes volatils, ce qui nuit à l'arôme de la bière. Elle est parfaitement applicable, elle dispense du soin, de la surveillance, de la perte de temps que demande la conduite de plusieurs foyers, et fournit le remplacement des pompes par des monte-jus qui n'ont pas l'inconvénient de se boucher comme ces dernières ; 4° en installant les approvisionnements de marchandises dans des magasins séparés ; 5° en voûtant les écuries et en localisant les fourrages dans un bâtiment séparé de la brasserie ou contigu sans communication.

MOYENS DE SECOURS ET DE PRÉCAUTIONS DES BRASSERIES.

1° Un extincteur près de la touraille et du nettoyage ;

2° Interdiction d'emploi de lampes mobiles autres que celles Cosset-Dubrule ;

3° Avertisseur d'incendie dans les magasins à graines sèches ;

4° Pompe à incendie à vapeur fixe ou une pompe à bras avec provision de pyro-extincteur.

5° Tout ce que nous avons prescrit pour l'allumage des foyers et leur alimentation.

COLLE FORTE.

CAUSES DU FEU ET MOYENS DE PRÉCAUTIONS ET DE SECOURS

370. J'aborde ici une industrie qui a toujours donné d'importants sinistres aux Compagnies.

L'extraction de la gélatine des eaux par les acides ou par la vapeur, ou les préparations premières, qu'elles aient lieu, soit à feu nu, soit à la vapeur, que la cuite soit fractionnée selon la méthode du Nord, ou entière selon la mode anglaise, ne paraissent pas offrir de dangers sérieux. Il est facile aujourd'hui de remplacer le feu nu par la vapeur, et ce chauffage, qui comporte l'avantage de ne pas brûler le fond des chaudières, et, partant, d'éviter l'altération d'une partie des produits dont on extrait la substance gélatineuse, procure à l'industriel une différence de prime ou contribution bien sensible.

371. Dans les fabriques de colle d'os, les matières premières, qui, à l'encontre des rognures et des peaux, n'ont pas été traitées à la mégisserie, doivent subir et subissent un dégraissage, qui ne laisse pas, comme toute fonte de graisse, d'avoir sa gravité, s'il n'est pas opéré à la vapeur ; ici encore on a expérimenté ce mode, et le dégraissage, comme l'extraction des os, peut s'opérer parfaitement à la vapeur. Si ce n'est pas possible, on peut toujours établir sa chaudière sous un hangar sans communication avec les autres bâtiments, afin de ne pas aggraver le risque.

372. Nous arrivons maintenant au séchoir à feu direct, qui est la principale cause des sinistres des fabriques de colle. La vapeur remédierait à tout ; mais est-il possible ou non de parfaire la dessication de la colle forte à la vapeur? On sait que l'air libre effectue les 4/5 de cette dessication, et que la chaleur de l'étuve n'est employée que pour finir les produits. Nous n'hésitons pas à répondre par l'affirmative. C'est donc la première transformation à apporter à une usine de ce genre, et son exécution, en réduisant de 6/10 le tarif de cette industrie, donne seule la sécurité désirable. La disposition des séchoirs à air chaud est des plus vicieuses. Dans bien des usines, ce n'est pas seulement l'air chaud qu'on envoie dans les étuves, mais bien tous les produits de la combustion. En vain prétend-on que le coke ne donne ni fumée ni étincelles, pour en tirer la conclusion qu'on peut impunément envoyer tous les produits de la

combustion de ce charbon au milieu d'une forêt de bois composant les bâtis du séchoir, en les distribuant dans des carneaux en briques reposant sur les planchers et crénelés de nombreuses ouvertures pour leur échappement. Il est bien rare, presque impossible, qu'une de ces ouvertures ne soit pas trop rapprochée d'un montant en bois, et il n'est pas besoin d'autre cause de sinistre pour détruire l'usine. Quelle sécurité peuvent donner un ou deux foyers puissants, envoyant dans la masse de bois constituant les séchoirs qui ont souvent trois ou quatre étages, des effluves, des torrents de chaleur dont on ne peut régler la température, qui, sans même qu'il y ait d'étincelles, peuvent rôtir, carboniser, tous les objets combustibles qu'ils rencontrent? On a beau multiplier la canalisation des briques, les ouvertures d'émission du calorique et des fumées, l'éventualité du sinistre ne reste pas moins menaçante, et le moindre excès de chauffage le détermine, ces dispositions ne faisant qu'atténuer le danger sans le faire disparaître.

373. Ce danger, énorme, de tous les instants, se complique encore si l'on supprime ou réduit les canaux d'émission pour les remplacer par une large baie à laquelle on applique un ventilateur. La vitesse de sortie des produits de la combustion du coke est augmentée, le refroidissement qu'ils pouvaient éprouver dans leur trajet du foyer aux séchoirs diminué, conséquemment les probabilités de sinistre accrues.

La fabrique de colle forte avec séchoirs à feu direct est donc un des risques les plus scabreux qui existent.

374. *Séchoirs aérothermes.* — Employer seulement l'air chaud serait déjà une amélioration, et si l'on pouvait arriver à créer un thermo-régulateur bien pratique, cette amélioration serait capitale.

375. Dans ces deux cas, je conseillerai au fabricant de colle forte de séparer complètement ses séchoirs de l'usine. Cette séparation sera favorable ; si elle n'écarte pas la chance de sinistre des séchoirs, elle permet de supposer que ce dégât se limitera à ce risque.

376. A Givet, sous le risque de l'assurance, c'est-à-dire des chances d'incendie, la fabrique de colle forte est bien mieux coordonnée. L'étuve, au lieu d'embrasser tous les séchoirs qui, *ad libitum*, reçoivent l'action desséchante de l'air libre, ou du calorique artificiellement obtenu, est réduite à des proportions tout à fait exiguës. Ce n'est plus qu'un chauffoir établi au rez-de-chaussée de l'usine, chauffé au moyen d'un petit calorifère placé au milieu du local, et dont les étagères les plus rapprochées sont encore distantes de deux mètres. On comprend de suite qu'on pourra corriger très aisément les mauvaises conditions d'un tel chauffoir, qui sont : la présence du poêle dans l'étuve même ; l'allumage et l'entretien du combustible forcément fait intérieurement : le danger du tuyau de poêle en tôle traversant les étages qui servent alors de séchoirs à air libre simplement ; la communication immédiate de l'incendie à ces étages si le feu se manifestait dans le chauffoir, en adoptant les dispositions suivantes : Rez-de-chaussée dallé ; chauffage soit intérieur, mais alors calorifère à flamme renversée, fumée circulant dans des carnaux souterrains, utilisant leur calorique à chauffer le dallage du rez-de-chaussée, et se perdant dans une cheminée à la gaîne en briques soudée à l'un des murs latéraux de l'étuve, soit à air chaud, avec foyer, massif et cheminée de la fumée extérieure, prises et sorties d'air couvertes de toiles métalliques : bâtis des étagères en bois rendu incombustible ainsi que les cadres et leurs filets par les procédés connus, plafond parfaitement et solidement voûté : portes d'entrée et de sortie sur les halles du rez-de-chaussée réduites à l'unité, si possible, et établies en fer ; tubes d'aération et d'échappement des vapeurs humides en briques au lieu de bois, avec registres pour les ouvrir ou fermer à volonté ; fenêtres avec chassis et volets en fer. Au lieu d'établir les volets latéralement, on fixe les charnières au côté du rectangle le plus élevé, de sorte que le volet ouvert est maintenu dans une position quasi horizontale au moyen d'une petite poulie et d'une corde : on fait à ce dessein les fenêtres plus larges que hautes ; si le feu prend au séchoir, les fenêtres se

brisent, les flammes s'échappent et s'élèvent, elles rencontrent le volet horizontal qui les empêche de porter le feu à l'étage, et elles brûlent la corde qui le maintient ; à l'instant celui-ci subit l'attraction de la pesanteur, et vient boucher la fenêtre, ce qui facilite beaucoup l'arrêt du feu.

377. Il me semble que les briques creuses pourraient être appliquées avec avantage pour diminuer un peu les parties combustibles des séchoirs et moins multiplier les fenêtres.

378. Quelques usines se passent d'étuves à chaud (*figure n° 8*), sans avoir nonobstant leur préparation à la vapeur.

379. Le manufacturier qui ne voudra pas apporter à son usine les modifications nécessaires pour améliorer le risque, pourra toujours diminuer l'importance du dégât éventuel d'incendie, en établissant des magasins isolés où il pourra emmagasiner la plus grande partie des marchandises. Il faut une usine qui fabrique beaucoup pour que les colles aux séchoirs représentent une valeur de plus de 10.000 fr.; pourquoi, alors, les usiniers exposent-ils tout l'établissement aux conséquences du sinistre de l'étuve? C'est, il faut l'avouer, parce qu'ils ne se préoccupent guère du danger, parcequ'ils le nient, le plus souvent, et aussi parceque rarement une fabrique de colle est installée dans une construction faite exprès pour elle. Ordinairement on approprie à cet usage des groupes de maisons d'habitation ou des bâtiments quelconques, et naturellement les agencements de la fabrique sont subordonnés aux hasards des lieux qui la constituent.

380. Les lampes Cosset-Dubrule ou similaires seules doivent circuler dans l'usine et les séchoirs.

381. Je suis embarrassé pour indiquer les moyens préservatifs contre la propagation du feu dans les séchoirs avec étuves intérieures : l'idée d'un réservoir au comble de l'édifice ne me paraît guère pratique, la combustibilité des escaliers, la masse de bois qui compose les étendages, la multitude des accès de l'air, tout se réunit pour ôter toute efficacité aux secours, si l'incendie n'a pas été étouffé à

sa naissance. Pour ce, quelques seaux d'eau suffisent ; une tonne d'eau à chaque étage, avec quelques seaux à incendie, sont ce qu'il y a de plus simple : toujours à la portée du surveillant, qui est la première obligation, ils devront, dans ses mains, être la protection la plus efficace, parce qu'elle pourra être la plus prompte. De plus, un avertisseur d'incendie dans chaque séchoir, et deux extincteurs dans le local du directeur ou du concierge. La colle forte n'est pas combustible, elle subit, sous les atteintes du feu, une fusion ignée qui éteindrait la flamme plutôt que de l'aviver ; il a donc fallu les vices organiques que nous avons signalés dans les modes de construction, d'aménagement et de chauffage de ces usines pour qu'elles soient un des types les plus caractérisés du mauvais risque.

FÉCULERIE, AMIDONNERIE.

382. La fabrication de la fécule de pommes de terre, à l'exception d'une seule opération qui est l'étuvage, n'exige que des préparations accompagnées de l'emploi d'énormes quantités d'eau. Les rez-de-chaussée de ces usines, consacrés à ces préparations, sont toujours humides et suintent l'eau de toutes parts ; le haloir au-dessus, où la fécule décantée est exposée à l'action de l'air libre, sur des étagères disposées *ad hoc*, n'a aucune espèce de foyer ; partant, on n'y peut imaginer aucune cause de feu.

383. Il n'en est pas de même de l'étuvage. L'étuvage de la fécule exige une température qui doit être poussée jusqu'à 80° centigrades, et l'incendie d'une étuve et de son contenu, parfaitement combustible à cette élévation du thermomètre, est d'une violence et d'une intensité fort difficiles à combattre. Aussi doit-on isoler avant tout ce risque. Quant aux féculeries dont l'étuve occupe l'intérieur de l'usine, le milieu des séchoirs à air libre comme dans la fabrique de colle, je ne les admettrais qu'autant que, voûtées elles-mêmes, les étuves

reposeront sur des voûtes et que les étagères seront en fer ; agencement nullement contraire à l'industrie, puisque l'indispensable besoin de conserver concentré le plus de chaleur possible pendant et après l'étuvage, demande de gros murs sans autres ouvertures que celles strictement nécessaires au service et à l'éclairage. Mais cette disposition n'est pas moins opposée aux principes de la plus vulgaire précaution et elle ne doit se retrouver que dans les féculeries et amidonneries anciennement construites, qu'on ne pourra autrement améliorer. L'usine dont l'étuve, ou plutôt les étuves jumelles sont situées à l'extrémité d'une féculerie comme dans la *figure n° 29*, présente des dangers dont elle ne peut être exemptée que par un isolement complet et un système de chauffage inoffensif, mais elle rentre dans la condition de dangers contre lesquels on peut la prémunir.

L'entre deux Z chauffé par la chaleur perdue de l'étuve sert au blutage et à l'ensachage du produit. De plus, on utilise la chaleur perdue des générateurs, qu'on a soin de disposer latéralement à l'étuve, quand le moteur est la vapeur. Les calorifères sont à massifs et foyers extérieurs. Des registres permettent de diriger à volonté l'air chaud dans l'une ou l'autre des étuves. La fumée des générateurs passe, pour se rendre dans la grande cheminée, dans une gargouille en briques noyée dans la maçonnerie du mur externe qui se trouve ainsi préservé de l'humidité du sol. O, P, sont deux murs monturiers, dont l'un, au moins, dépasse le toit. Le mieux c'est d'établir le pignon entre I et Z, et de construire ces deux bâtiments d'un étage moins élevé que A, en n'établissant dans le mur O au-dessus de Z aucune fenêtre, et en ne l'ornementant d'aucun couronnement ou saillie combustibles.

384. Pour que les Compagnies puissent considérer comme séparées les étuves, il faut qu'il existe entre elles et les autres corps de bâtiments principaux de l'usine, un espace vide d'au moins 5 mètres. Cette condition, à ce qu'il paraît, est onéreuse au manufacturier, sous le rapport industriel, en ce qu'elle le gêne pendant les mauvais temps. Je crois qu'un remède facile à cet inconvénient

serait une galerie toute en fer et verre ou une cour couverte de même, laquelle serait acceptée par les Compagnies. Voici encore un *mezzo termine* qui concilie les deux exigences, La *figure* 30 en donne une coupe horizontale prise à l'étage :

C fabrique , n'a pas au rez-de-chaussée de communication avec B. B est une place couverte d'un large arceau , contenant sous sa voûte les massifs ou foyers du ou des calorifères ; au-dessus de cette voûte repose un carrelage de niveau avec le premier étage C , et une toiture en verre supportée sur châssis en fer, abrite les ouvriers transportant les produits du haloir C dans l'étuve A , ou les retirant de ce dernier bâtiment. En cas d'incendie de l'étuve A, construite elle-même en matériaux incombustibles, avec étagèees en fer, sa toiture seule, si elle contient du bois, pourrait brûler, sans autre dommage pour C que le bois des vitres de B. Le mur de C est plein , et n'a qu'une porte en fer garantissant la seule ouverture de communication entre C et B. A n'a également qu'une seule porte métallique sur la galerie B. Cette étuve , édifiée d'après nos plans , a été considérée par une Compagnie comme isolée. Néanmoins , l'usinier qui voudrait suivre cet exemple, fera toujours bien de consulter l'agent de la Compagnie d'assurances, avant de commencer les travaux. Ajoutons que la galerie B contient un tuyau de descente d'eau élevée dans un réservoir placé dans la partie supérieure de C , muni d'un boyau à incendie avec son ajustoir. Un regard percé dans la porte A permettrait , sans ouvrir cette dernière, d'éteindre très rapidement le feu qui pourrait se manifester.

385. Mais la vapeur est encore le meilleur système, et , pour cette industrie , elle vient encore à notre aide. Pour le vulgariser , les Compagnies ont abaissé la cotisation d'assurance à l'ensemble des féculeries ayant étuves chauffées par cet argent. La possibilité de dessécher , au moyen de la vapeur , la fécule , en la faisant circuler sur des toiles sans fin glissant sur des plaques à cavité méplates, contenant de la vapeur, date du jour où la turbine, ou essoreuse de Penzold, cette autre invention contemporaine si remarquable, a pu, au moyen des appropriations que lui a fait subir M. Liebermann , être employé à la dessication préalable de la fécule. La dessication de la fécule turbinée se fait aujourd'hui dans plusieurs établissements,

et les produits de ces usines ne le cèdent à ceux d'aucun autre.
L'économie de n'avoir qu'un seul foyer à surveiller , la certitude de
ne jamais dépasser la limite de la température qu'il faut à un bon
étuvage , la sécurité qu'inspire toujours le chauffage à la vapeur ,
au lieu de la crainte incessante que fait naître le chauffage par
anciens procédés , la faculté de pouvoir disposer dans l'étuve un robinet de vapeur qu'on ouvrirait de l'extérieur ou des générateurs ,
en cas d'accident de feu , la diminution notable de prime ou charge
d'assurance , enfin l'absence de toute fumée , si nuisible à cette industrie, et que produisent toujours, lors de l'allumage, les meilleurs
calorifères ; tels sont les avantages réunis qui doivent engager
le manufacturier à une transformation rationnelle sous tous les points
de vue , car l'on peut remarquer que partout la vapeur détrône
l'air chaud, et que substituant aux tâtonnements , aux irrégularités
du travail manuel la précision méthodique des machines automatiques, son application à une industrie est toujours la marque
inconstestable d'un progrès réalisé.

386. La maçonnerie des calorifères des étuves ne doit contenir
aucune pièce de bois dans son voisinage. On a vu des poutres
séparées du foyer par l'interposition de plusieurs briques, finir par
se carboniser.

387. Les soins à prendre pour le blutage de la fécule sont
identiques à ceux recommandés pour la bluterie des farines. (*Voir
Moulins à blé*).

388. Les lampes admissibles dans les séchoirs à air libre et
les étuves sont les lampes Cosset Dubrule ou similaires.

389. Si la féculerie contient une touraille, *voir Brasserie*.

390. Les sons ou déchets de la féculerie ne doivent, sous aucun
prétexte, être desséchés dans l'étuve , ou sur la touraille , si elle
existe. On peut tolérer leur dessication sur le dallage des généra-

teurs, si ces derniers n'ont pas de communication dangereuse avec l'usine, et si leurs registres sont extérieurs. Cette dessication ne peut se faire sans risque pour l'usine, que dans un local complètement isolé et construit *ad hoc*.

Nous ne répéterons, en d'autres termes, pour l'amidonnerie, ce que nous venons de dire relativement à la féculerie. L'analogie entre ces deux industries est assez grande pour que ce qui est applicable à l'une le soit aussi à l'autre. A part la question des étuves, si l'une devait présenter un peu plus de chances hazardeuses que l'autre, ce serait évidemment la première que nous avons traitée, c'est nommer la féculerie.

MOYENS DE SECOURS ET DE PRÉCAUTIONS DE LA FÉCULERIE ET AMIDONNERIE.

Étuves. — Faire toutes les étagères en fer. Voûter les étuves. Établir les portes en fer.

Un avertisseur Le Blan par étuve. Il servira aussi à prévenir quand le chauffage dépassera le nombre de degré nécessaire.

Un extincteur toujours prêt contre chaque étuve.

Emballage. — Enlever tous les débris de papier, tenir très proprement, ne laisser aucune ordure s'accumuler dans des recoins. Régulateurs Tésorieri ou similaires aux becs de gaz. Contrôleur Colin ou similaire et extincteur. Un avertisseur d'incendie.

Ateliers accessoires. — Isolement de la fabrique de noir et prescriptions relatives à cette industrie. (Voir plus loin).

Une pompe à incendie ou une pompe à vapeur fixe, système Thirion, proportionnée comme force à la hauteur des bâtiments.

Rien ne pouvant s'enflammer spontanément dans cette industrie il n'y a pas besoin de veilleur de nuit spéciaux. Deux visites après la sortie des employés ou ouvriers, l'une immédiate, l'autre une heure après, suffiront.

Amidon de maïs. — Il y a une grande analogie entre la fabrication de l'amidon de maïs et les autres amidons, le broyage au moyen de meules se fait avec addition d'eau, ce qui conjure le danger qui existe naturellement dans tout ce qui est broyage de matières à sec.

L'étuvage est semblable, chaque fabricant a son système particulier que je ne décrirai pas ici, afin de ne pas commettre d'indiscrétion ; les mêmes recommandations sont à faire.

Les fours au noir doivent aussi être séparés de l'usine et les précautions indiquées à l'article qui concerne cette industrie.

Ces usines étant très importantes la pompe fixe à vapeur Thirion est à adopter, d'autant mieux qu'elle pourra y remplir un double objet, l'extinction de l'incendie et l'élévation de l'eau.

FABRIQUE D'ALLUMETTES CHIMIQUES.

391. Une fabrique d'allumettes chimiques doit, pour être assurable, se subdiviser en six groupes différents.

Le premier comprendra le débitage du bois et le séchage à air libre. Ce débitage étant opéré au moyen de scies circulaires ou autres mues mécaniquement pour trancher le bois en troncs de cylindres et de machines à découper les tiges, ce groupe offre l'aspect d'une scierie mécanique, est susceptible des mêmes dangers, et exige les mêmes soins contre le feu. Le coupage des tiges se fait aussi manuellement.

Le deuxième, la dessication à chaud du bois. Pour les bois en grumes entières ou débitées en troncs de cylindres, on emploiera des fours voutés, surmontés d'une chambre chaude, couverte d'une toiture incombustible, dans laquelle chambre on utilise la chaleur perdue des fours pour le desséchement des tiges.

Le troisième, le laboratoire pour la préparation des éléments constitutifs des pâtes chimiques et leur mélange.

Le quatrième, la mise en presse des tiges, la torréfaction du bout des tiges, si le soufre est remplacé par un corps gras, le soufrage des allumettes ou leur trempage dans un corps gras, le chimicage ou trempage des tiges dans la pâte inflammable, et le séchage à froid des allumettes.

Le cinquième, le séchage à chaud des allumettes chimiques parfaites, s'il y a lieu, tous les établissements ne pratiquant pas cette opération.

Le sixième, la fabrication des boites, la réception des boîtes faites à l'extérieur, l'emboitage et l'emballage des allumettes, leur magasinage en attendant leur départ ou expédition.

Le desséchement des allumettes phosphorées se fait dans bien des usines à air libre, à froid. On se contente de dessécher préalable-à chaud les tiges mises en presse, avant leur trempage dans la mixtion chimique. Lorsqu'on ne pourra opérer ainsi, il sera préférable d'employer la vapeur d'eau ou bien une circulation d'eau chaude pour le chauffage du 5e groupe, et encore l'emploi de la vapeur assujettira-t-il à certaines précautions d'écartement des tuyaux des étagères, car une allumette en contact avec un tuyau contenant de la vapeur à 100° ou de l'eau bouillante s'allume parfaitement bien, et ce serait une erreur de supposer que, dans l'espèce, la vapeur ne pourrait pas occasionner d'accidents. Tout autre mode de chauffage, un poële, ou un calorifère aérotherme, émet toujours des courants d'air inégalement chauffés, et ces courants, par leur température élevée, occasionnent des sinistres continuels.

La radiation solaire est, pour cette industrie, une cause fréquente de commencement de sinistre. Aussi les ateliers, les magasins, exposés aux rayonnements du soleil, doivent être préservés, en munissant leurs fenêtres de stores, de rideaux, en rendant opaques leurs vitres ; car un paquet d'allumettes, ou des allumettes isolées, soumis à l'insolation directe, s'enflamment spontanément. Il ne faut pas oublier de barbouiller aussi de blanc ou autre matière plus durable, les lanterneaux qui peuvent exister sur les toitures. Quant aux toitures entièrement ou en grande partie en vitrages, elles seront proscrites. Il vaut mieux même éviter tout lanterneau, quelque restreint qu'il soit, même dans les mansardes, tout châssis à tabatière, et les remplacer par des fenêtres ordinaires ou à chaperon comme celles des greniers d'autrefois.

Voici, figure n° 22, le modèle d'une fabrique d'allumettes chimiques qui paraît remplir une partie des conditions désirables.

Il semble improbable que, par suite de la disposition des bâtiments, de leur position à l'horizon, des murs monturiers sans ouvertures, un sinistre un peu important puisse arriver.

Les ateliers comprenant les quatre derniers groupes ont leur sol constamment recouvert d'une couche épaisse de sable fin ; les ouvrières ont, à côté d'elles, des vases remplis de sable. Lorsque des allumettes tombent, le sable amortit le choc, et lorsqu'elles s'enflamment dans la manipulation, qu'elles soient en boites, en paquet, en cadres, l'ouvrière n'a qu'à les appliquer sur le sable de ces vases pour les éteindre.

Voici les autres précautions auxquelles doit s'astreindre le fabricant d'allumettes chimiques :

1er groupe. Lorsque le débitage des tiges se fait à la main, au lieu de laisser chaque ouvrier apporter et fournir lui-même son éclairage, l'usinier éclairera l'atelier d'une façon uniforme.

2e — Les braises provenant du chauffage des fours seront mises dans des étouffoirs en assez grand nombre pour que 24 heures au moins s'écoulent avant de les en retirer. La soute aux braises sera un petit bâtiment en pierre ou maçonnerie, adossé aux fours, et placé de façon à ce que sa combustion ne soit pas dangereuse pour le voisinage. Elle sera munie d'une porte qu'on fermera chaque soir.

3e — Des baquets d'eau avec seaux à incendie seront en nombre suffisant, relatif à l'importance des bâtiments dans le groupe n° 4, dans celui n° 5 et également dans celui n° 6.

4e — Les débris d'allumettes, les rebuts, les déchets seront enterrés à 10 mètres au moins des bâtiments, enfouis à une profondeur de 60 centimètres et recouverts de terre.

Une pompe à incendie avec 200 kilog. de liquide extincteur constant, sera le couronnement de ces mesures.

Nous ne parlons ici que des fabriques d'allumettes au phosphore ordinaire, celles au phosphore amorphe (phosphore rouge) dites de sûreté, celles de M. Dupuy, qui ne contiennent pas de phosphore ; ce dernier corps étant disséminé dans une matière fort dure, dont on recouvre la surface sur laquelle se produit, avec la friction de l'allumette, son inflammation, sont encore à l'état d'exception. Ces usines, moins dangereuse en ce que la pâte des tiges, la surface de friction revêtue de la mixture *ad hoc*, supportent, isolées, des températures élevées sans s'enflammer, le phosphore rouge, par exemple, ne brûle qu'à 200° centigrades au-dessus de zéro, n'entre jamais en combustion spontanément et n'a point de propriété vénéneuse, sont cependant également susceptibles d'être incendiées, si l'on néglige les soins que conseille une sage prudence, et une partie de ceux que nous avons recommandés peuvent y être appliqués sans pécher par excès de précautions.

392. Nonobstant, il paraît rationnel de favoriser par l'imposition d'une prime ou contribution moindre le développement de ces systèmes qui ne sont encore en France qu'à l'état de dualité (Coignet et Dupuy) et qui sont appelés cependant à remplacer, dans un avenir prochain, tous les autres. C'est une transformation bien désirable : nous l'appelons de tous nos vœux, car pour nous l'allumette de sûreté est la seule qui doive franchir le seuil de l'usine.

393. Les provisions de bois en grumes nécessaires à l'alimentation de la fabrication seront éloignés le plus possible des bâtiments, et divisés en plusieurs chantiers dont le plus rapproché de l'usine n'en sera pas distant de moins de 10 mètres.

394. Les produits chimiques seront exclusivement placés dans une subdivision du laboratoire, dont le groupe, comme nous l'avons dit, sera isolé.

395. La loge des concierges et surveillants devra être située de façon que la vue embrasse tout l'ensemble de la manufacture, afin que le premier indice de feu puisse être perçu, et l'alarme aussitôt donnée.

396. La bonne tenue d'une fabrique d'allumettes chimiques apparaîtra surtout dans la propreté des ateliers. Un fabricant soigneux fera daller le premier groupe ; chaque soir un balayage scrupuleusement fait sortira au dehors toutes les tiges et débris de tiges de la journée épandus sur le sol. Le fabricant insouciant négligera ce soin : le sol terré sera couvert d'un autre sol factice fait par l'amoncèlement et l'immobilité des débris précités ; les escaliers, s'il en a, en seront jonchées, les portes empêchées par cet obstace ne pourront plus se fermer, et si une flammèche de lumière, un bout de cigare, un culot de pipe y détermine un commencement d'incendie, alimenté par tous ces détritus, il aura en bien peu de temps pris des proportions telles que toute la partie consacrée au travail du bois sera la proie des flammes. Des différence de conduite analogue se produiront dans la tenue des autres ateliers.

397. Si aux divisions de risque mentionnées plus haut, le fabricant ajoute une construction en harmonie avec les dangers, s'il emploi par préférence des rez-de-chaussée, édifiés en bonne maçonnerie de briques, avec des cloisons également en maçonnerie, s'il voûte les 4e et 5e groupes, non seulement la fabrique d'allumettes chimiques sera assurable, mais encore elle constituera un risque qu'il pourra être avantageux aux Compagnies de garantir.

398. Il est indispensable que l'avertisseur des incendies soit installé dans chacun des bâtiments, que sa sonnerie aboutisse au logement du directeur, du gardien ou du concierge.

399. Un extincteur devra être placé dans ou auprès de chaque atelier de préparation des pâtes, du souffrage, du séchage, de l'empaquetage, des magasins et du laboratoire car il n'y a pas de temps à perdre lorsuu'un incendie se manifeste dans ces ateliers et si le secours n'est pas immédiat l'atelier est détruit. Tandis qu'avec la réunion des extincteurs, la facilité qu'on a de les rechanger, ou l'emploi de l'extincteur continu Herbout ce qui revient au même, on saura conjurer le danger et arrêter le feu.

Comme on ne doit pas travailler la nuit, et que rien ne peut s'enflammer spontanément, l'avertisseur remplacera le surveillant de nuit, et le cadran-colin ou similaire installé dans chaque atelier, contrôlera deux ou trois visites à faire à intervalle d'une heure, la première aussitôt la sortie des ouvriers ; et les deux autres après. On pourra, ainsi, s'économiser la surveillance de nuit.

Ajoutons la nécessité de clotures partaites tout autour de l'usine et la présence d'un ou deux chiens lachés la nuit dans leur enceinte.

MIRBANE OU NITRO-BENZINE

(HUILE ARTIFICIELLE D'AMANDE AMÈRE).

400.   La préparation de la mirbane, considérée comme une chose des plus dangeureuse, peut, par une sage disposition de l'usine, être rendue assurable. Nous nous contenterons de décrire ici l'ensemble d'un établissement de ce genre, on en déduira facilement les lois de sécurité qui en résultent.

La benzine, retirée de la distillation du goudron, en dehors de l'usine, est emmagasinée brute dans le hangar bien éclairé et bien espacé A, *figure* 24 La toiture est à jour, de sorte qu'il règne toujours dans ce lieu une bonne ventilation. Aucun foyer, aucune lumière dans A.

La rectification de la benzine a lieu dans le local B. Cette rectification est opérée au moyen d'alambics ou d'appareils complètement chauffés à la vapeur. Aucun foyer, aucune lumière, peu de produits bruts. Ils ne sont amenés dans B qu'a mesure des nécessités de la fabrication. La benzine, une fois rectifiée, est enmagasinée dans le local C. La chambre de rectification est vaste, aérée, percée de larges fenêtres et d'ouvreaux de ventilation, par lesquels se dégagent les vapeurs échappées des appareils et des vases renfermant la benzine.

La benzine rectifiée est ensuite, selon les besoins, transportée de C sous le hangar D, ouvert de tout côté sauf en E, à toiture étagée ; la préparation de la mirbane se faisant à froid, par le simple mélange (*appareil Mansfield*) de l'acide azotique concentré et de la benzine rectifiée, on ne voit pas quel pourrait être le danger de cette opération, pratiquée comme elle l'est, à l'air libre, loin du feu et de la lumière.

La mirbane est ensuite lavée dans les appareils E à l'eau ou dans des dissolutions spéciales. Le bain-marie F est chauffé à la vapeur, les bacs E ne le sont pas ; puis une rectification nécessaire à la mirbane se pratique dans les alambics G, chauffés par vapeur et bains de sable, avec foyers extérieurs et canalisation de tuyaux spéciale pour l'entrée de l'air et l'expulsion au dehors des produits de la combustion. La mirbane, d'ailleurs, est moins volatile que la benzine, l'un de ses éléments, et tout en constituant l'un des corps les plus comburants, elle a une inflammabilité moindre et brûle avec une flamme très fuligineuse.

Le générateur de vapeur est adossé à E, mais sans communication, et en I sont les deux foyers des bains de sable. Dans le hangar D et la chambre de rectification E, il n'existe ni feu ni lumière. Derrière les chassis des fenêtres fermées, sont installées des lanternes dans lesquelles on peut introduire soit des becs de gaz, soit une lampe, si par hasard il devenait nécessaire d'éclairer l'intérieur des locaux précités.

La mirbanne est ensuite versée en fûts et transportée dans le hangar J, qui reçoit aussi les provisions d'acide azotique concentré. Les mêmes conditions de sécurité doivent assimiler ce hangar aux autres.

Des enseignes, des indications visibles, informent tout ouvrier, comme tout visiteur, d'avoir le soin ne ne pas fumer, de n'allumer ni pipe ni cigare dans l'usine, même dans les cours ; des rigoles profondes de 40 à 50 centimètres circulent autour de D, de E, aboutissant à un puits sans fond. Une rigole semblable entoure A B C J, dont le sol est de niveau avec celui de la cour, avec une faible inclinaison vers ce dernier. Entre chaque bâtiment, au contraire, il se trouve exhaussé. Des sortes de passerelles, en fonte ou fer ajouré, sont jetées sur la rigole en face de chaque porte pour la facilité d'entrée et de sortie des fûts, mais elles sont mobiles et établies de façon à ne pas gêner la descente du liquide enflammé dans le canal de sauvegarde.

Des ceaux remplis de terre ou de sable existent dans chaque bâtiment, et en S, des tas de même matières serviraient, en cas de besoin, à leur alimentation ; l'incendie de ces liquides ne pouvant être éteint par l'eau, mais seulement par des corps solides et froids comme le sable, la terre, etc. , la pompe à incendie ne peut avoir d'utile effet que sur les toitures et contre la propagation du feu par des flammèches lancées sur les bâtiments voisins, si elle n'est pas munie d'une provision de pyro-extincteur Constant ou similaire.

Le laboratoire est isolé, la maison d'habitation, les écuries, s'il y en a, doivent être également séparées de l'usine, par une distance d'au moins 15 mètres.

Le contrat d'assurance spécifie la prohibition de pénétrer avec des lumières dans les hangars. Un éclairage extérieur, doublement garanti, peut seul être toléré, et ce, seulement à l'état d'exception.

Un avertisseur d'incendie sera installé dans chaque atelier. Comme en général on ne doit pas travailler la nuit, c'est-à-dire, à la lumière et qu'il n'y a pas à craindre d'inflammation spontanée, un veilleur de nuit n'est pas absolument nécessaire, l'avertisseur le remplacera.

Remplissant exactement toutes ces conditions, une fabrique de mirbane ne sera exposée qu'à des incendies partiels qui n'auront qu'une gravité restreinte, et pourra, conséquemment, être garantie par une Compagnie d'assurance.

CHAMOISERIE, MÉGISSERIE, MAROQUINERIE.

401. Les opérations de la mégisserie, comme celles de la chamoiserie, ne présentent pas de graves risques. L'épilage, l'écharnage, l'immersion dans les bains de son et dans l'eau chaude se font toujours au rez-de-chaussée de l'établissement ; le palissage à l'étage supérieur, le reste des bâtiments sert de magasin pour les peaux fabriquées ou en fabrication, pour les diverses qualités de laines ou de poils provenant de l'épilage, et de séchoir, à air libre, en été, à chaud, en hiver. Dans cette saison dernière, on dispose dans une des chambres des étages supérieurs un petit poële autour duquel on suspend les peaux, au moyen de rames. C'est primitif, mais la matière à sécher n'étant pas facilement combustible, il y a peu à craindre les sinistres quand on s'est conformé, pour la disposition de ce poële, aux règles de la première partie de cet ouvrage, en adoptant les poëles spéciaux Corneau ou Joly, et en ayant l'attention de faire carreler la chambre chaude.

402. Le chamoiseur procède de la même façon, seulement son séchoir a un peu plus le caractère de l'étuve. Les peaux de la chamoiserie étant imprégnées d'huile de poisson, si la chambre était plancheyée elle ne tarderait pas à être imbibée d'huile et offrirait au feu un aliment facile. Le chamoiseur doit remplacer tout plancher de chambre chaude par un carrelage ; toute chaudière ou marmite contenant les braises qui servent au chauffage, par des poëles qui enfermeront le combustible. Le mieux est d'installer le séchoir dans un petit appentis, un rez-de-chaussée sans étage, adjacent aux autres bâtiments, mais sans communication.

TANNERIE.

403. Le danger principal de la tannerie, c'est l'introduction du tan ou écorce du chêne, et surtout son broyage ; aussi voit-on les Compagnies d'assurances affecter de primes assez élevées les préparations du tan, qui consistent en un découpage, hachage, sciage ou pulvérisation de cette matière, au moyen de pilons, de bocards, de moulins ou de scies multiples Si l'on réfléchit à l'inflammabilité de la poussière de tan, à sa propriété de s'attacher aux corps environnants et de leur communiquer ainsi sa combustibilité, on ne s'étonnera point du taux de ces primes, et de l'énorme différence que les Compagnies établissent entre les tanneries avec moulins et celles sans moulins. Si un incendie se déclare dans la partie renfermant le moulin à tan, des milliers d'étincelles sont, si léger que soit le vent, projetées sur les bâtiments de la tannerie dont ordinairement tous les étages sont fermés par des persiennes mobiles, y pénètrent et les enflamment avec la plus grande rapidité. Aussi n'hésitons-nous pas à dire que l'opération du broyage des écorces doit se faire dans un bâtiment éloigné au moins de 10 mètres de tout autre, et, malgré cet éloignement, considérons-nous encore sa présence comme un voisinage très redoutable. On obviera à cet inconvénient en voûtant la chambre où s'opère cette trituration, qu'elle soit faite par un manège, par un moteur hydraulique ou à vapeur ; on préviendra ainsi de grands sinistres.

404. Les cheminées doivent être éloignées du local du moulin à tan, car une flammèche suffit pour allumer cette matière ; l'interdiction la plus grande de fumer doit être signifiée, et s'il existe un manège mu par un cheval, sur un sol pavé, on doit balayer ce sol, après chaque travail, car souvent le choc des fers fait jaillir des étincelles incendiaires.

405. Le dessaignage, le pelanage, le débourrage, l'écharnage, le rognement, le douci, le lavage et le nettoyage, le tannage proprement dit, sont des opérations inoffensives. Le passage ordinaire à l'étuve, lorsqu'il s'agit de cuirs forts, étant accompagné d'absorption de vapeur d'eau, tout risque autre que celui du mode de chauffage disparaît.

406. Lorsqu'on emploie la méthode qui fait chauffer l'air sec jusqu'à 60 degrés centigrades au-dessus de zéro, l'étuve rentre dans la catégorie des véritables séchoirs et exige les mêmes précautions pour l'agencement des poëles ou calorifères qui servent au chauffage et à la construction.

CORROYAGE.

407. Le flambage des cuirs étirés, c'est-à-dire ayant déjà subi les premières préparations du corroyage, doit se faire dans une chambre dallée et, si possible voûtée ; comme aussi leur imbibition dans le suif, l'huile, la graisse et leur étuvage. Il ne faut pas se risquer à faire fondre le suif ou chauffer l'huile dans l'intérieur des bâtiments, mais bien dans la cour.

L'usage des huiles empyreumatiques provenant de la fabrication du cuir dit de Russie demande les mêmes précautions.

Lorsqu'on opère le traitement des cornes des bestiaux dont on tanne les peaux, il faut localiser cette fabrication dans un bâtiment séparé des autres.

MOYENS DE PRÉCAUTIONS ET DE SECOURS DE L'INDUSTRIE PRÉCÉDENTE.

Contre chaque étuve un extincteur continu ou deux extincteurs.

Si l'usine emploie de la vapeur, un tuyau de vapeur ayant issue dans chaque étuve et pouvant être manœuvré de l'extérieur.

Un avertisseur d'incendie dans chaque étuve, séchoir, magasin à tan, atelier du broyage du tan.

Une pompe à incendie Thirion, fixe, ou une pompe mobile ordinaire avec provision de pyro-extincteur. Éclairage extérieur ou enfermé, dans le moulin.

Cette industrie n'a pas à craindre les phénomènes de combustion spontanée, on peut donc remplacer le veilleur de nuit par l'avertisseur Leblan, et se contenter de deux visites faites après le départ des ouvriers, et de trois pour le moulin contrôlées toutes par les cadrans Colin.

Nonobstant depuis déjà de nombreuses années, des sinistres fréquents ont désolés les industries qui traitent les cuirs, les poils, les peaux. Ils sont nés surtout d'imprudence, et de la persuasion où l'on est qu'un incendie y est impossible, de là, négligence et absence des soins les plus primitifs.

Il y a donc lieu de réagir contre cette tendance à l'incendie et de défendre de fumer dans les locaux plancheyés, les séchoirs, les cours et ateliers voisins des moulins et des magasins à écorces ou a tan : à fortiori dans ces ateliers. L'emploi des lampes de sureté pour les lumières mobiles doit aussi être adopté à l'exclusion de tout autre, et les modes d'isolement des calorifères ou poëles strictement observés ainsi que ceux pour les provisions de graisses ; si ces progrès ne sont ré lisés les manufacturiers verront bientôt leurs primes sensiblement augmenter.

FONDOIRS A SUIF.

408. Deux procédés sont mis en œuvre pour fondre le suif :

L'un est la vapeur : il supprime tous les risques de la fonte, la température de la vapeur d'eau dépassant rarement 100°, à moins d'une haute pression.

2° L'autre est l'emploie de chaudières à feu nu. Dans ce cas,

il faut établir le fourneau [de fusion dans une cour, le surmonter
d'une hotte plus large à sa partie inférieure que ce fourneau, dans
laquelle se rend la cheminée du foyer, juxtaposer intimement la
chaudière à la baie du fourneau qui doit la recevoir, afin d'éviter
tout passage de feu ou d'étincelles, garantir la porte du foyer par
une petite voûte, afin que le suif ou la graisse ne vienne pas s'y
brûler facilement. Le mieux est de mettre le foyer, ou du moins son
ouverture, latéralement, et d'établir à la partie du fourneau correspondante un petit rebord ou saillie qui s'oppose à l'écoulement des
matières grasses en cet endroit. Les chaudières de ce genre, celles
à graisses ou autres matières brûlant sans trop d'expansion, doivent
toujours être munies à leur partie inférieure d'un tuyau de vidange,
sortant du massif du fourneau. Si le liquide chauffé prend feu,
comme il n'y a que la surface qui soit enflammée, on ouvre le
robinet de vidange et, en le refermant avant que la partie en combustion s'écoule, on sauve intacte la plus grande quantité du liquide,
et on peut ensuite aisément éteindre le reste. Une rigole de quelques
centimètres de profondeur sera également creusée dans le sol à
1 mètre à l'entour des fourneaux, pour recueillir, en cas d'accident,
le suif ou la graisse en feu. On sait que l'eau jetée sur ces matières
enflammées ne peut qu'aggraver l'incendie ; on aura donc sous la
main quelque provision de corps inertes et froids, tels que du sable,
du gravier, de la terre.

POTERIES, FAÏENCES, PORCELAINES.

409. La préparation première des pâtes, l'écrasage, la porphyrisation, le délayage, le décantage, le mélange des matières dans des
gâchoirs, le malaxage, pétrissage, pourrissage des pâtes, semblent
ne présenter aucun des inconvénients que nous cherchons à signaler. Si l'on étonne les matières, il faut simplement se conformer
aux prescriptions relatives au foyer, et à ses tuyaux ou cheminées.

410. Le ressuage par évaporation, pression mécanique, par la chaleur artificielle, peut offrir quelques dangers si la disposition de l'émission du colorique, des tuyaux de fumée et du producteur de chaleur est vicieuse. Ce cas se présente. Sous prétexte que les matières sont incombustibles, presque toujours humides : on est souvent imprudent, sans réfléchir que les ateliers de préparation de pâtes ont toujours énormément de bois dans leur construction et arrangements intérieurs, et qu'une fois le foyer du feu un peu développé, toute cette masse de charpente, de planches, lui donne un aliment considérable, et qu'enfin, la pâte est essentiellement dommageable par la fumée, l'eau sale, et les mille avaries que produit un incendie. Un bon mode est l'évaporation obtenue soit par le vide au moyen d'un appareil pneumatique hydraulique, soit par la condensation de la vapeur, opérée dans les appareils analogues à ceux de la cuite du sucre, soit en recevant les pâtes dans des auges jumelles en dalles épaisses, dont le dessous canalisé est chauffé par la flamme et la fumée de foyers situés à leurs extrémités. Aux extrémités opposées on réunit les fumées de ces deux gargouilles, et on les envoie dans une cheminée en briques. Si cette cheminée est appuyée contre des bois, il faut bien la garantir de ce contact, car l'humidité désagrége facilement le mortier d'union des briques, et la faire visiter au moins deux fois par an. Quant aux foyers, on doit voûter les deux chambres ou appentis qui les contiennent, se garder, lorsque cette précaution n'est pas prise, de mettre sécher les fagots sur leurs fourneaux.

Je suis étonné que les fabricants de porcelaines n'utilisent pas, pour l'essorrage des pâtes, l'hydro-extracteur de Pentzold.

411. Le moulage, façonnage et achevage des pièces, s'opérant dans les ateliers dont le chauffage et l'éclairage sont les seules choses à considérer, nous renvoyons à la première partie de ce livre. Les glaçures n'appellent notre attention que sous le rapport 1° des petites quantités de suif, cire ou graisse nécessaires pour les réserves, qu'on doit fondre autant que possible à l'extérieur, ou à la vapeur,

ou même au gaz, à défaut de vapeur, si l'on a le gaz comme éclairage ; 2° de la présence dans les ateliers des essences de thérébentine, des vernis.

412. Reste le séchage des pièces moulées et fabriquées : une des
conditions industrielles de ce séchage est une dessiccation lente et
progressive de la température. Ce séchage a lieu ordinairement par
des poëles intérieurs, dont les tuyaux rayonnent partout, ou des
caloriféres à air chaud, dont on utilise aussi les produits de la
combustion pour le chauffage. Ces systèmes sont plus dangereux
dans une fabrique de porcelaine qu'ailleurs, en ce sens qu'on se fie
sur l'incombustibilité des produits pour négliger les règles de la
prudence ; on y voit des poëles posés simplement sur le plancher,
sans être munis de la dalle protectrice d'usage, des tuyaux le traversant sans un isolement suffisant, appuyés contre les étagères,
tangents à leurs bâtis. C'est sur ce point que les agents doivent insister pour obtenir l'amélioration désirable. Il serait bien préférable,
du reste, d'installer dans les caves, ou extérieurement, des calorifères à air chaud, avec les précautions recommandées, en envoyant
la fumée dans une cheminée en briques, et non un tuyau en tôle.
L'atelier de la fabrication des gazettes est également chauffé de la
même manière.

413. Les fours de cuisson sont surmontés d'un dôme ou globe,
chauffé par les flammes perdues, pour le dégourdissement du
biscuit, c'est de leur disposition que dépendra le danger Dans
toutes les fabriques ou à peu près, ils sont intérieurs aux bâtiments,
et occupent ordinairement le milieu d'une chambre, ayant un étage,
et dont la toiture s'élève à quelques centimètres au-dessus du dôme
du globe. Il en résulte l'obligation des précautions suivantes :
1° N'appuyer aucune poutre quelconque sur le massif du four ;
2° remplacer la portion de la toiture tangente à la buse ou cheminée
du globe par des chevrons, voliges et lattes en fer, recouverts de
pannes, dans une largeur d'au moins 1 mètre 50 centimètres tout

à l'entour ; on devrait même mieux établir toute la toiture de cette chambre entièrement de cette manière, car les étincelles qui jaillissent du four retombent souvent sur le couvert, et peuvent, s'il est combustible, y occasionner l'incendie ; 3° découper le plancher de l'étage autour du massif du four, de façon à avoir une solution de continuité d'au moins 60 centimètres. Quant à la partie qui se trouve au-dessus de la porte du four de cuisson, et qui reçoit, lorsqu'on enlève la maçonnerie de celle-ci, la cuisson étant terminée, toutes les effluves brûlantes qui s'échappent par cette issue, au lieu de la recouvrir simplement de tôle, et d'être obligé nonobstant de l'arroser continuellement d'eau pour empêcher qu'elle ne s'enflamme au moment précité, j'aimerais mieux remplacer cette partie du plancher sur une longueur de 1 mètre 50 à deux mètres et sur une profondeur de 80 à 100 centimètres par un plancher en fonte ajourée ; aujourd'hui que l'emploi des poutres en fer est usuel, dans les constructions, il serait bien préférable encore d'établir tout le plancher en fer et carrelage : on pourrait ainsi le rapprocher davantage du contour du four, sans aucun risque, et ses formes circulaires offriraient un aspect plus harmonieux que celui des voliges et bois découpés plus ou moins régulièrement à la scie ou à la hache. Cette incombustibilité venant s'ajouter à celle complète de la toiture, à celle des murailles édifiées en épaisse maçonnerie de briques, le danger suivant sera bien amoindri. 4° Nous voulons parler de la provision de bois, dont on entoure, comme d'une ceinture, le four de cuisson. La présence du combustible végétal en aussi grande quantité contre le four, en tas s'élevant jusqu'au plancher supérieur, est le risque le plus grave de la fabrique qui nous occupe. L'énorme chaleur qui rayonne autour du four de cuisson, le tangence des bois aux massifs des foyers qui forment saillies latérales, seraient tous les jours causes d'incendie, si l'alimentation du four n'apportait une surveillance presque continuelle. Mais nous savons combien peu il faut compter sur la surveillance, et plus d'une fois les sinistres des fabriques de faïences ou porcelaines ont démontré qu'elle pouvait

être prise en défaut. L'introduction du bois dans l'enceinte extérieure des fours doit être intermittente, de façon qu'une fois une
durée de cuisson achevée, il ne reste plus de combustible. On met
cette circonstance à profit pour balayer, nettoyer tout l'emplacement,
et s'assurer s'il n'y a pas de traces de feu. Le manufacturier est
donc intéressé à séparer des autres bâtiments celui qui contient
le four, pour limiter ses risques et ne pas subordonner l'existence
de son usine aux probabilités de destruction d'une partie. En outre
le tarif des Compagnies stipule une réduction sensible en faveur des
ateliers séparés de ceux qui contiennent les fours.

414. Le chauffage des fours par le charbon de terre au moyen
des alendiers fait disparaître les dangers dus au combustible végétal.
Pour tenir compte de cette diminution de risque, les Compagnies
ont réduit la prime de **33 0 '0**. C'est largement favoriser la transformation des anciens établissements, mais il paraît, au dire de
quelques usiniers, que le chauffage au bois, sous le rapport des
produits industriels, l'emporte sur celui opéré par le combustible
minéral. Cependant les usines nouvelles adoptent le nouveau système,
ce qui infirmerait cette opinion.

415. Je crois qu'il reste énormément à faire au fabricant de porcelaines, pour utiliser les énormes quantités de chaleur, de gaz,
qu'il laisse perdre dans l'atmosphère, sans aucun profit pour
personne.

416. Les fabriques spéciales de pipes sont traitées dans un autre
article. Leurs fours exigent les soins indiqués ci-devant, et la préparation et cuisson du vernis ou émail dont on lustre la surface des pipes,
doit avoir lieu en dehors des ateliers.

417. La coloration des faïences et porcelaines présente certains
dangers de feu inhérents, aux produits employés pour obtenir cette
coloration, surtout lorsqu'on prépare dans l'usine quelques-uns de
ces produits. Parmi les couleurs vitrifiables sont l'oxide de chrôme ;

qui peut s'obtenir de la décomposition du bichromate de potasse par un mélange d'alcool et d'acide chlorhydrique bouillant , le chlorure d'argent, l'or fulminant, l'or et le platine précipités de leurs combinaisons , et porphyrisés , avec mélange d'essence de thérébentine ; parmi les lustres métalliques , on compte le lustre d'or , le lustre de platine, qui , tous deux , exigent la présence d'huiles essentielles ; aussi les moufles , qui servent à la cuisson de la majeure partie des couleurs , doivent-ils avoir des ouvertures de dégagement des essences que la chaleur volatilise. Outre la disposition des tours à moufles, il faut examiner chez le décorateur l'emplacement réservé aux couleurs dangereuses et aux produits essentiels inflammables , afin d'en faire éloigner tout voisinage de feu et de lumière.

MOYENS DE SECOURS POUR LES POTERIES , FAÏENCES , PORCELAINES

Une pompe à incendie prête à être mise en batterie , avec pyro-extincteur (500 kilos) et avertisseur d'incendie dans les magasins.

Un extincteur continu, ou deux extincteurs près les toitures des fours; pas de combustion spontanée à craindre , l'avertisseur remplacera le surveillant de nuit ; deux visites après celle faite immédiatement après la sortie des ouvriers du jour suffiront dans les ateliers où l'on ne veille pas , lesquels doivent être fermés.

Veiller spécialement sur l'atelier d'emballage et ceux des menuiseries , forges , et sur les écuries. Défendre de fumer dans ces ateliers et y soigner l'éclairage. Très souvent cette industrie brûle aussi par ses ateliers accessoires : le principal paraissant peu dangereux , on néglige les soins ordinaires, et le sinistre arrive par la menuiserie, l'emballage , l'écurie, ateliers eux qui ne souffrent pas la négligence ou l'imprudence.

Cloture des terrains renfermant les provisions de bois , et séjour de nuit , d'un chien dans leur enceinte.

FABRIQUE DE GLACE ARTIFICIELLE.

418. Bien que la fabrication de la glace artificielle ne constitue pas une fabrique à proprement parler, j'ai cru utile de donner ici quelques détails sur les dangers présumés de l'appareil Carré ou similaire.

Comme on le sait, la production du froid est obtenue dans cet appareil au moyen de l'éther et des vapeurs d'éther successivement comprimées et dilatées, et au moyen de la condensation de ces vapeurs par un réfrigérant à l'eau froide. Ces opérations mécaniques se faisant à l'abri de la pression atmosphérique, en apparence, l'introduction de l'appareil dans un café serait inoffensive. Mais il n'en est pas ainsi ; la machine, avant d'être mise en marche, demande à être purgée de tout l'air qu'elle contient ; pendant le fonctionnement il faut plusieurs fois réitérer cette purge, à cause des rentrés d'air inévitables et adhérentes à la construction de l'appareil ; de plus, si le condenseur cesse un moment d'être alimenté d'eau froide, les vapeurs d'éther soulevant la colonne de mercure qui sert de soupape hydraulique, s'échappent dans l'atmosphère du local contenant, enfin, l'introduction de l'éther volatil à la température ordinaire dans l'appareil ne se fait pas sans qu'une partie du liquide ne s'évapore et ne se mélange à l'air ambiant. Connaissant la densité des vapeurs d'éther, on est amené à demander les soins suivants :

419. Le local de l'appareil doit être vide de tout feu et de toute éventualité de lumière. Un éclairage extérieur, disposé comme nous l'avons dit n° 201, placé plutôt élevé que bas, est seul praticable et recevable

420. La transmission de la machine à vapeur, nous supposons que la force motrice est la vapeur dans la majorité des cas (un moteur hydraulique serait préférable, mais la nature des lieux où s'éta-

blissent ces appareils ne permet guère de prévoir cette possibilité) (1),
doit être organisée de façon à ne pas établir de communicatfon entre
la chambre de l'appareil et celle du générateur de vapeur ; il faut
la placer au point le plus élevé de la muraille à traverser. C'est
assez difficile d'obtenir un absence aussi complète de communication
lorsque la transmission a lieu par courroies. Dans ce cas il faut
rétrécir l'ouverture le plus possible et la faire dans la partie élevée.
Il est en effet très important que les vapeurs d'éther ne puissent venir
se brûler au foyer du générateur de la machine, laquelle, vu la force
de chevaux-vapeur dont on a besoin , est généralement une locomobile, et c'est ce qui arriverait toujours, les vapeurs d'éther étant
plus lourdes que l'air , si les deux chambres communiquaient.

421. La provision d'éther devra être conservée dans plusieurs
vases fermés à l'émeri , et d'une modique contenance chacun.
On les renfermera dans un local où ils n'auront pas à craindre
d'être brisés , et où ils seront éloignés et du feu et de la lumière
artificielle.

422. On peut remplacer l'éther par le sulfure de carbone , qui
est aussi éminemment volatil. Le sulfure de carbone a une densité
de 1,26, et bout à 45 degrés centigrades au-dessus de zéro , et
produit un froid de 50° en s'évaporant dans le vide. C'est un des
corps les plus combustibles, et il s'enflamme violemment au contact
de l'air et d'une bougie allumée. Évaporé et mélangé à l'oxigène
de l'air , il fait explosion comme le gaz d'éclairage. Cet exposé suffit
pour démontrer quels désastres pourrait occasionner la provision de
200 kil. de ces liquides ; aussi faut-il , pour le sulfure de carbone
comme pour l'éther, diviser cette provision en plusieurs vases d'une
très petite capacité chacun.

423. Si , par hasard , les vapeurs d'un de ces liquides renfermés
dans les vases à émeri venaient à s'enflammer contre un corps allu-

(1) Ceci était écrit avant l'application des moteurs à eau de distribution, ou à gaz.

mé, dans un laboratoire, par exemple, il faut avoir la présence
d'esprit de boucher de suite le flacon laissé ouvert. Le feu se communiquera jusque-là, mais, grâce au bouchon d'émeri interposé,
s'éteindra à l'instant.

424. Si au lieu d'employer l'éther, le sulfure de carbone, on se
servait d'ammoniaque, tout danger disparaîtrait, les vapeurs ammoniacales éteignant plutôt les corps en combustion, les Compagnies
d'assurances devront faire mentionner dans les polices d'assurances.
les noms des corps employés, la situation de l'appareil, celle
de la locomobile, afin de proportionner leur prime aux dangers
du risque.

425. Établi dans deux chambres d'un rez-de-chaussée sans
étage, l'ensemble de l'appareil présentera la somme de risque la
moindre, et s'il n'y a aucune communication avec l'habitation ou
l'établissement qui l'utilise, son voisinage ne fera subir qu'une
surtaxe modérée ; cette surtaxe disparaîtrait même, si un espace
vide de cinq mètres au moins marquait la séparation des deux bâtiments entre eux. C'est ainsi que nous conseillons d'installer cet
appareil, en ajoutant aux deux chambres précitées une troisième
ne communiquant pas non plus, et contenant plusieurs armoires
où seront renfermées les provisions du liquide générateur du froid.

Nous croyons utile d'indiquer ici les caractères physiques de ces
produits :

La densité de l'air étant représentée par		1, 000
Les vapeurs de l'éther sulfurique ont une densité de		2, 586
d° du sulfure de carbone	d°	2, 044
d° de l'alcool	d°	1,6133
d° de l'eau	d°	0,6235

FABRIQUE DE GARANCE.

426. Il n'y a de très dangereux dans la fabrication de la garance
que les étuves à garance. L'écrasage et le broyage de la garance

peut s'assimiler comme risque au moulin à tan mu par l'eau, les moteurs des fabriques étant presque tous hydrauliques. Notre étude portera donc principalement sur les étuves.

La garance absorbant facilement l'humidité de l'air, il est essentiel qu'elle soit moulue au sortir de l'étuve, et cette condition de fabrication rend la séparation de l'étuve presque impossible. On y obvie facilement : on sait que le long des étuves règne un couloir, voûté comme elles, ou qui doit l'être, sur lequel débouchent les portes de ces étuves : au lieu d'établir les communications avec les ateliers d'écrasage directement, c'est-à-dire par d'autres portes ouvrant aussi sur le couloir, en face des étuves, on laisse intact le mur externe du couloir, on ferme le couloir lui-même par une porte en fer, et ce n'est qu'au delà de cette porte, que la communication avec les ateliers sus-nommés est pratiquée. En supposant que le feu prenant à une des étuves laissées maladroitement ouverte, envahisse le corridor, il serait toujours possible de lui fermer toute issue, afin d'empêcher sa propagation au-delà. Il en résulte un peu plus de main-d'œuvre que si le couloir était percé de portes à l'opposite des étuves, mais on sauvegarde ainsi l'usine contre une destruction presque inévitable s'il en était autrement.

En construisant d'ailleurs les étuves à la suite des ateliers à moudre et à rober, on arrive forcément à cette disposition. Isoler autant que possible les étuves est donc la première condition que le manufacturier doit s'imposer ; la seconde consistera à rendre chaque étuve indépendante de sa voisine, afin que le feu de l'une ne se communique pas à l'autre, il peut y avoir tangence, mais non communication; la troisième, à établir l'intérieur de l'étuve en matériaux incombustibles. Cette amélioration est acquise aujourd'hui à peu près partout, les planchers à claire-voie ont été remplacés par des voûtes en poteries, d'autres fois par des planchers tout en fer à jour ; la partie supérieure de l'étuve est également terminée en forme de voûte sur laquelle repose la toiture ; il n'y a donc dans une étuve à garance actuelle aucune sorte d'objets combustibles, rien qui puisse brûler, si ce n'est le contenu. Tout étant fait sous ce point de vue, nous n'avons plus qu'à nous occuper des causes de sinistres dûes au chauffage et à la présence de la garance sur les étagères en poterie ou en fer.

127. Ces causes sont l'objet de bien des controverses et des commentaires. Les uns prétendent qu'elles proviennent des allu-mettes chimiques qu'on laisse tomber dans la garance avant de la livrer au manufacturier, soit dans l'arrachage, soit dans le premier nettoyage qu'on lui fait subir pour débarrasser la racine, *grosso modo*, de la terre qui lui adhère. Les autres pensent que les sinistres proviennent simplement d'une surchauffe excessive des étuves, d'autres enfin les attribuent aux gaz ou aux vapeurs qui se dégagent pendant la dessiccation de la racine, appuyant leur opinion sur la fermentation de la garance qui n'est point contestable. Nous allons examiner ces trois causes :

1° La présence d'allumettes chimiques dans les racines est un fait quotidien ; l'allumette portée à une température de 80, 90 degrés, presque toujours atteinte, quoique le garancier prétende qu'il lui suffit de 50°, s'enflamme d'elle-même, et communique le feu ; si la température reste à 50°, ce qui est improbable, elle peut ne pas s'enflammer, mais le moindre choc suffit pour l'allumer, et ce choc ne manque pas de se produire lorsque, pour faciliter une bonne dessiccation on retourne les couches de racine étendues sur les éta-gères. Il devient donc indispensable de vérifier, avant de soumettre les racines à l'étuvage, si elles ne contiennent pas d'allumettes chimiques. Je n'ai pas à m'expliquer sur cette vérification qui peut se faire soit à la main, soit mécaniquement, au moyen d'une trémie, d'un sas à racine, par exemple, qui distribuerait la matière sur une toile sans fin, en couche mince, passant devant les yeux d'un ou plusieurs ouvriers qui apercevraient facilement les allumettes et les retireraient. En cherchant, on trouvera le moyen d'utiliser une opération semblable afin de la rendre le moins coûteuse possible.

2° La surchauffe. La surchauffe est due au mode de chauffage des étuves. Une étuve est le plus généralement chauffée par un calorifère ayant l'entrée de son foyer, ou même son foyer extérieur, c'est-à-dire dans le couloir régnant au rez-de-chaussée, les produits de la combustion, mêlés à la chaleur circulent dans un tuyau en forte tôle dont la naissance se trouve à la partie supérieure du massif du calorifère, conservant sa position horizontale, il parcourt les trois faces de l'étuve, se recourbe pour revenir au point de départ au-dessous de sa première course, se coude de nouveau près du massif pour aller encore à l'extrémité de la chambre se perdre dans une cheminée en briques ; pour mieux dire, la canalisation forme trois rangées de tuyaux superposés à un petit intervalle près ; rangée la plus haute est aussi la plus chauffée. On la revêt soit de maçonnerie en pente, soit d'une plaque de tôle pliée sous un angle assez aigu, afin que les racines ou débris de racines venant à tomber des étagères glissent sur le sol, au lieu de s'amonceler sur les tuyaux. Une bonne précaution, c'est de ne rien mettre sur la partie d'étagère qui est au-dessus du massif du calorifère, et du commencement du tuyau, et de pratiquer dans la muraille faisant face au couloir un petit ouvreau ou fenêtre, avec châssis en fer, qui permet à un courant d'air de s'établir et de venir tempérer un peu le coup de feu, ou la chaleur dégagée par cette partie de l'appareil de chauffage. Nous avons insisté plusieurs fois, dans le cours de cet ouvrage, sur les inconvénients du chauffage par les produits de la combustion enfermés dans des gaînes métalliques ; ils se révèlent chaque jour, dans l'espèce. Il est impossible d'empêcher que des parties d'air plus chauffées que d'autres, et animées de vitesses différentes viennent embraser les objets qu'elles rencontrent. Le chauffage aérotherme possède encore ces vices, mais à un degré bien moindre, et il me semble que sa substitution au chauffage usité serait déjà un pas décisif fait dans le progrès, une amélioration qu'on rendrait bientôt très notable, en la complétant par l'annexion d'un thermo-régulateur. C'est là le point essentiel : « trouver un

régulateur du calorique, qui fasse en sorte que l'air émis dans
l'étuve ne dépasse pas la température normale. » C'est à la solution
de cette proposition qu'est attachée la possibilité d'éviter les sinistres
d'étuve de garance dus à une surchauffe.

3° L'accumulation du gaz dégagée pendant l'étuvage. Je ne crois
pas à une inflammation spontanée de ces gaz. On pourrait en déterminer la nature en en faisant l'analyse et baser là-dessus les précautions à suivre. Faciliter leur écoulement au moyen de cheminées
d'appel pouvant être fermées au moyen d'une transmission aboutissant dans les couloirs, vient naturellement à l'idée. On obtiendrait encore de bons résultats si l'on donnait, pour cette dessiccation,
une plus grande part à la ventilation ; évidemment en faisant lécher
les racines par une plus grande quantité d'air chaud pendant le
même laps de temps, on pourrait diminuer proportionnellement la
température de l'air en mouvement ; mais si, au contraire, on
n'emploie la ventilation que pour gagner du temps et fabriquer plus
vite, on est forcé de laisser la température telle qu'elle était avant, et
l'on ajoute au risque, un risque nouveau, loin de le diminuer.

428. Ajoutons aux précautions à recommander : la présence
d'une pompe à incendie dans le couloir, au 1er étage ; le soin
de fermer les portes en fer des étuves avec douceur, les ébranlements violents de l'air étant très dangereux ; des regards pratiqués
à chaque porte, et dans les murailles internes et externes des étuves
pour permettre d'y passer la lance de la pompe, et diriger le jet
d'eau dans toutes les directions. Ces ouvertures dans la maçonnerie
sont faites comme de véritables meurtrières ; faire usage d'un
thermomètre électrique qui previent par une sonnerie lorsque la
température excède le nombre de degrés *ultima* ; l'avertisseur
d'incendie Leblan remplira les deux buts désirés, charger modé-
rément les étagères, plus les couches de racines sont épaisses, plus
la quantité de calorique nécessaire pour leur dessiccation est grande,
et sa pénétration au milieu de la masse difficile.

429. Grâce au genre de construction des étuves, les sinistres ne sont pas graves ; cependant leur pluralité finit par leur donner une certaine importance, et bien que les primes ou contributions d'assurance soient fort élevées, je doute beaucoup qu'il y ait même compensation entre les recettes de primes et les charges de sinistres : celles-ci doivent l'emporter. Ces sinistres répétés ont tellement même familiarisé les ouvriers avec le danger, qu'ils en font un jeu, et l'on dit tout bas, qu'il peut arriver qu'un contre-maître ayant laissé dépasser la température normale de torréfaction, et diminué ainsi de beaucoup la valeur du produit industriel, pour éviter les reproches que ce défaut de surveillance peut lui faire infliger, n'a d'autre ressource que de pousser démesurément le feu pour provoquer l'incendie qui dissimulera sa négligence. Aussi un manufacturier notable dans cette industrie a-t-il imaginé de donner une récompense d'une certaine valeur à tout contre-maître de sa manufacture qui n'aura pas eu un seul sinistre à réprimer dans les étuves, durant l'année entière. Dans ces diverses circonstances, nous pensons que le seul moyen moral d'amélioration de ce risque que les Compagnies possèdent, plutôt que de cesser d'assurer, est celui qu'une d'elles a commencé à employer, je veux dire l'obligation imposée au garancier de rester son assureur d'une partie de la valeur des marchandises soumises à l'étuvage, soit le tiers ou le quart. Nous attendons de très heureux résultats de ce système, et nous espérons qu'il ne sera pas nécessaire que chaque Compagnie fasse successivement l'épreuve de ces risques, et cesse de les assurer complètement après avoir éprouvé des pertes en garantissant la totalité, avant d'en arriver à l'assurance partielle. Plus tard, quand un bon thermo-régulateur aura été appliqué, quand les sinistres deviendront plus rares, que des modifications qu'inventera la nécessité d'éviter ces sinistres présenteront aux Compagnies des garanties de sécurité plus grandes et plus positives, alors l'exception pourra disparaître et la responsabilité des assureurs redevenir entière.

430. Les ateliers de trituration, tamisage et blutage de la garance ne doivent jamais être chauffés, à moins que ce ne soit à la vapeur ; il est également indispensable que l'éclairage soit extérieur ou parfaitement enfermé, le premier de ces modes est le meilleur ; la défense la plus rigoureuse de fumer doit être faite et réitérée souvent aux ouvriers. La chambre à poudre de garance comporte les mêmes précautions.

431. Comme complément de ces dispositions, le manufacturier créera pour la garance achevée et mise en barriques, comme pour la garance à l'état brut, des magasins séparés de l'usine proprement. dite. Une diminution notable de prime ou de contribution d'assurance accompagnera l'application du principe de la division des risques.

432. Le traitement de la garance convertie en garancine, embrasse des préparations humides qui sont sans danger, telles que le lavage, l'expression de l'eau par l'action des presses hydrauliques ; l'étuvage s'opère dans des étuves à peu près analogues à celles qui servent à la garance, voûtées et indépendantes les unes des autres, quoiques contiguës. Elles sont chauffées également par l'air chaud et la fumée, les étagères sont en fer ; malgré les imperfections si vicieuses de ces modes de chauffage, il y a beaucoup moins de sinistres dans les étuves à garancine que dans celles à garance ; la matière étant réduite en poudre et agglomérée en tourteaux est bien moins inflammable, elle a été purgée des allumettes chimiques par les opérations préliminaires, elle ne peut donc plus s'enflammer sous l'action d'une température excessivement élevée. Nous ne répéterons pas ce que nous avons dit à propos des étuves à garance ; nous prions le lecteur de s'y reporter. Lorsqu'il fait grand vent, il faut avoir soin de fermer les cheminées d'aération ; les massifs des calorifères sont souvent protégés contre les intempéries du temps par de petites toitures en voliges et pannes, qui en sont trop peu distantes ; il est préférable d'établir de petites voûtes, ou bien d'élever ces abris à 80 centimètres au-dessus des fourneaux, ou bien encore de remplacer les bois par des chevrons et un lattis en fer.

433. La fabrication de l'alizarine ou colorine est encore restreinte ; elle exige, ou peut exiger, entre autres préparations, le traitement de la poudre de garance, préalablement désorganisée par l'acide sulfurique, par l'alcool bouillant, opération qui offre de sérieux dangers. Aussi j'engage le manufacturier à la faire dans un corps de bâtiment spécial, non communiquant aux autres ateliers.

434. Quant à la distillation des eaux de lavage de la garance, préalablement soumises à la fermentation, pour en retirer l'alcool qu'elles contiennent, nous renvoyons pour l'étude des précautions à prendre à l'article spécial titré *Distillerie*. Il en est de même pour la rectification et pour la revivification de l'alcool qui aura servi à préparer l'alizarine.

435. Les moyens de secours à indiquer pour la fabrique de garance sont principalement ceux décrits n⁰ˢ 82, 84, 86. La garance ne craignant pas moins la vapeur d'eau que le feu, nous ne pouvons conseiller l'emploi de la vapeur, comme nous avons pu le faire pour d'autres industries. On a essayé avec succès le gaz acide carbonique, par conséquent les extincteurs, mais il a l'inconvénient capital de détruire en grande partie la valeur industrielle du produit dont il éteint la combustion, de sorte qu'il ne présente plus que l'avantage d'empêcher la communication du feu en en étouffant le foyer. D'autres manufacturiers ont cherché la solution du problème dans une construction différente des étuves, et le mode d'agencement du chauffage ; les tuyaux de chauffage, par exemple, ont été noyés dans le sol, comme le sont des générateurs dans leurs massifs, le coup de feu a pu ainsi être largement garanti, et la distance entre la matière à torréfier et la petite surface du tuyau découverte rendue, par ce moyen, beaucoup plus grande ; mais une longue expérience seule indiquera si cette modification est une amélioration décisive, les étages, qui comme on le sait forment en même temps les étagères, au lieu d'être en poterie sont en fer ;

il n'y a pas à redouter que les voûtes s'effondrent, puisque la partie supérieure seule supportant la toiture est voûtée ; mais, sous l'action d'un feu intense, le fer se dilaterait d'une façon bien préjudiciable. Je pense que c'est ailleurs qu'il faut chercher le moyen d'éviter les incendies d'étuves, et j'engage les manufacturiers à tenter une torréfaction continue, dans des appareils analogues à ceux employés dans les manufactures de tabac et inventés par M. Roland. Avec les corrections nécessaires, ces appareils qui remplissent toutes les conditions que nous savons être indispensables à une bonne dessiccation, savoir : température égale, ventilation suffisante, vitesse économique pourront, peut-être, s'approprier à la garance, ou donner l'idée d'autres machines obtenant des résultats similaires. Il faut remarquer de plus que la torréfaction ainsi pratiquée, est la marque du véritable progrès industriel, puisqu'elle se fait mécaniquement, et surtout d'une façon continue.

435 bis. Nous cessons d'indiquer ici par un article spécial, les moyens de secours et précautions spéciales à chaque usine, ce que nous avons dit précédemment permet à tout lecteur de combiner ces moyens selon l'industrie exercée : rappelons seulement cette règle :

Pour toute usine qui peut craindre un incendie par combustion spontanée, il est indispensable d'avoir un surveillant de nuit et de constater l'effectivité de sa surveillance par les boites Colin ou l'appareil Michaut.

Celles qui emploient des substances ne pouvant s'enflammer spontanément suppléeront au gardien de nuit par les avertisseurs d'incendie Leblan, et deux, trois ou quatre visites après le départ des ouvriers et du dernier ouvrier, espacées d'heure en heure, et continuées les jours fériés.

Si un seul ouvrier reste à veiller dans une usine, il faut néanmoins passer immédiatement après sa sortie la visite dans toute l'usine où il a pu s'introduire, même, dans les parties où il ne devait pas pénétrer.

Le nombre des sinistres arrivés après une présence d'ouvriers soit de l'usine, soit étrangers à l'usine est incalculable.

BLANCHISSERIE, TEINTURERIE, FABRIQUE D'INDIENNES.

Nous réunissons en un seul article ces trois industries, afin d'évi des redites qui allongeraient, sans bénéfice pour le lecteur, cet ouvrage déjà prolixe.

436. *Chaudières chauffées à feu nu.* — La meilleure disposition des foyers est celle où ils sont extérieurs, ce qui est bien facile à faire. Les cheminées en briques doivent être entretenues en parfait état. L'endroit surtout où elles traversent les toitures ou bien où elles leur sont tangentes. L'humidité constante produite par les vapeurs exhalées des liquides traités dans les chaudières fait naître des lézardes, des fissures en détruisant le mortier qui agglutine les briques ; la suie s'y accumule, et en s'enflammant, incendie les bois adjacents. Il faut aussi que les cheminées s'élèvent fort au-dessus des toitures, afin que les étincelles qui s'en échappent ne les embrasent pas. (1 mètre au moins et plus, selon l'angle d'inclinaison du toit).

437. *Etentes à air.* — Les étentes à air n'ont ni feu ni lumière, leur seul danger peut être leur emplacement. Le voisinage des cheminées leur est très nuisible, car des étincelles, des flammèches, des parcelles de suie enflammées peuvent s'y attacher, et quand les conditions de sécheresse et de vent sont favorables, y porter l'incendie. On doit donc consulter pour leur emplacement la rose des vents, et les éloigner d'au moins 10 mètres de toute cheminée.

438. *Séchoirs à calorifères ou poêles intérieurs.* — Ces séchoirs sont excessivement dangereux , quelque précaution qu'on prenne,et ils devraient être prohibés. Il est indispensable que tout l'appareil de chauffage et des tuyaux soit entouré d'un fort grillage métallique qui tienne à distance les marchandises. Cette distance, qui ne peut être moindre de 1 mètre, sera proportionnelle à l'intensité de la chaleur dégagée. L'allumage et l'entretien du foyer offrent les plus grands inconvénients ; il faut se garder d'apporter le feu dans une pelle découverte, un coup de vent, un courant d'air, un choc, ferait jaillir les étincelles sur les matières mises à sécher et les embraserait ; il faut aussi, en remettant du charbon ou du bois, veiller à ce qu'il ne s'échappe du foyer aucune langue de feu ; pour en empêcher les conséquences, on fixe au-dessus du foyer, dans une position horizontale, soit une large plaque de tôle, soit un tissu métallique très serré.

439. *Séchoirs à colorifères extérieurs*, chauffant par les produits de la combustion circulant dans des enveloppes incombustibles. — A l'article *Fabriques de sucre* nous avons déjà indiqué quelques systèmes de ce chauffage, qui n'est pas exempt d'accidents, à cause de la difficulté de modérer le feu et d'éviter que les parties des tuyaux les plus voisines du calorifère soient souvent portées au rouge. Prévoyant cependant le cas où il se trouve encore des séchoirs ainsi organisés, nous dirons qu'il faut que le tuyaux exposé a subir le coup de feu soit partout entouré d'un chemise en maçonnerie bien lutée, ou en fonte, et à un mètre au moins d'un grillage l'enveloppant parfaitement, afin que les pièces, les marchandises mises au séchoir venant à tomber soient arrêtées dans leur chute et ne puissent jamais être en contact avec lui. Les supports des tuyaux seront en matériaux incombustibles, ainsi que les bâtis qui supportent les rames, toutes les fois qu'il le sera possible. Je préférerai également un sol carrelé à un plancher en bois. On se gardera bien de laisser les ouvriers employés au séchoir, suspendre dans ce séchoir leurs vêtements de rechange ; ces vêtements pourraient contenir

des allumettes que la grande chaleur du local enflammerait, d'où l'incendie du séchoir.

A est le calorifère dont le massif est en partie encastré dans la muraille I ; B est un mur de 80 centimètres de hauteur formant un parallélipède rectangle avec la paroi opposée de la muraille ; le sol est dallé, et des plaques de fonte reposant sur le mur B et sur une saillie ou une échancrure de la paroi J enfermant le tuyau du calorifère. Ces plaques sont figurées lettre P. Leur jonction, leur assemblage sont parfaits, grâce à leur forme. D est un grillage en fer qui recouvre le tout. *Figure* 31.

440. *Séchoirs à air chaud.* — Lorsqu'on est obligé d'avoir recours aux combustibles végétaux ou minéraux, il faut préférer ce mode à tout autre, car c'est celui qui présente le moins de chances de sinistres. Nous ne nous étendrons par sur la description des conditions que doit remplir le calorifère à air chaud ; nous avons déjà eu, dans le cours de cet ouvrage, occasion d'en parler. Rappelons seulement que le calorifère et son massif doivent être entièrement placés ou disposés dans une cave ou un local voûté, sans communication avec le séchoir ; que les prises d'air d'air doivent être grillées, ainsi que les sorties, que toute pièce de bois ne doit pas être rapprochée des bouches de chaleur de plus de 70 à 80 centimètres et à *fortiori* toute matière mise au séchoir ; qu'enfin la plus grande propreté doit distinguer le séchoir à air chaud, afin qu'aucune parcelle d'étoffes, de fils, qu'aucun débris quelconque ne puisse s'amasser sur ou dans les tuyaux et s'y enflammer. Tant qu'un régulateur du calorique n'aura pas été inventé et rendu d'un emploi pratique, usuel et économique, les séchoirs à chaleur artificielle produite par les combustions constitueront toujours pour l'assureur un des risques les plus scabreux, et continueront à être taxés de primes élevées.

441. *Séchoirs à vapeur.* — Le séchage mécanique au moyen de presses cylindres, ou d'hydro-extincteurs donne des résultats tellement puissants et économiques à la fois, en y soumettant les pièces ou les matières égouttées et tordues, qu'il ne serait nécessaire que de le compléter par l'exposition à l'air, si l'obligation pour le fabricant de produire vite, et l'inconstance de la température n'exigeaient qu'il fasse usage de chaleur artificielle. Nous avons passé en revue, plus haut, les différentes sources de chaleur produites par les anciens procédés, il ne nous reste plus qu'à parler de la vapeur. Les cylindres sécheurs, les cylindres à vapeur ont été adoptés dans les grands établissements : c'est dire qu'ils sont industriels et qu'ils représentent le triomphe du progrès sur la routine. Le séchoir à vapeur nous présente toutes les garanties désirables, la seule recommandation que nous ayons à faire, c'est celle relative aux vêtements d'ouvriers, déjà faite n° 439. Nous ajouterons aussi qu'il est bon d'avoir, adapté, aux tuyaux de vapeur qui circulent dans le séchoir, un robinet qu'on pourra ouvrir, sans pénétrer dans la chambre, afin d'étouffer, au début, tout commencement d'incendie. Les Compagnies d'assurances, pour vulgariser ce mode de séchage, assimilent une usine avec séchoir à la vapeur à une usine n'ayant pas de séchoir. La concession a été faite, comme on le voit, aussi large que possible : c'est aux manufacturiers à en profiter.

442. *Séchoirs par la chaleur perdue des générateurs.* — Quelquefois on installe au-dessus des générateurs un séchoir, pour profiter de la chaleur perdue. Il faut dans ce cas, disposer les registres comme nous l'avons prescrit n°ˢ 120 et 220, ou mieux les enlever et les placer à l'extérieur.

443. Le séchage peut s'opérer aussi au moyen de machines pneumatiques, de machines à ventiler, de substances hygrométriques. Nous avons vu quelques applications du desséchement par le vide. La ventilation est également employée concurremment avec la vapeur dans certaines blanchisseries avec apprêts ; mais ce ne sont encore que des exceptions isolées, et la science est bien loin d'avoir dit son dernier mot sur ce sujet.

443bis. *Eclairage des séchoirs en général.* — L'éclairage

extérieur est ce qu'il y a de mieux. Les becs de gaz qui seront intérieurs devront être enfermés dans une lanterne protégée elle-même contre le contact des pièces par un grillage métallique distant de 20 centimètres environ. Si on introduit dans le séchoir un éclairage mobile, la lampe marine ou Cosset-Dubrule seule devra en franchir le seuil. (*Voir n° 270*).

444. *Bâtis, supports, cordes, rames des séchoirs.*—Aujourd'hui que les procédés employés pour rendre le bois, les cordes incombustibles sont connus, on devrait s'en servir pour rendre inattaquables au feu les cordes des séchoirs, les bois rapprochés des tuyaux, des bouches de chaleur. On obtiendrait de merveilleux résultats dans les séchoirs ou étuves où les matières à sécher ou étuver sont déjà incombustibles ; tout incendie, le cas échéant, serait rendu impossible. (*Voir Dépendances d'usines*).

445. *Course de rouleaux.* — Le sol de la course doit être dallé, sans aucun plancher ou faux plancher en bois ; le plafond voûté, établi, comme les murs latéraux, en briques sans aucune poutre ou pièce combustible, noyée ou non dans l'épaisseur des murailles ; les quelques planches, pour le service des pièces, soutenues sur des voliges en fer, et les marchettes d'ascension de ces planches établies également en fer et fixées aux bâtis de même métal qui servent à supporter l'ensemble des galets ou cylindres en fonte ou cuivre qui constitue la course. Les tuyaux de chauffage circulant sur le sol sont ordinairement enfermés dans une sorte d'auge, à parois incombustibles, ayant la longueur de la chambre. On recouvre, facilement, la partie supérieure de cet auge, de plaques de tôle vers le coup de feu, et au-dessus, sur tout le parcours, on installe un chassis longitudinal en fils métalliques qui a pour but d'empêcher les pièces qui pourraient se détacher d'aller se brûler au contact ou à l'approche des tuyaux. (*Voir n° 439*). Mais ici encore le chauffage direct est une faute. Si l'on remarque qu'il entraîne avec lui une foule d'inconvénients dont le salissage des pièces n'est pas

le moindre, un entretien fréquent des tuyaux que les dilatations
excessives dérangent trop souvent, des pertes de fumées fréquentes
et un danger d'incendie constant, on renoncera à ce système, et on
lui substituera l'air chaud, d'autant mieux qu'un bon appareil aérotherme doit utiliser 80 0/0 du combustible. Lorsque l'un ou l'autre
de ces modes est adopté pour le chauffage, il est indispensable de
rendre les courses indépendantes les une des autres, et cette indé-
pendance ne peut être sérieusement acquise qu'en les construisant,
comme nous l'avons dit, en maçonnerie de briques, sans aucune
espèce d'ouverture entre elles, si minime qu'elle soit, en les voûtant
en briques également, et en plaçant les calorifères extérieurement,
à l'extrémité opposé à la chambre des rouleaux d'impression mécanique. Nous n'admettons pas plus les courses non voûtées ou non
construites en matériaux incombustibles avec chauffage à feu direct,
que les séchoirs à chaud avec poëles ou calorifères intérieurs. Ces
procédés, conservés plus encore par la routine que par l'économie
doivent disparaître.

446. La course de rouleaux est rarement employée seule comme
mode particulier de séchage, sauf dans quelques blanchisseries ou
teintureries, elle est la conséquence des machines à imprimer mécaniquement, lorsque la vapeur ne la remplace pas. L'atelier qui
contient des rouleaux imprimeurs est toujours contigu à cette
course et y communique, car l'étoffe venant de subir l'impression
des rouleaux entre immédiatement dans la course, d'où elle sort pour
être guidée mécaniquement dans une chambre d'oxidation. Le feu
prenant dans la course est à la fois communiqué aux trois ateliers
dénommés. Pour éviter cette instantanée propagation d'incendie,
il faut : 1° établir autant de courses séparées, ou du moins indépendantes les unes des autres, qu'il y a de machines à imprimer ;
2° édifier la muraille séparant l'intérieur des chambres des courses
de l'atelier des rouleaux en maçonnerie de briques ; 3° restreindre
au strict nécessaire la dimension des portes de chaque course, les
établir en fer, pratiquer, pour l'entrée et la sortie des pièces, des

fentes horizontales les plus étroites possible et les munir de fermoirs. Nous avons signalé l'inconvénient de transporter mécaniquement la pièce imprimée, de la course dans la chambre d'oxidation, quel que soit l'avantage de la continuité du travail, il est indispensable que ce transport se fasse manuellement. On dispose la fente de sortie des pièces de manière à ce qu'elle soit dans la même muraille que celle de l'entrée, et placée près du sol, à la partie inférieure. Si la pièce arrivait enflammée, on fermerait immédiatement avec l'écran *ad hoc*, on arrêterait son entrée, et on limiterait ainsi le dégât à une perte peu considérable.

447. Les courses ne doivent posséder aucun éclairage, si ce n'est un éclairage extérieure pratiqué dans la muraille externe au moyen de petites fenêtres garnies de volets en bois couvert de tôle. S'il faut un éclairage artificiel, la lampe marine seule ou similaire doit être employée.

448. *Chambre d'oxidation.* — La chambre d'oxidation, ou étente à air non chauffé si ce n'est par la chaleur perdue des machines et des courses, sert à exposer au contact de l'air pour en absorber l'oxigène, les tissus imprimés et séchés mécaniquement ; aussi cette chambre communique-t-elle avec l'atelier d'impression et groupe des courses ; elle est souvent placée sur ces dernières, voûtées comme nous l'avons dit. Les becs de gaz qui peuvent être disposés pour l'éclairage de cette vaste étente, seront soigneusement enfermés dans des lanternes ; la lampe mobile sera la lampe marine ou similaire. J'ai vu des manufacturiers se servir de grandes lanternes brûlant des chandelles, à cause de la crainte des taches que les lampes à huile peuvent occasionner. Je ferai remarquer que cette crainte est peu fondée ; il suffit de bien essuyer les lampes marines et de les conserver, en les portant, leur horizontalité. La chandelle peut salir aussi, la propreté et le soin faisant défaut, et de plus elle expose à des dangers ; demandant à être mouchée souvent, l'ouvrier n'a ni le soin, ni l'embarras, ni le luxe d'une paire de mouchettes ;

son index réuni au pouce remplace cet instrument ; mais là est l'instant critique ; il faut qu'il ait l'attention de laisser tomber la mouchure dans la lanterne ; un moment d'oubli, une brûlure peu lui faire jeter ce corps embrassé au milieu de l'atelier, sur les marchandises elles-mêmes, et faire naître un sinistre toujours considérable à cause de l'aliment qui le développerait. Il faut donc, quand on fait usage des lanternes, remplacer la chandelle par des bougies ou des lampes (1), toutes deux exemptes de l'inconvénient précité. L'allumage des becs se fera au moyen de la lampe de sûreté et celui des lumières mobiles, non pas dans la chambre d'oxidation, ce qui obligerait à y porter des allumettes, mais à la lampisterie.

449. *Chambre des rouleaux imprimeurs.* —Cette chambre ne présente de risque que par sa communication, sa tangence avec les courses qui en sont comme les accessoires, et avec l'étente d'oxidation. C'est dans cette chambre que doit se trouver, toujours amorcée et munie de ses boyaux et lance, la pompe à incendie dont ces deux ateliers nécessitent la présence ainsi que deux extincteurs. Il faut aussi veiller à ce que l'alimentation ne puisse pas faire défaut surtout dans les premiers moments.

450. *Atelier des perrotines.* — L'atelier des perrotines est ordinairement chauffé tout entier, les perrotines étant aujourd'hui employées pour des impressions spéciales bien moins rapidement obtenues qu'au moyen des rouleaux ; les pièces plus longtemps soumises à l'action du calorique ont besoin d'une moindre quantité de chaleur, aussi se contente-t-on de placer les perrotines dans une salle ayant un plafond très élevé : derrière chaque machine se dresse un système d'envidoirs, de barrettes, de chassis ; mécanisme au moyen duquel chaque partie de la pièce imprimée, est successivement exposé à l'action du calorique émis par l'agent de chauffage employé, puis s'enroule sur elle-même à la partie supérieure de la

____

(1) Préférer la lampe Cosset-Dubrule. Avoir soin de garnir tous les becs de gaz de régulateurs.

chambre ou la température est. naturellement, la plus haute. Si l'on emploie une circulation de tuyaux contenant de l'air chaud ou , tout à la fois, les produits de la combustion les précautions recommandées plus haut doivent être prises , savoir : la garantie du coup de feu , des bouches de chaleur, un grillage métallique, horizontal, destiné à retenir les pièces qui peuvent tomber ou se trop abaisser, l'occlusion des lumières rapprochées des pièces , dans des lanternes préservées elle-même par une sorte de chassis en fil de fer.

451. *Collage des pièces.* — On est dans l'usage de réunir, au moyen d'un collage à la pâte, un certain nombre de pièces (5 environ), pour la facilité et la continuité des opérations. Pour parfaire en un instant, la prise de cette colle, on passe sur les deux extrémités enduites de l'agglutinant et appliquées l'une sur l'autre , un fer à repasser chaud. Le chauffage de ces fers est à remarquer ; s'il existe un poële dans l'atelier , il est possible de le disposer pour cet usage , afin d'éviter les inconvénients d'un fourneau mobile au charbon de bois. Comme on fait souvent trop chauffer les fers , on roussit le bois sur lequel on les pose, les morceaux d'étoffe qui servent à les essuyer, les bouts des pièces qu'on réunit, ou ces pièces elles-mêmes ; ces morceaux roussis jetés imprudemment sous la table de repassage et conservant des traces de feu , peuvent parfaitement incendier l'établissement. Il faut munir les repasseuses de poignées en fer et cuir, de tôler les parties de la table où l'on pose les fers , et exiger que tous les morceaux, roussis ou non, soient recueillis soigneusement dans un vase en tôle qu'on enlève chaque soir de l'atelier après avoir ramassé tous les débris à terre et s'être assuré que rien ne brûle. Il est bien préférable lorsque le gaz d'éclairage est le mode employé dans l'usine , de faire chauffer les fers à repasser par le gaz. On vend des appareils *ad hoc*, moyennant le prix de 12 à 13 francs par fer à repasser ; l'économie du chauffage des fers a bientôt compensé la dépense initiale , et il reste, de plus , l'avantage d'une sécurité plus grande.

452. *Grillage des tissus.* — Le grillage des tissus, qu'il s'opère au gaz ou par les plaques semi-sphériques, peut avoir les suites les plus désastreuses. Bien des sinistres ont été allumés par des pièces grillées, portées imprudemment dans les magasins ; une trace de feu, une étincelle peut couver, suivant qu'elle est plus ou moins rapprochée des extrémités de la pièce, un temps plus ou moins long, avant de déterminer un commencement d'incendie visible. Ces dangers, surconnus par les calicots, le sont encore plus pour les étoffes légères dont le tissu à jour facilite l'entrée de l'air. Ce risque est indiscutable, et l'on pourrait citer plusieurs établissements considérables qui ont été consumés parce qu'ils l'ont méprisé. Il n'y a qu'une seule voie pour le conjurer :

1° Établir le grillage dans les dépendances de l'usine, dans un rez-de-chaussé dallé, avec une voûte, s'il y a étage au-dessus.

2° Faire le travail du grillage le matin seulement.

3° Visiter chaque soir, avant la sortie des pièces destinées aux autres ateliers, toutes celles qui ont été grillées ; cette visite se fait en dépliant puis repliant l'étoffe(1). Si le matin quelque parcelle de feu s'est conservée, elle a eu le temps de se développer et elle se décèle infailliblement au dépliage. On l'éteint facilement.

453. Il ne peut y avoir d'exception que pour les pièces qui sortent immédiatement de la chambre du grillage pour être plongées dans l'eau, c'est-à-dire subir de suite les opérations du lavage, lessivage, etc.

Le petit supplément de travail qu'exige ce repassage des pièces, que nous jugeons indispensable, sera largement payé par la sécurité qu'il apportera.

Aucune pièce ne pourra donc être portée de la chambre du grillage aux ateliers divers, si cette vérification préalable n'a pas été soigneusement et préalablement pratiquée. Je ne vois qu'un seul moyen de s'en dispenser : ce serait d'installer à côté du grillage une chambre voûtée qui servirait de salles d'épreuves des marchandises

(1) On peut l'opérer mécaniquement.

et où les pièces grillées resteraient quatre ou cinq jours avant d'être emportées, mais c'est là une difficulté d'application assez grande, et la moindre négligence dans le rangement méthodique des pièces peut faire avorter le succès de cette précaution. On peut aussi installer à la sortie de l'appareil à griller une série de cylindres ou rouleaux faisant parcourir à l'étoffe un grand chemin avant de l'enrouler définitivement.

454. Dans quelques usines on fait circuler des chariots, ou petits wagons glissant sur des rails et contenant du coke incandescent, sous des pièces tendues horizontalement ; dans d'autres, on fait encore usage de boulons en fonte, que l'on fait rougir pour les introduire ensuite dans des cylindres sécheurs. Ces opérations ne sont dangereuses que par la présence des matières ignées de leurs foyers ; on doit les exécuter de préférence dans une chambre carrelée, éteindre les chariots de coke aussitôt que leur travail est achevé, les remiser sous une voûte ou une chambre incombustible et prendre pour le tissu les précautions précitées.

455. *Tonte des calicots.* — La tontisse ou duvet enlevé au calicot ou autres tissus par les tondeuses mécaniques, doit être balayée et enlevée chaque jour de l'atelier; si on la met en sac, portée dans un local où elle puisse brûler impunément. Sous l'influence de l'humidité, de parcelles d'huiles retirées du contact des machines, ces matières, comme la presque généralité des déchets, peuvent s'enflammer spontanément. Les mêmes soins présideront à l'enlèvement des morceaux de rebut, des chiffons, des torchons utilisés pour l'essuyage des machines, ou employés par les ouvriers à d'autres usages.

456. *Impressions à la main.* — La vapeur est ici le seul agent de chauffage praticable, à cause de la multitude des châssis, des barrettes, qui encombrent l'atelier d'impression à la main. Quant à l'éclairage, il n'est guère possible au milieu de cet enchevêtrement de bois, d'étoffes, si facilement inflammables par ses

dispositions ; on pourrait cependant l'organiser au gaz, au moyen
de becs bien enfermés dans de grandes lanternes qu'on allumerait
avec la lampe de sûreté ; mais il est préférable de ne pas travailler
de nuit. A défaut de vapeur pour le chauffage, si l'on emploie
le chauffage à air chaud, outre les grilles recommandées aux entrées
et aux sorties d'air, il faut entourer ces dernières d'un autre grillage
de maille un peu plus larges, écartant d'au moins 60 centimètres
toute pièce qui pourrait s'en approcher trop. L'isolement de cet
atelier des autres est le but à atteindre. Quant on construit il ne faut
pas perdre de vue ce point important. Ce qui a causé la ruine
de plusieurs fabriques d'indiennes, c'est l'absence de séparations
.suffisantes entre les différents ateliers, c'est l'oubli des principes de
la division nécessaire des risques d'une même usine, et la légèreté
des constructions employées.

457. L'adoption du chauffage à la vapeur, appliqué à toutes les
opérations et à tous les ateliers, est là meilleure amélioration à
obtenir. Bien des manufacturiers déjà en ont pris l'initiative, nous
n'avons qu'à engager à suivre cet exemple qui prouve que l'application de la vapeur est possible et industrielle. Nous avons déjà eu
lieu de remarquer que la vapeur est l'agent qui s'accommode le
mieux aux opérations faites mécaniquement, et qu'il remplace par
un travail méthodique le travail de tatonnements et d'irrégularités
obtenu des autres procédés.

458. *Cuisine aux couleurs.* — Ici encore, la vapeur en
remplaçant le combustible ordinaire évitera tous les dangers. Au
moyen de chaudrons à double fond dans lequel on introduit à volonté de la vapeur, on supprime tous les inconvénients de l'entretien
et de la surveillance de plusieurs foyers, et ont obtient, presqu'instantanément, l'ébullition des liquides contenus dans les vases
susdits.

459. Lorsque le grillage ne s'effectue pas dans l'usine, il n'en
faut pas moins opérer le dépliage des pièces grillées qu'apporte le

grilleur à façon. Ce dernier, rendant immédiatement ou presqu'immédiatement les pièces qu'on lui a confiées, il arrive, souvent, qu'elles contiennent des traces de feu couvant intérieurement et ne se décelant que plus tard. Il faut donc s'astreindre pour celles-là comme pour celles que l'on grillerait à l'usine, aux précautions que nous avons indiquées.

460. L'interdiction de fumer doit être imposée dans une fabrique d'indienne, même aux étrangers qui viennent la visiter, même aux acheteurs ; et en outre de la pompe à incendie dans la salle des rouleaux, un second engin de ce genre doit être disposé dans une autre partie de l'établissement, et prêt à tout évènement ; ainsi que des extincteurs dans chaque salle.

461. Les séchoirs à chaud doivent être isolés des ateliers et des autres séchoirs ; l'usine à gaz, s'il y en a, également, ainsi que le gazomètre ; les goudrons recueillis en tonneaux portés au loin ; les produits chimiques également localisés dans un bâtiment spécial, le grillage et la salle d'attente ou d'épreuve de même, afin qu'aucune communication ne puisse venir augmenter les risques d'un atelier par les chances d'incendie d'un autre. C'est assez de laisser à chaque bâtiment ses propres risques.

462. La fabrication du chlore gazeux, des chlorures de chaux et de soude pour le blanchiment, exige un foyer qui ne donne lieu à aucune prescription spéciale.

Voir 435 bis pour les moyens de secours.

FOURS A PLATRE ET A CHAUX.

463. Le plâtre cuit se prépare en calcinant le gypse ou sulfate de chaux hydraté. Cette calcination s'opère dans des fours, les uns complètement extérieurs, les autres recouverts par les toitures, éta-

gées ou non, des halles ou hangars qui les contiennent, d'autres intérieurs à des bâtiments ayant des étages. Les Compagnies d'assurances affectent ces fours, et tout ce qui leur communique, d'une prime de 3 ou 5 francs, selon que le combustible est la houille, ou le bois et charbon de bois. Nous avons décrit à l'article fonderie, les dangers du charbon de terre et du charbon de bois. La présence d'un grand approvisionnement de bois très combustible comme celui usité dans les fours est un danger ; une allumette enflammée, un culot de pipes, des étincelles des fours, des enfants s'amusant avec du feu, la malveillance enfin, peuvent occasionner l'incendie de ces provisions ; aussi ne doit-on pas les approcher de moins de 10 mètres des bâtiments, ni les agglomérer de façon à ne faire qu'un seul tas ; il faut au contraire diviser leur masse par des intervalles vides, et n'apporter contre les fours que la quantité nécessaire à l'alimentation du foyer.

464. La braise est aussi une source d'accidents. Il est indispensable d'avoir pour fournil un local spécial où l'on puisse la sortir des étouffoirs sans craindre qu'en se rallumant elle incendie l'usine ; une petite construction voûtée et isolée remplira ce but. Il faut aussi avoir assez d'étouffoirs pour que la durée du refroidissement ne soit pas inférieure à 24 heures.

465. Les toitures halles doivent être très élevées, afin que les étincelles qui pourraient s'échapper soient entraînées au dehors ou s'éteignent avant d'atteindre les chevrons et la charpente. La même recommandation est nécessaire quand on se sert des fours fermés ou à réverbère ; car, si des fissures se déclarent dans les voûtes et que la toiture soit trop basse, c'est-à-dire trop rapprochée, la chaleur constante et intense qui s'accumule entre les voutes et la toiture aidant, le couvert s'embraserait facilement.

466. Quant aux fours de la 3ᵉ catégorie, c'est-à-dire, ceux qui sont intérieurs à des bâtiments surmontés d'étages, à moins qu'ils ne soient sous une double voûte, nous pensons et nous aurions

quelques exemples à citer, que l'incendie de ces risques n'est qu'une affaire de temps, mais qu'il est inévitable, pour ainsi dire. On pourrait, pour y obvier, disposer ces fours comme ceux des fabriques de porcelaines, de manière à avoir un isolement aussi complet que possible.

Le broyage du plâtre, son tamisage, sa mise tonneaux ou en sacs n'offrent rien qui mérite d'être signalé.

467. Généralement dans les dépendances des fours à chaux, ou plâtre, se trouve une écurie nécessaire, à cause des charrois de la matière, lesquels se font ordinairement par chevaux. Les allées et venues fréquentes, dans cette écurie, de charretiers qui fument constamment, engagent à recommander qu'elle soit voûtée ou au moins solidement plafonnée. Si le grenier à fourrage se trouve au-dessus, il ne faut pas établir de communication par une trappe qui sert à jeter les bottes de foin, car cette trappe restant ouverte, ou même fermée si elle est en bois, le bénéfice du plafond ou de la voûte se trouve annihilé. Il vaut mieux jeter les bottes de foin par une fenêtre extérieure, sur le sol, et les rentrer ensuite dans l'écurie. L'éclairage doit en être extérieur.

468. La chaux vive est excessivement avide d'oxygène ; elle décompose même l'eau, tant elle a d'affinité pour cet élément avec lequel elle se combine, et cette affinité s'exerce avec un dégagement de chaleur tel que si on plonge un morceau de chaux dans l'eau, qu'on le retire de suite et qu'on l'enveloppe de menus copeaux de bois, on voit ces copeaux s'enflammer. L'induction à tirer de ce phénomène, c'est que la chaud vive doit être conservée dans des endroits secs, à l'abri de la pluie ou de tout écoulement d'eau. Je pourrais citer plusieurs exemples qui corroborent ce que je viens d'avancer. Lors de la grande inondation de la Loire une ferme envahie par l'eau fut brûlée, et le feu prit naissance dans le cellier inondé. On ne s'expliqua pas cette circonstance bizarre d'un incendie occasionné par l'inondation, qu'en se rappelant que le cellier conte-

nait un baril de chaux vive entouré de matières facilement combustibles. Un autre incendie important fut dû à de la chaux rapprochée de barils d'huiles de schistes, sur laquelle, par une fente de la toiture du bâtiment la contenant, tombèrent quelques infiltrations d'eau pluviale.

Moyens se secours, voir article 435 bis.

VERRERIES.

En Angleterre, les fours de fusion des verreries construits en matériaux incombustibles, étant placée sous de grandes halles de 20 à 30 mètres délévation, en forme de pain de sucre, c'est-à-dire coniques et également construites en briques, tout espèce de danger de feu disparaît.

469. En France, ces constructions ont été peu limitées, et le mode le plus répandu est celui des fours rectangulaires. Une galerie de bois s'appuie latéralement, sa saillie étant supportée par des poutres verticalement disposées. C'est sur cette galerie que les ouvriers, circulent pour surveiller l'affinage et la fonte du verre et le cueillir pour la fabrication. Dans les verreries pour gobeletterie, cette galerie n'existe pas : le sol est au même niveau dans l'atelier du four, et ce sol est quelquefois un plancher au-dessous duquel se trouvent les caves du chauffeur, remplies des provisions de bois torréfié, pour l'alimentation du foyer. Lorsqu'il en est ainsi, le manufacturier ne devra pas hésiter à faire voûter ces caves et à remplacer même le plancher en bois par un dallage incombustible. C'est aussi la rencontre avec la toiture, la tangence du tuyau conique qui recueille les vapeurs et fumées du feu pour les déverser dans l'atmosphère, qui peut occasionner l'incendie de la verrerie si les chevrons et lattes n'ont pas été découpés et enlevés sur une étendue d'au moins 1 mètre 1/2 rayonnant autour de la circonférence de ce tuyau et remplacés par des chevrons et lattes en fer.

470. Nous engageons à chauffer les fours à fritter et à recuire par les flammes perdues des fours de fusion ; en les construisant pour obtenir ces résultats on évite les dangers et la dépense d'un foyer spécial. On peut aussi utiliser la chaleur rayonnante des fours d'étendage et de recuit, en disposant, contre une de leurs parois, une chambre qui servira d'étuve pour la fritte des creusets.

471. Les ateliers de la préparation des matières premières doivent former un groupe séparé. Le principe de la division des risques trouve ici encore son application, et une réduction de prime notable accompagne la séparation des ateliers. De cette façon les fours sont isolés, et les ateliers préparatoires ne contenant plus que des matières incombustibles, des machines à les bocarder, tamiser, etc., ne présentent guère de risques. Lorsqu'on emploie des azotates de potasse, il faut éloigner ces sels des corps en combustion ; car s'ils ne brûlent pas par eux-mêmes, ils activent la combustion en se combinant avec les charbons ignés, accompagnant cette combinaison d'une violente déflagration.

472. On remarque, dans certaines verreries, une disposition analogue à celle qui existe aussi dans les fabriques de porcelaine chauffées au bois : elle consiste à établir, adossés aux massifs des fours et aux parois de la halle ou chambre les renfermant, de faux planchers en bois sur lesquels on met dessécher les billettes, comme on les met également sur le sol du rez-de-chaussée. On ne devrait admettre ce dangereux agencement que dans le cas où le four serait installé dans un local parfaitement voûté ; il est bien préférable de torréfier le bois dans des caisses en fonte ou dans des fours séparés, chauffés directement ou par les chaleurs perdues des fours d'opération. On prend cette chaleur directement au-dessus des creusets, et on l'envoie au moyen de conduits en forte tôle dans les chambres chaudes qu'il s'agit de chauffer. Ces chambres, ou étuves, doivent être en matériaux incombustibles et voûtées, isolées de l'usine et indépendantes les unes des autres ; le calorique recueilli dans un

distributeur en maçonnerie rayonne sur la masse de bois à dessécher. Il faut placer le bois de manière que les éclats cu parcelles du
végétal que la haute température du local fait jaillir, ne soient pas
projetées contre les issus de l'air chaud, car, plus ténus que les bois
en grumes, ils s'enflamment plus aisément. Avec ce mode de chauffage il n'est guère possible d'éviter toujours le sinistre ; mais en
limitant la capacité des étuves, en les voûtant solidement, en n'établissant pas de communication entre elles, on organisant des registres
permettant de fermer, du couloir voûté latéral, les entrées du
calorique et les sorties de l'air humide, en fermant les étuves par
des portes en fer munies de regards (*voir Fabriques de garance*),
on ne s'exposera qu'à de petits dégâts qu'il sera facile de restreindre
au moyen d'une pompe à incendie toujours en état de fonctionner
et munie de provision de pyro-extincteur. Des tentatives faites pour
substituer aux voûtes, un plafond ordinaire recouvert de feuiles
de tôle n'ont pas abouti ; après très peu de temps écoulé, l'action
oxydante de la vapeur d'eau, dégagée en abondance du bois, était
tellement énergique que la tôle était, pour ainsi dire rongée, et les
plaques percées de mille trous.

473. Il est avantageux d'éloigner aussi des fours les hangars à
bouteilles ou à verres fabriqués. Souvent construits en matériaux
combustibles avec de faux greniers remplis de paille ou de foin,
ils pourraient être embrasés par les étincelles des fours de fusion.

474. Verres colorés. L'emploi et la manipulation de l'azotate de
potasse, plus fréquents ici, doit donner lieu, comme nous l'avons dit,
à certaines précautions, afin de ne jamais mettre en contact, isolément, ce sel avec les charbons d'un foyer ; il faut aussi employer
avec une circonspection extrême l'or fulminant, corps excessivement
détonant, qui fournit la couleur rubis de Bohême.

475. L'emballage est un annexe du magasin des produits fabriqués ; il demande une chambre spéciale, sans feu ni lumière
découverte, à cause des pailles et débris qui l'encombrent ; en outre,

on aura soin de le balayer chaque soir, et défense expresse sera faite
d'y fumer.

Moyens de secours : voir article 435 bis.

PIPERIES.

475 *bis*. Les préparations des pâtes, les ateliers des mouleurs,
des trameuses, du vernissage ne présente rien de remarquable. Les
séchoirs sont plus dangereux ; ordinairement ils présentent les caractères d'une véritable étuve, partant les mêmes chances de sinistre,
et la matière étuvée, quoique incombustible, n'en serait pas moins
susceptible d'être détruite, brisée ou avariée. Il faut donc
séparer ces séchoirs des ateliers, et si cela n'est pas possible,
établir entre eux et les ateliers de fortes murailles, dépassant le toit
et ne donnant accès dans l'étuve que par des ouvertures fermées de
portes en tôle ; on fait très bien aussi de les voûter, ce qui permet,
en cas de feu, de le limiter à leur contenant. Pour le chauffage de
ces étuves, nous renverrons aux articles qui traitent de la matière
(*voir Féculerie. Colle forte, Apprêts de laine, Sucre, etc.*).
Les fours à pipes sont le plus souvent, pour ne pas dire toujours,
encastrés dans les bâtiments. C'est un tort grave. Il faut les isoler
complètement, retenir leurs massifs par des liens, des poutres en fer ;
ne pas appuyer contre eux des chênons, des voliges en bois ; découper les planchers et les toitures largement contre leurs parois, et ne
conserver aucune provision de combustible végétal contre leurs
foyers. Les étuves à pipes vernissées et teintes, et les moufles pour
fixer les couleurs, doivent être complètement en dehors des ateliers
ou tangents, mais avec séparation par un mur monturier et portes
de fer. On doit empêcher les ouvrières de faire sécher leurs tabliers
et jupes dans les étuves, ou leur disposer une place spéciale éloignée
des tuyaux, parce que leur imprudence ne tarderait pas à occasionner un sinistre, un courant d'air suffisant pour porter ou faire

tomber sur les tuyaux , qui les enflammeraient , ces parties de leur habillement posées aux hasard sur les étagères. On voit quelquefois un séchoir ayant un seul étage ; sa partie inférieure, rez-de-chaussée, est chauffée par le calorique émis de calorifères ; l'étage plancheyé ou carrelé , ce qui vaut mieux , l'est par la chaleur envoyée du rez-de-chaussée , et est surmonté d'une voûte , sur laquelle repose un grenier ; ordinairement cette voûte est percée d'une ou deux ouvertures destinées à faciliter la sortie de l'air , et conséquemment le desséchement ; dans ce cas, il faut munir ces ouvertures d'écrins en tôle qui puissent les fermer instantanément par le jeu d'une chaînette en fer à portée du rez-de-chaussée. Si l'on veut éviter ces embarras on constitue ces ouvertures en tuyaux d'aération en briques , et on les fait déboucher de 1 mètre environ au-dessus de la toiture.

Moyens de secours : voir article 435 bis.

USINE A GAZ.

476. Les amas de houilles présentent les chances d'incendie indiquées à l'article *Hauts-fourneaux*. On évitera ce risque, comme nous l'avons dit , en pratiquant dans leurs masses des cheminées d'aération, en les ventilant convenablement, en les renfermant sous des hangars assainis qui les protègeront contre les pluies et l'humidité , et l'on obtiendra un double avantage. On sait, en effet pertinemment , que la houille humide ou mouillée donne à la distillation un rendement en gaz inférieur, d'une façon bien notable, à celui de la houille sèche ; de plus , lorsqu'on emploie des cornues en terre réfractaire , la houille mouillée peut les faire se briser. En outre , le charbon de terre exposé aux injures du temps perd à l'air une quantité sensible des matières qui contiennent les substances légéres ou empyreumatiques qu'on retire de la condensation du gaz d'éclairage.

477. Une cause d'explosion est l'obstruction, par des goudrons durcis, du tuyau de prolongement de la tubulure des cornues conduisant les gaz dans le barillet ; ce tuyau doit avoir un grand diamètre et des regards, afin de pouvoir être visité souvent ; ce tuyau ne se rend pas directement dans le barillet, il s'élève au-dessus de son plan, puis se recourbe en syphon pour redescendre s'y souder. La hauteur de ce coude doit être calculée pour qu'en cas de très forte pression les produits condensés dans le barillet ne puissent remonter au-delà du coude, lorsqu'on vide une cornue, et trouvant par là une issue, venir s'enflammer au contact du foyer. Un accident analogue pourrait se produire si le niveau du liquide du barillet descendait au-dessous du point inférieur de plonge du tuyau coudé précité. Je sais qu'on peut remédier à ces inconvénients par l'adoption d'extracteur ; mais cet extracteur a besoin d'un régulateur, afin de ne pas remplacer un danger dans un autre, celui de faire aspiration d'air dans les cornues, ce qui produirait un mélange détonnant et occasionnerait une explosion, et en outre, la distillation de la houille donnant souvent lieu à des dégagements de quantités plus ou moins sensibles de sulfure de carbone, il faut que les cornues soient parfaitement lutées, afin qu'aucune parcelle d'air ne s'y introduise.

478. Il est encore important de n'employer que de la houille sèche, car le volume des eaux ammoniacales et la facilité de la condensation sont inversement proportionnels à l'humidité du charbon soumis à la distillation, et tout le monde connaît les inconvénients des dépôts des sels ammoniacaux dans les tuyaux de condensation et dans le dégorgeoir du barillet.

479. Les toitures de la halle qui contient les fours doivent être étagées afin de laisser échapper librement les gaz perdus dans l'atmosphère ; si leur élévation au-dessus du massif des fours n'atteint pas 4 mètres au moins, il faut remplacer les chevrons et lattes en bois par des objets similaires en fer, sinon tous, du moins les parties

directement exposées aux rayonnements des foyers et au contact des
étincelles qui en sortent, ou du coke incondescent, lorsqu'on le retire
des cornues. L'orsqu'il s'agit d'une fabrication de gaz limitée à
l'éclairage d'une usine, il ne faut jamais hésiter à établir de suite,
tout en fer et pannes, la petite toiture qui couvrira les 2 ou 3 cornues
employées ; c'est une dépense une fois faite, que compensera la
durée du bâtiment ; autrement, on s'expose à un sinistre, et s'il
n'arrive rien, au renouvellement des solives et poutres, en peu de
de temps carbonisées et détruites.

480. Le dégorgeoir aura son issue à l'extérieur, afin que les
goudrons recueillis dans des tonnes ou des citernes restent également
à l'extérieur. Dans le premier cas, comme dans celui où l'on entonne
le contenu des citernes, ce produit, s'il est remisé, doit être emmagasiné dans des locaux détachés de l'usine et entourés de rigoles
creusées dans le sol pour que le liquide enflammé par l'incendie
de ces bâtiments et portant avec lui la destruction, ne se répande
pas au delà.

481. On a tout avantage également à installer les condenseurs,
les appareils à retenir les huiles essentielles, les épurateurs méthodiques à la chaux pulvérulente, aux dissolutions méthodiques, dans
une salle adjacente à la chambre des cornues, mais séparée par un
mur monturier sans ouvertures, parce que les premiers de ces appareils redoutent la chaleur, qui nuit à la condensation, et que les
seconds, sujets à être souvent ouverts pour la manipulation et l'entretien, laissent échapper fréquemment certaines quantités du gaz
qu'ils renferment. C'est dire que cette salle ne devra être éclairée,
s'il est besoin, qu'extérieurement.

482. Il y a des établissements qui placent bien mal leurs gazomètres ; les uns les accolent entre deux bâtiments, profitant d'un
espace vide laissé entre eux, d'autres les enferment dans un hangar
à toiture pleine. Ce sont des dispositions tout à fait vicieuses. Il faut

simplement établir le gazomètre en plein air et à la plus grande distance possible, 10 mètres au moins des bâtiments. Quand l'écart est moindre, on doit disposer un tuyau spécial de vidange de la cloche, afin qu'en cas de sinistre il suffise de tourner un robinet pour éviter l'explosion, au lieu d'être forcé, ce qui arrive souvent, de briser les conduits souterrains pour obtenir, à grand'peine et avec beaucoup de temps ce résultat.

Tous les directeurs d'usines à gaz prétendent que les gazomètres ne peuvent jamais faire explosion, ni les puits à syphons, et cependant de temps à autre, on lit dans les journaux le récit d'une explosion d'un appareil de ce genre. C'est parce que théoriquement les cloches ne doivent contenir que du gaz pur, mais que pratiquement il y a souvent, toujours même, une certaine quantité d'air mélée au gaz, ce qui constitue un mélange détonnant. On devra donc, pour toutes les réparations à faire aux gazomètres présumer qu'il y a un mélange d'air et prendre ses précautions en conséquence.

Les amas de coke présente également des dangers de recombustion. Il faut avoir soin de séparer le coke refroidi de la fournée, du tas d'ensemble, et de le réunir à ce tas que le lendemain après s'être assuré que le coke est bien éteint; autrement il n'est pas rare de voir la masse du coke se révéler tout d'un coup incandescente. Son extinction est alors très difficile, il faut alors des torrents d'eau et surtout diviser la masse pour éteindre les parties.

483. Lorsqu'on chauffe les cornues au moyen de la combustion du goudron de gaz, ce goudron devant être préalablement chauffé légèrement au moyen de la chaleur perdue des fours, il faut avoir soin que les récipients qui les contiennent soient bien étanches, et munir les tuyaux d'arrivée du liquide comburant d'un robinet ou d'une valve qui permette, à un moment donné, d'arrêter son écoulement, et de fermer, par conséquent, toute communication avec le réservoir d'alimentation.

484. L'usinier qui voudra distiller les goudrons, ou les produits essentiels, devra préalablement informer la Compagnie d'assurance de son intention, et se conformer pour les distances à observer entre les chambres de distillation et les bâtiments de l'usine à gaz, aux instructions de son assureur.

485. Nous ne croyons pas hors de propos d'emprunter au rapport de M. Regnaut la formule nécessaire pour trouver les prix de fabrication du gaz dans toutes les localités. Les expériences nombreuses qui ont été faites ont permis d'établir les moyennes suivantes :

$$100 \text{ kilog. de houille donnent } 55 \text{ k. } 02 \text{ de coke, tout venant ;}$$
$$6 \text{ k. } 73 \text{ de goudron ;}$$
$$7 \text{ k. } 31 \text{ d'eaux ammoniacales ;}$$
$$22 \text{ k. } 04 \text{ m. c. de gaz.}$$

Or, si on représente par A le prix du kilog. de houille,

par B	d⁰	du coke,
par C	d⁰	du goudron,
par D	d⁰	des eaux ammoniacales,

on aura pour le prix de revient du gaz, $A\,100 - B\,55{,}02 - C\,6{,}73 - D\,7{,}31$ et pour 1 m. cube seulement

$$\frac{A\,100 - B\,55{,}02 - C\,6{,}74 - D\,7{,}31}{24{,}04}.$$

Ce prix est le prix brut ; il reste à tenir compte des frais de fabrication, épuration, entretien, assurance, canalisation, et intérêts des capitaux.

Moyens de secours, voir **435**[bis].

FABRICATION DES PÉRAS OU AGGLOMÉRÉS.

486. Le mélange du goudron et du brai dans un bac en métal chauffé par la chaleur d'un fourneau inférieur peut donner lieu à des accidents, soit que le mélange déverse par dessus les bords et rencontre des corps en combustion, soit que le bac se fende, soit que le feu y soit communiqué par l'embrasement des objets ou matières environnantes. La possibilité de ce danger doit guider dans la construction : le bac sera supporté par un fourneau occupant le milieu d'un rez-de-chaussée voûté et sans communication avec le reste du bâtiment ; la chambre supérieure où le travail se fera sera naturellement dallée, et une rigole très creuse entourera le bac, afin de conduire dans un puits ou une citerne les produits déversés ou enflammés ; on empêche ce débordement par l'émission d'une certaine quantité d'eau tombant d'un tuyau placé au dessus du bac, cette eau agissant comme réfrigérant ; la toiture sera établie en fer et pannes, et dans le cas d'un deuxième étage, des voûtes seules le soutiendront. La machine à fabriquer les briquettes, ou agglomérés en troncs de cylindres, ou en parallélépipèdes, n'offrent rien de dangereux. Il faut pouvoir, en cas d'alerte, arrêter l'alimentation du goudron, qui a lieu ordinairement au moyen d'une pompe. Les énormes provisions de brai que l'on est dans l'habitude d'avoir, formant comme un lac aux abords de l'usine, doivent être divisées en plusieurs parties ; le mieux serait de les enfermer sous une vaste cave remplie d'eau et d'en retirer chaque jour la quantité nécessaire au travail, ou de les laisser à l'extérieur en noyant leur surface. C'est pour avoir négligé ce soin qu'une usine de ce genre a vu brûler une masse énorme de ce produit représentant une valeur de plusieurs centaines de mille francs. Le brai froid cependant, pris isolément, ne brûle pas seul, ainsi une allumette jetée sur du brai ne pourra lui communiquer le feu, elle ne fera que brûler avec beaucoup d'ardeur ; ce corps, en effet, possède à un très haut degré la faculté de donner au feu une intensité, une violence extrême ; il aide, il active la combustion de la façon la plus énergique, et lorsque sa masse est suffisamment échauffée, il peut alors brûler de lui-même, et bientôt rouler, comme une lave incandescente, des torrents de feu qu'il est très difficile d'arrêter et d'éteindre.

Moyens de secours, voir 435bis.

HUILE DE SCHISTE.

487. La fabrication de l'huile de schistes bitumeux de l'Auvergne consiste en trois opérations principales :

1° Le cassage des schistes à l'air ou sous des hangars ;
2° La distillation sèche des schistes ;
3° La rectification des produits obtenus par la distillation.

La première opération n'a rien de remarquable.

La deuxième peut être assimilable à la fabrication du gaz, avec cette différence que les cornues sont verticalement placées, et s'ouvrent du haut et du bas, ce qui permet un travail continu. Les produits distillés se rendent dans un barillet refroidi constamment déversant son trop plein à l'extérieur. Les cornues se chargeant par la partie supérieure, l'établissement d'un plancher est indispensable, et c'est là un des dangers que présente cette fabrication, auquel j'ajoute celui qui peut naître de la sortie de la cheminée à travers la toiture. Des isolements suffisants obvieront à ces risques.

La troisième, la rectification, se fait dans des alambics ordinaires. Pour éviter, autant que possible, les inconvénients que le chauffage à feu nu occasionne, on organise les alambics de façon que leur juxtaposition au foyer soit intime et fasse jonction hermétique, et on dispose les ouverture du foyer extérieures ainsi que les gaînes ou conduits d'échappement des produits de la combustion. Il n'est pas nécessaire d'ajouter que toute lumière, sauf celle enfermée dans une lampe Davy ou Combes, est interdite, et qu'un éclairage extérieur seul peut être toléré.

Un fabricant d'huile de schiste devra donc, pour offrir peu de prise à des sinistres graves, séparer par une distance d'au moins 10 mètres de tout bâtiment, chaque série de fours à cornues, et chaque chambre de rectification ; il isolera , de même , les magasins des produits fabriqués.

Le procédé d'extraction à feu nu , défectueux sous le rapport industriel comme sous celui des probabilités d'incendie, est remplacé dans quelques exploitations par l'emploi de la vapeur d'eau surchauffé , dans d'autres par l'interposition de bains de plomb ou d'étain, pour produire cette limitation de température si essentielle pour ne pas altérer une partie des liquides volatils , résultant de la distillation.

MOYENS DE SECOURS DES FABRIQUES D'HUILES DE SCHISTES.

Un extincteur continu dans la rectification.

Une tranchée de 1 mètre de profondeur sur 60 centimètres de largeur autour des magasins des produits fabriqués , qu'ils soient à l'air libre ou enfermés.

Un amoncellement de sable de 20 mètres cubes ou plus , selon l'importance de l'usine, avec des engins pour le projeter ou déplacer.

Une pompe à eau à incendie avec 500 kilog. de pyro-extincteur pour les toitures.

Un avertisseur d'incendie dans le magasin , et dans les divers ateliers de l'usine.

VERNIS.

487bis. Ce qui peut rendre assurable une fabrique de vernis, c'est la séparation complète des ateliers entre eux , partant l'impossibilité de sinistres graves. Je ne saurais mieux faire que de décrire le plan d'une fabrique de vernis paraissant réunir les conditions désirable. *(Voyez figure n° 25)* :

A bâtiment contenant les matières premières , les marchandises non fabriquées ; il est adossé au précédent, mais sans aucune communication. Des fenêtres l'éclairent pendant le jour ; s'il est nécessaire d'avoir un éclairage nocturne, une lanterne posée extérieurement reçoit la lampe ou le bec de gaz établi à cet effet.

B bâtiment de fabrication ; il existe trois foyers, l'un propre à recevoir un matras pour la préparation des essences, les autres pouvant supporter des vases ou chaudières à dissolution des huiles ou fusion des diverses substances employées, chauffés aussi à feu nu. Les filtres, les refroidissoirs, tous les appareils accessoires de la fabrication se trouvent aussi dans ce local.

D place voûtée contenant une chaudière munie de son couvercle, et sans autre communication avec B qu'une mince ouverture suffisante pour laisser passer un agitateur. Un large manteau de cheminée (hotte) K embrasse tout le plan du fourneau et reçoit les vapeurs qui s'en échappent, puis, à la base du massif de ce fourneau, une rigole creuse de 50 centimètres, couverte seulement au point O, en environne le pourtour et aboutit à un puisard extérieur.

C magasin des produits fabriqués.

I galerie contenant les bacs d'huile exposée à l'insolation.

H toiture en verre, supportée par des chassis en fer, sous laquelle on opère la cuisson ou fusion des matières à l'air, sous des braises ou charbons ardents. Les murs de séparation dépassent la toiture, et la chambre B n'a pas de grenier, mais une toiture bien plafonnée.

Le fabricant, au moyen des galeries voûtées et de la tangence des bâtiments, trouve tout réuni sous la main, sans qu'il soit à redouter que cette réunion puisse faire craindre un sinistre total. Le sol du terrain extérieur est plus bas que celui des chambres, et une rigole de même profondeur que celle de B est figurée sous les lettres R, la déclivité de cette rigole est plus grande en Q.

MOYENS DE SECOURS DES FABRIQUES DE VERNIS.

L'incendie étant instantané, il faut des engins semblables ; c'est ici que l'extincteur trouve également sa place. On en aura un dans chaque local, et au premier danger la réunion de tous les autres ou un autre continu. Des amas de sable d'au moins 10 mètres cubes ainsi que des engins de projection. En outre, une pompe à incendie avec provision suffisante de pyro-extincteur, car ce genre d'industrie doit plus que tout autre avoir des moyens de secours à lui. Tout serait toujours brûlé avant que les secours officiels soient arrivés.

FABRIQUES DE CUIRS VERNIS.

488. Les hasards de la fabrication des cuirs vernis embrassent : la cuisson des huiles siccatives d'apprêt, leur mélange avec la matière colorante et son dissolvant, la préparation et cuisson du vernis, l'étuvage des produits vernissés, et le magasin ou dépôt des essences. L'étude de la fabrique de cuirs vernis révèle la nécessité de diviser en trois groupes principaux les bâtiments dont l'ensemble la constitue :

489. Le premier groupe comprendra la préparation des apprêts et vernis, et sera subdivisé en magasin des matières premières, laboratoire et fourneaux, magasins des produits fabriqués. On a souvent l'habitude de déposer les essences dans des caves voûtées, dont les portes de communication avec l'étage sont en fer. Je crois qu'il ne devrait pas y avoir de communication directe, l'escalier déboucherait à l'extérieur ; en outre, il peut arriver qu'on ait le besoin ou l'imprudence de descendre dans ces caves avec de la lumière, ce qui expose à de graves dangers. les essences étant généralement fort volatiles et inflammables. Un rez-de-chaussée aéré et bien percé de fenêtres est bien préférable, la ventilation entraîne les gaz dégagés, et s'il est indispensable d'y pénétrer la nuit, une lanterne posée derrière les vitres des fenêtres, éclairera sans aucun risque. A l'article précédent, nous avons parlé de la préparation du vernis, nous nous contenterons de donner une coupe verticale de chaudières pour la cuisson des huiles, *figure n° 28* :

Les foyers sont en F avec ouvertures latérales en O. Les fumées se rendent dans des cheminées également latérales ; C est la chaudière munie d'un couvercle mobile, E le vide nécessaire pour la manipulation, P une plaque de tôle articulée comme l'écran d'une cheminée dite à la prussienne, suspendue au moyen d'une chaînette ; cette chaînette lâchée, la plaque P descend le long des coulisses pratiquées *ad hoc* et vient hermétiquement fermer l'espace E, de sorte que la chaudière se trouve enfermée entre quatre parois incombustibles. Cette manœuvre n'a lieu qu'en cas d'incendie du liquide dont en opère la cuisson, on la complète et on restreint le dommage en ouvrant les robinets de vidange R, lesquels permettent de recueillir intacte une grande partie des huiles, le feu ne consumant que la surface (*voir* n° 408).

490. Le deuxième groupe contiendra les chambres d'application des apprêts et des vernis sur les peaux et cuirs destinés à être vernissés. Isoler parfaitement les becs de gaz des tables d'application, les tuyaux de chaleur, fumées, air chaud ou vapeur, des produits employés et du contact des essences ; avoir des ateliers très élevés de plafonds, pratiquer de nombreuses ouvertures d'évacuation et de renouvellement d'air, enfin n'introduire dans les ateliers que les quantités d'enduits nécessaires au travail quotidien, telles sont les conditions à remplir pour une bonne installation de cette partie de l'usine.

491. Enfin les étuves constitueront le troisième groupe. Nous ne croyons possibles ces étuves, lorsqu'elles ne sont pas chauffées par la vapeur, qu'autant qu'elles sont voûtées avec portes en fer, et fenêtres à châssis en fer, et garnies à l'extérieur de volets doublés de tôle, fermant du dehors en dedans et établis comme nous l'avons décrit n° 376. et que le calorique est l'air chaud seul. Quand au chauffage avec les produits de la combustion circulant dans les tuyaux en tôle ou fonte, dont le coup de feu est atténué par des chemises d'argile, ou des enveloppes en briques, maçonnerie ou carreaux, il n'est point praticable, si l'on veut éviter les sinistres. Quel que soit l'isolement des bâtis supportant les étendoirs et les matières, et bien que des grillages métalliques enveloppent les tuyaux, que la température indiquée par le termomètre ne dépasse

pas 70 ou 80° centigrades, que les foyers des calorifères soient extérieurs, les sinistres multipliés qui éclatent dans des étuves de ce genre, témoignent assez de l'impraticabilité de ce système, spécialement pour l'espèce. L'air chaud lui-même n'est pas exempt d'accidents, et c'est surtout ici qu'un bon régulateur du calorique serait à souhaiter, afin d'éviter les excès de température qu'occasionnent encore trop souvent les calorifères aérifères. On pourrait amoindrir ce défaut capital en emprisonnant l'air à chauffer dans des tuyaux placés de façon à ce qu'ils ne puissent rougir, au lieu d'envoyer l'air tout uniment lécher les surfaces presque toujours portées au rouge de la cloche de l'appareil, et en utilisant l'avertisseur d'incendie Le Blan comme régulateur de calorique. L'air chaud, néanmoins, ne dispense pas d'éloigner les bâtis supportant les rames ou les cadres de 80 centimètres au moins de tout tuyau ou de toute issue du calorique ; et ces tuyaux doivent être enveloppés à la distance de 50 centimètres de leur cercle d'un treillis métallique.

492. Le système des étuves à tiroirs s'oppose à la division ci-dessus ; mais ces étuves étant presque toujours chauffées à la vapeur, il y a plus que compensation. Le chauffage à la vapeur est en effet le seul mode qui puisse être réglé de façon à ne pas occasionner les sinistres qui sont attribués à la surélévation de la température au-delà de la délimitation normale, c'est-à-dire à une surchauffe. Aussi les Compagnies devraient-elles stipuler dans leurs tarifs, une classification différente en faveur de ce système qu'elles doivent préconiser et vulgariser en encourageant son adoption.

293. Le manufacturier aura intérêt à séparer des ateliers de la fabrication, les magasins des produits fabriqués ou des produits bruts, car ces magasins et leur contenu étant isolés, ne seront passibles que des primes attribuées aux risques simples.

494. L'éclairage des étuves ou des séchoirs doit être extérieur.

495. Quelques fabricants croient bien faire de diviser l'importance totale de leur usine en deux ou trois groupes, constituant chacun comme autant de petites usines complètes ; cette séparation n'est avantageuse que sous un point de vue, celui d'empêcher un sinistre total, mais elle n'isole pas les risques graves des risques moindres, et n'évite nullement les sinistres partiels.

Moyens de secours, voir 435bis.

FABRIQUES DE TOILES-CUIRS AMÉRICAINES, MOLESKINE-CUIR, TOILES CIRÉES.

496. La possibilité de l'emploi de la vapeur est un fait acquis et avantageux pour la fabrication ; il faut donc le conseiller avant tout. Les règles de prudence à énoncer pour cette industrie sont analogues à celles que nous venons de formuler à l'article précédent : les mêmes divisions dans les risques sont d'une application facile, et l'emploi exclusif de la vapeur, ou de rez-de-chaussée non surmontés d'étages, adjacents les uns aux autres, mais avec murs monturiers dépassant le toit et n'ayant aucune ouverture, peut seul en dispenser l'usinier prudent. Les ateliers d'application des première, deuxième et troisième couches seront élevés, jouiront d'une excellente ventilation, et n'auront aucune espèce de communication avec les foyers des générateurs ou un foyer quelconque ; aucune lumière n'y sera introduite. Les étuves devront être chauffées à vapeur. celles à air chaud seront voûtées et isolées, comme nous l'avons prescrit plus haut.

497. Il est imprudent d'entasser les pièces les unes sur les autres au nombre de plus de vingt, surtout les premières et deuxièmes. Elles s'échauffent et prennent feu spontanément. L'aération, partout, est une condition des plus nécessaires.

498. Dans tous les ateliers, proscription absolue de lumières intérieures et de poêles. La cuisson des huiles s'opérera dans une

logette spéciale et isolée, semblable ou analogue à celles décrites au chapitre précédent.

499. Il sera de toute indispensabilité de séparer complètement par une distance d'au moins 10 mètres des autres bâtiments le magasin des produits chimiques employés, qui consistent en huiles de pétrole, hydro-carbures, couleurs, goudrons, essences de térébenthine, noir de fumée. Ce dernier produit, le noir de fumée de gaz, a la propriété de s'enflammer spontanément; il faut donc le mettre à part.

500. Nous n'avons pas besoin d'ajouter que la défense la plus expresse de fumer doit être faite aux ouvriers des établissement de ce genre.

501. Ce que nous avons dit à propos des étuves des usines à cuirs vernis et toiles américaines s'applique parfaitement aux chauffoirs des fabriques de toiles cirées ordinaires. La routine introduit encore dans ces chauffoirs des poêles, des calorifères intérieures; nous avons exprimé notre opinion là-dessus. L'agent devra conseiller à l'usinier la substitution de la vapeur ou de l'air chaud, et dans tous les cas, l'isolement complet de ce chauffoir, qu'on pourra, alors, écarter de l'assurance.

Moyens de secours, voir 435bis.

NOIR DE FUMÉE.

502. Le noir de fumée est obtenu par la combustion incomplète des matières résineuses, de goudrons, d'huiles à flammes fuligineuse. Il ne paraît guère possible de parer aux accidents de feu inhérents à cette fabrication. Nous ne voyons à recommander qu'une assez grande longueur des tuyaux qui conduisent les fumées et gaz

dans la chambre de dépôt, la substitution aux toiles qui retiennent le noir de fumée de toiles métalliques ou rendues incombustibles, la suppression de ces toiles et leur remplacement par des voûtes, comme on peut le faire pour le noir de fumée tiré de la combustion des goudrons, et l'isolement des bâtiments où s'opère la fabrication de tous autres.

503. L'emballage du noir de fumée doit se faire avec précautions et en évitant les chocs violents, et le magasin des tonneaux pleins de ce produit doit être isolé.

NOIR ANIMAL.

504. La fabrication du noir animal d'os s'opère dans des fabriques spéciales, par des procédés semblables à ceux des fabriques annexes des sucreries, avec cette différence toutefois que la fabrique spéciale de noir travaille toute l'année, de sorte que les chances d'incendie sont constantes.

505. Si les portes des fours ne sont pas munies de cette saillie en briques ou de cette plaque préservative de tôle que nous avons conseillée et contre laquelle viennent se diviser, se rompre et s'éteindre les flammes et les étincelles des fours et de leurs foyers ; si des ouvreaux extérieurs de sorties préalable des gaz embrasés n'existent pas, dans les usines où la calcination des os est intermittente, les chevrons de la toiture, les poutres qui les supportent, ne tardent pas à se carboniser et à prendre feu au moindre contact d'une étincelle. Il faut donc exiger de l'usinier l'adoption de ces moyens préventifs, dépense peu onéreuse, à moins qu'il ne préfère une toiture incombustible ; ce dernier devra aussi veiller à ce que les cheminées en briques qui traversent la toiture non incombustible, ne s'appuient contre aucune latte ou aucun chevron, car le

mortier qui assemble les briques se désagrège souvent et disparait avec le temp en donnant lieu à des fissures par lesquelles la fumée, la chaleur et les étincelles trouvent issue. Il vaut mieux, du reste, disposer les cheminées de façon à ce qu'elles soient extérieures aux toitures.

506. Dans les rares usines où l'on dégraisse les os, si ce dégraissage n'est pas traité par l'eau chauffée à la vapeur, ce qui est toujours possible lorsque le moteur de l'établissement est une machine à vapeur, la chaudière servant à cette extraction doit être établie dans la cour de l'usine sous un hangar sans importance afin de ne pas exposer l'établissement aux hasards de cette opération.

507. Les préparations autres que celles de la calcination des os, le lavage, concassage, broyage, tamisage et la mise en sacs semblent ne présenter par elles-mêmes aucune chance de sinistre, d'où la théorie de la division des risques doit recevoir ici son application.

508. Dans les fours à calcination continue, les plates-formes, les planchers nécessaires pour leur chargement et leur entretien attireront l'attention, car leur trop grand rapprochement du massif des fours pourrait occasionner leur embrasement. Le mieux est de les faire incombustibles. Si l'on a besoin de chaleur, il est facile d'utiliser l'air nécessaire au refroidissement du noir, de sorte que cette opération procure un double avantage : un danger évité (celui du noir incandescent qui pourrait occasionner un sinistre, déposé trop près d'objets combustibles), une source de chaleur, sans risque ni dépense, trouvée et utilisée, ce qui est une économie.

509. Le noir retiré brûlant des fours se rallume souvent ; il faut avoir soin de bien l'isoler de tout objet combustible, jusqu'à ce que l'on se soit assuré qu'à son centre il n'y a plus trace de feu.

509bis. La trituration du noir animal ayant servi aux filtrations, pour le convertir en engrais, mélangé à des calcaires, ou autres corps analogues, s'opère au moyen de bocards ou de meules à enveloppes de tôle, et ne présente que les risques d'échauffement des fers de meules ou des tourillons, plus ou moins graves, suivant la présence ou le voisinage d'objets combustibles. La poudre de noir trituré ne s'enflamme pas au contact d'une lumière ; seulement le noir non travaillé, mis en tas et exposé à l'humidité, peut parfaitement fermenter et développer assez de calorique pour embraser les corps combustibles adjacents. Il faut, pour prévenir cette éventualité, l'emmagasiner sous des hangars bien secs, bien aérés, très élevés, et pratiquer dans la masse des issues pour les gaz *(voir Fonderies)*. L'étuve nécessaire pour dessécher le noir doit être isolée et construite en matériaux incombustibles.

MOYENS DE SECOURS DES FABRIQUES A NOIR.

Une pompe à incendie ordinaire avec une provision de pyro-extincteur.

TÉRÉBENTHINE.

510. La térébenthine recueillie des incisions faites aux arbres qui la laissent transsuder, est toujours mélangée à de la résine, et la première opération industrielle est sa purification. Cette purification peut être obtenue par l'action solaire, ou artificiellement par la chaleur d'une étuve. Ces procédés sont longs et le deuxième est dangereux. L'emploi de la vapeur d'eau envoyée au milieu de la masse à purifier par un tuyaux dont l'extrémité est crênelée d'ouvertures comme une pomme d'arrosoir est rapide, efficace, et fait disparaitre toute crainte de feu. Cette préparation ainsi faite est assurable.

511. Le résidu de cette opération, fondu et filtré préalablement, seul ou mélangé à l'huile et distillé, constitue l'essence de téreben-

thine. C'est encore le mode de séparation et de distillation adopté qui rendra cette fabrication dangereuse ou non. Si elle a lieu à feu nu, il faut au moins que les portes et ouvertures des fourneaux soient extérieures, afin que les vapeurs d'essence ne puissent venir s'y enflammer.

512. Les résidus de tout genre, les vases qui ont contenu l'essence, les pailles qui ont servi à la filtration, sont utilisés pour produire du brai-gras à l'aide de la chaleur, dans des fours spéciaux qui exigent, étant élevés de 3 ou 4 mètres, un faux plancher ou plateforme supérieur accompagné d'un escalier. Je ne vois qu'un moyen sûr d'éviter les accidents : c'est de construire l'escalier et le plancher en matériaux incombustibles tels que la fonte ajourée, e fer.

513. Tous ces corps, ainsi que les résines, poix, goudrons, végétaux, etc., et autres produits analogues, s'enflammant promptement à l'approche d'un corps en combustion, et pouvant aussi, pendant leur traitement, faire avec l'oxygène de l'air des mélanges détonants, il est indispensable que les locaux où ils s'élaborent soient isolés de 10 mètres au moins de tout bâtiment voisin, que les fourneaux aient leurs foyers bien enfermés et ne se chargeant qu'extérieu,ement, qu'ils ne reçoivent jamais de lumière artificielle, que les sepentins débouchent au dehors, loin du fourneau, et que le robinet de vidange ne soit ouvert qu'au moment où les résidus à extraire sont à une température inférieure à la production, c'est-à-dire à l'échappement des essences légères qu'ils contiennent; qu'enfin les produits fabriqués soient emmagasinés dans un bâtiment écarté ne contenant ni feu ni lumière, et entouré d'une rigole creusée dans le sol, afin que si l'incendie venait à s'y déclarer, les essences embrasées ne puissent, dans leur expansabilité, porter la flamme et la dévastation dans tous les immeubles voisins.

514. Des extincteurs, des amoncellements de sable, de terre, avec des outils pour leur projection, seront entretenus dans les cours à

proximité des magasins et ateliers, car on sait que l'eau ne saurait avoir d'action sur les matières pyrogénées dont il est ici question. La pompe à incendie ne peut être utile que pour la préservation et le sauvetage des toitures.

DISTILLATION DES GOUDRONS. HYDRO-CARBURES.

515. La vapeur surchauffée, de façon à ne pas dépasser la température de 300 degrés centigrades et employée avec prudence, aura toujours sur les procédés à feu nu l'avantage saisissable d'éloigner du foyer les chambres de distillation des goudrons, et de rectification des hydro-carbures; de plus elle supprime la surveillance multiple de plusieurs foyers. Mais ce procédé n'est encore usité qu'exceptionnellement, et nous sommes obligé de ne nous attacher qu'à ce qui a le plus habituellement lieu dans la pratique.

Ordinairement l'appareil de distillation des goudrons se compose d'une chaudière distillatoire, alambic et serpentin, d'une seconde chaudière ouverte dont l'extrémité supérieure est placé de façon à recevoir le résidu que déversera le robinet de vidange de la précédente, d'une troisième chaudière dans laquelle s'échauffe le goudron pour se purger des eaux ammoniacales.

Voici les prescription à suivre :

516. Emboîtage parfait des chaudières avec les ouvertures des fourneaux, remplacement immédiat des vases dans lesquels quelques fissures se déclarent, choix d'un métal bien *ductile*, portes et prises d'air des foyers extérieures, séparation parfaite des eaux ammoniacales des goudrons à traiter, proscription des soudures fusibles à une basse température, des lumières, des corps en ignition et des communications quelque restreintes qu'elles soient avec des chambres

qui en contiendraient, soin intelligent de n'ouvrir les robinets de vidange que lorsque la température est descendue assez pour que les résidus ne laissent plus échapper d'huiles essentielles, sortie ou écoulement du liquide distillé dans un local externe n'ayant aucune communication avec la chambre où s'opère la distillation, et enlèvement des touries ou des vases remplis du produit recueilli.

517. L'épuration qui se fait comme celle des huiles de graines en précipitant les corps étrangers par l'acide sulfurique ou autre, doit aussi être pratiqué dans un bâtiment indépendant.

519. La rectification n'est, pour ainsi dire, qu'une redistillation dans les mêmes appareils ; elle demande plus de précautions encore, puisque les produits sont plus inflammables. Aussi doit-on plutôt employer un alambic spécial, chauffé à la vapeur de l'eau mélangée d'un corps qui en retarde le point d'ébullition, ou par un bain d'huile ou de liquide d'une température correspondante à celle exigible.

519. Le liquide recueilli de la rectification doit être, comme le précédent, immédiatement renfermé dans des vases sans porosité et emmagasiné dans le local des produits achevés.

520. Nous insistons surtout sur la ventilation des locaux, afin d'éviter que des amas de vapeurs pyrogénées puissent s'immobiliser dans des coins et donner lieu par l'approche inconsidérée d'une lumière, à de graves accidents.

520bis. On a essayé la rectification dans des cornues chauffées à feu nu et munies de tubulures aboutissant à des serpentins convenablement refroidis ; mais cette méthode est défectueuse, car au risque d'incendie s'ajoute celui d'accidents qu'occasionneraient les soubresauts qui peuvent accompagner la rectification ainsi pratiquée.

521. Les eaux ammoniacales éteignant les corps en combustion, leur présence dans les bâtiments ne peut être qu'utile.

522. La juxta-position intime des chaudières aux fourneaux

peut être aussi parfaite que possible , sans nuire au tirage du foyer ;
on ménage au-dessous du bord supérieur du fourneau deux ou trois
canaux se rendant dans une cheminée en traversant l'épaisseur du
massif, gouvernés par des registres intérieurs qui permettent de
ralentir ou activer, *ad libitum* , la combustion ou l'intensité du
feu ; les chaudières doivent avoir un renflement qui les maintient,
et la tangence de ce renflement ou saillie avec le cercle du fourneau
étant complète, aucune bluette de feu, aucune étincelle ne peut
s'échapper d'un foyer pour passer par là.

523. Au lieu de se servir d'une chaudière spéciale pour faire
chauffer le goudron qu'on doit distiller, on peut s'en servir comme
réfrigérant des serpentins, ce qui économise la dépense et la surveillance du foyer.

524. De tout ce qui précède il suit :

Que la gravité des incendies, dans ces sortes d'usines, est proportionnelle aux rapprochements et communications des ateliers entre
eux ; que les dangers d'explosion sont en raison directe de la
volatilité des corps et de leur inflammabilité, et la gravité des explosions inversement proportionnelle au nombre des fenêtres et ouvertures de dégagement des ateliers ; que les chances des sinistres sont
proportionnelles aux éventualités de contact des objets traités avec le
feu des foyers, des corps en ignition et de la lumière artificielle.

525. La lampe Davy ou Combes est la seule qui pourra être
introduite sans coup férir dans ces ateliers. Aussi les contrats
d'assurances, dans ces sortes d'usines, doivent mentionner l'interdiction de se servir, à moins de déchéance, de tout autre système
de lampe, ou stipuler qu'il n'y aura aucune espèce d'éclairage.

526 Nous ne terminerons pas sans faire cette remarque, c'est
que la fabrication des produits du genre qui nous occupe, n'est
point souvent faite d'une façon industrielle. Elle semble n'être que
transitoire, ainsi que les bâtiments qui la contiennent, d'où l'oubli

des prescriptions de la prudence la plus vulgaire, et les sinistres fréquents qui la signalent sous un triste jour, et effrayent, non sans raison, les assureurs.

527. La benzine et l'eau de naphte (point d'ébullition 85°, densité 0.753), ou huile de naphte, sont des carbure d'hydrogène retirées également de la distillation des goudrons minéraux, possédant une très grande inflammabilité. On vend dans le commerce de détail de grandes quantités de ce liquide pour détacher, mais les marchands oublient de signaler les dangers de sa manipulation. Il ne faut jamais se servir de ce liquide à proximité du feu ou d'une lumière, on ne doit l'employer que le jour, dans une chambre non chauffée et bien aérée ; il faut, éviter aussi de le verser dans des vases qu'on laisserait ouverts, l'odeur, d'ailleurs, est déjà un motif suffisant, et enfermer le flacon qui le contient hors de la portée des enfants et à l'abri des chocs. Faute de suivre ces recommandations, on s'expose à de cruels accidents. Il faut, pour les brais secs, résidus de la distillation, se conformer à ce qui est dit n° 486, et pour les goudrons, les emmagasiner dans des citernes souterraines, plutôt que dans des réservoirs ouverts (*Voir n° 514*).

MOYENS DE SECOURS ET DE PRÉCAUTIONS.

L'inflammation est instantanée : il faut des moyens semblables tels que les extincteurs ou l'extincteur continu. Un dans chaque atelier ou magasins ; de grands amoncellements de sables avec des engins pour leur projection. Une pompe à incendie avec une provision considérable de pyro-extincteur.

L'avertisseur Le Blan dans tous les locaux.

Interdiction sévère de fumer dans l'enceinte des usines. Clôture des cours et fermeture des ateliers et des magasins. Paratonnerre sur les toitures. Visite après chaque cessation de travail et contrôleurs Colin ou Michaut.

S'il arrivait qu'un incendie éclatat et qu'une cave ou citerne
contienne des huiles ordinaires, des graisses, des huiles volatiles
ou minérales, des essences, il faudrait bien se garder d'en ouvrir
les portes, il faudrait, au contraire, protéger les ouvertures contre
leur destruction, les mouiller sans cesse ou les recouvrir de terre ou
sable pour empêcher leur inflammation ; sur le sol de la cave ou de
la citerne, loin de le débarrasser des débris que l'incendie du dessus
aurait pu y porter, laisser ces débris, les noyer sans cesse afin de
les empêcher de trop chauffer, y projeter pour ce du sable, de la
terre, et pomper dessus ; on arrivera ainsi à préserver le contenu
des caves et des citernes, tandis qu'en ouvrant les portes, en laissant
le feu faire son action sans chercher à l'amoindrir, on amènerait sa
communication avec les liquides souterrains et partant leur perte ou
destruction.

ÉTHER SULFURIQUE.

528. L'éther, un des corps les plus volatils qui existent, est en
même temps très inflammable ; sa préparation est naturellement des
plus dangereuses. Les vapeurs d'éther étant plus denses que l'air,
celles qui s'échappent de la distillation rencontrant les foyers placés
dans les parties inférieures, s'y enflamment instantanément et la
combustion a bientôt atteint le récipient d'où elles s'échappent.
Aussi conseillons-nous de préférer les bains de sable aux bains
d'huile, et de disposer les foyers de façon qu'ils n'aient aucune
ouverture ou prise d'air dans la chambre où s'opère la distillation.

529. On conservera l'éther dans des vases de petite contenance,
afin d'atténuer le danger du bris de l'un d'eux.

530. L'aldéhyde a beaucoup d'analogie avec l'éther : c'est de
l'alcool déshydrogéné, qui est très inflammable, et qui désoxyde
très puissamment les sels métalliques.

PRÉCAUTIONS RELATIVES A LA FABRICATION ET L'EMMAGASINAGE
DE L'ÉTHER.

Il faut absolument que les vapeurs de l'éther ne puissent aller s'enflammer à aucun feu ni aucune lumière. L'éclairage, s'il y en a, doit donc être complètement extérieur.

Le magasin sera établi de façon à éviter l'insolation. Le parterre sera recouvert d'une couche de sable fin d'au moins 10 centimètres. Tout feu, toute lumière en seront éloignés. S'il y avait nécessité de chauffer, la vapeur seule, suffisamment refroidie, pourrait être employée. Le bâtiment ne devra pas avoir d'étages.

Des amas de sable devront être placés à demeure dans la cour pour servir à étouffer le feu qui pourrait se manifester. Une rigole ou tranchée, creusée dans le sol, entourera les bâtiments de la fabrication et celui servant de magasin des produits fabriqués.

FABRIQUES DE OUATES.

531. L'observation que nous faisons à la page précédente, n° 526, est parfaitement applicable à cette industrie, qui est très rarement exercée dans des immeubles construits pour elle. S'il n'en était pas ainsi, on aurait beaucoup moins de sinistres à enregistrer. On construirait une fabrique de ouate à simple rez-de-chaussée, chaque atelier serait séparé des précédents ou voisins, par des murs de refend s'élevant au-dessus de la toiture, de façon que les batteurs, carderies, séchoirs à chaud, séchage à air, glaçage, apprêts, constituent autant d'ateliers indépendants, dont les moins dangereux communiqueraient par des portes en fer habilement pratiquées dans les murailles (*voir* n° 110), ou bien au moyen d'un couloir commun en vitrerie et armatures en fer, ou briques formant voûte. On y introduirait, comme chauffage, l'usage exclusif de la vapeur, et,

comme moyen préservatif, des robinets d'émission de vapeur, ou d'eau comme il est dit n°s 84 à 103. Quant à l'éclairage, il serait complètement extérieur. De la sorte une usine de ce genre ne serait exposée qu'à des sinistres de peu de gravité et constituerait un risque parfaitement assurable. L'extrême inflammabilité de la ouate, son énorme vitesse de combustion qui n'a d'égale que celle de la poudre, ne permettent guère de supposer l'arrêt d'un feu commençant : il faut donc procéder par voie de restriction des ateliers, d'isolement de chacun d'eux, d'incombustibilité des locaux les renfermant, afin de n'avoir à craindre et à subir que des dommages partiels. Si le terrain manque, il faut bien se résoudre à édifier des constructions avec étages ; mais on voûte toutes les salles, ou on établit les plafonds et planchers en matériaux incombustibles. Le chauffage et l'éclairage sont les causes les plus communes des sinistres, et c'est la transformation de leur mode ordinaire en d'autres moins périlleux dont on doit surtout poursuivre la réalisation, non moins que la distraction des ateliers dangereux *(battage, carderie, séchage à chaud)* du reste de la manufacture *séchage à froid, teinture, encollage, magasins de ouates fabriquées)*. (Voir *Filature de coton*).

**MOYENS DE SECOURS ET PRÉCAUTIONS A REMPLIR CONCERNANT
LES FABRIQUES DE OUATES.**

Battage et Carderie. — Un extincteur ou un tuyau de vapeur, ou un tuyau d'eau muni de la lance de projection.

Éclairage extérieur ou absence d'éclairage.

Séchage. — Étagères en fer, pas d'éclairage, tuyau de vapeur ou d'eau.

Encollage. — Éclairage extérieur ou enfermé dans des lanternes, chauffage vapeur, extincteur un avertisseur d'incendie.

Magasin des matières premières. — L'isoler de l'usine, éviter les insolations en blanchissant les vitres ou les munissant de stores. Un avertisseur d'incendie par salle ou étages s'il y en a. Provision d'eau extinctive. C'est le seul atelier qui peut craindre la combustion spontanée. On devra y installer des boîtes à contrôle Colin ou similaires et ne le laisser plus de deux à trois heures sans surveillance.

Magasin des ouates fabriquées. — Porter ses soins à l'éclairage qui sera isolé des rayons contenant les marchandises. Avertisseur d'incendie.

SCIERIES MÉCANIQUES.

532. Les scieries mécaniques, qu'elles soient à mouvement alternatif ou continu, qu'elles scient les bois verts ou secs, n'en offrent pas moins, à un degré différent il est vrai, (car les scieries de bois verts sont bien moins dangereuses), au feu destructeur, un aliment facile. Cependant quand on étudie les causes probables des incendies des scieries mécaniques, on voit qu'elles ne sont pas très multiples, et l'on s'explique peu, autrement que par l'oubli des soins les plus élémentaires et une incurie profonde, les nombreux et surtout très graves sinistres qui désolent cette industrie. On les évitera inévitablement en obéissant aux prescriptions suivantes :

1º Etablissement d'un bon graissage des coussinets, des machines, des supports, des arbres ou axes des scies circulaires, dont les meilleurs tourillons sont ceux, paraît-il, qui, intérieurement coniques reçoivent les pointes qui les supportent ;

2º Séparation complète, au moyen d'un mur monturier dépassant le toit et n'ayant aucune ouverture, de la machine à vapeur et des générateurs ;

3º Renonciation à amener directement de l'atelier, par un conduit, une vis d'Archimède ou une toile sans fin, dans la fosse des générateurs, les sciures produites, pour les brûler. Il vaut mieux les déposer dans des hangars isolés, construits non en bois, mais en solide maçonnerie de briques et voûtés, afin que le feu s'y déclarant, il suffise de fermer la porte établie en fer, pour empêcher que des milliers d'étincelles n'aillent embraser tous les bâtiments de l'usise et même ceux des habitations voisines. Chaque jour on en retire la provision nécessaire pour les besoins des foyers, à mesure de ces besoins, de sorte que le soir, la soute des générateurs ne doit plus contenir de sciures, au moins en quantité notable. Au-dessous de chaque foyer on dispose des cendriers métalliques en forme d'auges remplies d'eau, afin de noyer et d'éteindre tout ce qui peut tomber des grilles. En outre, le chauffeur ne s'en.ira pas sans s'être assuré que la petite partie de sciure que le sol peut contenir n'est pas allumée, et sans l'avoir soigneusement balayée et l'avoir ramassée dans un coin incombustible et éloigné des fourneaux. Si l'on préfère amener les sciures dans la fosse du générateur, il faut alors le faire au moyen de couloirs voûtés débouchant dans le local des générateurs et l'on a soin d'exiger que la partie de ce couloir, qui aboutit aux générateurs, soit toujours bien balayée et vide de toute sciure; le soir, après le travail et le balayage, on ferme une porte en fer qu'on y a adaptée, afin d'éviter tout courant d'air, et rendre efficace la solution de continuité des sciures ;

4° Dallage de l'atelier de scierie, fosses à sciures supprimées, ou construites de façon que leur vidange soit facilement opérée chaque soir ; balayage complet de tout l'atelier, et enlèvement des sciures ;

5° Construction sérieuse des bâtiments en solide et épaisse maçonnerie de briques, ou pierres, pas de mélange de bois ; si les transmissions sont souterraines, incombustibilité de la cave qui les contient ; pas d'étages, si possible, afin de ne pas augmenter l'importance du risque, toiture élevée, fermeture de toutes les ouvertures par des portes ou des fenêtres qui seront exactement closes. Trop souvent la scierie est ouverte de tous côtés, de sorte que l'accès de l'air aidant, les commencements d'incendie s'y développent avec une effrayante rapidité ;

6° Clôture des cours et chantiers de l'usine par des murs élevés. La malveillance s'exerce moins facilement lorsqu'elle rencontre des obstacles ;

7° Habitation dans l'usine du concierge, du contre-maître et d'au moins deux autres ouvriers, afin que les premiers secours puissent être portés par des gens connaissant les lieux, et en nombre suffisant pour le maniement de la pompe à incendie, qui devra toujours exister dans un établissement de ce genre, prête à fonctionner, avec son alimentation d'eau toute préparée ;

8° Eloignement des chantiers de 10 mètres au moins, division de leur importance en plusieurs amoncellements, précaution constante d'éviter l'encombrement des abords, des accès du bâtiment de la scierie, l'appui contre ses murs des tas de planches ou de bois débité ;

9° Éclairage enfermé. Ajoutons-y l'interdiction la plus absolue de fumer, même dans les cours et chantiers, et l'emploi exclusif d'allumettes de sûreté Coignet ou Dupuy ;

10° Installation de quelques seaux à incendie toujours remplis d'eau, ainsi que d'une cuve ou tonneau également maintenu plein du même liquide dans l'atelier principal, afin de pouvoir immédiatement étouffer un incendie qui se déclarerait pendant le travail ;

11° Localisation des scies à placage dans un bâtiment séparé, ou adjacent sans aucune espèce de communication, même par la toiture, et autant que possible voûté. Cette condition dernière devrait être imposée lorsqu'on tolère la présence d'une scie de ce genre dans la manufacture ;

10° Isolement complet, à 10 mètres au moins de tout bâtiment ou chantier, des étuves à dessécher le bois, lorsqu'il en existe dans l'établissement, et construction de ces étuves en matériaux incombustibles ;

13° Enfin visite après la sortie des ouvriers, graissage et examen des machines qui viennent d'être arrêtées et qui ont pu chauffer, seconde visite répétée à un intervalle d'une heure et demie à deux heures après la cessation du travail, et surtout emploi de ce genre confié à un surveillant inhabitué à fumer et d'une prudence surconnue. Des boîtes et contrôleurs Colin constateront l'effectivité des visites. S'il y a transmissions souterraines et fosses aux sciures, la surveillance devra être ininterrompue, d'heure en heure, à cause de la possibilité d'avoir un incendie couvant dans les sciures des caves ou sous-sols. Le seul moyen de s'en dispenser serait d'installer des avertisseurs dans toutes les parties souterraines, aussi bien que dans les autres ateliers. Plusieurs extincteurs ou un extincteur continu, seront placés dans la loge du surveillant où aboutiront les signaux des avertisseurs, et en outre une pompe à incendie, toujours prête, muni de 500 kilog. de pyro-extincteur, et de son alimentation, sera sous les mains des personnes chargées de la conservation de l'usine et permettront d'arrêter tout commencement d'incendie pris à temps.

533. Les Compagnies ont reconnu que la substitution du moteur hydraulique au moteur à vapeur était une diminution sensible de risques, et elles ont pris cela en considération dans la fixation des primes ou taux du tarif.

534. C'est ici où la pompe fixe à vapeur Thirion trouve encore son emploi, car pour éteindre du bois en feu, il faut des torrents d'eau et on peut d'autant mieux s'organiser pour obtenir ce résultat que l'eau n'abime pas sensiblement le bois ; si le moteur de la scierie est à eau, rien de plus simple que d'établir une pompe aspirante et foulante mue hydrauliquement. Comme on le voit les moyens puissants de secours sont bien faciles à établir pour une scierie où rien ne gêne leur emploi.

FABRIQUES DE BOUCHONS.

Je les diviserai en deux catégories :

535. Fabriques de bouchons à la main. Le grillage des plateaux d'écorce doit être fait en plein air, et chaque plaque soigneusement

frottée avec un balai , et laissée quelques temps avant d'être rentrée sous les hangars ; autrement il resterait dans les nœuds , dans les fentes , quelques étincelles qui pourraient se raviver et communiquer l'incendie. La chaudière en cuivre ou fonte dans laquelle on soumet le liège à l'action de l'eau chaude, ne peut occasionner d'accidents que par sa position dans les bâtiments et son alimentation de combustible, ordinairement faite par les résidus et déchets de fabrication. Il suffit chaque soir d'éteindre les cendres et d'enlever les résidus des abords du foyer. Le découpage à la main des plateaux en carrés, puis en cylindres, ou en cônes, ne présente rien de particulier. Dans certaines usines on a l'habitude de laisser, toute la semaine , les déchets encombrer les planchers de l'atelier ou des ateliers consacrés à ces opérations ; je crois que c'est un tort grave. Comme il faut toujours prendre le parti de les ramasser et de les enlever, il serait à désirer qu'on le fasse chaque soir, et qu'on descende en même temps dans la cour, ou sous un hangar détaché de l'immeuble , les sacs qui les renferment, car les poêles qu'on installe en hiver dans ces usines peuvent, s'ils ne le sont pas conformément à nos indications auxquelles il faut ajouter l'obligation d'un grillage mécanique, parfaitement occasionner l'incendie des débris qui jonchent le plancher. En outre l'habitude de fumer, conservée dans ces fabriques, peut produire le même résultat. Dans la fabrication manuelle, le liège, après sa digestion dans l'eau des chaudières, est porté à la cave, et laissé le temps nécessaire pour s'humidifier complétement ; puis , après le découpage en carré , on réitère cette exposition à l'humidité.

536. On remarque ici que le liège reste ainsi saturé d'humidité pendant toute la durée des façons ; après seulement on l'expose dans un séchoir à air libre , où il se débarrasse de l'eau qu'il a absorbée.

537. Il n'en est pas de même dans la fabrication des bouchons à la mécanique : dans celle-ci le liège se travaille à sec , de sorte

qu'il y a une certaine analogie entre une fabrique de bouchons de ce genre et une scierie mécanique, avec cette différence que l'élasticité du liège s'oppose à l'échauffement des machines. Les lumières, les poêles deviennent dès lors dangereux, de même que les pipes et les cigares ; nous renvoyons à l'article *Scierie mécanique* pour les soins et précautions à prendre.

538. L'interdiction de fumer doit suivre le bouchon sortant de 'usine pour s'emmagasiner dans les maisons de vente ou dans les entrepôts.

539. Je crois qu'une différence de tarif devrait être stipulée pour les fabriques mécaniques de bouchons, car il est incontestable qu'elles présentent plus de chances d'incendie que celles manuelles.

FABRIQUES DE PANNES, BRIQUETERIES, TUILERIES.

540. Nous ne nous occuperons dans cet article que des fabriques dont les fours sont intérieurs aux bâtiments, nous référant pour les fours au bois, en ce qui touche les provisions de bois, pour éviter d'être diffus, à ce que nous avons prescrit aux articles *Porcelaines et Faïenees*, et *Fours à chaux*. La trituration des pâtes, le moulage, le séchage à air, le battage et ébarbage, ou pour les carreaux, le recoupage de dimension, ne peuvent, sous le rapport du feu, inspirer la moindre crainte. Sans doute l'imposante masse des étendages en bois, escaliers et planchers de même nature, offrirait au feu un grand aliment, mais les causes de sinistres inhérentes à ces préparations font absolument défaut. Le danger commence avec le séchage à l'étuve, et continue avec la cuisson des matières moulées. On place les étuves au-dessus des fours voûtés ; sur les voûtes des fours repose le carrelage des étuves, et celles-ci sont chauffées par les chaleurs rayonnant des massifs, ainsi que par les fumées du

four où la cuisson est terminé. Ces chaleurs et fumées sont amenées, par les cheminées, des fours dans les chambres chaudes qu'elles traversent, et y sont déversées à volonté au moyen d'ouvertures latérales fermées par des registres. Lorsqu'on veut obtenir cet effet, on ouvre les registres, et on ferme un écran supérieur en tôle placé horizontalement dans la cheminée, qui intercepte, lorsqu'il est poussé dans la gaîne intérieure de façon à devenir tangent aux parois opposées, le passage des fluides calorifères, et les force à s'échapper par les issues pratiquées plus bas. C'est là la cause la plus fréquente des sinistres de tuileries, briqueteries et fabriques de carreaux. Ce calorique, embrasé pour ainsi dire et mélangé d'étincelles, vient lécher les parties de l'étuve les plus rapprochées de sa sortie de la cheminée, et les plus exposées à ses atteintes directes ; si elles sont combustibles, elles se carbonisent, et, avec le temps, s'enflamment. Pour remédier à ce risque, il faut, si non voûter complètement l'étuve, au moins élever, en l'appuyant contre le mur auquel les cheminées sont adjacentes, un arceau en briques, régnant sur toute la longueur, et d'une voussure suffisante, c'est-à-dire proportionnelle à l'intensité des coups de feu qu'elle doit subir et atténuer *(voyez figure* 32*)*. La poutre qui, à l'opposite du mur, lui sert de pied droit, doit être en fer creux s'il est possible. On conçoit que l'on a tout à gagner à donner à l'arceau le plus grand diamètre possible, afin d'ajouter encore à l'efficacité de sa disposition. Il serait bien préférable de voûter toute l'étuve, et la routine seule plutôt que la dépense empêche sans doute cette franche amélioration. Il ne suffit pas que l'étuve soit dans de bonne conditions, il faut encore que les deux locaux qui, au rez-de-chaussée, sont devant et derrière les fours ordinairement jumeaux et appuyés lattéralement contre les murailles des bâtiments, soient également voûtés. Ces chambres servent d'habitude l'une de soute au charbon ou au bois, l'autre reçoit des étages supérieurs, au moyen d'une trappe, les matières à cuire ; leur tangence aux fours, le rayonnement du calorique renfermé dans ceux-ci, ne permettent pas que leur construction soit autre. Cependant on voit encore , dans trop d'établisssements de ce genre , des planchers imparfaitement maçonnnés et des solives appuyées dans une saillie pratiquée dans le massif des fours ; mais je ne doute pas que cette disposition vicieuse ne soit modifiée et remplacée par celle que nous préconisons , chez tous les usiniers soigneux. La trappe établie dans la voûte du chargeoir doit être en fer ou fonte , et habituellement fermée *(voir figure* 32*)*.

L'éclairage des étendages doit toujours être fermé.

MOYENS DE SECOURS DES BRIQUETERIES, PANNERIES, TUILERIES.

Un extincteur à forte pression près de chaque four, permettant d'éteindre de suite tout commencement d'incendie dans les toitures ou les étentes , une pompe à incendie ordinaire avec provision de liquide extincteur.

Dans les briqueteries extérieures où la cuisson se fait en plein air, sans fours, il n'y a aucun danger d'incendie ; les paillassons seuls , dont on se sert, sont combustibles, et le seul moyen d'empêcher leur destruction serait de les enfermer dans un local qui puisse être clos, autrement, laissés , comme ils le sont , à la disposition du premier passant venu, ou des gamins qui jouent souvent avec ou autour, ils donnent lieu , soit en meûles , soit épars , soit remisés dans des cabanes en bouc, bois et chaume, à des sinistres incessants.

FABRIQUES DE PLUMES MÉTALLIQUES.

541. Parmi les très nombreuses opérations que subit le ruban d'acier laminé , pour être transformé en plumes métalliques , celles qui peuvent exciter l'attention au point de vue de l'incendie , sont le recuit, la trempe , la coloration , le dégraissage ou douci, car elles

exigent la présence de fours, de graisses et d'huiles. Aussi doit-on les pratiquer dans des ateliers séparés des autres, adjacents si l'on veut aux générateurs, si la vapeur est le moteur, et à simple rez-de-chaussée.

542. Il faut aussi remarquer que chaque ouvrière, pour le découpage, lissage, perçage, fendage, etc., etc., ayant besoin d'une lumière pour elle seule, si le gaz est employé, et il est difficile qu'il en soit autrement, il existe une multitude de becs d'éclairage, tout-à-fait inusitée dans les autres manufactures, ce qui pourrait donner lieu à quelques acccidents d'explosion.

RESSORTS POUR CRINOLINES.

543. Cette fabrication, comme la précédente, limite ses risques au trempage du ruban métallique et à son azurage. L'huile des bains de trempage prenant feu lorsqu'on y plonge le ruban porté au rouge, le local de l'opération doit être voûté ou au moins très élevé, et dès lors un rez-de-chaussée sans étage paraît seul acceptable ; les fourneaux d'azurage sont ordinairement établis mobiles sur des bâtis en bois épais recouvert de tôle ; il est donc préférable également que l'azurage ait lieu sous voûte ou sous rez-de-chaussée. Le recouvrement du ruban par d'autres rubans de papiers et du fil de coton enveloppant la lame métallique d'une tresse protectrice, le sciage mécanique des bandes de papier, produisent quelques déchets qui, mélangés et balayés avec les limailles ou les débris huillés du travail de l'acier, pourraient causer l'incendie : aussi recommandons-nous d'enlever, chaque soir, tous les déchets et balayures des ateliers, et de les porter dans la cour ou sous un hangar isolé, disposé pour les recevoir sans risque.

Le chauffage de ces ateliers est aussi à considérer, lorsqu'il est effectué par des poèles ou calorifères, et que les ouvrières apportent des chaufferettes. *(Voir chapitre 1ᵉʳ).*

FABRIQUES DE RÉGLISSE.

544. Si les opérations de l'écrasage, de la cuite, de l'évaporation ont lieu à la vapeur, le danger est annihilé. Il ne reste plus qu'à s'occuper de l'étuve, qui présente les risques intrinsèques à toutes les chambres de dessication artificielle, si le chauffage est opéré par des poêles ou des calorifères. Aussi, comme c'est le cas le plus ordinaire, doit-on toujours isoler l'étuve des autres bâtiments ; la fabrication se prête parfaitement à cet isolement. Voir ce qui a été dit relativement aux étuves, séchoirs, etc.

FABRIQUES DE BOUTONS, BROSSES, OBJETS D'OS.

545. A l'exception de l'essence de térébenthine, ou autres essences dissolvant les corps gras, et des vernis employés en petite quantité dans cette industrie, le travail des os n'offre aucun danger. La position des étuves, leur mode de chauffage, celui des ateliers sont les points principaux à étudier ; les scies circulaires, si leur bâtis n'était pas en fonte, pourraient également donner lieu à quelque accident. En résumé, je ne vois rien de particulier à prescrire pour cette fabrication, qui ne l'ait déjà été antérieurement, et sur lequel il serait fastidieux de revenir encore.

PASSEMENTERIE.

546. Les fabriques de passementerie n'ont guère de risques spéciaux d'incendie. Employant la soie, le coton, la laine, le chanvre ou le lin à l'état de filés, elles font peu de déchets. Ces déchets seront, sans exceptions, enlevés chaque jour des ateliers. Les magasins de marchandises brutes ou fabriquées formeront risque distinct des autres, afin d'obéir aux principes de division des risques que nous préconisons.

FABRIQUES DE CHICORÉE.

547. La fabrication de la chicorée, c'est-à-dire la transformation de la carotte de chicorée en poudre ou semoule en état d'être livrée à la consommation, ne s'opère pas sans grandes chances d'incendie à courir.

La transformation de la carotte en cossette desséchée est une opération essentiellement agricole ; le cultivateur coupe la carotte en plusieurs parties et la soumet à l'action d'une touraille assez analogue à celle des brasseurs ; seulement la toile métallique est remplacée par des carreaux en poterie percés de trous coniques intérieurement. On chauffe cette touraille avec du coke ou du charbon de frêne, et les dangers qu'elle présente proviennent de sa position à l'égard des bâtiments où elle se trouve placée. Souvent, au milieu des écuries, des greniers des cultivateurs, elle peut occasionner l'incendie si l'on n'a soin d'enlever de ses abords et de sa construction toutes les matières ou objets combustibles. Le cultivateur devra avoir soin de faire mentionner sur son contrat d'assurance l'existence de cette touraille.

La cossette desséchée livrée au fabricant est torréfiée par ce dernier. Cette torréfaction est faite dans des brûloirs cylindriques, dont ceux employés pour la préparation du café en grains sont une réduction ; ils sont animés mécaniquement d'un mouvement continu de rotation sur leurs axes, et recouverts de capottes en tôles affectant leur forme et fermant exactement les foyers. Deux choses sont à redouter : une fermeture incomplète de l'ouverture des cylindres ; la chicorée brûle, aussitôt le contact du feu, avec une grande rapidité, et produit une flamme très intense ; on y obvie en établissant les fourneaux des brûloirs de façon que leurs cheminées soient souterraines ; la flamme est ainsi aspirée dans la grande cheminée, où se rendent les différents conduits des foyers, sans aucun danger pour la toiture ; la vidange du contenu des brûloirs dans des caisses en bois ou sur un plancher ; il reste souvent dans la chicorée qui vient d'être torréfiée des parties enflammées qui peuvent se développer et incendier les objets combustibles. Il n'est pas rare de voir après quelque temps, la chicorée se rallumer ; il faut la remuer fréquemment afin que l'action de l'air pénétrant toute la masse, refroidisse toutes ses parties ; la déverser sur un carrelage et contre des murailles parfaitement incombustibles. La chambre des brûloirs doit conséquemment toujours être au rez-de-chaussée de l'usine, et ne comporter aucun plancher, étage ou soupente à moins de voûtes en briques ; la toiture doit être à jour, et le mieux est de l'établir en fer et pannes.

La facilité avec laquelle s'enflamme la chicorée en poudre, brûlant lentement comme des mottes de tan, jusqu'au moment où son foyer est assez ardent pour produire l'incendie, rend la mouture par des meules en pierres assez hasardeuse : il suffit d'un petit clou mélangé avec la chicorée pour que son frottement entre les meules détermine des étincelles qui mettront le feu à l'appareil, grâce à la chicorée qu'il triture ; aussi, pour éviter cette cause fréquente de sinistre, convient-il de remplacer les meules en pierre par des jeux de cylindres écraseurs, en fer, lesquels ne peuvent donner lieu aux mêmes dangers.

De ce qui précède résulte la séparation nécessaire de la chambre des brûloirs, de celle de la mouture et de la bluterie, des magasins des matières brutes et des magasins des matières fabriquées ; l'emploi exclusif, à défaut de gaz, de la lampe marine ou similaire pour les magasins et la chambre de la bluterie, et le remplacement des toiles de la bluterie par des châssis en bois. Il est facile de déduire de ce qui précède que la surveillance principale devra s'exercer dans la chambre de dépôt de la chicorée torréfiée. On la munira d'un avertisseur qui remplacera le surveillant de nuit, et d'un extincteur placé à côté d'elle pour servir au premier signal.

COUVERTURES DE LAINES

548. Nous avons traité ce qui concerne la filature de laines. Le fabricant de couvertures doit éviter de conserver, au milieu de ses magasins ou ateliers, les déchets des laines qu'il a données à filer, et que lui a rendues le filateur. La présence de ces déchets ne saurait être considérée que comme une aggravation de risques considérable. Les fabriques de couvertures font usage de soufroir, et quelquefois de petit séchoir à chaud. L'acide sulfureux éteint les corps en combustion, seulement il ne faut pas poser la marmite, dans laquelle le soufre brûle, à nu sur le plancher, ni suspendre trop près au-dessus de la flamme les tissus exposés à ses vapeurs, car il s'en suivrait parfaitement bien un incendie. On doit avoir soin de pratiquer dans la porte du soufroir un regard clos par une glace, par lequel on surveille la combustion du soufre, et ce qui se passe dans le local, sans donner le moindre accès à l'air. Quand à la petite étuve elle sera tout à fait indépendante des ateliers, afin que sa destruction possible ne compromette pas leur sécurité.

CAOUTCHOUC FONDU POUR SONDES ET AUTRES INSTRUMENTS.

549. Le caoutchouc se dissout dans l'éther mélangée d'huile essentielle de caoutchouc, dans les huiles de pétrole, dans celles rectifiées des goudrons minéraux ou végétaux, de térébenthine et autres produits pyrogénés analogues, aussi la loi sur les établisse-

ments insalubres s'est-elle occupée de cette préparation et ne l'autorise-t-elle qu'aux conditions suivantes : « Que le magasinage » de l'éther, les préparations du dissolvant, et la conservation de ce » liquide aient lieu dans un bâtiment spécial, avec planchers en » fer, et isolé des maisons et des fabriques ; que l'atelier du ramol- » lissage soit ventilé convenablement, etc. »

J'ajouterai : « qu'il soit interdit de pénétrer avec une lumière » dans ces ateliers, que le chauffage n'ait lieu que par la vapeur de » liquide à ébullition retardée, ou par bains de sables chauffés par » des foyers ayant leurs ouvertures et sorties d'air et de fumée tout » à fait en dehors de la chambre où se pratique l'opération, » cela d'autant plus que l'explosion accompagne presque toujours l'incendie.

550. La dissolution du caoutchouc dans les huiles grasses pour servir à la fabrication des toiles et tissus imperméables, demande des précautions analogues.

CAOUTCHOUC ÉTIRÉ.

551. Cette fabrication, faite exclusivement par des moyens mécaniques puissants, aidés par la chaleur et l'eau bouillante, n'est pas à comparer avec la précédente. En effet, le ramollissage des poires, leur laminage, le pétrissage, le découpage des pains en rubans, puis en fil, sont faits mécaniquement avec présence d'eau chaude : il n'y a donc pas possibilité d'incendie ; le dessèchement des plaques et des fils n'exige qu'une température très basse qui sera toujours facilement obtenue par la vapeur.

552. La volcanisation seule est une opération dangereuse. On plonge les objets dont on veut rendre inaltérable l'élasticité, dans une solution contenant un mélange de chlorure de soufre et de sulfure de carbone, et on les porte à l'étuve chauffée à 25° centi- grades environ ; on réitère l'opération, puis on les lave dans des

alcalis et de l'eau pure. Il est indispensable que ce travail ait lieu dans un atelier isolé et que l'étuve soit comme lui complètement séparée des autres bâtiments de l'usine. D'ailleurs le manufacturier trouve un double avantage à cette séparation : il garantit sa propre sécurité et diminue les charges de son assurance. En effet, lorsque l'étuve pour la volcanisation est contiguë, sans même y communiquer, aux autres ateliers, la prime applicable à l'ensemble se trouve augmentée.

TRITURATION DE SOUFRE.

553. Depuis la maladie de la vigne et l'emploi du soufre comme antidote, la porphyrisation mécanique du soufre est venue en aide à la sublimation, et a donné naissance à de nombreuses usines à trituration. La faculté que possède le soufre à l'état de division extrême, de s'enflammer, et de brûler très facilement dès qu'il est en contact avec un corps igné, rend cette fabrication très hasardeuse. Il faut que l'auge qui contient le jeu de meules verticales soit plutôt tout en pierre qu'en pierre et fonte ; aux raclettes en fer doivent être substituées des raclettes en bois, qui s'usent vite, il est vrai, mais qui se remplacent aisément, et qui n'ont pas l'inconvénient de faire feu au contact de la pierre ou du fer, sous un frottement rapide.

554. Il est aussi très essentiel de séparer la bluterie de la chambre des meules, afin d'éviter la communication intantanée du feu qui se produirait.

555. Il n'est pas moins indispensable de prohiber toute espèce d'éclairage autre que l'éclairage extérieur, ou de la lampe marine ou similaire, et encore ne faut-il pas approcher cette dernière du fort de l'évaporation.

556. Le magasin, le hangar, le local où s'effectue le chargement

des sacs de soufre ne doit pas être pavé, car les fers des chevaux émettent, font jaillir souvent des étincelles, s'ils se heurtent aux pierres ou pavés du sol, et comme ce dernier est toujours recouvert du soufre trituré qui s'échappe des sacs, il en résulte des inflammations qui pourraient être périlleuses.

557. D'après ce qui précède, je crois que les ateliers de trituration devraient se composer de deux chambres voûtées et ne communiquant pas directement ensemble, contenant le moins de bois possible, et dont les portes seraient en fer.

558. Quant au magasin de soufre fabriqué, je veux dire trituré, et à celui de soufre brut, je ne vois nul inconvénient à les réunir en les séparant complètement des ateliers. Il faut avoir soin de balayer souvent les abords de ces magasins, les escaliers, les salles, épousseter les murailles et plafonds, et tenir tout dans un grand état de propreté.

RAFFINAGE ET SUBLIMATION DU SOUFRE.

559. On a deux points principaux à considérer : la position des foyers qui chauffent les cornues distillatoires, relativement aux objets environnants, car la longue durée du chauffage fait rayonner une chaleur suffisante pour incendier, si elle les rencontrait trop rapprochée, les corps combustibles, et l'absence plus ou moins parfaite de fissures dans les cornues ou leur tubulure, ou bien dans la muraille séparative des foyers avec la chambre de condensation. Il n'est pas besoin d'ajouter que cette chambre doit être voûtée, et être munie d'une cheminée avec soupape pour l'expansion des gaz, lorsque leur tension devient considérable.

560. Le lavage et la dessication du soufre sublimé, pourront

offrir la moindre somme de risques, si on utilise la chaleur perdue des fours pour faire chauffer l'eau nécessaire au lavage, au moyen d'annexion aux fours de tubes réchauffeurs de ce liquide, et pour le dessèchement du soufre en installant au-dessus des fours soigneusement voûtés, une étuve également voûtée et chauffée tant par le rayonnement de la chaleur transmise par la conductibilité des briques, que par la circulation des fumées dans des carneaux appropriés et disposés *ad hoc*.

561. Brûlant en vases clos, le soufre ne tarde pas à produire assez d'acide sulfureux pour s'éteindre lui-même ; il n'en est pas de même lorsqu'il se trouve au milieu d'un foyer d'incendie, et que, conséquemment, la température est excessivement élevée. S'il rencontre des charbons ardents, du fer, du cuivre, du zinc, il se combine avec eux, et l'on voit ces métaux brûler dans ses vapeurs surchauffées avec un vif dégagement de chaleur et de lumière. Le soufre peut donc, dans un cas, éteindre le feu (feux de cheminée) et dans un autre lui donner, au contraire, plus d'intensité.

FABRIQUE DE CÉRUSE. — MINIUM.

562. Il n'y a à s'occuper, dans cette industrie, que de l'agencement des divers foyers, l'un servant à la fusion du plomb et à sa coulée en lamelles, l'autre à produire la chaleur artificielle nécessaire aux étuves. Ces étuves doivent être voûtée, et leurs étagères doivent être en fer. La céruse n'étant pas combustible, on annihilera les dangers ordinaires des étuves chauffées par des calorifères extérieurs, ou à air chaud, en les construisant elles-mêmes en matériaux incombustibles. Quant aux étendoirs à air libre, et à la carbonatation du plomb au moyen des actions simultanées du fumier et de l'acide acétique, ils ne présentent rien de remarquable ni de dangereux. Cependant les fabriques qui, à l'imitation de ce

qui se passe à la fabrique de colle-forte , installent leurs étuves au milieu des étendoirs , ou plutôt, chauffent leurs étendoirs au moyen de calorifères analogues à ceux employés dans l'industrie précitée , les convertissant ainsi en véritables étuves , présentent un risque énorme.

563. Le carbonate de plomb chauffé longtemps au contact de l'air, se transforme en minimum. Cette fabrication, qui est faite sur la sole d'un four à réverbère surmonté d'une étuve où s'opère la dessiccation de l'oxyde de plomb , ne peut inspirer aucune crainte si l'étuve est voûtée , car la combustion possible des étagères , si elles étaient en bois , serait localisée dans cette chambre ainsi rendue incombustible. Pour la sécurité du restant de l'usine , on doit isoler les fours et leurs séchoirs.

BLEU D'OUTREMER.

564. Dans cette industrie également on fait usage d'étuves ; en les édifiant en briques , avec voûte et étagères en fer, on préviendra tout risque. Le point important, c'est le refroidissement du mélange dans lequel entre la fleur de soufre, lorsqu'on le retire des fours de cuisson. Si l'on a l'imprudence de faire usage d'étouffoirs en bois , il n'est pas rare que la matière se rallume et cause l'incendie des corps environnants. Aussi doit-on se servir exclusivement d'étouffoirs en forte tôle.

CHAPELLERIE.

565. La plupart des fabricants de chapeaux de feutre réclament fréquemment aux Compagnies de légers sinistres. Leur cause est presque toujours la même, l'incendie es plateaux qui recouvrent les chaudières et qui constituent les foules. Rien de plus facile que de

remédier à ces pertes. On organise la chaudière de façon à ce que ses bords repliés sur la maçonnerie du fourneau la couvrent à peu près en entier, de façon que le plateau, au lieu de reposer sur cette maçonnerie, repose sur les rebords de la chaudière, ce qui le garantit tout à fait. On évite aussi, avec attention, d'appuyer l'autre extrémité du plateau contre une ou plusieurs des cheminées des fourneaux. Ce serait d'ailleurs ici le cas d'appliquer aux fourneaux des cheminées souterraines qui, en évitant tout risque, ne géne-raient pas la circulation des ouvriers autour de la foule.

566. Les étuves dont font usage les chapeliers laissent aussi beaucoup à désirer : leur mode de chauffage est primitif ; il y aura sous ce rapport beaucoup à faire pour améliorer ; d'autant plus que cette industrie commence à entrer dans le domaine de la manufac-ture par l'extension de ses ateliers, et le remplacement et la dispa-rition des petits établissements pour faire place à de véritables usines.

Ces étuves devraient être voûtées, et les précautions que nous avons eu occasion plusieurs fois de prescrire, strictement observées.

567. Le poil ne brûlant pas facilement, les machines souffleuses, l'atelier d'arçon ne présentent pas grands risques.

568. Le chapelier doit donc réunir tous les ateliers qui exigent l'emploi du feu dans un même local, au rez-de-chaussée, autant que possible ; faire un second groupe, séparé au moins par un mur de refend percé de portes en fer, des ateliers d'arçon, des souffleuses, bastisseuses, et des travaux à froid ; puis un troisième, également séparé, comprenant les magasins et l'habitation.

569. Un chapelier d'Alby, déjà connu par les qualités de sa fabrication, a dû esssayer de chauffer les foules à la vapeur. On ne peut qu'applaudir à une idée qui, si elle reçoit son application, supprimera une partie des danger du feu et simplifiera la fabrication en évitant la surveillance constante de très nombreux foyers, et le remplacement non moins fréquent des chaudières de plomb percées par l'action du combustible.

ALBUMINE.

570. La fabrication de l'albumine consiste pour ainsi dire en une seule opération, qui est l'étuvage des blancs d'œufs étendus en couches minces sur des plateaux en métal, supportés par des étagères, et exposés à une chaleur qui ne doit pas dépasser 50° centigrades. Le cassage des œufs, l'ensachage des blancs desséchés, leur emballage n'offrent rien de particulier. L'albumine n'est pas combustible, elle est altérable cependant par une température trèsélevée et par l'eau. Tout le risque étant limité à l'étuve, on fera bien d'isoler celle-ci des autres ateliers, à moins qu'elle ne soit chauffée à la vapeur. Si le chauffage est opéré par poëles intérieurs ou par calorifères à air chaud, voir ce que nous avons dit aux articles *Colle-Forte, Féculerie*, etc. L'étuve, dans ces dernières conditions, peut être fort dangereuse et assimilable aux étuves des fabriques de fécule : toutefois, avec cette correction notable, que la matière desséchée ne brûlant ni n'activant l'incendie, le feu ne pourra résulter que du mode de chauffage et de disposition des tuyaux, et du milieu la contenant.

SULFATE DE BARYTE.

571. La trituration du sulfate de baryte ne peut présenter de risques que ceux provenant des machines et de leur échauffement. L'épuration emploie des cornues chauffées dans des foyers ou fours qui n'ont rien de saillant, et dont le risque est la position et le voisinage ; les lavages à l'eau l'achèvent. La coloration utilise différentes réactions chimiques facilitées par la présence de la vapeur d'eau, dans certains cas ; l'écrasage des pâtes, leur dessiccation par la turbine de Pentzold, est aussi inoffensif ; il ne reste que leur

séchage qui se fait ordinairement sur des étagères occupant tout l'étage des bâtiments, chauffées par l'air extérieur, et par le passage des cheminées de la machine à vapeur et des tuyaux des fours à cornues. Nous avons indiqué déjà les conditions d'isolement des cheminées et tuyaux, il suffit de s'y conformer ; le sulfate de baryte brut, ou coloré et préparé, étant ininflammable et incombustible, sa pulvérisation, comme sa mise en barils, n'a rien de dangereux.

572. Il n'en est pas de même de la baryte qui a tant d'affinité pour l'eau et s'y combine avec tant de vivacité, qu'elle devient incandescente quand on en laisse tomber quelques gouttes sur sa masse. Il faudrait donc prendre pour elle les mêmes précautions que pour la chaux vive.

PRODUITS CHIMIQUES.

573. Les Compagnies d'assurances ont récemment remanié le tarif applicable aux fabriques de produits chimiques. Elles les divisent en quatre catégories :

1° Fabriques n'employant et ne produisant aucune substance inflammable ;

2° Fabriques employant des substances inflammables, mais les traitant à froid ou à la vapeur ordinaire ;

3° Fabriques employant des substances inflammables et les distillant au moyen de bains d'huile ou par la vapeur surchauffée ;

4° Fabriques employant des substances inflammables et les distillant à feu nu ;

5° Fabriques de mirbane, et fabriques employant le sulfure de carbone, l'aldéhyde, l'acide azotique fumant, l'alcool bouillant.

Ces divisions ont été jugées nécessaires par suite des nombreux sinistres qui ont atteint la fabrication des produits chimiques.

574. Il ne nous est guère possible d'énumérer ici tous les produits chimiques et de préciser pour chacun des règles spéciales ; en outre le peu de similitude qu'on rencontre entre fabriques travaillant des produits analogues, ou même semblables, nuirait encore au bien fondé des observations formulées. Je me contenterai donc de quelques généralités.

575. Les fours à reverbère , les fours ordinaires , les chaudières chauffées à feu nu , sont très multipliés dans les fabriques du premier groupe. L'absence complète de bois dans les massifs , l'isolement des fours et des massifs de tout corps combustible , l'élévation très grande des toitures , l'absence préférable d'étages , l'habitude de ne jamais laisser le combustible et menus débris pour l'allumage près des foyers , sont les principales recommandations à faire. Pour les étuves qu'on rencontre aussi dans cette fabrication , nous renverrons à ce que nous avons dit aux articles traitant la matière. L'emballage, la fabrication des caisses, et les approvisionnements de combustibles rappellent des prescriptions qu'on a encore présentes à la mémoire.

576. Les fabrications réunies de la soude et de ses composés , des chlorures de chaux, des acides sulfurique et chlorhydrique, et de beaucoup de leurs dérivés , rentrent dans ce groupe. La soude éprouvant la fusion aqueuse, l'étuve des cristaux de soude offre peu de risque. L'alumine, l'alun , le sulfate d'alumine , font partie de la même classe. Les schistes alumineux s'échauffent , c'est indiquer la place qu'ils doivent occuper dans l'usine. L'ammoniaque qui se retire le plus souvent aujourd'hui des eaux de condensation et de lavage du gaz d'éclairage se prépare aussi inoffensivement, et de plus ses vapeurs, comme celles de l'acide chlorhydrique, éteignent les corps en combustion.

Il faut distinguer aussi les corps qui sans être inflammables au contact d'une allumette, donnent au feu un aliment considérable , tels sont le chlorhydrate d'ammoniaque, l'azotate de potasse vulgo salpêtre , etc., etc. Les étuvages de ces corps devront être effectués dans des étagères en fer, sans bois ni matériaux combustibles dans la combustion. Le chauffage autant que possible à l'air chaud à défaut de vapeur.

577. Les trois groupes suivants ne peuvent donner lieu qu'à des recommandations déjà faites dans le cours de cet ouvrage , à propos des manufactures qui peuvent s'y classer. Ainsi : éclairage extérieur, emmagasinage des produits bruts et fabriqués dans des bâtiments divers distraits des ateliers, ouvertures des foyers extérieures à la chambre de fabrication , emploi des substances dangereuses par petites quantités, je m'explique : si l'on use , par exemple , une certaine quantité d'éther dans une semaine , il vaut mieux se servir d'un flacon qui ne contiendra qu'une contenance suffisante pour un jour ou deux , que de prendre à même une tourie ou un vase d'une grande capacité ; rigoles dans les cours , approvisionnements de sables , de terre ; interdiction absolue de fumer.

578. Le tarif est muet sur les bains de sable , d'étain , de plomb fondu ; ils me paraissent assimilables aux bains d'huiles , avec plusieurs degrés de risques de moins.

579. La ventilation , la multiplicité des fenêtres donnent également d'excellents résultats , et peuvent éviter bien des accidents.

580. Quant au cinquième groupe , il comprend les fabrications les plus scabreuses , telles que celles de l'acide picrique , la mirbane, l'oxide de chrome , sulfure de carbone , potasse caustique , des produits dérivés du goudron , et une foule d'autres qui , au risque d'incendies , joignent souvent celui d'explosion ; nous rappellerons à cet égard que la ventilation est très importante à considérer partout où l'on opère des mélanges susceptibles d'être explosifs, et nous renverrons à l'article *Mirbane*, qui donnera une idée des précautions à prendre pour ce genre d'industrie.

RAFFINERIE D'HUILE DE PÉTROLE.

580bis. 1° L'inflammabilité de l'huile brute étant un fait acquis (1), l'enfouissement des fûts la contenant, dans des silos, est un des meilleurs moyens d'éviter et les dangers du feu et les pertes de liquides, ainsi que la mise en citernes ou réservoirs.

2° Les produits sortant des alambics peuvent être refroidis dans dans des bacs en pierre ou métal, établis sous un bâtiment sans étage, bien aéré, avec toiture incombustible, ou mieux, en plein air. Ces bacs doivent être munis d'un robinet de vidange qui permettrait d'en retirer le contenu en dehors du bâtiment, afin qu'en cas de sinistre à l'un d'eux, les autres puissent être préservés.

3° Le magasin des produits raffinés mis en fûts et prêts à être expédié, doit aussi être isolé et éloigné de tout foyer ; de même la fabrication et le nettoyage et vaporisation des fûts.

4° Les alambics distillatoires doivent être parfaitement encastrés dans la maçonnerie des fourneaux, les ouvertures des foyers doivent être extérieures à la chambre de distillation, ainsi que les conduits d'échappement des fumées. On ne doit ouvrir le robinet de vidange des alambics pour recueillir les huiles dépouillées de leurs principes inflammables que lorsque leur température est refroidie à 100° environ ; sinon, au contact de l'air, la température étant suffisamment élevée, les essences légères, dont la distillation n'a pu complètement effectuer le départ, s'enflamment en un instant. Aussi, pour éviter cet accident qui peut arriver par l'imprudence ou l'incurie des ouvriers, il serait préférable de placer le robinet de décharge à l'extérieur, ou du moins de le faire aboutir à l'extérieur, où l'inflammation produite serait arrêtée immédiatement par la fermeture du robinet mu par une tige *ad hoc* ; ce groupe doit être construit en

(1) Voir au commencement de cet ouvrage : *Eclairage à l'huile minérale.*

matériaux incombustibles , en plein air, sans toiture ou toiture en verre sans cloisons.

5° Une autre cause d'incendie sont les fissures qui peuvent se produire aux chaudières. Le choix d'un métal bien fabriqué , l'absence d'obstacles à sa dilatation et sa contraction , l'homogénité de toutes ses parties, l'absence de soudures fusibles à une température inférieure à celle de l'opération , un feu habilement conduit , sont les conditions à remplir.

6° Un éclairage extérieur seul est admissible ; il pourra être établi comme nous l'avons décrit à l'article *Filature de lin* pour l'épuration et l'entonnerie dont le sol devra être terré ou plancheyé mais pas pavé afin d'éviter toute éventualité de production d'étincelle par choc quelconque.

7° La collection des huiles essentielles condensées par le réfrigérant doit s'opérer dans un local séparé de la chambre distillatoire par un mur plein ne laissant passer que la partie d'appareil indispensable. Ce local doit être bien ventilé , sans aucun éclairage , et les produits recueillis immédiatement transportés au dehors dans un bâtiment isolé , édifié en matériaux incombustibles. Inutile d'ajouter que ce bâtiment sera sans feu ni lumière , et également exposé à une ventilation constante ;

8° La rectification des benzines , eaux de naphte , essences ou autres produits pyrogénés , retirés du raffinage, s'opèrera à la vapeur, dans un local séparé. (Voir à cet effet l'article *Mirbane*, *Rectification de Benzine*) ;

9° Ces produits, comme ceux dérivés du goudron de houille , étant très volatils et très inflammables , les rigoles recommandées à l'article *Mirbane* protègeront les divers bâtiments contre l'expansabilité du liquide en feu dans l'un d'eux ;

10° L'enlèvement des alambics du résidu solide de l'opération doit se faire sans aucune aide de lumière ; la lampe Davy ou Combes seule peut être confiée aux ouvriers pour ce travail, en leur recommandant énergiquement de ne les ouvrir en aucun cas et de ne pas percer la toile métallique isolatrice.

11° La défense la plus rigoureuse de fumer sera édictée et rigoureusement observée, même à l'égard des étrangers ; ainsi que l'introduction dans l'usine, les bureaux, les dépendances d'allumettes autres que celles amorphes.

12° Ajoutez : chaudières d'opération installées dans une partie excavée, avec foyers voûtés, revêtues d'une chemise de briques cerclée de fer, avec regards nombreux aux jointures des couvercles avec les fonds, pour percevoir les fuites ; bacs réfrigérants établis sur une galerie en briques sous voûtes, élevée d'un étage et séparée de 3 à 4 mètres des chaudières ; réservoirs de dépôts des différents produits distants de 5 mètres au moins de cette galerie incombustible ; essences déversées dans une citerne écartée ; tout cet ensemble complétement en plein air, et éclairé seulement par une ou deux lumières suffisamment éloignées, et enfin, grands amoncellements de terre meuble ou de sable.

13° Du moment où la fabrique est importante, on doit surtout éviter l'agglomération des matières, car un incendie dans ces conditions serait quelque chose d'épouvantable, rien ne saurait résister à un ruisseau de pétrole enflammé. Il faut donc diviser la matière en une série de magasins tous séparés les uns des autres d'au moins 50 mètres et entourés, s'il s'agit d'huiles en piles ou en bacs, d'une rigole de 1 mètre de profondeur sur 75 centimètres de largeur. S'il s'agit de réservoirs en tôle ou métal, établis en plein air, on aura soin de les munir en outre de paratonnerre.

14° Le feu prend souvent au liquide sortant de l'alambic ou chaudière de distillation par les éprouvettes. On a soin de surmonter ces éprouvettes d'un petit appareil rempli de sable qui se vide automatiquement sur la flamme aussitôt qu'elle apparaît et l'éteint instantanément.

Enfin on installera également aux chaudières de raffinage un tuyau de vidange pour permettre, en cas d'inflammation du liquide, d'en déverser une quantité dans des citernes *ad-hoc*.

Comme moyens de secours, sable en grande quantité, extincteurs à bases d'alumine, pompe à incendie avec liquide pyro-extincteur, surveillance incessante de jour et de nuit contrôlée par appareils Colin ou Michaut.

FABRICATION DU GAZ PAR LES RÉSIDUS DE PÉTROLE OU SIMILAIRES.

PRÉCAUTIONS A PRENDRE.

Éviter les joints en plomb dans toute la tuyauterie de l'appareil de fabrication et d'emmagasinage du gaz ; faire les joints au mastic de fer.

Pour les tuyaux de distribution n'employer que les tuyaux en fer, en cuivre, mais pas en plomb.

Tenir les récipients de la matière à distiller couverts d'un tissu métallique (en fer), ainsi que celui des produits de condensation, afin qu'en cas d'incendie les matières ne puissent s'enflammer au contact d'une flamme rapprochée.

Ne pas avoir d'agglomération de la matière à distiller ; la mettre dans les cours, éloignée des bâtiments.

SAURISSERIE DE HARENGS.

Les chambres noires, dites corrèses, devraient avoir leurs portes en fer, les enets ou tringles dans lesquelles on enfile les harengs destinés à la fumigation devraient être rendus incombustibles ; ce serait facile. Autrement une corrèse offre assez de dangers, un coup de vent ou un excès de sciure de bois pouvant produire de la flamme au lieu de fumée, et de là l'embrasement des toits.

Les bouffisseries sont moins dangereuses mais il faudrait remplacer le rideau de grosse toile qui ferme leur ouverture par une trappe en tôle ou tissu métallique.

Les dés en bois qui servent, recouverts de sciures, à faire la fumée du saurissage, devraient être emmagasinés dans un local à part, afin de ne pas fournir au feu un aliment qu'il n'aurait pas sans ces matières. Il en est de même des douves des barils destinés à la livraison des harengs terminés.

Inutile d'ajouter que le plancher des corrèses et boufisseries devra être carrelé ou dallé, la tonnellerie isolée des ateliers ; les planures en seront retirées et mises en dehors dans un local où leur combustion sera sans risques, et les feux qui auront servi au cintrage des douves rigoureusement éteints.

Des extincteurs seront placés dans le local des corrèses et bouffisseries ; un avertisseur dans la tonnellerie et un aussi dans le magasin des bois et douves. Le travail se faisant jour et nuit, le surveillant de nuit est tout trouvé, on l'utilisera en installant dans les ateliers ou magasins où il ne circule pas, des contrôleurs Colin ou similaires qui constateront que sa vérification a été faite selon les ordres qui lui auront été donnés.

FABRIQUES DE BUSETTES.

Le découpage mécanique en bandes, le deuxième découpage et façonnage de la bande en busettes (tubes de dimension légèrement conique), l'encollage à la vapeur, offrent les risques que toutes machines qu'il faut graisser, nettoyer, faire mouvoir, présentent.

Le glaçage au charbon de bois est naturellement dangereux à

cause de l'introduction dans les ateliers d'une multitude de petits foyers. On le remplace facilement par un glaçage au gaz.

L'étuvage est également l'une des opérations les plus dangereuses, l'objet étant combustible, mais comme une température très peu élevée est seulement nécessaire, on diminuera les risques en employant la vapeur ou à défaut l'air chaud. (Voir *aux mots étuves*).

Inutile de dire que l'avertisseur d'incendie trouve ici sa place toute marquée, ainsi que l'extincteur pour l'étuve, en outre de la pompe d'incendie ordinaire selon les ressources et la situation de l'établissement.

FABRIQUES DE CYLINDRES DE FILATURES.

Les opérations dangereuses sont celles du grillage des peluches et des bavures, le collage des matières sur les cylindres qu'elles recouvrent, la fonte des cylindres en plomb. Toutes ces opérations exigent la présence de foyers et de températures élevées et nécessitent les grandes précautions que nous avons énumérées précédemment.

S'il y a scie circulaire pour découper le bois des cylindres, le danger est encore plus aggravé. (Voir *scieries*).

FABRICATION DE LA CELLULOSE.

Dire que la cellulose est une composition de camphre (lequel s'enflamme au contact d'une allumette ou d'un point igné et brûle avec grand dégagement de lumière et de chaleur) et de coton poudre (cellulose trempée dans un mélange d'acides), c'est confesser de suite les dangers d'une pareille fabrication. Nous ren-

voyons à ce que nous avons indiqué à l'article produits chimiques
4ᵉ et 5ᵉ groupe , en faisant remarquer que les objets fabriqués avec
la cellulose comme base sont très combustibles et qu'il faut s'en
méfier tant que l'on n'aura pas trouvé le moyen de les purger de
leur inflammabilité.

IMPRIMERIES TYPOGRAPHIQUES, LITHOGRAPHIQUES, EN TAILLE DOUCE, ETC.

Les sinistres d'incendie ont été fort fréquents dans ces risques ,
depuis quelques années , indiquer les précautions à prendre c'est
révéler à la fois leurs causes.

Ateliers des presses. — Chaque presse doit être munie d'une
boîte en tôle dans laquelle le servant met les morceaux de papiers
et les déchets avec lesquels il essuie et nettoye la presse. Chaque
boîte doit être vidée le soir dans un local voûté et fermé par une
porte en fer ou équivalant et autant que possible en dehors des
ateliers , car les déchets de coton et les débris de papiers graissés
s'enflamment spontanément. Si l'on se sert de serviettes éponges
on peut se contenter de les mettre dans des bains de savons ,
également en dehors des ateliers , où elles sont dégraissées pour
servir à nouveau.

*Ateliers de fonte des lettres , des crasses, des plombs en
lingots.* — Tout ce qui a été dit relativement à la présence de
foyers , au sujet de l'isolement des cheminées et tuyaux , à l'allumage , est applicable ici où l'existence de feux multiples placés au
milieu d'amas de papiers , serait un danger permanent. L'atelier
des fontes et fabrication et découpage des caractères devra donc
être isolé , et en cas d'impossibilité , dallé et voûté , ce qui est toujours possible aujourd'hui que l'on peut si aisément garnir un
plafond ordinaire d'une voûte sans enlever ledit plafond.

Ateliers des clichés. — Là aussi il faut un ou plusieurs foyers pour la fonte de l'étain ou du corps employé pour les clichés ; de plus l'usage de la cire pour les moules et des déchets de cotons pour l'essuyage exige les mêmes précautions que ci-dessus et la même boîte métallique pour le ramassage du déchet. Le séchage des clichés sera rendu inoffensif en employant le gaz d'éclairage.

Gommage et vernissage. — La présence de l'alcool, du vernis, constitue un danger. Cet atelier sera vaste, bien ventilé, le séchage des feuilles vernies sera fait au moyen d'étagères en fer, et à la vapeur, dans une pièce fermée, éclairée extérieurement ou sans aucun éclairage, voûtée si possible. Si l'on ne peut employer la vapeur, on ne devra pas adopter aucun feu nu, mais bien l'air chaud seul, venant d'un foyer extérieur au séchoir. La même observation s'applique aussi aux étentes ordinaires : il est facile de les approprier comme le séchoir ci-desus et si l'on est obligé de les éclairer intérieurement, de mettre les becs de gaz à plus de 1^m50 de toute étagère et de protéger, par un grillage, ceux qui peuvent être sur le passage des papiers.

Le gommage n'offre de risque que celui du chauffage de la colle.

Séchoir au-dessus des générateurs. — Lorsqu'on utilise la chaleur perdue des générateurs pour le séchage des feuilles imprimées, il faut s'abstenir d'employer d'autres matériaux que le fer, et laisser entre le premier plancher à jour et le sol des générateurs, une distance d'au moins 2 mètres. (Voir, au surplus, *séchoir des filatures de lin*).

Déchets de papiers de couleurs. — Ces déchets seront retirés chaque fin de jour des ateliers et remisés en dehors dans un local voûté avec porte en fer, où ils peuvent s'enflammer sans risques.

Déchets de papiers blancs, rognures. — Sans présenter autant de dangers que les précédents, je trouve que l'habitude de les mettre dans le magasin à papier est vicieuse. Je les préfèrerais en dehors de l'usine et mis en sacs immédiatement.

Magasin au papier. — Autant que possible l'installer en dehors des ateliers, sans feu direct ni lumière. S'il n'est que l'annexe de la librairie ou de la maison de vente, avoir soin que les becs de gaz ou de lumière soient distants de 1 mètre au moins de toute pile ou rayons, et s'il y a des tuyaux d'air chaud, griller d'une toile à mailles fines leurs sorties et prises d'air.

Reliage, façonnage, dorure, etc. — Le gaz pourra éviter l'emploi de feu pour les fers à dorer ; quant au reste, les rognures et les déchets en constitueront les risques. Un nettoyage à fond, chaque jour, à la fin de la journée, en sera le moyen préventif. Ajoutons des robinets de gaz permettant d'interrompre l'éclairage de chaque atelier séparément, tous les tuyautages en métal dur et non en plomb, tous les becs munis du point d'arrêt et du régulateur Tesorieri ou Granjean, ce qui est indispensable pour éviter les longues flammes, leur allumage par la lampe de sûreté, prohibition de fumer, d'emploi d'allumettes autres que celles amorphes et de crachoirs autres que ceux en métal avec sable et non sciure. Pour les ateliers de réparations et forges ainsi que pour les menuiseries (voir précédemment).

L'éclairage au pétrole ne me paraît pas possible dans ces sortes d'ateliers.

Comme moyens de secours des extincteurs multiples auprès de chaque séchoir, étuve et étente, un également dans le façonnage ; comme l'eau est aussi à craindre a cause de l'avarie qu'elle occasionne au papier, l'extincteur ou l'eau extinctrice qui économise dix fois son volume d'eau ordinaire sont à préférer à tout autre moyen. Un gardien de nuit, avec boîtes Collin ou Michaut et un appareil avertisseur dans le magasin à papier, les séchoirs, les salles de fonte, de galvanoplastie, le local des déchets, s'ils ne peuvent pas brûler sans dangers, la chambre aux couleurs, vernis et alcools.

En outre, si on le peut, des tuyaux d'eau avec pression suffisante, et une pompe à incendie pour le cas où les premiers moyens
précités ne seraient pas assez rigoureux pour éteindre tout commencement d'incendie.

CHAUDRONNIERS OU FERBLANTIERS ÉTAMEURS.

Ces professions exigent l'emploi d'étoupes pour l'étamage.

Ces étoupes sont des déchets d'étoupes et comme tels, dangereuses
au point de vue de leur inflammabilité et de leur facilité de combustion spontanée. La provision au lieu d'être placée comme d'usage
sous les escaliers ou dans des armoires, devra être localisée dans les
cours, dans un hangar ou local incombustible ou pouvant brûler
sans dangers. Les étoupes qui auront servi seront serrées dans des
seaux en métal avec couvercles, et brûlées de suite ou enlevées de
la maison.

Je pourrais multiplier encore les citations d'usines, mais ce qui
précède suffira pour permettre par analogie de reconnaître les
causes des sinistres dans les manufactures non dénommées et les
remèdes à y apporter.

Je terminerai cet ouvrage par l'insertion utile du décret actuel
qui régit les appareils à vapeur, dans l'arrêté qui concerne le transport des matières dangereuses, et de quelques autres documents
intéressants.

DÉCRET DU 30 AVRIL 1880 SUR LES APPAREILS A VAPEUR.

TITRE Ier. — MESURES DE SÛRETÉ RELATIVES AUX CHAUDIÈRES PLACÉES A DEMEURE.

Art. 2. — Aucune chaudière neuve ne peut être mise en service qu'a-
près avoir subi l'épreuve réglementaire ci-après définie. Cette épreuve doi
être faite chez le constructeur et sur sa demande.

Toute chaudière venant de l'étranger est éprouvée avant sa mise en service, sur le point du territoire français désigné par le destinataire dans sa demande.

Art. 3. — Le renouvellement de l'épreuve peut être exigé de celui qui fait usage d'une chaudière :

1° Lorsque la chaudière, ayant déjà servi, est l'objet d'une nouvelle installation ;

2° Lorsqu'elle a subi une réparation notable ;

3° Lorsqu'elle est remise en service après un chômage prolongé

A cet effet, l'intéressé devra informer l'ingénieur des mines de ces diverses circonstances. En particulier, si l'épreuve exige la démolition du massif du fourneau ou l'enlèvement de l'enveloppe de la chaudière et un chômage plus ou moins prolongé, cette épreuve pourra ne point être exigée, lorsque des renseignements authentiques sur l'époque et les résultats de la dernière visite, intérieure et extérieure, constitueront une présomption suffisante en faveue du bon état de la chaudière. Pourront être notamment considérés comme renseignements probants les certificats délivrés aux membres des associations de propriétaires d'appareils à vapeur par celle de ces associations que le ministre aura désignées.

Le renouvellement de l'épreuve est exigible également lorsque, à raison des conditions dans lesquelles une chaudière fonctionne, il y a lieu, par l'ingénieur des mines, d'en suspecter la solidité.

Dans tous les cas, lorsque celui qui fait usage d'une chaudière contestera la nécessité d'une nouvelle épreuve, il sera, après une instruction où celui-ci sera entendu, statué par le préfet.

En aucun cas, l'intervalle entre deux épreuves consécutives n'est supérieur à dix années. Avant l'expiration de ce délai, celui qui fait usage d'une chaudière à vapeur doit lui-même demander le renouvellement de l'épreuve.

Art. 4. — L'épreuve consiste à soumettre la chaudière à une pression hydraulique supérieure à la pression effective qui ne doit point être dépassée dans le service. Cette pression d'épreuve sera maintenue pendant le temps nécessaire à l'examen de la chaudière dont toutes les parties doivent pouvoir être visitées.

La surcharge d'épreuve par centimètre carré est égale à la pression effective, sans jamais être inférieure à un demi-kilogramme ni supérieure à 6 kilogrammes.

L'épreuve est faite sous la direction de l'ingénieur des mines et en sa présence, ou, en cas d'empêchement, en présence du garde-mine opérant d'après ses instructions.

Elle n'est pas exigée pour l'ensemble d'une chaudière dont les diverses parties, éprouvées séparément, ne doivent être réunies que par des tuyaux placés sur tout leur parcours, en dehors du foyer et des conduits de flamme, et dont les joints peuvent être facilement démontés.

Le chef d'établissement où se fait l'épreuve fournira la main-d'œuvre et les appareils nécessaires à l'évaporation.

Art. 5. — Après qu'une chaudière ou partie de chaudière a été éprouvée avec succès, il y est apposé un timbre, indiquant en kilogrammes par centimètre carré la pression effective que la vapeur ne doit pas dépasser.

Les timbres sont poinçonnés et reçoivent trois nombres indiquant le jour, le mois et l'année de l'épreuve.

Un de ces timbres est placé de manière à être toujours apparent après la mise en place de la chaudière.

Art. 6. — Chaque chaudière est munie de deux soupapes de sûreté, chargées de manière à laisser la vapeur s'écouler dès que sa pression effective atteint la limite maximum indiquée par le timbre réglementaire

L'orifice de chacune des soupapes doit suffire à maintenir, celle-ci étant au besoin convenablement déchargée ou soulevée et quelle que soit l'activité du feu, la vapeur dans la chaudière à un degré de pression qui n'excède 1 our aucun cas la limite ci-dessus.

Le constructeur est libre de répartir, s'il le préfère, la section totale d'écoulement nécessaire des deux soupapes réglementaires entre un plus grand nombre de soupapes.

Art. 7. — Toute chaudière est munie d'un manomètre en bon état placé en vue du chauffeur et gradué de manière à indiquer, en kilogrammes, la pression effective de la vapeur dans la chaudière.

Une marque très apparente indique sur l'échelle du manomètre la limite que la pression effective ne doit point dépasser.

La chaudière est munie d'un ajustage terminé par une bride de 0^m04 de diamètre et 0^m05 d'épaisseur disposée pour recevoir le manomètre vérificateur.

Art. 8. — Chaque chaudière est munie d'un appareil de retenue, soupape ou clapets, fonctionnant automatiquement et placé au point d'intersection du tuyau d'alimentation qui lui est propre.

Art. 9. — Chaque chaudière est munie d'une soupape ou d'un robinet d'arrêt de vapeur, placé autant que possible à l'origine du tuyau de conduite de vapeur, sur la chaudière même.

Art. 10. — Toute paroi en contact par une de ses faces avec la flamme doit être baignée par l'eau sur sa face opposée.

Le niveau de l'eau doit être maintenu, dans chaque chaudière, à une hauteur de marche telle qu'il soit, en toute circonstance, à 0^m06 au moins au-dessus du plan pour lequel la condition précédente cesserait d'être remplie. La position limite sera indiquée, d'une manière très apparente au voisinage du tube de niveau mentionné à l'article suivant.

Les prescriptions énoncées au présent article ne s'appliquent point :

1° Aux surchauffeurs de vapeur distincts de la chaudière ;

2° Et des surfaces relativement peu étendues et placées de manière à ne jamais rougir, même lorsque le feu est poussé à son maximum d'activité, telles que les tubes ou parties de cheminées qui traversent le réservoir de vapeur, en envoyant directement à la cheminée principale les produits de la combustion.

Art. 11. — Chaque chaudière est munie de deux appareils indicateurs du niveau de l'eau indépendants l'un de l'autre, et placés en vue de l'ouvrier chargé de l'alimentation.

L'un de ces deux indicateurs est un tube en verre, disposé de manière à pouvoir être facilement nettoyé et remplacé au besoin.

Pour les chaudières verticales de grande hauteur, le tube en verre est remplacé par un appareil disposé de manière à reporter, en vue de l'ouvrier chargé de l'alimentation, l'indication du niveau de l'eau dans la chaudière.

TITRE II. — ÉTABLISSEMENT DES CHAUDIÈRES A VAPEUR PLACÉES A DEMEURE.

Art. 12. — Toute chaudière à vapeur destinée à être employée à demeure ne peut être mise en service qu'après une déclaration adressée, par celui qui fait usage du générateur, au préfet du département. Cette déclaration est enregistrée à sa date. Il en est donné acte. Elle est communiquée sans délai à M. l'ingénieur en chef des mines.

Art. 13. — La déclaration fait connaître avec précision :

1º Le nom et le domicile du vendeur de la chaudière ou l'origine de celle-ci :

2º La commune et le lieu où elle est établie ;

3º La forme, la capacité et la surface de chauffe ;

4º Le numéro du timbre règlementaire ;

5º Un numéro distinctif de la chaudière, si l'établissement en possède plusieurs ;

6º Enfin, le genre d'industrie et l'usage auquel elle est destinée.

Art. 14. — Les chaudières sont divisées en trois catégories :

Cette classification est basée sur le produit de la multiplication du nombre exprimant en mètres cubes la capacité totale de la chaudière avec ses bouilleurs et ses réchauffeurs alimentaires, mais sans y comprendre les surchauffeurs de vapeur, par le nombre exprimant, en degrés centigrades, l'excès de la température de l'eau correspondant à la pression indiquée par le timbre réglementaire sur la température de 100 degrés, conformément à la table annexée au présent décret.

Si plusieurs chaudières doivent fonctionner ensemble dans un même emplacement et si elles ont entre elles une communication quelconque, directe ou indirecte, on prend, pour former le produit, comme il vient d'être dit, la somme des capacités de ces chaudières.

Les chaudières sont de la première catégorie quand le produit est plus grand que 200, de la deuxième, quand le produit n'excède pas 200, mais surpasse 50, de la troisième, si le produit n'excède pas 50.

Art. 15. — Les chaudières comprises dans la première catégorie doivent être établies en dehors de toute maison d'habitation et de tout atelier surmonté d'étages. N'est pas considérée comme un étage, au-dessus de l'emplacement d'une chaudière, une construction dans laquelle ne se fait aucun travail nécessitant la présence d'un personnel à poste fixe.

Art. 16. — Il est interdit de placer une chaudière de première catégorie à moins de 3 mètres d'une maison d'habitation.

Lorsqu'une chaudière de première catégorie est placée à moins de 10 mètres d'une maison d'habitation, elle en est séparée par un mur de défense.

Ce mur, en bonne et solide maçonnerie, est construit de manière à défiler la maison par rapport à tout point de la chaudière distant de moins

de 10 mètres, sans toutefois que sa hauteur dépasse de 1 mètre la partie
la plus élevée de la chaudière. Son épaisseur est égale au tiers au moins
de la hauteur, sans que cette épaisseur puisse être inférieure à I mètre en
couronne. Il est séparé du mur de la maison voisine par un intervalle libre
de 30 centimètres de largeur au moins.

L'établissement d'une chaudière de première catégorie à la distance de
10 mètres au plus d'une maison d'habitation n'est assujetti à aucune condition particulière.

Les distances de 3 mètres et de 10 mètres, fixées ci-dessus, sont
réduites respectivement à 1^m50 et à 5 mètres; lorsque la chaudière est
enterrée de façon que la partie supérieure de ladite chaudière se trouve à
1 mètre en contre-bas du sol du côté de la maison voisine.

Art. 17. — Les chaudières comprises dans la deuxième catégorie peuvent être placées dans l'intérieur de tout atelier, pourvu que l'atelier ne
fasse pas partie d'une maison d'habitation.

Les foyers sont séparés des murs des maisons voisines par un intervalle
libre de 1 mètre au moins.

Art. 18. — Les chaudières de troisième catégorie peuvent être établies
dans un atelier quelconque, même lorsqu'il fait partie d'une maison
d'habitation.

Les foyers sont séparés des murs des maisons voisines par un intervalle
libre de 0^m50 au moins.

Art. 19. — Les conditions d'emplacement prescrites pour les chaudières
à demeure, par les précédents articles, ne sont pas applicables aux chaudières pour l'établissement desquelles il aura été satisfait au décret du
25 janvier 1865, antérieurement à la promulgation du présent règlement.

Art. 20. — Si, postérieurement à l'établissement d'une chaudière, un
terrain contigu vient à être affecté à la construction d'une maison d'habitation, celui qui fait usage de la chaudière devra se conformer aux mesures
prescrites par les articles 16, 17 et 18 comme si la maison eût été construite avant l'établissement de la chaudière.

Art. 21. — Indépendamment des mesures générales de sûreté prescrites
au titre 1er de la déclaration prévue paa les articles 12 et 13, les chaudières
à vapeur fonctionnant dans l'intérieur des usines sont soumises aux conditions que pourra prescrire le préfet, suivant les cas et sur le rapport de
l'ingénieur des mines.

TITRE III. — CHAUDIÈRES LOCOMOBILES

Art. 22. — Sont considérées comme locomobiles les chaudières à vapeur qui peuvent être transportées facilement d'un lieu dans un autre, n'exigeant aucune construction pour fonctionner sur un point donné et ne sont employées que d'une manière temporaire à chaque station.

Art. 23. — Les dispositions des articles 2 à 11 inclusivement du présent décret sont applicables aux chaudières locomobiles.

Art. 24. — Chaque chaudière porte une plaque sur laquelle sont gravés, en caractères très apparents, le nom et le domicile du propriétaire et un numéro d'ordre, si ce propriétaire possède plusieurs chaudières locomobiles.

Art. 25. — Elle est l'objet de la déclaration prescrite par les articles 12 et 13, adressée au préfet du département où est le domicile du propriétaire.

L'ouvrier chargé de la conduite devra représenter à toute réquisition le récépissé de cette déclaration.

TITRE IV. — CHAUDIÈRES DES MACHINES LOCOMOTIVES.

Art. 26. — Les machines à vapeur locomotives sont celles qui, sur terre travaillent en même temps qu'elles se déplacent par leur propre force, telles que les machines des chemins de fer et des tramways, les machines routières, les rouleaux compresseurs, etc.

Art. 27. — Les dispositions des articles 2 à 8 inclusivement et celles des articles 11 et 24 sont applicables aux chaudières des machines locomotives.

Art. 28. — Les dispositions de l'article 25, § 1er, s'appliquent également à ces chaudières.

Art. 29. — La circulation des machines-locomotives a lieu dans les conditions déterminées par des règlements spéciaux.

TITRE V. — RÉCIPIENTS.

Art. 30. — Sont soumis aux dispositions suivantes les récipients de formes diverses d'une capacité de plus de 100 litres au moyen desquels les matières à élaborer sont chauffées, non directement à feu nu, mais par la vapeur empruntée à un générateur distinct lorsque leur communication avec l'atmosphère n'est point établie par des moyens excluant toute pression effective nettement appréciable.

Art. 31. — Ces récipients sont assujettis à la déclaration prescrite par les articles 12 et 13.

Ils sont soumis à l'épreuve, conformément aux articles 2, 3, 4 et 5. Toutefois, la surcharge d'épreuve sera, dans tous les cas, égale à la moitié de la pression maximum à laquelle l'appareil doit fonctionner, sans que cette surcharge puisse excéder 4 kilogrammes par centimètre carré.

Art. 32. — Ces récipients sont munis d'une soupape de sûreté réglée pour la pression indiquée par le timbre à moins que cette pression ne soit égale ou supérieure à celle fixée pour la chaudière alimentaire.

L'orifice de cette soupape, convenablement déchargée ou soulevée au besoin, doit suffire à maintenir pour tous les cas la vapeur dans le récipient à un degré de pression qui n'excède pas la limite du timbre.

Elle peut être placée, soit sur le récipient lui-même, soit sur le tuyau d'arrivée de la vapeur, entre le robinet et le récipient.

Art. 33. — Les dispositions des articles 30, 31 et 32 s'appliquent également aux réservoirs dans lesquels de l'eau à haute température est enmagasinée, pour fournir ensuite un dégagement de vapeur ou de chaleur quel qu'en soit l'usage.

Art. 34. — Un délai de six mois, à partir de la promulgation du présent décret, est accordé pour l'exécution des quatre articles qui précèdent.

TITRE VI. — DISPOSITIONS GÉNÉRALES.

Art. 35. — Le ministre peut, sur le rapport des ingénieurs des mines, l'avis du préfet et celui de la commission centrale des machines à vapeur, accorder dispense de tout ou partie des prescriptions du présent décret dans tous les cas où, à raison de la forme, soit de la faible dimension des appareils, soit de la position spéciale des pièces contenant de la vapeur, il serait reconnu que la dispense ne peut pas avoir d'inconvénient.

Art. 36. — Ceux qui font usage de générateurs ou de récipients de vapeur veilleront à ce que ces appareils soient entretenus constamment en bon état de service.

A cet effet, ils tiendront la main à ce que des visites complètes, tant à l'intérieur qu'à l'extérieur, soient faites à des intervalles rapprochés pour constater l'état des appareils et assurer l'exécution en temps utile des réparations ou remplacements nécessaires.

Ils devront informer les ingénieurs des réparations notables faites aux chaudières et aux récipients, en vue de l'exécution des articles 3 (1°, 2° et 3°), et 31, § 2.

Art. 37. — Les contraventions au présent règlement sont constatées, poursuivies et réprimées conformément aux lois.

Art. 38. — En cas d'accident ayant occasionné la mort ou des blessures, le chef de l'établissement doit prévenir immédiatement l'autorité chargée de la police locale et l'ingénieur des mines chargé de la surveillance. L'ingénieur se rend sur les lieux, dans le plus bref délai, pour visiter les appareils, en constater l'état et rechercher les causes de l'accident. Il rédige sur le tout :

1° Un rapport qu'il adresse au procureur de la République et dont une expédition est transmise à l'ingénieur en chef, qui fait parvenir son avis à ce magistrat ;

2° Un rapport qui est adressé au préfet, par l'intermédiaire et avec l'avis de l'ingénieur en chef.

En cas d'accident, n'ayant occasionné ni mort ni blessure, l'ingénieur des mines seul est prévenu, il rédige un rapport qu'il envoie, par l'intermédiaire et avec l'avis de l'ingénieur en chef au préfet.

En cas d'explosion, les constructions ne doivent point être réparées et les fragments de l'appareil rompu ne doivent point être déplacés ou dénaturés avant la constatation de l'état des lieux par l'ingénieur.

Art. 39. — Par exception, le ministre pourra confier la surveillance des appareils à vapeur aux ingénieurs ordinaires et aux conducteurs des ponts-et-chaussées, sous les ordres de l'ingénieur en chef des mines de la circonscription.

Art. 40. — Les appareils à vapeur qui dépendent des services spéciaux de l'État sont surveillés par les fonctionnaires et agents de ces services.

Art. 41. — Les attributions conférées aux préfets des départements par le présent décret sont exercées par le préfet de police dans toute l'étendue de son ressort.

Art. 42. — Est rapporté le décret du 25 janvier 1865.

Art. 43. — Le ministre des travaux publics est chargé de l'exécution du présent décret qui sera inséré au *Journal officiel* et au *Bulletin des lois.*

Fait à Paris, le 30 avril 1880.

JULES GRÉVY.

Par le Président de la République :

Le Ministre des Travaux publics,

H. VARROY.

VALEURS CORRESPONDANTES		VALEURS CORRESPONDANTES	
de la pression effective EN KILOGRAMMES	de la température EN DEGRÉS CENTIGRADES.	de la pression effective EN KILOGRAMMES	de la température EN DEGRÉS CENTIGRADES.
0.5	111	10.5	185
1.0	120	11.0	187
1.5	127	11.5	189
2.0	133	12.0	191
2.5	138	12.5	193
3.0	143	13.0	194
3.5	147	13.5	196
4 0	151	14.5	197
4.5	155	14.5	199
5.0	158	15.0	200
5.5	161	15.5	202
6.0	164	16.0	203
6.5	167	16.5	305
7.0	170	17.0	206
7.5	173	17.5	208
8.0	175	18.0	209
8.5	177	18.5	210
9.0	179	19.0	211
9.5	181	19.5	213
10.0	183	20.0	214

Les chauffeurs, outre les précautions recommandées qu'ils connaissent, doivent prendre celle, indispensable, de ne jamais ouvrir les portes des fourneaux après une suspension de travail, sans avoir préalablement relevé les registres qui ont pu être abaissés lors de la cessation. D'après les observations de M. Ch. Lombard, ingénieur, une grande partie des petits accidents, déchirures ou fuites des générateurs, sont dûs à l'inobservation de cette façon si simple de procéder.

CHEMIN DE FER.

ARRÊTÉ CONCERNANT LE TRANSPORT DES MATIÈRES DANGEREUSES.

Lille, le 28 juin 1877.

Nous, Conseiller d'État, Préfet du Nord,

Vu : 1° L'arrêté de notre prédécesseur, en date du 23 juin 1875, rendu pour publier l'arrêté ministériel du 1er décembre 1874, concernant le transport des matières dangereuses sur les chemins de fer ;

2° La lettre en date du 25 juin courant, par laquelle M. le Ministre des travaux publics nous charge de publier l'arrêté ministériel du 31 mars 1877, qui règle à nouveau le transport des matières dangereuses sur les voies ferrées,

Arrêtons ce qui suit :

Art. 1er. — L'arrêté ci-dessus visé de M. le Ministre des travaux publics, en date du 31 mars 1877, sera imprimé et affiché dans le ressort de la Préfecture du Nord, pour y être exécuté suivant sa forme et teneur.

Art. 2. — Les contraventions audit arrêté seront constatées par des procès-verbaux ou rapports qui seront déférés aux tribunaux compétents

Art. 3. — Les fonctionnaires et agents spécialement préposés à la surveillance des chemins de fer sont chargés d'en surveiller l'exécution.

Le présent arrêté sera notifié aux Compagnies des chemins de fer existant dans le ressort de notre Préfecture.

Il sera imprimé et affiché.

Le Conseiller d'État, Préfet du Nord,
C. WELCHE.

MINISTÈRE DES TRAVAUX PUBLICS.
Arrêté.

Le Ministre des Travaux publics,

Vu les articles 21 et 66 de l'ordonnance du 15 novembre 1846, lesdits articles ainsi conçus :

« Art. 21. — Il est défendu d'admettre dans les convois qui portent
» des voyageurs aucune matière pouvant donner lieu soit à des explosions
» soit à des incendies.

» Art. 66. — Les personnes qui voudront expédier des marchandises
» de la nature de celles qui sont mentionnées à l'article 21, devront les
» déclarer au moment où elles les apporteront dans les stations de chemin
» de fer. Des mesures spéciales de précaution seront prescrites, s'il y a
» lieu, pour le transport desdites marchandises, la Compagnie entendue. »

Vu l'arrêté ministériel du 1er décembre 1874, relatif au transport des
matières explosibles ou inflammables autres que la poudre ;

Vu le règlement du 30 mars 1877, concernant le transport des poudres
et munitions de guerre ;

Vu les avis de la commission des inventions et des règlements et de la
commission militaire supérieure des chemins de fer ;

Considérant que l'arrêté du 1er décembre 1874 contient certaines lacunes
qu'il convient de combler,

Arrête :

TITRE Ier. — CLASSIFICATION.

Article premier.

Les matières explosibles ou inflammables sont classées, au point de vue
des précautions à prendre pour leur transport sur les chemins de fer, en
quatre catégories, savoir :

1re *catégorie*. — Poudres de guerre, de mine ou de chasse ; munitions
de guerre autres que celles qui sont spécifiées à la 2e catégorie ; fulminates, fulmi-coton, picrate de potasse, dynamite, acide nitrique monohydraté, connu dans le commerce sous le nom d'acide nitrique fumant,
artifices, mèches de mineurs, huile de pétrole non rectifiée ; huiles dites
essentielles, extraites par distillation du pétrole, des schistes bitumeux ou
du goudron de houille (ces huiles ont pour caractère d'émettre des vapeurs
qui prennent feu au contact d'une allumette enflammée, même lorsque
leur température ne dépasse pas 35 degrés centigrades).

2e *catégorie*. — Capsules, cartouches métalliques, allumettes chimiques,
chlorates, phosphore, éther, collodion, sulfure de carbone, benzine ;
huile de pétrole rectifiée et huile de schiste ou de goudron de houille,
quand elles sont contenues dans des touries en verre ou en grés.

3ᶜ *catégorie*. — Pailles, foins, cotons, chiffons gras, résines liquides, brai gras, goudron liquide, pétrole rectifié et huiles minérales dans des fûts de bois (1).

4ᶠ *catégorie*. — Bois de toute nature, charbon de bois, huiles végétales; résines sèches, brai sec, goudron sec; pétrole rectifié et huiles minérales dans des vases métalliques; alcools, essence de térébenthine, et, en général, toutes les matières plus ou moins inflammables non-dénommées dans les trois premières catégories.

TITRE II. — EMBALLAGE ET CHARGEMENT.

Article deuxième. — *Matières de la première catégorie.*

Les dispositions prescrites par l'arrêté du 30 mars 1877, pour l'emballage et le chargement des poudres de guerre, de mine ou de chasse et des munitions de guerre, sont applicables aux fulminates, aux fulmi-coton et au picrate de potasse.

Quant à la dynamite, les mesures de précaution dont elle doit être l'objet sont prescrites par le règlement spécial du 20 août 1873.

L'acide nitrique monohydraté sera renfermé dans des wagons blindés avec des lames à recouvrement en tôle ou en plomb très épais. Ces wagons devront être fournis par les expéditeurs.

Les pièces d'artifice de petite dimension et les mèches de mineurs seront emballées dans des caisses en planches d'un centimètre au moins d'épaisseur. Les pièces d'artifice de grande dimension seront fixées avec soin contre les parois des wagons et isolées. On n'admettra aucune autre matière facilement explosible ou inflammable dans les wagons contenant des artifices ou des mèches de mineurs.

L'huile de pétrole non rectifiée et les huiles essentielles comprises dans première catégorie doivent être contenues dans des vases métalliques bien fermés, dans des fûts cerclés, en fer ou dans des touries en verre ou en grés, bien bouchées et entourées d'une enveloppe en paille, en osier ou en toute autre matière qui les protège contre les chocs.

Article troisième. — *Matières de la deuxième catégorie.*

Les matières comprises dans la deuxième catégorie, seront chargées dans des wagons couverts et à panneaux pleins. Elles ne pourront être acceptées qu'autant que les emballages rempliront les conditions suivantes:

(1) On aurait dû dénommer et ajouter à cet article les déchets de laines, de cotons, les lins et étoupes.

Capsules, cartouches métalliques. — Emballage dans des sacs, et les sacs dans des caissés en planches d'un centimètre au moins d'épaisseur.

Allumettes chimiques, chlorates. — Emballage dans des caisses en planches d'un centimètre au moins d'épaisseur.

Phosphore. — Emballage dans des fûts étanches et remplis d'eau.

Éther, collodion, sulfure de carbone, benzine. — Emballage dans des vases métalliques bien fermés, dans des fûts cerclés en fer ou dans des touries en verre ou en grés, bien bouchées et entourées d'une enveloppe en paille, en osier ou toute autre matière qui les protège contre les chocs.

Huile de pétrole rectifiée et huile de schiste ou de goudron de houille. — Emballage dans des touries en verre ou en grés, bien bouchées et entourées d'une enveloppe en paille, en osier ou en toute autre matière qui les protège contre les chocs.

Article quatrième. — *Matières de la troisième catégorie.*

Les pailles, foins et cotons, lorsqu'ils sont transportés dans des wagons découverts, doivent être bâchés de telle sorte que la surface supérieure du chargement, au moins, soit couverte. Les chiffons gras doivent être bâchés complètement.

Les résines liquides, le brai gras, le goudron liquide, le pétrole rectifié et les huiles minérales comprises dans la troisième catégorie doivent être contenus dans des fûts de bois cerclés en fer.

Article cinquième. — *Matières de la quatrième catégorie.*

Les matières de la quatrième catégorie ne sont assujetties à aucune condition spéciale de chargement. Les vases métalliques contenant des liquides inflammables seront refusés s'ils ne sont pas hermétiquement bouchés.

TITRE III. — TRANSPORT.

Article sixième.

Le transport de la nitro-glycérine est absolument interdit sur les chemins de fer, même par trains de marchandises.

§ Ier. — TRAINS DE TOUTE NATURE TRANSPORTANT DES VOYAGEURS.

Article septième.

Le transport des matières comprises dans la première catégorie ne peut, dans aucun cas, être effectué par les trains contenant des voyageurs.

Les matières de la deuxième catégorie sont également exclues des trains portant des voyageurs sur les sections où circulent des trains réguliers de marchandises, sauf l'exception prévue à l'article 1ᵉʳ du règlement sus-visé du 30 mars 1877, en ce qui concerne les cartouches que les militaires peuvent porter dans la giberne ou dans le sac.

Sur les sections où ne circulent pas de trains réguliers de marchandises, les matières de la deuxième catégorie pourront être transportées par trains mixtes, à la condition que les wagons qui les contiennent soient séparés des voitures de voyageurs par trois véhicules, au moins ne renfermant pas de matières facilement inflammables, qu'ils soient placés à l'avant ou à l'arrière des voitures de voyageurs.

Les wagons contenaut des matières de la troisième catégorie doivent être séparés des voitures de voyageurs par trois véhicules au moins, ne contenant pas de matières facilement inflammables, lorsqu'ils sont placés à l'avant des voitures de voyageurs, et par un véhicule au moins, lorsqu'ils sont placés à l'arrière de ces voitures.

Les wagons contenant des matières de la quatrième catégorie doivent être séparés des voitures de voyageurs par un véhicule au moins, ne contenant pas de matières facilement inflammables.

Les wagons contenant des matières de la deuxième ou de la troisième catégorie doivent être séparés de la machine par deux wagons au moins, ne contenant pas de matières facilement inflammables.

Lorsque les matières de la troisième ou de la quatrième catégorie seront chargées dans des wagons couverts et à panneaux pleins, ces wagons pourront occuper dans le train une place quelconque.

Article huitième.

Les dispositions des articles précédents, concernant les trains transportant des voyageurs, ne sont pas applicables aux trains de marchandises dans lesquels se trouvent les agents de l'État ou de l'industrie privée qui doivent accompagner certaines expéditions.

§ II. — TRAINS DE MARCHANDISES.

Article neuvième.

Les wagons chargés de matières de la première catégorie sont placés à l'extrémité du train opposé à la locomotive. Ils doivent toujours être précédés et suivis de trois wagons non chargés de matières de la première catégorie.

Les trains de marchandises contenant des wagons chargés de matières de la première catégorie pourront être d'ailleurs remorqués, dans les cas prévus par les règlements, par deux machines placées, l'une à l'avant, l'autre à l'arrière, à la condition que les wagons chargés de ces matières seront toujours précédés et suivis de trois wagons au moins, ne contenant pas de matières de la première ou de la deuxième catégorie.

La position, dans les trains de marchandises, des wagons chargés de matières des trois dernières catégories, ne donne lieu à aucune prescription spéciale.

TITRE IV. — DISPOSITIONS DIVERSES.

Article dixième.

L'arrêté sus-visé du 1er décembre 1874 est abrogé.

Sont également abrogées toutes les dispositions antérieures qui seraient contraires au présent arrêté.

Article onzième.

Le présent arrêté sera notifié aux compagnies de chemins de fer.

Il sera publié et affiché.

Les préfets, les fonctionnaires et agents du contrôle sont chargés d'en surveiller l'exécution.

Versailles, le 31 mars 1877.

ALBERT CHRISTOPHLE.

L'emploi de la dynamite étant très usuel, voici le décret qui la concerne :

DÉCRET PORTANT RÈGLEMENT D'ADMINISTRATION PUBLIQUE POUR L'EXÉCUTION DE LA LOI DU 8 MARS 1875, RELATIVE A LA POUDRE DYNAMITE.

Sur les rapports des ministres de l'agriculture et du commerce, des finances, de l'intérieur, des travaux publics et de la guerre ;

Vu le décret du 15 octobre 1810 ;

Vu les ordonnances des 14 janvier 1815, 25 juin 1823 et 30 octobre 1836 ;

Vu le décret du 25 mars 1852 ;

Vu la loi du 24 mai 1834 ;

Vu la loi du 8 mars 1875 et spécialement l'article 8,

Le Conseil d'État entendu ,

Décrète :

Article 1er. — La demande en autorisation d'établir, en vertu de l'article 1er de la loi du 8 mars 1875 , une fabrique de dynamite ou de tout autre explosif à base de nitro-glycérine , est adressée au préfet du département.

Elle est adressée au préfet de police pour le ressort de sa préfecture.

Art. 2. — La demande est accompagnée d'un plan des lieux à l'échelle d'un cinq millième , indiquant :

1° La position exacte de l'emplacement où la fabrique doit être établie , par rapport aux habitations , routes et chemins , dans un rayon de deux kilomètres ;

2° La position des bâtiments et ateliers les uns par rapport aux autres ;

3° Le détail des distributions intérieures de chaque local ;

4° Les levées en terre , murs, plantations et autres moyens de défenses destinés à protéger les ouvriers contre les accidents provenant des explosions des matières.

Le pétitionnaire doit faire connaître dans sa demande :

La nature des matières et le maximum des quantités qui seront entreposées ou simultanément manipulées dans la fabrique ;

Le nombre maximum d'ouvriers qui peuvent y être employés ;

La nature , le nombre et la contenance des appareils servant à la fabrication ;

Le régime de la fabrique en ce qui concerne les jours et heures de travail.

Art. 3. — Après la clôture de l'instruction , qui est faite conformément aux lois et règlements sur les établissements dangereux, insalubres et incommodes de première classe , le préfet transmet le dossier, avec son avis motivé , au ministre de l'agriculture et du commerce.

Art. 4. — Le ministre de l'agriculture et du commerce prend l'avis des ministres de l'intérieur, des finances et de la guerre.

Le dossier est soumis ensuite au comité des arts et manufactures , qui donne son avis.

Enfin, il est statué par décret du Président de la République, sur le rapport de tous les ministres qui sont intervenus dans l'instruction.

Le décret d'autorisation fixe les mesures spéciales à observer et les conditions particulières à remplir.

Une ampliation de ce décret est adressée par le ministre de l'agriculture et du commerce aux ministres de l'intérieur, des finances et de la guerre.

Art. 5. — Une ampliation du même décret est délivrée par le préfet au permissionnaire, sur la production du récépissé constatant la réalisation de son cautionnement.

Dans le cas où, pour quelque cause que ce soit, le cautionnement réalisé vient être réduit ou absorbé, les opérations de la fabrique doivent être immédiatement suspendues et ne peuvent être reprises que lorsque le cautionnement a été reconstitué.

Art. 6. — Lorsque la fabrique est construite et avant qu'elle puisse fonctionner, le préfet, sur l'avis qui lui est donné par le permissionnaire, fait procéder par un ingénieur des mines ou des ponts-et-chaussées que désigne le ministre des travaux publics, à la vérification contradictoire de toutes les parties de la construction, à l'effet de constater si elles sont conformes aux conditions du décret d'autorisation.

Procès-verbal est dressé de l'opération.

Sur le vu de ce procès-verbal, le préfet autorise, s'il y a lieu, la mise en activité de la fabrication.

Art. 7. — Les produits de la fabrication sont, au fur et à mesure de leur achèvement, placés dans des magasins spéciaux entièrement séparés des ateliers.

Art. 8. — Le fabricant est tenu de justifier, à toute réquisition du préfet, de ses délégués et des agents de l'administration des contributions indirectes, de l'emploi donné aux produits de la fabrication ; à cet effet, il tient un registre coté et paraphé par le maire, sur lequel sont inscrites jour par jour, de suite et sans aucun blanc, les quantités fabriquées et les quantités sorties, avec les noms, qualités et demeures des personnes auxquelles elles ont été livrées.

Art. 9. — Les employés des contributions indirectes procèdent périodiquement à des inventaires des restes en magasin.

Le fabricant est tenu de fournir la main-d'œuvre, ainsi que les balances, poids et ustensiles nécessaires aux vérifications.

Le règlement de l'impôt dû pour les quantités livrées à l'intérieur ou

manquantes s'opère aux époques fixées par l'administration des contributions indirectes, et le montant du décompte est immédiatement exigible.

Art. 10. — Dans aucun cas, sauf l'exception stipulée à l'article 11, le
transport de la dynamite ne peut s'opérer qu'en vertu d'acquits-à-caution
délivrés par le service des contributions indirectes et contenant l'engagement de payer, par kilogramme de dynamite, une amende dont le taux
est réglé par le ministre des finances, sans pouvoir excéder deux francs,
en cas de non-rapport de l'expédition dûment déchargée dans les délais
réglementaires.

Outre la soumission, l'expéditeur doit fournir au buraliste, pour être
mises à la souche de l'acquit, et suivant le cas, les pièces ci-après, savoir:

Lorsque les livraisons sont destinées à des marchands de dynamite
dûment autorisés, une demande rédigée par le destinataire et revêtue du
visa du directeur ou du sous-directeur des contributions indirectes de la
circonscription.

Lorsque les livraisons sont destinées à des consommateurs de l'intérieur,
les demandes de ces consommateurs, revêtues du certificat de l'autorité
locale.

Lorsque la dynamite est destinée à l'exportation, une déclaration de
l'exportateur indiquant notamment le pays de destination; cette déclaration
est soumise au visa du commissaire de la marine du port d'embarquement,
si l'exportation a lieu par mer, ou le préfet du département où réside
l'exportateur, si l'exportation a lieu par terre.

Art. 11. — La circulation des quantités inférieures à deux kilogrammes,
qui sont prises dans les débits par les consommateurs, est régularisée au
moyen de simples factures que le débitant délivre lui-même en les détachant
d'un registre timbré fourni par la régie; il est fait, dans ce cas, application
des règlements en vigueur pour les livraisons de poudres de mine par les
débitants au moyen de factures.

Art. 12. — Lorsque l'administration juge nécessaire d'organiser une
surveillance permanente dans les fabriques, les fabricants sont tenus, sur
sa demande, de fournir dans les dépendances de l'usine ou tout à proximité
un local convenable pour le logement d'au moins deux employés.

Dans le même cas, les fabricants doivent fournir aux agents de la régie,
à l'intérieur des usines, un local propre à servir de bureau.

Ce local, d'au moins vingt mètres carrés, doit être pourvu de tables,
de chaises, d'un poêle ou d'une cheminée et d'une armoire fermant à clef.

En toute hypothèse, le fabricant doit, au commencement de chaque année, souscrire l'engagement de rembourser tous les frais de surveillance.

Ces frais, qui représentent la dépense réellement effectuée par la régie, sont réglés à la fin de chaque année par le ministre des finances. Ils deviennent exigibles à l'expiration du mois, à dater de la notification qui est faite au fabricant de la décision du ministre.

Art. 13. — Il est interdit à tous fabricants ou marchands, de mettre en vente des produits qui, par suite de la nature ou de la proportion des matières employées, seraient susceptibles de détoner spontanément.

Il est également interdit de mettre en vente des dynamites présentant extérieurement des traces quelconques d'altération ou de décomposition. Chaque cartouche de dynamite porte sur son enveloppe une marque de fabrique et l'indication de l'année et du mois de sa fabrication.

Les préfets peuvent désigner des ingénieurs ou autres hommes de l'art pour s'assurer de l'état des matières dans les fabriques, les dépôts et les débits, et pour faire procéder, s'il y a lieu, à leur destruction, aux frais des détenteurs, sans que les fabricants ou marchands puissent de ce chef réclamer aucune indemnité.

Art. 14. — La dynamite ne peut circuler ou être mise en vente que renfermée dans des cartouches recouvertes de papier ou de parchemin, non amorcées et dépourvues de tout moyen d'ignition. Ces cartouches doivent être emballées dans une première enveloppe bien étanche de carton, de bois, zinc ou de caoutchouc, à parois non résistantes.

Les vides sont exactement remplis au moyen de sable fin ou de sciure de bois. Le tout est renfermé dans une caisse ou dans un baril en bois consolidé exclusivement au moyen de cerceaux et de chevilles en bois et pourvu de poignées non métalliques.

Chaque caisse ou baril ne peut renfermer un poids net de dynamite excédant vingt-cinq kilogrammes.

Les emballages porteront sur toutes leurs faces, en caractères très lisibles, les mots : *Dynamite, matière explosible.*

Chaque cartouche sera revêtue d'une étiquette semblable.

Art. 15. — Indépendamment des mesures prescrites par le précédent article, le transport de la dynamite sur les chemins de fer ne peut avoir lieu que conformément aux règlements spéciaux arrêtés par le ministre des travaux publics.

Le transport de la dynamite sur les rivières, les canaux et les routes de terre s'opère conformément aux règlements en vigueur pour le transport des poudres et des matières dangereuses.

Art. 16. — Les dépôts et débits de dynamite sont distingués en trois catégories, suivant la quantité qu'ils sont destinés à recevoir, ainsi qu'il suit :

La première catégorie comprend ceux qui contiennent plus de cinquante kilogrammes de dynamite.

La seconde, ceux qui en contiennent de cinq à cinquante kilogrammes.

La troisième, ceux qui en contiennent moins de cinq kilogrammes.

La conservation de toute quantité de dynamite est assimilée à un dépôt.

Toute demande en autorisation de dépôt ou de débit de dynamite est soumise aux formalités d'instruction prescrites par les règlements pour les établissements dangereux, insalubres et incommodes de première, de deuxième ou de troisième classe, suivant la catégorie à laquelle le dépôt ou le délit doit appartenir.

Il est statué sur la demande dans les formes et suivant les conditions réglées par les articles 1 à 5 ci-dessus pour les fabriques de dynamite.

Toutefois, dans le plan des lieux qu'aux termes du premier paragraphe de l'article 2 ci-dessus il doit joindre à sa demande, le pétitionnaire pourra se borner à indiquer la position de l'emplacement où les dépôts ou débits de dynamite doivent être établis par rapport aux habitations, routes et chemins, s'il s'agit de dépôts ou de débits compris dans la deuxième catégorie, et de deux cents mètres, s'il s'agit de dépôts ou de débits rentrant dans la troisième catégorie.

Le décret d'autorisation fixera les mesures spéciales à observer et les conditions particulières à remplir pour l'installation et l'exploitation des dépôts ou débits.

Art. 17. — Les débitants de toute catégorie doivent, comme les fabricants, tenir un registre d'entrée et de sortie des matières existantes dans leurs magasins ou vendues ; ce registre doit contenir toutes les indications prescrites à l'article 8 ci-dessus.

Les débitants peuvent vendre des cartouches au détail, mais il leur est interdit de les ouvrir et de les fractionner.

Ils peuvent vendre également les amorces et autres moyens d'inflammation des cartouches, mais ils doivent les tenir renfermés dans des locaux entièrement séparés de ceux où les cartouches sont déposées.

Art. 18. — Les demandes en autorisation d'importer de la dynamite sont adressées au préfet du département dans lequel réside le destinataire, et au préfet de police, pour le ressort de sa préfecture.

Elles font connaître :

1° Les nom, prénoms et domicile de l'expéditeur ;

2° Le lieu de provenance de la dynamite ;

3° La quantité à importer ;

4° Le point où les points de la frontière par lesquels l'importation aura lieu ;

5° Le lieu de destination et les nom, prénoms, domicile et profession du destinataire.

La demande est instruite et il est statué dans les mêmes termes et suivant les mêmes règles que pour les dépôts ou débits de dynamite.

Le décret qui autorise, s'il y a lieu, l'importation, désigne les points par lesquels elle doit s'opérer et les bureaux de douane chargés de la vérification.

La dynamite importée est soumise, dans tous les cas, aux mêmes conditions que la dynamite fabriquée à l'intérieur.

Les frais de toute nature que peuvent occasionner à l'État l'introduction en France et le transport de la dynamite, tels que les frais d'escorte, de vérification et tous autres relatifs au contrôle et à la surveillance, sont à la charge de l'expéditeur, du transporteur ou du destinataire pour le compte duquel ils auront été effectués. Ils seront réglés, dans chaque cas, par le ministre des finances.

Art. 19. — La dynamite importée ne peut circuler à l'intérieur que sous le plomb et en vertu d'un acquit-à-caution de la douane, après acquittement préalable des droits fixés par la loi ; elle ne peut être cédée ou vendue à des tiers par le destinataire que si celui-ci est régulièrement autorisé en qualité de débitant.

Art. 20. — Les fabricants, débitants et dépositaires de dynamite sont tenus de donner en tout temps le libre accès de leurs fabriques, débits et dépôts aux agents des contributions indirectes et à tous autres fonctionnaires ou agents désignés par le préfet.

Art. 21. — La fabrication de la nitro-glycérine, dans les cas prévus par l'article 6 de la loi du 8 mars 1875, ne peut avoir lieu qu'en vertu d'une autorisation délivrée dans les mêmes termes et après les mêmes formalités d'instruction que pour les fabriques de dynamite telles qu'elles sont réglées par le présent décret.

Le décret d'autorisation stipule le délai à l'expiration duquel la fabrication doit cesser ; il règle, en outre, les conditions à observer par le permissionnaire pour la constatation et la perception de l'impôt par les agents des contributions indirectes, ainsi que la nature du contrôle à exercer par les ingénieurs de l'État pour la reconnaissance des travaux effectués.

THÉATRES.

Je n'ai parlé que très succinctement des théâtres, page 171. Il me reste à compléter ce travail par l'indication de ce qui est relatif à cette industrie d'un nouveau genre qui n'a pas de moteurs mécaniques mais fait mouvoir elle-même tant d'individualités et dont la ruine par le feu est, pour une ville, presqu'une calamité.

La majorité des sinistres des théâtres arrive peu d'heures après la représentation ou la répétition. Le monde des comparses, des figurants, des musiciens, est en général fumeur, il arrive au théâtre avec des allumettes dans ses poches, et ne prend pas soin de les avoir amorphes. Si on le laissait faire il fumerait dans le sanctuaire même. Si le théâtre ou la répétition finissent tard, chacun se dépêche, se hâte de s'en aller, de là visites mal faites ou escamotées, et imprudences faciles à concevoir.

L'éclairage mobile, celui au gaz, sont sources continuelles de dangers, et, chose singulière, il n'est pas rare, il est même très fréquent, d'entendre le public se plaindre des odeurs de fuites de gaz bien communes, là cependant où la moindre peut occasionner un désastre : c'est jouer avec le feu.

Le chauffage est aussi source d'accidents. Nous allons étudier ces points divers.

Eclairage. — Tous les becs fixes ou mobiles seront munis de robinets à points d'arrêt et de régulateurs Tesorieri, Granjeon ou similaires, afin d'éviter les hautes flammes et la mauvaise fermeture des lumières.

Tous les raccords de tuyaux mobiles seront sérieusement visités chaque semaine, un jour fixé, toujours le même, et rigoureusement remplacés une fois fendillés ou crevassés.

Des robinets de sûreté permettront non-seulement de diminuer et éteindre le gaz dans la salle, la rampe, mais encore dans des sections de la scène, telle par exemple la herse de la frise, afin que le feu éclatant par suite d'une rupture d'un tuyau ou plutôt d'un joint ne puisse être alimenté par le gaz s'enfuyant en jets énormes par la fissure susdite.

Dans les salles d'habillements, les becs devront être organisés de façon à éclairer les glaces ; des appliques seront installées de manière à permettre la suppression des lumières volantes toujours plus dangereuses.

La même précaution sera prise dans les loges d'artistes, qu'un robinet maître, indépendant, permettra également de plonger dans l'obscurité.

Tous les becs seront, sauf ceux des rampes et musiciens, lustres, à appliques élevées, munis de fumivores et à plus de 70 centimètres de tout plafond pour les papillons, 80 pour les becs en couronne et 1 mètre pour les faisceaux lumineux.

Chauffage. — Le meilleur chauffage est celui à la vapeur ou à eau chaude, avec local séparé pour les producteurs de vapeur ou d'eau chaude. A défaut l'on emploiera l'air chaud produit par des calorifères aérothermes. Toutes les précautions que nous avons recommandées au commencement de cet ouvrage pour ces engins de chaleur et leurs approvisionnements, doivent être minutieusement observées dans un théâtre, prises et sorties d'air grillagées, pas de bois dans les conduites même d'air chaud ; voussure complète des chambres des calorifères et portes en fer desdites. Quand même les locaux n'auraient pu être voûtés lors de la construction, nous avons vu qu'il est très facile de le faire après. On doit également supprimer tous les foyers individuels des loges, du contrôle, des concierges, et les remplacer par des bouches de chaleur, afin qu'il n'y ait pas de feu, autant que possible, en dehors des foyers surveillés. Les conduits de fumée ou cheminée seront solidement établis et isolés dans tous leurs parcours des matières combustibles, et ramonés au moins deux fois pendant l'hiver, en outre des ramonages d'ouverture et de fin de saison. On pourrait aussi, en cas de besoin impérieux, établir quelques poêles au gaz, ce qui serait encore moins dangereux que des poëles improvisés au coke ou au charbon de terre ou bois.

Crachoirs. — Prohiber ceux autres qu'en métal et remplacer la sciure de bois par du sable.

La défense de fumer la plus expresse doit être faite et sanctionnée par des amendes importantes aux figurants, comparses, musiciens et artistes. Des écriteaux multiples en gros caractères seront apposés dans le plus d'endroits possible.

Des avertisseurs d'incendie sont installés dans chacune des loges d'artistes, ou autres pièces fermées dont la visite ou l'inspection peuvent ne pas être aussi faciles que le reste du théâtre. Les signaux aboutiront et dans la loge du concierge et dans le corps-de-garde des sapeurs-pompiers qu'on ne doit jamais manquer d'établir dans chaque théâtre : à défaut de permanence de sapeurs-pompiers, il sera toujours facile d'avoir un poste de sergents de ville (1). Ces deux locaux seront munis d'extincteurs et des engins nécessaires pour mettre en action les moyens de secours qui sont indispensables à tout théâtre. Nous allons indiquer comment le théâtre de Lille est défendu contre l'incendie, il sera facile de conclure par analogie.

Le théâtre est protégé contre l'incendie par 40 bouches d'eau dont 31 à l'intérieur.

Les bouches d'eau à l'extérieur (2) sont commandées par des

---

(1) Si cette possibilité manque, les signaux devront aboutir au dépôt principal des pompes de la ville.

(2) EMPLACEMENT DES BOUCHES D'EAU. — En hiver, les bouches à incendie peuvent être recouvertes de neige et difficiles à trouver; il y a lieu, pour obvier à cet inconvénient, de mettre sur les lanternes à gaz, des chiffres indiquant les numéros des

robinets d'arrêt placés sous bouche à clef. Un petit trou de décharge percé dans la clef du robinet d'arrêt, du côté de la bouche, permet à l'eau de s'écouler et évite la gelée des appareils.

La défense de l'intérieur est elle même subdivisé en deux parties:

1° La défense de la salle;

2° La défense de la scène.

DÉFENSE DE LA SALLE.

La salle est protégée par 14 robinets munis d'un tube et d'une lance, ils portent les numéros suivants :

Côté gauche : 19-21-23-25-27-29-31.
Côté droit : 18-20-22-24-26-28-30.

Les prises d'eau ont 8 centimètres de diamètre et sont branchées sur les conduites maîtresses de la ville.

Chaque conduite est munie d'un robinet d'arrêt à l'extérieur, sous une bouche à clef en AA. Un robinet d'arrêt est placé à l'intérieur afin de pouvoir, en cas d'accident, arrêter de suite la conduite.

Les clefs destinées à faire manœuvrer les robinets d'arrêt à l'intérieur sont dans les cassettes N°s 18 et 19.

Des robinets de décharge sont placés sous bouche à clef, dans le trottoir, de façon à vider complètement la conduite en cas de réparation ou d'accident.

maisons devant lesquelles les bouches sont placées. Dans le cas où il n'y aurait pas de bâtiment, au lieu d'un numéro, on place une grenade du côté de la bouche d'eau. La vitre du côté des maisons porte toujours les numéros ou les grenades en double, afin de parer aux inconvénients pouvant résulter de la casse. Au coin des rues le numéro est indiqué sur une lanterne, et une grenade indique sur la lanterne de la rue adjacente que la bouche est entre les deux lanternes. Où il n'y a pas de lanternes on met à la hauteur d'un mètre, sur le mur de face, une grenade en fonte, peinte en blanc éclatant et faisant saillie ; à défaut de vision on la perçoit facilement par le toucher.

DÉFENSE DE LA SCÈNE.

De chaque côté de la scène, sont placées deux conduites de 8 centimètres de diamètre intérieur, sur lesquelles sont branchés des robinets portant les numéros suivants :

Côté gauche: 1-3-5-7-9-11-15-17.

Côté droit: 2-4-6-8-10-12-14-16 et 13.

Les quatre conduites de 8 centimètres sont alimentées par deux conduites de 12, de manière qu'un seul robinet d'arrêt à l'extérieur arrête ou fait fonctionner deux conduits ascensionnels à la fois.

Chaque conduit de 0,08 peut fonctionner séparément au moyen de robinets d'arrêt à l'intérieur. Des décharges et des robinets à air sont disposés et désignés sur le côté droit par les numéros (3) et (4) pour les robinets de décharge de la scène, et (1) et (2) pour les robinets à air.

MISE EN CHARGE DES CONDUITES.

La mise en charge des conduites nécessite six opérations.

Prenons pour exemple la conduite située du côté droit de la scène et desservant les robinets d'incendie portant les numéros 4-8-10-12-13. On commence par ouvrir le robinet d'air en ayant soin de tenir fermé le robinet de décharge; puis, on ouvre, de quelques tours seulement, le robinet-vanne. Lorsque quelques minutes se sont écoulées et qu'on entend l'eau passer par le robinet d'air, on continue à ouvrir le robinet-vanne en plein, puis on ferme le robinet d'air.

La pression se fait sentir dans toute la conduite et atteint près de trois atmosphères au niveau du sol.

La manœuvre des cinq autres conduites est la même que celle que nous venons de décrire.

MISE EN DÉCHARGE DES CONDUITES.

Pour mettre les conduites en décharge, on commence par fermer assez lentement le robinet d'arrêt afin d'éviter les coups de bélier à la conduite, puis on ouvre les deux robinets à air et de décharge.

Les mises en charge et en décharge se font généralement avant et après chaque représentation en hiver, afin de parer aux accidents qui se produiraient par la gelée.

SERVICE DES POMPIERS.

Neuf hommes commandés par un sergent sont nécessaires au service d'incendie : ces hommes sont répartis comme suit :

1 homme pour les cassettes N°s 3-7-9-11.

1	id.	id.	N°s 15-17-31.
1	id.	id.	N°s 19-23-25-27-29.
1	id.	id.	N° 5.
1	id.	id.	N°s 4-8-10-12-13.
1	id.	id.	N°s 14-16-30.
1	id.	id.	N°s 18-20-22-24-26-28.
1	id.	id.	N° 6.
1	id.	id.	N°s 1-2.

MATÉRIEL.

Le matériel des pompiers est placé dans une cassette fermant à clef et scellée au mur du poste du théâtre. Il comprend 4 éponges énormes, — 13 clefs de cassette, — 2 clefs de manœuvre, — 1 couverture, — 1 clef à T et 1 clef de tampon.

En outre quatre prises d'eau extérieures de la dimension nécessaire pour être projetées par la pompe à vapeur de la ville, ont été établies, en cas de besoin. Un fil électrique relie de plus le poste de garde avec le dépôt de la pompe à vapeur et des pompes à main, et avec le bureau télégraphique-central (1), de sorte qu'à la minute ces dépôts et bureau peuvent faire converger vers le théâtre toutes les pompes de la ville et un personnel nombreux pour les manœuvrer.

Quelle que soit du reste la manière dont les tuyaux seront disposés, il faut surtout ne pas perdre de vue que l'instantanéité des secours est tout. Petite quantité d'eau au début, mais immédiate, fait mieux que masse un peu plus tard.

Le moins de recoins possible, pas de débarras nulle part, le magasin des décors séparé afin que ceux-ci n'encombrent pas les pourtours de la scène, pas de permanence des matières combustibles, isolement des artifices, poudres et produits chimiques, si l'on ne peut mieux n'apporter chaque soir que ce qui est nécessaire à la représentation, et soins extrêmes lorsqu'il en est fait usage afin que l'éponge mouillée soit bien passée partout où il y a eu du feu ou des étincelles. Outre l'éponge il faut avoir toujours sous la main deux couvertures.

Le chef des pompiers doit être placé, lors des représentations, à gauche de la scène, contre l'orchestre, de façon à avoir la vue complète d'un homme de service placé lui-même entre la scène et le premier portant, à droite. S'il arrive quelque chose, cet homme fait le signe conventionnel au chef qui, sans rien dire et sans émotion apparente, se rend immédiatement auprès de lui, en passant par la porte de service qui doit être pratiquée entre le rez-de-chaussée, le couloir des musiciens et l'intérieur de la scène.

La plus grande attention et minutie doivent être apportées à la visite finale après la représentation. Presque tout dépend d'elle; si

---

(1) Un bureau télégraphique spécial fonctionnant journellement communique les ordres à tous les officiers et à tous les postes de pompiers de la ville.

elle est bien faite, complète, qu'elle ne révéle aucune présence d'incendie, il est probable qu'il n'y en aura pas, car les théâtres ne renferment rien qui puisse s'enflammer spontanément.

Un grillage métallique, d'environ 50 centimètres de haut, établi entre la rampe et la scène, doit protéger les robes des danseuses contre leur inflammation, en les empêchant de s'approcher trop près du gaz de la rampe.

ENTREPOTS, MAGASINS GÉNÉRAUX ET PUBLICS.

En théorie, les entrepôts ne devraient jamais avoir d'incendies. En fait, il en est tout le contraire. Voici les précautions à prendre :

Interdiction de fumer même dans les cours, aussi bien au public qu'aux agents et employés.

Outre la grande division des marchandises en marchandises simples et marchandises hazardeuses, subdiviser celles-ci en marchandises susceptibles ou non de s'enflammer spontanément ; isoler par conséquent du reste les lins et étoupes et similaires, les cotons autres que ceux en balles pressées, les déchets de toute sorte, les noirs de fumée, les chiffons, les peignerons, et toutes matières qui s'échauffent sous l'action de l'humidité, de la chaleur et de l'immobilité.

Localiser avec les huiles de pétrole et de schistes comme au moins aussi dangereux qu'elles, les benzines, naphtes, essences et similaires.

Faire enlever avec soin tous les résidus de papiers, cordes, pailles d'emballage, et éviter qu'on les balaye sous les escaliers. N'employer comme éclairage fixe que le gaz (1) ou la lumière électrique, et comme lampes mobiles qce celles marines ou Cosset-Dubrule. Inspecter les locaux après chaque arrêt d'ouverture et de fermeture.

Installer dans toutes les places des boîtes de contrôle Colin ou

(1) Muni de régulateurs.

similaires, afin que la ronde du surveillant soit effective, et la lui faire faire avec des pantoufles sans talon, des chaussons de préférence. Cette ronde doit avoir lieu toutes les deux heures, toutes les nuits et même les jours de fêtes ou de dimanche.

Compléter cette installation par l'avertisseur des incendies Leblan dans toutes les salles, correspondant avec la loge des surveillants, du concierge, et avec l'appartement du directeur et le local des bureaux.

Établir une pompe à vapeur système Thirion, d'une grande puissance, avec son générateur de vapeur, ou à défaut, une pompe à bras énorme, le tout muni d'un système de canalisation permettant d'attaquer le feu partout où il peut se déclarer, la nuit comme le jour.

Supprimer tout foyer dans les bâtiments proprement dits des entrepôts et veiller à ce qu'aucune étincelle ne puisse, des cheminées voisines, venir menacer les magasins les plus rapprochés. S'il est nécessaire d'avoir de la chaleur, n'envoyer que de l'eau chaude ou de la vapeur engendrée dans les dépendances.

Enfin à chaque étage, s'il y en a, y compris le rez-de-chaussée, et le sous-sol ou cave, installer, étant établi un tube ascensionnel d'eau sous pression, autant de tubulures qu'il est nécessaire, munies de robinets sur lesquels sont ajustés des tuyaux d'une longueur suffisante, terminés par des lances d'extinction, permettant d'attaquer tout incendie à son début.

TABLE DES MATIÈRES.

A

PAGES.

Absence d'éclairage... 129
Accessoires des pompes à incendie. (Voir pompes, etc.)......... 343 à 350
Acide acétique. (Cause des sinistres dans les fabriques d')........ 473
Aggravation de risques à dénoncer à l'assureur.............. 15 à 22, 24 à 27
Agglomérés. (Causes des sinistres dans les fabriques d')............ 545
Albumine. (Causes des sinistres dans les fabriques d')............ 585
Allumage des becs de gaz.................................. 125, 127
Allumage des poêles ou calorifères............................ 107
Allumettes. (Dangers, usages, choix des).................... 238 à 240
Allumettes amorphes.. 138 et suiv.
Allumettes chimiques (Causes des sinistres dans les fabriques d')............ 493
Amidonneries. (Causes des sinistres dans les).................... 488
Appareils à vapeur. (Décrets sur les)........................ 600
Appareil Tésorieri pour régler la flamme....................... 119
Appareils de cheminée en tôle............................... 106
Approvisionnements de charbons, copeaux, chiffons.............. 143, 157
Approvisionnements d'huile.................................. 121
Arrêtés municipaux pour éviter les incendies.............. 168, 169, 170
Arrêté municipal relatif au ramonage des cheminées............... 172
Arrêté municipal pour éviter et éteindre les incendies, pour les communes
    qui n'ont ni pompiers ni pompes........................ 174 à 179
Arrêté (même) pour les communes qui ont une subdivision de compagnie de
    pompiers, organisée conformément au décret du 8 février 1876.... 179 à 185
Arrêté (modèle d) municipal pour les villes qui ont un bataillon de sapeurs-
    pompiers.. 185 à 223
Arrêts du travail.. 237
Assurance flottante... 64
Ateliers de construction. (Causes des sinistres dans les)............ 460
Aubergiste ou hôtelier. — Sa responsabilité.................... 92
Avertisseur automatique d'incendie......................... 330 à 334

B

PAGES.

Bains de chaleurs 114
Baryte (Causes des sinistres dans les fabriques de sulfate de)............. 585
Becs d'éclairage au gaz, à l'huile.......................... 118, 120
Becs (Pose des) 127
Becs (Robinets des) 134
Blanchisseries (Causes des sinistres dans les).................... 522
Bleu d'outremer   d'   583
Bouche de distribution d'eau pour pompe à vapeur..................... 232
Bouchons (Causes des sinistres dans les fabriques de) 569
Boutons et objets d'os   d°   575
Brasseries (Causes des sinistres dans les) 481
Braseros. Brasières.................................... 111
Briqueteries (Causes des sinistres dans les)..................... 571
Busettes (Causes des sinistres dans les fabriques de)................ 593

C

Calorifère Giraudon et Carville 105
Caoutchouc (causes des sinistres dans les fabriques de) 578
Causes des sinistres dans les fermes, magasins, châteaux, églises, habitations,
    pensionnats, écuries, estaminets, maréchaux ferrants , magasins de nou-
    veautés, épiciers, merciers, musées, lycées, hospices, séminaires, prisons,
    chez les Négociants en laines................................. 135 à 235
Causes des sinistres des chamoiseries............................ 501
Causes des sinistres des clouteries............................. 460
Causes des sinistres des corroieries........................... 503
Causes des sinistres des fabriques de colle forte.................. 483
Causes des sinistres des fabriques de cuirs vernis.................. 554
Causes des sinistres des filatures de coton et moyens de secours....... 371 à 381
Cellulose (causes des sinistres dans les fabriques de)................ 594
Céruse   d°   582
Cheminées (gaines des) 107
Chapellerie.. 583
Chaudières à vapeur, locomobiles et locomotives (Décret du 30 avril 1880, sur
    l'établissement des) .... 599 et suiv.
Chaudronneries.. 598
Chauffage à la vapeur, à eau chaude, au gaz .... 110 à 118
Chaufferettes 133
Cheminées. — Arrêté relatif à leur ramonage 173
Cheminées (Incendies dans les). — Moyens de les éviter .... 141 et suiv.
Chicorée (causes des sinistres dans les fabriques de)................ 576

PAGES

Chiens. 165
Combustion spontanée 233
Commissionnaire. — Sa responsabilité 94
Concierges (Prescriptions à imposer aux). 241
Contiguités 335
Contrat d'assurance. — Manière de le rédiger. . . . . 50 à 64
Contrôleur de rondes de nuit ou de jour. 329-369
Construction des murs mitoyens des maisons. 165
Couvertures de laines (causes des sinistres dans les fabriques de). 578
Crachoirs. 140-147
Cylindres de filatures (causes des sinistres dans les fabriques de) 544

D

Dangers de l'emploi des huiles de pétrole ou similaires pour l'éclairage. —
    Précautions à prendre. . . . . 244 à 247
Débit des pompes à incendie (voir pompes). 331
Déchets. — Arrêtés y relatifs . . . . 31 à 35, 155
Déchets de coton, lins, jutes, et similaires. 239-389
Déclaration à faire à l'assureur. . . . . 13 à 20
Dépositaires — Sa responsabilité. . . . . 28 à 29
Dévidoirs de tuyaux contre l'incendie. 335
Distances à observer dans l'établissement des chaudières à vapeur. 602
Distillation de goudrons (cause des sinistres de la). 559
Distilleries d'alcools (Causés des sinistres des). . . . . 455 à 460
Dynamite (Fabrication, vente et transport de) 614

E

Échelles de quartier. 299
Échelles mobiles 295
Échelles (Moyens de sauvetage par). 292
Éclairage accidentel à l'huile. 129
Éclairage apporté et fourni par l'ouvrier. 124
Éclairage des séchoirs 525
Éclairage électrique. . . . . 129 et suiv.
Églises (Causes d'incendie dans les). 233
Eléments du contrat d'assurance. — Bases d'estimation. — Exceptions, etc. 3 à 12
Entrepôts, magasins généraux et publics 627
Entrepreneur. — Sa responsabilité en cas d'incendie . . . . 87 à 90
Entretien des pompes à incendie à bras . . . . 256 et suiv.
Équipements des sapeurs-pompiers. 346

PAGES.

Escaliers.. 276, 265, 291
Éther sulfurique (fabrique d')................................. 563
Expertise en cas d'incendie. .... 41 à 49
Explosions des générateurs (Causes des) 367
Espaces séparatifs des risques 355
Extincteurs. — Genres divers.............. 273, 304 à 306, 328, 338, 339
Extincteur (Liquide)..................................... 283, 326
Extinction des incendies...................................... 255
Extinction des incendies (Modèles d'arrêté pour l'). .... 174 à 185

F

Faute Lourde des assurés...................................... 22, 23
Faïenceries (Causes des sinistres dans les) 505
Féculeries (Causes des sinistres dans les)................... 488
Feu de cheminée. — Moyens d'extinction 167
Filatures de coton (Causes des sinistres dans les)........ 374 à 384
Fonderies (Causes des sinistres dans les)................... 461
Fondoirs à suifs (Causes des sinistres dans les) 504
Forges (Causes des sinistres dans les)...................... 460
Formalités à remplir en cas de sinistre................... 36 à 44
Fourneaux (Hauts-) (Causes des sinistres dans les)......... 461
Fours à chaux (Causes des sinistres dans les) 535
Fours à plâtre (Causes des sinistres dans les) 534
Frein de sauvetage.................................. 301, 353
Fumiers (Combustion spontanée des)......................... 233

G

Garance (Causes des sinistres dans les fabriques de) 513
Gaz fabriqué par les résidus de pétrole.................... 592
Gazomètre.. 128
Générateurs (Causes des sinistres dans les locaux des 363
    Dº   — Précautions à prendre...................... 364, 368
Glace artificielle 514

H

Huiles minérales... 164
    Dº de graissage et d'éclairage (Emplacement des)..... 241, 242
    Dº de pétrole, schistes et similaires (Débit des)........ 243

PAGES

Do   do   — Leurs dangers .... 244 à 247
Do   do   — Décret relatif à leur fabrication, emmagasinage, vente
  et transports .... 248 et suiv.
Huiles de schistes (Causes des sinistres dans les fabriques d') 547
Hypothèque.. 64 à 83

I

Imprimeries lithographiques, typographiques, etc. 595
Indiennes (Causes des sinistres dans les fabriques d') 522
Incendie.......................... .... 36 à 49
Inflammables (Loi du 18 juin 1870 sur les matières) .... 157 à 160
    Do   — Transport des matières .... 161 à 164
Interdiction de fumer............................. 237
Isolateurs.................... 113

L

Laines grasses (Causes des sinistres et moyens de secours des fabriques de) 384 à 388
Laines sèches (do   ) .... 398 à 395
Lames (Préparations des) 478
Lampes (Extinction des).. 120
Lampes (Préparation des) 121
Lampes de sûreté 326
Lins, chanvres, étoupes, jutes (Causes des sinistres et moyens préventifs des
  filatures de)... 398 à 417

M

Machines à vapeur (Causes des sinistres dans les locaux des).......... 355, 367
Magasins de chiffons (Causes des sinistres dans les)................... 468
Magasins de matières (Construction et importance des) 286
Magnaneries.. 421
Manufacturier à façon (Sa responsabilité) 91
Matières dangereuses. — Leur transport en chemins de fer.............. 608
Mégisserie, maroquinerie (Causes des sinistres dans la)................. 501
Minium 582
Minoteries (Causes des sinistres dans les)........................ 437 à 488
Mirbane (Causes des sinistres dans les fabriques de).................... 498
Moleskine cuir (Causes des sinistres dans les fabriques de)............... 553
Moulins à blé à eau (Causes des sinistres dans les)................ 427 à 437
Moulins à blé à vapeur (Causes des sinistres dans les)............... 439 à 444

PAGES.

Moulins à huile (Causes des sinistres dans les)............................ 445
Moyens de contrôler les surveillants 323, 325
Moyens de sauvetage dans les maisons............................. 301, 352
Moyens de secours contre l'incendie des châteaux....................... 275
   D°   d°   des églises............... 274
   D°   d°   des usines isolées.................... 362
Murs de refends (Utilité des) .... 287 à 289

N

Nettoyage extérieur des tuyaux de chauffage 117
Nettoyage (Torchons et déchets de) .... 123 et 241
Nitro-benzine (Causes des sinistres des fabriques de) 498
Noir animal (d°   d°   ) 555
Noir de fumée (d°   d°   ) 554

O

Ouates (Causes des sinistres des fabriques de) 565

P

Pannes (Fabriques de)... 571
Papeteries (Causes des sinistres dans les)........................... 466 à 472
Passementerie (Fabriques de)...................................... 575
Peignages de laines 395
Péras (Causes des sinistres dans les fabriques de)...................... 544
Perches à crochets......................... 335
Piperies (Causes des sinistres dans les fabriques de)...................... 540
Place que doivent occuper les matières dangereuses ou inflammables dans les
  trains de voyageurs ou autres............... 608
Plumes métalliques (Fabriques de)................................. 573
Poêles Corneau, Joly ou similaires................................ 108, 109
Pompe à incendie à main. — Soins à donner pour l'entretien. — Emplace-
  ment.. 264 à 267
Pompe à incendie du modèle de Paris et autres................ 307, 349 à 351
   D° et ses accessoires..................................... 343
Pompe à incendie à vapeur fixe 270, 271
Pompe à incendie à vapeur mobile de Thirion 345
Pompe à vapeur mobile à incendie.— Arrêté municipal pour son service. 224, 231
Pompe avec moteur emprunté 269
Pompiers (Équipement des)................................... 347
Ponts de communication (En quoi doivent être faits les)............... 356, 361.

PAGES.

Porcelaines (Causes des sinistres dans les fabriques de)..................... 505
Portes en fer... 287
Poteries..... 505
Prime (Paiement de la)... 30, 31
Produits chimiques (Causes des sinistres dans les fabriques de)............. 586

R

Raffinerie de pétrole... 589
Recours.. 65 à 87
Recours des co-locataires entre eux.................................... 85 à 86
Recours des locataires contre le propriétaire. .... 81 à 85
Recours des voisins... 73 à 84
Régleur de flamme... 118
Réglisses... 575
Régulateur du calorique... 115, 116
Réservoir d'eau en cas d'incendie........................... 267, 271, 275
Ressorts.. 574
Risques de contiguités 355
Risques isolés.. 357
Risque locatif .... 65 à 73
Robinets à préférer (Genre de)....................................... 268
Robinets des extincteurs 329

S

Sapeurs-pompiers. — Décret relatif à l'organisation des sapeurs-pompiers, du
    29 décembre 1875.. 185 à 192
Saurisseries de harengs (Causes des sinistres dans les)..................... 592
Sauvetage (Moyens de) entre deux maisons tangentes................. 291, 292
    Do (Toiles de) 299, 335
    Do (Frein de). 304
Scieries mécaniques (Causes des sinistres des) 562
Seaux d'eau contre l'incendie.................................... 273, 300
Séchoirs à air chaud..... .... 375, 391, 306, 414, 485, 524
    Do à vapeur... 525
Signaux pour annoncer l'incendie dans les communes ou villes.... 183
    Do   do   do   dans l'usine 276
Soies (Causes des sinistres dans les filatures de)..................... 423
    Do   do   dans les moulinages) 424
    Do   do   dans les coconnières)........................... 425
    Do   do   dans les filatures de bourre de)............... 424
Soufre (Raffinage et trituration du) 580
Sucres (Causes des sinistres dans les fabriques et raffineries de)....... 448 à 455

T

	PAGES.
Tabac (Usage du)	237
Tanneries (Causes des sinistres dans les)	502
Teintureries (Causes des sinistres dans les)	522
Teillages de lin.	417 à 421
Térébenthine (Causes des sinistres dans les fabriques de)	557
Théâtres	171, 620 à 627
Théâtres (Causes des sinistres dans les)	620 à 626
Tissages de laines (Causes des sinistres dans les).	475
Tissages mécaniques (Do)	476
Toiles cirées (Causes des sinistres dans les fabriques de)	553
Toiles de sauvetage	299, 335
Tonneaux d'eau contre l'incendie	272, 314
Tonte des tissus	532
Tuileries	571
Tuyaux contre l'incendie	310, 320, 342
Tuyaux de gaz	129
Tuyaux en caoutchouc contre l'incendie	335, 337

U

Usines (Construction des)	285
Usines à gaz (Causes des sinistres dans les)	541
Usines métallurgiques (Do)	460

V

Vapeur d'eau. — Son emploi contre l'incendie	279 à 283
Vapeur surchauffée	112
Veilleur de nuit	236
Ventilateurs	105
Verreries (Causes des sinistres dans les)	537
Vernis (Do dans les fabriques de)	548
Vêtements d'ouvriers (Nécessité d'assurer les)	285
Voyageur (Responsabilité du)	94

PREMIER APPENDICE

AU

TRAITÉ DES CAUSES DES INCENDIES

DANS LES USINES, LES HABITATIONS, ETC.

de M. MEUNIER

CAUSES DES SINISTRES D'USINES. — *Voir n°s 34 à 60 inclusivement.*

ÉCLAIRAGE : L'éclairage au gaz ou à l'huile végétale ou minérale a toujours été une des causes générales des sinistres d'usines, surtout dans les filatures de coton, de lin, les fabriques de ouates, les filatures d'étoupes, dépôts de laines, dans les peignages, les distilleries, les huileries, les moulins à blé, les fabriques de produits chimiques inflammables, les séchoirs, les vinaigreries, les chais, etc. *voir p.* 129 à 135.

Aujourd'hui le problème de l'éclairage électrique à bon marché étant résolu, je ne puis mieux faire que d'engager tous les usiniers sans exception à substituer à leur éclairage ordinaire celui Edison ou similaire dont voici un aperçu des prix :

La lampe de 4, 6, 8, 10 et 16 bougies coûte		6 fr.
d°	32	7 50
d°	50	12 50
d°	100	15
Les dynamos de 17 lampes coûtent		1.200
»	25	1.500
»	50	2.800
»	120	4.000
»	200	5.000
»	300	7.000
»	500	10.000

En dehors du coût des dynamos et des lampes, une installation de lumière électrique revient pour fourniture de fils, accessoires et montages à une somme variant entre 20 et 40 francs par lampe.

Toute force motrice, chute d'eau, machine à vapeur, moteur à gaz, est propre à actionner les machines dynamo-électrique pour fournir de la lumière. La force d'un cheval vapeur est exigée pour 8 lampes Edison d'une intensité équivalente à 16 bougies ou 16 lampes de 8 bougies.

AVANTAGES DE LA LUMIÈRE ÉLECTRIQUE

La lumière électrique Edison ou similaire n'élève pas la température, elle brûle en dehors de l'air ambiant, par conséquent offre la sécurité la plus complète, ainsi elle peut éclairer sans danger les ateliers où voltigent des filaments de lin, de coton, de ouates; ceux où l'on emploie des liquides inflammables, tels que le sulfure de carbone, la benzine, les essences volatiles, les moulins à blé, les théâtres, enfin tous les locaux les plus dangereux pour la lumière artificielle ordinaire. Elle ne dégage ni fumée, ni gaz sulfuré, n'altère pas la vérité des couleurs, ne produit pas d'explosion comme le gaz hydrogène carburé, enfin n'allume pas l'incendie.

Tous les usiniers qui sont soucieux d'améliorer leurs usines doivent immédiatement adopter cet éclairage. Tous ceux qui possèdent force motrice surabondante, par exemple les moulins à blé et les autres usines mues par l'eau, y trouveront de *plus une grande économie.*

Nous espérons que les Cies d'Assurances vont ou frapper d'une surtaxe toutes les usines qui ne sont pas éclairées à l'électricité, ou diminuer d'un tant pour cent celles qui le sont. Il y a là vraiment, avec une bonne installation de coupes circuit en nombre suffisant, absence de conducteurs mis à l'intérieur, une réduction notable des chances d'incendie provenant de l'éclairage artificiel des ateliers.

Cet éclairage sans pareil pour tout ce qui est magasin d'usines, usines, manufactures, est du reste à recommander à l'universalité des propriétés quelconques, et il n'y a qu'un vœu à émettre, c'est celui de voir bientôt dans toutes les villes et villages distribuer à tous les habitants l'électricité, comme on distribue le gaz, c'est encore plus facile, et il est à espérer qu'il se trouvera bientôt des maires assez soucieux des intérêts généraux de leurs administrés, pour faire ces installations bien moins onéreuses que celles du gaz, dans toutes les communes, disposant de force naturelle ou artificielle pour produire l'électricité à bon marché.

BRASSERIE. — *Page 481.*

MACHINES A GLACER. Les Brasseries qui emploient les machines à glacer par l'éther, le sulfure de carbone, ou autre produit similaire volatil et inflammable, sont frappées par les Cies d'Assurances d'une surtaxe de 100 °/₀.

Il leur sera facile de préférer les machines à glacer par l'ammoniaque, corps tout aussi volatil, mais ininflammable et par conséquent n'exposant à aucune surtaxe.

Foyers d'injection d'air chaud dans les tonneaux et appareils à enduire de résine l'intérieur des tonneaux : Cet appareil se compose : 1° d'une sorte de calorifère à air chaud (chauffé au coke incandescent), dans lequel l'air insufflé par un ventilateur et chauffé à une haute température, sort par des tuyaux dont l'extrémité est percée d'ouvertures en pomme d'arrosoir allongée. Le fût se place à cheval sur l'extrémité qui ainsi, pénètre dans l'intérieur et l'air rayonne au coin des parois à dessécher. Pendant ce temps la chaudière à résine qui se compose d'un foyer surmonté d'une chaudière métallique dans laquelle on a disposé la résine, est chauffée et la résine portée à l'état liquide par l'effet de la chaleur. Cette résine ainsi liquifiée et bouillante est versée dans le fût retiré de l'appareil dessécheur et en enduit tous les parois intérieurs avec rapidité et facile absorption.

Il est indispensable que l'appareil à dessécher soit incombustible, et que la chaudière à résine également incombustible, soit employée seulement dans une cour, loin de tout objet inflammable car la résine surchauffée prend feu et brûle très facilement, ce qu'il faut prévoir, afin de pouvoir, le cas échéant, laisser le contenu de la marmite ou chaudière brûler sans que la flamme puisse se communiquer aux murailles ou autres objets combustibles.

Emploi d'étoupes pour les bondes : la présence d'une balle d'étoupes dans une brasserie peut parfaitement occasionner un incendie. Il sera indispensable de localiser cette balle dans une des dépendances séparées ou isolées du reste de l'usine, et dont la combustion pourrait se faire, sans danger de communiquer le feu aux autres bâtiments.

ALLUMEUR ÉLECTRIQUE

Lorsque l'allumeur électrique sera tellement bien perfectionné, qu'il fonctionnera instantanément d'une façon continue et pourra s'appliquer à l'allumage des becs à couronnes ou des papillons ou des becs renfermés dans des lanternes, il sera évidemment à préférer aux appareils recommandés et décrits nos 52, 53, autrement il est dangereux. Lorsque le bec de gaz est ouvert, il faut que l'allumage soit immédiat, autrement le gaz continu à s'échapper, et s'il y a le moindre retard, la partie d'air inflammable s'allongeant démesurément, lorsqu'elle est allumée tardivement, met le feu à tout ce qui l'environne. On comprend ce qui peut en résulter dans un milieu inflammable quelconque. Il faut donc avoir bien soin de ne remplacer les appareils de sûreté connus que par un allumeur fonctionnant sans aucune interruption, quelques soient la température et le moment de son emploi.

MOULINS A BLÉ. — *Causes d'incendie*, n° 274.

Chambre de folle farine. Les aspirateurs envoient dans une chambre communiquant avec l'air extérieur l'air chaud des meules mélangé d'un peu de farine à l'état presqu'atomique ; il faut avoir soin de placer cette chambre tout à fait à l'extérieur du moulin, car il peut arriver qu'un clou, qu'un morceau de fer passant entre les meules y détermine une explosion, dont le résultat sera l'inflammation des parois de la dite chambre et ensuite celle du moulin si elle y est enfermée.

Appareils broyeurs. La substitution des appareils métalliques à moudre le blé aux meules de pierre, paraît devoir apporter dans l'industrie de la meunerie, au point de vue des incendies, une certaine amélioration, telle que la suppression des aspirateurs, l'obligation de maintenir la nuit un nombre plus grand d'ouvriers, un montage et un ensemble de transmission un peu plus industriels ; néanmoins ce risque sera toujours un des plus hazardeux que puisse courir l'assureur, si les moyens préservatifs et de secours que nous avons longuement développés n° 274 et suivant, et auxquels il faut joindre l'éclairage électrique par la lampe *Edison*, ne sont pas installés au grand complet dans les meuneries. Il est facile de comprendre qu'une usine où le feu ne peut se déclarer qu'avec la présence de plusieurs ouvriers, et tel est le cas d'un moulin monté avec les appareils nouveaux, n'éprouvera jamais que des pertes minimes, si à chaque étage il y a une distribution d'eau suffisante et des moyens de la projeter qui permettent un étouffement presqu'immédiat.

Malheureusement, l'industrie de la meunerie a été jusqu'ici la plus rebelle à l'emploi des moyens de secours les plus ordinaires. Peut-être, la transformation industrielle qui s'opère, et l'élévation énorme des primes de cette catégorie, amèneront-elles des modifications avantageuses pour les intérêts de l'assureur et de l'assuré, je n'ose le prévoir en présence des incendies énormes qui frappent constamment les meuneries. Les moulins de Prouvy viennent aussi de brûler par le nettoyage et cela arrivera toujours tant que les Cies n'exigeront pas qu'il soit séparé : *voir n° 265 à 280.*

EXTINCTEUR LEGRINNELL, THERMO-AUTOMATIQUE

Moyens de secours, pages 301 à 339.

Le mode d'installation consiste à établir près du plafond du local qu'on veut protéger, une série de petits tuyaux à environ trois mètres de distance, communiquant tous avec un conduit principal relié à une citerne placée en élévation, ou à toute autre source pouvant garantir de l'eau sous pression. Un extincteur est attaché tous les trois mètres à chacun des petits tuyaux, de manière à garantir la surface entière du local, c'est-à-dire, le plafond, le parquet, les portes et fenêtres.

Le principe scientifique sur lequel repose cet appareil, lui permet, dès qu'un incendie se déclare de produire son effet automatiquement et presque instantanément, en faisant jaillir en tous sens contre le plafond, une abondante quantité d'eau qui retombe ensuite directement sur le foyer. En même temps, et par un moyen spécial, l'alarme est donné par l'eau mise en mouvement dans les tuyaux alimentant les extincteurs.

C'est la chaleur même produite par le commencement d'incendie qui fait fonctionner l'appareil, en fondant la soudure qui le retient. Cette soudure, fusible entre 70° et 100° centigrades, suivant sa composition, maintient l'appareil hermétiquement fermé, tant qu'elle n'est pas exposée à la chaleur ; mais, sous l'action de l'air chauffé, elle fond et laisse ainsi passage à l'eau. Chaque appareil protège une surface d'environ neuf mètres carrés, de sorte que, cent appareils protègent neuf cents mètres carrés de plafond et neuf cents mètres de plancher.

Le prix des extincteurs tout installés, varie entre 25 et 35 francs par appareil, suivant le nombre demandé et les dispositions du local où ils doivent être placés.

RÉSUMÉ DES AVANTAGES

que présente l'extincteur thermo-automatique « Grinnell »

1° Il est toujours prêt à agir, quelque soit le moment où l'incendie se déclare, la nuit comme le jour.

2° Pour produire son effet, il ne dépend nullement du veilleur, dont la vigilance peut-être en défaut, l'appareil agit de lui-même.

3° Il est prompt à agir, grâce à sa sensibilité à la chaleur.

4° On peut compter sur l'efficacité de son action, même dans un local rempli de fumée où personne ne pourrait tenir.

5° Il circonscrit le feu à l'endroit où il prend naissance.

6° Il ne décharge l'eau que dans le voisinage immédiat du foyer qui le fait opérer, évitant ainsi toutes les avaries inutiles par l'eau.

7° L'appareil ayant son orifice bien dégagé, son action ne peut jamais être contrariée par la présence de morceaux de plomb, de rouille ou autres substances.

8° Si un incendie se produit et n'est pas découvert, l'appareil non seulement attaque le point en danger, mais il donne encore l'alarme et le veilleur ainsi averti, arrête l'eau aussitôt que le danger a disparu.

9° Après un incendie, les appareils qui ont fonctionné sont seuls à remplacer, les tuyautages n'étant presque jamais endommagés.

APPLICATION. L'extincteur Legrinnel se trouve rangé en 1re ligne : parmi les moyens de préservation et de secours : 1° des scènes de théâtre, page 620, où les réservoirs d'eau ou de l'eau sous pression existent toujours en abondance, rien de plus facile que de l'installer au plafond de la scène, et à celui du magasin de décors, combiné avec la pose d'un rideau métallique protecteur de la salle, son fonctionnement automatique pourra annihiler dans une certaine mesure, le danger d'un incendie se déclarant en pleine représentation, car le soin du salut personnel, dans cet établissement paralyse la plupart du temps, l'emploi des moyens de secours immédiats qui ne sont pas automatiques, et qui cependant, pourraient enrayer le développement du feu.

2° 141 bis. Filatures de coton non voûtées, au plafond de tous les ateliers et magasins.

Filatures voûtées ; au plafond du séchoir, et des magasins, des batteurs et mélange.

162,180, Filatures de laines grasses et sèches, et peignages; au plafond des magasins et des ateliers de louvetage, d'encimage, et des séchoirs.

192 et suivant. Filatures de lin, étoupes, chanvre, jute et magasins.

Dans tous les entrepôts ou magasins quelconques, et dans toutes les usines qui ne sont pas voûtées, et dans tous les séchoirs quelconques.

CORROIRIE. — *Page* 503.

Il y a beaucoup de Corroiries qui fabriquent les corroies. Le risque principal consiste dans la soudure des corroies, lorsque cette soudure est faite au moyen de gutta percha dont les dissolvants ordinaires sont le sulfure de carbone, les benzines, naphtes ou produits similaires très inflammables et très volatils. Cette préparation, quelque soit le nom qui en dissimule le danger, doit être absolument apprêtée et employée dans un atelier isolé, sans aucun feu ni lumière artificielle hormis celle électrique, autrement le manufacturier assez imprudent pour ne pas se soumettre à cette précaution verra se renouveler dans son usine les désastres humains et matériels de la filature Dillies frères à Roubaix, ou de la rue Mondétour à Paris, ou de la corroierie Fanchon de St-Maurice-lez-Lille.

VERNIS. — *N*° 547. *Moyens de secours.*

Les matras ou les chaudières à vernis ou siccatifs sont ordinairement à oreilles, faites pour faciliter leur transport d'un endroit à un autre; on installe à proximité de l'atelier ou dans l'atelier lui-même un véhicule qui sert, lorsque le feu se met dedans, à retirer sans danger les matras ou chaudières du feu et à les transporter de suite dans la cour, où leur contenu peut brûler sans risque, ou être éteint plus facilement.

A, est l'une des deux roues écartées, reliées et mises en mouvement par une tige allongée, terminée par une poignée; sur cet axe sont soudés deux crochets verticaux venant saisir les oreilles de la chaudière lorsque la tige est élevée, et l'enlèvent du foyer lorsque la tige est ramenée horizontale, l'opération se fait ainsi très rapidement et sans risque pour l'ouvrier, la longueur de la tige ou brancart unique étant de 1 fr. 50 environ : aussitôt la chaudière soulevée et retirée du fourneau, maintenue par les crochets qui l'ont saisie par ses oreilles, l'ouvrier la conduit très rapidement en dehors de l'atelier, et les flammes qui en sortent n'ont pas eu le temps de l'incendier. Naturellement, le véhicule est construit de façon que ses roues soient écartés de manière à passer de chaque côté du fourneau où se trouve la chaudière à saisir.

Ajoutons que ce véhicule sert non seulement pour le cas d'incendie, mais constamment pour les manipulations, de sorte que la dépense minime (100 fr. environ, en fer) est plus que compensée par les mains-d'œuvre qu'il évite et économise.

BLEU D'OUTREMER

Lorsque le mélange calciné est retiré des fours, il doit être placé dans un local dallé et voûté autant que possible et complètement dépourvu de matières combustibles, afin qu'au cas fréquent où des parties non suffisamment refroidies se rallument elles ne puissent communiquer l'incendie au reste de l'usine.

FABRIQUE DE CHICORÉE

Si la chambre où la chicorée retirée des torréfacteurs disposée pour être refroidie, n'est pas dallée et voutée, c'est le cas d'installer à son plafond un appareil Legrinnel.

CAUSES GÉNÉRALES DES SINISTRES. — *Après le n° 124.*

Une des causes d'incendie, et de propagation d'incendie, non moins graves que les conduits, Windas, cheminées d'aspiration, en bois, est la présence dans l'usine d'une cage d'engrenages construite en bois. Outre les dangers que la combustion spontanée de déchets ou ordures trop souvent amoncelés dans cette cage facilitée par le mélange du cambouis et des parcelles métalliques échappées des engrenages, fait courir, la combustibilité de cette enveloppe, propage très souvent le feu à tous les étages en même temps. L'usinier prudent ne doit pas hésiter à remplacer le bois par des matériaux incombustibles.

— Lille. Typ. J. Lefort. 1885. —

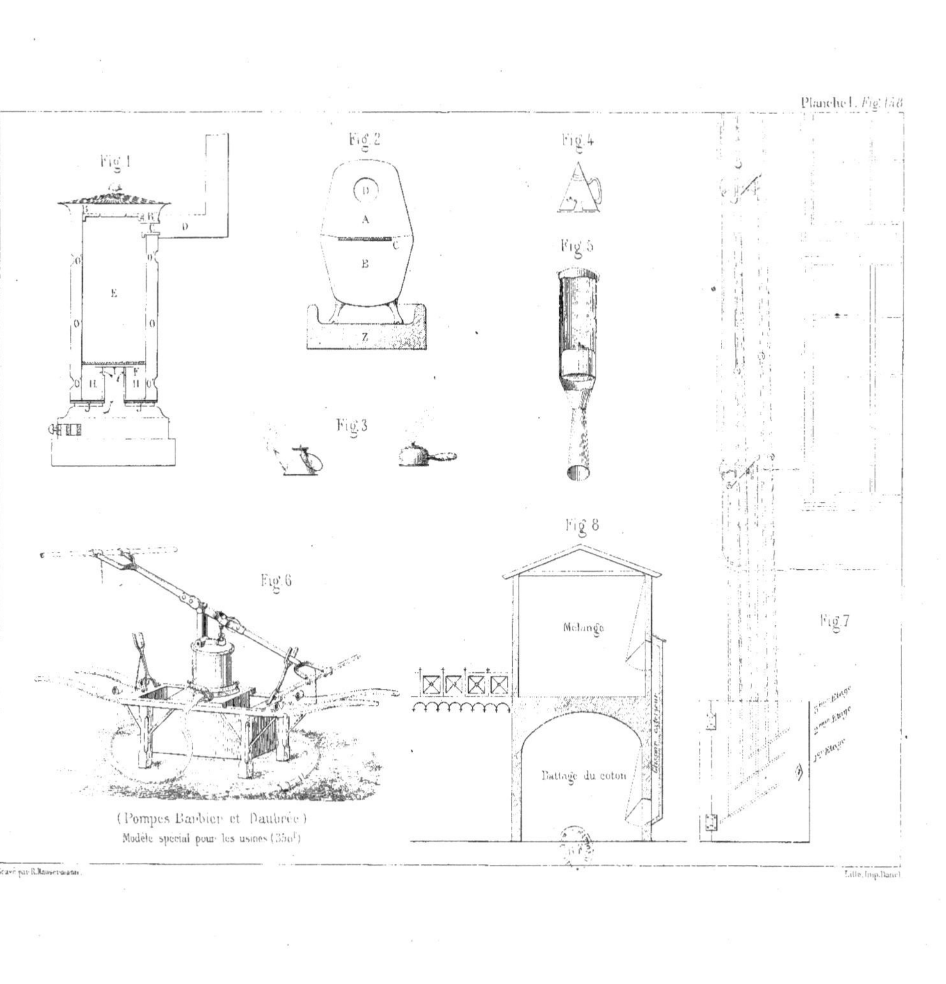
Fig 1
Fig 2
Fig 4
Fig 5
Fig 3
Fig 6
Fig 8
Fig 7
Mélange
Battage du coton
(Pompes Barbier et Daubrée)
Modèle spécial pour les usines (350f)
Gravé par R.Hausermann.
Lille, Imp.Danel

Planche II. *Fig. 9.*

Fig. 9

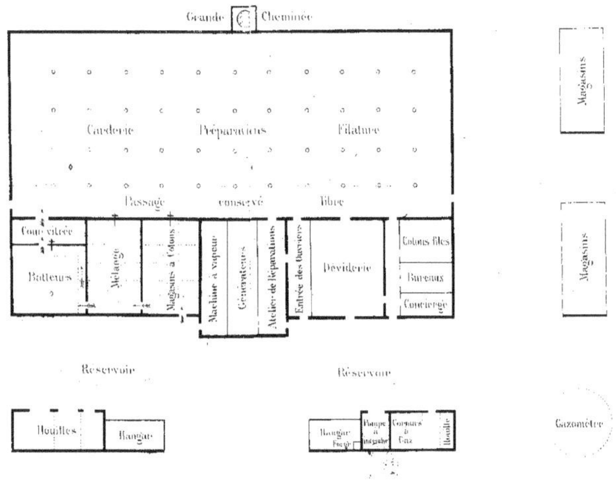

PLAN

d'une filature de coton à simple rez-de-chaussée.

+ *Robinets de vapeur s'ouvrant de la Carderie et des ateliers où ils débouchent*

o *Piquée de transmission donnant le signal d'arrêt au mécanicien.*

○ *Colonnes en fonte*

Le local de la pompe à incendie est chauffé par la chaleur perdue des cornues et des foyers ainsi qu'un tonneau d'eau monté sur chariot.

Gravé par Ed. Wormser.

Lille, Imp. Danel.

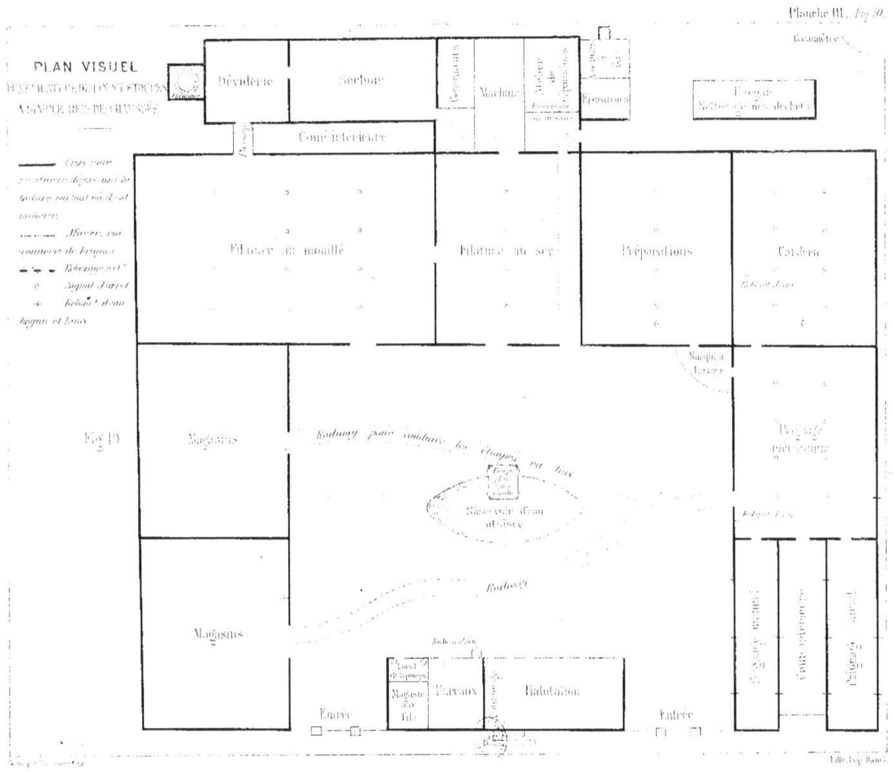
Planche III. Fig 10.
PLAN VISUEL
Fig 10
Dévidoire
Séchoir
Cour intérieure
Filature au mouillé
Filature au sec
Préparations
Cardeur
Magasins
Magasins
Railway
Réservoir d'eau
Bureaux
Habitation
Entrée
Entrée
Préparations
Machine

Planche IV. *Fig. 11.12.13.15.16.17.*

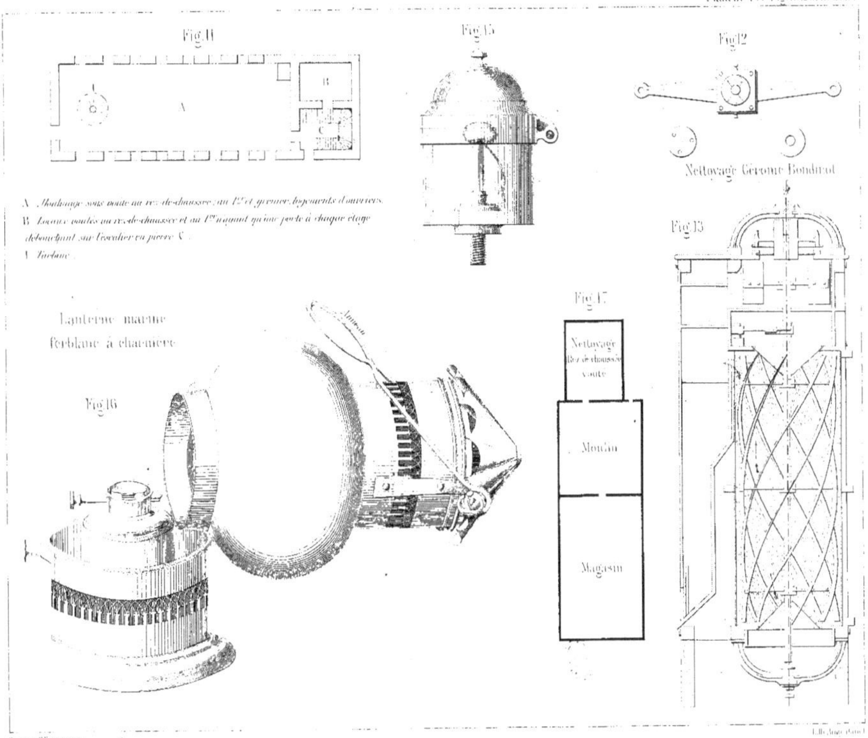
Fig. 11
A
B
C
A Moulinage sous voûte au rez-de-chaussée; au 1er et grenier, logements d'ouvriers.
B Locaux voûtés au rez-de-chaussée et au 1er n'ayant qu'une porte à chaque étage débouchant sur l'escalier en pierre C.
T Turbine.
Fig. 15
Fig. 12
Nettoyage Gérome Bondinot
Fig. 13
Lanterne marine
ferblanc à charnière
Anneau
Fig. 16
Fig. 17
Nettoyage
Rez-de-chaussée
voûte
Moulin
Magasin

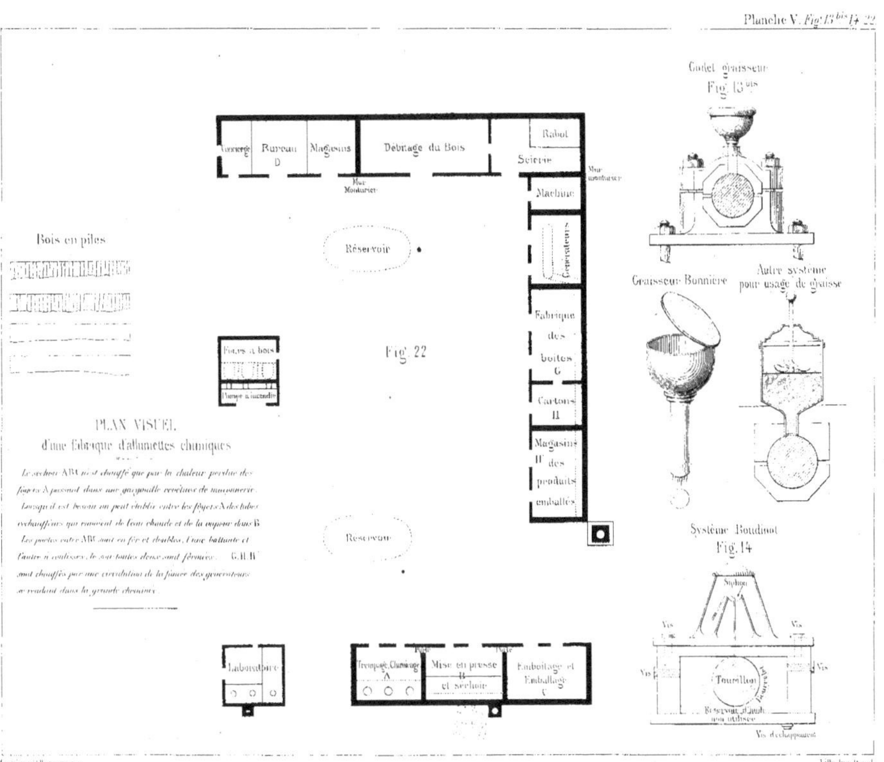
Bois en piles
Réservoir
PLAN VISUEL
d'une fabrique d'allumettes chimiques
Fig. 22
Fours à bois
Pompe à incendie
Arrivage
Bureau D
Magasins
Débitage du Bois
Rabot
Scierie
Machine
Générateurs
Fabrique des boîtes G
Cartons H
Magasins H des produits emballés
Mur mitoyen
Mur mitoyen
Réservoir
Laboratoire
Trempage Chimique A
Mise en presse et séchoir B
Emboîtage et Emballage C
Godet graisseur
Fig. 13 bis
Graisseur Bonnière
Autre système pour usage de graisse
Système Boudinot
Fig. 14
Siphon
Vis
Vis
Tourillon
Réservoir à huile non utilisée
Vis d'échappement

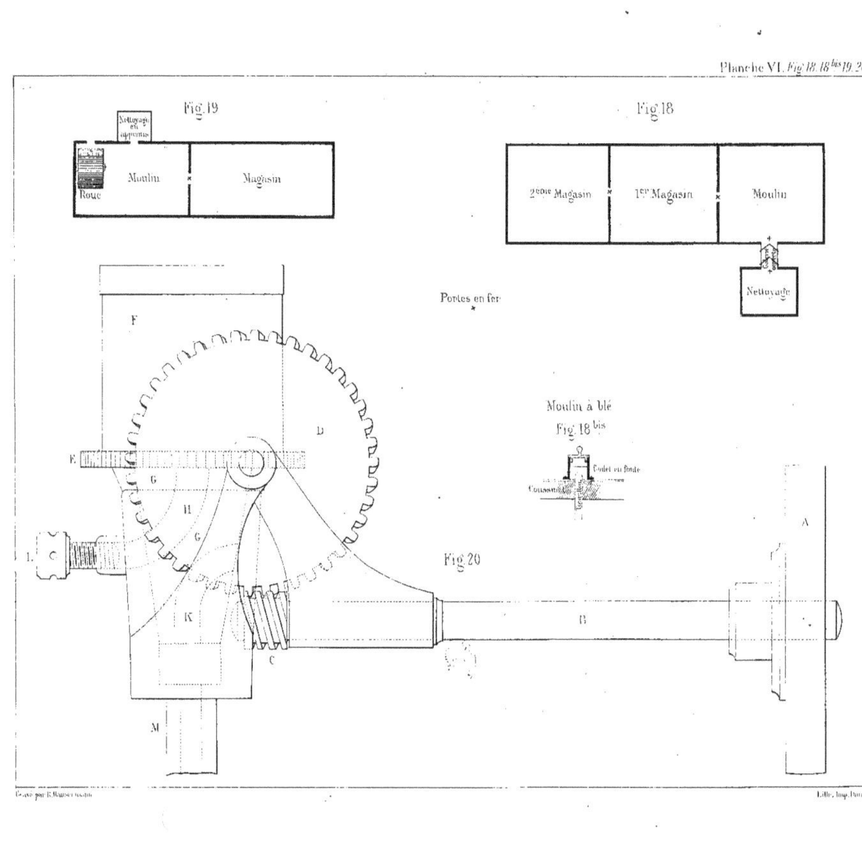
Fig. 19
Nettoyage en appareils
Moulin
Magasin
Roue
Fig. 18
2ème Magasin
1er Magasin
Moulin
Nettoyage
Portes en fer
Moulin à blé
Fig. 18 bis
Boulet en fonte
Coussinet
Fig. 20
F
E
D
G
H
G
L
K
C
M
B
A

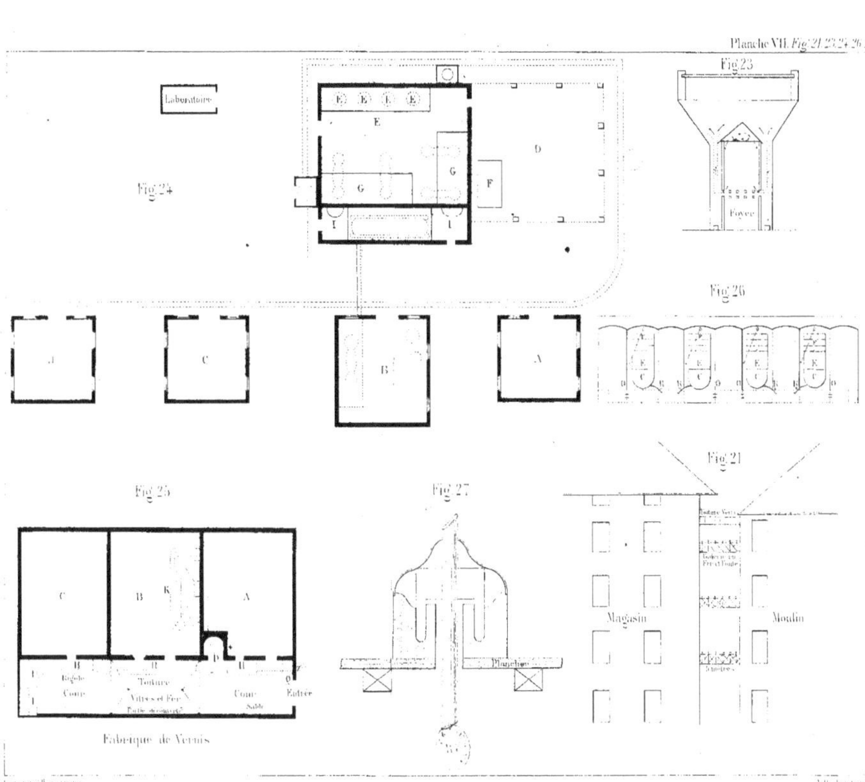
Laboratoire
Fig. 24
Fig. 23
E E E E
E
D
G G
F
I I
Foyer
Fig. 26
J C B A
Fig. 21
Fig. 25
Fig. 27
C B E A
Cour
Toiture
Voitures et Fer
Cour
Sable
Entrée
Planche
Fabrique de Vernis
Magasin
Moulin

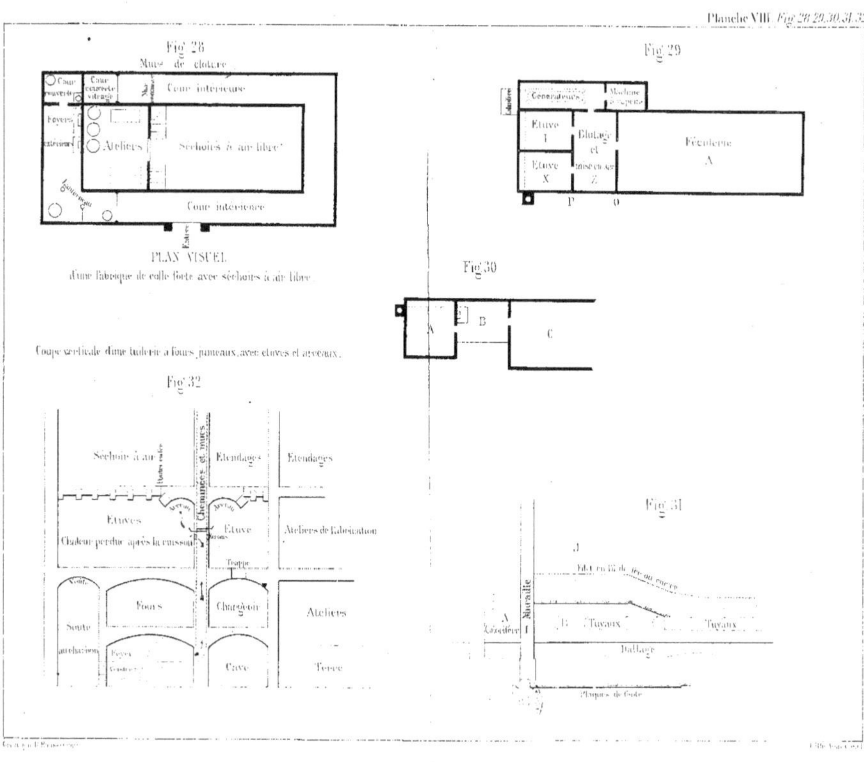
Fig 28
Murs de clôture
Cour couverte
Cour couverte vitrage
Cour intérieure
Foyers extérieurs
Ateliers
Séchoirs à air libre
Cour intérieure
Entrée
PLAN VISUEL
d'une fabrique de colle forte avec séchoirs à air libre
Fig 29
Générateurs
Machine à vapeur
Étuve I
Blutage et mise en sacs
Féculerie A
Étuve X
Z
P   O
Fig 30
A   B   C
Coupe verticale d'une tuilerie à fours, panneaux, avec étuves et arceaux.
Fig 32
Séchoir à air
Étendages
Étendages
Cheminées et murs
Étuves
Étuve
Ateliers de fabrication
Chaleur perdue après la cuisson
Trappe
Vent.
Fours
Chargeoir
Ateliers
Suite
Foyers
Cave
Terre
Fig 31
Muraille
Chaudière
Tuyaux
Tuyaux
Dallage
Plaques de fonte

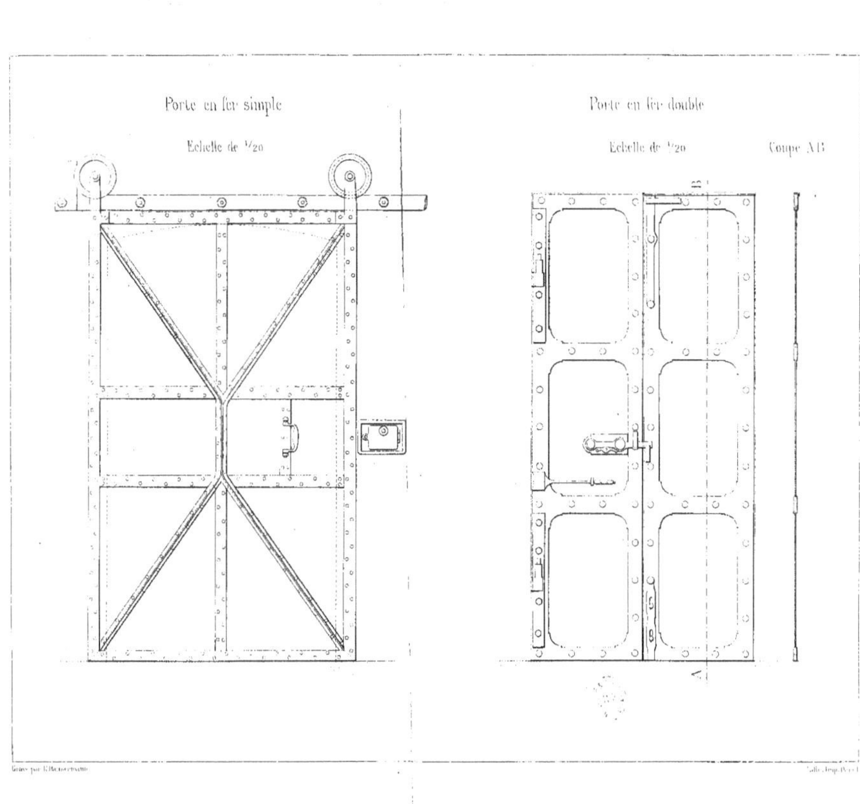

Porte en fer simple
Echelle de 1/20
Porte en fer double
Echelle de 1/20
Coupe AB

* 9 7 8 2 3 2 9 4 7 2 1 8 8 *